污染综合防治最佳可行技术参考丛书

石油炼制与天然气加工工业
污染综合防治最佳可行技术

Reference Document on
Best Available Techniques for
Mineral Oil and Gas Refineries

欧盟委员会联合研究中心
Joint Research Center，European Communities 编著

环境保护部科技标准司 组织翻译

周岳溪 吴昌永 伏小勇 赵保卫 等译

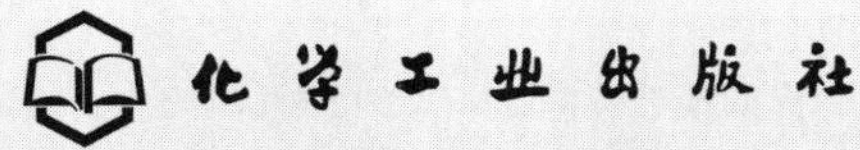

·北京·

图书在版编目（CIP）数据

石油炼制与天然气加工工业污染综合防治最佳可行技术/欧盟委员会联合研究中心编著；周岳溪等译. —北京：化学工业出版社，2015.10
（污染综合防治最佳可行技术参考丛书）
ISBN 978-7-122-25225-8

Ⅰ.①石… Ⅱ.①欧…②周… Ⅲ.①石油炼制-工业污染防治②天然气加工-工业污染防治 Ⅳ.①X74

中国版本图书馆 CIP 数据核字（2015）第 224327 号

Reference Document on Best Available Techniques for Mineral Oil and Gas Refineries/by Joint Research Center，European Communities.

责任编辑：刘兴春　刘　婧　　装帧设计：关　飞
责任校对：王　静

出版发行：化学工业出版社（北京市东城区青年湖南街 13 号　邮政编码 100011）
印　　刷：北京永鑫印刷有限责任公司
装　　订：三河市胜利装订厂
787mm×1092mm　1/16　印张 31½　字数 697 千字　2016 年 9 月北京第 1 版第 1 次印刷

购书咨询：010-64518888（传真：010-64519686）　售后服务：010-64518899
网　　址：http://www.cip.com.cn
凡购买本书，如有缺损质量问题，本社销售中心负责调换。

定　　价：198.00 元

《污染综合防治最佳可行技术参考丛书》组织委员会

顾　问：吴晓青

主　编：赵英民

副主编：刘志全　王开宇

编　委：冯　波　张化天　王凯军　左剑恶
张洪涛　胡华龙　周岳溪　刘睿倩

《石油炼制与天然气加工工业污染综合防治最佳可行技术》翻译人员

主译人员：周岳溪　吴昌永　伏小勇　赵保卫

参译人员：（按姓氏笔画排列）
刘宝勇　李　莉　张国宁　陈学民

序

中国的环境管理正处于战略转型阶段。2006年，第六次全国环境保护大会提出了“三个转变”，即“从重经济增长轻环境保护转变为保护环境与经济增长并重；从环境保护滞后于经济增长转变为环境保护与经济发展同步；从主要用行政办法保护环境转变为综合运用法律、经济、技术和必要的行政办法解决环境问题”。2011年，第七次全国环境保护大会提出了新时期环境保护工作“在发展中保护、在保护中发展”的战略思想，“以保护环境优化经济发展”的基本定位，并明确了探索“代价小、效益好、排放低、可持续的环境保护新道路”的历史地位。

在新形势下，中国的环境管理逐步从以环境污染控制为目标导向转为以环境质量改善及以环境风险防控为目标导向。“管理转型，科技先行”，为实现环境管理的战略转型，全面依靠科技创新和技术进步成为新时期环境保护工作的基本方针之一。

自2006年起，我部开展了环境技术管理体系建设工作，旨在为环境管理的各个环节提供技术支撑，引导和规范环境技术的发展和应用，推动环保产业发展，最终推动环境技术成为污染防治的必要基础，成为环境管理的重要手段，成为积极探索中国环保新道路的有效措施。

当前，环境技术管理体系建设已初具雏形。根据《环境技术管理体系建设规划》，我部将针对30多个重点领域编制100余项污染防治最佳可行技术指南。到目前，已经发布了燃煤电厂、钢铁行业、铅冶炼、医疗废物处理处置、城镇污水处理厂污泥处理处置5个领域的8项污染防治最佳可行技术指南。同时，畜禽养殖、农村生活、造纸、水泥、纺织染整、电镀、合成氨、制药等重点领域的污染防治最佳可行技术指南也将分批发布。上述工作已经开始为重点行业的污染减排提供重要的技术支撑。

在开展工作的过程中，我部对国际经验进行了全面、系统地了解和借鉴。污染防治最佳可行技术是美国和欧盟等进行环境管理的重要基础和核心手段之一。20世纪70年代，美国首先在其《清洁水法》中提出对污染物执行以最佳可行技术为基础的排放标准，并在排污许可证管理和总量控制中引入最佳可行技术的管理思路，取得了良好成效。1996年，欧盟在综合污染防治指令（IPPC 96/61/CE）中提出要建立欧盟污染防治最佳可行技术体系，并组织编制了30多个领域的污染防治最佳可行技术参考文件，为欧盟的环境管理及污染减排提供了有力支撑。

为促进社会各界了解国际经验，我部组织有关机构翻译了欧盟《污染综合防治最佳可行技术参考丛书》，期望本丛书的出版能为我国的环境污染综合防治以及环境保护技术和产业发展提供借鉴，并进一步拓展中国和欧盟在环境保护领域的合作。

环境保护部副部长 吴晓青

《序》

石油化工是国民经济重要支柱性产业，也是污染物排放量大的行业。构建先进科学理念，强化资源综合利用，实施污染物的全过程减排，有效支撑石油化工行业可持续发展，改善环境质量。工业发达国家积累了成功经验，可供我国借鉴。

水污染控制是中国环境科学研究院的重要学科领域之一，周岳溪是该学科的主要带头人，二十多年来一直从事工业废水和城镇污水污染控制工程技术研究和成果推广应用，相继承担了多项国家科研计划项目，特别是国家水体污染控制与治理科技重大专项的项目，开展重污染行业废水污染物全过程减排技术研究与应用，取得了很好的社会效益、经济效益和环境效益。在项目的实施过程中，注重吸取国外的先进理念和技术。结合项目的实施，组织翻译了欧盟《污染综合防治最佳可行技术参考丛书》中的《石油炼制与天然气加工工业污染综合防治最佳可行性技术》、《大宗有机化学品工业污染综合防治最佳可行技术》、《氨、无机酸和化肥工业污染综合防治最佳可行技术》、《有机精细化学品工业污染综合防治最佳可行技术》和《聚合物生产工业污染综合防治最佳可行技术》等。该类图书由欧盟成员国、相关企业、非政府环保组织和欧洲综合污染防治局组成的技术工作组（TWG）负责编著，旨在实施欧盟“综合污染预防与控制（IPPC）（96/61/EC号）指令”所提出的污染综合预防和控制策略，确定最佳可行技术（BAT技术），实施污染综合防治，减少大气、水体和土壤的污染物排放，有效保护生态环境。

该丛书系统介绍了欧盟在上述领域的行业管理、通用BAT技术、典型生产工艺BAT技术以及最新技术进展等，内容翔实，实用性强。相信其出版将在我国石油化工行业污染综合防治领域引进先进理念，促进工程管理能力，提高科学技术研究与应用发展。

中国工程院院士

中国环境科学研究院院长

2013年11月

前言

本书是结合本课题组承担的国家水体污染控制与治理科技重大专项（国家重大水专项）项目的实施，翻译欧盟石油化工《污染综合防治最佳可行技术参考丛书》之一，即“石油炼制与天然气加工污染综合防治最佳可行技术参考文件”［Reference Document on Best Available Techniques for Mineral Oil and Gas Refineries］的中译本。主要内容为：**1** 总论；**2** 应用性工艺技术；**3** 现有排放消耗；**4** BAT 备选技术；**5** BAT 技术；**6** 新技术；等等。

本书全面系统地介绍了欧盟石油炼制与天然气加工的运行管理、生产工艺技术和污染综合防治的 BAT 技术等，内容翔实、实用性强，适合于行业管理人员和从事污染防治的工程技术人员阅读，也可作为环境科学与工程等专业的科研、设计、环境影响评价及高等学校高年级本科生及研究生的参考用书。

本书翻译人员分工如下：第 **1** 章、第 **7** 章由陈学民、张国宁、吴昌永、周岳溪译；第 **2** 章、第 **3** 章由伏小勇、张国宁、吴昌永、周岳溪译；第 **4** 章、第 **5** 章、第 **6** 章和附录Ⅰ～附录Ⅶ由李莉、刘宝勇、赵保卫、张国宁、吴昌永、周岳溪译；此外，宋广清、白兰兰、陈雨卉、胡田、刘苗茹、肖宇、杨茜、岳岩、王翼、张猛、张雪、朱跃、周璟玲等参与了部分译稿整理工作。

全书最后由吴昌永、周岳溪译校、统稿。

本书的翻译出版获得了欧盟综合污染与预防控制局的许可与支持；得到了国家水体污染控制与治理科技重大专项办公室、国家环境保护部科技标准司、中国环境科学研究院领导的支持；化学工业出版社对本书出版给予了大力支持，在此谨呈谢意。

限于译校者知识与水平，加之时间紧迫，难免存在不足和疏漏之处，恳请读者不吝指正。

周岳溪

2016 年 **1** 月

目录

0 绪论

0.1 内容摘要

石油炼制与天然气加工最佳可行技术参考文件（BREF）是依据欧盟理事会指令96/61/EC（污染综合防控指令）第16(2)款的规定进行信息交流形成的成果。本摘要介绍了主要调查结果、重要最佳可行技术（best available techniques，下文简称“BAT技术”）结论及相关排放水平，应结合BREF前言中关于目的、用法和法律条款的解释一起阅读。本摘要可以作为单独技术文件，但是由于未反映BREF全文所有内容，因此它不能代替BREF全文作为BAT技术决策的工具。直接参与这次信息交流的人员超过了40人，参与的石油公司是有代表性的国际公司，所以欧盟以外的人员也参与了此次信息交流过程。

0.1.1 文件范围

石油炼制与天然气加工行业最佳可行技术参考文件的范围是根据污染综合防控指令96/61/EC附件Ⅰ中第2.1款确定的，因此也采用了与之相同的标题。这份文件包含了石油炼制行业和天然气加工行业，但不包括其他相关活动，如勘探、开采、运输和产品销售。这份文件包含了所有类型的炼油厂（不论规模大小）和所有种类的典型炼油工艺流程。一些在炼油厂中存在或可能存在的流程没有包含在本文件中，这是因为它们包含在其他BAT技术参考文件中（例如低碳烯烃和溶剂生产，利用天然气发电）。还有一些流程并没有完全包含在本书中，这是因为它们有一部分内容包含在其他BAT技术参考文件中（例如冷却、储存、废水和废气处理）。因而，在特定场所实施IPPC许可时也应该考虑其他BAT技术参考文件。本书没有包括土壤修复，因为它并不是一项污染预防或控制技术。

0.1.2 欧洲炼油工业

石油炼制与天然气加工工业是一类重要的战略性工业。仅石油炼制就满足了欧盟42%的能源需求和95%的交通燃料需求。欧盟、瑞士和挪威大约有100家炼油厂，它们的总加工能力约7×10^8t/a。炼油装置遍布欧洲各地，一般都位于海岸线附近。据估算，石油炼制行业直接雇佣了55000名员工，间接雇员约35000人。还有4家陆上天然气工厂。

0.1.3 炼油工艺和最主要的环境问题

本书反映了两个行业最新的技术和环境状况。它结合欧洲设施的实际排放和消耗情况，在技术上简要描述了这两个行业中的主要流程和工艺。

炼油装置是典型的大型且高度集成的生产装置。炼油厂是管理大量原料、产品以及集中消耗能量和水的工业园区。在储存过程和炼油工艺中，炼油厂向大气、水和土壤排放废物，使得环境管理已经成为炼油厂的一个主要问题。炼油厂向环境中排放污染物的种类和数量通常是已知的。碳氧化物、NO_x、硫氧化物（SO_x）、颗粒物（主要由燃烧过程产生）和挥发性有机化合物（VOCs）是这两个行业产生的主要大气污染物。炼油厂集中使用水作为工艺用水和冷却用水，使用过程中石油产品会污染水。水中的主要污染物是烃类化合物、硫化物、氨和某些金属。在加工大量原料过程中，炼油厂不会产生大量废物。目前，炼油厂产生的废物主要是污泥、普通炼厂废物（生活垃圾、拆除废物等）和使用过的废弃化学品（例如酸、胺、催化剂）。

炼油厂造成的主要污染是向大气排放污染物，与之相比，天然气工厂只有很少的排放量（例如排放点数量、排放量、开发的最佳可行技术数量）。对于百万吨级规模的原油加工过程（欧洲炼油厂规模从50×10^4t/a到超过2000×10^4t/a不等），炼油厂会排放2×10^4～82×10^4t CO_2、60～700t NO_x、10～3000×10^4t颗粒物、30～6000t SO_x和50～6000t VOCs（挥发性有机化合物）。每炼制100×10^4t石油会产生10×10^4～500×10^4t废水和10～2000t固体废物。欧洲各炼油厂的排放情况有很大不同，部分是因为集成程度和炼油厂类型不同（例如简单与复杂炼油厂）。但更主要的还是由于欧洲各国环境立法的进程不同。天然气加工厂的主要大气排放物是CO_2、NO_x、SO_x和VOCs。与炼油厂相比，水和废弃物的排放不是主要问题。

由于炼油厂在减少向大气排放SO_x方面已经取得了很大进展，目前关注的重点已经开始转向VOCs（包括恶臭）、颗粒物（粒径和组成）和NO_x，这正处于广泛的环境争论当中。当关于CO_2排放的争论越来越引起关注的时候，也将会极大地影响到炼油厂。炼油厂废水处理技术是成熟的，目前重点已经转移到预防和减少废水产生上。降低水的使用量和/或水中污染物浓度，可以减少污染物的最终排放。

0.1.4 BAT备选技术

确定BAT技术时可供筛选的技术近600种，所有技术按照统一的模式进行分析。每一项技术的分析都由简要描述、环境效益、跨介质影响、运行数据、适用性和经济性组成。在有些情况下，还探究了技术实施的推动力，并介绍了应用技术的装置数量。在第4章，技术描述之后列出了参考文献作为数据支持。这些技术包括在25个章节中，如下表所列。

章节	活动/工艺	应用的技术				
		生产和预防	气体和废气	废水	固体废物	合计
4.1	概述	—	—	—	—	—
4.2	烷基化	3	0	0	0	3
4.3	基础油生产	14	4	2	1	21
4.4	沥青生产	2	5	1	2	10
4.5	催化裂化	17	13	2	5	37
4.6	催化重整	3	3	0	0	6
4.7	焦化工艺	9	19	8	3	39
4.8	冷却系统	3	—	—	—	3
4.9	脱盐	13	0	4	1	18
4.10	能源系统	56	22	2	0	80
4.11	醚化	1	0	1	1	3
4.12	气体分离	3	2	0	0	5
4.13	加氢工艺	8	0	0	2	10
4.14	氢气制备	6	0	0	0	6
4.15	炼油厂综合管理	33	0	24	6	63
4.16	异构化	3	0	0	0	3
4.17	天然气加工	0	12	5	3	20
4.18	聚合	1	0	0	2	3
4.19	初级蒸馏	3	2	3	3	11
4.20	产品处理	5	2	4	0	11
4.21	原料储存和处理	21	19	2	12	54
4.22	减黏裂化	3	1	1	1	6
4.23	废气处理	—	76	—	1	77
4.24	废水处理	—	—	41	—	41
4.25	废弃物管理	—	—	—	58	58
合计		207	180	100	101	588

由上表可以计算得到，第4章包含的技术中有35%专用于生产和污染的预防，

31%是废气减排技术，17%用于减少水污染，另有17%的技术用于减少废物或预防土壤污染。这些数据再次表明了废气排放是炼油行业最重要的环境问题的事实。

0.1.5 石油炼制和天然气加工行业BAT技术

这两个行业的BAT技术结论作为一个整体，构成了本书最重要的内容，它们包括在第5章中。此外，第5章还尽可能地包括了相关的污染物排放、资源消耗和效率水平的内容。在该章中再一次反映了废气排放是炼油厂中最重要的环境问题。在第5章中报告了超过200种BAT技术，这涉及了炼油厂中发现的所有环境问题。由于行业的复杂性、不同原料的使用、大量跨介质问题以及对环境认识的不同，为第5章确定结构框架并不容易。例如，由于技术工作组（TWG）的不同观点以及在特定现场达到相同环境目标的各种可能性，这一章没有优先考虑环境目标和达到目标的步骤。

摘要的这一部分强调了最相关的环境问题和第5章给出的关键发现。在技术工作组信息交流的讨论过程中，提出并讨论了很多问题，但在摘要中只强调了它们的一部分。

（1）基于单元工艺的BAT技术和通用BAT技术

为了涵盖第5章中大多数的最佳可行技术结论，在编写BREF文件过程中，最有争议的问题就是对炼油厂整体的工艺集成进行整体分析，还是对每个工艺单元进行综合的多介质分析，即单元分析法。已经得出的一个重要结论是，这两种方法在发放许可证过程中都有值得肯定的优点，它们之间应该是互补的而不是相互排斥的。为此，第5章分为两部分（通用BAT技术和特定工艺BAT技术）。因此，对任何一个特定的炼油厂，BAT技术是通用BAT技术和特定单元BAT技术的结合，通用BAT技术适用于整个炼油厂，特定单元BAT技术适用于特定情况。

（2）依据BAT技术发放IPPC许可证

由于不太可能在欧洲建立全新的炼油厂，所以应用BAT技术的大多数情况是在现有炼油厂中新工艺单元获得许可，以及既有设施许可的更新或续约。BAT技术相关的一些概念和技术在既有炼油厂实施可能很困难，这种困难与炼油行业的复杂性、多样性、高度的工艺集成性或技术复杂性有关。

在BAT技术章节会讲到与BAT技术相关的排放或消耗水平。BAT技术参考文件不设定具有法定约束力的标准，而是通过提供在使用特定技术时可达到的排放和消耗水平的信息来指导行业、成员国和公众。这些水平既不是排放也不是消耗的限值，并且也不应这样理解。任何特定情况下的适宜限值需要考虑IPPC指令和当地要求来确定。

应认识到BAT技术在每个炼油厂的实施都需要针对每个特定情况，这会存在多种技术解决方案，这就是为什么BAT技术给出的预防或控制技术是一组可能技术的原因。

在BAT技术参考文件涉及的很多环境问题中，下面列出的5个方面可能是最重要的：

- 提高能源效率；

- 减少 NO_x 排放；
- 减少 SO_x 排放；
- 减少 VOCs 排放；
- 减少水污染。

（3）提高炼油厂能源效率的 BAT 技术

在信息交流过程中人们认识到，对于炼油行业而言，BAT 技术最重要的内容之一就是提高能源效率，它的主要好处是减少了所有空气污染物的排放。人们已经确认了炼油厂提高能源效率的技术（约 32 项）并且提供了数据，然而利用任何几种可行的方法来定量说明高能源效率炼油厂的构成是不可能的。这里只包括欧洲 10 家炼油厂的所罗门指数的一些数据。BAT 技术一章指出，提高能源效率需要从两个方面解决：提高各个工艺/活动的能源效率，加强整个炼油厂的能量集成。

（4）减少 NO_x 排放的 BAT 技术

炼油厂的 NO_x 排放问题已被确认是一个重要的环境问题，这个问题需要从两个角度来分析：将炼油厂作为一个整体和将炼油厂作为特定的工艺/流程，尤其是能源系统（加热炉、锅炉、燃气轮机）和催化裂化再生装置，因为这些系统是 NO_x 排放的主要来源。因此技术工作组（简称 TWG）试图在审查整个炼油厂和详细审查造成 NO_x 排放的每个工艺两方面达成共识。在炼油厂整体概念下，TWG 无法对与 BAT 技术应用相关的排放确定一个单一的范围。TWG 对于浓度气泡方法给出了 5 种不同的范围或数值（3 种是基于实施 BAT 技术的不同案例），而对负荷气泡方法给出了 2 种不同的范围或数值（1 种是基于实施 BAT 技术的具体案例）。与 NO_x 排放相关的 BAT 技术（约 17 项）通常包含了相关的排放数值。

（5）减少 SO_x 排放的 BAT 技术

第三个应该从前述两个角度进行检查（整体和特定工艺）的重要环境问题是 SO_x 排放，它通常是在能源系统（来自含硫化合物的燃料）、催化裂化再生装置、沥青生产、焦化工艺、胺处理、硫黄回收装置和火炬中产生。这里一个额外的难题是硫会出现在炼制产品中，因此，硫平衡已经作为一项技术成为环境管理系统的一部分。因而 TWG 试图从整个炼油厂和检查造成 SO_x 排放的单个工艺两方面达成一致。在炼油厂整体概念下，TWG 不能对与排放相关的 BAT 技术应用确定一个单一的范围。TWG 对于浓度气泡方法给出了 5 种不同的范围或数值（2 种是基于实施 BAT 技术的不同案例），而对负荷气泡方法给出了 2 种不同的范围或数值（1 种是基于实施 BAT 技术的具体案例）。与 SO_x 排放相关的 BAT 技术（约 38 项）通常包含了相关的排放数值。

委员会已经注意到关于液体燃料燃烧，TWG 对与 BAT 技术相关的平均 SO_2 排放水平有不同观点。委员会进一步指出，关于某些液体燃料硫含量，欧盟理事会指令 1999/32/EC 规定的最高排放限值 1700（标）mg/m^3，相当于重燃料油中含 1%的硫，并以此作为 2003 年 1 月 1 日后所有炼油厂的月均值。此外，最近通过的大型燃烧装置指令 2001/80/EC，根据指令适用装置的特征，规定的排放限值范围为 200～1700（标）mg/m^3。

在这方面，委员会认为以 50～850(标)mg/m³ 作为液体燃料燃烧的平均 SO_2 排放水平，是与 BAT 技术一致的。在很多情况下，达到该范围的较低限值会导致成本增加和其他环境效应，这抵消了从较低 SO_2 排放限值获得的环境效益（参见 4.10.2.3 部分）。追求更低排放限值的推动力，应该是在指令 2001/81/EC 中确定的关于特定大气污染物排放限值中 SO_2 的国家排放上限，或是位于硫敏感区域的装置。

(6) 减少 VOCs 排放的 BAT 技术

炼油厂的 VOCs 排放更多地被认为是一个全球性问题，而不只是一个工艺/流程问题，因为在炼油厂中 VOCs 排放是逸散性的，排放点很难确定。但是，在应用特定 BAT 技术的工艺/流程中，那些具有较高 VOCs 排放的潜力的工艺/流程能够被识别出来。由于确定排放点存在的困难，TWG 总结出一个重要的 BAT 技术就是量化 VOCs 排放，在第 5 章中作为一个例子提到了其中一种方法。在这种情况下实施泄漏检测和维修（LDAR）计划或等效措施被认为是很重要的。由于缺乏信息，TWG 不能对应用的 BAT 技术的排放确定任何范围。很多与 VOCs 排放相关的 BAT 技术已经被确认（约 19 项）。

(7) 减少水污染的 BAT 技术

正如在本书中反复提到的，空气污染物排放是在炼油厂出现的首要环境问题。但是，因为炼油厂大量消耗水，它们也会产生大量被污染的废水。与水相关的 BAT 技术（约 37 项）建立在两个层次之上：一个是关于炼油厂整体的水和废水管理；另一个是关于减少污染或减少水消耗的具体措施。在此情况下，第 5 章中包含了新鲜水使用和工艺排水量的基准，同样也包含了废水处理排放的水质参数。第 5 章包括了很多废水从一个工艺到另一个工艺循环使用的可能的 BAT 技术（约 21 项）。

0.1.6 新兴技术

这个简要的章节包括了还没有在商业上应用的和仍在研究和开发中的技术。然而，因为它们对于炼油行业可能存在的影响，在这里列出了这些技术，以便在今后修订这份文件时予以关注。

0.1.7 结束语

在欧盟内部，各炼油厂的环境状况相差很大，所以每一个工厂的起点都是不同的。对环境的看法和优先考虑的问题显然也不一样。

(1) 认同程度

炼油行业是一个庞大且复杂的行业，分布在除了卢森堡以外的所有欧盟成员国中。BAT 技术参考文件中涉及的工艺/流程的数量和 BAT 技术的数量（超过 200 项）体现了炼油行业的规模和复杂性。事实上，除了 27 项 BAT 技术在工作组内部存在分歧外，其他都达成了一致。这 27 项被总结归纳为以下三类。

- 1 项与第 5 章的概括介绍有关。
- 11 项与通用 BAT 技术有关。
- 15 项与特定 BAT 技术有关

- 19 项与第 5 章中给出的数据有关。它们代表两种观点:第一种是控制技术通常总是适用于所有情况;第二种是控制技术几乎不可应用。
- 4 项与第 5 章中 SO_x 和 NO_x 的总体排放有关。
- 2 项与水污染排放表格有关:一个是浓度一栏中给出的平均时间周期;另一个是如何在表格中表达金属的含量。
- 1 项出现在第 5 章的介绍中,与排放范围上限值的选择方式有关。
- 只有 1 项与生产技术根本相关:基础油生产

- 9 项与水污染物排放表格有关。
- 8 项与 SO_x 排放有关。
- 8 项与 NO_x 排放有关。
- 2 项与颗粒物排放有关

(2) 对未来工作的建议

为将来 BAT 技术参考文件的更新做准备,所有的 TWG 成员和对此感兴趣的组织应该继续收集关于现状排放和消耗水平的数据,以及关于确定 BAT 技术时所考虑的技术性能的数据。为了进行评估,收集更多关于可达到的排放和消耗水平的数据,以及所有生产工艺的经济分析数据也很重要,同样重要的是继续收集关于能源效率的信息。除了这些通用部分,第 4 章中的一些技术的完善也需要更多信息。本书缺少颗粒物特性、噪声和恶臭方面的数据。也应该承认,像技术提供商这样的组织,应在本书中增加数据的使用并增强其校核。

(3) 对未来研发工作的建议

上文强调了在未来工作中很多值得注意的地方。未来工作的很大部分关系到评估 BREF 时所使用信息的收集。对未来研发工作的建议集中于在这份 BREF 中得到确认的技术上,但是它们太昂贵或者还不能应用在行业中。

通过 RTD 计划,欧盟正在启动和支持一系列关于清洁技术、新兴废水处理和循环技术以及管理战略的项目,这些项目很可能对未来 BREF 评估提供有益帮助。因此邀请读者告知 EIPPCB 任何与这份文件适用范围有关的研究成果(也可以参阅本书的序言)。

0.2 序 言

0.2.1 本书的地位

除非另有说明,本书提到的“指令”(directive)是指关于污染综合预防与控制的欧盟委员会指令(96/61/EC),而且应用该指令对关于工作场所安全和健康的欧盟条款没有损害，本书也是如此。

本书介绍了欧盟成员国和工业部门关于 BAT 技术、相关监测及其发展的信息交流的系列成果的部分内容。欧盟委员会根据指令（96/61/EC）第 16（2）条款颁布，因此，在确定“BTA 技术”时，必须考虑与指令中附件Ⅳ的要求一致。

0.2.2 IPPC 指令的相关法律义务和 BAT 技术定义

为了帮助读者理解起草本书的法律背景，此序言介绍了，IPPC 指令直接相关的一些规定，包括术语“最佳可行技术（BTA 技术）”的定义。这些无疑是不完全的，只是提供信息。而且不具有法律效力，不能改变或损害指令的实际规定。

指令的目的是对附件Ⅰ中所列活动造成的污染实现综合预防与控制，提高整体环境保护水平。指令的立法依据是为了保护环境。它的实施也应该兼顾其他欧盟目标，例如欧盟工业的竞争力，从而促进可持续发展。

具体地，指令为不同类型的工业设施提供了许可制度，要求运营商和监管部门综合、整体地看待这些设施潜在的污染和资源消耗。总体目标是提高对生产工艺的管理和控制，以确保在整体上实现高水平的环境保护。这项政策的核心就是指令第 3 条提出的基本原则，即经营者应采取一切合理的污染预防措施，特别是通过应用 BAT 技术来提高环境效益。

术语“最佳可行技术（BAT 技术）”的定义在指令第 2（11）条款中给出，是指“生产发展及其运行方法最有效、最先进的阶段，反映特定技术具有实际适应性，为制订排放限值提供了基本技术依据，以防止或减少（在无法防止时）污染排放及其对环境的整体影响”。第 2（11）条款还对该定义进一步阐述如下。

“技术”既包括装置所采用的技术，也包括装置设计、建造、维护、运行和报废的方法。

“可行”技术是指不管该技术是否在成员国内部使用或生产，只要能被经营者合理地获得，在经济和技术可行条件下，具有成本和技术优势，能在一定规模上被相关工业部门实施的技术。

“最佳”是指在实现对整体环境的高水平保护方面最有效。

此外，指令的附件Ⅳ包括一系列“在通常或特定情况下，确定最佳可行技术（BAT 技术）时需要考虑的事项……尤其要考虑措施的可能成本和效益，以及污染防范和预防原则”。这些事项包括了欧盟委员会按照指令第 16（2）条款公布的信息。

主管部门负责签发许可证，在确定许可条件时需要考虑指令第 3 条的一般原则。这些条件必须包括排放限值，以及适宜时可作为补充或替代的等效参数或技术措施。根据指令第 9（4）条款，这些排放限值、等效参数和技术措施，必须在不妨碍达到环境质量标准的前提下，基于最佳可行技术（BAT 技术），而不规定任何技术或特定技术的使用，但应考虑相应装置的技术特点、地理位置和当地环境条件。在任何情况下，许可条件中必须包括最大限度减少远程或跨界污染的规定，需确保整体高水平的环境保护。

成员国有义务遵守指令第 11 条，确保主管部门密切关注或知悉 BAT 技术的发展。

0.2.3 本书的编写目的

指令第16（2）条款要求欧盟委员会组织“各成员国和工业部门开展BAT技术、相关监测及其发展的信息交流”，公布交流成果。

指令陈述立法缘由的第25项中给出了信息交流的目的，即“在欧盟层面上发展和交流有关BAT技术的信息，将有助于矫正欧盟内部的技术不平衡，促进欧盟所采用的限值和技术向世界的传播，帮助成员国有效地实施该指令”。

欧盟委员会（环境总署）建立了一个信息交流论坛（IEF）来协助指令第16(2)条款的实施，在IEF框架下成立了很多TWG。按照指令第16(2)条款的要求，信息交流论坛和技术工作组都包括来自欧盟成员国和工业界的代表。

这些文件的目的是为了准确反映根据指令第16（2）条款要求所进行的信息交流的成果，为审批机关在确定许可条件时提供参考信息。通过提供BAT技术的相关信息，这些文件应该作为提高环境绩效有效的工具。

0.2.4 资料来源

本书是由各种渠道收集到信息的汇总，包括为协助委员会工作而特别设立的专家组，这些资料已经委员会核实。

0.2.5 本书的理解和使用

本书提供的信息用于在具体案例中确定BAT技术时参考。在确定BAT技术和设定基于BAT技术的许可条件时，始终要以实现对整体环境的高水平保护为总目标。

本书为两个行业提供信息：石油炼制和天然气加工。以下部分介绍了本书每一部分所提供的信息类型。

本书分为7章，另有附录。第1章和第2章提供有关炼油厂和天然气加工行业的一般信息，以及这些行业中所有生产工艺和流程的一般信息。第3章提供关于当前排放和消耗水平的数据和信息，反映了在编写本书时现有设施的情况。第4章介绍了与确定BAT技术和基于BAT技术的许可条件直接相关的预防（包括生产技术）和控制技术。第4章的每一项技术都包括使用该项技术能够达到的排放和消耗水平的信息、关于成本和与技术相关的跨介问题，以及技术在需要IPPC许可证的一系列设施内的应用程度，例如新建的、现有的、大型的或小型的装置。第5章讲到了对炼油厂和天然气工厂整体而言，与BAT技术相适宜的技术和排放与消耗水平。第6章简要介绍了两个部门将来可能应用的技术。第7章总结了本书的结论和建议。为了帮助读者阅读，本书还包括了一个缩写和释义。作为补充，附录中包括了在该行业中法律应用的概要和炼油厂配置类型的概要，并描述了炼油厂中生产的产品和中间产品。

第5章的目的是提供排放和消耗水平的一般资料，帮助确定基于BAT技术的许可条件，或根据指令第 9（8）条款编制具有普遍约束力的法规。但是，应该强调的是，本书无意提出排放限值。确定合适的许可条件，需要考虑当地、现场的因素，例如相关装置的技术特征、所处的地理位置和当地环境条件。就现有设施而言，需要考虑设施升级改造的经济和技术可行性。即使为了达到对整体环境高水平保护的单一目标，往往也涉及到不同类型环境影响之间的权衡判断，而这些判断经常会受到当地因素的影响。尽管人们已经尝试去解决上文提到的一些问题，但某些问题，本书不可能充分考虑到，因此第 5 章中提出的技术和水平不一定适合所有的装置。另一方面，确保高水平保护环境的责任，包括使远程或跨界污染最小化，意味着许可条件的设定不能仅考虑当地因素。因此最重要的是，许可部门应全面考虑本书包含的信息。

0.2.6 章节结构

为方便本书的阅读和理解，第 2、3、4、6 章以及 5.2 节内部结构相同。这些章节的结构是根据在炼油行业中存在每一种类型的工艺或活动，按字母表顺序分类排列，以便在书中更容易地找到。章节安排不表明它们在环境影响方面具有同等的重要性，一些章节比其他章节的环境关联性更强，但是这种结构被认为是一种良好、清晰的方法，便于这些工业部门的 BAT 技术评估。此外，在欧洲不可能建造一套全新的炼油厂，但是一些新的工艺很可能会被应用到现有欧洲炼油厂中。

每一章的第 1 节是把炼油厂作为一个整体来概括描述该章所考虑的问题。然后接下来的 20 个章节涵盖所有的石油炼制工艺和活动，另一个章节则针对天然气加工。

由于 BAT 技术具有时效性，本书会适时地进行评估和更新。如有任何意见和建议，请发送到欧洲综合污染预防与控制局（设于前瞻技术研究所），联系地址如下：

Edificio Expo-WTC，C/Inca Garcilaso，s/n，E-41092 Seville，Spain

电话：+34 95 4488 284　　　传真：+34 95 4488 426

电子邮箱：eippcb@jrc. es

网址：http://eippcb. jrc. es

0.3 本书的范围

本书和一系列的其他 BREF 文件涵盖了欧盟委员会指令 96/61/EC 附件 I 中第 1.2 节内容，即石油炼制与天然气加工。

石油与天然气工业分为四大部分：原油与天然气的勘探和开采、运输、炼制和市场销售。本书仅涉及炼油行业的两方面（炼油厂和天然气工厂），具体活动和工艺在下表列出。下表还列出了与该问题相关的其他参考文件。

本书中的章节顺序	本书中使用的生产名称	每个类别工艺中的子生产或工艺	其他参考信息
2.2	烷基化	HF、H_2SO_4烷基化工艺	—
2.3	基础油生产	脱沥青，芳烃抽提，高压加氢装置，脱蜡，石蜡加工和润滑油加氢精制	—
2.4	沥青生产	—	—
2.5	催化裂化	所有类型的催化裂化装置。根据原料和工艺条件分类	—
2.6	催化重整	连续，循环和半再生	—
2.7	焦化工艺	延迟和流化焦化，焦炭煅烧	—
2.8	冷却系统	—	工业冷却系统 BREF
2.9	脱盐	—	—
2.10	能源系统	在欧洲炼油厂内能源装置包括所有类型技术的应用和所有类型燃料的使用	大型燃烧装置 BREF
2.11	醚化	MTBE，ETBE 和 TAME 的生产	—
2.12	气体分离	原油轻馏分的分离(例如炼厂燃料气，LPG)	—
2.13	加氢工艺	加氢裂化，加氢精制，加氢处理，加氢转化，临氢加工和氢化工艺	—
2.14	氢气制备	气化(焦炭和重油)，蒸汽重整和氢气提纯	—
2.15	炼油厂综合管理	环境管理活动，设施管理和总体炼油厂管理(噪声、恶臭、安全、维修)	—
2.16	异构化	C_4、C_5和C_6异构化	—
2.17	天然气加工	天然气加工相关工艺	—
2.18	聚合	聚合，二聚作用和缩合	—
2.19	初级蒸馏	常减压蒸馏装置	—
2.20	产品处理	脱硫和最终产品处理	—
2.21	原料储存和处理	储存，混合，炼油厂原料的装卸	储存 BREF
2.22	减黏裂化	—	—
2.23	减排技术(只在第 2 章中)	它综合了第 2 章中关于废气、废水和固体废物的相关内容	—
4.23	废气处理	—	废气和废水 BREF
4.24	废水处理	—	废气和废水 BREF
4.25	废弃物管理	废物处理，废物处置和焚烧	—
3.26	监测(只在第 3 章中)	—	监测 BREF

从上表可以看出，大部分工艺生产是特别针对石油炼制的，唯一的例外是 2.17 部分，在这节涉及的工艺可以在内陆天然气工厂（以本书中所用的名称确定该工业部门）中找到。这些工厂也使用一些炼油厂中所采用的末端处理技术（在 4.23～4.25 部分），

因此，两种工业类型就没有区分。

本书并不包括或者只是部分包括在炼油厂中出现的其他一些工艺和流程，因为它们被包括在其他的 BREF 文件中了。

- 大宗有机化学品 BREF 中的蒸汽裂解生产低碳烯烃、芳香族化合物（即 BTX）、环己烷、异丙苯或芳香烃烷基化的生产。
- 大型燃烧装置 BREF 中使用商业燃料油、天然气或者柴油的能量生产技术。
- 工业冷却、监测、储存、废水和废气处理等通用 BREFs 也应用于炼油厂。

TWG 认为土壤修复技术不是本 BREF 研究的内容，因为它既不是排放的预防技术也不是排放的控制技术，而是被污染土壤的净化技术。

1

总论

1.1 炼油的目的

炼油的目的是将天然原料，如原油和天然气，转化成为有用的可销售产品。原油和天然气都是天然产生的烃类化合物，在世界各地的数量和组成存在差异。在炼油厂中，它们转化为不同产品，如：

- 汽车、卡车、飞机、船舶和其他交通工具的燃料；
- 工业和家庭使用的电和热的燃料；
- 石化和化工行业的原料；
- 润滑油、石蜡/蜡和沥青等特殊产品；
- 以热（蒸汽）和电等副产品形式存在的能量。

为了生产这些产品，原料需要在大量不同的炼制设备中加工。这些工艺单元（包括辅助装置和设备）组合，将原油和天然气转化为产品，称为炼油厂。市场对产品种类的需求、可用原油的质量和主管部门设定的某些要求影响炼油厂的规模、配置和复杂程度。因此，没有完全相同的两个炼油厂。

1.2 欧盟的炼油行业

全世界炼油行业的经济和政治情况已经发生了相当显著的变化。石油和天然气勘探和开采效率的提高，以及成本的降低，导致了世界总储量的总体稳定。

欧盟42%的能源需求，以及交通所需94%的燃料都是由石油提供的。对于欧盟来说，炼油业的健康和生命力，对于保持整个工业的成功和国际竞争力的地位，以及为消费者提供具有价格竞争力的产品，有着重要的战略意义。

自1973～1974年的石油危机以后的大部分时间里，炼油业遭受了结构性的蒸馏产能过剩。只有在20世纪80年代初、90年代初，由于在这些时期的高油品价格，炼油业才取得了有吸引力的利润。此外，激烈的成本竞争、炼油业的环境达标要求和法规的不确定性加剧了某些时期盈利能力的下降。这种长期持久的衰退导致石油和天然气公司对上游和下游业务做出了重大调整，如削减生产成本、技术创新和组织结构调整。

然而，企业、政府和地方社区之间通过伙伴关系、联盟以及合资企业或并购等形式的合作，使得承包商和供应商的成本已经大幅度降低。全社会环保意识的增强大大推动了这种趋势，并且这也获得了目前立法协调机制的支持，特别是在欧洲范围内。最近新的合作的例子是BP和Mobil下游业务的合并（1998年中期），他们在1996年就已成为炼油和营销领域的伙伴，并显著节约了税前成本。最近，Total-Fina-Elf合并和Esso-Mobil合并已经完成。一个更近的例子是Statoil（蒙斯塔德，挪威）和Shell（索拉/佩尔尼斯，荷兰）的炼油能力交换。

1980～1999年，一些欧洲炼油厂已经关闭，但原油加工能力近几年有所增加，主要是由于“能力蠕变”（消除瓶颈、改善设备可靠性和延长运行周期）满足了虽较低但稳定的年1%～2%产品需求的增长。全球的“能力蠕变”估计“相当于每年6～10个额外的世界规模的炼油厂投入使用”。

原油炼制工业是很复杂的，在欧洲存在的潜在风险问题包括如下几项。

(1) 原料

稳定生产和特别是在北欧转换为轻质原油（北海）。世界原油的储量似乎能保证原料在相当长的一个时期内（约40年）的供应。表1.1为（1990～1999年）每个地区的世界原油储量和消费量的概况。

表1.1 各地区的世界原油储量和消费量

[247，USA Austria，1998]，[246，BP-AMOCO，2001]

地区	储量/($\times10^6$t)			
	1990年	1993年	1996年	1999年
欧洲	2400	2200	2500	2800
北美	5300	5000	11500	8700
南美洲和中美洲	17600	17350	11300	12200
前苏联	8200	8100	9100	8900
中国	3200	3200	3300	3400
中东	89300	89600	91600	92000
非洲	7800	8430	9000	10200
其他地区	3000	2790	2400	2600
合计	136800	136670	140700	140800

续表

地区	消费量/(×10⁶t)			
	1990年	1993年	1996年	1999年
欧洲	217.5	256.6	328.1	755.2
北美	656.5	653.8	660.7	1047.1
南美洲和中美洲	229.8	257.0	313.9	218.8
前苏联	570.7	402.3	352.6	182.0
中国	138.3	144.0	158.5	200.0
中东	861.9	945.8	983.3	215.0
非洲	320.7	332.2	359.6	115.6
其他地区	184.7	190.8	204.9	728.7
合计	3180.1	3182.5	3361.6	3462.4

由于北海原油的开采和这种轻质低硫原油产量的不断增加，欧洲炼油厂所加工的原油平均硫含量得以降低。自1985年以来，原油平均硫含量在1.0%～1.1%之间波动。然而，应注意欧洲每个地区所加工原油类型的差异，即在西北欧的炼油厂，加工的原油中平均含1.17%的硫，在大西洋地区平均含0.91%的硫，在地中海地区平均含1.2%的硫，在其他地区平均含0.64%的硫。在图1.1中，显示了不同国家和地区的炼油厂原油平均硫含量的差异。

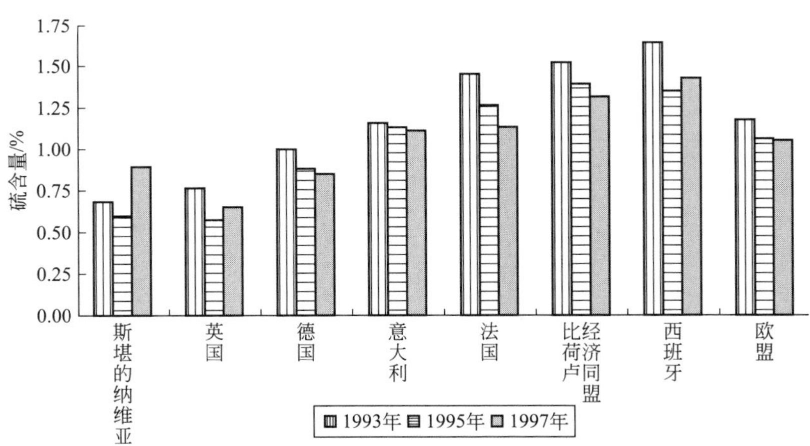

图1.1 欧洲各国及欧盟所用原油的硫含量［261，Canales，2000］

造成这种差异的局部因素有以下几方面：

- 位置靠近出产低硫原油的油田（原油从北海运到地中海的费用高达1美元/桶，因此地中海地区很少加工产自北海的低硫原油）；
- 炼油厂脱硫或处理（重）高硫原油的能力不足；
- 没有高含硫产品的销售市场（如沥青、船用燃料）；
- 一些低硫原油的其他专业化利用形式（如润滑油生产）。

任何不受上述局部因素影响的炼油厂都会最大限度地加工高硫原油，因为它们的价格相当便宜（例如，1999年9月Platt报价硫含量为2.8%的阿拉伯重油价格比含硫量1.8%的阿拉伯轻油便宜1.1美元/桶）。如果炼油厂理论上操作弹性较高，则不用考虑所加工原油的类型，产品方案就能够适应市场需求。因此，所有炼油厂可能将继续使用最便宜的原油，尽管这些原油是重硫原油和高硫原油［253，MWV，2000］，［310，Swain，2000］。

（2）炼油能力

初级加工能力过剩，一些“配错”（生产和市场需求不相容）和转化能力的过剩。欧洲的下游行业显示很多炼油厂生产了太多的汽油。表1.2为欧盟国家及瑞士和挪威（以下简称EU+或欧洲）的额定能力和生产能力。该表还反映了每种类型工艺的加工能力。1999年EU+原油加工能力约为每年7.0亿吨，其中意大利和德国加工能力最大。

表1.2 EU+的额定能力和生产能力

国家	炼油厂数目/个	额定能力/(×10^6 m^3/a) 原油	减压蒸馏	焦化	热加工	催化裂化	催化重整	催化加氢裂化	催化加氢精制	催化加氢处理
奥地利	1	12.2	3.8	—	1.0	1.6	1.3	3.0	2.9	2.3
比利时	5	41.7	15.8	—	3.7	6.5	6.0	—	13.4	16.2
丹麦	2	7.8	1.3	—	3.1	—	1.2	—	0.6	2.5
芬兰	2	11.6	5.5	—	2.0	2.6	2.5	1.2	6.0	3.4
法国	15	113.0	44.6	—	9.0	21.4	15.4	0.9	11.2	46.9
德国	17	130.3	50.3	7.0	12.1	19.5	22.9	7.0	43.3	54.0
希腊	4	22.9	7.9	—	2.8	4.2	3.3	1.6	5.0	10.1
爱尔兰	1	3.9	—	—	—	—	0.6	—	0.8	0.6
意大利	17	141.9	44.6	2.6	24.2	17.4	16.4	11.4	20.3	42.6
荷兰	6	69.0	25.0	2.1	7	6.1	10.0	6.2	5.0	32.5
挪威	2	15.0	—	1.5	1.8	3.1	2.2	—	2.0	6.2
葡萄牙	2	17.7	4.5	—	1.4	1.8	2.9	0.5	1.8	8.4
西班牙	10	77.3	25.0	1.7	8.6	11.1	12.0	0.9	4.9	26.3
瑞典	5	24.8	7.8	—	3.6	1.7	4.1	2.80	4.1	11.0
瑞士	2	7.7	1.4	—	1.2	—	1.6	0.4	1.6	4.3
英国	13	107.6	46.9	3.9	5.5	26.1	21.4	3.2	15.0	50.2
EU+	104	804.3	284.4	18.9	86.7	123.2	123.8	39.1	137.9	317.5

减压蒸馏已包括在本书的初级蒸馏部分。

热加工包括减黏裂化(在本书内)和热裂化(在LVOC BREF中)。

催化加氢裂化、加氢精制和加氢处理包括在加氢工艺中。

催化加氢精制包括10%及以下原料的分子大小减小的工艺。它包括常压渣油和重燃料柴油，催化裂化装置处理物料和中间馏分的脱硫。

催化加氢处理原料没有发生分子大小减小。它包括催化重整原料预处理、石脑油脱硫、石脑油烯烃/芳烃饱和、直馏、催化裂化原料预处理、其他馏分预处理和基础油修正。

续表

生产能力/(×10⁶m³/a)										
国家	烷基化	聚合、二聚	芳烃	异构化	基础油生产	醚化	氢/(标)(Mm³/d)	焦炭/(t/d)	硫/(t/d)	沥青
奥地利	—	—	3.8	—	1.0	1.6	1.3	—	2.9	0.1
比利时	0.8	—	—	0.1	—	0.3	4.4	—	1184	1.5
丹麦	—	—	—	0.1	—	—	—	—	—	0.5
芬兰	0.2	—	—	0.3	—	—	—	—	—	0.5
法国	1.1	0.02	—	—	—	0.2	0.6	—	156	0.7
德国	1.4	0.35	0.3	4.0	2.3	0.2	1.3	701	850	2.6
希腊	0.1	0.14	3.85	3.4	1.5	0.9	35.5	3570	1982	5.2
爱尔兰	—	0.51	—	1.2	0.2	0.1	0.5	—	186	0.3
意大利	2.1	—	—	—	—	—	—	—	2	—
荷兰	0.7	0.18	1.3	5.2	1.6	0.3	6.5	2000	1410	1.3
挪威	—	—	1.5	0.8	0.7	0.2	4.1	—	823	0.8
葡萄牙	0.3	0.67	—	0.2	—	—	—	610	24	—
西班牙	0.9	—	1.9	0.8	0.5	0.6	3.0	1250	703	2.8
瑞典	—	0.20	—	1.6	0.1	—	1.3	—	312	1.7
瑞士	—	—	—	0.6	—	—	—	—	—	0.3
英国	5.4	0.97	—	5.6	1.4	0.2	2.7	2300	612	3.5
EU+	13.1	3.04	10.7	24.6	8.3	3.2	59.9	1043.1	8604	21.0
芳烃生产虽然在一些炼油厂中存在，但纳入 LVOC BREF 中。										

注：数据来自［73，Radler，1998］并经 TWG 审核。

由于 20 世纪 70 年代石油价格的冲击，在 20 世纪 80 年代初，炼油厂蒸馏能力大幅下降。与此同时，行业对原料油的转化能力和轻质交通燃料需求的再平衡投资很大。官方数字显示，额定能力的进一步少量降低直到 1995 年才结束。自 1986 年，结合需求的缓慢上升，装置蒸馏产能利用率才明显增加，从 1981 年 60%的低点到 1997 年的平均 90%以上，并且北欧高、南欧低。

不同国家的供应和需求平衡差异很大，特别是德国供应极其短缺。伊比利亚油品需求的增长远高于欧盟平均水平，特别是在交通运输燃料方面。然而，20 世纪 90 年代地中海地区与欧洲其他国家的油品需求增长速度一致。即使在最有利的情况下，在未来十年，欧洲炼油能力几乎肯定会超过需求。国际贸易机会只能在有限限度内影响欧洲的产能过剩。欧盟每年炼油产能过剩约（7～10）×10^7t（相当于 9～13 家炼油厂）。

(3) 经济

炼油厂的低利润率和低投资回报刺激炼油厂要么发展其他产品，如利润率较高的电力、氢气和石化产品，要么关闭（例如挪威的 Sola）。

(4) 政治

政治压力和世界一些地区的经济衰退，对欧洲经济和炼油厂升级的影响显著，甚至影响世界各地新建炼油厂项目实施。

(5) 产品市场

柴油和煤油需求增长，汽油需求稳定，对轻质取暖油和重燃料油需求下降，以及对石化产品需求日益增长。预计在俄罗斯联邦和中东炼油厂之间会出现竞争。表 1.3 为西欧产品需求的发展。

表 1.3 西欧产品需求的发展 [118，VROM，1999]

炼油产品	1995 年需求		平均每年增长/%
	$\times10^6$t	占总百分数/%	1995～2010 年
石脑油化学原料	40	7	1.5
汽油	125	20	0.7
喷气燃料(煤油)	40	7	2.7
柴油	115	19	2.3
燃料油(轻质内陆)	110	18	−1.4
重质电力燃料油	75	13	−2.6
重质船用燃料油	30	5	0.7
其他产品①	65	11	—
合计	600	100	—

① 其他产品（1995 年为 65Mt）包括润滑油和沥青产品及炼厂燃料（据估计为 38.7Mt/a）。

注：表中数值为奥地利、比利时、丹麦、芬兰、法国、德国、希腊、爱尔兰、意大利、荷兰、挪威、葡萄牙、西班牙、瑞典、瑞士、土耳其和英国的总和。

(6) 产品质量

更清洁的燃料。新规范要求必须降低所有类型汽车燃料的硫含量，汽油中更低的芳烃特别是苯的含量，降低柴油中的多环芳烃和提高柴油的十六烷值，以后逐步淘汰汽油中的铅。发展趋势是，所有炼油厂产品的环境质量要求将会更加严格。这些要求是专为汽车燃料而制订的（汽车用油Ⅰ和Ⅱ）（参见表 1.4）。

表 1.4 石油产品规格 [118，VROM，1999]，[61，Decroocq，1997] **和 29/6/98 环保决策**

炼油产品	单位	产品规格		
		2000 年前	汽车用油Ⅰ 2000 年	汽车用油Ⅱ 2005 年
汽油				
硫	$\times10^{-6}$	最大值 500	最大值 150	最大值 50
芳烃	体积分数/%	无特别要求	最大值 42	最大值 35
烯烃	体积分数/%	无特别要求	最大值 18	最大值未知
苯	体积分数/%	最大值 5	最大值 1	最大值未知

续表

炼油产品	单位	产品规格		
		2000 年前	汽车用油Ⅰ 2000 年	汽车用油Ⅱ 2005 年
汽油				
100℃蒸发量(夏季)	%	最大值 65/70	最小值 46	最小值未知
150℃蒸发量(冬季)	%	—	最小值 75	最小值未知
雷德蒸汽压,夏季	kPa	80	最大值 60	未知
氧	%	最大值 2.5	最大值 2.3	最大值未知
柴油				
硫	$\times 10^{-6}$	最大值 500	最大值 350	最大值 50
十六烷值		最小值 49	最小值 51	最小值未知
密度(15℃)	kg/m^3	最大值 860	最大值 845	最大值未知
T95%	℃	最大值 370	最大值 360	最大值未知
多环芳香烃	质量分数/%	无	最大值 11	最大值未知
加热柴油		2008 年		
硫	质量分数/%	最大值 0.1		
内陆重质燃料油		2003 年		
硫	质量分数/%	1		
硫氧化物排放控制区的船用燃料油		IMO-2003		
硫	质量分数/%	1.5		

此外，欧盟酸化问题将对液体燃料硫含量施加额外压力，因此对于炼油厂含硫燃料的使用也是如此。满足这些新规格将需要额外投资，特别是在脱硫能力方面，并对上述部门重组过程增加更多压力。

(7) 环境

炼油厂减少排放是一个重大问题。在未来，炼油厂因为转化量的增加而使燃料消费量将更高（以目前的能源效率要消耗 49Mt/a）。炼油厂燃料的组成将进行调整，不能排除将淘汰采用液体燃料组分的炼油厂（1995 年估计为 11Mt/a）。由于减少炼油厂液体燃料的使用，它们中的一些渣油成分将导致需要更多的投资用于蒸馏渣油（如焦化、热裂化或气化）（2010 年重燃料油需求最大减少 25Mt/a）[118，VROM，1999]。

(8) 自动化

应用信息技术，如强化工艺控制和管理系统。这些投资能够节约相当大的成本和人力，并提高效率。

1.3 欧洲炼油厂

目前大约有100家原油炼油厂分布在EU+国家。这些炼油厂中有10家炼油厂专门生产润滑油基础原料或沥青。因为存在很多情况，所以很难得出炼油厂数量的精确数字作为合并的结果，即使组成部分可能相距几公里，这些分开的炼油厂现在实施一体化管理，共用一些设施。德国和意大利是欧洲炼油厂最多的国家，卢森堡则没有炼油厂。欧洲已确定有4家沿海天然气厂。从图1.2也可以看出欧洲各国炼油厂的分布。从图1.2中的地图可以看出，炼油厂主要分布在靠近海洋或大河的地方，这是因为它要满足大量冷却用水的需求以及便利的原料和产品海上运输。欧洲有一些地方的炼油厂比较集中[如荷兰的鹿特丹（5座）、比利时的安特卫普（5座）和意大利的西西里岛（4座）]。

由于欧洲炼油行业产能过剩，因此在过去25年里极少建设新炼油厂。事实上，只有9%的现有炼油厂在此期间建成，仅仅2%是过去十年建成的。95%的炼油厂建于1981年以前，44%的炼油厂是在1961年以前建成的（参见表1.5）。虽然大多数炼油厂已升级，自它们首次建成投产后又有新的部分建成，但其整体结构以及一些特殊设施，如排水系统类型，将基本上保持不变。

表1.5 不同时期建造的炼油厂所占百分比（来源：CONCAWE）

时间段	该时间段建成炼油厂的数目	该时间段建成炼油厂所占百分比/%	累积百分比/%
1900年以前	1	1	1
1900～1910年	2	2	3
1911～1920年	1	1	4
1921～1930年	9	9	13
1931～1940年	7	7	19
1941～1950年	8	8	27
1951～1960年	17	17	44
1961～1970年	41	41	83
1971～1980年	12	12	95
1981～1990年	3	3	98
1991～2000年	2	2	100
合计	103	—	—

注：Martinique炼油厂不包括在本表中。一些炼油厂近日已拆除。

欧洲已确定有4家沿海天然气厂，其中3家在荷兰，1家在挪威。

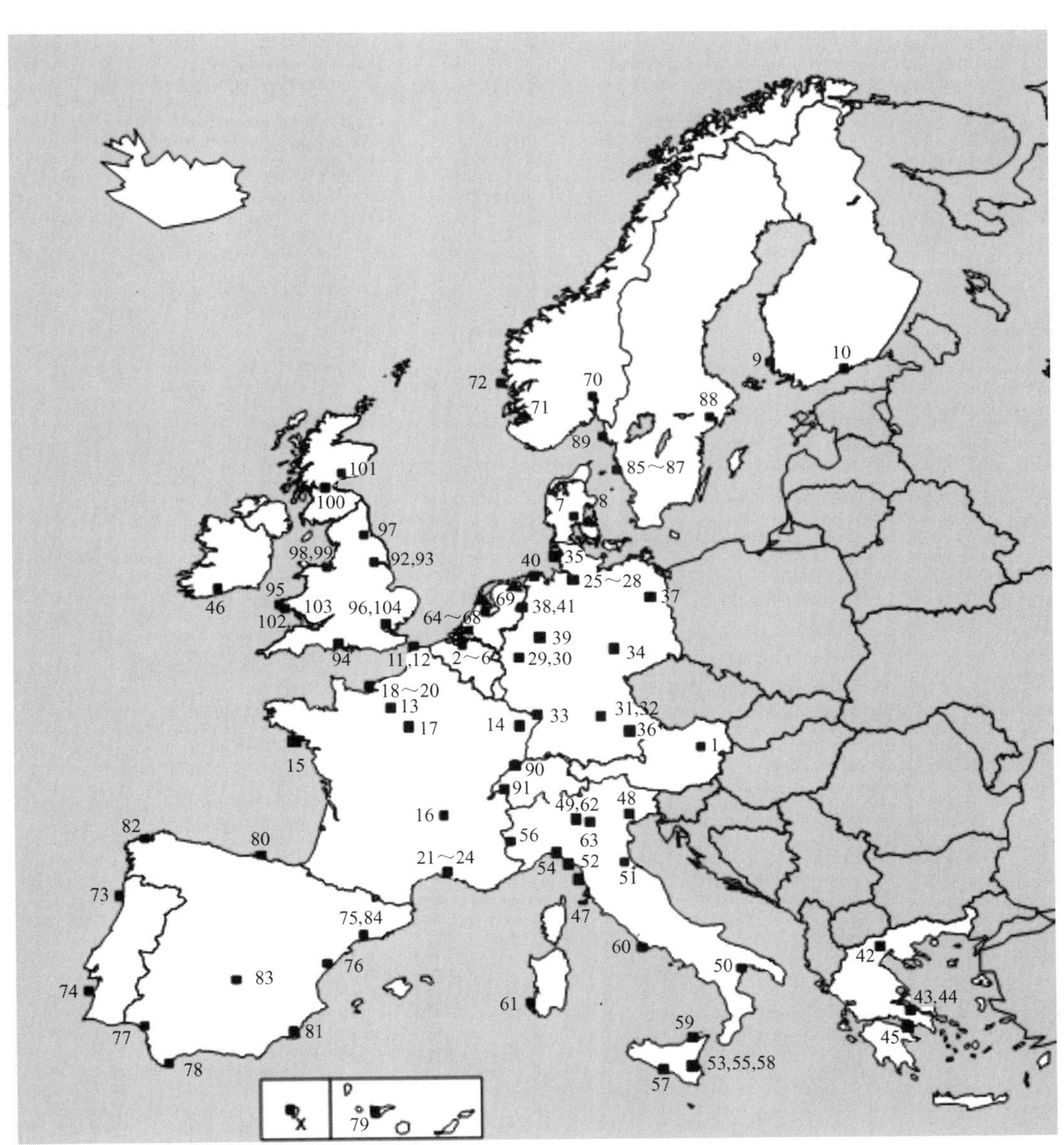

10
9
72
70
71
88
89
85～87
101
100
7
8
97
98,99
92,93
40
35
25～28
46
95
69
37
103
96,104
38,41
102
64～68
39
34
94
11,12
2～6
29,30
18～20
13
33
31,32
17
14
36
1
15
90
91
48
16
49,62
82
80
56
63
21～24
54
52
51
73
47
75,84
60
42
76
50
83
74
61
43,44
59
45
77
81
53,55,58
78
57
79

图 1.2

序号	国家	炼油厂地点	序号	国家	炼油厂地点
1	奥地利	Schwechat	56	意大利	Frassino, Mantova
2～6	比利时	Antwerp	57		Gela,Ragusa
7	丹麦	Fredericia	58		Siracusa
8		Kalundborg	59		Milazzo,Messina
9	芬兰	Naantali	60		Roma
10		Porvoo	61		Sarroch
11,12	法国	Dunkirk	62		S. Martino Di Trecate
X		Martinique	63		Cremona
13		Petit Couronne	64	荷兰	Rotterdam
14		Reichstett-Vendenheim	65		Rotterdam
15		Donges	66		Europoort
16		Feyzin	67		Pernis
17		Grandpuits	68		Vlissingen
18		Gonfrevill l'Orcher	69		*Amsterdam*
19		Port Jerome	69. a		Den Helder/Emmen
20		Notre Dame Gravenchon	69. b		Uithuizermeeden
21		La Mede	70	挪威	Slagen
22		Berre l'Etang	71		Kårstø
23		Fos sur Mer	72		Mongstad
24		Lavera	73	葡萄牙	Leca da Palmeira-Porto
25	德国	*Hamburg Grasbrook*	74		Sines
26		*Hamburg-Neuhof*	75	西班牙	Tarragona
27		Hamburg-Harburg	76		Castellón de la Plana
28		Hamburg-Wilhelmsburg	77		Huelva
29		Godorf	78		Algeciras-Cádiz
30		Wesseling	79		Tenerife
31		Ingolstadt	80		Somorrostro-Vizcaya
32		Ingolstadt/Vohburg/Neustadt	81		Cartagena-Murcia
33		Karlsruhe	82		La Coruña
34		Spergau/Leuna	83		Puertollano-Ciudad Real
35		Heide	84		*Tarragona*
36		Burghausen	85	瑞典	Gothenburg
37		Schwedt	86		Gothenburg
38		*Salzbergen*	87		Gothenburg
39		Gelsenkirchen	88		*Nynashamn*
40		Wilhelmshaven	89		Brofjorden-Lysekil
41		Lingen	90	瑞士	Cressier
42	希腊	Thessaloniki	91		Collombey
43		Asprogyrgos	92	英国	South Killingholme
44		Elefsis	93		Killingholme S. Humberside
45		Aghii Theodori	94		Fawley
46	爱尔兰	Whitegate	95		Milford Haven
47	意大利	Livorno	96		Coryton Essex
48		Porto Marghera	97		Port Clarence
49		Pavia	98		*Ellesmere Port*
50		Taranto	99		Stanlow
51		Falconara Marittima	100		Grangemouth
52		La Spezia	101		*Dundee*
53		Augusta, Siracusa	102		Pembroke,Dyfed
54		Busalla	103		*Llandarcy,Neath*
55		Priolo Gargallo	104		*Shell Haven*

图 1.2　欧洲炼油厂地理分布

■—炼油厂（斜体：润滑油和沥青炼油厂）；▲—天然气工厂（下划线）

1.3.1 欧洲炼油厂的技术特点

表 1.6 是目前每个国家炼油厂运行装置的数量。可以看出，原油蒸馏和减压蒸馏、催化加氢处理和催化重整是最常见的工艺，因为它们在最简单的炼油厂中也存在。之所以催化加氢处理装置数量多于炼油厂，原因在于平均每家欧洲炼油厂有不止一套催化加氢处理装置。在欧洲炼油厂最不常见的工艺是焦化和聚合/二聚。

表 1.6 每个国家炼油厂运行装置的数量 [73，Radler，1998] 单位：个

国家	炼油厂数量	原油蒸馏	减压精馏	焦化	热操作	催化裂化	催化重整	催化加氢裂化	催化加氢精制	催化加氢处理
奥地利	1	2	2	—	1	1	2	2	3	2
比利时	5	5	4	—	2	2	4	—	3	5
丹麦	2	2	1	—	2	—	2	—	1	3
芬兰	2	3	5	—	2	2	2	1	6	8
法国	15	14	14	—	8	12	14	1	7	29
德国	17	14	15	5	10	9	18	5	14	28
希腊	4	6	4	—	2	2	4	1	5	11
爱尔兰	1	1	—	—	—	—	1	—	1	1
意大利	17	17	15	1	15	7	18	6	13	26
荷兰	6	6	6	1	4	2	5	3	1	15
挪威	2	2	—	1	1	1	3	—	2	5
葡萄牙	2	2	2	—	1	1	3	1	1	6
西班牙	10	10	10	2	5	6	9	1	25	17
瑞典	5	5	4	—	2	1	3	1	3	7
瑞士	2	2	1	—	2	—	2	1	1	4
英国	13	10	11	1	3	7	9	1	7	13
EU+	104	101	94	11	60	53	99	24	93	180

国家	炼油厂数量	烷基化	聚合/二聚	芳烃	异构化	基础油生产	醚化	氢气	焦炭	硫	沥青
奥地利	1	—	—	—	1	—	2	—	—	1	1
比利时	5	2	1	—	1	—	1	2	—	4	3
丹麦	2	—	—	—	1	—	—	—	—	—	1
芬兰	2	1	1	1	—	1	2	1	—	3	4
法国	15	4	2	2	7	5	4	4	3	6	6
德国	17	3	2	13	6	5	5	—	4	10	9
希腊	4	1	2	—	3	1	2	5	—	3	2
爱尔兰	1	—	—	—	—	—	—	—	—	1	—
意大利	17	6	1	4	12	2	5	11	1	7	5

续表

国家	炼油厂数量	烷基化	聚合/二聚	芳烃	异构化	基础油生产	醚化	氢气	焦炭	硫	沥青
荷兰	6	2	—	1	2	2	2	4	—	3	3
挪威	2	—	1	—	1	—	—	—	1	1	—
葡萄牙	2	1	—	1	—	—	—	—	—	1	—
西班牙	10	3	—	5	2	4	5	7	2	18	7
瑞典	5	—	1	—	3	1	—	3	—	4	2
瑞士	2	—	—	—	2	—	—	—	—	—	1
英国	13	6	3	3	4	4	2	2	1	4	7
EU+	104	29	14	30	45	25	30	39	12	66	51

注：对于工艺的定义参见表 1.2。

通过分析其中一些炼油工艺发现，应用于特定工艺的某些技术类型或某种技术。例如，目前烷基化有两种技术，即硫酸法和氢氟酸法。在这种情况下，这两种技术是竞争对手，但在其他情况下，比如加氢处理，一种技术并不排斥另一种技术［这些情况在表 1.7 以（*）标出］。这些工艺所用技术的百分比如表 1.7 所列，该表数据来源已经通过 TWG 成员审核［73，Radler，1998］。从表中可以看出，在一些特定工艺中，有的技术在欧洲炼油厂中占主导地位。这类技术包括延迟焦化、减黏裂化、催化裂化、氢氟酸烷基化、C_5 和 C_6 异构化、MTBE 的生产和蒸汽重整制氢。而另一些工艺中，没有哪一项技术占主导，如催化重整、催化加氢精制、催化加氢处理和氢回收工艺。

表 1.7　特定工艺在 EU+炼油厂中所占的百分比（每种工艺类型）［73，Radler，1998］

<table>
<tr><th colspan="2">工艺</th><th>使用的技术</th><th>所占百分比</th></tr>
<tr><td colspan="2" rowspan="3">焦化</td><td>延迟焦化</td><td>82%</td></tr>
<tr><td>其他</td><td>18%</td></tr>
<tr><td>流化焦化</td><td>0%</td></tr>
<tr><td colspan="2" rowspan="2">热操作</td><td>减黏裂化</td><td>82%</td></tr>
<tr><td>热裂化</td><td>18%</td></tr>
<tr><td colspan="2" rowspan="2">催化裂化</td><td>流化</td><td>94%</td></tr>
<tr><td>其他</td><td>6%</td></tr>
<tr><td colspan="2" rowspan="4">催化重整</td><td>半再生</td><td>55%</td></tr>
<tr><td>连续再生</td><td>27%</td></tr>
<tr><td>循环</td><td>14%</td></tr>
<tr><td>其他</td><td>4%</td></tr>
<tr><td rowspan="6">催化加氢裂化</td><td rowspan="4">用于</td><td>馏出物升级</td><td>68%</td></tr>
<tr><td>其他</td><td>27%</td></tr>
<tr><td>渣油升级</td><td>5%</td></tr>
<tr><td>润滑油生产</td><td>0%</td></tr>
<tr><td rowspan="2">严格</td><td>常规</td><td>64%</td></tr>
<tr><td>轻度至中等加氢裂化</td><td>36%</td></tr>
</table>

续表

工艺		使用的技术	所占百分比
催化加氢精制[①]		中间馏出物	46%
		重柴油脱硫	32%
		催化裂化装置和循环原料处理	13%
		渣油脱硫	6%
		其他	3%
催化加氢处理[①]		石脑油脱硫	28%
		直馏馏分	24%
		催化重整原料预处理	24%
		润滑油精制	7%
		石脑油烯烃或芳香烃饱和	5%
		其他馏分	5%
		其他	5%
		催化裂化原料预处理	3%
烷基化		氢氟酸	77%
		硫酸	20%
		其他	3%
聚合/二聚		聚合	79%
		二聚	21%
芳烃[①]		BTX	59%
		加氢脱烷基	28%
		环己烷	10%
		异丙苯	3%
异构化		C_5和C_6原料	80%
		C_5原料	11%
		C_4原料	9%
醚化		MTBE	79%
		TAME	11%
		ETBE	7%
		其他	4%
氢	生产	蒸汽甲烷重整	57%
		蒸汽石油脑重整	32%
		部分氧化	11%
	回收	变压吸附	52%
		膜	29%
		低温	19%

① 有特定工艺的EU+炼油厂总数目列在前面表中。对于工艺的定义参见表1.2。

下面是工艺类型的分析，表 1.8 为 EU+炼油厂各种工艺的加工能力范围。从表中可以看出，范围相当大，再次解释了 EU+炼油厂类型的多样性。例如，原油装置或催化加氢处理装置能力存在着巨大差异。焦化工艺和烷基化工艺的差异较小。

表 1.8 EU+炼油厂各种工艺的加工能力范围 [73，Radler，1998]

工艺	最大值	平均值	最小值
额定能力/(Mm^3/a)			
原油	23.21	7.96	0.46
减压蒸馏	10.73	3.03	0.26
焦化	3.95	1.72	0.78
热操作	3.50	1.45	0.39
催化裂化	5.22	2.33	0.52
催化重整	3.08	1.26	0.08
催化加氢裂化	3.77	1.63	0.05
催化加氢精制	6.96	1.48	0.23
催化加氢处理	8.01	1.78	0.02
生产能力/(Mm^3/a)			
烷基化	1.89	0.45	0.14
聚合/二聚	0.67	0.22	0.02
芳烃	1.49	0.36	0.04
异构化	1.18	0.55	0.11
基础油生产	1.03	0.33	0.03
醚化	0.50	0.11	0.01
氢气/(标)(Mm^3/d)	3.23	1.54	0.003
焦炭/(t/d)	2300	869	173
硫/(t/d)	650	130	2
沥青	1.16	0.41	0.07

注：对于工艺的定义参见表 1.2。

定义炼油厂复杂程度的方法有很多 [287，Johnstone，1996]。图 1.3 的构建使用了 Nelson 炼油厂复杂性指数。如表 1.9 所列，在荷兰技术备忘录 [118，VROM，1999] 中，欧盟炼油厂按配置进行分类。如图 1.4 所示，CONCAWE [115，CONCAWE，1999] 将 1969～1997 年间存在的炼油厂按类型分组（与表 1.9 中根据配置的定义不同）。工业上也使用了其他的定义，如 FCC 当量（炼油工业 CECDG 运输报告）或所罗门协会使用的等效蒸馏能力。

图 1.3 试图说明欧洲炼油厂复杂性的不同，*Y* 轴代表由 Nelson 炼油厂复杂性指数计算的炼油厂复杂程度 [287，Johnstone，1996]❶，*X* 轴代表不同 EU+国家。如果将

❶ Nelson 开发了一个系统来量化构成炼油厂各部分的相关成本。这是一个纯粹的成本指数，它为以原油和升级能力为基础的特定炼油厂提供了相对衡量建设成本的途径。Nelson 令蒸馏装置的指数为 1，其他所有装置以与蒸馏装置的相对成本进行成本计算。

Y 轴上 EU＋炼油厂间的差距分为 4 个类别（小于 3.9、3.9～6.1、6.1～8.4、大于 8.4❶）。其中，18％的炼油厂属于最低类别，30％的炼油厂属于第二类，41％的炼油厂属于第三类，11％的炼油厂属于更复杂一些的类别。因此 7/10 的 EU＋炼油厂为中等复杂炼油厂。

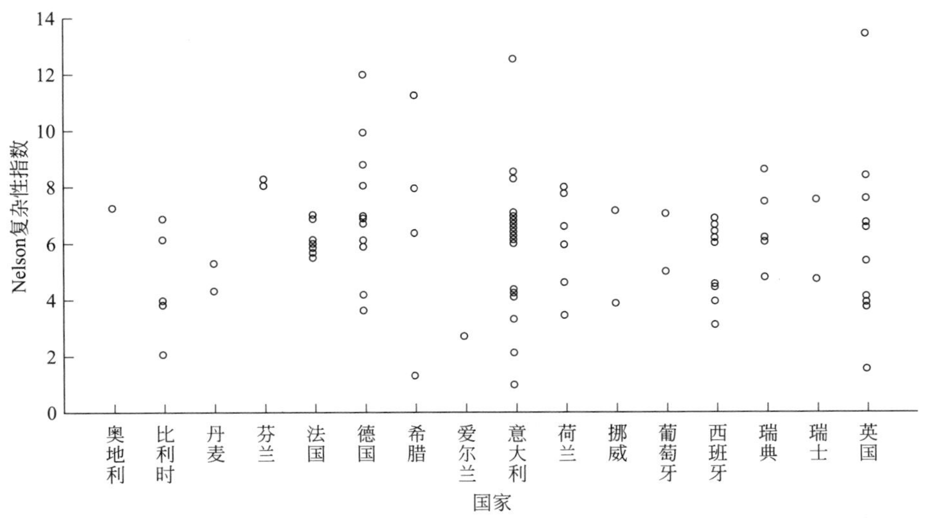

图 1.3 欧洲各国炼油厂的 Nelson 复杂性指数（平均 6.1）

一些研究常常根据复杂性将炼油厂分为几种配置类型（更多信息参见附录Ⅱ）。一种分类是将炼油厂分为 5 种不同配置类型，如表 1.9 所列。根据该分类，在欧洲约有 26 套拔顶加氢装置仍在运行（有或没有热裂化）。EU＋炼油厂最普通的类型是催化裂化配置。

表 1.9 欧洲炼油厂的配置类型 [118，VROM，1999]

国家	炼油厂数量/个	基础油和沥青型炼油厂数量/个	类型Ⅰ 拔顶加氢＋异构化装置 数量/个	类型Ⅱ 催化裂化配置 数量/个	类型Ⅲ 加氢裂化配置 数量/个	类型Ⅳ 带有催化裂化的非常复杂的炼油厂 数量/个
奥地利	1			1		
比利时	5		1	2	1	1
丹麦	2		2			
芬兰	2			1		1
法国	15		4	10		1
德国	17	3	2	8	3	1
希腊	4		2	1		1
爱尔兰	1		1			

❶ 类别的限值以平均值±标准偏差计算。

续表

国家	炼油厂数量/个	基础油和沥青型炼油厂数量/个	类型Ⅰ 拔顶加氢+异构化装置 数量/个	类型Ⅱ 催化裂化配置数量/个	类型Ⅲ 加氢裂化配置数量/个	类型Ⅳ 带有催化裂化的非常复杂的炼油厂数量/个
意大利	17		6	4	4	3
荷兰	6	1	1	1	2	1
挪威	2		1	1		
葡萄牙	2		1		1	
西班牙	10	1	2	6	1	
瑞典	5	2	2			1
瑞士	2		1		1	
英国	13	3		7	1	2
合计	104	10	26	42	14	12

图 1.4 显示了 EU+炼油厂复杂性的演变。可以看出，Ⅰ型炼油厂数量已逐年下降。为了更有效地利用原油，欧洲炼油厂中深度转化装置数量不断增加。

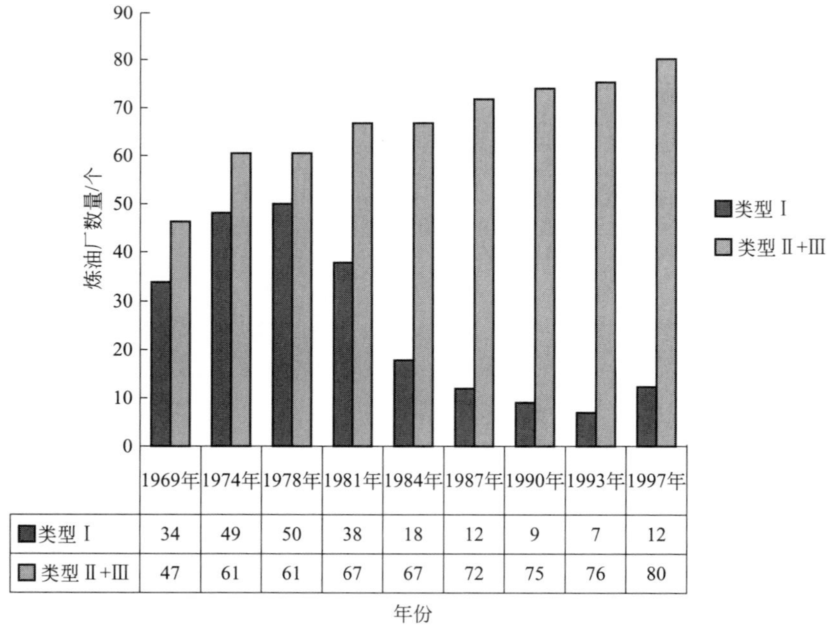

	1969年	1974年	1978年	1981年	1984年	1987年	1990年	1993年	1997年
类型Ⅰ	34	49	50	38	18	12	9	7	12
类型Ⅱ+Ⅲ	47	61	61	67	67	72	75	76	80

图 1.4 欧洲炼油厂复杂性的演变［115，CONCAWE，1999］

图 1.4 中Ⅰ型为简单的或无转化的炼油厂。由原油蒸馏和重整、蒸馏产品处理等构成，包括脱硫和/或其他改进质量的工艺（如异构化或专业制造）。

Ⅱ型为轻度转化（Ⅰ型附加热裂化和减黏裂化）。

Ⅲ型为复杂（Ⅱ型附加流化催化裂化和/或加氢裂化）。

在上述类型中都可能生产沥青或润滑油，显然增加了相关复杂性。无润滑油或沥青的炼油厂也包括在本图内。

1.3.2 欧洲炼油行业的就业

据估计，在1998年，欧洲炼油厂经营者共雇佣了55000名直属雇员和35000名合同人员（以报送给CONCAWE的年度安全统计报告中的工作工时数字为依据）。这些数字是根据报道的工时除以1840计算得到的人年数。对于合同人员，一部分为炼油厂的全职职工，而另一些只在合同期限内工作。因此，实际人数将会更多。

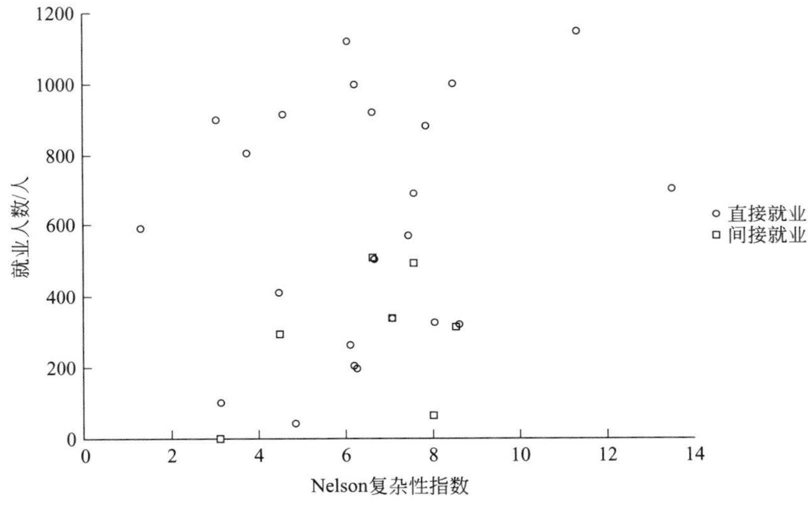

图1.5 欧洲炼油厂的就业人数和炼油厂复杂性间关系

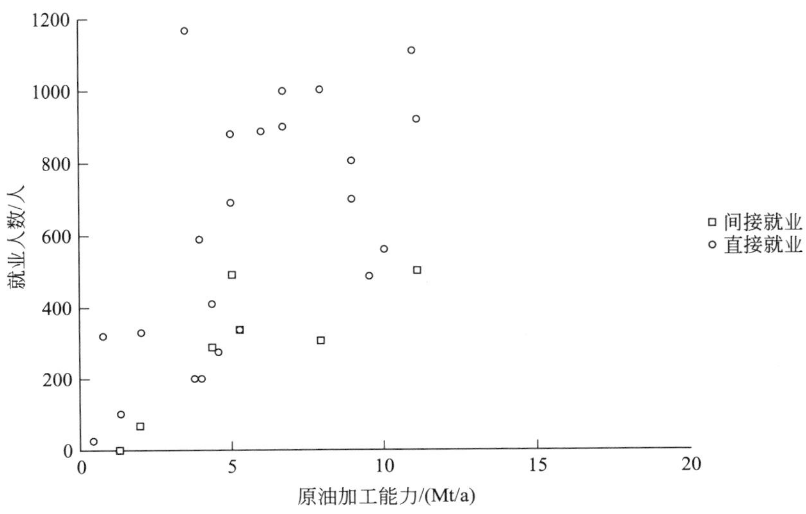

图1.6 欧洲炼油厂的就业人数和炼油厂加工能力的关系

为了获得单个炼油厂的大概雇佣人数，EU+炼油厂雇员人数（每年平均值）被表示为炼油厂复杂性（见图 1.5）和原油加工能力（见图 1.6）的函数。在两个图中绘制了间接或直接就业的可用数据。可以看出，在就业机会增加的同时复杂性或原油产能也在增加。

即使炼油厂的复杂性和加工能力相同，它的雇员数目也存在巨大差异。比如，同样加工能力为 5Mt/a 的炼油厂，雇员人数少的不到 300 人，多的约有 900 人。绘制 Nelson 复杂性指数时也存在巨大差异。

1.4 炼油行业主要环境问题

炼油厂管理着大量原材料和产品，生产需要密集消耗大量能量和水。在储存和炼制过程中，炼油厂向大气、水和土壤排放污染物，在某种程度上，环境管理已成为炼油厂的一个主要因素。炼油行业是一个成熟的产业，大多数炼油厂很长时间以来就已经不同程度地实施着污染物削减计划。因此，炼油厂每吨原油加工的污染排放量已开始下降并会继续下降。

关于炼油厂排放污染物的数量和质量，重要的是要知道在宏观规模上原油组成的变化并不大。此外，炼油厂使用的原油往往局限于一个比较狭窄的范围内。一般来说，将原油在这个范围内由一种更换为另一种，通常炼油厂污染排放不会有大的变化。因此在炼油厂正常运行期间，它向环境排放污染物的类型和数量是已知的。然而，炼油厂不时加工预先未知的原油会对炼油厂性能产生不可预见的影响，并导致污染排放的增加。这特别可能影响水污染物的排放，并在轻微一些的程度上影响大气排放。

1.4.1 大气排放

发电厂、锅炉、加热炉和催化裂化是 CO 和 CO_2、NO_x、颗粒物、SO_x 排放的主要来源。炼油过程需要大量能量；通常超过 60%的炼油厂排放物都与不同工艺的能量生产有关。硫黄回收装置和火炬也增加了这些污染物排放。催化剂更换及焦化设备会释放颗粒物。在储存、产品装载和处理设施、油/水分离系统会释放 VOCs，从法兰、阀门、密封件及排水口产生逸散性排放。其他大气排放物为 H_2S、NH_3、BTX、CS_2、COS、HF 和金属颗粒物（钒、镍和其他一些金属）。表 1.10 简要总结了炼油厂排放的主要大气污染物及其主要来源。

CO_2是温室气体，在全球气候变化争论中最引人关注。CO_2 排放的主要来源是能源生产。自 1973 年第一次石油危机以来，炼油厂一致努力以提高能源效率。尽管有这些节能措施，炼油厂的能量需求却由于提高产品规格和产品从重质燃料油转向交通燃料而增加。

表 1.10 炼油厂排放的主要大气污染物及其主要来源

主要大气污染物	主要来源
CO_2	工艺加热炉、锅炉、燃气轮机 流化催化裂化再生器 一氧化碳锅炉 火炬系统 焚烧炉
CO	工艺加热炉和锅炉 流化催化裂化再生器 一氧化碳锅炉 硫黄回收装置 火炬系统 焚烧炉
NO_x (N_2O、NO、NO_2)	工艺加热炉、锅炉、燃气轮机 流化催化裂化再生器 一氧化碳锅炉 焦炭煅烧炉 焚烧炉 火炬系统
颗粒物(包括金属)	工艺加热炉和锅炉,特别是燃烧炼油厂液体燃料时 流化催化裂化再生器 一氧化碳锅炉 焦化装置 焚烧炉
SO_x	工艺加热炉、锅炉、燃气轮机 流化催化裂化再生器 一氧化碳锅炉 焦炭煅烧炉 硫黄回收装置(SRU) 火炬系统 焚烧炉
VOCs	储存和处理设施 气体分离装置 油水分离系统 逸散性排放(阀门、法兰等) 工艺排气 火炬系统

CO 始终为燃烧过程的中间产物，特别是在不充分燃烧条件下。然而，与 CO_2 排放相比，炼油厂相关的 CO 排放不是很高。

NO_x 排放到大气中可以与水结合，是酸雨的组成部分。此外，NO_x 在阳光下结合挥发性有机化合物，可能在低层大气中形成臭氧。NO_x 的来源主要是燃烧过程；在燃料燃烧过程中，氮（主要来源于助燃空气自身）转化为 NO_2 和 NO 混合物。燃烧条件十分重要。N_2O（笑气）是一种强温室效应气体，对平流层臭氧损耗有很大贡献。

颗粒物排放已成为关注的焦点，因为它们对健康有潜在的不利影响。颗粒物排放主要来源于燃料油燃烧，尤其是在非最佳燃烧状况。另一个来源是催化裂化装置。

SO_x 排放到大气中能与水结合，是酸雨的组成部分。SO_x 的主要来源是能量生产。在燃烧过程中，燃料中的硫转化为 SO_2 和 SO_3 混合物。另外，硫黄回收装置的烟气也排放 SO_x，通常规模较小。在燃烧过程中原料中的硫含量与所产生烟气中的 SO_x 含量直接相关联。一般来说，炼油厂燃料的硫含量与能量需求、加工原油类型、排放标准和经济最优化之间需要仔细平衡。

如上所述，VOCs 能在阳光下与 NO_x 反应，在低层大气中形成臭氧。此外，VOCs 的排放可能会引起恶臭问题，导致附近居民的投诉。在储存和运输中，VOCs 来源于少量烃类化合物的蒸发与泄漏。在非最佳燃烧条件下，也可能产生烃类化合物的排放，但只占很少的部分。

炼油厂削减向空气中排放 SO_2 已经取得进展，环境争论的焦点已开始转向 VOCs（包括恶臭）、颗粒物（粒径和组成）和 NO_x。关于 CO_2 排放的争论势头强劲，也会对炼油厂产生严重影响。

1.4.2 废水排放

在炼油厂中，水大量用于工艺水和冷却水。一旦受到石油产品污染，导致排水的耗氧量增加。炼油厂废水排放来源包括如下几项。

- 工艺水、蒸汽和清洗用水。这类水会与工艺液体接触，并与油分离，将带走 H_2S、NH_3 和酚。更严重是在转化过程中，工艺水会带走许多 H_2S 和 NH_3。工艺水经过几个典型处理步骤后排放到环境。
- 冷却水，单程或循环系统。这些水在理论上不含油。然而，即使在低浓度系统中，也会发生向单程系统的渗漏，导致大量物料损失，因为用水量很大。
- 工艺区域的雨水。这类水没有与工艺液体接触，但降落在被油污染的地面。被称为意外被油污染的水，通常经处理后排放到环境中。
- 非工艺区域的雨水。这类水不含油。

炼油厂废水中主要污染物是油和烃类化合物，其他污染物有 H_2S、NH_3、酚、苯、氰化物和含有金属的悬浮固体以及无机化合物（如卤化物、硫酸盐、磷酸盐、硫化物）。表 1.11 概括了炼油厂废水中的主要污染物及其主要来源。

表 1.11 炼油厂废水中的主要污染物及其主要来源 [115，CONCAWE，1999]

水污染物	来　源
油	蒸馏装置、加氢处理、减黏裂化、催化裂化、加氢裂化、润滑油、废碱、压舱水、公用工程（雨水）
$H_2S(RSH)$	蒸馏装置、加氢处理、减黏裂化、催化裂化、加氢裂化、润滑油、废碱

续表

水污染物	来源
$NH_3(NH_4^+)$	蒸馏装置、加氢处理、减黏裂化、催化裂化、加氢裂化、润滑油、清洗/民用
酚类	蒸馏装置、减黏裂化、催化裂化、废碱、压舱水
有机化学品(BOD,COD,TOC)	蒸馏装置、加氢处理、减黏裂化、催化裂化、加氢裂化、润滑油、废碱、压舱水、公用工程(雨水)、清洗/民用
$CN^-(CNS^-)$	减黏裂化、催化裂化、废碱、压舱水
TSS	蒸馏装置、减黏裂化、催化裂化、废碱、压舱水、清洗/民用

炼油厂废水处理技术成熟，关注的重点已经转移到预防和减少污染。减少水的使用和/或水中污染物浓度，可以有效地减少污染物的最终排放。

1.4.3 废弃物

如果与炼油厂原材料和产品的数量相比，炼油厂产生的废弃物数量很小。炼油厂废弃物一般包括三类。

- 污泥，包括油泥（如罐底物）和非油泥（如来自废水处理设施）。
- 其他炼油厂废弃物，包括混杂的液体、半液体或固体废弃物（如受到污染的土壤、转化工艺废催化剂、含油废物、煅烧炉灰渣、废碱、废黏土、废化学品、酸焦油）。
- 非炼油厂废弃物，如生活垃圾、拆除物和建筑废弃物。

表 1.12 概括了炼油厂产生的固体废弃物的主要类型及其来源。

表 1.12 炼油厂产生的固体废弃物的主要类型和其来源 [108，USAEPA，1995]

废弃物类型	种类	来源
油性材料	含油污泥	罐底物、生物处理污泥、隔油池污泥、废水处理污泥、受污染土壤、脱盐装置污泥
	固体材料	受污染土壤、溢油残渣、过滤器黏土酸、焦油残渣、过滤材料、包装、保温材料、活性炭
不含油材料	废催化剂(不包括贵重金属)	流化催化裂化装置催化剂、加氢脱硫/加氢处理装置催化剂、聚合装置催化剂、渣油转化催化剂
	其他材料	树脂、锅炉给水污泥、干燥剂和吸收剂、烷基化装置的中性污泥、FGD(烟气脱硫)废物
桶和容器		金属、玻璃、塑料、涂料
放射性废物(如果使用)		催化剂、实验室废物
污垢		含铅或无铅污垢、锈
建筑/拆除垃圾		废金属、混凝土、沥青、土壤、石棉、矿物纤维、塑料/木材
废化学品		实验室、碱、酸、添加剂、碳酸钠、溶剂、MEA/DEA(单/双乙醇胺类)、TML/TEL(四甲基/乙基铅)
易燃废物		油罐/工艺装置污垢
混合废物		生活垃圾、植被
废油		润滑油、切削油、变压器油、回收油、引擎油

留在淤泥或其他类型废弃物中的油是产品的一种损失，应在可能的情况下，努力回收这部分油。废弃物处置情况非常依赖于自身组成和当地炼油厂情况。由于废弃物处置成本高，应优先考虑减少废弃物的方案。

过去10年废弃物产生的趋势表明含油污泥产生量在下降，这主要是通过内部管理措施来实现的，而生物污泥的产生量却在增加，其原因是炼油厂生物处理废水的增加。由于建设了新加氢裂化装置、加氢处理装置和催化裂化装置除尘设施，废催化剂的产生也增加了。对于所有这些废弃物种类，由第三方承包商进行废弃物非现场处理处置的情况在增多。

1.4.4 土壤和地下水污染

多数炼油厂存在一些被以前的产品泄漏所污染的区域。当前，炼油厂的设计都照顾到防止产品溢出和泄漏至地面。在过去，对污染区域所带来的潜在风险认识很少。这里的两个议题，主要是防止新的泄漏与修复以前被污染的土壤。正如适用范围所提及的，土壤修复没有包含在本书的范围内。时间足够长的话，大多数石油馏分可被生物降解。多年来，清洁这些污染区域的观点也一直在改变。随着关于土壤知识的增加和现场土壤修复在操作上仍然存在的困难，使得人们对这些受污染区域风险的管理有了比较务实的态度，即确保场地适当使用，并且污染不会扩散出场地。现在许多正在进行的研究都是为了提高场地修复技术的性能。

土壤和地下水受到油污染的主要来源，通常是那些处理和加工原油生产产品的地方，这些地方会有烃类化合物泄漏到地面。这些通常与储存、转移、运输烃类化合物本身或含烃类化合物的水有关，也存在受到其他物质，如被污染的水、催化剂和废物污染的可能性。

1.4.5 其他环境问题

除了上述章节提到的环境问题，特别是对位于居民区附近的炼油厂，扰民问题已成为地方政府和当地居民代表组成的所谓“邻里议会”讨论的一个问题。与前述历史上得到更多关注的主要污染物相比，邻里议会更重视如噪声、光、烟雾排放（火炬）和恶臭这些能直接影响居民的问题。

位于密集居民区附近的炼油厂和石化厂夜间火炬的光会干扰当地居民。

20世纪70年代以来，为提高生产过程的安全，炼油厂已在设计、操作培训、程序和个人防护装备等方面投入了大量资源。提高安全意识、培训、安全设计、充足的工具和个人防护装备使得不安全行为、事故、事件和失误的数量稳步下降［242，CONCAWE，1998］。

包含在安全运行程序中的职业健康，目的是避免工人接触有毒物质，并提供一切必要设施确保他们的福利、安全意识和安全。教育、信息交流和人员培训、提供个人防护装备，以及严格遵守严密的操作程序，促使事故和健康事件稳步下降。典型的有健康风险的炼油厂污染物和产品包括硫化氢、BTEX（苯是其中最突出的）、氨、苯酚、HF、NO_x和SO_x，为此，必须严格把它们的浓度控制在法律规定的最大允许浓度值之下。

炼油厂装置及其工艺控制系统的设计必须满足能安全关闭进料且达到最小排放的要求。在意外情况下，这些措施需保证停止原料供应，随后泵、释压系统、吹扫系统、火炬和其他设备按照预先设计好的预案自动激活。出现这些情况的例子包括公用设施失效、设备发生故障、火灾或爆炸。紧急情况引起工厂中那些既没有完全受控制，也没有完全自动化的地方发生直接溢出，例如管线和容器底部破裂，需要通过常备应急程序加以解决。所以首先要减少并遏制溢出，然后立即清理，以达到对环境影响最小化。

2

应用性工艺技术

本章阐述天然气加工和石油炼制行业的主要活动和工艺，包括所使用的材料和设备及应用的工艺。可总体了解这两个工业部门工艺和技术的人员，以及对工业工艺过程与本书后面章节阐述内容（不同工艺的排放、消耗和最佳可行技术）的相互关系。本章不包括已出版通用文献中关于该行业的可用工程信息。

简要介绍了炼油厂中涉及的典型的主要生产装置的运行和活动，以字母表顺序排列。在很多这样的生产运行中，行业使用了大量不同的技术和/或单元操作。尽管描述了各工艺应用的主要技术，但不包括现在使用的不同工艺中的所有技术。本章特别包括了工艺目的和原理、原料和产品流、普遍使用的生产工艺/活动和操作性的简短工艺介绍。

2.1 部分为炼油厂工艺概述，后续 22 节分别介绍了 BAT 技术参考文件范围内的所有工艺和活动。而天然气加工工艺在独立章节（2.17 部分）。从环境影响的角度，这些章节并不具有同等的重要性。一些章节比另外一些章节的环境关联性更大，但是这种结构被认为是石油和天然气行业开展 BAT 技术评估的最好方法。本章包括无污染技术，但是，一些工艺（例如加氢处理）会产生环境影响。第 3 章介绍生产技术的环境影响。在第 4 章包括关于生产技术的良好环境实践（预防技术）的讨论。因此，本章没有关于污染排放的内容。诸如火炬、硫黄回收装置、废水系统和废物管理等内容不属本章范围，因为它们不是生产活动，属于这两个行业应用的安全或环境技术。

2.1 炼油工艺概述

原油和天然气是由很多种不同烃类化合物和少量杂质组成的混合物。这些原料的组成由于来源不同（参见附录Ⅲ原油类型）而有很大变化。炼油厂很复杂，需根据原料（原油）特征和所生产产品确定生产工艺的组合和次序。在炼油厂中，来自一些工艺的部分产品会返回到相同工艺、进入新工艺、回到前面工艺或者与其他产品混合形成最终产品。图 2.1 是其中的一个例子，该图也表明所有炼油厂都是不同的，体现在它们的配置、工艺集成、原料、原料适应性、产品、产品结构、装置尺寸与设计和控制系统。另外，所有者的战略、市场环境、地理位置和炼油厂年限、历史发展、可用基础设施和环境法规，也是导致炼油厂概念、设计和操作方式差别极大的部分原因。不同炼油厂之间的环境绩效也不同。

到目前为止，生产大量燃料仍是炼油厂最重要的功能，而且大体决定了炼油厂的总体配置和运行。然而一些炼油厂也可能生产有价值的非燃料产品，例如化工厂和石化厂的原料。例如混合石脑油原料用于蒸汽裂解炉，回收的丙烯、丁烯用于聚合物生产，芳香烃制造，它们涵盖在大宗有机化学品 BREF 文件中。炼油厂的其他特殊产品包括沥青、润滑油、石蜡和焦炭。最近几年，很多国家的电力部门放宽了条件，允许炼油厂将产生的多余电能输入公共电网。

原油炼制转化为有用石油产品可以分为两个阶段和一系列辅助操作。第一阶段是原油脱盐（2.9 部分）后将其蒸馏分成不同组分或“馏分”（2.19 部分）。接着将较轻组分和石脑油进一步蒸馏，回收可作为炼油厂燃料的甲烷和乙烷、LPG（丙烷和丁烷）、汽油调和组分和石油化工原料。每个炼油厂都有这种轻质产品分离。

第二阶段是由化合、分解和重构三种不同类型“下游”工艺组成。这些工艺可以将烃类化合物分解为小分子、后者聚合形成大分子或者重构为更高质量的分子，从而改变烃类化合物分子的结构。这些工艺的目的是，通过下游工艺组合，转化一些馏分成为市场需要的石油产品（参见附录Ⅲ）。这些工艺定义了炼油厂的不同类型，其中最简单的是“拔顶加氢”，它仅仅是蒸馏装置所选择馏分的加氢脱硫（2.13 部分）和催化重整（2.6 部分）。原油成分几乎完全决定了各种产品的数量。如果产品结构不再符合市场需要，那么必须增加转化装置以重新达到平衡。

多年来市场需求已促使炼油厂将重组分转化为更有价值的轻组分。炼油厂通过减压蒸馏（2.19 部分）将常压渣油分离为减压柴油和减压渣油，然后将一种或两种馏分一起加入合适的转化装置中。通过转化装置的作用，产品结构发生改变以适应市场需求，这与原油类型无关。转化装置的数量和可能组合很多。

最简单的转化装置是热裂化装置（2.22 部分），该装置在很高温度下将渣油大分子烃类化合物转化为小分子物质。热裂化装置基本上可以处理所有原料，但是生产的轻质产品相对较少。热裂化装置的一种改进型是焦化塔（2.7 部分），在焦化塔里所有渣油都可被转化成馏分和焦炭产品。为了提高转化度和产品质量，发展了很多不同的催化裂

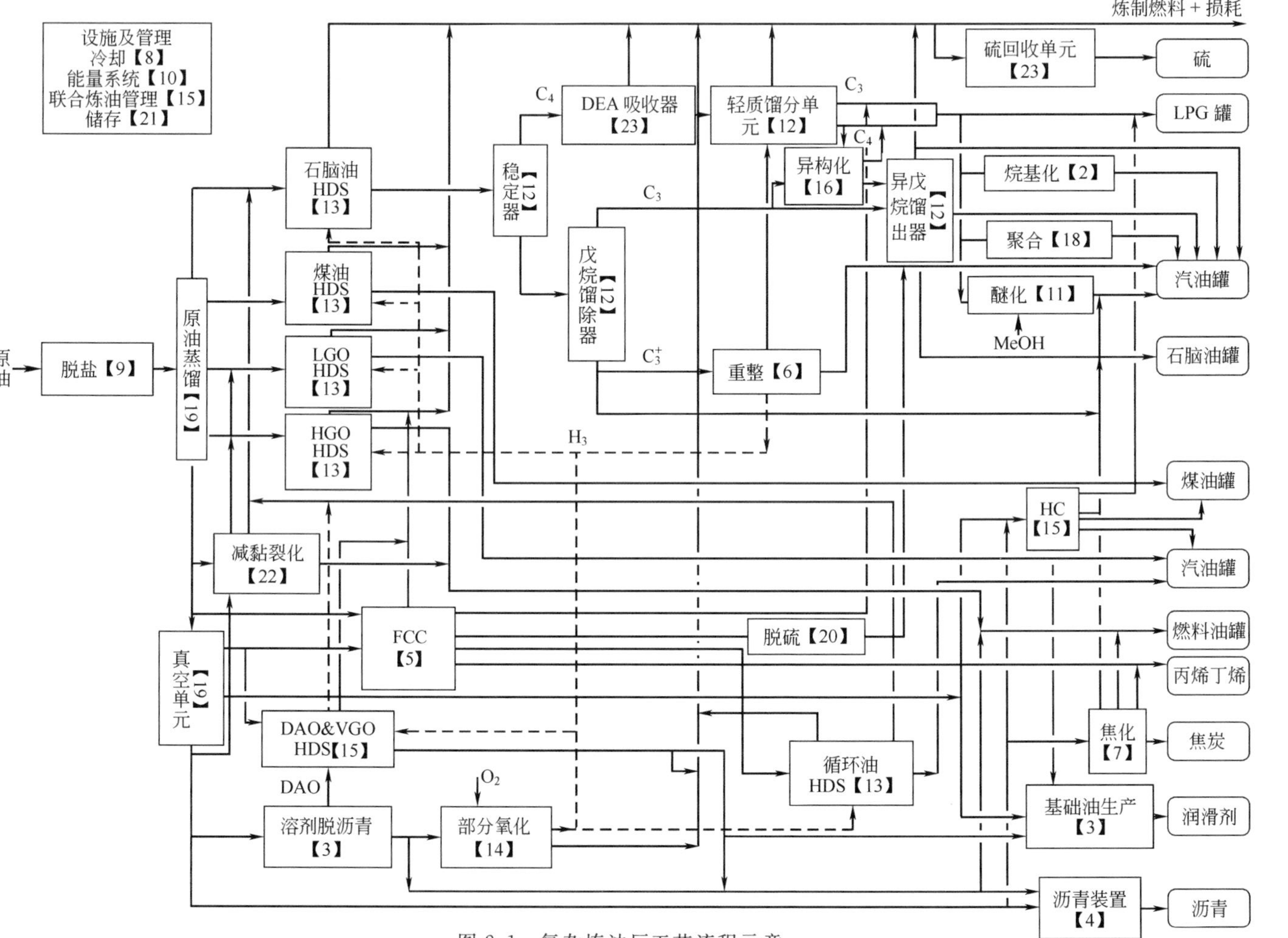

图 2.1 复杂炼油厂工艺流程示意

DAO—脱沥青油；DEA—二乙胺；FCC—流化催化裂化；HC—加氢裂化；HDS—加氢脱硫；HGO—重质柴油；LGO—轻质柴油；VGO—减压柴油

注：图中数字表示该工艺类型在本章中的节号。

化工艺。其中最重要的是流化催化裂化（2.5 部分）和加氢裂化（2.13 部分）。最近，渣油气化工艺（2.14 部分）已经引进到炼油厂，这使炼油厂能够完全消除重质渣油组分并将它们转化为清洁合成气，收集使用并通过组合循环技术生产氢气、蒸汽和电。

辅助性操作没有直接涉及烃类化合物燃料生产，但仅作为辅助操作仍在发挥作用，其中包括能量生产、废水处理、硫黄回收、添加剂生产、废气处理、泄放系统、产品处理和混合以及产品的储存。

如 1.3.1 部分所述，基于复杂程度，炼油厂有多种比较方法。可以通过 1.3.1 部分中介绍的炼油厂复杂性指数定义进行比较。图 1.3 由 Nelson 炼油厂复杂性指数构成 [287，Johnston，1996]。在荷兰技术备忘录中 [118，VROM，1999]，欧盟炼油厂根据配置进行分类，如表 1.9 所列。在图 1.4 中，CONCAWE [115，CONCAWE，1999] 已经将 1969～1997 年内存在的炼油厂按类型分组（不同于表 1.9 定义的配置）。在工业界中也使用了其他的分类方法，例如 FCC 当量（炼油工业 CEC DG 运输报告中使用）或者所罗门协会使用的等效蒸馏能力分类法。本书将使用其中的一些参数。

表 2.1 总结了炼油主要工艺及产品。由表可以看出，很多产品可以从不同的装置获得，由此可形成一个炼油厂技术复杂性和运行模式的概念。

表 2.1 炼油主要工艺及产品

产品→ 炼油装置↓	节号	LPG	汽油	煤油/ 石脑油	加热油/ 柴油	HFO	基础油	焦炭/ 沥青	其他
碳值范围		C_3～C_4	C_4～C_{12}	C_8～C_{17}	C_8～C_{25}	$>C_8$	$>C_{15}$	$>C_{30}$	
烷基化	2								
基础油生产	3								蜡
沥青生产	4								
催化裂化	5								
渣油裂化	5								
催化重整	6								氢气
延迟焦化	7								
灵活焦化	7								低热值气体
气化	10								合成气
醚化	11								甲基叔丁基醚
气体分离	12								炼厂燃料气
氢生制备	14								氢气
渣油加氢转化	14								氢气
加氢裂化	15								
加氢脱硫	15								
异构化	17								
原油常压蒸馏	19								
减压蒸馏	19								
热裂化/减黏裂化	22								
硫黄回收	23								硫

注：阴影表示装置可获得的产品。

2.2 烷基化

(1) 目的和原理

烷基化的目的是得到高质量发动机调和燃料。烷基化是指烯烃与异丁烷反应，形成高分子量、高辛烷值的异构烷烃的过程。烷基化在强酸和低温反应条件下进行。

(2) 原料和产品流

烷基化装置的原料是低分子量烯烃（C_3～C_5）和异丁烷。低分子量烯烃主要来源于催化裂化装置和焦化塔。异丁烷来源于加氢裂化装置、催化裂化装置、催化重整装置、原油蒸馏装置和天然气加工装置。在一些情况下，正丁烷通过异构化（2.16 部分）生产额外异丁烷，产品是含有一些丙烷和丁烷液体的烷基化产物（一种高辛烷值汽油组分）。通过选择适当操作条件，大多数产品都能进入汽油沸点范围。从酸中除去溶解的聚合产品作为稠黑油。

(3) 工艺

烷基化装置以 HF 或 H_2SO_4 作为催化剂。当酸浓度变低时，必须排出一些酸并用新酸代替。

在 HF 工艺中，流出的 HF 需要重新蒸馏。循环使用浓缩的 HF，因此其净消耗比较低。工艺中（见图 2.2），原料进入反应器，然后与循环异丁烷和来自沉降器的 HF 混合。为了尽量减小潜在腐蚀，烯烃和异丁烷原料都需要脱水（图 2.2 未标示）。反应器在 25～45℃和 0.7～1.0MPa 的条件下操作，通过冷却消除反应产生的热量。在沉降器中，烷基化产物和过量异丁烷都与 HF 分离，HF 循环至反应器，在 HF 再生的同时，包括烷基化产物和未反应异丁烷的有机相流入异构汽提塔。这样，异丁烷和一些其

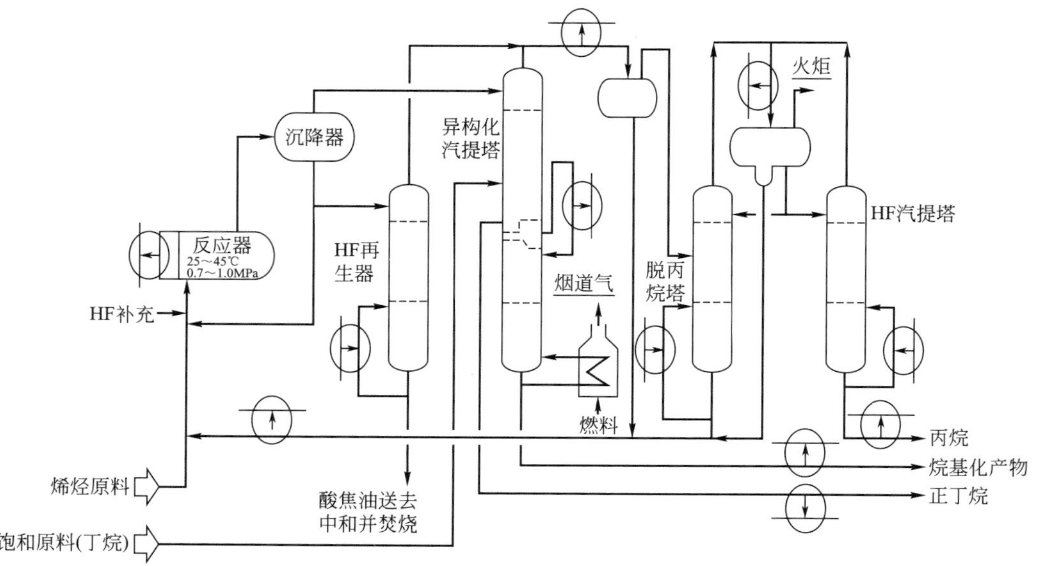

图 2.2 HF 烷基化流程简图

他轻组分从烷基化产物中分离。此技术路线是产品先用 KOH 处理后再储存。高的管壁温度能促使形成的任何有机氟化物分解。丁烷原料（正构和异构）正常供给异构汽提塔。异构汽提塔的塔顶馏出物，实质上是异丁烷，返回反应器。小股塔顶馏出物气流进入脱丙烷塔，除去丙烷。在脱丙烷塔的底部，异丁烷输送作为异丁烷循环流，同时脱丙烷塔的塔顶馏出物丙烷，通过 HF 汽提塔除去微量 HF，然后经过最终 KOH 处理后储存。从装置原料流可以看出，正丁烷作为侧线馏出物从异构汽提塔中抽提出来，然后经 KOH 处理后送去储存。

在 H_2SO_4 工艺中，装置在 4～15℃条件下运行，需要骤冷。此工艺产生大量废酸。废酸必须在 H_2SO_4 生产装置中再生（不作为烷基化装置的一部分）。烯烃原料和循环异丁烷加入带搅拌的自动冷却反应器中。搅拌器搅拌使反应物和酸催化剂接触，并利于从反应器中移走反应热量。从反应器中蒸发的烃输送至制冷压缩机中，经压缩、浓缩然后再送入反应器。脱丙烷塔由制冷部分物流提供原料，除去原料夹杂的丙烷。反应器的产物送入沉降器，以分离烃和循环酸。烃送入脱异丁烷塔，与补充的异丁烷和富含异丁烷的塔顶馏出物混合后送入反应器循环使用。底料送入脱丙烷塔生产烷基化产物。

2.3 基础油生产

尽管只有 20%的 EU+炼油厂生产基础油，但实际上有的炼油厂专门生产基础油。图 1.2（第 1 章）表明，一些炼油厂专门生产润滑油和沥青。更多关于工艺的信息可以查阅通用文献（例如 [319，Sequeira，1998]）。

(1) 目的和原理

润滑油是不同等级基础油和特定添加剂的调和物。生产合格的润滑油，基础油的某些性能非常重要：黏度、黏度指数（高黏度指数意味着黏度受温度影响很小，反之亦然）、高抗氧化性、低倾点、良好掺杂灵敏性或相容性等。基础油的生产原理，是通过减压蒸馏（2.19 部分）从常压渣油中分离出所需要沸点范围的组分，随后通过不同工艺和选择性加氢精制除去不需要的组分。基础油是一种特殊的产品，并非所有的原油都适合生产基础油。重质原油经常被用作常规基础油复合物的生产原料。

(2) 原料和产品流

常规基础油复合物的生产原料是减压蒸馏装置（2.19 部分）蜡状侧线馏出物和脱沥青装置的提取物。进入减压蒸馏装置的常压渣油原料由各种类型的烃类化合物组成，为基础油提供了不同适应性。

① 脂肪烃或石蜡烃：由正（n-）构烷烃和异（i-）构烷烃组成。正构烷烃黏度指数高、熔点高并在环境条件下呈晶体，所以必须除去以降低润滑油倾点。异构烷烃熔点低、黏度指数很高但黏度较低。

② 环烷烃：环烷烃为润滑油提供了高黏性、低熔点和良好的黏度指数（比石蜡烃小）。

③ 芳烃：芳烃为化合物提供了高黏度和低熔点，但为润滑油提供了低黏度指数。被认为是润滑油中最不令人满意的化合物。

这 3 种组分的比例根据原油类型不同而不同。

在各种基础油的生产工艺中，均产生大量副产品，例如沥青、抽提物和石蜡。以减压蒸馏原料总量为基数，平均只有 20%～25%转化为基础油最终产品。

(3) 工艺

典型基础油装置包括，减压蒸馏塔（2.19 部分）、脱沥青装置、芳烃抽提装置、脱蜡装置和可选择的高压加氢装置，以及加氢精制装置。加氢精制装置作用在于改善色泽和稳定性，并除去杂质生产符合规格产品。图 2.3 为基础油生产工艺流程。

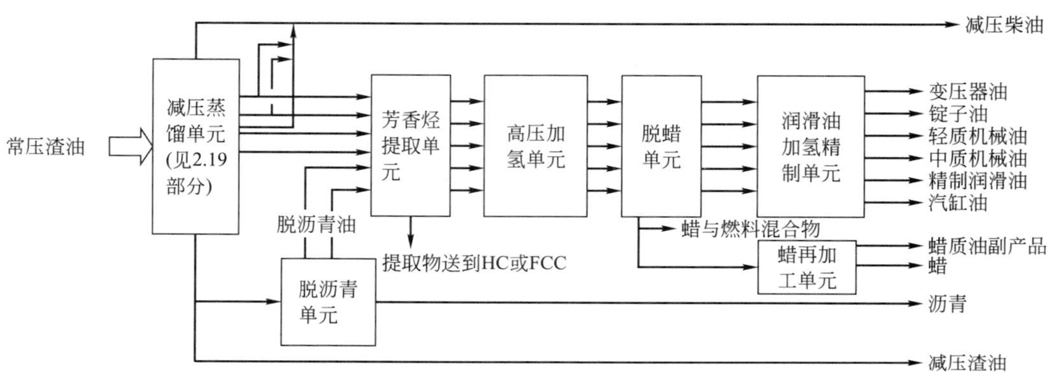

图 2.3 基础油生产工艺流程

常规基础油生产属劳动密集型产业，因为间歇性操作、通常要生产多个级别的基础油，以及大量关联产品处理操作。

① 脱沥青

溶剂脱沥青，是从减压蒸馏装置的减压渣油中提取高沸点轻质石蜡烃和环烷烃（沥青质和树脂）作为生产润滑油的原料。此过程中，脱沥青油提取物变轻，石蜡和沥青抽余液变重和芳香化。溶剂通常为丙烷或丙烷与丁烷的混合物。在特定操作条件下，3.7～4.0MPa 和 40～70℃，低沸点的烷烃和环烷烃烃类化合物易溶于丙烷。在高温下（100℃）所有烃类化合物几乎都不溶于丙烷。溶剂脱沥青是典型抽提过程，包括萃取和回收、闪蒸和汽提，从油和沥青相中分离出丙烷。脱沥青油产品进入中间储罐；沥青产品可以和重质燃料混合，作为焦化设备原料或者用于沥青生产。

最近，溶剂脱沥青已经用于催化裂化、加氢裂化、加氢脱硫原料和硬质沥青（深度脱沥青）准备工作中。为此，在高温下操作，同时采用比丙烷重的溶剂（丁烷至已烷混合物），从而价值高的脱沥青油收率最大，而软化点经常超过 150℃ 的硬质沥青收率最小。

② 芳烃抽提

芳烃抽提利用溶剂从基础油原料中去除芳烃，以提高黏性、抗氧化性、色泽和形成胶质。该过程可以使用许多种不同溶剂［糠醛、*N*-甲基-2-吡咯烷酮（NMP）、苯酚或者液态二氧化硫］。典型的抽提工艺，通常由一个萃取器和数个回收单元、闪蒸和汽提单元组成，目的是从富油抽余液和富芳烃提取液中分离溶剂。通常是润滑油原料在填充塔或转盘抽提塔中与溶剂接触，通过分馏器中的蒸馏和蒸汽抽提，从油中回收溶剂，抽余液进入中间储罐。溶剂回收之后，提取物可能含高浓度的硫、芳烃、环烷烃或其他烃类化合物，它们经常作为加氢裂化装置或催化裂化装置的原料。

③ 高压加氢装置

加氢工艺用于降低基础油中芳烃和烯烃化合物含量。

④ 脱蜡

润滑油基础原料脱蜡必须保证在低环境温度下油具有合适黏度，加工富石蜡原油时使用该工艺，溶剂脱蜡法更加普遍。在装置中，从抽余液中除去高倾点组分（主要是石蜡）。溶剂稀释原料油到低黏度，骤冷直到石蜡结晶，然后过滤除去石蜡。该工艺使用的溶剂包括，丙烷和丁酮（MEK）与甲基异丁基酮（MIBK）混合物、甲苯或氯代烃类。通过加热、二级闪蒸随之蒸汽汽提，从原料油和结晶蜡中回收溶剂。蜡从过滤器中去除，融化接着加入到溶剂回收装置中而从蜡中分离溶剂。蜡或用作催化裂化原料，或去油处理后作为工业蜡出售。

⑤ 加氢精制

在该单元中改善了基础油的色泽和色泽稳定性，去除其中的有机酸组分。对加氢精制的需求取决于所加工的原油，且在一定程度上取决于技术提供方和前面单元的设计。该单元的设计和操作与一般加氢单元相似（2.13 部分）。

2.4 沥青生产

沥青是特定原油（如中东、墨西哥或南美）经减压蒸馏提取含蜡馏分后的渣油。沥青通常和其他成分（例如砂石）混合，用于铺路、涂屋顶、管道密封以及涂层的柏油。只有一部分炼油厂（45%的 EU+炼油厂）生产沥青产品，也有一些炼油厂专门生产这些成分。图 1.2（第 1 章）列举了一些专门生产润滑油和沥青的炼油厂。

(1) 目的和原理

沥青的预期性质既可以通过调整蒸馏条件也可以通过“吹氧”实现。在后者工艺中，将空气吹到热沥青中，实现脱氢和聚合反应，生产出具有更高黏性、更高软化点和更低穿透性（穿透性经常被作为主要标准，即在标准条件下标准针插入到沥青样品的深度）的更硬沥青产品。氧化后沥青的性质由其在氧化器中的停留时间、空气比率以及液体温度决定。如果提高这些参数的任何一种，则穿透性下降而软化点提高。

(2) 原料和产品流

在绝大多数应用中，加入到沥青氧化装置（BBU）的烃类化合物原料是减压装置（2.19 部分）底部的渣油，在某些情况下是脱沥青装置（2.3 部分）的渣油（提取物）。

通常情况下，在同一生产过程中生产许多不同等级的沥青，然后通过和减压渣油、重质柴油、合成聚合物等高沸点成分调和，实现进一步改性。通过这种方法，单个氧化装置就能生产满足不同应用的宽等级范围的沥青。

(3) 工艺

沥青氧化装置运行包括连续和间歇方式，取决于减压渣油原料的品质和沥青产品的规格要求，炼油厂普遍采用连续工艺。图 2.4 为沥青氧化工艺流程简图，即直接从减压蒸馏装置获取热原料的典型连续沥青氧化装置的工艺过程。当使用储存的沥青原料时，可能需要额外加热器预热原料至大约 200～250℃，也可高达 550℃。间歇式运行的沥青氧化器，通常需要原料缓冲罐储存从减压装置过来的热原料。

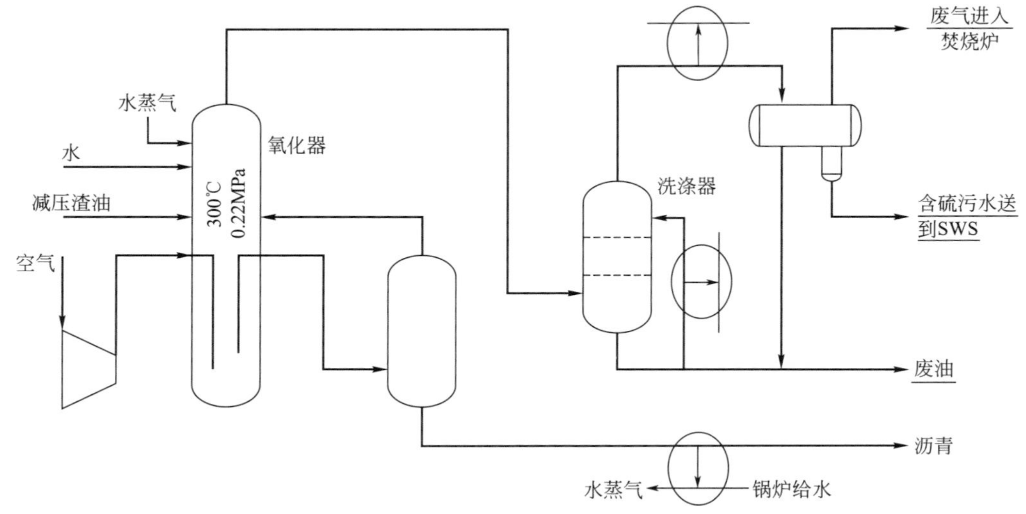

图 2.4 沥青氧化工艺流程

渣油原料经泵输送到氧化器顶部。顶部操作压力大小取决于氧化器的高度，通常情况下，在氧化器的顶部压力大约 0.1MPa，底部大约 0.2MPa。空气鼓泡进入装置底部，渣油氧化，产生热量。氧化器内温度一定程度上决定了沥青的等级，一般控制在 260～300℃。可以选择不同操作方法，向氧化器中投加冷原料、循环来自沥青溢流冷凝器的冷沥青产品。在较陈旧的装置中甚至采取了直接水冷的方式，从氧化器底部移出氧化沥青，通过水蒸气蒸发冷却，然后送去储存。

通常空气比例会超出化学计量要求，导致相当数量的氧气存在于在氧化器上部蒸汽空间中。为了防止蒸汽空间爆炸，在大多数装置中，需注入必要比例的水蒸气保证氧气浓度低于爆炸下限（5%～6%体积分数）。在一些装置中，在氧化器的蒸汽出口注入少量水，降低蒸汽温度。这在一些时候，被认为是防止造成严重结焦的塔顶系统后期燃烧的必要措施。

氧化器的塔顶蒸汽首先经过排气洗涤器除去油和其他氧化产物。在多数情况下，采用柴油作为单程洗涤液体。洗涤器排出废气，随后冷却，冷凝产生出轻质烃和含硫污水。该过程有时采用水喷雾接触的冷凝器或洗涤器。排出的废气主要由轻质烃、氮、氧、二氧化碳和二氧化硫组成的剩余气体，高温（约 800℃）焚烧处理，以有效去除硫化氢、混合醛、有机酸和酚等恶臭物质。

沥青氧化装置主要生产高等级沥青（屋顶和管道涂料），通常全年连续运行。仅在道路沥青的规格要求非常高时，沥青氧化装置才生产道路沥青。

2.5 催化裂化

(1) 目的和原理

催化裂化是将重质烃类升级为更有利用价值的低沸点烃类的应用最广泛的转化工艺。它通过热量和催化剂将较大烃分子断裂为较小、较轻的分子。不同于加氢裂化工艺，因为没有使用氢气，所以限制了脱硫反应发生。与其他重油催化转化工艺相比，流化催化裂化（FCC）工艺在处理含大量金属、硫和沥青质的重质烃类上更具有优势，它的缺点是改变产率的灵活性差。

(2) 原料和产品流

通常情况下，催化裂化装置（催化裂化器）的主要原料是减压蒸馏装置的重质减压馏分。其他工艺的物料可以掺入作为催化裂化的原料，例如常压蒸馏装置重质柴油、焦化装置或减黏裂化的柴油、润滑油装置的脱沥青油和提取物，有时还会有少量的常压渣油。这些物料加氢处理后可能适合催化裂化装置。和其他转化工艺相比，催化裂化工艺的特点是能生产出更多高品质汽油、更多 C_3 和 C_4 组分。这两种产品都富含烯烃，因此是烷基化、醚化和石油化工厂的理想原料。FCC 工艺的缺点是生产的中间馏分在硫、烯烃、芳香族和十六烷值等的品质差。渣油催化裂化（RCC）装置是用于改质更重组分的催化裂化装置，例如常压渣油。主要产品在储存之前还需经进一步处理。

(3) 工艺

当今世界上应用有多种不同的催化裂化设计，包括固定床反应器、移动床反应器、流化床反应器和单程装置。目前在世界各地的炼油厂中应用最普遍的是流化床反应器和移动床反应器。

① FCC 装置

FCC 装置是现在最普遍的催化裂化装置。FCC 装置包括三个不同的组成部分：反应器-再生器部分（包括鼓风机和废热锅炉），主分馏器部分（包括湿气压缩机）和不饱和气体装置部分。图 2.5 为 FCC 工艺流程简图。FCC 工艺中，被预热到 250～425℃的油和油蒸气在提升管反应器中与热催化剂（分子筛）在 680～730℃下接触。为了提高蒸发和后续裂化，原料用水蒸气雾化。裂化工艺在 500～540℃的温度和 0.15～0.2MPa 的压力下发生反应。在催化裂化工艺中使用最多的催化剂是合成的无定形硅铝和金属支撑的分子筛（质量分数大约为 15%）。催化剂为细粒状形态，能与气化原料充分混合。流化床催化剂和反应后的烃类蒸气在旋风分离系统（二级）中机械分离，一些残留在催化剂上的油通过水蒸气汽提除去。在旋风分离系统中由于太细而流失的催化剂的量可通过添加新催化剂平衡。催化裂化工艺产生许多焦炭，聚集在催化剂表面并降低催化剂性能。因此，催化剂需要连续或周期性再生，主要是在高温下烧掉催化剂表面的焦炭。催化剂再生方法和频率是催化裂化装置设计时考虑的主要因素。催化剂流入独立容器进行单级或二级再生，通过空气烧除沉积的焦炭。然而久而久之，由于高温暴露和金属中毒（主要是钒），催化剂逐渐不可逆转的失活。热再生催化剂回流到提升管反应器底部，在这里由于原料蒸发和裂化反应需要热量而被冷却。裂化油蒸气作为原料送入分馏塔中，在那里分离和收集各种期望的馏分。这些物料流通过水蒸气汽提去除易挥发性烃，再被冷却，并送去储存。油浆从塔底取出，并且其中一部分和反应器原料一起冷却，产生水蒸气，并重新回到塔中。循环油浆被用作洗涤油和骤冷反应器塔顶热蒸气防止后裂解。剩余油浆过滤或澄清去除催化剂粉末，冷却后送去储存。分馏塔塔顶气体在塔顶罐中部分冷凝，并收集和分离成三相：气体、液体和含硫废水。液体和气体流都送入气体装置（2.12 部分）做进一步分离，含硫废水则送入含硫废水汽提塔进行净化（2.23 部分）。

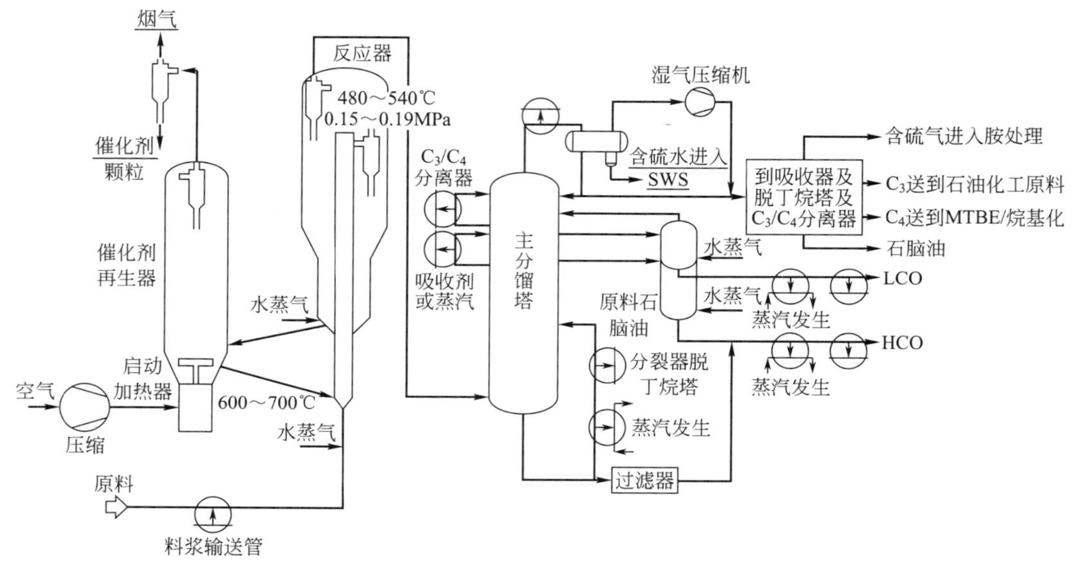

图 2.5 FCC 工艺流程

② RCC

其流程图基本上和 FCC 一样，不同的是它有一个 CO 锅炉和一个催化剂冷却器。有时候 FCC 装置装备一个 CO 锅炉和一个催化剂冷却器就可以用作 RCC 装置。由于重质原料的原因会有更多焦炭沉积到催化剂上，再生器的热平衡就要求额外措施，例如催化剂冷却器。由于重质原料一般金属含量更高，特别是 Ni 和 V，催化剂失活速率很快，需要不断移走催化剂，更换为新催化剂。

移动床工艺中，加热到 400～700℃ 的油在一定压力下通过反应器，与珠状和粒状催化剂流接触。裂化产物随后进入分馏塔，在塔中分离出不同的组分。催化剂连续再生。一些装置在催化剂加回到油中之前也用水蒸气汽提除去残留在催化剂上的烃和氧。在最近几年，大部分移动床大多已被流化床反应器取代。

2.6 催化重整

(1) 目的和原理

离开加氢处理装置的重质石脑油含有很少的汽油调和组分，所以催化重整装置的目的就是改质这些物料作为汽油调和原料。通过催化重整可以明显提高重质石脑油的燃烧特性（辛烷值）。重整产品的最重要性质是辛烷值。正构烷烃辛烷值很低，环烷烃稍微高一些，异构烷烃很高，芳烃最高。重整过程主要发生四种类型的反应：环烷烃脱氢生成芳香烃、烷烃脱氢环化生成芳香烃、异构化和加氢裂化。因为最近的新配方汽油规格已经限制了汽油中苯含量（例如表 1.4 的汽车用油Ⅰ），以及未来可能的芳烃含量，相比作为传统生产的增加芳烃，催化重整操作可能更多地受到氢气生产的推动。

(2) 原料和产品流

催化重整装置典型原料是原油蒸馏装置直馏重质石脑油加氢处理后的组分和，如果可应用的话，原料也可以是加氢裂化装置和中度催化裂化石脑油加氢处理后的重质石脑油组分。催化重整生产氢，这是在加氢处理装置中必不可少的物质（2.13 部分），也可以在加氢裂化过程使用。重整装置产物包括（除了氢外）炼厂燃料气、LPG、异丙烷、正丙烷和重整油。重整油可以混入汽油或者进一步分离为苯、甲苯、二甲苯和石脑油裂化原料等化工原料。

一些催化重整反应器在很苛刻条件下运行，导致重整产物中芳香烃含量上升。一些催化重整操作生产芳香烃作为（化工）产品（参阅大宗有机化学品工业最佳可行技术参考文件）。

(3) 工艺

催化重整过程的原料通常首先经过加氢处理除去硫、氮和金属杂质。催化重整工艺使用的催化剂一般很昂贵（含铂），所以需要格外注意以保证催化剂不会损失。现在有几种主流应用的催化重整工艺。根据催化剂的再生频率，大体上它们可以分为三类：连续型、循环型和半再生式。固定床或移动床工艺在 3～6 个系列反应器中使用。

① 连续式催化重整（CCR）

在本工艺中，催化剂可以连续再生并维持高活性。通过连续催化剂再生维持高催化剂活性和选择性的能力是本类型装置的主要优点。图 2.6 为连续催化重整工艺流程。

反应器之间需要中间加热器为吸热脱氢反应提供热量。由于石脑油进料通过反应器，反应速率降低并且无需更多的再加热。在第一个反应器顶部加入新再生的催化剂，接着依靠其重力从顶部下降到底部，从底部进入下一个反应器。部分陈旧催化剂从最低反应器底部转移走，然后送入外部再生器，在再生器中烧掉催化剂积炭。催化剂经还原和酸化后返回上面的反应器。最后一个反应器的反应混合物先用来预热新原料后进一步冷却送入低压分离器中。从液相中分离出富氢气体，气体被压缩，部分循环到石脑油原料。残余蒸汽进一步被压缩，与低压分离器中得到的液体再接触，冷却后加入到高压分离器。再压缩和再接触的目的在于最大限度地回收富氢气体中的 C_3/C_4 馏分。多余的富

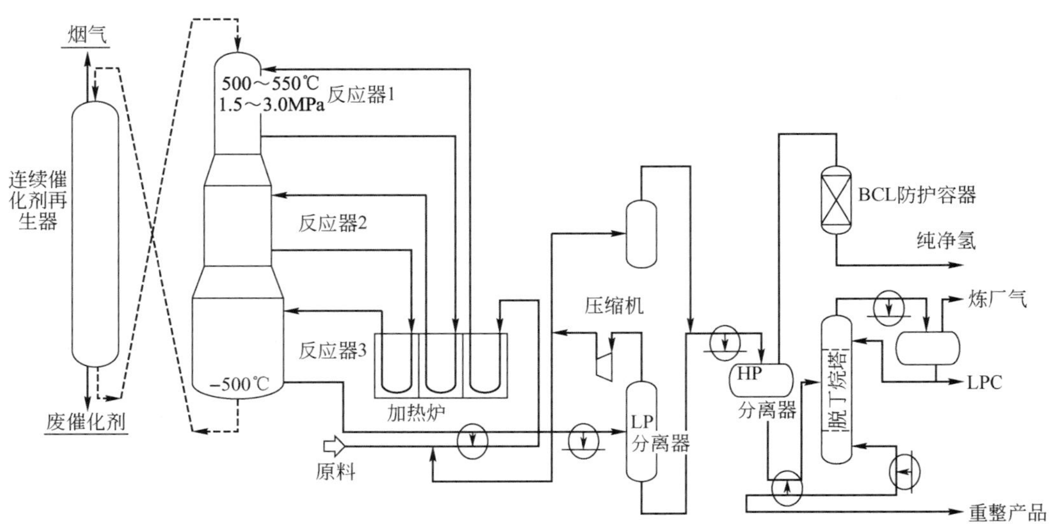

图 2.6 连续催化重整工艺流程

氢气体进入炼厂燃料气体供应网。重整操作压力的选择和氢/原料比率需要综合考虑最大产率与稳定操作。

② 循环工艺

循环工艺的特点是除运转装置外还有一个切换反应器，在这个反应器中催化剂可以在不关闭装置的情况下再生。当催化剂活性降低到需要水平以下，反应器从系统中隔离，然后被切换反应器代替，随后通过通入热空气到反应器中烧掉被替换反应器中催化剂上的积炭。通常是，总有一个反应器处在再生过程中。

③ 半再生式工艺

在本工艺中，再生过程要求装置停工。根据操作严格程度，再生要求间隔 3～24 个月进行。利用高氢循环率和操作压力将焦炭沉积和相关催化剂活性损失降到最低。

2.7 焦化工艺

(1) 目的和原理

焦化是一种剧烈热裂化过程，主要用来减少炼油生产中低价值渣油燃料油，并将其转化为交通燃料，例如汽油和柴油。作为工艺的一部分，焦化也生产石油焦炭，它本质上是一种杂质含量不同的固态碳。

(2) 原料和产品流

由于焦化工艺是热破坏过程，原料质量等级取决于其中的金属含量，康拉特逊数和其他杂质不重要。事实上，焦化主要应用在原料中含有高康拉特逊数和含有大量在催化转化过程中无法处理的杂质的场合。这些特点决定了焦化工艺的原料具有较高弹性。延迟焦化装置的原料包括常压渣油、减压渣油、页岩油、沥青砂液体和煤焦油，这些原料最后转变为作燃料使用的石油焦炭。芳烃油和渣油例如催化裂化装置的重质循环油和热焦油是生产针状焦炭和阳极焦炭的适合原料。流化焦化装置的原料是减压渣油，有时候与炼厂污泥、沥青砂、沥青和其他重质渣油混合使用。

焦化分馏器的产品是炼厂燃料气、液化石油气（LPG）、石脑油和轻质与重质柴油。石油焦炭是另一种产物，它的类型由使用的工艺、操作条件和使用的原料决定。焦化器生产的焦炭叫作“生”焦炭，其中仍然含有一些碳化反应不完全残留的重质烃类化合物。更多有关焦炭特性的信息可在附录Ⅲ找到。

(3) 工艺

有两种类型的焦化工艺：延迟和流化焦化工艺生产焦炭；灵活焦化工艺通过气化流化焦化中产生的焦炭生产焦化气。

① 延迟和流化焦化

基础工艺跟热裂化（2.22 部分）是一样的，除了原料允许反应更长时间且不需要冷却。图 2.7 给出了延迟焦化工艺流程。

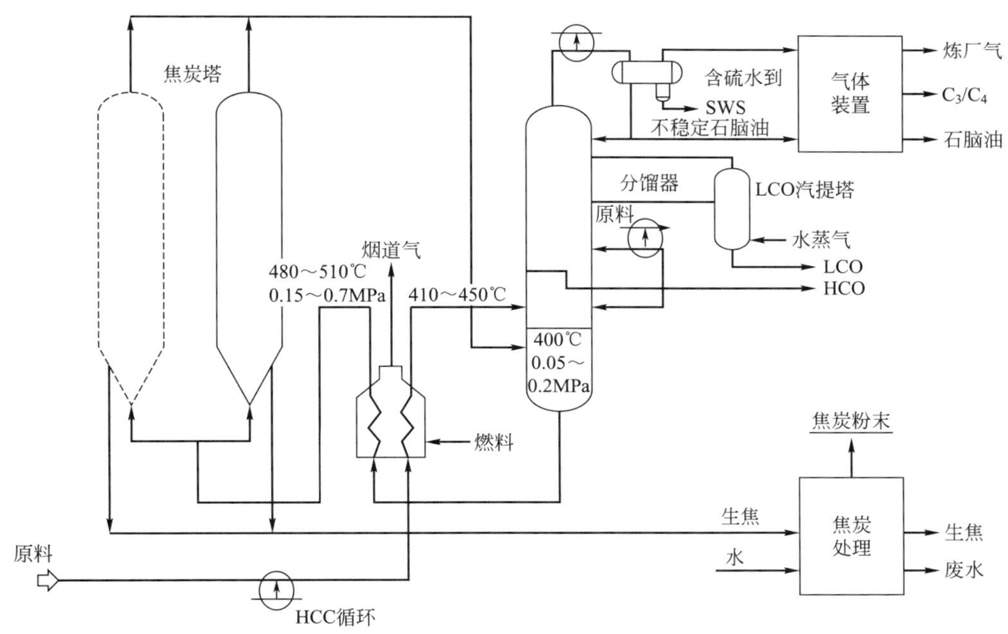

图 2.7 延迟焦化工艺流程

延迟焦化渣油原料首先进入分馏塔，在塔中渣油轻质原料被取出，重馏分被冷凝（没有在图 2.7 中标明）。重馏分移出，在加热炉中加热，然后加入到一个叫作焦炭塔的隔热容器中，在该容器中发生裂化反应。在流化焦化工艺中使用流化床。温度（400～450℃）、压力（0.15～0.7MPa）和循环比是决定延迟焦化产品收率和质量的主要工艺变量。当焦化塔中充满产物时，原料会被转换至一个空的平行塔中（图 2.7 中的虚线塔）。

当焦炭塔满炉时，接着注入水蒸气除去烃类蒸气。然后将焦床用水骤冷，焦炭被高压水除去，除焦水流入专用沉降池，在此固体焦炭沉降下来，净化水继续循环使用。湿生焦炭转移到指定敞开式堆场中，在此排出水并循环使用。生焦炭已经可以出售和用于能量生产。延迟焦化产量经常占到转化产品的 80%以上。石油焦炭生产是以每加工 1t 原料产出 0.13t 石油焦炭的比率进行的。

来自焦炭塔的热蒸气，含有裂化的轻质烃类产物、H_2S 氢和氨，重新加入到分馏器中，在此可以在酸气处理系统中处理或者作为中间产品提取。冷凝的烃经过再加工，而收集的水被再次用于焦炭塔的骤冷或除焦。任何残余蒸汽通常输送至火炬系统。像石脑油这样的产物通常全部进入石脑油加氢处理装置进行进一步加工。重质产物经过适当加氢处理后可成为合适的催化重整原料。轻质油送到柴油调和池之前需要进一步处理。重质柴油更适合送入加氢裂化装置（2.13 部分）进一步转化为轻质组分。没有可用裂化装置时，它进入重质燃料油罐调和。

对于某些应用，生焦炭在使用或出售前应该煅烧。焚烧炉将燃料气或焦炭粉在卸料端直接燃烧，并将焦炭焚烧至超过 1380℃，馏出挥发性物质并在炉内燃烧。废气从进料端排出然后被焚烧掉渣油和焦炭粉。热烟道气通过废热锅炉，然后通过多级旋风分离器进行气体净化。收集的旋风分离器颗粒依靠气力输送到带有出口空气过滤器的筒仓。焚烧的焦炭排出到直接注水旋转装置。冷却器尾气进入多级旋风分离器和水洗器进行气体净化。收集的旋风分离器细粉可以重新用于生产，将油喷雾作为浮尘抑制剂，或者可能被焚烧或作为燃料出售。

② 灵活焦化

灵活焦化工艺将减压渣油转化为气态和液态产物的转化率一般为 84%～88%（质量分数）。原料中几乎所有的金属都被集中在 2%的固体上而从工艺中除去。灵活焦化是一种鲁棒性很强的工艺，此工艺中焦化和气化完全被集成。这个工艺在操作和劳动强度上都比传统延迟焦化工艺先进。

灵活焦化工艺使用三个主要容器：反应器、加热器和气化器。系统辅助设备包括加热器顶部冷却系统和除尘系统、焦炭气硫黄回收装置和反应器顶部洗涤器（见图 2.8）。预热的减压渣油原料喷入反应器，在反应器中发生热裂化，典型温度为 510～540℃。新形成的焦炭沉积在流化再循环的焦炭粒子表面。在气化器中，焦炭在高温下反应，典型温度为 850～1000℃，与空气和水蒸气形成焦炭气，就是 H_2、CO、CO_2 和 N_2 的混合物。焦炭中的硫在气化器中主要转化为 H_2S，还有微量硫氧化碳（COS）。焦炭中的氮转化成氨和 N_2。不同于一般的气化器加入纯氧，灵活焦化气化器加入空气，结果是得到热值相对较低的焦炭气，同时惰性氮气含量高。

反应器产生的裂化烃类化合物蒸气进入旋风分离器除去焦炭颗粒，随后在位于反应器顶部的洗涤器中骤冷。沸点在 510～520℃以上的物质在洗涤器中冷凝并循环回反应器。轻质物料在顶部进入常规分馏、气体压缩和轻质馏分回收单元，产品的处理和使用与延迟焦化中描述的很相似。来自焦化工艺分馏器压力释放经过火炬，并从焦化塔到骤冷塔系统。

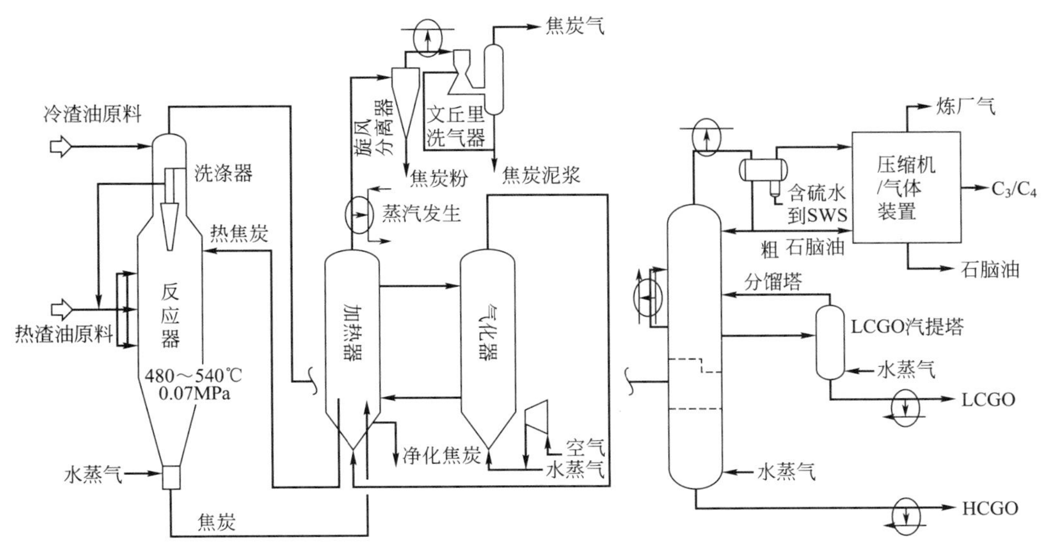

图 2.8 灵活焦化工艺流程

2.8 冷却系统

在 IPPC 指令下，已经编写了一个有关工业冷却系统的通用 BREF，它涵盖了相关炼油厂部门的很多主题。为避免重复，因此这一部分关于冷却的内容仅涉及通用 BREF 没有涵盖的主题。此外，在 OSPAR（北海）和 HELCOM（波罗的海）工艺中已经研究了一些冷却水污染问题。

(1) 目的和原理

在炼油厂中，需要对原料和产品进行冷却以保证炼油厂工艺操作在正确的温度下进行，然后把产品降至合适的储存温度。即使工艺系统的热集成保证了重要的冷却，这可以通过交换被冷却物料和被加热物料之间的热量来达到，但额外的冷却仍然需要。这种额外冷却应该由外部冷却介质提供：水和/或空气。

(2) 工艺

在炼油厂中很多技术都是以冷却为目的。大多数炼油厂将多种可利用的技术结合。冷却系统的选择取决于要求的冷却温度、冷却能力、污染风险（一次或二次冷却回路）和现场环境。图 2.9 给出了炼油厂中使用的冷却系统简图，简要描述如下。

① 空气冷却

在空气冷却器中（强制或人工通风），风机鼓入的空气冷却管中物料，图 2.9(e) 图解了人工通风冷却器。

② 水冷却

a. 直接冷却（即骤冷）。因为这种类型的冷却产生高污染，现在，骤冷仅用在焦化塔（2.7 部分）、气化器和一些污泥焚烧炉中。

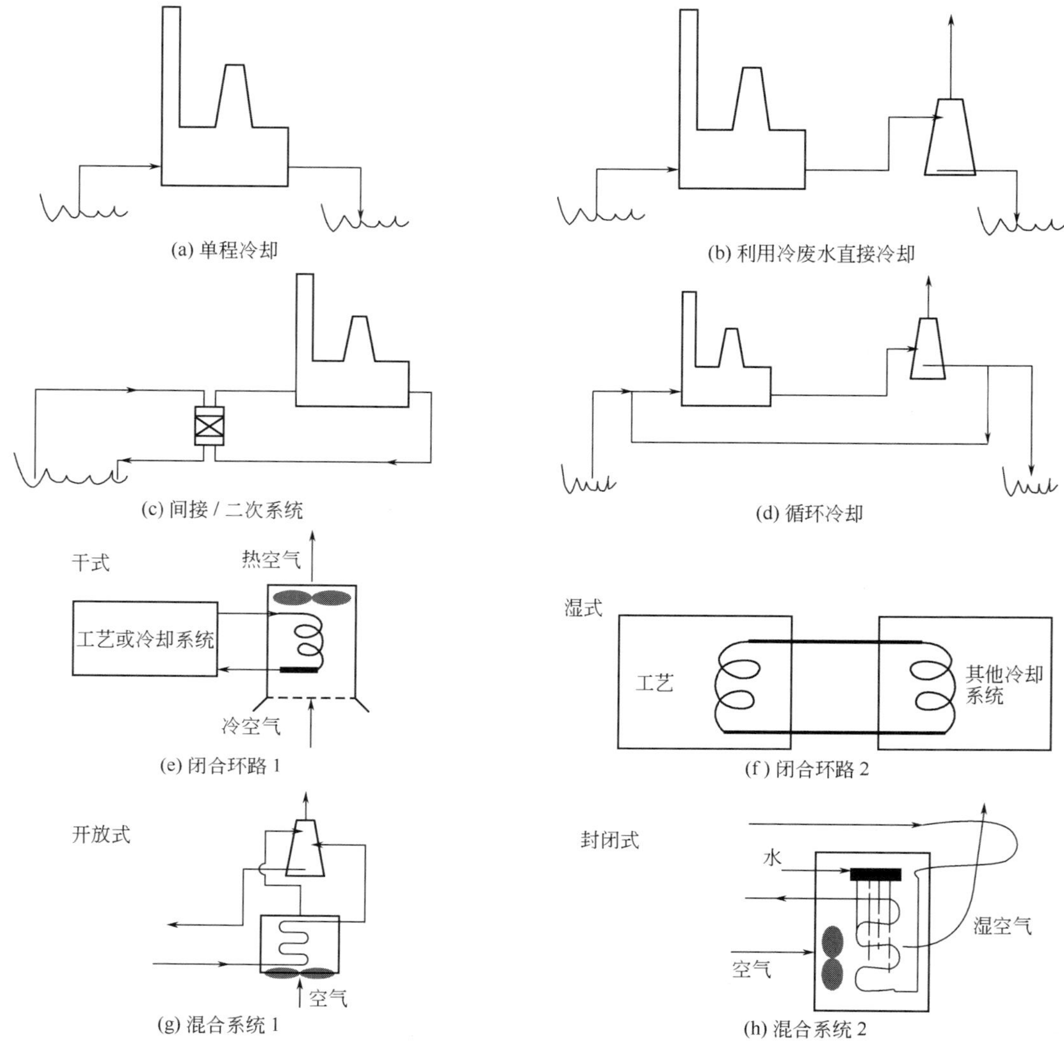

图 2.9 炼油厂中使用的冷却系统

b. 单程系统（海水，河水等）。在典型的单程冷却系统中，水抽自地表水体，如果必要的话可进行过滤，有时候还用杀菌剂处理以抑制污垢。然后它们在炼油厂中通过换热器进行冷却。冷却水只进入一个工艺装置一次，然后不经过污水处理厂处理而直接排放。炼油厂中单程冷却系统中采用不同方法使用水受到工艺物料带来的不同的污染风险。

- 单程冷却水用于冷却无污染物料，例如发电。当地表水热负荷过高时一般应用冷却塔系统，见图 2.9(a) 及图 2.9(b)。
- 单程冷却水与循环水系统热交换，冷却工艺物料，见图 2.9(c)。
- 单程冷却水直接用于冷却工艺物料（通过换热器），见图 2.9(a) 及图 2.9(b)。

c. 循环系统（调温水，冷却水）。在这个系统中，大多数冷却水通过使用环境空气的冷却塔而重复循环。为了控制冷却水中污染物的浓度和固体含量，排污水被排放到废水处理装置并补充新鲜水，然后被用于系统中。一定量的水也可通过蒸发从系统出来，见图 2.9(d)。

d. 湿式封闭系统（一般是水）。当工艺物流不应暴露于（低）冷却水温度时应使用调温水［见图 2.9(f)］。

e. 混合系统。在这种情况下，空气和水都用作冷却媒介。这些系统一般最大化地使用空气冷却，剩下的由水冷却完成。两种类型的系统都是可用的，如图 2.9(g) 和图 2.9(h) 所示。

f. 冷冻系统。在特殊情况下当工艺物流必须冷却到环境温度以下时，就会使用冷冻系统。它既可以是一个直接冷冻系统，即在工艺中使用制冷剂（丙烷和氨水），或者是一个间接系统［见图 2.9(f)］，使用循环系统（例如盐水、乙二醇），在系统中制冷剂冷却循环液体。

2.9 脱　　盐

（1）目的和原理

原油和重质渣油中含有不同数量的无机化合物，例如水溶性盐、砂子、淤泥、铁锈和其他固体，共同特点是底部沉淀物。原油中的盐主要以溶解或悬浮的盐晶体形式存在于原油乳化后的水中。这些杂质，特别是盐，能够导致污垢和换热器（原油预热器）的锈蚀，特别是原油蒸馏装置顶部系统（见 2.19 部分）。盐对很多在原油下游转化过程中使用的催化剂活性有毒害作用，钠盐会促进焦炭的形成（例如在加热炉中）。一些无机杂质是有化学结合性的，例如钒和镍经常作为可溶于油的盐而被提到，这些不能在脱盐装置被除掉。更重要的是，如果原油中水含量很高，应该首先除去水。因此，引入的原油脱盐处理一般在分离出馏分之前进行（见 2.19 部分）。

脱盐的原理是在高温高压下用水洗涤原油或重质渣油以溶解、分离和除去盐和固体。

（2）原料和产品流

原油和/或重质渣油（油质原料）与回用水和新鲜水是脱盐装置的原料，洗涤过的原油和受污染的水是脱盐过程的产物。来自原油蒸馏装置顶部的水和其他使用过的水通常作为洗涤用水加入到脱盐装置中。在工业上尽力将原油中的含水量降到最低至 0.3% 以下，底部沉淀物至 0.015% 以下。净化过的物料中无机杂质浓度很大程度上取决于脱盐装置的设计与操作，以及原油来源。

（3）工艺

预热到 115～150℃以后，油质原料与水（新鲜水和回用水）混合以便溶解和洗出盐。在球型阀混合器、静态混合器或者两种组合混合器中，油质原料与洗涤水充分混合。水必须接着在一个分离容器中从油质原料中分离出来，此过程中需向分离容器中加入破乳剂来辅助破乳，和/或更普通的是，通过在沉降容器中应用高压电场来凝聚极性盐液滴。分离效率取决于 pH 值、原油密度和黏度，以及单位体积原油所用的洗涤水体积。可以使用交流或者直流电场，采用从 15～35kV 的电压来促进凝聚。很多炼油厂都不只有一套脱盐装置。并且还有多级脱盐装置。含有溶解的烃、游离油、溶解的盐和悬浮固体的洗涤水要在污水处理装置中（见 4.24 部分）进一步处理。由于底部沉淀物在下游处理装置中是很关键的，脱盐装置都装备有底部冲洗系统以除去沉降的固体。图 2.10 所示为现代设计的原油脱盐装置的工艺流程。

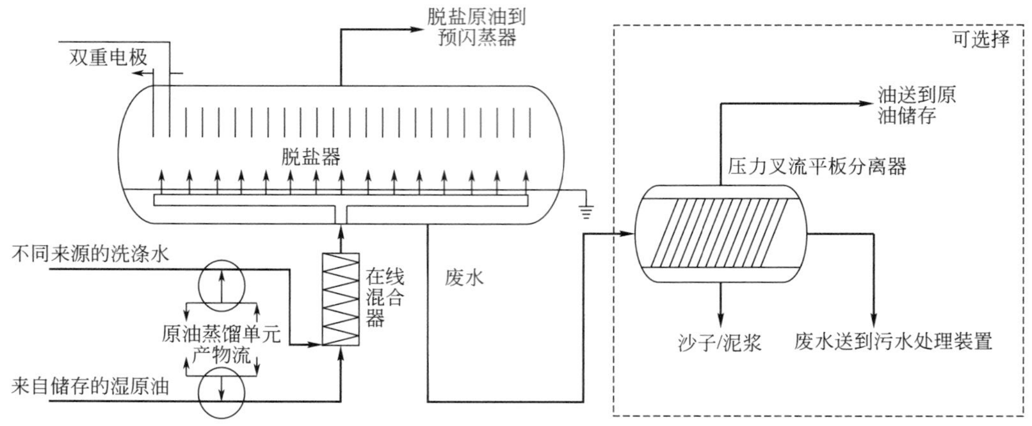

图 2.10 现代设计的原油脱盐装置的工艺流程

2.10 能源系统

尽管产热装置是大多数炼制工艺/活动的一个基本的、必不可少的部分，这些系统都大致相似，因此能量管理问题、燃料管理、能量生产技术（例如锅炉、加热炉、燃气轮机）和蒸汽管理都包括在本节中。

(1) 目的和原理

热能和电能都是一个炼油厂运行所必需的。相当多的热能需求一般通过燃料燃烧满足。热能可以直接（通过加热器）或间接（例如水蒸气）提供给工艺物流和装置操作。电能可以在炼油厂中生产［例如热电联产（CHP)、气体/蒸汽轮机、整体煤气化联合循环发电系统（IGCC)］，也可以从电网购买。此外，能量（蒸汽和动力）被认为是炼油厂另一种可以内部生产并出售的产品。

(2) 燃料和燃料系统

蒸汽和电力生产所需要的燃料或者加热炉燃烧所需要的燃料既可以来自炼油厂本身生产的燃料（炼厂燃料），也可以是从外面购买的天然气，或者是两者的结合。一般情况下，使用的大多数甚至所有气态和液态燃料都是炼油过程的副产品。这些燃料的成分和质量随加工原油的不同而不同。大体上来讲，炼油厂燃料储备是能量需求、原油加工类型、排放限制和经济性之间的精确平衡。

① 炼油厂燃料气（RFG）

炼油厂中使用的大多数燃料是气体（甲烷、乙烷和丙烷与过量氢的混合），这些气体在不同炼制工艺中生产出来并被收集到炼油厂气体系统中，但是不得不尽快使用，它们通常不能作为有价值的产品出售。如果处理得当，炼油厂燃料气（RFG）是一种低污染燃料。大多数炼厂燃料气系统有两个或三个可供选择的原料供应：炼厂气、输入气（一般是天然气）和液化石油气（LPG）。这些气体在源头上可能是无硫的（例如来自催化重整和异构化工艺）或者是含硫的（很多其他工艺，例如来自原油蒸馏、裂化、焦化和所有的加氢脱硫工艺）。对后面一种情况，在释放到炼油厂燃料气系统之前，气流一般都经过胺洗涤处理去除 H_2S，如果必要的话需要除尘和 COS 转化（4.23 部分）。如果炼油厂有焦化工艺，则焦化气是炼厂气的主要来源。以 H_2S 计的硫含量一般低于 100(标)mg/m^3，但是在高压下（2.0MPa）进行气体处理，达到 20～30(标)mg/m^3 的水平是可能的。氮含量可以忽略不计。

图 2.11 所示为一个典型的燃料气系统的工艺流程。燃料气由不同炼厂装置提供。在这个图中，备用供给由输入天然气和内部生产的液化石油气（LPG）提供，它们经过气化并进入燃料气总管。重质烃和/或水的冷凝对燃料气系统非常关键。通常所有装置都有它们自己的燃料气分离罐，在分离罐中分离出那些在燃料气分配系统中形成的冷凝物。分离罐的燃料气管道到单独燃烧器的燃料气供应管线中需蒸汽伴热以避免冷凝。燃料气分离罐中分离出的液体排入密闭的污水系统。

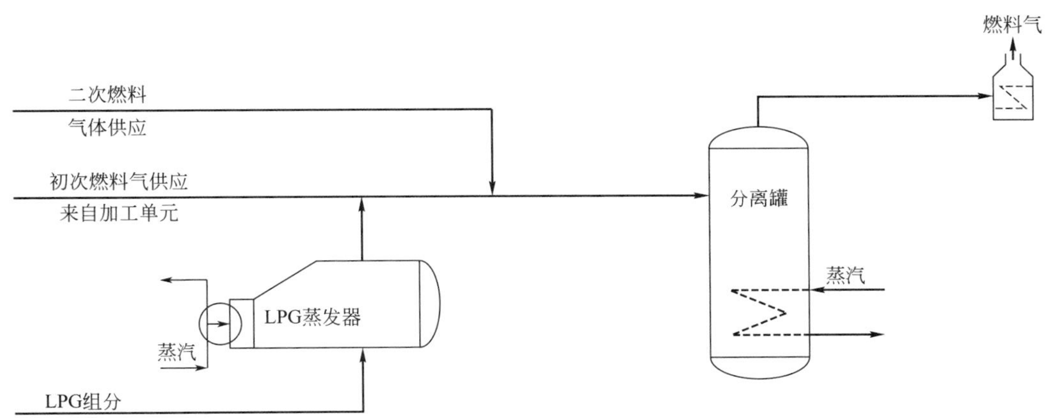

图 2.11 燃料气系统的工艺流程

② 液体炼厂燃料

在炼油厂中使用的液体炼厂燃料（重质燃料油，HFO）一般是来自常压和/或减压蒸馏，以及转化和裂化工艺的渣油混合物。液体炼厂燃料可以在不同等级上利用，黏度是主要参数。燃料黏度越低，价格越高。更重（更黏）等级燃料需要在燃烧前加热以降低其黏度。它们含有硫（低于 0.1%～7%）、颗粒物前体物（例如钒，镍）和氮（0.1%～0.8%），直接燃烧之后，造成很高的 SO_2、颗粒物和 NO_x 排放。它们也可以在 IGCC 装置中气化，在 IGCC 装置中几乎所有的炼油厂渣油（减黏裂化或热焦油等）

都能转化为热能和电力。

如果原油经过适当脱盐，燃料中灰分含量将直接与总固体量相关，它们的量与存在的钒和镍的总量成正比（镍-钒的量：质量分数为0.03%～0.15%，根据渣油来源和原油来源不同）。为了达到HFO的金属含量，原油金属含量要乘以4～5倍的因数（根据渣油产量和原油中的渣油含量）。从北海原油到阿拉伯重质油，HFO金属含量分别在40×10^{-6}～600×10^{-6}内波动，产生的烟气中颗粒物浓度为150～500(标)mg/m^3。原油中固有的最主要的金属是钒和镍。其他金属，例如镉、锌、铜、砷和铬也已经发现[43，Ddekkers and Daane，1999]。表2.2显示了炼油厂中使用的典型渣油燃料油中的金属含量。

表2.2　典型渣油燃料油中的金属含量 [322，HMIP UK，1995]

金属	浓度范围/$\times10^{-6}$	平均浓度/$\times10^{-6}$
V	7.23～540	160
Ni	12.5～86.13	42.2
Pb	2.49～4.55	3.52
Cu	0.28～13.42	2.82
Co	0.26～12.68	2.11
Cd	1.59～2.27	1.93
Cr	0.26～2.76	1.33
Mo	0.23～1.55	0.95
As	0.17～1.28	0.8
Se	0.4～1.98	0.75

③ 液体炼厂燃料系统

前面已经讲到，液体炼厂燃料是重质渣油，应该储存在隔离的储罐中，并在高温下降低其高黏度。典型的炼厂燃料油系统（简图，参见图2.12）包括一个专用混合罐（一般在现场外），一个循环泵和加热器（当需要时）。这个系统在恒压以及要求的温度和黏度条件下发送燃料油，以便可以发生雾化和高效燃烧。如果燃料消耗很低，加热储罐、预热器等的安装费用对于使用重质燃料而言可能并不合理，于是使用轻质燃料。液体炼厂燃料一般用于工艺的启动。

④ 固体燃料

例如石油焦，可以气化作为炼油厂燃料气来源（灵活焦化，见2.7部分）。焦炭一般在催化裂化再生器（见2.5部分）和焦化工艺（见2.7部分）中燃烧，代表了炼油厂中的一个热能生产来源。煤，作为输入燃料，不在欧洲炼油厂中使用。

(3) 能量生产技术

这一部分的目的不是详细描述能量生产技术（蒸汽和电力），因为它们可以在大型

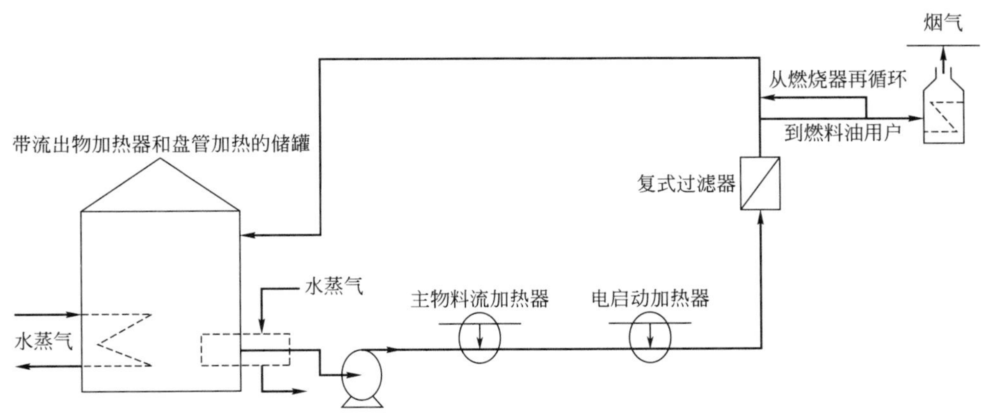

图 2.12 重质燃料油系统的工艺流程

燃烧装置 BREF 中找到［317，EIPPCB，2002］。

① 加热炉与锅炉

很多的单独炼厂工艺和公用系统在专用加热炉和锅炉中燃烧燃料（气体和/或液体），为工艺过程提供必需热量。燃烧的工艺加热炉和锅炉是主要的热量生产装置。前者是将燃烧过程释放的热量直接传递给工艺物料，而后者是生产炼油厂某些地方要使用的水蒸气。生产水蒸气的原理是在一定压力下在专用燃料锅炉或者含有热交换管束（节热器和过热器）的废热锅炉中加热锅炉给水。在本书中，除了相关内容，并没有区别加热炉与锅炉。

炼油厂中使用各种类型的加热炉和燃烧炉，取决于特定工艺要求的热量释放特征。很多但不是全部的加热炉是双燃料（油/气）燃烧，从而使炼厂燃料系统有一定弹性。炼厂工艺加热炉典型结构是矩形或圆柱形，附带为低燃烧强度而特别设计的多级燃烧炉。锅炉（固定床或流化床）一般是一定标准的中等或高燃烧强度级别的水蒸气发生装置。废热锅炉也可能存在于加热炉烟道中。直接燃烧加热炉和锅炉热效率通常能够超过85%。如果采用空气预热，并且将燃烧产物（烟道气）冷却至接近它们的露点，热效率可以高达93%。锅炉会消耗炼油厂能量需求量的10%～20%。

② 燃气轮机和蒸汽涡轮机

燃气轮机工作如下：环境条件下的新鲜空气被吸入压缩机，在这里温度和压力都上升。高压空气继续进入燃烧室，在这里燃料在恒定压力下燃烧。得到的高温气体随后进入涡轮机，在涡轮机中气体膨胀至大气压，并产生电力。蒸汽轮机是将水蒸气压力转化为电力。联合循环工艺是将燃气轮机和蒸汽轮机结合起来生产电力，效率要比开式循环涡轮机（蒸汽和燃气）高。更多有关蒸汽和燃气涡轮机和联合循环工艺的信息可以在大型燃烧装置 BREF 中找到。

③ 热电联产装置（CHP）

这些系统是为同时产生热量和电力而设计的。这种类型设备的燃料一般是天然气。但是它们也可以将炼厂气作为部分燃料燃烧，于是潜在地减少了可在加热炉和锅炉中燃烧的炼厂气总量。蒸汽和电力联产的概念也可以应用在锅炉燃烧中，例如液体炼厂燃料。它们能被设计用来生产高压水蒸气，然后使压力在膨胀器/涡轮发电机中降低。节热器和最佳空燃比控制也是在热电联产装置中应用的技术。

④ 整体煤气化联合循环发电系统（IGCC）

IGCC是尽量在最大转换效率下用多种低级燃料生产水蒸气、氢气（可选择的）和电能的一种技术。当油与氧气和/或空气一起气化时，生产出合成气，并用于在联合循环系统中生产热能和电能。氢气也可以从合成气中分离出来在炼油厂中使用（2.14部分）。

IGCC原理是基于有机碳或焦炭与水蒸气和满足化学计量的一定数量的氧气（部分氧化）发生高温高压反应，生产合成气（$CO+H_2$）。燃烧室之后系统包含大量复杂的能量回收系统以生产水蒸气和电能。图2.13为IGCC装置流程框图。烃部分氧化产生的气体包含一定量游离碳（烟灰）。烟灰微粒在一个二级水洗涤系统中与灰烬一起从气体中除去。

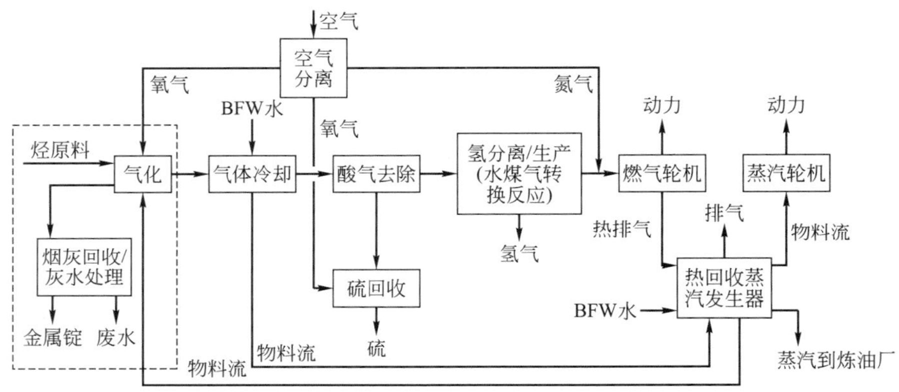

图2.13 IGCC工艺流程

气化装置包括两套集成的复杂装置。在第一套合成气生产装置（SMPP）中，发生重质馏分气化并生产和净化合成气。在第二套联合循环动力装置中，合成气加入到联合循环热电装置中。SMPP包括下面两个部分。

- 气化和碳抽提：在气化部分，原料通过与纯氧和水进行非化学计量的反应而气化；反应在气化器中发生，它是内部衬有耐火材料的非催化容器，该操作在高温（大约1300℃）和高压（大约6.5MPa）下进行。
- 气体冷却与净化：在气体冷却部分，合成气的废热通过生产三个压力级的水蒸气而回收。在气化器中形成的少量炭通过直接在洗涤器中与水接触而从气体中除去。水随后在灰水处理系统中处理，然后送到炼油厂既有的生物处理装置。以滤饼形式形成的固体污染物从装置排出，并送到外部装置以回收金属。另外，COS水解反应器用于将气化器中产生的少量COS转化为H_2S。这一部分也包括一个气体膨胀器用以回收合成气的压力能（气化器中的压力是6.5MPa左右）。这个系统包括一个酸气去除器。在这个装置中，一股循环的胺流用于选择性吸收气化器和COS水解器中形成的H_2S。它也包括一个气体分离装置。这个装置生产气化过程和克劳斯（Claus）装置所需要的氧气，和调整合成气的氮气。它是基于常规低温空气分馏原理。最后包括一个硫黄回收装置。克劳斯装置从酸气去除部分和尾气处理部分获得的 H_2S 中回收元素硫，使总体硫黄回收最大化。

在冷却和净化部分之后，净化后的合成气送入联合循环动力装置，用于电力生产。它主要包括由一个燃气轮机、一个热量回收水蒸气发生器和一个蒸汽轮机组成的常规循环系统。

(4) 能源系统的产品

如上文所述，炼油厂（或其他工业联合体）的能源系统用来为工艺运行提供必需的热量和动力。炼油厂能源系统生产的产品类型（水蒸气和电力）简单描述如下。

① 水蒸气

炼油厂锅炉生产不同的蒸汽品质具有以下的大体特征（热容范围从低压水蒸气的270MJ/t 到 5.0MPa 过热高压水蒸气的 320MJ/t）。

- 高压（HP）水蒸气（>3.0MPa，350～500℃），在废热锅炉（催化工艺与加氢裂化产生的高温烟气和/或高温产物的冷却）和明火锅炉中产生。HP 水蒸气主要用于汽轮机中生产电能（和 MP 蒸汽）。
- 中压（MP）水蒸气（0.7～2.0MPa，200～350℃），由 HP 水蒸气的降压产生，用于炼油厂中进行汽提、雾化、产生真空和加热（例如再沸器、容器）。
- 低压（LP）水蒸气（0.35～0.5MPa，150～200℃），由换热器中热产物的冷却和 MP 水蒸气的降压产生。LP 水蒸气用于加热、汽提和示踪。

水蒸气是在蒸汽锅炉中一定压力下加热去矿物质水而产生的，因此也叫锅炉给水(BFW)。水蒸气发生装置一般以炼厂燃料气或液体为燃料。炼油厂在几乎所有的工艺装置中装备了专用蒸汽锅炉，包括高压、中压和低压蒸汽供应网及高压，中压和低压冷凝水收集网，该管网与锅炉给水准备装置和冷凝水储槽相连（有关信息参考图 2.14 和大型燃烧装置 BREF [317，EIPPCB，2002]）。

在涡轮机和加热器中使用的水蒸气冷却后一般作为冷凝水回收。因此 BFW 是新鲜去矿物质补充水（品质根据水蒸气压力而定）和回收冷凝水的混合物。BFW 可以购买也可以通过利用炼油厂使用的饮用水、过滤的地下水、海水蒸馏、地表水甚至是通过砂滤或微滤（用以除去悬浮固体）和脱盐联合操作处理的污水获得，其中脱盐是通过随后的阴阳离子交换（参阅图 2.14 的虚线部分）来完成的。反渗透（用以去除离子、胶体和有机大分子）经常在新装置中应用，随后通过混合床离子交换和活性炭过滤进行最后的精制。冷凝水槽一般都配备有一个油探测系统和一个油污回收装置。为避免水蒸气和冷凝水系统腐蚀，在脱气塔中除去氧气和二氧化碳，还加入了除氧剂和缓蚀剂。调节之后，BFW 泵入锅炉，在锅炉中热烟道气和 BFW 逆流换热；BFW 在节热器中预热，然后在第一个和第二个过热器中进一步加热。为了保持蒸汽罐中溶解的化合物和悬浮固体的浓度恒定，排放 1%～2%的冷凝水一般是必要的。

② 电能

主要在涡轮机中通过高压水蒸气生产，也可以在燃气轮机中生产。电能是运行泵、压缩机、控制系统、阀门等所必需的。因此炼油厂存在很多电能系统。

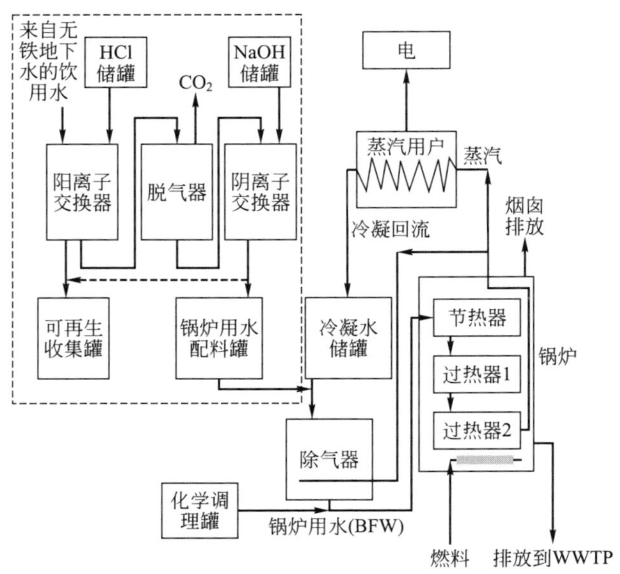

图 2.14　锅炉给水准备装置和蒸汽锅炉的典型布置

(5) 能量管理

能源系统的良好设计和管理是使炼油厂环境影响最小化的重要影响因素，鉴于大多数工艺的高度整合和独立特性。一般目的是为了在最低的经济和环境成本下，将各种工艺和公用工程的燃料生产和消耗进行持续匹配。本书也分析了这个问题，并且在 2.15 部分中分析了所有可能在炼油厂中使用的技术整合。“能源管理”被编于此是因为炼油厂能源效率不仅可以通过改善单个工艺的能源效率（在每一部分中均有提及）或者能量生产系统的能源效率来提高，也可以把炼油厂作为一个整体，通过改进能量管理、节能和热力集成/回收来提高。

能量管理很久以来一直是炼油厂一个重要问题。例如，像 ISO 14000 体系或 EMAS 之类的管理技术可以提供一个适当框架以开发适合的能量管理系统，并同时可以提高炼油厂的整体能源效率。节能技术，例如报道和鼓励节能，实施燃烧改进或评估炼油厂能量集成，可以对减少炼油厂能源消耗及其带来的炼油厂能源效率的提高产生显著影响。其他提高效率的技术工具是热力集成/回收技术，具体例子包括安装废热锅炉、安装回收能量的膨胀器，以及提高建筑物和工艺装置的隔热效果以减少热损失。蒸汽管理是另一种提高能源效率的良好手段。

2.11 醚　化

(1) 目的和原理

大量化学物质（主要是醇类和醚类）被加到发动机燃料中以提高性能或为了符合环

境要求。从20世纪70年代起，醇类（甲醇和乙醇）和醚类被加入到汽油中以提高辛烷值、减少一氧化碳产生，而且由于排放的VOCs具有低反应性，相应降低了大气中的臭氧。这些添加剂取代了含铅添加剂，根据汽车用油Ⅰ要求逐步淘汰含铅添加剂。结果是现在汽油中大量加入不同醚类，它们能更好地符合新的氧含量要求和蒸汽压限值。使用最广泛的添加剂是甲基叔丁基醚（MTBE）、乙基叔丁基醚（ETBE）和甲基叔戊基醚（TAME）。一些炼油厂（约30%的EU+炼油厂）自行生产它们日常供应的那些醚类。

(2) 原料和产品流

异丁烯和/或异戊烯以及甲醇（或乙醇）是生产MTBE（或ETBE）和/或TAME所必需的。在炼油厂获得异丁烯来源很多，包括：从FCC和焦化装置中得到的轻质石脑油；石脑油蒸气裂化的副产品（LVOC描述的工艺）或者乙烯和丙烯生产中的轻质烃（同在LVOC中）；异丁烷的催化脱氢（同在LVOC中）和生产环氧丙烷时作为副产品回收的叔丁醇的转化（在LVOC中）。甲醇（乙醇）是外购的。

(3) 工艺

可供利用的商业化工艺是多样的。很多的工艺可以变更为异丁烯或异戊烯与甲醇或乙醇反应生成相应醚类。所有反应都是在可控温度和压力条件下使用酸性离子交换树脂催化剂。放热反应的温度控制对于能够最大程度转化、最低程度发生非期望的副反应和催化剂失活是非常重要的。反应通常在一个二级反应器中进行，乙醇稍微过量以使异构烯烃转化超过99%，甲醇消耗基本上符合化学计量。各种工艺的本质区别是反应器设计和温度控制方法不同。

① MTBE生产工艺

图2.15是MTBE装置的工艺流程简图。原料在进入初级反应器顶部之前先进行冷却。初级反应器中树脂催化剂是小珠状颗粒固定床。反应物流过催化剂床层后从反应器底部流出。初级反应器流出物含有醚、甲醇和未反应异构烯烃以及经常也有一些来自原料的石蜡。相当数量的流出物冷却后循环以控制反应器温度。纯净流出物被加入到含有催化剂的分馏器或者次级反应器中。醚作为底部产物提取出来，而未反应的乙醇蒸气和异构烯烃蒸气向上流动经催化反应转化为醚。这个工艺通常生产醚和相对少量的未反应烃和甲醇。甲醇从一个水洗涤器中萃取得到，得到的甲醇-水混合物通过蒸馏回收甲醇并循环利用。过量甲醇和未反应的烃作为顶部产物移出，然后加入到甲醇回收塔中。在这座塔中，过量的甲醇通过与水接触而被萃取。得到的甲醇-水混合物通过蒸馏回收甲醇，然后再循环到初级反应器。

② TAME生产工艺

在这个工艺中，C_5异戊烯从来自FCC装置的轻质催化裂化馏流（LCCS）中分离得到，然后在氢气环境中与甲醇发生催化反应生成TAME。TAME生产的主要步骤是脱戊烷、除气、反应和纯化。图2.16为TAME生产的工艺流程。

C_5的去除通过对LCCS原料蒸馏（脱戊烷塔）实现。顶部物料冷凝，然后在气体进入炼厂烟气系统时烃类作为回流返回。一股C_5侧流作为TAME装置原料从塔中移出。塔底液体（C_{6+}）输送去与TAME装置最终产物再混合。

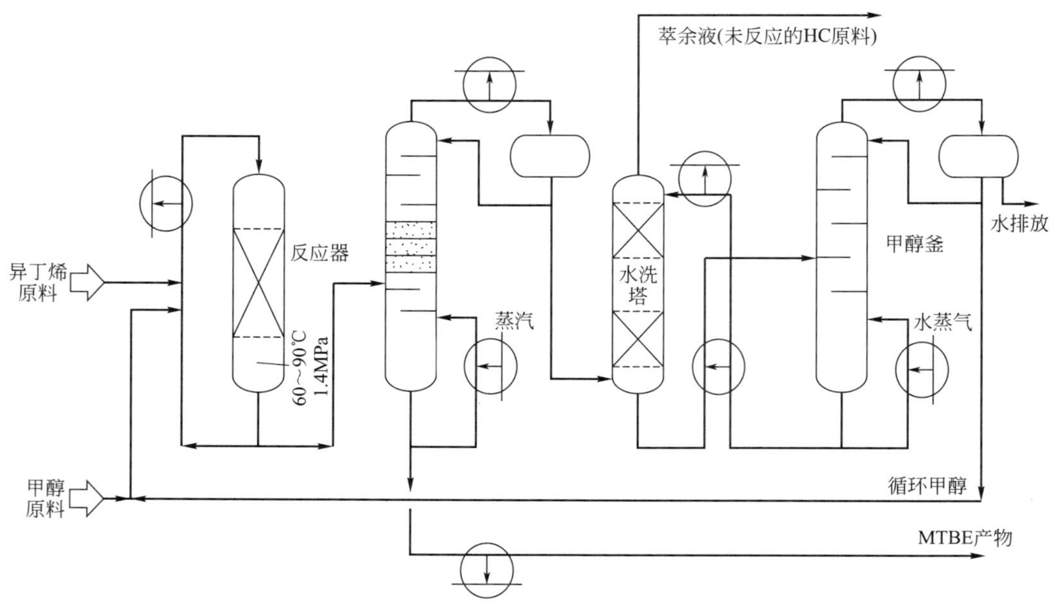

图 2.15 MTBE 生产工艺流程

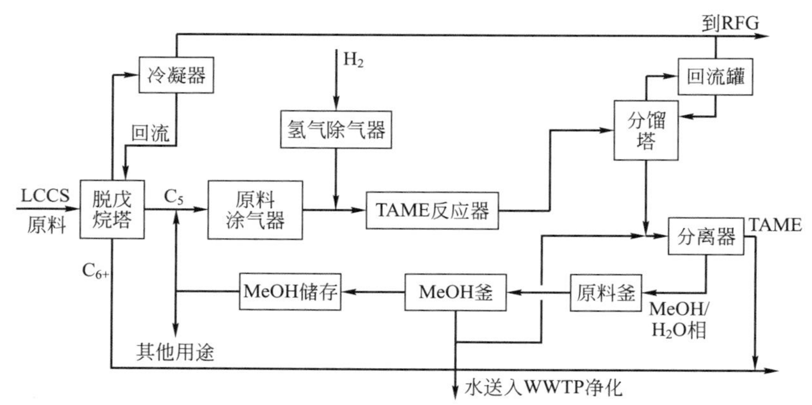

图 2.16 TAME 生产的工艺流程

C_5流随后通过除气，经过离子交换树脂去除基本的氮化物而去除催化剂毒物，例如氨和任何金属污染物。氢气原料也通过除气去除任何酸性成分。包含注入的甲醇和氢气的原料加入到反应器部分。氢气用于将二烯烃转化为单烯烃，并在反应过程中防止胶质形成。此反应发生在含钯浸渍离子交换树脂上，异戊烯转化为 TAME。

TAME 产物流经分馏器、洗涤器和相分离器净化，分馏器顶部物料流入回流罐，气相低沸点烃（C_1、C_2、C_3、C_4等）和未反应氢气排入炼厂燃料气或火炬。含有一些甲醇的 TAME 汽油底部产物冷却后再与来自甲醇回收装置的循环水混合，然后进入分离器进行相分离。从此处得到的 TAME 汽油馏分与脱戊烷塔底部的 C_{6+} 流混合后送去储存。甲醇/水馏分循环到甲醇回收装置的原料罐中。

甲醇在普通釜中通过蒸馏回收，顶部甲醇蒸气冷凝进入缓冲罐以循环至 TAME 装置或作其他用途。底部一般是含有污染物的水且大部分被循环利用，但需经吹脱处理以避免甲酸产生。

2.12 气体分离

(1) 目的和原理

低沸点烃类一般在高压运行的通用分离装置中进行处理。气体装置的目的是通过蒸馏从各种各样炼油厂尾气中回收和分离 C_1～C_5 以及更高分子量化合物。在炼油厂中，存在一个（或更多）气体装置用于处理来自不同工艺（例如催化重整、催化裂化、蒸馏装置）的不同气流。这些系统是天然气加工装置（2.17 部分）的核心，不同组分在装置中被分离出来。根据产品应用，一些炼油厂从 LPG、顶部馏分和石脑油中去除汞。

(2) 原料和产品流

气体装置的原料包括来自原油蒸馏装置、催化裂化装置、催化重整装置、烷基化装置、脱硫装置以及类似装置中的气流和液流。一些原料的预处理可能是必要的，典型的是通过加氢脱硫（2.13 部分）或胺处理（去除 H_2S，参阅 4.23.5.1 部分）。化合物回收取决于原料组成和市场需求。气体物料一般分离为 C_1 和 C_2 馏分用于出售或者用作炼厂燃料气、LPG（丙烷和丁烷）和轻质汽油（C_5 和更高的）。该工艺也可以分离烯烃、异构烷烃和正构烷烃。

(3) 工艺

作为最低配置，气体装置包括两个塔，一个吸收/汽提塔（脱乙烷塔）用于从原料中抽提所有轻质 C_2 以下组分，并最大程度上回收 C_3 以上组分。图 2.17 为气体装置的工艺流程。

气体装置的原料经冷却和冷冻，得到的残余蒸气相进入冷冻吸收器，接触冷冻的再循环轻质汽油吸收剂。吸收器顶部是 C_1、C_2 馏分。底物与从冷冻部分得到的液流合并，通过第一个分馏器或脱乙烷塔。第一个分馏器顶部组分（本质是 C_2-乙烷）与吸收器顶部组分结合，底物组分则进入第二个分馏器生产 C_3/C_4 顶部物流和脱丁烷汽油底物。在再接触部分，各种来自不同装置的蒸气压缩并与脱乙烷塔顶部物流再接触，可以最大程度回收 C_3/C_4。脱乙烷塔的底物，主要是 C_3/C_4 化合物，加入到脱丙烷塔。这些顶部物流送入第三个分馏器以分别将 C_3 和 C_4 分离为顶部流（丙烷）和底部流（丁烷）。产物通过选择性分子筛吸附进行最终脱硫后送去加压储存。随后通过诸如封闭回路系统的方式装载到运输容器，或释放进入炼厂燃料气系统。

汽油底物进入第四个分馏器以生产脱戊烷塔馏分，在吸收器中作为冷冻循环汽油使用。净产物通过调和形成汽油产品。送去储存前的干燥步骤是必需的（图中未显示）。此外，尽管已经在脱乙烷塔和脱丙烷塔顶部去除了水和 H_2S，一个包含碱性微粒床（图中未显示）的容器可以安装在丁烷系统中作为额外防护。如果没有（或未充分）进

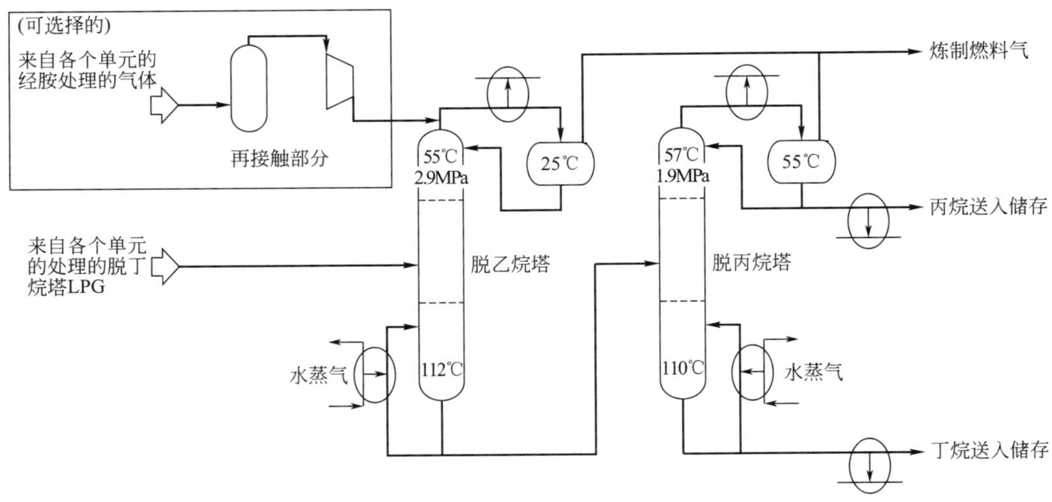

图 2.17 气体装置的工艺流程

行上游处理，这些也可以在装置自身中进行。例如脱乙烷塔底物的硫醇氧化/萃取之后的胺 H_2S 吸收器和脱乙烷塔顶部净气体的胺 H_2S 吸收。

如果存在热裂化和/或催化裂化装置，烯类化合物回收也是很有价值的。从正丁烷中分离出异丁烷也是可能的。异丁烷可以用作烷基化装置的原料，同时正丁烷（或它的一部分）可以用作汽油罐或异构化的调和组分。

2.13 加氢工艺

本节包括两种类型的工艺：加氢裂化和加氢处理。这两个工艺都是氢气环境下在金属催化剂上进行。可以在炼油厂中找到很多这样的工艺，一般根据处理原料的类型和反应条件来命名。这些工艺的共同特征就是它们都依赖于氢化工艺，需要消耗氢气。烷烃或烯烃的异构化工艺也消耗一些氢气，但是那些工艺包含在一个单独章节中（2.16 部分）。

(1) 目的和原理

① 加氢处理和临氢加工

它们是相似的工艺，用于去除例如硫、氮、氧、卤化物和微量金属杂质之类可能使催化剂失活的杂质。加氢处理也通过将烯烃和二烯烃转化为链烷烃以达到降低燃料中胶质形成的目的，从而提升馏分品质。临氢加工，典型的是利用来自原油蒸馏装置渣油，将这些重质分子裂化为轻质的，生产出更多可销售的产品。两种工艺经常被用在工艺上游，这些工艺中的硫和氮会对催化剂产生不良影响，例如催化重整和加氢裂化装置。工艺在大量氢气存在条件下使用催化剂，在高温高压条件下原料和杂质与氢气反应。

a. 加氢处理工艺有很多反应类别：加氢脱硫，加氢脱氮、烯烃饱和和芳烃饱和。专门用来去除硫的加氢处理装置通常叫做加氢脱硫装置（HDS）。在这个部分中，讨论了石脑油、中间馏分和渣油类原料的标准加氢处理。

• 石脑油加氢处理装置一般用于 3 个目的：脱硫、脱氮和以稳定石脑油为原料进入下游异构化和重整装置。稳定石脑油原料通常需要将热裂化和催化裂化工艺生产的不饱和烃类转化成链烷烃。轻质二烯烃的选择性氢化就是很多轻质烯烃中的污染物也被部分氢化。芳香烃氢化是石脑油或蒸馏工艺的变型。

• 中间馏分加氢处理装置一般有两个目的，脱硫和中间馏分氢化。在大量裂化组分混入中间馏分池中时，稳定中间馏分是必要的，并且通常要求芳香烃和烯烃部分饱和与氮含量的降低。石脑油、煤油、柴油原料可能需要芳香烃饱和。在这个工艺的应用中包括航空燃气轮机燃料烟点的提高、降低溶剂原料中的芳香烃含量以达到空气污染控制的要求、从苯中生产环乙烷（LVOC）以及柴油十六烷值的提高。

• 加氢柴油深度脱硫（加氢精制）一般是通过加热并且加氢柴油达到产品含硫规格。其他原因是为了改善色泽和沉淀物稳定性。

• 渣油加氢处理主要应用于渣油催化裂化（RCC）装置中以提高渣油原料的质量（一般是常压渣油）。RCC 对于加工渣油的金属含量和碳值有严格限制。

b. 临氢加工也可能被设计用来去除原料中低水平金属。去除的金属包括镍和钒，它们都是原油中本来就有的，也包括硅和可能在炼油厂别处加入的含铅金属。

② 加氢裂化

这是所有炼制工艺中用途最多的工艺之一，能够将任何从常压柴油到渣油（脱沥青的）的馏分转化为比原料相对分子质量低的产物。加氢裂化反应在很高的氢分压并在一种双重功能催化剂存在时发生氢化和裂化。加氢裂化也可以用于高级燃料的裂化和润滑剂生产（见 2.3 部分中的脱蜡）。催化剂的类型极大地增加了石脑油、中间馏分和润滑油的产量。氢气的存在抑制了重质渣油物质的形成，提高了通过与裂化产物反应生产的汽油产量，得到了由纯链烷烃、环烷烃和芳香烃混合而成的净产物。加氢裂化生产出如下具有突出的燃烧和低温流动性能的中间馏分。

• 具有低凝固点和高烟点的煤油。

• 具有低倾点和高十六烷值的柴油。

• 具有高含量单环烃的重质石脑油。

• 具有高含量异构烷烃的轻质石脑油。

• 富氢而用于 FCC 装置、乙烯装置（LVOC）或润滑油脱蜡和精制设备（见 2.3 部分）原料的重质产物。

当加氢裂化用于重质渣油时，需要在加氢裂化反应进行之前通过预处理去除高含量金属。渣油加氢转化是一种加氢裂化反应，通过与氢气反应将低价值减压渣油和其他重质渣油转化为低沸点烃类。

（2）原料和产品流

① 加氢处理和临氢加工

这些工艺可用的原料范围很广，从 LPG 到渣油以及它们的混合物。表 2.3 总结了每一种加氢处理的原料、产品和工艺目标。

表 2.3 加氢处理的原料、期望产品和工艺目标

原料	期望产品	工艺目标:去除或降低浓度
LPG	清洁 LPG	S、烯烃
石脑油	催化重整原料(S 质量分数:0.05%～0.5%)	S(<0.5×10⁻⁶)、N、烯烃
LPG、石脑油	低二烯烃含量	产品中二烯烃(1×10^{-6}～25×10^{-6})
催化裂化石脑油	汽油调和组分	S
常压柴油	乙烯原料(LVOC)	S、芳香烃
	航空煤油	S、芳香烃
	柴油	S、芳香烃和正构烷烃
减压柴油	乙烯原料	芳香烃
	煤油/航空煤油(S 质量分数:0.05%～1.8%)	S、芳香烃
	柴油(S 质量分数:0.05%～1.8%)	S、芳香烃
	FCC 原料	S、N、金属
	低硫燃料油	S
	润滑油基础料	芳香烃
常压渣油	FCC 原料	S、N、CCR 和金属
	低硫燃料油	S
	焦化原料	S、CCR 和金属
	RCC 原料	CCR 和金属

注：CCR=康拉逊残炭值。

② 加氢裂化

这些工艺中大量消耗氢气，这就强制要求那些有加氢裂化工艺的炼油厂要有氢气生产装置（见 2.14 部分）。除处理的产品外，这些工艺还生产含 H_2S、氨和水的轻质燃料气。

如表 2.4 所列，加氢裂化装置主要原料是来自高真空装置的重质减压蒸馏产物。这些原料是在催化裂化装置中很难裂化或不能被有效裂化的馏分。其他工艺物料，例如来自催化裂化装置的重质循环油、来自焦化或减黏裂化装置的重质柴油、来自润滑油装置的提取物、中间馏分、渣油燃料油和常压渣油可能会与主要的重质减压蒸馏产物混合。主要产品是 LPG、汽油、喷气燃料和柴油燃料，全部几乎无硫。甲烷和乙烷的产量非常低，一般低于 1%。

表 2.4 加氢裂化工艺的原料和期望产品

原料	期望产品
石脑油	LPG
常压柴油	石脑油
常压渣油	柴油
减压柴油	LPG
	石脑油
	乙烯原料(LVOC)
	煤油/航空煤油
	柴油
	润滑油基础料
减压渣油	LPG
	石脑油
	煤油
	汽油
	燃料油
焦油和沥青来源(金属含量$<500\times10^{-6}$)	柴油

(3) 工艺

加氢转化和加氢处理中应用的反应器技术类型。

现今有多种渣油加氢处理和加氢转化技术在使用。它们可以分为四类：固定床、切换反应器、移动床和沸腾床。工艺类型选择主要取决于原料中的金属含量。固定床渣油加氢转化应用于“低”金属含量的原料（100×10^{-6}）并且要求的转化率也相对较低，移动床或沸腾床技术用于“高”金属含量的原料。为克服固定床的催化剂金属中毒问题，同时保持原理念，一些技术提供方提出了切换反应器的概念：一个反应器在操作，同时另一个离线进行催化剂更换。固定床加氢转化技术的概念及设计与宽渣油加氢处理相同。移动床技术或沸腾床技术在渣油原料中金属含量明显高于100×10^{-6}而低于500×10^{-6}时采用。一般这种金属含量的原料来自重质原油的减压渣油、来自焦油砂的沥青和重质常压渣油。两种技术均允许在操作过程中提取和更换催化剂，主要不同的是反应器结构。

① 加氢处理和临氢加工

石脑油加氢处理装置：石脑油原料与富氢气体混合，在反应器原料/流出物换热器和加热炉中加热、蒸发，然后加入到含钴/镍/钼催化剂的固定床加氢处理反应器中。反应器条件可以变化，通常是在3.0～4.0MPa和320～380℃。反应器馏出物在原料/流出物换热器和反应器冷却器中冷却，然后闪蒸进入高压分离器。闪蒸蒸气主要包括未反应的氢，压缩后再循环进入反应器。分馏部分与加氢转化工艺中讲到的内容很相似。

a. 馏分加氢脱硫

图 2.18 为典型的馏出物加氢脱硫装置的工艺流程。蒸馏原料的范围可以从煤油到宽减压柴油或它们的混合物。反应器系统原理与石脑油加氢处理装置相同，主要区别是原料未完全气化并且反应器的操作条件更严格，为 4.0～7.0MPa 和 330～390℃。此外，富氮原料脱硫时通常做法是，洗涤水注入到反应器馏出物中。像 $(NH_4)_2S$ 和 NH_4Cl 这类固体沉积物在装置冷却部分形成，必须要用洗涤水除去。来自低压分离器的液体送入汽提塔稳定和提取轻质烃和 H_2S。汽提蒸汽和轻质烃从顶部排出，然后冷凝并分离成含硫废水相和烃相。水相送入含硫污水汽提塔，轻质烃相一般再循环进入原油装置或石脑油加氢处理装置蒸馏部分进一步分馏。馏出物中任何溶解的和分散的水应该除去以避免在储存时形成雾和冰。因此湿馏出物既可以加入到减压塔中使整体水分含量降到 50×10^{-6} 以下，有时也可以结合使用凝聚过滤器与分子筛床，在床中选择性吸收水。

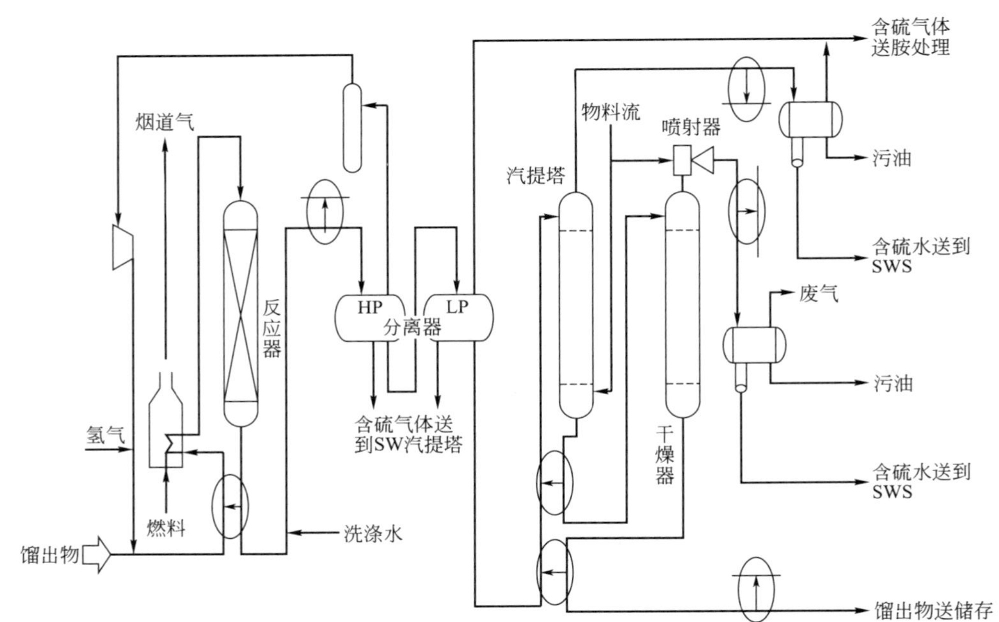

图 2.18 馏出物加氢脱硫装置的工艺流程

b. 加氢柴油深度脱硫（加氢精制）

因为这项技术在低压下操作，在总体炼油厂背景下可以达到高的氢利用率。抽余液中可以达到很低的硫含量（8×10^{-6}）。这个装置一般在 4.5MPa 压力下操作并消耗很少量的氢。氢消耗较低的汽油深度脱硫技术现在正在开发之中。

渣油加氢处理的工艺流程与普通馏分的流程相同。主要不同的是反应器系统一般包括两个或三个系列反应器。从渣油原料中去除金属一般发生在第一个反应器中，并使用低活性粗粒钴/钼催化剂。进一步加氢处理和氢化发生在尾部反应器中，结果是使渣油中的 H/C 比率变高，康氏残碳量变低。因为催化剂在富 H_2S 和 NH_3 环境中操作，镍/钼或镍/钨催化剂经常在尾部反应器中应用。

表 2.5 所列为不同原料的典型加氢处理操作条件。

表 2.5 典型加氢处理操作条件 [166，Meyers，1997]

操作条件	石脑油	中间馏分	轻柴油	重柴油	渣油
液体小时空速	1.0～5.0	1.0～4.0	1.0～5.0	0.75～3.0	0.15～1
H_2/HC 比率/(m^3/m^3)(标)	50	135	170	337	300
H_2分压/(kgf/cm^2)	14	28	35	55	55
反应器温度/℃	260～380	300～400	300～400	350～425	350～425

注：$1kgf/cm^2=98.0665kPa$，下同。

c. 轻质二烯烃氢化

这个工艺是一个高选择性的催化工艺，它可以氢化乙炔和二烯烃转化为相应单烯烃而不影响原料中有价值的链烯烃含量。另外，这些工艺可以设计用于一些烯烃的加氢异构化（例如 1-丁烯转化为 2-丁烯）。氢化发生在一个液相固定床反应器中。除非氢的纯度很低，否则去除产品中的轻质尾料时不需要分离步骤。因此，反应器流出物可以直接进入下游装置。

d. 芳香烃饱和

高活性贵金属催化剂的使用允许反应在温和条件下进行。由于温和条件和高选择性催化剂，反应收率很高，而氢的消耗量很大程度上仅受到期望反应的限制。该工艺在中等温度（205～330℃）和压力（3500～8275kPa）下，在一个催化剂固定床中进行，在该工艺中发生了芳香烃饱和、烯烃氢化、环烷烃开环、硫和氮去除的反应。

② 加氢裂化

加氢裂化一般使用固定床催化反应器，裂化在高压（35～200kgf/cm^2）下有氢存在时，在 280～475℃温度下发生。这个工艺也可以破坏重质、含硫、含氮和含氧的烃，这些杂质的释放能使催化剂中毒。因为这个原因，原料经常在送入加氢裂化装置之前先进行加氢处理和脱水以去除杂质（H_2S、NH_3、H_2O）。如果加氢裂化原料首先进行加氢处理去除杂质，分馏器的含硫污水和含硫气体中会含有很低量的 H_2S 和氨。

根据产品需要和装置规模，加氢裂化既可在单级也可以在多级反应器中进行。加氢裂化器可以分为单级单程、单级循环和二级循环 3 类。

a. 单级单程加氢裂化器

• 单级单程加氢裂化器只加工新鲜原料。根据催化剂和反应器条件，转化率可以达到 80%～90%。重质渣油可以送入燃料油罐，也可以在催化裂化装置或焦化装置中进一步加工。

b. 单级循环加氢裂化器

• 在单级循环配置中，未转化的油再循环进入反应器进一步转化，提高总转化率到 97%～98%。循环路线要求 2%～3%的新鲜原料小股泄放以避免多环芳香烃（PAH）的累积。图 2.19 为一个循环配置的单级加氢裂化装置工艺流程简图。在第一个反应器床层，发生 N 和 S 化合物转化、烯烃饱和以及 PAH 部分饱和。在后续的床层发生实际的裂化。来自低压（LP）分离器的蒸汽在胺处理之后用作炼厂燃料。可以找到很多不同的分馏部分配置。一个常见的分馏部分在图 2.19 中说明。产品进入脱丁烷

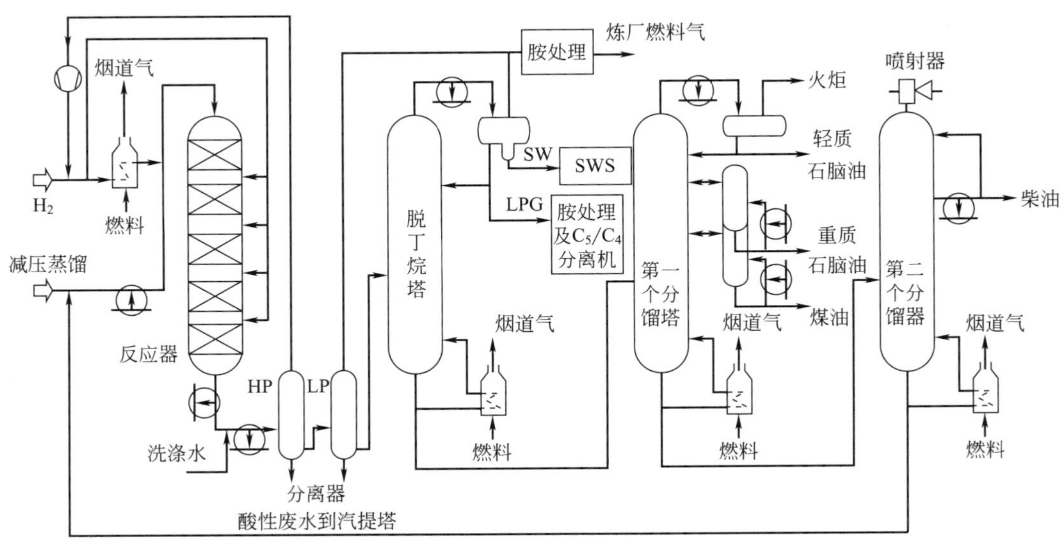

图 2.19 单级加氢裂化装置（循环配置）工艺流程

塔以分离 LPG。LPG 在胺洗涤器中洗涤，然后分馏成为丙烷和丁烷。脱丁烷塔的底物进入第一个分馏器。在这个塔中，轻质石脑油作为顶部产物提取，重质石脑油和煤油作为侧流提取，底部物料送入第二个分馏器。在第二个分馏器中，在微真空下操作，柴油产品作为顶部产物提取，而底部物料，即没有转化的油，再循环进入反应器部分。

c. 二级循环加氢裂化器

• 在二级循环配置中，第一个加氢裂化器以单程方式操作达到 50%左右的典型转化率。第一个加氢裂化反应器中未转化的油加入到第二个加氢裂化反应器中进一步转化。来自二级加氢裂化器中未转化的油再循环以达到 97%～98%的总转化率。2%～3%的新鲜原料物流的小股泄放在这里也是需要的。这个概念一般应用于例如脱沥青油这样的非常重质的高耐火原料的加工。

表 2.6 所列为加氢裂化装置的典型操作条件。

表 2.6 典型的加氢裂化操作条件 [166，Meyers，1997]

参数	高压加氢裂化	中压加氢裂化
转化率(质量分数)/%	70～100	20～70
压力/MPa	10～20	7～10
液体小时空速/(m/h)	0.5～2.0	0.5～2.0
平均反应器温度/℃	340～425	340～425
氢循环/(标)(m^3/m^3)	650～1700	350～1200

③ 加氢转化

大体上，发生了 3 个反应：加氢脱金属、加氢处理/氢化和加氢裂化。渣油原料中金属的去除主要发生在第一个反应器中，使用一种低活性 Co/Mo 催化剂。加氢处理、氢化和加氢裂化发生在后续反应器中，产品质量主要通过 H/C 比的提高而改善。在加氢转化工艺中产品的典型转化率在 50%～70%，但是很大程度上取决于加氢转化工艺类型和原料品质。

图 2.20 为加氢转化移动床工艺的流程。这个工艺包括成系列的 5 个串联的反应器、催化剂处理设施和一个准备部分。反应器在高压和相对高温下操作。前三个反应器是料斗式加氢脱金属反应器（HDM）。在前 60 天操作时 Ni+V 转化率通常超过 60%，然后逐渐趋向期望的平衡转化水平，50%～70%。这种方法可以处理高金属含量原料。最后的两个反应器是固定床脱硫和转化反应器。移动床技术要用料仓流动/移动床技术来不断地补充 HDM 催化剂。催化剂通过一个浆料运输系统来运送，在该系统中催化剂补充率根据金属沉淀率来控制。HDM 反应器的催化剂同时随工艺流体流入下游。在工艺流体离开反应器之前要用筛子从中分离出催化剂。在反应器的顶部和底部都装有闸系统以保证催化剂的添加和取出。随后的转化部分包括两个串联的固定床反应器，包含催化剂，其脱硫和转化活性高。沸腾床反应器像一个流化床三相系统来运作，伴随着未转化液体和催化剂的逆向混合。

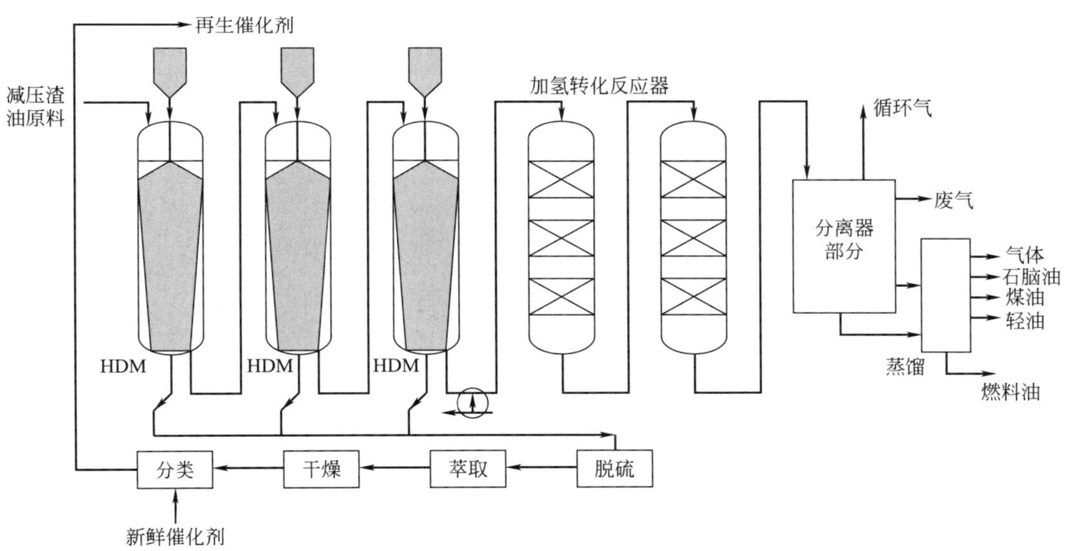

图 2.20　加氢转化移动床工艺的流程

分馏部分的概念也非常依赖技术提供方，因为它依赖于分离器系统的结构和最终温度。通常，它包括一个主分馏器，一个减压蒸馏塔和一些用于分馏和稳定轻质馏分的气体装置。分馏部分的产物一般是炼厂燃料气、LPG、石脑油、煤油、轻质汽油、减压馏出物和低硫/金属的减压渣油（底部）物料流。炼厂燃料气和 LPG 通过胺洗涤除去 H_2S。石脑油产物一般被送入石脑油加氢处理器进行与直流石脑油产物一样的进一步加工。煤油和轻质柴油产物一般送入加氢处理装置进一步净化。减压馏出物在加氢裂化装置和 FCC 装置中进一步转化。底部物料一般混入重质燃料油罐或者用作延迟焦化原料。

2.14 氢气制备

(1) 目的和原理

制氢装置的目的是生产在加氢裂化和其他炼油厂耗氢工艺装置（2.13 部分和 2.16 部分）中使用的氢气。很多炼油厂在重整操作（2.6 部分）中为加氢处理生产大量氢气。然而，具有大量加氢处理和加氢裂化操作的更复杂的工厂，需要的氢气比其催化重整装置（2.6 部分）所生产的量更多。这些额外氢气可以由下列工艺之一提供：重质油馏分（2.10 部分中的 IGCC）的部分氧化（气化）生产合成气，氢气可以从中分离得到；轻质馏分或天然气的蒸汽重整。氢气装置的可靠操作对于氢耗工艺是关键的。在这些工艺中发生如下反应。

① 蒸汽重整工艺

$$C_nH_m + nH_2O \longrightarrow nCO + \frac{(n+m)}{2}H_2 \quad \text{水蒸气重整(吸热)}$$

$$CO + H_2O \rightleftharpoons CO_2 + H_2 \quad \text{转换（放热）}$$

$$CO + 3H_2 \rightleftharpoons CH_4 + H_2O \quad \text{甲烷化（放热）}$$

$$CO_2 + 4H_2 \rightleftharpoons CH_4 + 2H_2O$$

② 部分氧化

$$C_xH_y + O_2 \longrightarrow CO + H_2$$

$$CO + H_2O \longrightarrow CO_2 + H_2$$

③ 气化

$$C + H_2O \longrightarrow CO + H_2$$

$$CO + H_2O \longrightarrow CO_2 + H_2$$

(2) 原料和产品流

制氢装置的原料包括从天然气到重质渣油和焦炭的烃。常规蒸汽重整工艺生产纯度最高到 97%～98%（体积分数）的氢气产物，如果应用净化工艺纯度会更高（99.9%～99.999%，体积分数)。部分氧化工艺在吹氧气化代替吹空气气化时需要氧气。

蒸汽重整中，轻质烃与水蒸气反应形成氢气。基本上，炼油厂所有产物都可以通过部分氧化生产氢气，但从经济学的角度来看，使用市场价值低的产物是最好的选择。在一些炼油厂中，重质渣油转化成石油焦，然后再气化（见 2.7 部分）生产合成气。

(3) 工艺

① 蒸汽重整

这是氢气生产最常用的方法。最好的水蒸气重整原料是轻质的、饱和的和含硫少的；这包括天然气（最普通的)、炼厂气、LPG 和轻质石脑油。这经常与氢气纯化工艺结合生产高纯度氢气（体积分数>99%)。图 2.21 为蒸汽重整的工艺流程。该工艺在有对毒性敏感的催化剂的条件下进行。为了保护重整炉中的催化剂不中毒和失活，原料脱硫是必要的。反应通常在 760～860℃ 和 2.0～3.0MPa 下，在催化剂固定床中进行。一

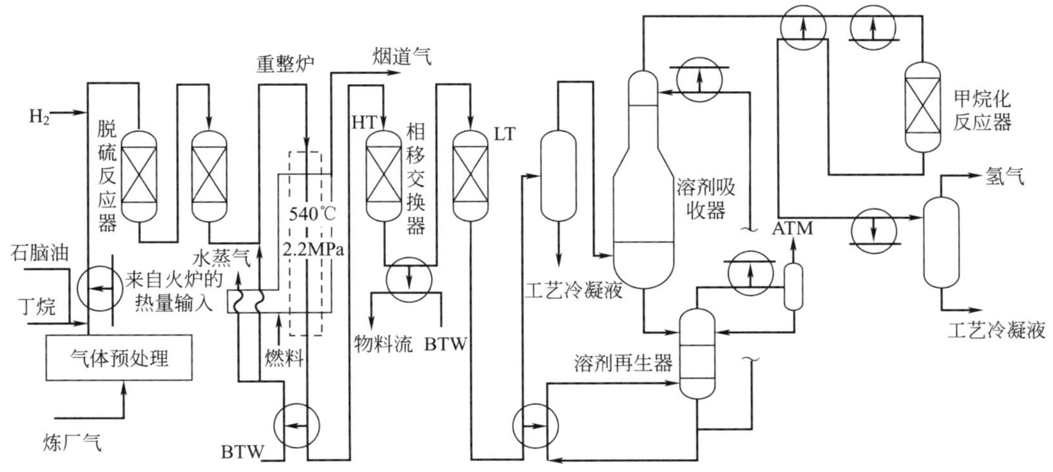

图 2.21 蒸汽重整的工艺流程

般都以过量水蒸气-烃比率进行反应以防止形成碳。重整反应吸收的热量由加热炉燃烧器提供。重整气体是 H_2、CO_2、CO、CH_4 和水蒸气的混合物，通过提升水蒸气冷却至 350℃。重整后，气体中的 CO 和水蒸气反应生成额外 H_2（转换反应）。在一个两步转换转化器中完成 CO 向 CO_2 的氧化，CO 浓度降至 0.4%以下。气体产物冷却后通过 CO_2 吸收器，在吸收器中 CO_2 浓度被一种适合的可再生液体吸收剂（例如乙醇胺、热碳酸钾或砜胺）吸收，体积分数降至 0.1%。富含 CO_2 的溶剂在溶剂再生器中汽提。吸收器顶部气体中残余的 CO 和 CO_2 甲烷化，CO 和 CO_2 含量降低至 $5\times10^{-6}\sim10\times10^{-6}$。不像 CO，加氢裂化装置和其他加氢处理装置中通常不排斥存在少量 CH_4。

② 焦炭气化

石油焦气化使用的工艺与煤气化中使用的工艺相同，它们整合在灵活焦化一节中（2.7 部分）。通过气化器的吹氧操作方式，生产的气体可以加工以回收氢气或合成气，或者用作中等热值的燃料。吹氧流化床气化工艺石油焦和生产合成气的组成如表 2.7 所列。气化器生产的气体（合成气、CO、H_2、CO_2、CH_4 和 H_2O）在经过旋风分离器后，包含 H_2S 和 COS。在气化器中使用例如石灰石（$CaCO_3$）或白云石（Mg，$CaCO_3$）这样的硫吸收剂，气体中硫含量可以大幅降低。如果没有使用吸收剂，气体硫含量会与原料中的硫成正比。产物气体中的颗粒物在屏障过滤器中除去。随着气体的冷却，挥发性金属和碱趋于沉积在颗粒物上。颗粒物中含有高比例的碳，并经常与灰烬一起送入燃烧室，在燃烧室中，残留碳被烧掉，同时硫化钙氧化为硫酸盐。在热气吹扫系统中，没有含水冷凝物生成，但在随后的气体加工中会生产出一些。

③ 烃的气化（部分氧化）

在部分氧化中，烃原料与氧气在高温下反应生成 H_2 和 CO 的混合气（也在 2.10 部分 IGCC 中讲到）。因为高温取代了催化剂，部分氧化并不受蒸汽重整中要求的轻质、清洁原料的限制。

表 2.7 吹氧流化床气化工艺石油焦和生产合成气的组成 [166, Meyers, 1997]

气化工艺中使用的石油焦分析		980～1135℃下气化生产气体的组成	
元素分析	质量分数/%	气体	体积分数/%
碳	87.1～90.3	CO	34.3～45.6
氢	3.8～4.0	CO_2	27.3～36.4
硫	2.1～2.3	氢气	13.5～16.8
氮	1.6～2.5	水	8.7～13.9
氧	1.5～2.0	甲烷	0.1～0.9
工业分析		氮气	0.4～0.7
固定碳	80.4～89.2	H_2S	0.3～0.6
挥发物	9.0～9.7		
水分	0.9～10.2		
灰分	0.2～0.4		

这个系统中的氢气加工取决于多少气体将要作为氢气回收，以及多少将被用作燃料。氢气生产只占整个气流较小的部分，通常用膜来提取富氢物料。该物料随后在净化装置中精制。

④ 氢气净化

很多各种各样的工艺用于净化氢气流，因为物料在不同的组成、流动和压力下是变化的，净化的方法也多种多样。包括湿法洗涤、膜系统、深冷分离和变压吸附（PSA）。最后这种技术是使用最普遍的。在 PSA 装置中，大部分杂质能除去以达到任意期望等级。吸收剂（分子筛）可去除输出气流中的甲烷和氮。氮是普通杂质中最难去除的，完全去除它要求使用额外的吸收剂。因为氮主要作为一种稀释剂，如果氢气不在例如加氢裂化装置这样的高压系统中使用，氮经常残留在产物中。通过 PSA 装置后的氢气纯度达到 99.9%～99.999%（体积分数）。产物气体的残余组分主要是甲烷和低于 10×10^{-6}的 CO。使用了若干吸收床，气流会周期性从一个容器转换到另一个容器，以使吸收剂在降压和吹扫条件下再生，随后释放吸收的组分。释放出的气体通常积累在容器中并在适合的地方用作燃料。

2.15 炼油厂综合管理

炼油厂包含以不同方式整合的工艺和流程。因为这种综合性，本节尝试分析以下各组活动。

• 工艺/流程在炼油厂所有部分都很普遍，因此没有必要在每个单独工艺/流程中都涉及它。这些问题中的一些已经在其他部分涉及了，例如能量问题（包括管理）、冷却系统、物料储存和处理以及硫管理（见 4.23.5 部分）。因此，在本节没有涉及那些流程。

• 评估联合工艺与环境的关联。为了以经济的、可持续的和社会可接受的方式优化产品，所有的炼制工艺装置、系统和流程通常以联合方式操作。这要求实施和计划所有活动时要有协调良好的管理方式。这方面与炼油厂对环境的影响有很大关联。

防止气体排放的技术，例如逸散性排放、恶臭和噪声，这与整个炼油厂都有关，该部分内容包括在 4.23 部分中。土壤污染预防技术也包括在 4.25 部分中。

第 2 章到第 4 章中的第 15 节在结构上分为两类。

• 炼油厂管理活动包括环境管理工具和良好的运行管理技术。这部分包括维修、清洁、良好设计、生产计划（包括开车和停车）、培训、信息系统工艺监控/控制系统和安全系统等活动。

• 炼油厂中的公用工程管理没有在其他章节讲到，例如水管理，泄放系统，压缩空气生产与分配，以及电力分配系统。

(1) 炼油厂管理活动

① 环境管理工具

环境管理系统是一种用来管理炼油厂中所有活动（包括能量），并为炼油厂制订整体目标、明确雇员/管理者责任和遵循的程序的系统。很多系统的一个内在目标是通过炼油厂学习，特别是通过学习自己的操作经历和其他工厂的操作经历，获得连续改进。

建立环境管理系统（EMS）的起点是建立在从其他商业参数获得经验的基础上的。很多时候，安全管理责任是与个人的环境（和健康，有时是质量）责任结合在一起的。环境管理也叫环境关爱。在这一部分，良好运行和管理的重要性是很显著的。它也强调了该系统的存在对很多方面的提升，例如安全、维修、产品质量。环境管理系统已经建立，用以提升炼油厂的环境绩效。

② 良好的运行管理活动

良好的运行管理技术涉及炼油厂运行过程中日常方面问题的恰当处理。可以举出很多关于炼油厂活动对其性能产生影响的例子。其他可能对炼油厂的环境有一定影响的活动包括维修、清洁、良好设计、生产计划（包括开车和停车）、信息系统工艺监控/控制系统、培训和安全系统。关于控制重大事故风险的欧盟委员会指令（96/82/EC 指令）在炼油厂的安全管理中起到很大作用。

③ 换热器清洁

整个炼油厂都会使用换热器用以加热或冷却石油工艺物料。换热器包括管束式、管式、螺旋式换热器，或密封热水或冷水的水蒸气盘管，水蒸气或油间接向工艺物料传递或回收热量。管束需要周期性清洁以除去积蓄的锈、污泥和所有含油废物。

(2) 公用工程管理

能量管理包括水蒸气管理，而冷却包括在其他章节（2.8 部分、2.10 部分）中。

① 水管理

水在炼油厂中作为工艺用水和冷却水使用。雨水（干净的或污染的）是另一种应该考虑的水。清洗废水、压舱水和泄放废水是废水的其他来源。水的总体规划一般应用于炼油厂以优化水消耗。水清单有时对水管理，匹配污水水量和水质有很大帮助。水集成和管理依赖于炼油厂配置、原油质量和要求的脱盐等级、饮用水成本、雨水利用和冷却水质量。在炼油厂中，很多标准联合工艺的流出物/水处理供应是可利用的，为水减量和再利用提供了很多可能。在大多数炼油厂中，已经在很大程度上实施了这些措施，既有原设计也有改进设计。工艺用水排放时与其他类型水的隔离也是水管理系统应该考虑的一点。污水系统在炼油厂水管理系统中也起着很重要的作用。

压舱水与那些有从船上接受原油的设备或处理大型成品油船和内陆驳船设备的炼油厂有关。这些压舱水可能量体积大、盐含量高（海水），并被油严重污染过。但是，处理的压舱水量随着隔离压载舱的逐渐引进而减少。

任何工厂都要用水和排水。因此必须要有完整的新鲜水供应系统、雨水、压舱水、工艺用水、冷却水和地表水以及污水收集、储存和各种各样的（一次的、二次的和三次的）废水处理系统。设计以当地因素（降雨量、受纳水体等）、污水隔离、源头削减、首次冲洗原则、灵活的工艺路线和再利用选择为基础。

再循环工艺水和冷却水经常是人工冲洗，以防止水流中污染物的连续累积（泄放系统）。

② 吹扫/通风系统

大多数炼油厂工艺装置和设备通过风管连接到收集装置，称为吹扫/通风系统。那些系统既提供液体和气体的安全处理和处置，也用于关闭、清洁和紧急情况。吹扫/通风系统既可以通过释压阀从工艺装置中自动排气，也可以人工排气。部分或全部设备也可以在正常或紧急关闭之前实施吹扫。吹扫/通风系统使用一系列闪蒸罐和冷凝器来分离排放物，使其分离为蒸汽和液体组分。

③ 压缩空气生产

压缩空气在炼油厂中是一种必要的公用工程设施。它一般由电压缩机生产并分布在炼油厂周围。

④ 管路加热

如果需要，管线加热的现行方法是应用水蒸气加热（低压水蒸气）、电加热或者热油加热。电加热与水蒸气加热相比一般情况产生更少的腐蚀，更容易维修。当需要高温时则使用热油加热。

2.16 异 构 化

（1）目的和原理

异构化用于在不改变原子量的情况下改变分子排列。通常是，低分子质量链烷烃（C_4～C_6）转化为具有更高辛烷值的异构烷烃。烯烃的异构化也包括在本节中。

（2）原料和产品流

异构装置的典型原料是任何富-丁烷、富-戊烷和富-己烷的原料。那些物料是加氢处理石脑油、直馏轻质石脑油、来自加氢裂化装置的轻质石脑油、轻质重整产物、焦化轻质石脑油和来自芳香烃萃取装置的轻质抽余液。C_5/C_6异构化装置的原料一般经过分馏，因此它包括尽可能多的C_5/C_6，同时将庚烷和重质化合物含量降至最低。

(3) 工艺

图2.22为低温异构化装置的工艺流程。异构化反应在氢气和催化剂存在下发生。富氢条件用来将催化剂表面的碳沉积降到最低，但氢气消耗很少。

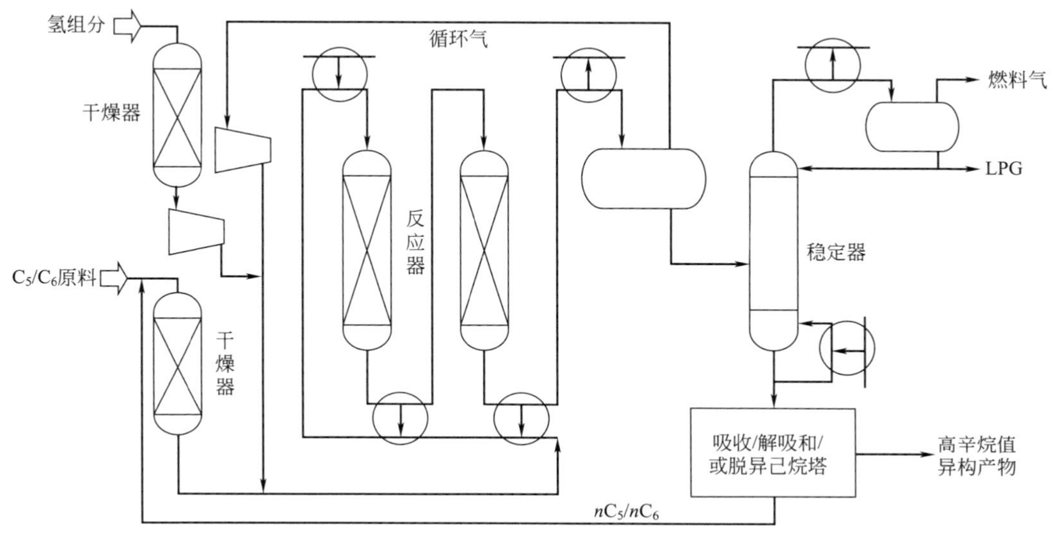

图2.22 低温异构化装置的工艺流程

反应一般在串联的两个反应器中发生。这允许在操作过程中更换催化剂。双反应器设计的更大优点是第一个反应器可以在更高的温度下操作并在动力学上促进反应，而尾部反应器在更低温度下操作以推动期望产品更接近于平衡转化。目前使用中的异构化工艺有若干种，大体上它们可以分为两类，即“单程”和循环工艺。

- 在单程异构化中，异构化装置只加工新鲜原料。当使用沸石催化剂时，辛烷值仅能达到77～80RON左右，而使用氯化物增强的催化剂时可达到82～85RON。转化率可以达到80%。
- 在循环异构化中，未转化的、低辛烷值的链烷烃通过再循环作进一步转化。根据再循环的选择，循环物可以是一般链烷烃或甲基己烷和正己烷。根据原料组分、配置和使用的催化剂，得到的辛烷值可以达到92RON。根据最终物料的目标辛烷值，异构率可以达到95%～98%左右。

当前有三种明显不同的催化剂用于此反应中：氯化物增强的催化剂、沸石催化剂和硫酸化二氧化锆催化剂。沸石催化剂被用在非常高的温度下（250～275℃和2.8MPa）并更加耐污染，但结果是辛烷值升高的程度较低。当没有必要为降低氯化铝催化剂的原料污染增加投资，或沸石催化剂能与改进装置更好地搭配时其主要用于较高辛烷值的异构化产品。高活性氯化物增强的催化剂主要在相对低的温度（190～210℃和2.0MPa）下应用并可使高辛烷值得到最大程度的提升。这个类型催化剂要求在反应器中有额外少量有机氯转化为氯化氢以维持高活性，在这样一个反应器中，进料必须隔绝包括水在内的氧源以避免失活和腐蚀问题。此外，这种催化剂对硫非常敏感，所以要求进料深度脱硫达到 0.5×10^{-6}。低反应温度比高温好，因为期望的异构体的平衡转化率在低温下会得到提高。

异构化后，轻质馏分从离开反应器的产物中汽提出来，然后送到含硫气体处理装置。在单程装置中，稳定器底部物料在冷却后送到汽油罐。在循环物流中，稳定器的底部物料加入到分离装置，这个分离装置既可以是脱异丁烷塔，也可以是吸附系统。

在脱异丁烷塔中，高辛烷值二甲基丁烷和低辛烷值甲基戊烷分离。二甲基丁烷和低沸点的 C_5 成分（异构化产物）从塔顶抽出，然后送到汽油罐。甲基戊烷和一般己烷作为靠近底部的侧流抽走，然后循环到反应器。来自脱异丁烷塔的底物是少量重质副产品，它们与异构化产物一起送入汽油罐或者送到催化重整装置中，若炼油厂回收苯作为化学原料的话。吸附原理就是将未转化的一般链烷烃吸附在分子筛上，而异构化烷烃可通过吸附剂。解吸随着来自分离器的热富氢气体或丁烷混合物一起发生。解吸剂在分离器中从纯净富氢循环物流中分离出来。

2.17 天然气加工

欧洲主要在北海开发了天然气。天然气也可从少量海岸油田得到，在油田中天然气与原油一起生产出来并在处理之前在当地设备中先分离，达到规格之后输出。海上天然气生产包括大量的中心平台和附属平台。附属平台输送天然气到中心平台，在此干燥天然气（去除水），也去除一部分冷凝液，但是这些又被再注入到天然气产物中。在井口或输送之前在气流中加入化学物质以防止固体水合物形成以及减少对水下管线腐蚀。海上平台没有包括在本书范围内。接着，中心平台将通过主气体管道输送到岸上天然气工厂进一步处理。

(1) 目的和原理

天然气加工的总体目的是除去前期处理用的化学物质以及去除任何来自井口物料的污染物，生产达到法定和合同规格的富甲烷气体，去除的主要污染物分为以下几类。

- 固体：沙子，泥土，有时包括垢，例如碳酸盐和硫酸盐［包括天然来源的放射性金属（例如铝和镭）］，汞。
- 液体：水/盐水、烃、在井口添加的化学物质。
- 气体：酸性气体、CO_2、H_2S、N_2、汞和其他气体（例如硫醇）。

(2) 原料和产品流

原料是天然气和在天然气工厂中分离出的富甲烷气体、C_2、C_3、C_4 馏分和冷凝液（C_{5+}）。

(3) 工艺

如图 2.23 所示，净化装置包括的脱硫装置，分离出 CO_2、H_2S、SO_2 这类酸性气体。当天然气含有比管道输送标准高得多的 H_2S，或者含有过多 SO_2 或 CO_2 以至于没有净化就不能使用时，这类天然气被认为是“硫气”。在天然气使用前，H_2S 必须去除（叫作气体脱硫）。如果有 H_2S 存在，天然气经常通过胺溶液吸收 H_2S 脱硫。胺处理是欧洲和美国最普遍使用的工艺。其他方法，例如碳酸盐工艺、固体床吸收剂和物理吸收，它们在其他脱硫装置中使用。

天然汽油、丁烷和丙烷经常存在于天然气中，天然气加工厂要求回收这些可液化组分（见图 2.23）。采用的工艺类型与 2.12 部分描述的那些很相似。总之，它们是在低温下进行物理分离（通常为蒸馏）。

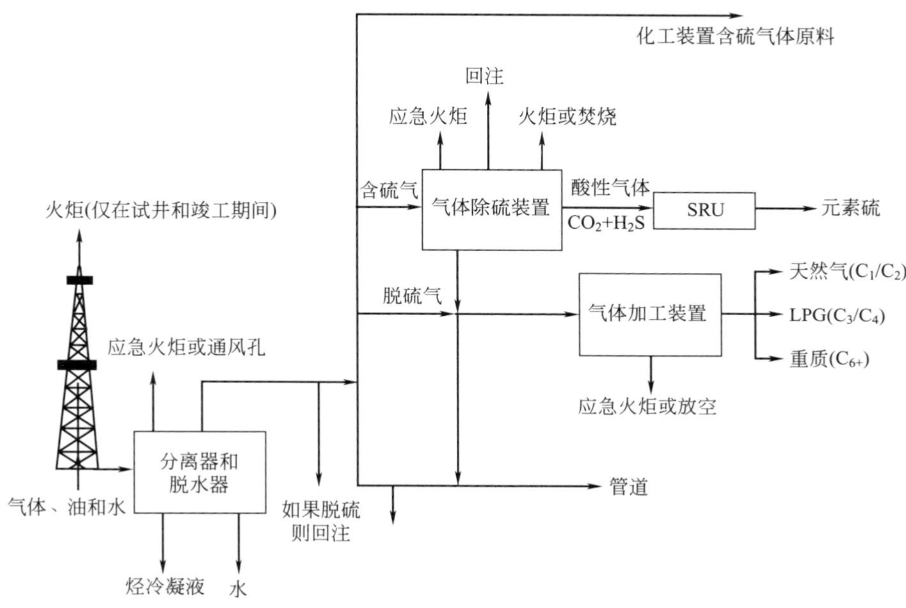

图 2.23 天然气加工的典型工艺流程

2.18 聚　合

这一节包括烯烃聚合、二聚合和缩合。

(1) 目的和原理

聚合偶尔用于将丙烯和丁烯转化为高辛烷值汽油调和成分。该工艺与烷基化的原料和产物相似，却是一种可以替代烷基化的更便宜的方法。主要化学反应可能由于烯烃类型和浓度不同而不同，但是一般可以描述为以下几项。

$$2C_3H_6 \longrightarrow C_6H_{12} \quad \text{二聚}$$

$$2C_4H_8 \longrightarrow C_8H_{16} \quad \text{二聚}$$

$$C_3H_6 + C_4H_8 \longrightarrow C_7H_{14} \quad \text{缩合}$$

$$3C_3H_6 \longrightarrow C_9H_{18} \quad 聚合$$

(2) 原料和产品流

来自 FCC 的含有丙烯和丁烯的 LPG 流是这个装置使用最多的原料。

(3) 工艺

反应一般在高压，并在吸附了磷酸催化剂的颗粒状或圆柱状天然二氧化硅存在的条件下进行。所有的反应都是放热的，因此这个工艺要求控制温度。原料必须不含硫，硫会使催化剂中毒；原料必须不含碱性物质，它会中和催化剂和氧气，这会影响到反应。丙烯和丁烯原料首先用碱清洗去除硫醇，然后用胺溶液去除硫化氢，然后用水去除碱和胺，最后通过硅胶或分子筛干燥器进行干燥。图 2.24 为聚合装置的流程简图。

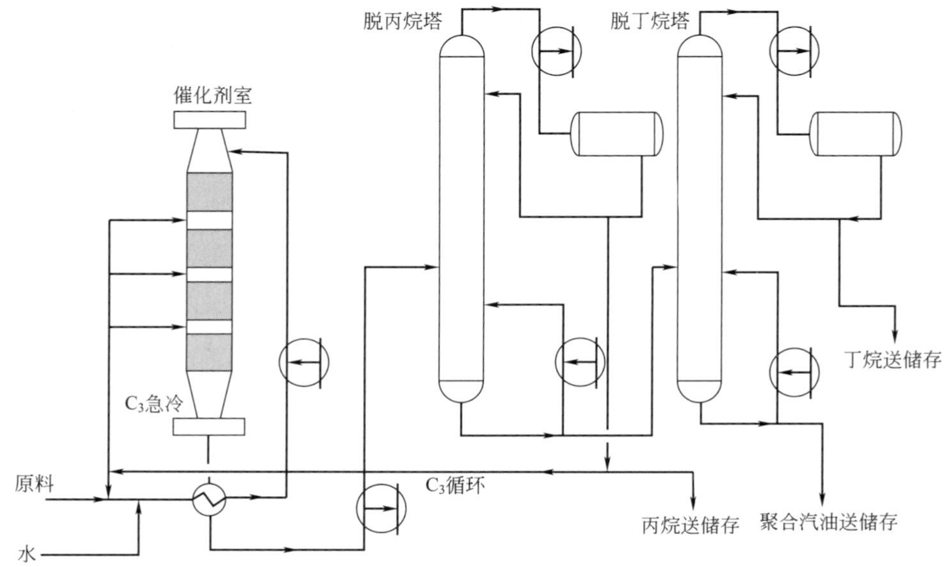

图 2.24 聚合装置的工艺流程

当聚合产率下降时，催化剂需要更换。氮气清除后，打开聚合装置然后喷射高压水去除催化剂。也可以用水蒸气去除（压缩输入）。磷酸进入水介质，同时天然二氧化硅颗粒分解形成泥浆，它们一般可用泵输送。

2.19 初级蒸馏

这一节包括常压和减压蒸馏。原油脱盐之后，进行这两个初级蒸馏，它们是炼油厂首个基本分离工艺。

(1) 目的和原理

原油常压蒸馏装置（CDU）是炼油厂中第一个最重要的加工步骤。加热原油到高温然后在常压（或略高）下蒸馏，根据它们的沸点范围分离成不同馏分。来自 CDU 底部的重质馏分，不在这个塔中蒸发，可以在后面的减压蒸馏中进一步分离。

对轻质产物需求的提高和对重质燃料油需求的降低导致炼油厂将常压渣油升级为更有价值的低沸点馏分，例如石脑油、煤油和中间馏分。减压蒸馏是在很低压力下对石油馏分的简单蒸馏，提高挥发度和分离度，避免热裂化。高真空装置（HVU）一般是升级常压渣油的第一个加工步骤，接下来是下游炼制装置。HVU 为裂化装置、焦化、沥青和基础油装置生产原料。来自原油的污染物绝大多数残留在减压渣油中。

(2) 原料和产品流

加入原油蒸馏装置的原油来自脱盐之后的原油储罐，通常进入炼油厂的所有原油都要经过原油蒸馏装置。除此之外，普遍使用的是将不合格产品在 CDU 中重新加工。来自原油蒸馏装置的产品，从最轻的到最重的分别是：石脑油和轻质组分（沸点<180℃/C_1～C_{12}-轻质馏分、石脑油和汽油）、煤油（沸点范围 180～240℃/C_8～C_{17}），轻质柴油（沸点范围大约 240～300℃/C_8～C_{25}）、重质柴油（沸点范围大约 300～360℃/C_{20}～C_{25}）和常压渣油（沸点>360℃/>C_{22}）。常压塔的塔顶馏出物是轻质馏分、不凝的炼厂燃料气（主要是甲烷和乙烷）。典型的这类气体也含有 H_2S 和氨气。这些气体的混合物被称做“硫气”或“酸气”。一定量的混合气通过冷凝器到达热井，然后分配到炼油厂含硫燃料系统或排放到工艺加热器、火炬或者其他控制设备来破坏硫化氢。

HVU 的主要原料是原油蒸馏装置的底部物料，即常压渣油或宽渣油。另外来自加氢裂化装置（如果应用）的泄放物料一般送到 HVU 做进一步加工。来自 HVU 的产物是轻质减压柴油、重质减压柴油和减压渣油。轻质减压柴油一般送到柴油加氢处理装置，重质减压柴油一般送到流化催化裂化装置或加氢裂化装置。减压渣油可以有很多去向，例如减黏裂化、灵活焦化或延迟焦化、渣油临氢加工、渣油气化、沥青吹制或到重质燃料油罐。

(3) 工艺

① 常压蒸馏

蒸馏包括原料的加热、汽化、分馏、冷凝和冷却。脱盐原油加热到大约 300～400℃后加入到垂直蒸馏塔中，在常压下大部分原料汽化然后分离成不同的馏分，冷凝在 30～50 个分馏塔盘上，每一个塔盘对应一个不同冷凝温度。轻质馏分冷凝并通过塔顶收集，顶部烃蒸气冷凝并收集到主分馏塔顶部回流罐中，在这个罐中含硫水、轻质馏分（原油的大约 0.5%）和汽提水蒸气（原油的 1.5%）从烃液体中分离出来。顶部烃液体，所谓的石脑油负流，一般直接进入到下游石脑油处理器。每个常压蒸馏塔中，大量低沸点组分的侧流从塔中不同塔板上采出。这些低沸点混合物与必须去除的重质组分达到平衡。每一个侧流被送到一个不同的含有 4～10 块塔板的小汽提塔中，水蒸气从底板下注入。水蒸气从较重质组分中抽提出轻馏分组分，水蒸气和轻馏分送到常压蒸馏塔中相应的侧流塔板上。大多数在常压蒸馏塔中生产的这些馏分在加氢处理或与下游工艺的产品混合后可以作为最终产品出售。图 2.25 为原油蒸馏工艺流程。很多炼油厂有不止一个常压蒸馏装置。

塔的操作条件取决于原油性质和期望的收率和产品质量。为将蒸馏收率最大化，压力应该降到最低，但温度要升到最高。每个炼油厂都有一个为选定的原油（混合物）而

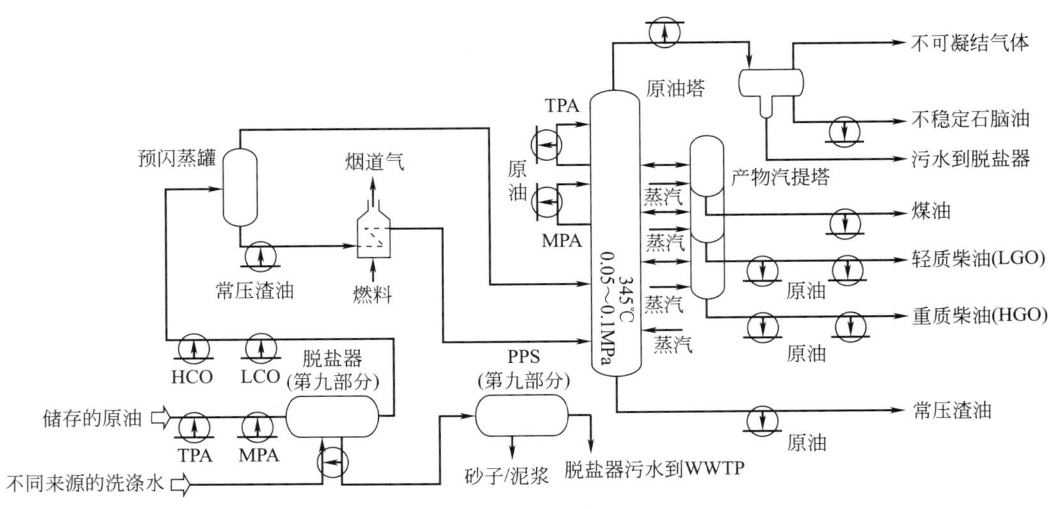

图 2.25 原油蒸馏工艺流程

设计的蒸馏装置，因此根据不同产品段和热量集成，有很多不同的原油蒸馏配置。

② 真空蒸馏

图 2.26 为高真空蒸馏装置的工艺流程。常压渣油加热到 400℃，部分蒸发（质量的 30%～70%）并在 0.04～0.1kgf/cm^2（1kgf/cm^2＝98.0665kPa，下同）压力下闪蒸到减压塔底部。分馏器内的真空由蒸汽喷射器、真空泵、大气冷凝器或表面冷凝器维持。在减压分馏塔底部注入过热水蒸气可以进一步降低塔中氢气分压，促进蒸发和分离。原料中不蒸发的部分形成底部产物，它的温度控制在大约 355℃将焦化降到最低程度。从塔中上升的闪蒸蒸气与洗涤油（减压蒸馏物）接触以洗去夹带的液体、焦炭和金属。洗过的蒸汽在两个或三个主塔盘上冷凝。在塔中低位置的重质减压蒸馏物和任意中间减压柴油冷凝。来自塔顶的轻（不凝的）组分和蒸汽冷凝并被收集到塔顶容器中用来分离轻质不凝物、重质冷凝柴油和水相。一个减压装置最重要的操作因素是重质减压柴

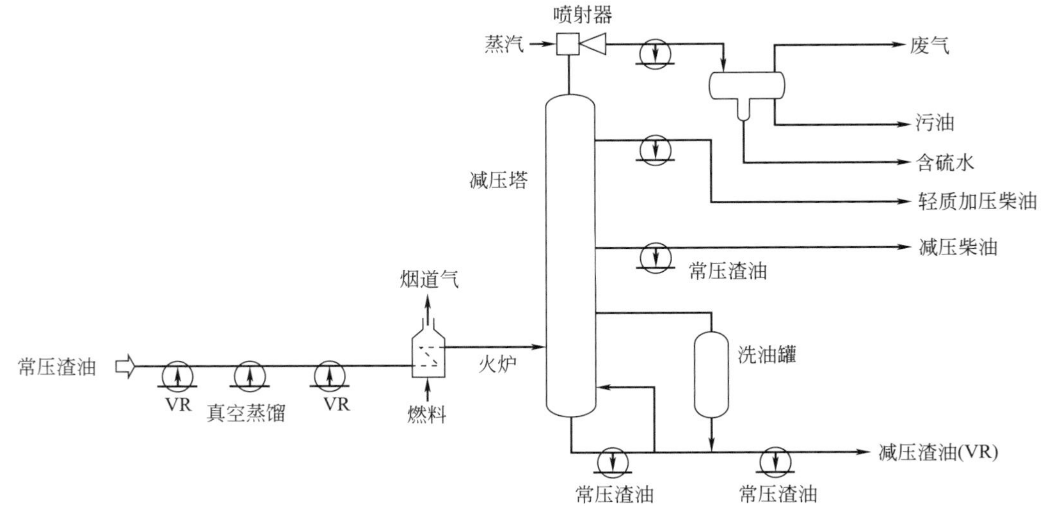

图 2.26 高真空蒸馏工艺流程

油的品质，特别是当它送入加氢裂化装置时。残碳值等级和/或金属含量对加氢裂化装置非常关键，很大程度上依赖于操作，特别是减压蒸馏装置中洗油部分和原油蒸馏装置中脱盐装置的性能。

2.20 产品处理

这一节包括在炼油厂为达到一定产品规格所要进行的处理，可以确定两种类型工艺。第一类工艺相当于抽提或去除技术，此技术是从被处理的物料中除去被处理组分。在这一类中，涉及分子筛抽提用于除去 CO_2、水、H_2S 或硫醇（见 4.23.5.3 部分）、胺洗用于除去硫化氢（包括在 4.23.5.1 部分中）和碱洗用于除去酸和硫醇。第二类工艺由那些被处理化学物质没有从被处理物料中去除的系统组成。

(1) 目的和原理

在原油炼制中，化学处理用于去除或改变石油产品中那些不想要的，与硫、氮或氧化合物污染有关的性质。这些系统中的一些（所谓的硫醇氧化）设计用来降低烃中硫醇含量（有机硫化合物）以改善产品气味和降低其腐蚀性。根据产物，这些处理既可以通过抽提或通过氧化（也叫做脱硫）实现。抽提工艺通过碱抽提去除硫醇，结果得到低硫含量的产品。下面反应在低温下发生：

$$\text{R-SH} + \text{NaOH} \rightleftharpoons \text{NaSR} + \text{H}_2\text{O}$$

硫醇氧化脱硫是硫醇氧化工艺的另一种解释，这种方法中烃产物中的硫醇转化成恶臭小的、腐蚀性小的二硫化物并保留在产物中。反应式是：

$$\text{NaSR} + \frac{1}{4}\text{O}_2 + \frac{1}{2}\text{H}_2\text{O} \rightleftharpoons \text{NaOH} + \frac{1}{2}\text{RSSR}$$

结果是在脱硫工艺中总硫含量没有降低，所以它只用于那些物料中硫含量没有影响情况。

(2) 原料和产品流

硫醇氧化-抽提工艺从 LPG、石脑油、汽油和煤油中去除硫醇。氧化或“脱硫”用于汽油和蒸馏馏分。应该强调的是硫醇也能在加氢处理（2.13 部分）去除。

(3) 工艺

硫醇通过高压（0.5MPa）在抽提塔中用浓碱洗涤从轻质烃中去除。如果存在硫化氢或酸则要求进行碱液预洗。处理过的无臭味的烃作为顶部物流离开反应器。底部水相加热到 50℃，与空气混合后加入到氧化反应器中。溶解的 NaSR 在 0.45MPa 下转化为二硫化物（不溶解于苛性苏打水溶液中）。通过使过量空气和加入催化剂，可以维持高反应率。用这种方法碱液可再生。来自反应器的液体加入罐中，在此废气、碱溶液中二硫化物不溶物和碱溶液分离。废气送入焚烧炉或工艺加热炉，二硫化物通常循环到原料，再生碱液循环回抽提塔。图 2.27 为抽提工艺的工艺流程。

另一个氧化工艺也是一种使用固体催化剂床的硫醇氧化工艺。空气和最低量腐蚀性

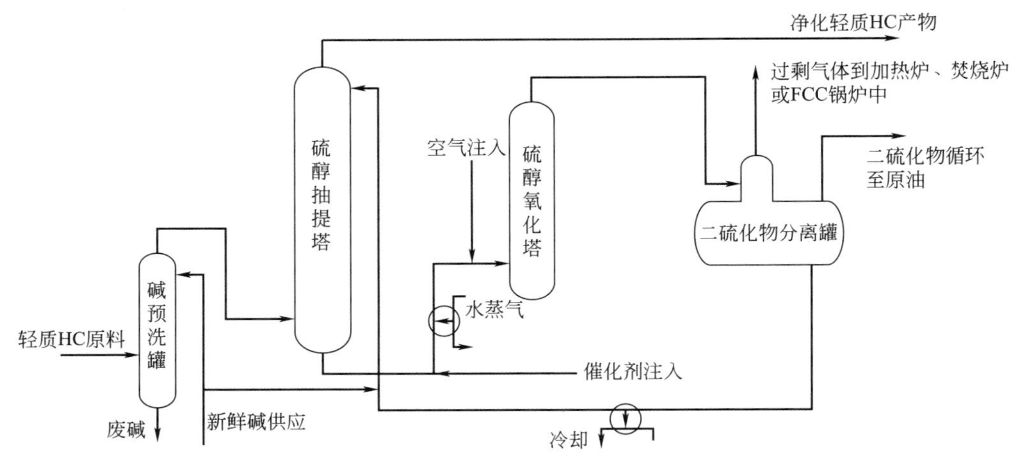

图 2.27 硫醇氧化抽提工艺流程

碱（“微碱”操作）注入到烃物料中，碱不能再生。随着烃通过硫醇氧化催化剂床，硫醇的硫被氧化为二硫化物。

这两个工艺可以在一个称作碱液串联系统中联合使用，在最少的碱补充和废碱处理成本下达到期望的产品质量提高，图 2.28 为硫醇氧化抽提工艺流程。

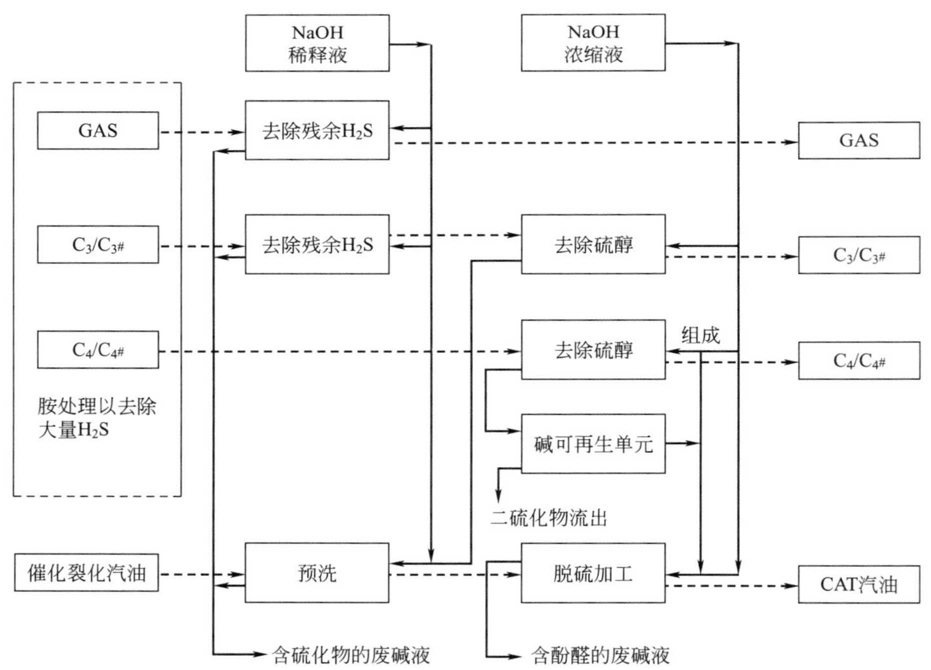

图 2.28 碱串联系统（硫醇氧化抽提和硫醇氧化脱硫）的工艺流程

在炼油厂中应用的另一个工艺是选择性加氢裂化（加氢精制），在这个工艺中使用一种或两种分子筛催化剂用以选择性裂化石蜡烷烃（正烷烃和近似正烷烃）。这个技术可以用于中间蒸馏组分的脱蜡，它混入产品以应对极端冬季条件。这个技术的一种变形是使用异构化除蜡催化剂，使正链烷烃异构化得到想要的异构烷烃润滑油分子，同时伴随产出低品质中间馏分交通燃料。这个装置的设计和操作与普通加氢处理装置（见2.13部分）相似。

2.21 原料储存和处理

本书没有涵盖全部炼油厂原料储存和处理，因为石油产品的储存和处理都在关于储存的通用BREF范围之内，应视情况参考。这一节也涉及了有关原料和产品的混合、管道输送活动和其他用于处理原料的小型技术活动。特定产品的储存，例如基础油、沥青和石油焦炭，包括在它们各自的生产部分。

(1) 目的和原理

原油、石油中间产品和最终产品都要转运，通过海运码头，经由管线或铁路、公路车辆，进入和离开炼油厂。在这些转运中，产品储存在罐中。储罐或地下储罐的使用贯穿整个炼制工艺，用于储存原油、其他原料和中间工艺原料。最终石油产品在运走之前也储存在储罐中。储罐也需要配合工艺装置的轮换操作，以连接连续炼制过程和不连续炼制过程。因此，储存是炼油厂必不可少的一部分。炼油厂也用到混合系统，为单个炼制装置准备原料和生产用于销售的最终产品。

① 原料混合

可用于为炼厂装置准备最适宜的原料，从而保证炼厂装置的最佳性能，例如一家炼油厂在它的常压蒸馏装置中，加工由四种低硫原油组成的混合物。选定原料混合以便蒸馏装置和后续下游装置的生产能力优化/最大化，以达到最大总利润目标。作为替代，也可以单独短期加工（几天）不同品质的原油，这被称为“轮换”操作。

② 产品混合

用于生产炼厂最终产品的最优混合物。大多数产品是在不同炼厂装置中生产的，一般被看成是一种中间产物，可以混入超过一种的最终产品中。例如（加氢处理的）煤油产品一般混入加氢柴油、轻质燃料油、甚至重质燃料油中，而剩余物则混入航空煤油中。为了达到最大总体利润目标以满足产品需求和规格，煤油量通过选择被分配到不同产品中。混合产品按不同比例混合以满足规格要求，例如蒸汽压、密度、硫含量、黏度、辛烷值、十六烷指数、初沸点和倾点以及增加特殊气味（LPG）。

(2) 工艺

原油储存系统既可以位于一个单独的转运油库，也可以在一个综合炼油厂中。超过50%的炼油区域被油料转移设备占据。储罐可以分为4种主要类型：压力容器、固定顶罐、带内浮盘的固定顶罐和浮顶储罐。图2.29为炼油厂存在的不同类型储存系统。

压力容器。

一般用于高压（>91kPa，例如LPG）储存气体。固定顶罐可向大气打开，或者设计成一个压力罐，允许几个等级的压力累积，从20×10^2Pa（低压）到60×10^2Pa（高

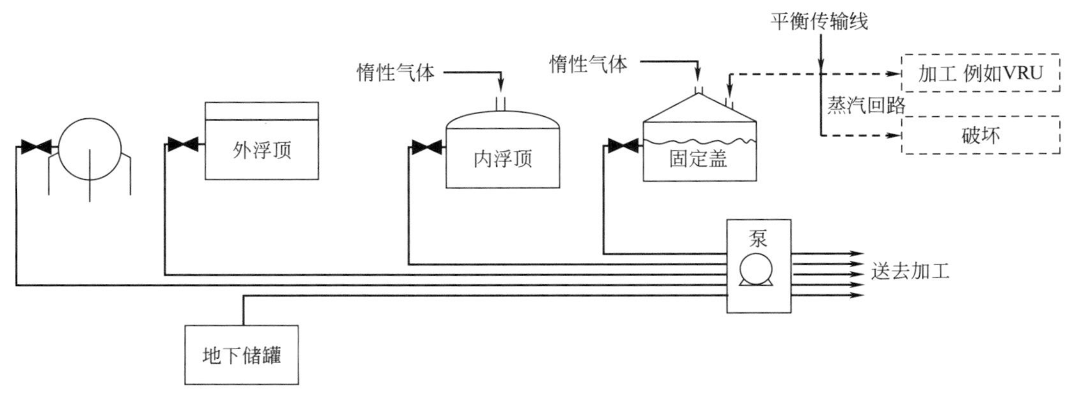

图 2.29 不同类型的储罐

压）。压力罐装配有压力/真空释放阀，以防止爆炸和内爆，真空可设定为-6×10^2Pa。浮顶储罐以顶盖浮在液体上的方式来建造，随着液面移动（>14kPa，<91kPa）。

地上储罐（ASTS）在炼油厂中用来储存原料（原油）或炼制工艺生产的最终产品（汽油、柴油、燃料油等）。地下储罐在炼油厂很少使用（如果以全部计）——主要用于储存厂内锅炉和车辆的燃料，或者用于低位排水点收集液体。一些欧洲国家也采用把原油和产品储存在地下储罐中的方式。

混合可以在线进行或者在批次混合罐中进行。在线混合系统包括一个主管线，单独物料流根据流量控制混合，混合比例一般由电脑控制和优化。当指定一定体积的既定质量产品时，电脑会使用线性规划模型来优化混合操作，选择混合组分以最低成本生产所需体积的指定产品。为保证混合物料满足期望规格，在线物料分析器将提供原料的闪点、RVP、沸点、密度、研究和马达法辛烷值（KON 和 MON）、硫、黏度、浊点和其他参数反馈到电脑，必要时可反过来修正混合比例。

批次混合包括在一个混合罐内混合物料，然后加入到相关工艺装置中。同样也应用到中间产物，它们第一次被送入到中间产物储存罐中，再从储存罐成批的混入最终产品储罐中。

添加剂和防臭剂。防臭剂以液体形式储存，一般在固定罐中。防臭剂在气流液化之前不会添加，但是当 LPG 装入配送罐时会加入到 LPG 中，尽管罐内也进行防臭。任何经存于 LPG 中的残余硫醇允许有一定留量。小心控制泵的添加比率。对于液态丙烷，甲醇可与防臭剂一起加入其中，以防止丙烷蒸发器中的水化物结冰。

管道、阀门和辅助系统，例如减压回收装置，分布遍及整座炼油厂。气体、液体、甚至固体通过管道输送从一个单元操作到另一个单元操作。工艺管道一般是地上连接，但也有一些在地下。

2.22 减黏裂化

(1) 目的和原理

减黏裂化是一个典型的非催化热加工工艺，将常压或减压渣油转化为气体、石脑油、蒸馏产物和焦油。它使用热量和压力来使大的烃分子断裂为小的轻的分子。

当减压渣油直接在重质燃料油罐中混合时，大量的馏分原料（一般是高价值柴油）需要与渣油混合以满足重质燃料油黏度规格。通过相对温和条件下热裂化减压渣油，大约10%～15%的原料裂化生成轻质馏分，更重要的是减压渣油黏度有很大降低。因为这个原因，热裂化装置一般被叫做柴油“减黏裂化装置”。

(2) 原料和产品流

来自原油蒸馏装置的常压渣油、来自高真空装置的减压渣油、重质柴油或减压柴油或它们的混合物是典型原料。在这种工艺中，只有部分原料转化，大量的渣油仍保持没有转化。因为热裂化工艺中没有催化剂，就金属和硫而言，原料质量并不关键。生产出大量气体，所有蒸馏产物在送去储存之前需要进一步处理和升级。

(3) 工艺

热裂化是用于升级重质馏分的最古老转化工艺之一。现在它主要用来升级减压渣油。图2.30是减黏裂化装置的工艺流程。控制裂化剧烈程度的最重要因素，应该是加入到燃料油罐中的减黏裂化渣油的稳定性和黏度。大体上，温度升高或停留时间增长会导致剧烈程度加剧。增加的剧烈程度导致更高的气和汽油产率，同时产生低黏度的裂化渣油（燃料油）。然而过度裂化会导致产生不稳定的燃料油，造成在储存中形成污泥和沉淀物。热裂化的转化率最高达到原料的20%。用于升级常压渣油的热裂化装置有显著较高的转化水平（35%～45%），并且常压渣油的黏度也降低了。

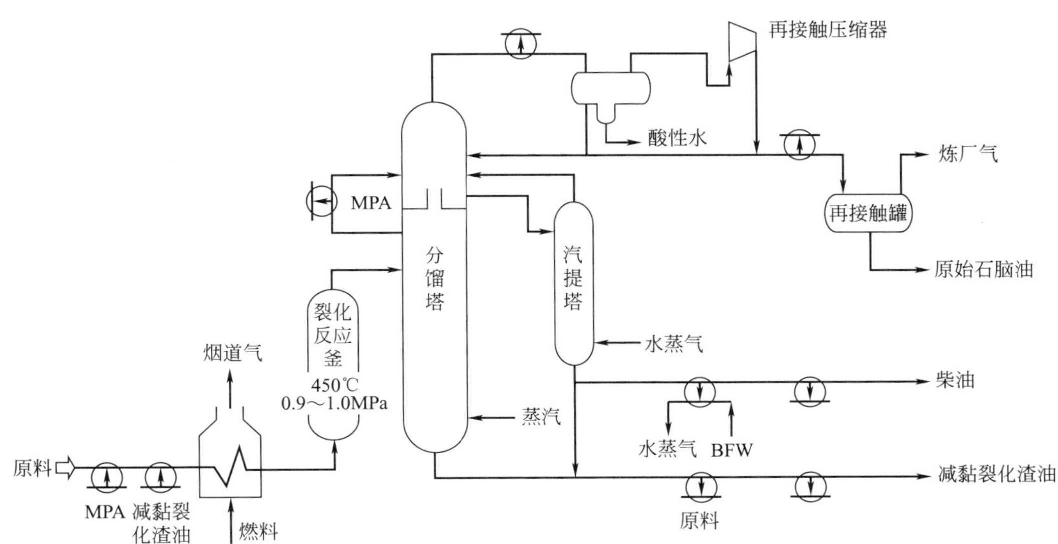

图2.30 减黏裂化工艺流程

原料加热到500℃以上，然后加入到压力大约保持在0.956MPa的反应室中。在后续反应器步骤中，工艺物料与冷却器循环物料混合，阻止裂化反应。产物随后加入到闪蒸室中，压力下降，轻质产物蒸发并被抽取。轻质产物加入到分馏塔中，在塔中不同的馏分被分离。“底物”包含重质渣油，它的一部分循环用来冷却离开反应室的工艺物料；剩余底物通常混入渣油燃料中。

减黏裂化炉操作有两种类型，“盘管或加热炉裂化”和“裂化反应室裂化”。盘管裂化用高加热炉出口温度（470～500℃），反应时间持续 1～3min，而裂化反应室裂化用低加热炉出口温度（430～440℃）且反应时间持续更久。产品收率和品质相似。3～6 个月的运行时间对加热炉减黏裂化炉很普遍，同样 6～18 个月对裂化反应室减黏裂化炉也很普遍。

2.23 减排技术

炼油厂有很多非生产技术。特别是，在本书中有关用于控制和减少向空气、水和土壤中排放的那些技术。这些技术的很多描述可以在关于化学工业废水和废气的 BREF（最佳可行技术参考文件）和第 4 章（4.23～4.25 部分）中找到。这些技术没有在这一章中描述，因为它们是确定 BAT 技术时考虑的典型技术，因此将在 4.23～4.25 部分描述和分析。

污染物，例如 NO_x、颗粒物、H_2S、SO_2、其他硫化合物和 VOCs，其他污染物相比，是典型通过末端处理技术削减的。炼油厂最大系统之一就是在整个炼制过程中减少 H_2S 产生。这些系统一般包括胺洗涤系统和硫黄回收装置，后者将 H_2S 转化成 S，作为炼油厂的一种副产品。火炬也是炼油厂因安全和环境原因而使用的另一种技术。用以减少恶臭和噪声的技术也与炼油厂相关。

炼油厂也包含不同单元操作的废水处理厂。油分离器、浮选、絮凝和生物处理是炼油厂典型技术。当废水中存在的有机化学物质有生物降解的必要时，需要用生物处理。也可以使用最终水净化系统。

炼油厂也产生固体废物。一些固废在炼油厂中循环，其他的固废被专业公司回收（例如催化剂）而剩下的被处理掉。土壤污染预防技术也与整个炼油厂有关。

3

现有排放消耗

本章提供了装置现有排放消耗的相关数据和信息。因为它涉及很多类型和规模的炼油厂，这些数据的范围很宽泛。本章的目标是尽可能多地收集炼油厂整体的和每个具体工艺的排放和消耗水平的数据。在大多数情况下，引用的数据能够用来估算排放浓度和负荷，反过来又能够保证主管机关签发许可证时有能力来核实所提供的许可申请信息。

3.1 部分给出了欧洲炼油厂主要排放消耗概况。这不是其他章节排放量和消耗量的简单加和：由于炼油厂工艺的集成，其中大多数排放与消耗是不能加和的。

3.1～3.22 部分包含了本书中的各个工艺/流程中的排放和消耗。3.23～3.25 部分涵盖了削减污染物所应用技术的排放，包括来自硫黄回收装置的排放。该章以监测部分结束，涵盖了炼油厂通常应用的监测系统，并提供了一些它们应用的讨论。

3.1 炼油厂现有排放消耗概况

炼油厂是管理大量原材料和产品的工业场所，它们也是能量和水的密集消耗者。在储存和炼制工艺中，它们产生污染物并排放到大气、水和土壤中。

本章将依次讨论这三种环境介质和影响它们的污染物，是所有炼油过程排放的总结。在第 1 章（1.4 部分）中提到了主要环境问题，但没有数据。本节旨在量化炼油厂的污染排放。

虽然投入炼油厂的主要原材料是原油，它们也使用和产生大量化学品，其中一些离开装置的物质作为废气、废水、固体废物排放。产生的典型污染物包括 NH_3、CO_2、CO、H_2S、金属、NO_x、颗粒物、废酸（如 HF、H_2SO_4）、SO_x、VOCs 和很多有机化合物（一些毒性非常大）。图 3.1 为炼油厂排放消耗案例。

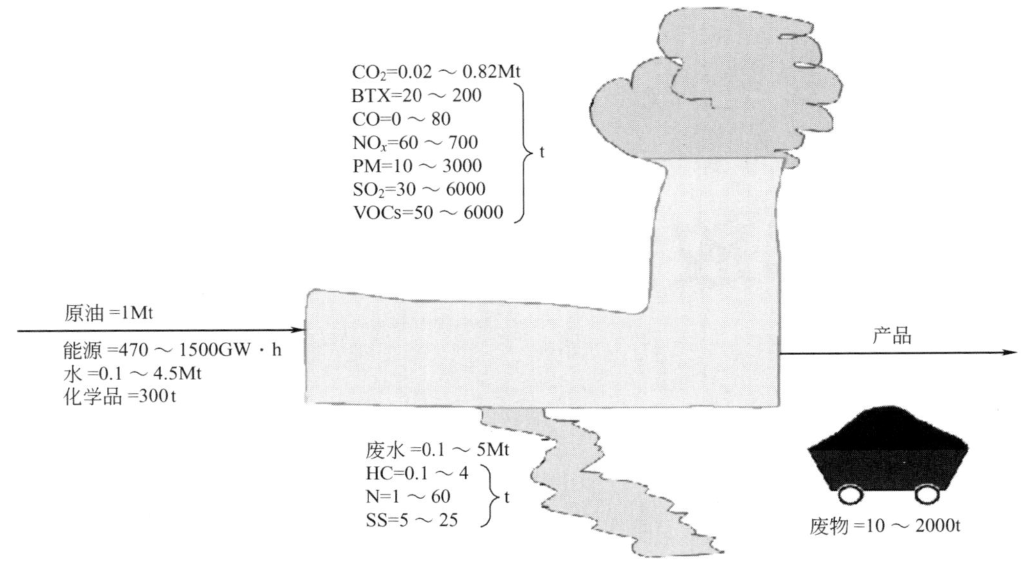

图 3.1 欧洲炼油厂排放消耗案例

注：欧洲炼油厂原油加工能力从 20Mt/a 到小于 0.5Mt/a 范围变化。上图给定范围中的低值通常对应于有减排技术和良好环境性能的炼油厂，而高值通常对应于没有减排技术的炼油厂

图 3.1 仅显示了炼油厂产生的主要污染物，但已确定超过 90 种具体化合物［108 USAEPA，1995］。绝大多数是空气污染物。表 3.1 为炼油过程的环境问题。它是炼油厂内存在的不同活动对不同环境介质影响的总结。

表 3.1 炼油过程的环境问题［302，UBA Germany，2000］

工艺/功能装置		环境问题						
		气体	废水	废物	物质和能量	废热	噪声	安全
基础工艺	输送	—	—	—	—	—	0	X
	装载	X	—	—	—	—	X	X
	储存	X	0	X	0	0	—	X
	工艺加热炉	X	—	0	X	X	0	X
分离工艺	原油常压蒸馏装置	X	X	0	X	X	0	X
	减压蒸馏装置	X	X	0	X	X	0	X
	气体分离装置	X	0	0	0	0	0	X

续表

工艺/功能装置		环境问题						
		气体	废水	废物	物质和能量	废热	噪声	安全
转化工艺	热裂化、减黏裂化	X	X	X	X	X	0	X
	延迟焦化	X	X	X	X	X	X	X
	催化裂化	X	X	X	X	X	0	X
	加氢裂化	X	X	X	X	X	0	X
	沥青吹制	X	X	X	X	X	0	X
	重整	X	X	X	X	X	0	X
	异构化	X	X	X	X	X	0	X
	MTEB生产	X	X	X	X	0	0	X
	烷基化	X	0	X	X	0	0	X
精制工艺	加氢脱硫	X	X	X	X	X	0	X
	脱硫	X	X	X	X	0	0	X
	洗气	X	0	X	X	0	0	X
	润滑油生产	X	X	X	X	0	0	X
提取	—溶剂	X	0	0	X	0	—	X
	—分子筛	X	—	X	X	0	—	X
其他工艺	硫黄装置	X	X	0	0	0	0	X
	火炬	X	X	0	0	0	X	X
	冷却塔	X	X	0	0	0	0	0
	废水处理	X	X	X	X	0	—	0
	混合装置	X	X	0	0	0	—	X
	尾气净化(废气回收装置)	X	X	X	0	0	0	X

注：X为主要考虑；0为较少考虑；—为非常少或不考虑。

3.1.1 炼油厂的消耗

炼油厂燃烧装置容量差别很大，热量输入范围从不到10MW至多达200MW。装机总容量范围从几百兆瓦到在最大炼油厂1500MW以上（相当于加工1.7～5.4GJ/t原油）。这个容量相当于从20～1000MW的安装总功率。这些范围很大程度上取决于炼油厂能量集成程度、其复杂性和装置集成，如热电联产、石油化工和润滑油装置。

很多炼油工艺中使用水和水蒸气，如辅助蒸馏工艺或烃类化合物裂化，以及水洗、急冷或（水蒸气）汽提。炼油厂使用大量的水：工艺用水、生产水蒸气，特别是冷却系统。在许多工艺中使用洗涤水，其中脱盐是最大用户，因而也是炼油厂主要废水产生者（基础油炼油厂例外）。洗涤水还用于很多过程的塔顶系统。储罐和火炬密封排水和清洁水都影响工艺废水的数量和质量。使用的水量取决于炼油厂类型和所使用的冷却系统。

它的范围从 0.01～5t 水/t 原油加工量。

炼油厂中使用的化学品数量约为 300t/Mt 原油加工量。

3.1.2 大气排放

炼油厂主要大气排放物是 CO_2、SO_x、NO_x、VOCs 和颗粒物［粉尘、烟灰和相关重金属（主要是钒和镍）］。然而，噪声、气味、H_2S、NH_3、CO、CS_2、苯、甲苯、二噁英、HF 和 HCl 也是大气排放物。它们通常来源于工艺加热炉和锅炉烟囱、再生器（FCC）、单个部件如阀门和泵的密封，很少量来自于火炬和焚烧炉烟囱。关于建立排放因子用于计算炼油厂大气排放量的一些文件已经出版［208，USAEPA，1996］，［136，MRI，1997］。

(1) CO_2 排放

几乎所有存在于原油中的碳，一旦从油井中开采出来，迟早会转化为 CO_2。炼油厂在加工原油成为市场产品过程中，小部分（少于 3%～10%）碳转化为 CO_2。当成品油产品被销售和随后被各种工业部门以及消费者消耗时，剩余碳将转化为 CO_2。CO_2 的主要排放源是工艺加热炉和锅炉、燃气轮机、催化裂化再生器、火炬系统和焚烧炉。CO_2 排放量范围很宽（单个炼油厂可排放 28500～1120000t/a），单位 CO_2 排放量为加工每吨原油排放 0.02～0.82t CO_2。图 3.2 给出了一些欧洲炼油厂作为 Nelson 复杂性指数函数的单位 CO_2 排放量。可以看出，该图表明了单位 CO_2 排放量取决于炼油厂复杂性。越复杂的炼油厂倾向于消耗更多能量，从而排放更多 CO_2。

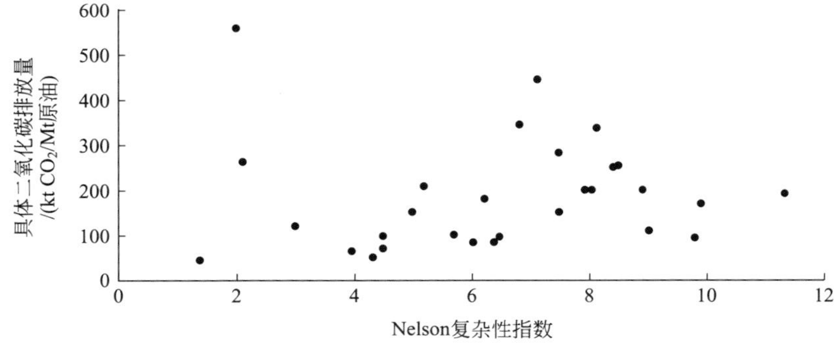

图 3.2 一些欧洲炼油厂作为 Nelson 复杂性指数函数的单位 CO_2 排放量［268，TWG，2001］

(2) NO_x 排放

NO_x 是指 NO（一氧化氮）和 NO_2（二氧化氮）。来自 FCC 和一些 SCR 的烟气中也可以发现 N_2O（氧化亚氮）。在大多数燃烧过程中，NO 占据超过 90%的总 NO_x。在大气中，它迅速氧化为 NO_2。因此，NO 排放也以 NO_2 计。

燃烧过程是 NO_x 主要来源。NO_x 的主要排放源是工艺加热炉/锅炉、燃气轮机、催化裂化再生器、焚烧炉、燃气轮机和火炬系统。在大约 60%～70%的炼油厂中 NO_x 来自于加热炉、锅炉和燃气轮机使用的燃料。16%与 FCC 相关，11%来自发动机，剩余部分来自燃气轮机和联合循环系统。炼油厂 NO_x 排放取决于燃料种类、燃料氮或氢含量、燃烧设备设计和运行条件。因此，可以预期在不同炼油厂之间，甚至在相同炼油厂不同燃烧装置、不同时间，NO_x 的排放水平存在巨大差异。炼油厂中 NO_x 排放量范围从 50～5000t/a。单位 NO_x 排放量为加工每百万吨原油排放 60～500t NO_x [101，World Bank，1998]。图 3.3 给出了一些欧洲炼油厂作为 Nelson 复杂性指数函数的单位 NO_x 排放量。可以看出，该图并没有表明单位 NO_x 排放量取决于炼油厂复杂性。

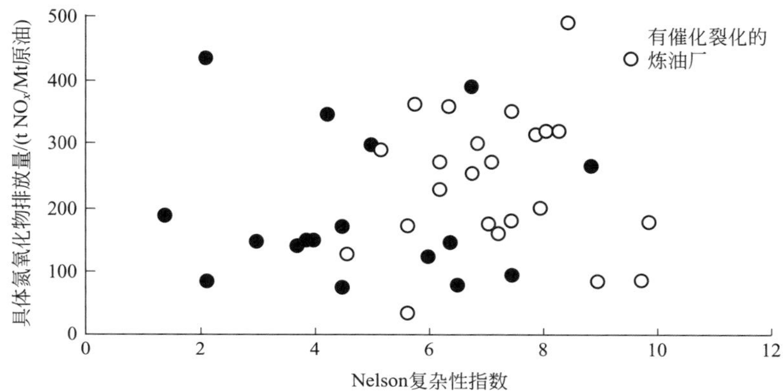

图 3.3 一些欧洲炼油厂作为 Nelson 复杂性指数函数的单位 NO_x 排放量 [268，TWG，2001]

上面已经提到，催化裂化装置产生 NO_x 排放，它们占了炼油厂中大约 16% 的 NO_x 排放量。因此，有催化裂化的炼油厂可能会比那些没有催化裂化的炼油厂排放更多的 NO_x。在图中，有催化裂化的炼油厂已经用“O”点绘制。可以看出，该图并没有表明单位 NO_x 排放量取决于有或没有催化裂化装置。

如果计算一个因子，单位排放量可转化为浓度。通过汇总来自一些欧洲炼油厂的数据，来分析单位排放量和浓度值之间的转换因子。数据汇总见表 3.2。

表 3.2 欧洲炼油厂产生的烟气量 [268，TWG，2001]

炼油厂能力/Mt	总烟气量 /(标)($10^9 m^3$/a)	单位烟气量 /(标)[$10^9 m^3$/(a·Mt)]	备注
15	22.173	1.48	
12.4	10.171	0.82	
10	11.9	0.84	燃气炼油厂
9.6*	6.2	1.55	更多液体燃料
9.6*	6.6	1.46	
9.6*	7.4	1.3	
9.6*	9.9	0.97	很少液体燃料
9	8.28	0.92	
9	9.2	0.98	
5	5.098	1.02	
4.5	5.535	1.23	

续表

炼油厂能力/Mt	总烟气量/(标)($10^9 m^3/a$)	单位烟气量/(标)[$10^9 m^3/(a \cdot Mt)$]	备注
4.2	1.996	0.48	
2.5	0.866	0.35	
1.2	0.288	0.24	
EU+国家	—	1～1.5	

注：* 表示相同炼油厂相关数据，但对应年份不同。表下部 RFG 比例增加。

如表 3.2 所列，单位烟气量是多变的。然而，它已经显示了关联，专业化炼油厂（表中后两行）趋于得到较低值。九家炼油厂平均值约为 1，且它在 0.48～1.55 之间变化。该因子取决于燃料分配（在表内，气/液比以星号例子表示）、燃料成分、烟气氧含量等，因此范围较宽。但是，考虑到这些值，它可以计算出一个炼油厂排放 200t NO_x/Mt 原油加工量，烟气中 NO_x 浓度为 130～420(标)mg/m^3 [平均为 200(标)mg/m^3]。

(3) 颗粒物排放

关注颗粒物（包括重金属）排放量是出于对健康影响的考虑。主要排放源是工艺加热炉/锅炉［主要是它们燃烧（液体）重质燃油］、催化裂化再生器、焦化装置、焚烧炉、加热炉除焦以及吹灰和火炬。欧洲炼油厂的颗粒物排放量在 100～20000t/a 范围变化。加工每百万吨原油的单位排放量为 10～3000t 颗粒物。较低排放值是简单型炼油厂通过燃烧大量天然气燃料或安装有效除尘设备（ESP、袋式过滤器）来实现的。

原油中重要的重金属是砷、汞、镍和钒（参见附录Ⅲ）。在蒸馏过程中，镍和钒富集在渣油中，在加热炉燃烧后或催化剂灼烧再生后，通过 ESP 或纤维过滤器去除颗粒物质。下表显示了两家 EU+炼油厂的镍、钒大气排放数据。

颗粒物	镍		钒	
炼油能力/Mt	单位负荷/(t/Mt)	浓度范围/(标)(mg/m^3)	单位负荷/(t/Mt)	浓度范围/(标)(mg/m^3)
15.3	0.196	0.2～1.2	0.327	0.3～2.1
12.3	0.772	0.02～2.35	1.666	0.05～5.1

(4) SO_x 排放

对于炼油厂，硫的大气排放一直是一个重要问题。所有原油都含有硫化物。因此，当燃烧炼厂燃料时，将会排放 SO_2 和 SO_3。原料含硫量与 SO_x 排放量之间有直接关系[例如使用 1% 含硫量燃料，生成烟气中 SO_x 浓度为 1700(标)mg/m^3]。在炼油厂中，如果硫不从产品中提取出来，将继续留在各种产品中，在到达各种最终用户后将燃烧生成 SO_x。炼油厂作为燃料的消耗者，为了获得能量，同样会排放 SO_x。天然气通常只含有痕量硫化物。

SO_x 排放有连续和非连续来源。排放源数量可能随炼油厂有所不同。SO_2 主要排放源是工艺加热炉/锅炉、燃气轮机、硫黄回收装置、催化裂化再生器、火炬系统、焚烧炉、除焦操作和处理装置。CONCAWE［49，CONCAWE，1998］给出了调查的大约70家炼油厂的平均SO_2排放分布。锅炉和加热炉主要使用液态炼厂燃料，其结果是59.4%的炼油厂SO_x排放量源于燃烧过程。催化裂化装置占13.5%，硫黄回收装置占10.7%，其他杂项来源占11.4%。表3.3所列为这些炼油厂的平均SO_2排放量和分项排放比例。

表3.3　70家欧洲炼油厂的平均SO_2排放量和分项排放比例

（Corinair W-Europe及CONCAWE报告3/98）

排放源	以硫计的SO_2排放/(kt/a)	炼油厂SO_2排放百分比/%
在加热炉/锅炉中燃烧燃料	257	59～69
催化裂化装置	58	7～14
硫黄回收装置	46	10～11
火炬	22	5～9
杂项	49	5～12
总和	432	100

上述报告同样显示，在1995年欧洲炼油厂平均SO_2排放浓度达1350(标)mg/m^3；烟气浓度变化范围为226～2064(标)mg/m^3。一些平均的总体计算数据在3.15节。年排放量范围为49～10000t/a，单位SO_2排放量为加工每百万吨原油排放30～6000t SO_2。该报告还显示，尽管原油中含硫量相近，炼油厂SO_x平均排放水平仍存在很大差异。为了补充信息，图3.4～图3.6绘制了EU+炼油厂的SO_2排放量。图3.4为一些欧洲炼油厂原油加工与SO_2排放量的关系曲线。该图表明，炼油厂越大越倾向于产生更多SO_2。

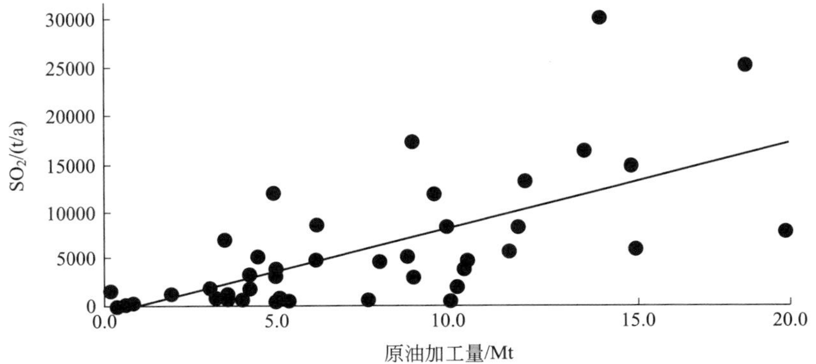

图3.4　一些欧洲炼油厂作为原油加工量函数的SO_2排放量［268，TWG，2001］

但是，如果用SO_2排放量除以炼油厂加工能力，图中并没有表明单位SO_2排放量取决于原油加工能力。图3.5显示了与图3.4相同的炼油厂的结果。

由图3.6可知，单位SO_2排放量与Nelson复杂性指数之间没有关联。可以看出，该图并没有表明单位SO_2排放量取决于炼油厂复杂性。

正如在本节开始提到的，炼油厂中催化裂化贡献了7%～14%的SO_2排放量。因

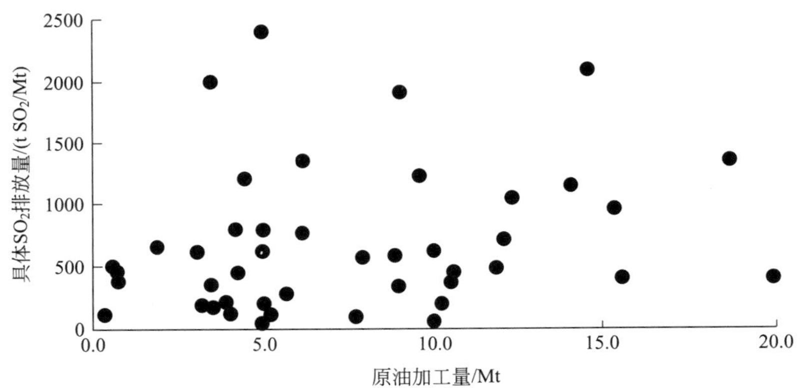

图 3.5 一些欧洲炼油厂作为原油加工量函数的单位 SO_2 排放量 [268，TWG，2001]

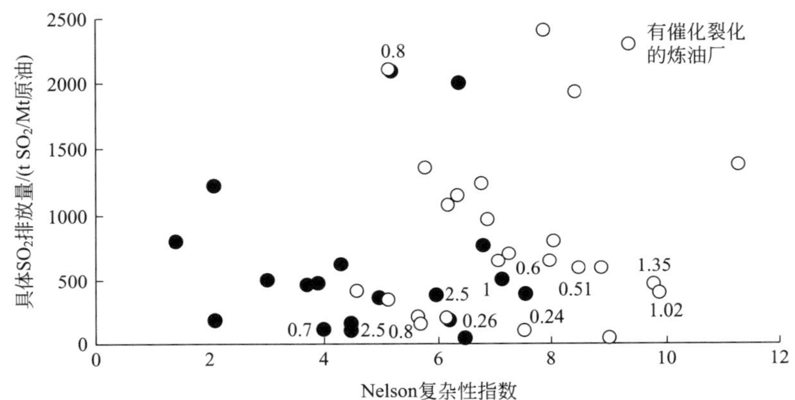

图 3.6 一些欧洲炼油厂单位 SO_2 排放量与 Nelson 复杂性指数的关系 [268，TWG，2001]

此，有催化裂化的炼油厂可能比没有催化裂化的炼油厂倾向于排放更多的 SO_2。然而，上图“○”没有显示出有催化裂化的炼油厂倾向于排放更多的 SO_2。在炼油厂中，另一个解释 SO_2 排放行为的变量通常是加工原油中的硫含量。图 3.6 数字表明炼油厂加工原油有类似的含硫量（如 0.8%），单位排放量却有很大不同。此外，图中没有显示相关性。这也进一步证明了 CONCAWE 报告结论，尽管原油含硫量类似，但平均炼油厂 SO_x 排放量之间存在着很大不同。

表 3.4 为西欧炼油厂的硫输出分布趋势。还介绍了西欧炼油厂的平均硫回收比例，从 20 世纪 70 年代末的约 10%增长到现在的已超过 36%。此表还表明，在出售给消费者的石油产品中的硫减少（即燃料中的 S）与炼油厂直接的硫排放量是不对应的，后者保持不变。

由表 3.5 可知，从 1985 年开始炼油厂中硫回收增加，这反映了欧洲炼油厂硫回收能力的稳步增加。这也证明了离开炼油厂的石油产品中硫含量的减少。但是表 3.5 还显示，自 1985 年开始欧洲炼油厂 SO_x 直接排放一直很稳定。这表明 SO_2 排放量平均削减量已明显落后于炼油厂销售给客户的石油产品取得的硫减少量。

表 3.4　西欧炼油厂的硫输出分布趋势 [49，CONCAWE，1998]　　　单位：kt/a

年份	原油加工能力	原油中S质量分数/%	原油中S	回收的S	回收的S质量分数/%	炼油厂以S计的SO_x排放量	燃料中S
1979年	680000	1.45	9860	1023	10.4	884	8945
1982年	494000	1.28	6323	1108	17.5	772	4786
1985年	479000	0.98	4694	1090	23.2	526	3439
1989年	527000	1.1	5797	1767	30.5	525	3380
1992年	624000	1.06	6615	1782	26.9	523	3364
1995年	637000	1.03	6561	2370	36.1	563	2625

表 3.5　欧洲炼油工业硫输出分布的历史趋势 [115，CONCAWE，1999]　　　单位：%

硫输出分类	S进入(质量分数)1979年	S进入(质量分数)1982年	S进入(质量分数)1985年	S进入(质量分数)1989年	S进入(质量分数)1992年	S进入(质量分数)1995年
炼油厂以SO_2排放的S	9①	12.2	9.1	8.0	7.9	8.6
馏分油中S 燃料油中S BFO中S	75①	63.5	9.9 41.5　60.0 8.6	10.7 30.3　51.5 10.5	14.2 25.8　51.1 11.1	11.5 16.8　40.1 11.8
以SO_2排放的S合计	84①	75.7	69.1	59.5	59.0	48.7
特定产品②中固定的S	6①	10①	11.9	13.2	13.5	14.6
回收的S	10	14.7	19	26.9	27.1	36.3
保留的S合计	16	24.7	30.9	40.1	40.6	50.9
总和	100.0	100.0	100.0	99.6	99.6	99.6

① 来自第一份 CONCAWE 报告（1979 年）的 1979 年数字是不准确的。

② 化工原料（石脑油）、沥青、焦炭、润滑油。

注：1995 年的总 S 进入量是 6.56Mt。

表 3.5 描述了 1979～1995 年欧洲炼油厂硫平衡的发展。它表明，1995 年有 6.56Mt 总 S 夹带进入炼油工艺，其中 36.3%的硫作为单质硫回收，8.6%在炼油厂中以SO_2的形式排放。通过油产品燃烧，48.7%（质量分数）以SO_2排放，而 14.6%（质量分数）保留在非燃料产品中，如沥青、润滑油、焦炭和化工原料。后者可能在一定程度上燃烧，也可能以固体或液体废物的形式完成它们的使命，从而可能排放到空气、水和土壤中。历史趋势很明显，即石油产品中硫水平稳定降低，炼油厂回收的硫同样稳定增加。油产品中硫含量减少，部分是由于更严格的欧洲和国家立法，尤其是对中间馏分油。减少的主要部分是对于燃料油需求的变化导致的。

(5) VOCs 排放

VOCs 是通用术语，适用于所有含有机碳的化合物，它们在常温下蒸发，有助于形成“夏季烟雾”和恶臭公害。VOCs 的损失可以计算或直接测量（在许多情况下发现来自两种方法的排放量存在偏差，这方面的一些数据可以在监测部分找到，见 3.26 部分）。炼油厂挥发性有机化合物的主要来源是通风口、火炬、吹入空气、泄放系统、来自管道系统的逸散性排放、污水系统、储罐（储罐呼吸）、装卸系统、储存和处理。扩散（逸散性）VOCs 排放源如泵的（单）密封、压缩机、阀门和法兰、管道和设备泄漏，可能占 20%～50%的总 VOCs 排放量。欧洲炼油厂 VOCs 的排放量范围（包括储存场）是 600～10000t/a。单位 VOCs 排放量为加工每百万吨原油排放50～6000t 挥发性有机化合物。

有些意外泄漏可以是连续发生的，如水泵密封件泄漏、阀门密封垫泄漏和管道泄漏，其他则可能是一次性泄漏，可能发生的来源如设备损坏、储罐溢出、公路和铁路罐车溢出。炼油厂中来自工艺设备的逸散性排放是最大的向大气排放 VOCs 的单一来源，通常能够占到总排放量的 50%。逸散性排放包括产生于管件的排放，如阀门、泵和压缩机的密封、法兰、通风口和管线开口端。阀门被认为约占 50%～60%的逸散性排放量。此外，逸散排放的主要部分只来自于排放来源的一小部分（如炼油厂中，在气体/蒸气输送中的 1%以下的阀门可以占到超过 70%的逸散排放量）。有些阀门可能比其他的更容易泄漏，例如：

• 频繁操作的阀门，例如控制阀门，可能会磨损得更快，并将造成排放路径的形成，但是，更新的低泄漏控制阀会提供良好的逸散排放控制性能；

• 升杆阀门（闸阀、截止阀）会比转 1/4 类型的阀门产生更频繁的泄漏，后者如球阀、旋塞阀。

影响烃类化合物释放的因素是设备设计、密封系统质量、维修程序、管线中物料特性。较差设计（伴随更大容差）、系统密封性差（如有泄漏倾向的阀门填料）和有限的维护，将导致更高排放量。这些排放量可以使用表 3.6 中的因子进行估算。

例如它可以使用 USAEPA 方法估算，如轻液泵排放测量在 $(1001\sim10000)\times10^{-6}$ 范围内，排放因子为 33.5g/h。可以采用其他方法来计算炼油厂的逸散性排放。它们是吸附法和 DIAL 法（参见 3.26 部分）。最新方法测量的排放因子列于表 3.7。

表 3.6 根据 USAEPA 的分层次方法估算逸散排放量的排放因子

排放源	排放因子/(g/h) 测量值以体积分数($\times10^{-6}$)计，在以下 3 个范围		
排放范围(体积分数)/$\times10^{-6}$	0～1000	1001～10000	>10000
气体或蒸汽阀门	0.14	1.65	45.1
$V_p>0.3$kPa 的液体(轻液)阀门	0.28	9.63	85.2
$V_P<0.3$kPa 的液体(重液)阀门	0.23	0.23	0.23
轻液泵	1.98	33.5	437
重液泵	3.8	92.6	389
压缩机	11.32	264	1608
气体安全阀	11.4	279	1691
法兰	0.02	8.75	37.5
开口端阀门	0.13	8.76	12

表 3.7 10Mt/a 加工能力炼油厂的 VOCs 排放量 [107, Janson, 1999]

工艺	挥发性有机化合物(VOCs)排放量/(t/a)
原油港口	260
废水处理装置	400
产品港口	815
工艺区域	1000
储罐区	1820
总和	4295

(6) 其他大气排放

其他污染物包括一氧化碳（工艺加热炉/锅炉、燃气轮机、催化裂化再生器、火炬系统、焚烧炉、冷排气）、甲烷 [储存和处理（装载）、冷排气和泄漏] 和来自灭火设备的卤代烷。噪声、H_2S、NH_3、CS_2、二噁英和 HF 也是炼油厂造成的大气排放。

汞和砷成分是易挥发的，某种程度下与清洁气体一起排放。部分这些化合物与装置材料发生反应，或在转化装置反应器中沉积在催化剂上。因此，保护层用于拦截催化剂毒物。

火炬、压缩机、泵、涡轮机和空气冷却器作为噪声源，需要特别注意。

炼油厂内恶臭主要源于硫化物如硫化氢、硫醇，不过也源于一些烃类化合物（如芳烃）。炼油厂内主要恶臭聚集点是储存（如酸质原油）、沥青生产、脱盐水、下水道、溶气浮选、生物处理和火炬燃烧。

3.1.3 废水排放

废水包括冷却水、工艺用水、清洁排污水和雨水，废水产生量及其特点取决于工艺配置。在现场污水处理设施处理废水，然后将其排出。来自炼油厂运行的水和泄放水可以受到溶解气体、溶解固体和悬浮固体及烃类化合物污染。水也可以受到工艺中溶解气体的污染，化合物可能是有毒的和/或使水具有难闻气味的。几乎所有的炼油厂工艺都有水蒸气注入，以促进蒸馏或分离过程。这导致了酸性污水的产生（含氨、硫化氢和烃类化合物）。酸性污水在进一步处理或作为洗涤水再利用之前，需要进行汽提。

在炼油厂中，取决于盛行气候，暴风雨或者雨水也可以产生大量的污水流。雨水可能会与潜在油污染的表面接触（“地表水径流”）。需要考虑雨水对排出水数量和质量这两方面影响，以及水排入其他洲际淡水水域或海水中的问题。偶尔，来自原油运输工具和来自其他海轮或运输石油产品的驳船压舱水也在炼油厂内处理。此外，生活废水和消防水都是需要关注的废水来源，在决定是处理、直接排放和/或潜在再利用之前需要质量监控。

废水排放指标是 pH 值、溶解固体、悬浮固体、TOC、TN、TP，COD、BOD、H_2S、氨、油、芳烃（BTEX）、酚类、盐、AOX、硫醇、氰化物、MTBE、氟、PAH、重金属、温度、电导率、细菌和鱼类毒性。作为一般指导，当冷却水回收时，每吨原油产生约0.1～5m^3废水（工艺废水、冷却水和生活废水）。

前面提到物质的最终排放取决于“工艺内部”的预防措施（良好运行，再利用）和废水处理设施的存在和技术标准。与整个炼制过程相关并在任何净化步骤之前的主要典型炼油厂排水未处理前的代表性污染物浓度列于表3.8。

表3.8 典型炼油厂排水未处理前的代表性污染物浓度［115，CONCAWE，1999］

项目	油	H_2S (RSH)	NH_3 (NH_4^+)	酚	BOD COD TOC	CN^- (CNS^-)	TSS
蒸馏装置	XX	XX	XX	X	XX	—	XX
加氢处理	XX	XX(X)	XX(X)	—	X(X)	—	—
减黏裂化	XX	XX	XX	XX	XX	X	X
催化裂化	XX	XXX	XXX	XX	XX	X	X
加氢裂化	XX	XXX	XXX	—	X	—	—
润滑油	XX	X	X	—	XX	—	—
废碱	XX	XX	—	XXX	XXX	X	X
压舱水	X	—	—	X	X	X	X
公用工程(雨水)	—(X)	—	—	—	X	—	—
清洁/生活	—	—	X	—	X	—	XX

注：X为小于50mg/L；XX为50～500mg/L；XXX为超过500mg/L。

表3.9给出了欧洲炼油厂的废水水质和年平均值。

表3.9 典型炼油厂进水/出水年均水质和负荷

［118，VROM，1999］，［261，Canales，2000］，［101，World Bank，1998］，［293，France，2000］

参数	APIs、CPI、SWS预处理后废水水质		废水处理装置出水年均值	单位负荷/(t/Mt原料)
	平均	最大		
pH值	7	10	6～9	
温度/℃	25	45	10～35	
油/(mg/L)	40	100	0.05～9.8	0.01～4.5
COD/(mg/L)	300	700	30～225	3～125
BOD_5/(mg/L)	150	400	2～50	0.5～25
悬浮固体/(mg/L)	10～20	75	2～80	1～50
酚/(mg/L)	12	40	0.03～1.0	0.01～0.25
硫化物/(mg/L)	5	15	0.01～1.0	
凯氏氮/(mg/L)	25	50	5～35	
总氮/(mg/L)	25	50	1.5～100	1～100
磷酸盐/(mg/L)	5	20	0.1～1.5	
MTEB①/(mg/L)	0～3	15	＜1	
氟化物①②/(mg/L)	0～30	60	1～20	

续表

参数	APIs、CPI、SWS 预处理后废水水质		废水处理装置出水年均值	单位负荷/(t/Mt 原料)
	平均	最大		
氰化物①/(mg/L)	0～3	5	0.03～1.0	
多环芳烃(Borneff)/(mg/L)	0.1	0.5	0.005～0.05	
苯并芘/(mg/L)		0.01～0.1	<0.05	
苯系物(BTEX)/(mg/L)	5	10	<0.001～3	
苯/(mg/L)		10	<0.001～1	
重金属/(mg/L)	1	2	0.1～1.0	
铬/(mg/L)		100	0.1～0.5	
铅/(mg/L)		10	0.2～0.5	

① 取决于是否有关装置是炼油厂的一部分。

② 一个炼油厂的排放测量。

油排放量通常表示为 g 油/t 炼油厂加工量。大多数欧盟炼油厂已经达到 Oslo/Paris 委员会的 3g 油/t 炼油厂加工量的标准。

3.1.4 废弃物

炼油厂每处理 1t 原油也会产生 0.01～2kg 的固体废物和污泥（废物处理之前）。据世界银行称，这些固体废物的 80%可视为危险废弃物，因为存在有毒有机物和重金属［101，World Bank，1998］。

炼油厂废弃物产生包含在报告［82，CONCAWE，1995］中，代表 1993 年欧洲炼油废弃物情况（参见表 3.10）。总结下来，炼油厂产生废弃物大约由 45%污泥，35%非炼厂废弃物和 20%其他炼厂废弃物组成。1993 年欧洲确认的 100 万吨废弃物，39.9%是放置在填埋场，21.4%回收或重新使用，14.9%是焚烧回收能量，8.4%是焚烧没有回收能量，4.9%是场地堆放，1.7%用作替代燃料和其他（0.6%）处置路线不明［82，CONCAWE，1995］。

表 3.10 炼油厂各类废弃物的百分比（CONCAWE）

废弃物类型	质量分数/%
污泥	
APIs/DAF/IAF 污泥	41.8
WWTP 生物污泥	30.2
锅炉新水制备污泥	13.0
罐底污泥	7.1
杂项污泥	6.7
脱盐装置污泥	0.8
酸烷基化污泥	0.3

续表

废弃物类型	质量分数/%
非炼厂废物(建筑/拆卸和生活垃圾)	
生活垃圾	43.8
瓦砾	41.9
废金属	14.3
产生的其他炼厂废物	
被污染的土壤	26.3
催化裂化催化剂	19.4
其他废物	15.5
杂项含油废物	8.9
焚烧炉灰渣	6
废碱	6
其他催化剂	4.7
脱硫催化剂	3.2
废黏土	2.7
罐污垢	2.4
吸附剂	1.9
烟气脱硫	1.3
废化学品	1.2
重整催化剂	0.4
酸焦油	0.2

a. 污泥来自各种来源，如原油和石油产品罐底、脱盐装置、烷基化装置、锅炉给水处理、生物处理、换热器管束和设备的清洗、石油泄漏和土壤修复。就数量来说，含油污泥是炼油厂最大废弃物类别。这部分是因为原油中基础沉积物和水的存在，每种原油各不相同。只有当炼油厂使用生物处理装置时才会产生生物污泥。

b. 其他废弃物来自许多炼油工艺、石油处理操作和废水处理。产生危险和非危险废物两种。废催化剂来自重整、催化裂化、加氢裂化、加氢脱金属、加氢脱硫和加氢处理装置。催化剂再生是一种行之有效的技术。

表 3.10 所列为炼油厂各类废弃物的百分比。

3.2 烷 基 化

本节包含了烷基化工艺的消耗和排放数据。

(1) 消耗

表 3.11 概括了目前使用的两种烷基化工艺预计的公用工程和化学品消耗。

表 3.11 两种烷基化工艺预计的公用工程和化学品消耗

[166, Meyers, 1997], [118, VROM, 1999], [261, Canales, 2000]

生产一吨烷基化产品的数值	烷基化技术	
	硫酸	氢氟酸
公用工程		
电力/(kW·h)	4	20～65
燃料/MJ	—	1000～3000
水蒸气/kg	830	100～1000
冷却水(ΔT=11℃)/m^3	72	62
工业水/m^3	0.08	—
化学品		
新酸/kg	78～120	1.15
碱(以 100% NaOH 计)/kg	0.41	0.57
石灰	—	—

注：$AlCl_3$ 和无水 $CaCl_2$ 消耗量取决于操作条件（主反应与副反应水含量）。

(2) 排放

烷基化工艺产生的大气、废水、固体废物污染排放总结见表 3.12～表 3.14 [108, USAEPA, 1995]。

表 3.12 烷基化工艺的大气排放

大气污染物	硫酸	氢氟酸
加热炉产生的 CO_2、SO_2、NO_x 和其他污染物①	来自管式加热炉	来自管式加热炉
烃类化合物	可能来自于压力释放、储存、处理操作、溢出、逸散性排放和废水、废物排放	可能来自于压力释放、储存、处理操作、溢出、逸散性排放和废水、废物排放
卤素	—	氟化合物可能来自于压力释放、工艺排气和溢出
恶臭	—	酸溶性油可能来自于维修工作期间的工艺停车储池，特别是输送氢氟酸管道除垢。可能有臭味

① 来自这些燃烧过程的排放在 3.10 节统一说明。

表 3.13 烷基化工艺的废水排放

废水污染物	硫酸	氢氟酸
废水	烷基化工艺产生的废水中含有低 pH 值、悬浮固体、溶解固体、化学需氧量、硫化氢和废酸	
烃类化合物	—	烃类化合物来自于分离器排水(缓冲罐、收集器、干燥器)和溢出，以及来自沉降池或工艺停车储池的含有溶解和悬浮的氯化物和氟化物的酸性废水
酸	硫酸	HF 洗涤器排水约为 2～8m^3/h，最小/最大浓度为(1000～10000)×10^{-6}F；石灰处理后为(10～40)×10^{-6}F

表 3.14 烷基化工艺的废弃物

废弃物	硫酸	氢氟酸
污泥	—	7～70kg 污泥/kg HF 使用(干固含量 3%～30%)
烃类化合物	中和工艺产生的污泥含有烃类化合物 溶解的聚合物作为稠黑油从酸中去除	烃类化合物来自废分子筛、碳填料和酸溶性油 中和工艺产生的污泥含有烃类化合物 溶解的聚合物作为稠黑油从酸中去除
污泥中的酸产品	中和工艺产生的污泥含有硫酸	处理阶段的无机氟化物(Na/KF)和氯化物 中和工艺产生的污泥含有氟化钙
卤化物	—	石灰处理后污泥中含有(10～40)$\times 10^{-6}$ F^-

3.3 基础油生产

本节给出了欧洲炼油厂的消耗和排放数值。这些值按各基础油生产工艺给出。

(1) 脱沥青

① 消耗

传统溶剂型润滑油基础油复合物的生产需要大量能量。其主要原因是需要大量热量蒸发溶剂和从抽余液和提取物中分离它们。尽管回收大量溶剂，但溶剂损失水平通常约为 1%。在塔的方法中，例如单位体积原料从塔高处流下，需要加入 4～8 倍体积的丙烷到塔底部。作为一个例子，表 3.15 的数字给出了溶剂脱沥青吸收（SDA）装置对公用工程的需求。

表 3.15 脱沥青装置的消耗数据 [166，Meyers，1997]，[261，Canales，2000]

消耗项目	对应于 1000t 原料的数据
燃料	136～150MW·h
电力	12.2～21MW
水蒸气	166～900t
冷却水	无(最大空气冷却)

② 排放

大气	废水	固体废物
大气排放可能源于逸散性溶剂排放和工艺排气 加热器烟气(参阅 3.10 部分)	溶剂回收阶段导致溶剂污染水，通常是送到污水处理装置 含油组分	很少或没有固体废物产生

(2) 芳烃抽提

① 消耗

表 3.16 为芳烃抽提装置的消耗数据。

表 3.16 芳烃抽提装置的消耗数据 [212，Hydrocarbon processing，1998]

公用工程，典型的每 $1m^3$ 原料	
被吸收的燃料/MJ	862
电力/(kW·h)	5
水蒸气/m^3	8
冷却水(ΔT=14℃)/m^3	12.5

② 排放

大气	废水	固体废物
溶剂的 VOCs 逸散排放来自于溶剂储罐的 NMP 和糠醛。 来自明火加热器的烟气(见 3.10 节)	每吨产品的工艺水总量约为 2～$4m^3$，含有大约 $(15\sim25)\times10^{-6}$ 糠醛，$(10\sim15)\times10^{-6}$ NMP。 离开分馏塔的水中可能含有一些油和溶剂	很少或没有固体废物产生

注：来源于 [118，VROM，1999]。

(3) 高压氢化装置

表 3.17 为高压氢化装置典型的公用工程消耗。

表 3.17 高压氢化装置典型的公用工程消耗

公用工程，典型的每 $1m^3$ 原料	
燃料/t	11.5
电力/(kW·h)	26
水蒸气净消耗①/t	200
冷却水(ΔT=14℃)/m^3	110

① 50%冷凝回收。

(4) 溶剂脱蜡

① 消耗

本工艺与芳烃抽提共同的公用工程需求如表 3.18 所列。

表 3.18 溶剂脱蜡和芳烃抽提装置共同的典型公用工程消耗

[118，VROM，1999]，[261，Canales，2000]

燃料/(MJ/t)	电力/(kW·h/t)	蒸汽消耗/(kg/t)	冷却水(ΔT=10℃)/(m^3/t)
1000～1300	60～160	300～800	10～20

② 排放

废气	废水	废弃物
挥发性有机化合物可能来自蜡过滤器的溶剂蒸气提取以及逸散性排放。 溶剂的 VOCs 逸散排放可能来自储罐的 MEK/甲苯。 来自明火加热器的烟气(见 3.10 部分)	溶剂回收阶段导致溶剂污染水，通常是送到污水处理装置。向水中的潜在释放是来自溢出和泄漏的烃类、硫化物和有机物，以及来自溶剂回收操作工艺水的有机物。废水含有 $(1\sim3)\times10^{-6}$MEK/甲苯	很少或没有废弃物产生

(5) 加氢精制

① 消耗

加氢精制装置典型的公用工程消耗如表 3.19 所列。

表 3.19 加氢精制装置典型的公用工程消耗 [118 VROM，1999]

燃料/(MJ/t)	电力/(kW·h/t)	蒸汽消耗/(kg/t)	冷却水($\Delta T=10℃$)/(m^3/t)
300～550	25～40	100～150	5～15

② 排放

废气	废水	废弃物
加氢精制减压阀，溶剂回收系统，制冷系统；泵、压缩机及阀门的法兰、压盖和填料泄漏	泵、压缩机及阀门的法兰、压盖和填料泄漏	—

3.4 沥青生产

(1) 消耗

沥青吹制能耗非常低。风机、产品流出泵和塔顶冷凝系统需要一些电力。这个工艺利用电力为 15～35kW·h/t，产生水蒸气是 100～200kg/t。对于冷却水利用，假设空冷器作为冷凝器。如果直接应用水急冷代替洗涤，通常使用更多水。

(2) 排放

大气排放	来自明火加热器的烟气(见 3.10 部分)。 来自塔顶蒸气焚烧炉的烟气。沥青生产的顶部蒸气组成以轻烃、氮气、氧气、二氧化碳和二氧化硫为主，高温(约 800℃)焚烧，以确保完全破坏成分，如硫化氢、一氧化碳、复杂醛、有机酸、多环芳烃和酚类，有非常不愉快的气味。塔顶氧化器的空气流量约为 0.07～0.30(标)m^3/kg 原料。 沥青生产主要公害问题涉及蒸馏残留物释放的硫化氢、酸凝聚物和吹气过程产生的废气。 烃类化合物和硫化物可能源自泄漏(特别是塔顶系统)和减压阀，以及来自罐上部装载操作排放的含有气溶胶的液滴

续表

工艺废水	酸性污水是产生在氧化器上部的废水。其流量达到 $5m^3/t$ 原料，含有硫化氢、油、芳烃、多环芳烃、硫酸、异味氧化产物(酮、醛、脂肪酸)和颗粒物。 其他潜在水排放物是来自溢出和泄漏的烃类化合物和硫化物
固体废物	污油乳液是形成于氧化器顶部的污油。它由轻质油乳液、水和颗粒物组成

3.5 催化裂化

(1) 消耗

表 3.20 为催化裂化装置典型的公用工程消耗。

表 3.20 催化裂化装置典型的公用工程消耗

[261, Canales, 2000], [212, Hydrocarbon processing, 1998], [118, VROM, 1999], [166, Meyers, 1997], [268, TWG, 2001]

消耗	FCC	RCC
燃料/(MJ/t)	120～2000	120～2000
电力/(kW·h/t)	8～50	2～60
水蒸气消耗/(kg/t)	30～90	50～300
水蒸气生产/(kg/t)	40～60	100～170
冷却水($\Delta T=17℃$)/(m^3/t)	5～20	10～20
催化剂补充/(kg/t)	0.4～2.5	2～4

几乎所有催化裂化装置所需热量都是在再生器中生成。使用的催化剂很大程度上取决于需要的产品类型，可以是 SiO_2-Al_2O_3 基材负载稀土和/或贵金属，或者也可以沸石分子筛为基材。

(2) 排放

① 大气排放

在综合炼油厂，其中一个主要的潜在大气排放来源是催化裂化装置。大气排放主要来自再生器，主要是 CO、CO_2、NO_x、颗粒物（主要是催化剂粉末）和 SO_2。催化裂化装置的排放是多变的。大范围变化反映了催化裂化装置使用原料的变化（氮、硫和金属含量），以及再生器和废热锅炉的运行条件。FCC 排放可能占 20%～30%的炼油厂总 SO_2 排放，15%～30%的 NO_x 和 30%～40%的颗粒物。不过，这些数据可能会有更大变化 [112, Foster Wheeler Energy, 1999]。FCC 加热炉燃料燃烧产生的排放在 3.10 部分说明。

表 3.21 所列为来自催化裂化装置的排放数据和排放因子。

表 3.21 催化裂化装置的排放数据和排放因子

[136，MRI，1997]，[297，Italy，2000]，[261，Canales，2000]，[117，VDI，2000]，[250，Winter，2000]，[269，Confuorto，2000]

排放	PM	SO_x（以 SO_2 计）	CO	HC	NO_x（以 NO_2 计）	醛	NH_3
排放因子/(kg/m^3，新鲜原料)	0.009～0.976	0.19～1.50	0.08～39.2	0.63	0.107～0.416	0.054	0.155
排放数据/(标)(mg/m^3)(3% O_2)	10～1000	10～4000	<50～900	—	30～2000	—	—

注：范围中较低水平对应于有减排技术的催化裂化装置。数值在连续运行下获得。半小时平均值作为排放值。

渣油催化裂化装置（RCC）主要使用的原料是常压渣油。因此，康拉逊残炭值、硫含量和氮含量更高。因此，渣油催化裂化是比普通催化裂化更强的潜在 NO_x、SO_x 和受污染的催化剂来源。作为 RCC 使用该种原料的结果，RCC 产生更多焦炭，因此需要从再生器中移走更多热量。

由于催化裂化装置是炼油厂的一个重大污染排放源，下文是更详细的污染物类型分析。

a. CO_2

CO_2 产生于催化剂再生处理，其排放负荷取决于规模（见表 3.22）。

表 3.22 催化裂化装置 CO_2 排放范围和范例 [250，Winter，2000]，[136，MRI，1997]

加工量/(kt/a)	原料中 S（质量分数）/%	烟气流量/[(标)m^3/h,3% O_2]	CO_2 排放负荷/(t/a)	单位 CO_2 排放量/(kg/t)
1314	<0.5	110000	272243	207
2350	0.35	200000	498006	212
排放范围			130000～600000	160～220

b. CO

催化剂再生过程可产生浓度相对较高的 CO（见表 3.23），它通常在再生器（全部燃烧）或进一步流入 CO 锅炉（部分燃烧）中转化为 CO_2。全部燃烧中的不完全燃烧可能导致 CO 释放。不包括完全燃烧装置，CO 范围通常在50～1200(标)mg/m^3（取决于温度、CO 促进剂水平、装置规模）。在部分燃烧方式中，取决于正在运行的再生器条件。CO 锅炉进料的再生器废气 CO 含量在 5%～10%范围内。CO 锅炉废气中 CO 浓度能够维持在 100(标)mg/m^3 以下，这取决于所使用 CO 锅炉类型 [80，March Consulting Group，1991]。

c. NO_x

来自催化裂化装置再生器（烟气）的 NO_x 排放量（水平）的广泛范围反映了催化裂化再生器或催化裂化一氧化碳锅炉不同燃烧条件、装置加工能力的分布和焦炭（原料）氮含量的主要影响；后者则依赖于原油类型和上游工艺配置。当应用脱硝处理时，排放值较低。催化裂化装置 NO_x 排放的一些案例以及变化范围列于表 3.24。

表 3.23 催化裂化装置运行中的 CO 排放案例 [250，Winter，2000]

加工量 /(kt/a)	原料中 S /%	烟气流量 /[(标)m^3/h，3% O_2]	CO 浓度 /(标)(mg/m^3)	CO 排放负荷 /(t/a)	单位 CO 排放量 /(kg/t)
1314	0.5	110000	215～814	558	0.43
2350	0.5	200000	125	194	0.08

注：数据是年均值，3%O_2、干燥条件。

表 3.24 催化裂化装置 NO_x 排放范围和案例

[250，Winter，2000]，[136，MRI，1997]，[268，TWG，2001]

加工量 /(kt/a)	原料中 S /%	烟气流量 /[(标)m^3/h，3% O_2]	NO_x 浓度 /(标)(mg/m^3)	NO_x 排放负荷 /(t/a)	单位 NO_x 排放量 /(kg/t)
1314	0.5	110000	409	280	0.21
2350	0.5	200000	500	775	0.33
1750				45	0.03
排放范围			30～2000 (连续监测平均值)	56～1000	22～100mg/MJ (与加工量有关)

注：数据是年均值，3% O_2、干燥条件。

d. 颗粒物

虽然焦化装置煅烧炉也是重要排放源，催化裂化装置通常是最大的颗粒物单一排放源（见表 3.25）。颗粒物来源于催化剂再生器废气和催化剂处理和处置的催化剂粉末。排出的催化剂呈粉末状，是催化裂化装置中催化剂颗粒不断运动产生的。在不存在水汽和硫酸凝结情况时，烟囱气流不透明的原因通常是存在催化剂粉末。在实际生产中，操作条件可能对颗粒物排放量有很大影响。

表 3.25 催化裂化装置的颗粒物排放范例（下限值对应于有减排技术的 FCC）

[250，Winter，2000]，[136，MRI，1997]，[268，TWG，2001]

加工量 /(kt/a)	烟气流量 /[(标)m^3/h，3% O_2]	原料中 S /%	浓度 /(标)(mg/m^3)	PM 负荷 /(t/a)	单位排放量 /(kg/t)
1314	110000	0.5	17	11.6	0.009
2350	200000	0.5	50	44.5	0.033
1750			47	33.8	0.019
欧洲催化裂化装置的排放范围			10～500	10～50	0.009～0.040

催化裂化装置再生器排放的典型颗粒物最大为 10μm 的催化剂颗粒组成。粒度分布显示，以重量计几乎高达 90%的颗粒小于 10μm。这大部分粉尘由二氧化硅/氧化铝和存在于原料中的镍、钒（以及其他金属）组成。催化剂上沉积的焦炭（包括金属）范围大约介于 4%～5%（质量分数）之间。蒸馏过程中金属化合物富集到重质渣油中，因此存在于 FCC 原料中。如果加氢处理的重质渣油作为催化裂化原料，重金属含量将会

变少，如表 3.26 所列。

表 3.26 原料经加氢处理后催化裂化装置排放颗粒物的组成 [250，Winter，2000]

参数	实际值	单位
总颗粒物	23	(标)mg/m^3
质量流量	2	kg/h
总金属	<0.1	%
镍	0.05 0.012	% Ni/PM (标)mg/m^3
钒	0.02 0.005	% V/PM (标)mg/m^3
铂	<0.004 <0.001	% Pt/PM (标)mg/m^3

e. 硫氧化物

催化裂化装置原料中的硫转化为液体、气体产品中的 H_2S 和再生器排放的 SO_2，三者近似比例是 50∶45∶5。催化裂化装置废气中的 SO_2 主要取决于原料中硫含量，以及所使用的排放控制技术。SO_3 气溶胶也会使烟囱气不透明。

表 3.27 所示列为催化裂化装置 SO_2 年平均排放量。

表 3.27 催化裂化装置的 SO_2 年平均排放量（有和没有减排技术）
[261，Canales，2000]，[250，Winter，2000]，[107，Janson，1999]，
[112，Foster Wheeler Energy，1999]，[268，TWG，2001]

加工量/(kt/a)	烟气流量/[(标)(m^3/h)，3% O_2]	原料中S/%	SO_2浓度/(标)(mg/m^3)	SO_2负荷/(t/a)	单位SO_2排放量/(kg/t)
1750	—	—	—	268	0.15
1300	110000	0.5	360	247	0.19
2300	200000	1.7	700	840	0.36
750	65000	0.5	150	350	0.47
1700	150000	2	900	810	0.48
1500	130000	2.5	4000	3100	0.48
800	70000	3	1100	470	0.59
2350	200000	0.5	1200	1860	0.79
750	62500	—	1960	1110	1.48

f. 其他化合物

H_2S、硫醇和氨产生于回流冷凝器的酸性水。烃类化合物（通常 80%烷烃和 15%

烯烃）源自于泄压、储存和处理操作、溢出和水排放。在两套欧洲催化裂化装置测量CO燃烧之后的二噁英排放值，报告水平为＜0.016（标）$ngTEQ/m^3$ [268，TWG，2001]。

② 废水排放

催化裂化过程中每吨原料产生废水量约为60～90L，包括酸性废水和分馏塔含有的烃类化合物（高油含量BOD、COD）、悬浮固体、硫化物（H_2S）、酚类、氰化物、氨和高pH废水。表3.28所列为催化裂化装置废水的负荷和组成。

表3.28 催化裂化装置废水排放

废水来源	参数	数值	单位
清洗和催化剂再生的水蒸气	原料油中的金属杂质	—	$\times10^{-6}$
分馏塔塔顶回流罐	原料进入百分数	7～10	%(体积分数)
	流量	20～40	m^3/h
	H_2S	10～200	$\times10^{-6}$
	HCN	1～300	$\times10^{-6}$
	COD	500～2000	$\times10^{-6}$
	氮化合物(N-Kj)	15～50	$\times10^{-6}$
	酚	5～30	$\times10^{-6}$
	游离油	50～100	$\times10^{-6}$
烃类化合物碱洗	流量	128	m^3/h
	碱酚	—	
	甲苯基酸	—	

③ 废弃物

潜在释放到土壤中的废弃物源自颗粒物捕集装置和间歇废催化剂排放的催化剂粉末。这些固体残留物富集在重质循环油和澄清油（催化裂化馏分）馏分中。催化裂化装置产生的废弃物如表3.29所列。

表3.29 催化裂化装置的废弃物

项目	来源	排放量	组成
维修期间旧催化剂更换	再生器	50t/4a	废催化剂：灰尘、由Al_2O_3、SiO_2、碳、难熔材料及金属构成的固体粉末
催化剂粉末	再生器顶部旋风/电除尘器	—	灰尘含有高含量的钒、镍、锑
储罐污泥泥浆	—	取决于泥浆过滤系统	10%～30%油，取决于净化水排放，多环芳烃

渣油操作中催化剂补充率取决于原料中的金属水平。补充率显示的典型值是原料中金属镍＋钒＋钠范围为（10～20）$\times10^{-6}$。

3.6 催化重整

(1) 消耗

表 3.30 为催化重整的公用材料和催化剂消耗。

表 3.30 催化重整公用材料和催化剂消耗

[118，VROM，1999]，[166，Meyers，1997]，[261，Canales，2000]

需求	重整	半再生工艺	连续再生工艺
电力/(kW·h) 单位消耗/(kW·h/t)	— 25～50	246* 55	6142* —
燃料燃烧/GJ 单位燃料消耗/(MJ/t)	— 1400～2900	185* 71.5t/kt	232*
冷却水($\Delta T=10℃$)/(m^3/t)	1～3	0.12～3	5.5
产生的高压水蒸气/(kg/t)	50～90	64～90	97
锅炉给水/(kg/t)		170	22
冷凝水返回/(t/h) 单位值/(t/kt)	—	88 20	113 —
催化剂(含铂)/[t/(Mt/a)]	1.35	—	—

注：* 表示数值与 2351t/d 的加工能力有关，单位值与加工能力值有关。第一列给出的范围适用于所有重整类型。

(2) 排放

① 大气排放

催化重整的大气排放来自工艺加热器气体（在 3.10 部分讨论）、逸散性排放（释压阀和泄漏的烃）和再生。烃类化合物和粉尘排放产生于催化剂更换期间和清除操作的通风。表 3.31 所列为两家欧洲炼油厂重整产生的大气排放。该表还列举了加热器的大气排放。

表 3.31 催化重整的大气排放 [250，Winter，2000]

装置	燃料消耗/(GW·h/a)	加工能力/(t/a)	单位	SO_2	NO_x	CO	CO_2	颗粒物
铂重整装置 Mider 炼油厂①	753.4	1000000 石脑油	mg/m^3	35	100	100		5
			t/a	24.1	68.7	68.7	146152	3.4
			kg/t 原料	0.024	0.069	0.069	146	0.003
铂重整装置 OMV 炼油厂	494.1	728000 石脑油	mg/m^3	18	170	5		1
			t/a	8.8	83	2.4	95848	0.5
			kg/t 原料	0.012	0.114	0.003	132	0.001

① Mider 炼油厂排放，仅给出浓度限值，负荷和单位排放量由计算得到。

注：数据是年均值，含氧 3%，干燥条件。

在连续重整装置催化剂再生过程中，催化剂尾流回收，焦炭（60～80kg 焦炭/t 原料）在热空气/蒸汽中燃尽，通常以有机氯的形式（如三氯乙烯或一氯乙烯）添加少量促进剂来保持催化剂活性，去除水分，再生催化剂返回到重整装置中。在周期性或半再生装置，催化剂再生和由此产生的排放是不连续的。再生装置尾气包含蒸汽、空气、烃类、CO_2、HCl、H_2S、少量催化剂粉末、痕量氯气、一氧化碳［远低于10(标)mg/m^3（117，VDI，2000)］、SO_2、二噁英和呋喃［113(标)ng/m^3 TCDD-eq EADON，131(标)ng/m^3 TCDD-eq I-TEF（215，Jansson，1999)］。来自于USAEPA一项研究［315，USAEPA，2000］表明，来自石油催化重整装置的CDD/CDF排放因子在半再生装置中为0.196ng/t，在连续再生装置中为1172ng/t。在四个比利时炼油厂测定的二噁英排放分别是＜0.1～0.13(标)ngTEQ/m^3、3.3～6.7(标)ngTEQ/m^3、＜0.01(标)ngTEQ/m^3和＜0.01(标)ngTEQ/m^3［上限值由流量2000(标)m^3/h装置获得（约1800h/a)］［268，TWG，2001］。在释放到大气中之前，再生器气体通常在水洗涤器中处理以除去灰尘、氯化物和SO_2。再生期间所使用的有机氯化物的储存和处理也可能导致大气排放。

② 废水排放

催化重整废水产生量大约1～3L/t原料。废水含高含量油、SS、COD和相对低量硫化氢（硫化物）、氯、氨和硫醇。在去除反应器流出物中的轻质尾料的汽提塔中也会发现这些化合物。可能发生烃化合物溢出和泄漏。重整装置的未经处理废水和废碱的CDD/CDF 0.1pgI-TEQ_{DF}/L～57.2 ngI-TEQ_{DF}/L［315，USAEPA，2000］。

③ 废弃物

废催化剂粉末（铝硅酸盐和金属）可能产生于颗粒物减排技术。对于使用昂贵催化剂工艺装置，例如催化重整（铂），供应商合同中包括废催化剂取回再生和/或回收。对于5Mt/a炼油厂，产生的废催化剂约为每年20～25t。表3.32为催化重整污泥分离器所产生污泥的组成。

表3.32 重整装置污泥分离器装置产生污泥的组成

［80，March Consulting Group，1991］

种类	浓度	种类	浓度
油	2.40%	乙苯	215.8×10^{-6}
固体	97.60%	铅	108.6×10^{-6}
碳	7.70%	苯	92.5×10^{-6}
氢	6.50%	萘	79.1×10^{-6}
氮	0.4%	铬	75.1×10^{-6}
碳酸盐	0.3%	硫酸	72.4×10^{-6}
铁	38070×10^{-6}	菲	40.2×10^{-6}
硫	18901×10^{-6}	钒	19×10^{-6}
铝	6836×10^{-6}	锑	19×10^{-6}
钙	6166×10^{-6}	氟	17.1×10^{-6}

续表

种类	浓度	种类	浓度
硫化物	4658×10^{-6}	酚	13.4×10^{-6}
镁	3405×10^{-6}	芘	9.4×10^{-6}
钠	1059×10^{-6}	苯并芘	6.7×10^{-6}
二甲苯	1056.3×10^{-6}	砷	4.8×10^{-6}
镍	898.1×10^{-6}	硒	1.9×10^{-6}
硝酸盐	683×10^{-6}	氰化物	0.6×10^{-6}
甲苯	667.6×10^{-6}	汞	0.02×10^{-6}

注：数据基于干态。

3.7 焦化工艺

(1) 消耗

① 延迟焦化

表 3.33 为延迟焦化的能量和公用材料消耗。

表 3.33 延迟焦化工艺能量和公用材料消耗

燃料/(MJ/t)	电力/(kW·h/t)	消耗蒸汽/(kg/t)	产生水蒸气/(kg/t)	冷却水($\Delta T=17℃$)/(m^3/t)
800～1200	20～30	50～60	50～125	6～10

注：电力包括为驱动水力除焦泵的电动机。

焦化工艺补给水消耗量取决于蒸发损失和脱盐装置泄放。处理后的污水可回用于这一目的。除焦塔的切焦用水受到（不）饱和烃和焦炭颗粒的高度污染。

② 灵活焦化

表 3.34 为灵活焦化工艺能量和公用材料消耗。

表 3.34 灵活焦化工艺的公用能量和材料消耗

电力/(kW·h/t)	消耗蒸汽/(kg/t)	产生水蒸气/(kg/t)	冷却水($\Delta T=10℃$)/(m^3/t)
60～140	300～500(MP)	500～600(HP)	20～40

③ 煅烧炉

表 3.35 为煅烧炉能量和公用材料消耗。

表 3.35 煅烧炉的能量和公用材料消耗

电力/(kW·h/t)	炼厂燃料气/(kg/t)	产生水蒸气/(kg/t)	消耗蒸汽/(kg/t)
13.2	0.03	0.1	2.4

(2) 排放

这些工艺最重要的健康和安全问题是焦炭粉末处理。

① 大气排放

焦化过程的大气排放包括加热器烟气排放（见 3.10 部分，包括加热器排放）和逸散性排放。此外，塔中移出的焦炭（延迟焦化）可以向大气中释放颗粒物和任何剩余烃类化合物。产生的主要污染物以及来源如下。

- 硫化氢和硫醇等硫化物可从回流冷凝器的酸性水流中释放。
- 烃类化合物，可以从回流罐和容器释压排放、急冷塔排放、储存和处理操作、溢出和废物、废水排放中释放。
- 颗粒物可能会从干燥炉气体净化系统、旋转焦化炉气体净化系统、焦炭处理和储存、装卸作业和煅烧炉工艺中释放。干燥炉排放气体的背压对于维持干燥炉火焰锋至关重要。这可能意味着旋风分离器工作条件由干燥炉要求确定，而不是去除粉尘的最适宜条件。目前实现的总颗粒物排放是 10～460(标)mg/m^3 [80, March Consulting Group, 1991] [251, Krause, 2000]。潮湿状态下储存、粉碎和处理生焦炭无大气排放。通过旋风分离器系统的煅烧废气的颗粒物典型粒径分布。

质量分数 99%以下　　100μm，
质量分数 98%以下　　45μm，
质量分数 90%以下　　8μm，
质量分数 60%以下　　5μm，
质量分数 20%以下　　2.5μm，
质量分数 10%以下　　1.5μm。

② 废水排放

废水源自除焦、焦炭处理水泄放，分馏塔塔顶酸性污水、冷却操作和蒸汽注入，并应该被处理。焦化工艺废水产生量约为 25L/t 原料，含有硫化氢、氨气、悬浮固体（高金属含量焦粉）、COD、pH 值高、颗粒物、烃类化合物、硫化物、氰化物和酚类。废水直接输送到炼油厂废水处理系统处理。

③ 废弃物

焦化工艺废弃物包括焦炭粉尘（炭颗粒和烃类化合物）和含有烃类化合物的热油泄放污泥。表 3.36 为焦化产生污泥化学特性。

表 3.36 焦化污泥化学特性 [80, March Consulting Group, 1991]

指标	浓度	指标	浓度
固体	91.4%	硒	53×10^{-6}
油	8.6%	锑	40×10^{-6}
碳	28.5%	硝酸盐	35.8×10^{-6}
氢	3.5%	萘	32.4×10^{-6}
氮	0.3%	钒	32×10^{-6}

续表

指标	浓度	指标	浓度
铁	80537×10^{-6}	菲	20.1×10^{-6}
硫	27462×10^{-6}	酚	11.2×10^{-6}
钙	8166×10^{-6}	砷	10.5×10^{-6}
铝	3098×10^{-6}	甲苯	7.8×10^{-6}
镁	2237×10^{-6}	氟	6.7×10^{-6}
硫化物	613.0×10^{-6}	芘	6×10^{-6}
钠	459×10^{-6}	苯并芘	5.6×10^{-6}
铅	272.9×10^{-6}	苯	2.2×10^{-6}
镍	230.4×10^{-6}	乙苯	2.2×10^{-6}
铬	166.7×10^{-6}	汞	1.0×10^{-6}
二甲苯	145.4×10^{-6}	氰化物	1.0×10^{-6}
硫酸	115.0×10^{-6}	—	—

注：数据基于干态。

3.8 冷却系统

IPPC已经发布了工业冷却水系统的通用BREF。本节所提供的资料应结合该通用BREF来阅读，后者全面地包含了添加剂消耗的内容。

炼油厂的冷却取决于所使用工艺及其整合程度，但是，如果应用冷却水系统，则占据大多数的用水量。炼油厂中，重要的是在全厂水平上最大限度地集成热力并在工艺/活动水平上最小化冷却作业。因此，冷却系统能量需求将取决于所一同使用的冷却系统和应用的冷却策略。表3.37为炼油厂典型的各分项冷却需求（加工能力为7Mt/a的加氢裂化炼油厂）。

表3.37 炼油厂各分项冷却需求 [119，Bloemkolkand van der schaaf，1996]

项目	冷却能力	
	MW	%
工艺物流	400	94
泵、压缩机	10	2
真空系统	15	4
总和	425	100

表3.38为炼油厂根据温度范围分配的冷却容量（生产规模7Mt/a的加氢裂化炼油厂）。

表 3.38 根据温度范围分配的冷却容量 [119，Bloemkolkand van der schaaf，1996]

工艺流体终端温度(T) ℃	冷却容量	
	MW	%
$T>43$	380	95
$43>T>38$	15	4
$38>T>30$	0	0
$30>T$	5	1
合计	400	100

(1) 消耗

水冷却系统的泵和空气冷却系统的排风机会消耗电力。水冷却系统使用水并需要化学品作为腐蚀和细菌生长的抑制剂。如需更详细信息和年度消费量数据，可参考IPPC关于冷却的通用BREF，其可以视为冷却系统的最新文件。循环和单程冷却水系统都需要添加剂，防止结垢和/或腐蚀。因为单程系统一般采用地表水（新鲜的或含盐的），相比于循环系统，形成污垢的机会较高。因此，在这些系统中应使用更多的防污添加剂（即氯化杀菌剂）。另一方面，防腐蚀添加剂主要应用于循环系统，不用在单程系统中。

相比于单程系统，循环系统中冷却水利用率更低（只达到3%）。在循环系统中一定量的水通过蒸发、雾滴离开系统，泄放或排放到污水处理系统。因此，约5%循环率范围的补给水是必需的，这个数字相当于0.23m^3冷却水/t原油加工量。

(2) 排放

冷却系统产生的主要“污染”是热量，增加了冷却流体的温度。炼油厂水冷却温度的增加（ΔT）约是10～15℃。

耗水量（前述）、能源消耗（泵类、空气冷却器排风机）和水污染是冷却系统的主要环境问题。其他与环境有关的影响包括产生的噪声（冷却塔、水泵、空气冷却器排风机［在源头为97～105dB(A)］）和烟羽的形成（冷却塔）。

水冷却系统考虑的主要污染物是氯化和/或溴化防污添加剂和含锌、铬、钼等的防腐添加剂。需要特别注意封闭冷却水系统中分散剂的使用，尤其是泄放到油水分离处理装置，在那里它们可以干扰油水分离过程。单程系统，由于平均泄漏率低和水体积大意味着冷却水排放含有0.1～1mg/L的油。大气的烃类化合物排放可能在冷却塔发生，已报道的每1m^3冷却塔循环冷却水向空气排放烃类化合物的量在0.5～85g之间［119，Bloemkolk and van der Schaaf，1996］。通过急冷冷却（仅用于炼油厂延迟焦化装置）会导致高气体排放量、高能量损失、大用水量和严重水污染。表3.39为典型炼油厂不同冷却系统的环境影响。

表 3.39 典型炼油厂不同冷却系统的环境影响 [119，Bloemkolk and van der schaaf，1996]

排放或影响	单程	单程（闭环）	冷却塔	冷却塔（闭环）	空气冷却	空气冷却（闭环）
水						
热量/MW	300	300	可以忽略	可以忽略		
烃类化合物/(kg/h)	2.6～26					
化学条件①/(kg/h)	2.6	2.6	3～25	3～25		
水泄放量/(m^3/h)	26000	26000	156	156		
空气						
可见烟羽			+③	+③		
水蒸气/(kg/h)			468000	468000		
烃类化合物/(kg/h)			13	(+)⑤		
消耗能量④/kW	3500	5500	5600	7000	2000	8700
新鲜水消耗/(m^3/h)		在闭环中	624	624		
噪声②	+	+	+	+	+	+
其他	挟带水生物进入	挟带水生物进入				

① 单程冷却水含有次氯酸盐，冷却塔补给水含有防腐剂、次氯酸盐和阻垢剂。

② 参阅正文。

③ 抑制烟羽可能需要额外的成本。

④ 不包括工艺的能量损失。

⑤ 可能影响：空气冷却器泄漏不是一个易于解释的现象。无水可能表明与水冷却系统相比腐蚀不是一个重要因素。需要进一步研究给出准确评估。

注：+表示效应发生。

3.9 脱盐

原油中无机杂质量在很大程度上取决于原油来源和从油井到炼油厂输送过程中的原油处理两方面。

(1) 消耗

原油脱盐使用的水经常是来自其他炼制工艺水源未经处理或部分处理的水。表3.40为脱盐工艺的典型操作条件和水耗，这取决于所使用原油类型。

表 3.40 脱盐工艺的典型操作条件和水耗

原油密度(15℃)/(kg/m^3)	水洗(体积分数)/%	温度/℃
<825	3～4	115～125
825～875	4～7	125～140
>875	7～10	140～150

对于脱盐宽 CDU 渣油，在原料中 10%（质量分数）的水是常见的。一旦水相和油相已经充分混合，水应该通过加入破乳剂化学品［(5～10)×10^{-6}］来破坏乳液和/或，更常见的是，通过在沉降槽应用高电压电场凝聚极性盐水滴，从而在分离容器中从石油原料中分离。脱盐电力消耗通常为 0.075～0.15kW·h/t 原油。

(2) 排放

① 大气排放

脱盐过程没有明显的大气排放。加热过程大气排放符合预期（见 3.10 部分），逸散性排放（烃类化合物）是可预期的。

② 废水排放

脱盐装置是工艺废水主要源（30～100L/t 原料）。脱盐过程将产生含油脱盐废水和高温盐废水（炼油厂污染最严重的废水），通常输送到炼油厂废水处理设施处理。表 3.41 为脱盐工艺废水水质。

表 3.41 脱盐工艺废水水质

［181，HP，1998］，［101，World Bank，1998］

水污染	典型浓度/(mg/L)
温度/℃	115～150
悬浮固体	50～100
油/油乳液	高
溶解的烃类化合物	50～300
酚	5～30
苯	30～100
BOD	高
COD	500～2000
氨	50～100
氮化合物(N-Kj)	15～20
硫化物(以 H_2S 计)	10

③ 废弃物

脱盐污泥产生量取决于原油固体含量、分离效率和应用的除泥方式和频率。通常脱盐装置每年清理两次。含油污泥产生量 60～1500t/a，具体取决于生产规模和脱盐效率。污泥中含铁锈、黏土、砂、水（5%～10%）、乳化油和蜡［20%～50%（质量分数)］以及金属。

3.10 能源系统

从环境角度看，能源系统即使不是最重要的，也是一项很重要的系统。原材料转化为产品的必需能量（热能和电能）是由烃馏分燃烧提供的，主要产生大气排放。正如在2.10节提到的，本节包含整个能源系统产生的排放。因此，特定工艺中加热炉或锅炉的排放统一纳入本节，其他章节不再收录。

3.10.1 能量管理

正如其名所示，能源效率是一个计算炼油厂能源使用效率的指数。目前将炼油厂使用的3个方法简要介绍如下。

① 单位能耗（SEC）

这是最简单的指数。它计算了炼油厂能源消耗和原料加工吨数之间的比率。欧洲炼油厂生产能力单位能耗范围从1GJ/t到超过4GJ/t。因为它是一个简单指数，这个比率没有考虑炼油厂复杂性（越复杂的炼油厂往往消耗越多的能量）。

② 产品方法［318 Phylipsen，Blok et al.，1998］

该方法考虑了炼油厂产品和内部能量产品的生产，给出每吨能量产品生产的单位能耗基准。单位能耗乘以该炼油厂产品数量，将所有这些量加和得出该炼油厂的能量消耗基准。一些计算表明，最佳单位能耗的数值范围是2.4～2.9GJ/t，而实际值是1～4.8GJ/t。这意味着，一些欧洲炼油厂比规定的基准数值做得更好。

③ 能量强度指数（EII）

能量强度指数是比较炼油厂间能量消耗的一种措施。采用的标准能量是以全球约300家炼油厂能源消耗为基础的。全球市场调查获得的平均EII（Solomon Study，1994）为92，范围为62～165［107，Janson，1999］。更高能效的炼油厂对应较低EII值。因此，一些炼油厂的能源效率几乎是其他炼油厂的3倍。该指数也反映了炼油厂工艺类型和每种工艺的加工量。此数据不适用于所有炼油厂，通常被认为是炼油厂机密。10家炼油厂提供了自己的数据，并利用该数据和复杂性指数绘图。最低EII值通常在低品位热量外部交换的局部环境下实现（见图3.7）。

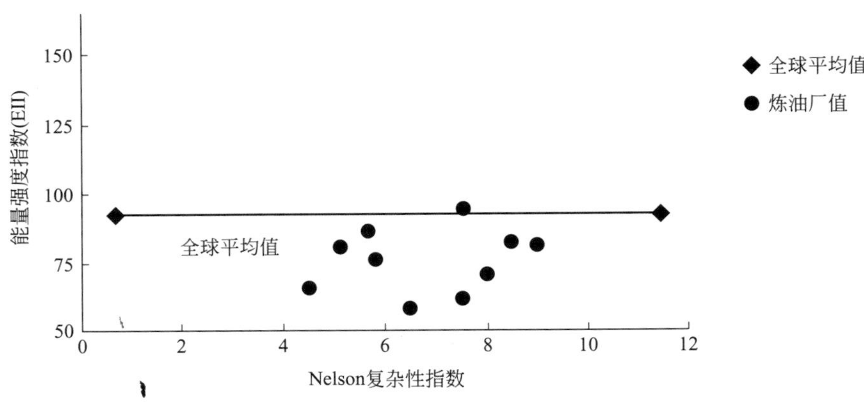

图3.7 EU+炼油厂能量强度指数与Nelson复杂性指数关系（TWG）

3.10.2 能量容量和消耗

(1) 炼油厂能量系统容量

炼油厂单个燃烧装置的容量差异很大，从热输入不到10MW到高达200MW；最大炼油厂总装机容量范围从几百兆瓦到超过1500MW。炼油厂燃烧装置能源消耗范围从200TJ/a到超过17000TJ/a。在一般情况下，深度转化型炼油厂使用的能量（10%原油进入）是一个简单拔顶-加氢型炼油厂（3%）的3倍多[101，World Bank，1998]。

(2) 气化装置

例如一个IGCC装置产生130t/h的合成气，主要由比例为1∶1的CO和H_2（热值为9600～10000kcal/kg）组成，源自58t/h的原料[重质渣油热值为8800～9200kcal/kg，硫含量为3.5%～7%，金属含量为$(300～800)\times10^{-6}$]。以滤饼形式存在的固体流出物（约160～400kg/h干态）被排放并送到外部装置来回收金属。利用两套克劳斯装置能够从酸性气体去除部分回收的H_2S中回收4t/h元素硫。在随后的尾气处理装置部分可保证99.9%的总硫黄回收[297，Italy，2000]。

(3) 炼厂燃料

炼油厂使用的气体与液体炼厂燃料的基准比例是许多因子的函数，其中重要的是规模、复杂程度、液化石油气（LPG）回收率和炼厂燃料加工成产品（如烯烃）或出口到邻近化工厂（直接或作为普通设施能量）的程度。它的变化范围从一个独立的、中等复杂炼油厂的80∶20或70∶30（气液比），到一个同时提供化工产品的高度复杂炼油厂的40∶60。然而，当采用节能措施时这些比率可能增加，此时气体可用性使得炼油厂能量供应变得充分。

表3.42为炼油厂不同燃料硫含量及其热值。

表3.42 炼油厂不同燃料硫含量及其热值

燃料类型	热值/(MJ/kg)	硫含量
炼厂气	29～49	20～1700(标)mgH_2S/m^3
H_2	15	20～1200(标)mgH_2S/m^3
来自FCC的催化剂焦炭	—	0.11%～0.3%S
液体炼厂燃料	40	<0.1%～7%S

欧洲炼油厂使用的液体炼厂燃料特性有很大差异。CONCAWE报告数据显示，1995年在炼油厂使用的总液体炼厂燃料中约20%的硫含量水平在3%～4%之间，另外20%的硫含量水平为2%～3%，约40%的硫含量水平为1%～2%，20%的硫含量低于1%。不过，值得一提的是一些欧洲炼油厂使用更重质的液体炼厂燃料（高达7%）。表3.43为3种典型重质液体燃料的化学性质。

表 3.43 3种典型重质液体燃料的化学性质［345，Molero De Blas，2000］

性质	高硫	中硫	低硫
硫(质量分数)/%	2.2	0.96	0.5
碳(质量分数)/%	86.25	87.11	87.94
氢(质量分数)/%	11.03	10.23	11.85
氮(质量分数)/%	0.41	0.26	0.16
灰分/%	0.08	0.04	0.02
钒/$\times10^{-6}$	350	155	70
镍/$\times10^{-6}$	41	20	10
钠/$\times10^{-6}$	25	10	<5
铁/$\times10^{-6}$	13	9	<5

氮含量和硫含量是两个最重要的化学参数，对 NO_x 和硫氧化物的大气排放负有责任。图 3.8 为基于来源的减压渣油（HFO）的氮、含硫量分布。

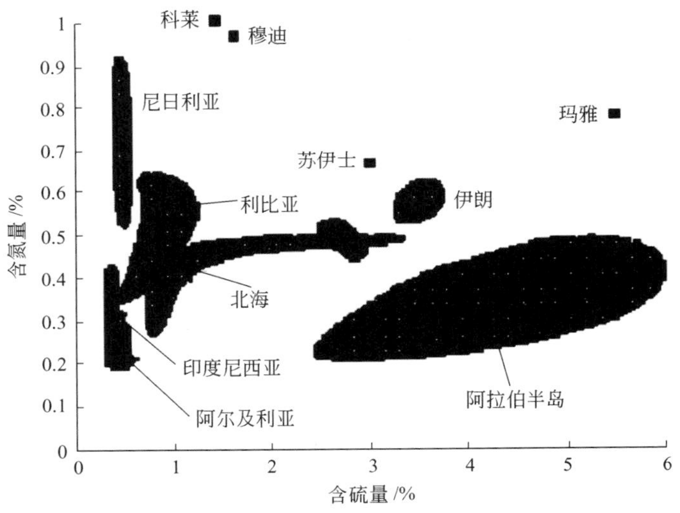

图 3.8 基于来源的减压渣油（HFO）的氮、含硫量分布［345，Molero de Blas，2000］

(4) 蒸汽生产

生产每吨蒸汽需要 2700～3200MJ 的能量输入。向 BFW 加入的调节化学品剂量是低浓度的，并由以下化学品组成：抗结垢剂、腐蚀抑制剂和消泡剂。一套 100t/h 水蒸气生产系统需要大约 1.5～3t/a 腐蚀抑制剂和 2～4t/a 抗结垢剂。这些调节化学品包括如下几种。

- 腐蚀抑制剂（主要是氧清除剂和碱性化合物）。

亚硫酸盐（<6.0MPa）、肟类、羟基胺和肼（因安全问题使用减少）等通常作为氧清除剂，用于锅炉给水在泵入锅炉之前的脱气。普遍应用的碱性化合物是磷酸钠（也是硬度结合剂）、烧碱、氨和中和胺。

- 抗结垢剂

如聚丙烯酸酯和膦，它们是剩余硬度结合剂和分散剂。

- 消泡剂

一般间歇地加入，当凝聚物含有油或有机物时阻止发泡。

3.10.3 排放

(1) 大气排放

无论是对于能量系统还是对于整个炼油厂，由于废水排放最小化，也很少产生固体废物，向空气排放的废气成为了一个主要的排污去向。在3%氧气条件下，炼油厂燃烧过程产生的烟气流量范围为100000(标)m^3/h到超过700000(标)m^3/h。

燃烧过程主要向空气中排放烟气，其中含有SO_x、NO_x和CO_x（CO和CO_2），特别是当液体炼厂燃料或焦炭燃烧时产生颗粒物[包括PM_{10}和金属（如钒、镍)]。当操作合适和燃烧更清洁的燃料时，如炼厂燃料气、低硫燃料油或天然气，它们的污染排放相对较低。但是，如果燃烧不完全，或加热器燃用炼厂燃料沥青或渣油，排放量会显著提高。不完全燃烧可能导致排放CO、烟雾，如果使用重燃料油，还有颗粒物排放。因此，炼油厂中燃烧装置是大气排放的主要来源。排放污染物的水平高低将取决于燃料质量的优劣，燃烧过程中存在着冲突因素会影响排放水平。例如，有利于液体炼厂燃料的低颗粒物排放的燃烧条件却不利于低NO_x排放，如过量空气、高温、良好空气/燃料混合和良好燃料雾化。

炼厂燃料气，如果处理适当，是一种低污染燃料。液体炼厂燃料比气体炼厂燃料排放更多的废气。由于炼厂燃料气通常在胺洗涤器中净化，燃气加热器和锅炉只产生少量的粉尘和较低SO_2排放。NO_x排放量也比液体燃料锅炉和加热器大大降低。通过实例的方式，表3.44～表3.46分别为欧洲炼油厂两套发电装置使用的气体和液体炼厂燃料所产生的大气排放。

表3.44 燃用炼厂燃料气的发电装置的大气排放［247，UBA Austria，1998］

燃料消耗/(GW·h/a)	加工量/(t/a)	单位	CO_2	CO	NO_x	颗粒物	SO_2
561.4	41000	mg/m^3	—	42	135	1	132
		t/a	108917	23.6	75.7	0.6	74
		kg/t原料	2657	0.58	1.85	0.014	1.81

注：表中数据是年均值（3%O_2、干态）。

表3.45 燃用重质燃料油的发电装置的大气排放（主要是减黏裂化渣油，硫含量高达7%）［247，UBA Austria，1998］

燃料消耗/(GW·h/a)	加工量/(t/a)	单位	CO_2	CO	NO_x	颗粒物	SO_2
3741.4	323841	mg/m^3	—	20	551	20	700(1)
	RFG.	t/a	1036439	76.2	2099	76.2	2666
	渣油	kg/t原料	3200	0.24	6.5	0.24	8.2

注：表中数据是年均值（3%O_2、干态）。烟气在FGD（烟气脱硫）装置处理（Wellman Lord）。

表 3.46　Mider 炼油厂燃用液体渣油的发电装置的大气排放

[247，UBA Austria，1998]

项目	初始烟气	净化后气体
流量(湿态,7% O_2)/(m^3/h)	171690	188249
气体温度/℃	180～200	>72
颗粒物(3% O_2)/(mg/m^3)	220	<10
NO_2(3% O_2)/(mg/m^3)	800	<150
SO_2(3% O_2)/(mg/m^3)	6500	—
SO_3(3% O_2)/(mg/m^3)	650	<10
SO_x(以 SO_2计)(3% O_2)/(mg/m^3)	—	<400

注：此发电装置包括 FGD（烟气脱硫）工艺。液体炼厂燃料含有 7%S。

下面分析能量系统产生的大气排放，按污染物一一列出。

① CO_2

作为烃类化合物燃烧的产物，化石燃料燃烧过程产生 CO_2。欧洲炼油厂 CO_2 的大气排放量范围为 20000t/a 至 20Mt/a（取决于炼油厂类型和能量集成）。单位 CO_2 排放量范围是 0.02～0.82tCO_2/t 加工原油。炼油厂发电装置 CO_2 排放量约占 42%的炼油厂 CO_2 总排放量。使用液体燃料比使用气体燃料会产生更低的热效率和更高的 CO_2 排放量。

表 3.47 所列为炼油行业 CO_2 排放源（燃料类型）。该表还包括按不同炼厂燃料计算的 CO_2 排放因子。

表 3.47　炼油行业 CO_2 排放源（燃料类型）

[115，CONCAWE，1999]，[259，Dekkers，2000]

燃料类型	典型组成(质量分数)/%	kg CO_2/kg 燃料	kg CO_2/kJ
炼厂燃料气	30H_2/35C_1/35C_2(体积分数)	2.83	43
天然气	100 甲烷	2.75	56
LPG	50C_3/50C_4	3.02	64
馏分燃料油	60P/10O/30A	3.22	74
渣油燃料	50P/50A	3.26	79
焦炭	90C/10 灰分	3.30	117

注：碳为 C，氢为 H，烷烃为 P，烯烃为 O，芳烃为 A。

② CO

部分燃烧过程的产物之一是 CO。CO 排放范围为 20～42(标)mg/m^3（3%O_2），主要取决于使用的燃料类型和燃烧充分性。单位 CO 排放量是每吨气体燃料产生 0.58kg CO 和每吨液体燃料产生 0.24kg CO [247，UBA Austria，1998]。

③ NO_x

炼油厂能量系统 NO_x 排放取决于燃料种类、燃料氮含量或氢含量、燃烧设备设计和操作条件。燃烧过程中 NO_x 的形成和释放来自于使用的原料中存在的氮的氧化和/或使用的空气。因此，可以预期在不同炼油厂之间，甚至在相同炼油厂不同燃烧装置的不同时间，它们的 NO_x 排放水平存在着巨大差异。温度差异、停留时间和氧气浓度导致热力型 NO_x 水平的变化。温度的影响最为重要，NO_x 排放量随温度升高呈指数增加。

相比液体燃料，特别是液体炼厂燃料，单位能量生产使用气体燃料通常释放更少的 NO_x。由于装置通常的操作方式是为了平衡 NO_x 和颗粒物排放，以及满足气体燃烧的常见设计要求，燃油通常会导致较高水平 NO_x 排放问题的原因有几个，尤其是氮含量（0.03%～1%）产生的燃料型 NO_x 问题。不过，后者的表述只是对直接排放而言是正确的，因为包括的二次措施可以同时降低 NO_x 和颗粒物排放。1996 年，一家炼油厂发现燃料油产生的 NO_x 大约是气体燃料的 3 倍。NO_x 因子（每吨燃料燃烧产生的 NO_x）被一些炼油厂用来报告 NO_x 排放量，表明燃油的 NO_x 排放是气体燃烧的 2～3 倍。然而，来自其他炼油厂的数据，特别是那些基于烟囱监测的数据，表明来自燃油的 NO_x 排放可高达燃气排放的 5～6 倍（如表 3.44 和表 3.45 所列）。现有装置的 NO_x 排放见表 3.48。

表 3.48 现有装置的 NO_x 排放

[45，Sema and Sofres，1991]，[115，CONCAWE，1999]

装置	气体①	液体炼厂燃料(HFO)
工艺加热炉	70～1300	280～1000
锅炉	100～1100	300～1000
汽轮机(15%O_2)	15～1050	200～450②

① 下限值对应天然气燃烧。

② 柴油/喷气燃料。

注：所有数字是以 NO_2 计的 NO_x [(标)mg/m^3(3% O_2)]。

明火加热器、锅炉和燃气轮机使用炼厂混合气，产生的 NO_x 排放比 FCC 装置低。对 100%使用燃气的加热炉而言，单位能耗的 NO_x 排放量范围为 15～200mg/MJ。单位原油加工量的 NO_x 排放量范围为 84～700t NO_x/Mt 原油加工量。NO_x 负荷范围为 20t/a 到 2000t/a 以上。

④ 颗粒物

正常条件下，锅炉或加热炉烟气中固体物质主要由一些空心焦炭颗粒组成，取决于燃烧条件。燃油设备的颗粒物排放可能有很大不同，因为它们依赖于一些或多或少独立的参数，如燃料种类、燃烧器设计、辐射部分出口的氧气浓度、辐射箱的烟气出口温度和燃料液滴的停留时间。使用 HFO 燃料的加热炉和锅炉排放的颗粒物质（PM）粒径约在 1μm 数量级上。烟气中颗粒物可以是以下 4 种形式之一。

- 烟尘：颗粒尺寸小于 1μm，烟囱可见烟雾是由所有粒子引起的，但主要是那些尺寸介于 0.5～5μm 的颗粒。

• 空心微粒：它们来自于重质油滴相对低温（<700℃）燃烧产生的液相废物，尺寸等于或大于原始油滴大小。

• 焦炭颗粒，通过高温（>700℃）燃烧的液相裂解形成。粒子尺寸一般是1～10μm。

• 细颗粒物（<0.01μm）：它们对于总质量排放的比例是微不足道的。

以重质燃料油为燃料的加热炉和锅炉，烟气中PM是金属化合物和烟尘/焦炭的混合物。金属（主要是V和Ni）是原油的天然成分（原生）。烟尘和焦炭是不完全燃烧的结果。污染物如砂、铁锈和其他金属，和燃料本身的焦炭颗粒，也可能有助于颗粒物形成。重燃料油含有的原生金属（参见2.10部分，可以从获得HFO的原油的金属含量计算得到），是计算HFO最小灰分含量的基础，因此也是烟气PM的基础。灰尘含量大于金属含量本身，（因为金属化合物存在于灰尘中），范围一般都在（500～1500）×10^{-6}（质量分数为0.05%～0.15%）之间。在实践中，PM含量通常高出2～4倍，因为未燃烧燃料（烟尘）附着在金属PM上，同时因为SO_3气溶胶被作为PM监测。

直接排放的颗粒物范围［150～500(标)mg/m^3］对于当今使用的燃烧器是很典型的（水蒸气雾化和低NO_x含量），假设采取一切措施以实现良好燃烧（最佳氧含量和烟气中切实可行的最低NO_x含量）且直接与燃料灰分含量相关。对于旧加热炉，液体炼厂燃料燃烧的烟气水平范围可以为500～1000(标)mg/m^3。对于锅炉，所有这些数字都在较低平均水平。对于一个新的水蒸气雾化的最佳燃烧器设计，这可能远低于200(标)mg/m^3。150～500(标)mg/m^3的范围代表了当前采用液体炼厂燃料（灰尘含量）和安装的燃烧器装置（水蒸气雾化低NO_x）的典型范围。表3.49为当前欧洲炼油厂的颗粒物排放。

表3.49　当前欧洲炼油厂的颗粒物排放

［45，Sema and Sofres，1991］，［247，UBA Austria，1998］

单位：(标)mg/m^3（3%O_2）

装置	炼厂燃料气	液体炼厂燃料
工艺加热炉	<5	5～1000
锅炉	<5	5～500
汽轮机(15% O_2)	—	—

吹灰是周期进行去除加热炉烟尘的一种操作，这些烟尘积累在加热炉设备上并阻碍正常运行。在这个操作中，废气PM含量可达到2000(标)mg/m^3。正常操作安装减排技术将有效减少该操作的PM排放。

⑤ SO_x

SO_x的释放直接与使用的炼油厂燃料气和燃料油含硫量相关。重质燃料油渣油通常含有大比例的硫和氮，主要取决于它们的来源和原油原产地。CONCAWE的数据显示，炼油厂烟气中平均SO_2含量（来自油/气燃烧）是1350(标)mg/m^3。55%来自油/气燃烧的烟气低于1000(标)mg/m^3。现有欧洲炼油厂的SO_2排放范围见表3.50。

表 3.50 现有欧洲炼油厂的二氧化硫排放范围

[45, Sema and Sofres, 1991], [247, UBA Austria, 1998], [198, (Hellas), 1999; 197, Hellenic Petroleum, 1999; 199, Petrola Hellas, 1999]

装置	SO_x/(标)(mg/m³)(3% O_2)	
	炼厂燃料气①	液体燃料油②
工艺加热炉	3～1700	50～7000
锅炉	3～1700	50～7000
汽轮机(15% O_2)	3～1700	—

① 下限值对应天然气燃烧，上限值对应于没有硫减排系统的未处理炼厂燃料气。

② 下限值对应于有减排系统的非常低硫液体炼厂燃料，上限值对应没有减排系统的液体含硫燃料（4.1%）。

在吹空气焦炭气化中，原料中每 1%含硫，烟气中硫含量约为 4000(标)mg/m^3。

⑥ VOCs

逸散性 VOCs 排放可能产生于燃料储存以及未燃烧完全的燃料。没有这方面可用数据。

(2) 废水排放

水蒸气用于汽提、产生真空、雾化，通常损失极少量到水和大气中。能量过程产生的废水主要来源于锅炉给水（BFW）系统。主要污水是锅炉泄放水（BFW 水量的 1%～2%）和 BFW 制备的再生冲洗水（BFW 产生量的 2%～6%）。前者的主要污染物和组成为：COD 100mg/L、N-Kj 0～30mg/L、PO_4^{3-} 0～10mg/L。BFW 制备的再生水与氢氧化钠/盐酸结合用于调整 pH。通常不需要生物处理。

(3) 废弃物

向土地的排放的废弃物可能产生于日常收集的砂砾和灰尘，以及来自于清洁过程。加热炉中，固废组成为 0.5%～1%（质量分数）镍和 2%～3%（质量分数）钒，锅炉中组成为 1%～3%钒/镍。产生量取决于加热炉的设计和液体燃料质量，但在锅炉中范围为 0～10t/a。液体炼厂燃料储罐底部污泥和管束清洗污泥产生于储罐。数量取决于液体炼厂燃料质量和燃料罐混合器的存在。取决于排污模式，污泥中 20%～80%是油。

3.11 醚 化

(1) 消耗

醚化反应是放热反应，冷却到适当反应温度是获得最佳转化率的关键。醚类生产需要甲醇。表 3.51 为在氧化装置中单位（每吨）MTBE 生产的公用工程消耗。

表 3.51 在氧化装置中单位（每吨）MTBE 生产的公用工程消耗

电力/(kW·h/t)	蒸汽消耗/(kg/t)	冷却水(ΔT=10℃)/(m³/t)
12～20	1000～2000	2～8

(2) 排放

① 大气排放

潜在释放到空气中的污染物是来自容器释压、脱戊烷塔塔顶罐和精馏塔回流罐、甲醇装置、清洗器蒸汽排放和反应器催化剂的烃类化合物。

② 废水排放

潜在释放到水中的污染物是来自溢出和甲醇回收废水排放的烃类、甲醇、醚类。产生的水排放量为 1～2m^3/t，组成为：COD 50～200mg/L、N-Kj 5～20mg/L。在废水中可以找到的成分是甲醇（乙醇）、醚类和甲酸（乙酸）。

③ 废弃物

废弃物是无再生可能性的废催化剂/树脂。每 2 年需要更换催化剂，回收前应用蒸汽吹扫至火炬。为了回收钯成分需要回收催化剂。树脂回收的一些投入现在还没有成功。

3.12 气体分离工艺

(1) 消耗

气体分离工艺的电力需求在 15～20kW·h/t 加工原料之间变化。这些工艺加工原料每吨也消耗 300～400kg 水蒸气和 1～2m^3/t 冷却水（ΔT=10℃）。

(2) 排放

① 大气排放

潜在释放到空气中的污染物是来自容器释压、分子筛再生排气、C_1/C_2炼厂燃料气、冷冻系统泄漏、储存和处理操作的烃类化合物。

炼油厂原料中如果存在汞，将会集中在顶部单元，特别是冷却器，最有可能存在于液化石油气、顶部和石脑油冷却器。污染设备的蒸汽吹扫可能使汞排放到大气中。打开设备进行检查和维修时有时也会发现汞。

液化石油气生产的最后一道工艺是添加一些臭味气体。通常使用的臭味气体是挥发性有机硫化合物，即硫醇和硫化物。潜在的大气排放包括恶臭气体泄漏或溢出，以及罐装气体期间蒸气置换或保护气体的热膨胀。如果使用这些技术，蒸气的焚烧或火炬燃烧产物会替换蒸气，包括少量二氧化硫在恶臭气体燃烧时的释放。

② 废水排放

潜在排放到废水的物质是烃类化合物、硫化氢、氨和胺类。

③ 废弃物

废弃物是来自受污染的废分子筛的烃类化合物，以及来自臭味添加剂，还包括用于吸收恶臭气体溢出的物质等固体废物。

3.13 加氢工艺

(1) 消耗

本节中包括两组工艺：加氢裂化和加氢处理。这两种工艺都需要催化和消耗氢气。表 3.52 为不同原料加氢裂化和加氢处理的氢气消耗。

表 3.52 不同原料加氢裂化和加氢处理的氢气消耗

[166, Meyers, 1997], [118, VROM, 1999]

工艺 (化学品消耗数据)	原油中 S 的 质量分数/%	原料中 S 的 质量分数/%	(标)m^3氢气/t 原料
常压渣油深度转化	1～2	2～3.5	260～500
真空柴油加氢裂化	0.5～0.8	2～3	260～400
循环油氢化	0.3	3	370
加氢处理	—	—	—
FCC 石脑油/焦化石脑油	0.05～0.01	1	110
煤油	0.1～0.02	0.1	11
直馏石脑油	0.01	0.05	4
加氢脱硫	—	—	—
FCC 柴油/焦化柴油	0.1	1	130
高含硫柴油至 0.05%S	0.05	0.35	200
高含硫柴油至 0.2%S	0.04	0.3	44
低含硫柴油至 0.05%S	0.04	0.15	17
低含硫柴油至 0.2%S	0.03	0.1	13
加氢转化	—	金属含量<500×10^{-6}	—

(2) 加氢处理

① 加氢处理装置消耗

氢气消耗以及能量需求按照如下顺序显著提高：石脑油（0.05% H_2）、馏分油（0.3% H_2）和渣油加氢处理（1.8% H_2）。表 3.53 为不同加氢处理的能量及公用材料消耗。表 3.54 为加氢处理使用的催化剂。

表 3.53 不同加氢处理的能量及公用材料消耗

[45, Sema and Sofres, 1991], [118, VROM, 1999]

工程	燃料 /(MJ/t)	电力 /(kW·h/t)	蒸汽消耗 /(kg/t)	冷却水 (ΔT=10℃) /(m^3/t)	洗涤水 /(kg/t)	氢气 /(kg/t)
石脑油加工	200～350	5～10	10～60	2～3	40～50	1～15
馏分油加工	300～500	10～20	60～150	2～3	30～40	1～15

续表

工程	燃料/(MJ/t)	电力/(kW·h/t)	蒸汽消耗/(kg/t)	冷却水($\Delta T=10℃$)/(m^3/t)	洗涤水/(kg/t)	氢气/(kg/t)
渣油加工	300～800	10～30	60～150	2～3	30～40	10～100
加氢转化	600～1000	50～110	200～300(产生蒸汽)	2～10	—	—

注：加氢转化是放热反应，反应器系统产生的热量在原料产品换热器回收。

表 3.54　加氢处理使用的催化剂

工艺	组成	周期长度/平均消耗(t/Mt 原料)
加氢脱硫	$CoO/MoO_3/Al_2O_3$	1a/46
脱氮	Ni/Mo 催化剂	1a/46
脱金属	—	<1a/—
烯烃和芳烃饱和	Ni/Mo 催化剂	1a/—
轻二烯烃氢化	—	2a/—

② 加氢处理装置排放

a. 大气排放：加氢处理的大气排放可能产生于工艺加热器烟气（在 3.10 部分讨论）、工艺排气、逸散性排放、催化剂再生（CO_2、CO、NO_x、SO_x）。尾气可能含有非常丰富的 H_2S 和轻燃料气。燃料气和 H_2S 通常送到酸性气体处理装置和硫黄回收装置。烃和硫化物来自减压阀；泵、压缩机及阀门特别是酸性气体和酸性水管线的法兰、填料压盖和密封的泄漏；催化剂再生和更换过程或清洗操作期间的排气。表 3.55 为加氢工艺大气排放示例。大气排放包括工艺需要的燃料燃烧产生的排放。

表 3.55　加氢工艺大气排放示例 [250，Winter，2000]

OMV 炼油厂装置，位于 Schwechat	燃料消耗/(GW·h/a)	加工量/(t/a)	单位	SO_2	NO_x	CO	CO_2	颗粒物
石脑油加氢处理	205.9	1160000 石脑油	mg/m^3	700①	74	10	—	20
			t/a	142	15	2	40152	4.1
			kg/t 原料	0.13	0.013	0.002	36	0.004
中间馏分	135.8	1780000 煤油,GO	mg/m^3	59	242	5	—	1
			t/a	8.1	33	0.7	26341	0.1
			kg/t 原料	0.005	0.019	0	15	0
减压馏分	72.4	1820000 VGO	mg/m^3	700①	442	10	—	20
			t/a	51.6	32.6	0.7	19466	1.5
			kg/t 原料	0.028	0.018	0	10.7	0.001

① 废气在烟气脱硫装置处理（Wellman Lord）。

注：数据为年均值，3%O_2、干燥条件。

Mider 炼油厂装置	燃料消耗/(GW·h/a)	加工量/(t/a)	单位	SO_2	NO_x	CO	CO_2	颗粒物
石脑油加氢处理	205.9	1500000 石脑油	mg/m^3	35	100	100	—	5
			t/a	7.1	20.3	20.3	39937	1
			kg/t 原料	0.005	0.014	0.014	27	0.001

续表

Mider 炼油厂装置	燃料消耗/(GW·h/a)	加工量/(t/a)	单位	SO_2	NO_x	CO	CO_2	颗粒物
中间馏分	205.9	3000000 GO	mg/m^3	35	100	100	—	5
			t/a	7.1	20.3	20.3	39937	1
			kg/t 原料	0.002	0.007	0.007	13	0
减压馏分	578.2	2600000 VGO	mg/m^3	35	100	100	—	5
			t/a	18.6	53.2	53.2	164776	2.7
			kg/t 原料	0.007	0.02	0.02	63	0.001

注：排放浓度给出的只是标准限值，排放负荷和单位排放量经计算得到。数据为年均值，3%O_2、干燥条件。

b. 废水排放：加氢处理和临氢加工的废水排放量为 30～55L/t 废水。它含有硫化氢、氨、高 pH 值、酚、烃类化合物、悬浮固体、BOD 和 COD。这些工艺酸性污水应送到酸性污水汽提塔/处理。潜在释放到水中的污染物包括溢出和泄漏的，特别是来自酸性污水管线的烃类化合物和硫化物。在馏分油加氢处理中，装置内冷却器部分形成的 $(NH_4)_2SO_4$ 和 NH_4Cl 等固体沉积物必须用水冲洗去除。

c. 固体废物：加氢处理工艺产生废催化剂粉末（对于 5Mt/a 的炼油厂，铝硅酸盐和金属钴/钼、镍/钼产生量为 50～200t/a）。昂贵催化剂的工艺装置的废催化剂，由供应商回收再生。目前其他类型的废催化剂也逐渐由供应商回收处置。过去 20 年，随着催化剂的工艺使用大幅度增加，废催化剂的回收处置量也明显增加。分子筛床有时用来捕捉一些物料中含有的水分（如馏分加氢脱硫）。

(3) 加氢裂化

① 加氢裂化装置消耗

加氢裂化是一个放热过程。反应器产生的热量在原料/产品换热器部分回收。分馏部分需要大量热量。通常使用的催化剂为负载于氧化铝的钴、钼、镍或钨氧化物。除氧化铝外，其他载体包括氟氧化铝、活性黏土、硅-氧化铝或分子筛。催化剂平均消耗是 57.4t/Mt 原料，形成少量的类焦类物质，随着时间推移积累在催化剂上。类焦类物质的积累会使催化剂失活，需要每 1～4 年在场外通过烧掉焦炭再生。原料通过流过硅胶或分子筛干燥机而去除水分。加氢裂化装置的公用工程消耗如表 3.56 所列。

表 3.56 加氢裂化装置的公用工程消耗

[45, Sema and Sofres, 1991], [118, VROM, 1999]

消耗项目	燃料/(MJ/t)	电力/(kW·h/t)	水蒸气产生/(kg/t)	冷却水/(m^3/t)
加氢裂化	400～1200	20～150	30～300	10～300(ΔT=17℃)
加氢转化	600～1000	50～110	200～300	2～10(ΔT=10℃)

② 加氢裂化装置排放

a. 大气排放：加热器烟气含有 CO、SO_x、NO_x、烃类化合物和产生烟雾的颗粒物，烟气中砂砾和灰尘（见 2.10 部分）、逸散性排放物（烃类化合物）和催化剂再生的废气（CO_2、CO、NO_x、SO_x 和催化剂粉尘）。燃料气和排出物中含 H_2S，应进一步处理。VOCs 产生于真空喷射器设备冷凝器的不凝物。

b. 废水排放：加氢裂化产生的废水流量为 50～110L/t 加工量。它含有高 COD、SS、H_2S、氨和相对较低水平的 BOD。酸性污水来自第一级高压分离器、低压分离器和塔顶收集器，应送到酸性污水汽提塔/处理。加氢转化工艺废水偶尔可能含有金属（Ni/V）。

c. 固体废物：废催化剂粉末（来自原油的金属和烃类化合物）。催化剂每<1～3 年应更换一次，5Mt/a 炼油厂废催化剂产生量（平均）为 50～200t/a。加氢转化则为 100～300t/a，其中的重金属含量高于加氢裂化的废催化剂。

3.14 氢气制备

(1) 消耗

① 蒸汽重整

蒸汽重整装置通过燃烧燃料向高温下蒸汽重整反应提供大量热量，大量热量于烟气中损失。炼油厂中制氢装置是催化剂最广泛的装置之一。以天然气为原料的蒸汽重整装置的典型公用材料需求如表 3.57 所列（不需要压缩）。

表 3.57 蒸汽重整装置公用材料需求

[45，Sewa and Sofres，1991]

燃料/(MJ/t H_2)	电力/(kW·h/t)	水蒸气产生/(kg/t)	冷却水($\Delta T=10℃$)/(m^3/t)
35000～80000	200～800	2000～8000	50～300

该工艺的平均产率为 2600(标)m^3氢气（210kg)/t 原料，重整催化剂是负载于低硅耐火基材上的 25%～40%氧化镍。重整加热炉催化剂不可再生，使用寿命为 4～5 年。5Mt 原油/a 的炼油厂催化剂耗量 50t/a。

所制备氢气组分取决于净化技术，如表 3.58 所列。

表 3.58 蒸汽重整制备的氢气的组分 [166，Meyers，1997]

组分	湿法洗涤技术	变压吸附
氢气(体积分数)/%	95～97	99～99.99
甲烷(体积分数)/%	2～4	100×10^{-6}(体积分数)
一氧化碳+二氧化碳含量/$\times10^{-6}$	10～50	10～50
氮(体积分数)/%	0～2	0.1～1.0

② 焦气化

石油焦气化的产率为 2600～3500(标)m^3 的氢气（210～300kg)/t 石油焦。图 3.9 为石油焦气化制氢气工艺流程。

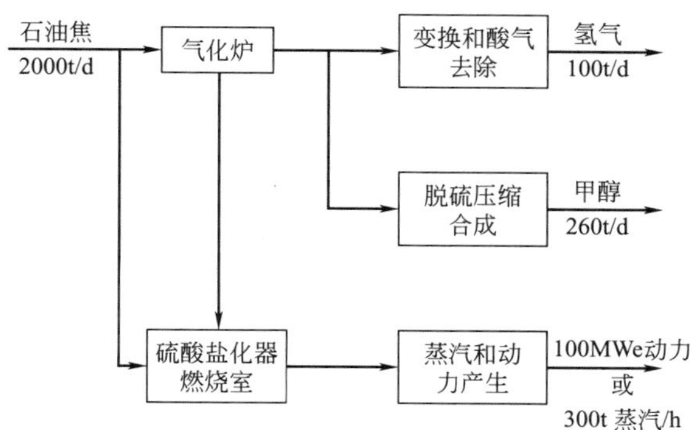

图 3.9 石油焦气化制氢气工艺流程［166，Meyers，1997］

③ 重质燃料油气化

沥青和重质燃料油可以气化。可用作部分氧化原料的沥青特性见表 3.59。

表 3.59 可用作部分氧化原料的沥青特性［166，Meyers，1997］

密度(15℃)/(mg/L)	1.169
碳(质量分数)/%	85.05
氢(质量分数)/%	8.1
氮(质量分数)/%	0.8
硫(质量分数)/%	6
灰分(质量分数)/%	0.05
V(质量分数)/$\times10^{-6}$	600
Ni(质量分数)/$\times10^{-6}$	200

(2) 排放

① 大气排放

a. 蒸汽重整：NO_x 排放最多。其他排放，如硫氧化物或水排放量很少，因为通常使用低硫燃料，除了烟气排放几乎没有其他排放。热回收系统选择可对 NO_x 产生有重大影响，因为燃料燃烧量和火焰温度两者都会受到影响。低 NO_x 燃烧器并以天然气或轻汽油为燃料的蒸汽重整装置，NO_x 排放 25～40mg/MJ［100～140(标)mg/m^3，3% O_2］［107，Janson，1999］。其他排放，例如 CO_2，来源于原料中的碳。

b. 焦炭气化：硫吸附剂，如石灰石（碳酸钙）或白云石（镁、钙碳酸盐），通常用在气化装置中，大幅降低硫含量。废气硫组成范围，以 H_2S 和 COS 计，为 600～1200(标)mg/m^3。如果没有使用吸附剂，气体中含硫量与原料中的硫成正比。在吹氧气化中，对应原料中 1%的硫，气体含硫量约为 10000(标)mg/m^3。气化装置形成的氨源于燃料中的氮。气化炉若以石灰石为吸附剂中，则燃料氮仅不超5%转化为产品气体中氨。

c. 重质燃料气化：表3.60为Mider炼油厂的部分氧化装置的大气排放数据。

表3.60 重质燃料气化大气排放 [247，UBA Austria，1998]

燃料消耗 /(GW·h/a)	产量 /(t/a)	单位	SO_2	NO_x	CO	CO_2	颗粒物
2452.8	670000	mg/m^3	35	158	100	—	5
		t/a	243.4	1099	695.5	475843	34.8
		kg/t 原料	0.363	1.64	1.038	710	0.05

注：排放浓度只是标准限值。排放负荷和单位排放量经计算得到。数据为年均值，3%O_2、干燥条件。

② 固体废物

a. 焦炭气化：固体废物主要包括废石灰石和来自焦炭的金属。产品气体中的颗粒物经过滤器净化到低于5×10^{-6}的水平。挥发性金属和碱在气体冷却时堆积在微粒上。微粒含碳量高，通常与灰尘一起输送到燃烧装置，碳燃烧和CaS氧化为硫酸盐。在此热-气体净化系统中，没有冷凝水产生，但在气体后续处理中会产生一些冷凝水。据发现大部分石油焦炭中钒和镍浓度远远高于煤或褐煤经燃烧装置燃烧处理后，金属残留于灰分中。

b. 氢气提纯：几个吸附床串联运行，定期将气流从一个吸附器转到下一个吸附器。通过降低和释放压力进行吸附剂再生，排放被吸附组分。吸附气体通常积累在一个容器中，作为燃料。

3.15 炼油厂综合管理

(1) 欧洲炼油厂整体排放

下面的计算基于1998年76家欧洲炼油厂（年数据）的SO_2排放量（CONCAWE）。387kt的炼油厂排放量是由7.4%的总体原料硫进入量构成的（在2%～10%间变化）。

西欧，从全球排放的角度看年排放量组成大致如下。

- 65%来自燃烧，代表了28.5%的含有1.7%S的液体燃料和65%的燃料气消耗。
- 13%来自催化裂化装置。
- 11%来自硫黄回收装置。
- 剩余11%来自火炬及杂项来源。

气泡值基于对所有参与评价的炼油厂计算的年平均值：总排放量除以总（按化学计量要求计算的）烟气排放量。因此$\Sigma(S_{装置1}+S_{装置2}+S_{FCC}+S_{SRU}+S_{FLARE})$除以$\Sigma$(燃烧不同类型燃料产生的烟气体积)。结果如下表所列。

气泡值	欧洲	ATL 地区	MED 地区	NWE 地区	OTH 地区
总体平均/(标)(mg/m³)	1600	>2000	>2200	<700	<400
燃烧加权平均/(标)(mg/m³)	1000	1290	1540	570	310
区域[①]贡献/%FOE	100%	26%	25%	39%	10%

① 四个区域是：NEW，西北欧（法国大陆、英国、比利时、荷兰、德国和丹麦）；ATL，大西洋（爱尔兰、葡萄牙、法国与西班牙的大西洋海岸）；MED，地中海（西班牙、法国的地中海海岸、意大利和希腊）；OTH，"其他"（挪威、瑞典、芬兰、奥地利、匈牙利和瑞士）。

注："总体平均气泡"术语的解释，报道地点对应的单位体积烟气的硫排放量，代表西欧年平均浓度为1600mg/m³（标），包括所有类型炼油厂的所有装置。"燃烧气泡"术语的解释，只是源于炼油厂燃烧燃料，从而排除了FCC和SRU装置，在计算每个地点年度值分布时，根据它们各自的和累积的对欧洲燃料总使用量的贡献。

3个主要地理分区证明了区域之间的变化，反映欧洲的不同工艺状况。1992年、1995年、1998年的调查结果见图3.10，年度气泡值的加权平均为1000(标)mg/m³，表明较先前调查有显著减少，那时这个平均的燃烧气泡值是1350(标)mg/m³。

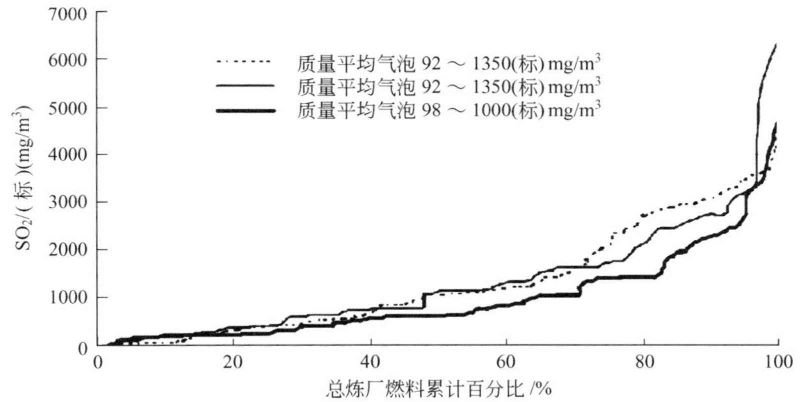

图3.10 欧盟炼油厂计算的年度SO_2燃烧气泡值的历史和分布趋势（CONCAWE surveys）

该曲线较低部分代表结合点的如下特点。

- 燃烧比液体燃料更多的天然气。
- 使用的液体燃料的含硫量较低。
- 高含硫量的销售产品。
- 和/或二氧化硫排放的控制技术。

因此，该图综合反映了炼油厂现行运行工况（原油/原料、供应和需求情况、装置设计限制等）和炼油厂所采用的燃料及天然气状况。进一步证明，炼油厂"正常"运行的复杂性。

(2) 炼油厂管理活动

① 排放综合管理

一些大气排放本质上与很多工艺或操作相关，反映炼油厂整体的问题。其中包括硫排放和VOCs排放。

② 异常排放

炼油厂异常操作导致大量污染物事故排放，对当地环境造成重大危害。紧急情况通常受到炼油厂许可证的管理。异常排放难以量化。

③ 开车和停车

开车和停车操作频率小，而且通常持续时间短。现代设计具有联锁装置的全自动故障安全开车和停车系统，最大限度地保障安全降低风险，减少排放。整个炼油厂或部分装置的开车和停车，会产生大量大气排放，主要污染物为VOCs、SO_2、CO_2和颗粒物。污水排放和处理设施也可能暂时超载。炼油厂设计和操作限制应考虑安全，不损害环境的管理，以及在异常情况下废气、废水、固废的处理。开车和停车排放的废气和废水，根据装置类型和停车目的而不同。如果特定装置只需减压并因重组分冲洗而暂时停车，则相应的排放量远小于所有设备清洗、蒸汽吹扫、充满空气以允许工人进入的排放量。在现在的炼油厂中，严格的安全和健康保障程序是惯例。不仅己方人员，承包商也必须遵守这些程序。然而，意外偶尔会发生，安全防范措施必须常演练。停车或放空对周边居民区环境造成影响（噪声和轻火炬燃烧）。

④ 换热器清洗

换热器管束定期清洗以消除锈、污泥和油污积累。由于铬作为冷却水添加剂已淘汰，清洗换热器管束排放废物不再占炼油设施的主要危险废物。污泥（油、金属和悬浮固体）可能含有铅或铬，不过一些炼油厂不生产含铅汽油且不使用非铬腐蚀抑制剂，通常不产生含有这些成分的污泥。换热器清洗产生含油废水。在这些过程中，也可能产生VOCs排放。

(3) 公用工程管理

① 水管理

地表水径流是间歇性的且包含溢出地面、设备泄漏和排水沟中的物质。径流地表水还包括原油和产品储罐的罐顶排水。

每个装置日常的生活废水约为120L，所以炼油厂总的清洁污水可以很容易地计算。通常，生活污水经化粪池，然后输送到废水处理装置处理。

压舱水与拥有原油接收设施或处理大型成品油轮或内陆驳船的炼油厂有关。压舱水量大且含盐量高（海水），被油污染严重。很容易冲击导致现有废水处理系统正常运行。如果COD$<100\times10^{-6}$，使用压舱水罐以可控方式向工艺水系统或持续油污染系统给水是一个重要的均衡手段。随着越来越多的油罐都配备了专用压舱水罐，压舱水问题正逐渐解决。

工艺用水也是主要废水总量很大。工艺废水来自原油脱盐、汽提操作、水泵填料压盖冷却、产品分馏塔回流罐排水和锅炉排污。由于工艺用水往往与油直接接触，通常污染严重。

耗水量取决于炼油厂目的和工艺复杂性。虽然通常有机会节约用水成本，现有炼油厂主要削减范围有限。63家欧洲炼油厂的耗水量数据如下（年平均值）。

新鲜水使用量（年平均）：4.2Mt/a。

范围：0.7～28Mt/a。

炼油厂加工量（平均）：6.9Mt/a。

单位加工量的用水量（平均）：0.62t/t 加工量。

范围：0.01～2.2t/t 加工量。

新鲜水消耗来自于：

- 饮用（主要）水；
- 河水；
- 单独提取的地下水（包括为处理目的提取一些受污染的地下水）。

它不包含：

- 循环最终排放水；
- 雨水；
- 船舶压舱水；
- 来自连接设施的废水；
- 海水。

② 泄放系统

泄放系统的气体组分通常含有烃类化合物、硫化氢、氨、硫醇、溶剂和其他成分，而且直接排放到大气中或在火炬中燃烧。来自泄放系统的主要废气在直接排放到大气中的情况下是烃类化合物，当燃烧时是硫氧化物。泄放的液体通常是由水和含有硫化物、氨和其他污染物的烃类化合物组成的混合物，它被输送到污水处理装置。

密封罐污水产生量为 1～2m^3/h，在紧急情况下产生量是 10 倍多，组成：COD，500～2000mg/L；H_2S，10～100mg/L；苯酚，5～30mg/L；氨、油和 SS，50～100mg/L。

3.16 异构化

异构化主要环境问题除量耗外，还有催化剂改进和减少副作用。

(1) 消耗

总能量需求主要取决于配置（循环操作的能耗比单程操作高 2～2.5 倍），包括从异构烷烃中分离出正构烷烃、吸收/解吸工艺或脱异己烷塔的设施。异构化过程需要氢气氛围以最大程度减少焦炭沉积，但是氢气消耗是微不足道的。异构化工艺的公用工程需求见表 3.61。

表 3.61 异构化公用工程需求

电力/(kW·h/t)	水蒸气消耗/(kg/t)	冷却水(ΔT=10℃)/(m^3/t)
20～30	300～600	10～15

催化剂寿命 2～10 年以上，具体取决于装置运行。氯化物增强的催化剂、含铂氯化铝需要添加微量有机氯化物以维持高催化活性，避免催化剂失活和潜在的腐蚀问题。催化剂类型的更多资料参见 2.16 节。

表 3.62 为 600t/d 原料加料率的吸附工艺的公用工程和化学品需求。

表 3.62 吸附工艺的公用工程和化学品需求 [166，Meyers，1997]，[337，Journal，2000]

项目	数值
燃料消耗(90%加热炉效率)/MW	9
水(ΔT=17℃)/(m^3/d)	2159
电力/(kW·h)	1455
10.5kg/cm^2的水蒸气(饱和)/(kg/h)	2.8
氢气消耗/(标)(m^3/d)	17.7
纯碱消耗/kg	8.4
氯化氢/kg	6
催化剂消耗/kg	0.12

(2) 排放

① 大气排放

大气排放源于工艺加热器、工艺排气和逸散性排放。工艺加热器排放见 3.10 节。其他排放包括 HCl（潜在的来自加入的增加催化剂活性的有机氯化物轻质尾气），工艺排气和逸散性排放，缓冲罐、分离器及塔回流罐的释压，干燥器的再生排气，储存和处理操作，溢出（烃类化合物）。H_2 排放可能会发生在 H_2 系统的释压。然而产品稳定过程会导致少量的液化石油气（C_3+C_4，富含 i-C_4）和稳定器排气（氢气$+C_1+C_2$）产品。稳定器排气产品通常用作燃料。燃料气一般经碱处理去除 HCl。

② 工艺废水

污染物是来自回流罐接收器排放及溢出的烃类化合物和来自洗涤系统的废氢氧化钠。工艺废水含有氯盐、碱洗液、相对较低的 H_2S 和氨气，具有较高 pH 值。来自原料烘干机的盐水（干燥剂，无水氯化钙）含有溶解的 $CaCl_2$ 和烃类化合物。其流量取决于含水量，通常排入到污水处理装置处理。

③ 固体废物

包括溢出/污染的分子筛的烃类化合物，以及催化剂。氯化钙污泥（或其他干燥剂）。废催化剂通常由催化剂制造商再生。铂由场外废催化剂回收。分子筛可以用作原料干燥剂。固体废物量及组成取决于具体生产装置，废分子筛以非再生固体废物处置。

3.17 天然气加工

(1) 消耗

天然气工厂的水和能量消耗示例如表 3.63 所列。

表 3.63 天然气工厂的水和能量消耗示例

[290，Statoil，2000]

水和能量消耗	现有工厂 (Statpipe 和 Sleipner 工厂)	新建工厂 (Åsgard 工厂)
加工能力	22MSm³/d 富气	39(标)Mm³/d 富气
烟气	29t/h	14t/h(设计)
电力(天然气发电)	30MW	16MW(设计)
水(水蒸气生产)	30m³/h	15m³/h
海水冷却	22400m³/h (平均能量流 274MW)	14000m³/h(包括乙烷厂) (能量流 200MW)

(2) 排放

① 大气排放

主要排放源是压缩机、锅炉和加热炉、酸性废气、工艺设备泄漏的逸散性排放，以及乙二醇脱水器排气。用于天然气脱水的乙二醇溶液的再生可以释放大量的苯、甲苯、乙苯和二甲苯等，以及多种低毒性有机物。

可能引起危害的指定物质和其他物质的潜在释放途径见表 3.64。

表 3.64 天然气加工相关的大气排放 [114，HMIP UK，1997]

途径＼物质	H_2S	SO_2	NO_x	CO，CO_2	有机化合物	含油废水	N_2	废催化剂/吸附剂	砂/腐蚀产物	酸/碱/盐等
海岸接收	A *				AW	W			L	
气体处理工艺	A *		A	A	AW	W		L		L
酸气处理	A *	A *	A	A	AW	W		L		
氮去除	A *				A		A			
烃去除					AW	W				
气体压缩			A	A	A					
冷凝处理			A	A	AW			L		W
现场水处理					W	W				
火炬/放空	A *	A *	A	A	A					
气体储存场地	A	A	A	A	AW	W		L		

注：* 表示如果酸性气体被处理。排放去向：A 为空气；W 为水；L 为土地。

如果胺工艺酸性废气通过火炬燃烧或焚烧，SO_2 排放来自气体脱硫装置。大多数情况下，酸性废气作为附近硫磺回收（参见 4.23.5.2 部分）或硫酸装置原料。当火炬燃烧或焚烧时，主要关注的污染物是 SO_2。大多数工厂采用高架无烟火炬或尾气焚烧炉以完全燃烧所有废气组分，其中包括几乎 100% H_2S 至 SO_2 的转化。来自这些设备的颗粒烟雾或烃类化合物排放很少，因为天然气燃烧温度通常不超过 650℃，也没有形成大量的 NO_x。装备有无烟火炬或焚烧炉的气体脱硫装置的排放因子列于表 3.65。因子以（标）$kg/1000m^3$ 为单位。脱硫工艺的排放数据除胺以外非常缺乏，但硫质量平衡可给出 SO_2 的准确估计。

表 3.65 气体脱硫装置的排放因子 [136，MRI，1997]

胺工艺	单位为(标)$kg/10^3m^3$ 气体加工量	
颗粒物	忽略不计	—
SO_x(以 SO_2 计)	26.98	假设酸性气体中的硫化氢在燃烧或焚烧过程 100% 转化为二氧化硫，脱硫工艺除去原料中 100% 硫化氢
CO	忽略不计	—
烃类化合物	—	火炬或焚烧炉烟气预期碳烃类化合物排放量可以忽略不计
NO_x	忽略不计	—

② 废水排放

常规工艺废水主要来自干燥气体所产生的水和相关的冷凝水。废水主要产生于乙二醇或甲醇再生装置的蒸汽凝结，通常含有大量有机污染物，可能包括乙二醇、甲醇、脂肪族和芳香族烃类化合物、胺和硫醇。这些污染物的存在通常会导致排放水有非常高的生物需氧量和化学需氧量。含汞天然气工艺可以产生含有该金属的废水。

③ 固体废物

天然气加工产生数量相对较少的工艺废物。这些通常包括偶尔处置的废催化剂、活化剂、腐蚀抑制剂、吸收剂、吸附剂、过滤器滤渣、分离器粉尘等；它们可能被痕量碳氢化合物污染。一些天然气来源含有微量汞，应该收集（产生废吸附剂）和安全处置。每处理 1000kg 污泥，产生 12kg 金属汞。一些荷兰天然气加工厂的污泥总产生量平均为 250t/a，最大为 400t/a。这相当于 3～5t 汞/a。

3.18 聚 合

(1) 消耗

反应通常在高压和磷酸催化剂存在的条件下进行。通常消耗为，0.2g 磷酸/t 产品或 1.18kg 催化剂（磷酸＋载体）/t 产品。催化剂寿命一般限制在 3～6 个月，具体取决于装置规模和运行条件。日生产能力为25t聚合汽油装置，通常填充12t催化剂。

苛性碱溶液用于去除丙烯/丁烯原料中的硫醇，然后胺溶液用于去除H_2S，随后用水去除苛性碱和胺。最后流经硅胶或分子筛干燥器干燥。

表3.66为聚合工艺典型的公用工程消耗。

表3.66 聚合工艺典型的公用工程消耗 [166，Meyers，1997]

电力	20～28	kW/t产品
水蒸气	0.7～1.1	t/t产品
冷却水	4.4～6.0	t/t产品

(2) 排放

① 大气排放

大气排放来自泄压、储存和处理操作、溢出及废水废物排放的烃，以及来自废催化剂处理和处置排放的催化剂粉末颗粒物。碱洗操作期间可能产生SO_2和H_2S。

② 废水排放

工艺废水排放包括水洗塔、冷凝器排水和溢出的酸性水中的烃类化合物，以及催化剂粉末溢出的颗粒物。废水有碱洗水和含有硫醇和胺的酸性废水。其中重要的水质参数是，硫化氢、氨、残碱、硫醇和胺和低pH值（2～3），由于废水中存在磷酸。

③ 固体废物

废催化剂含磷酸，通常不可再生，以固体废物处置。潜在排放到土地的固体废物是来自废催化剂的固体酸和烃类化合物。通常，每生产1t聚合汽油，需要处置0.4g废硅胶。

3.19 初级蒸馏

(1) 消耗

尽管广泛应用高水平的热集成和热回收，原油蒸馏装置是炼油厂最密集的能耗装置之一，因为总加工原油量要被加热到350℃的高加工温度。炼油厂综合能耗通常由几个工艺支配。常压和减压蒸馏约占35%～40%的总工艺能耗，接着加氢处理占大约18%～20%的总工艺能耗 [195，The world refining association，1999]。各种CDU下游工艺利用离开CDU产品流的高温热能。选择高真空装置侧线数目以最大化不同温度产品的热集成，而不是去匹配所需产品数量。常压和减压蒸馏装置的公用工程需求如表3.67。

表 3.67 常压和减压蒸馏装置的公用工程需求

[118, VROM, 1999], [261, Canales, 2000], [268, TWG, 2001]

工程需求	燃料/(MJ/t)	电力/(kW·h/t)	蒸汽消耗/(kg/t)	冷却水($\Delta T=17℃$)/(m^3/t)
常压	400～680	4～6	25～30	4
减压	400～800	1.5～4.5	20～60	3～5

注：由真空泵代替水蒸气喷射器将减少水蒸气消耗和废水产生，但增加电耗。

(2) 排放

① 大气排放

大气排放源如下。

- 炼油厂加热原油的加热炉燃料燃烧的烟气，详见 3.10 部分。
- 塔顶泄压阀，从塔顶收集器释放，通过管线输送到火炬以及排放点。
- 塔顶系统污染物，包括常压排污和泄空。
- 泵、压缩机和阀门的填料压盖和密封。
- 工艺加热器的除焦排气。加热炉除焦（1～2 次/年）过程中，如温度控制或水蒸气/空气喷射操作失误，导致烟尘排放。
- 设备吹扫排气。
- 减压蒸馏塔冷凝器顶部排放轻质气体。一定量的非冷凝烃和 H_2S 穿过冷凝器到热水井，然后排放到炼油厂酸气燃料系统或排放到工艺加热器、火炬或其他控制设备以去除 H_2S。排气量取决于装置规模、原料类型和冷却水温度。如果减压蒸馏装置采用大气冷凝器，会产生大量含油废水。分馏塔也产生含油酸性废水。真空喷射器设备冷凝器排放的不凝物为 50～200kg/h，具体取决于加热炉设计、原油类型和加工量。它们是烃类化合物和 H_2S。
- 常压和减压蒸馏装置的逸散性排放，8.7Mt/a 的炼油厂逸散性排放为 5～190t/a [79, API, 1993]。

表 3.68 为两家欧洲炼油厂常压和减压蒸馏装置的大气排放，包括加热炉燃料燃烧的排放。

表 3.68 原油常压和减压蒸馏装置的大气排放 [250, Winter, 2000]

装置	燃料消耗/(GW·h/a)	加工量/(t/a)	单位	SO_2	NO_x	CO	CO_2	颗粒物
CDU OMV 炼油厂 (Schwechat)	1536.9	8200000 原油	mg/m^3	46	107	6	—	1
			t/a	71	165	9.3	298149	1.5
			kg/t 原料	0.009	0.02	0.001	36	0
CDU Mider 炼油厂	1138.8	8500000 原油	mg/m^3	35	100	100	—	5
			t/a	35.2	100.4	100.4	220927	5
			kg/t 原料	0.004	0.012	0.012	26	0.001
减压蒸馏 OMV 炼油厂 (Schwechat)	289.9	2485000 常压渣油	mg/m^3	700①	264	10	—	20
			t/a	205	78	2.9	76170	5.9
			kg/t 原料	0.083	0.031	0.001	31	0.002

续表

装置	燃料消耗/(GW·h/a)	加工量/(t/a)	单位	SO_2	NO_x	CO	CO_2	颗粒物
减压蒸馏 Mider 炼油厂	639.5	4500000 常压渣油	mg/m^3 t/a kg/t 原料	35 19.8 0.004	100 56.6 0.013	100 56.6 0.013	— 182252 41	5 2.8 0.001

① 废气在烟气脱硫装置处理（Wellman Lord）。

注：数据为年均值，3% O_2、干燥条件。对于 Mider 炼油厂的废气排放，排放浓度给出的只是标准限值，排放负荷和单位排放量经计算得到。

② 废水排放

常压蒸馏装置产生的工艺废水为 0.08～0.75m^3/t 原油，其中有油、H_2S、SS、氯化物、硫醇、酚、高 pH 值、氨和用于塔顶防腐蚀的烧碱。后者源于塔顶冷凝器、分馏塔或溢出和泄漏。原油进料中加入 1.5%的水蒸气，塔顶回流罐（汽油干燥冷凝器）产生 0.5%的废水，其中含有 10～200mg/L H_2S 和 10～300mg/L 氨。通常酸性污水送到水汽提塔处理。

减压蒸馏装置加热炉和减压塔的工艺水蒸气注入，产生酸性废水。其中含有 H_2S、氨和溶解的烃类化合物。减压蒸馏装置采用水蒸气喷射器和大气冷凝器，则产生大量含油废水（±10m^3/h），也含有 H_2S、氨。

③ 固体废物

塔的清理污泥。数量取决于污泥清除方式和原油的基础固体和水含量。8.7Mt/a 原油装置的固体废物量在 6.3～20t/d。

3.20 产品处理

(1) 消耗

汽油脱硫的公用工程需求如下表所列。

电力/(kW·h/t)	水蒸气消耗/(kg/t)	苛性碱/(kg/t)
1～10	10～25	0.02～0.15

注：来源于 [261，Canales，2000]，[118，VROM，1999]。

催化脱蜡

催化脱蜡的催化剂使用寿命通常为 6～8 年，根据生产需要再生。通常再生周期为 2～4 年。催化脱蜡的公用工程需求见表 3.69。

表 3.69 催化脱蜡装置的公用工程消耗 [166, Meyers, 1997]

每天 3500t 原料量的公用工程耗量	
动力/kW	5100
水蒸气(仅仅痕量)	少
冷却水/(m^3/h)	80
冷凝水/(m^3/h)	4
吸收的燃料/MW	23084

(2) 排放

① 大气排放

氧化提取工艺大气排放污染物是烃类化合物，硫化物（如 SO_2）和氮化物，排放源包括酸性污水排放、泄压阀、原料罐排气、溢出和法兰、泵和阀门的填料压盖和密封的泄漏，特别是塔顶系统和逸散性排放，以及二硫化物分离器的废气，含有低于 400×10^{-6} 的二硫化物，通常采用焚烧处理。

② 废水排放

废水排放少，包括溢出和泄漏（烃类化合物），硫和氮化合物则产生于汽提单元误操作。

③ 固体废物

在提取工艺中，废含油二硫化物源于分离器。多数炼油厂能够再生其废碱液，但有时要处理一些多余的废碱液，主要来自烧碱预洗工序。通常量很小，可以在厂内废水处理系统中处理或通过外部承包商来处置或回用。提取工艺中，二硫化物可回收出售，或者回收到加氢处理器或焚烧炉处置。废碱液产生量在 0.05～1.0kg/t 原料，其中含硫化物和酚。废碱液的有机物浓度通常高于 50g/L。

催化脱蜡的排放如下表。

气体	废水	固体废物
明火加热器烟气(详见 3.10 部分)。 催化剂再生/更换程序和清洗过程的排气产生 VOCs	没有	废催化脱蜡催化剂(50000t/a 加氢精制工艺产生50t/a) 废镍-钨催化剂含有硫和碳，送到专业再生公司处置。2～3 次再生后，催化剂被处置，回收金属

3.21 炼油厂原料储存和处理

(1) 消耗

平衡管线、双密封、浮顶罐不需要能量或工艺材料。然而，部分罐需混合（大动力用户）或需加热。炼油厂物料处理也需耗电，因为管道中输送物料需要泵。

(2) 排放

① 大气排放

大气排放，更确切地说是 VOCs 排放，是发生在炼油厂物料储存和处理的主要排放。液体储存中烃排放源于储存的液体蒸发损失，以及液位变化。即使装备了浮顶，炼油厂储罐仍有相当多的 VOCs 排放。此外，储存中逸散性排放则主要源自密封不完善或储罐配件。炼油厂中汽油储罐的大部分排放是由罐的密封不彻底导致的［108，USAEPA，1995］。通常，排放量在很大程度上取决于产品蒸汽压（高蒸汽压往往会产生较高 VOCs 排放）而不是储罐的类型。

储罐的 VOCs 排放量占到了总 VOCs 排放量的 40%以上，通常是炼油厂最大排放源。储罐的排放量可使用 API 估算法估算［245，API，1983/1989/1990］。对于规模为 11Mt/a 的炼油厂储存系统排放量，API 法估算值为 320t/a，较 DIAL 测定计算值 1900t/a 小很多［107，Janson，1999］。然而，API 方法已升级，储存损失在可以接受的准确度下能被预测［259，Dekkers，2000］。CONCAWE 研究［229，Smithers，1995］是唯一的 DIAL 实验，经过相当长时间的测量表明，测试时间足够长时，DIAL 和最新 API 估算方法有良好一致性。

当在大气压下转移液体到容器中，接收容器的蒸气相（通常是空气，还有惰性气体）排放到大气中。由于存在 VOCs，装载会产生环境影响。混合过程的 VOCs 排放来自混合罐、阀门、泵和混合操作，排放量取决于设计和系统维护。虽然驳船装载不是所有炼油厂都有的部分，但在很多工厂却是重要的排放源。Amoco/USAEPA 研究确认，最大 VOCs 排放源之一就是驳船储罐的装载。据估计，高分压产品的装载，0.05%的装载量可以排放到空气中。

烃类物料地下储存的 VOCs 排放可以通过连通几个地下储罐的气体空间来防止。因此，加注一个地下储罐时，将呼吸气体引导至其他地下储罐。只有一个地下储罐时，呼吸气体必须引导到空气中。然而，在此情况下 VOCs 排放量少，因为储存温度低（5～10℃）。

② 废水排放

法兰和阀门泄漏污染雨水，取决于维修服务。定期从液体储罐底部（主要是水和油乳液）抽出以防止积累。这些废水被储罐中产品所污染。液体储罐底部水的油含量高达 5g/L［101，World Bank，1998］。然而，如果水抽出频率过高，油可能被水夹带抽出，会误导为水中含油量高。

渗入到地下储存系统（地下储罐）的地下水应抽出，输送到炼油厂废水处理系统处理。抽出水量取决于岩石坚硬度以及岩石裂缝被通过注入混凝土密封质量［256，Lameranta，2000］。废水水质取决于储存在地下储罐中的产品（或原油）。通常情况下废水含有烃作为储存液体乳液和水溶性成分。地下储存产生废水的案例见表 3.70。

表 3.70 地下储罐产生的废水案例 [256，Lameranta，2000]

地下储罐	地下储罐体积/m^3	产品	渗漏水去除量/(m^3/a)	油分离后的烃类化合物排放量/(kg/a)
A	40000	轻燃料油	22300	49
B	2×75000	重燃料油	25800	104
C	50000	轻燃料油	36900	40
D	105000	轻凝析油	140	—
E	52000	丙烷/丁烷	80	—
F	150000	丙烷/丁烷	150	—
G	430000	重燃料油	50000	76
H	100000	汽车燃料(柴油)	5000	—
I	100000	汽车燃料(汽油)	3000	—

③ 固体废物及土壤污染

主要的地下（土壤和地下水）污染源于地面储罐，包括为了检查定期清理储罐时罐底部污泥处置，操作期间罐产品损失，如罐排水，储罐或管道故障或装料过满事故引起的产品泄漏到地面。操作过程的溢出会导致土壤污染，尤其是在装载过程中，主要是人为失误。储罐底部污泥含有铁锈、黏土、砂子、水、乳化油和蜡、酚和金属（铅来自含铅汽油储罐）。表 3.71 为储罐周围排水系统污泥分析结果。

表 3.71 储罐附近的四个不同排水系统的污泥组成

[80，March Consulting Group，1991]

种类	罐区排水(两个不同来源)		油罐区排水	馏分罐区排水
	1	2		
固体	92.70%	91.20%	81%	97.0%
油	7.30%	8.80%	19%	3.0%
碳	26.9%	27.1%	44.9%	58%
氢	10.2%	15.1%	7.8%	7.3%
氮	1.2%	<0.6%①	0.4%	0.6%
硫	64441	70034	58222	13514
铁	25000.0	174024.0	62222.0	105326.0
镁	9317.0	2695.0	4430.0	1331.0
硫化物	8327.0	3624.8	4325.9	4238.9
铝	4193.0	3969.0	8148.0	3180.0
硝酸盐	2290.4	10.8	91.9	8.9
钠	1180.0	772.0	770.0	445.0
硫酸	1037.3	165.5	19.3	39.7
二甲苯	746.9	<4.2①	1121.5	4.0

续表

种类	罐区排水(两个不同来源)		油罐区排水	馏分罐区排水
	1	2		
甲苯	478.3	<4.2①	794.1	4.0
乙苯	158.4	<4.2①	106.8	4.0
萘	130.4	27.6	—	25.8
苯	80.7	<4.2①	35.6	4.0
菲	71.4	129.5	—	69.6
镍	68.3	106.1	500.7	190.8
铅	55.9	492.4	308.1	234.5
铬	35.4	70.5	154.1	81.5
芘	30.0	<105.0①	—	39.0
碳酸盐	29	2.0	0.3	0.3
钒	27.0	72.0	49.0	25.0
锑	19.0	42.0	15.0	20.0
酚	18.6	<105.1①	—	39.3
氟	15.5	<105.1①	—	39.3
苯并[a]芘	<7.8②	<105.1①	—	39.3
硒	7.0	<4.0①	4.3	5.0
砷	5.0	16.1	14.5	15.9
汞	4.0	1.6	9.5	0.2
氰	0.6	1.0	0.5	0.7
钙	<0.3①	39261.0	13185.0	11725.0

① 低于检出限。

② 估计值低于检出限。

注：引用的数据是基于无水状态，所有单位是 mg/kg，除非另有说明。由于重复计算，数据加和不等于 100%。

3.22 减黏裂化

(1) 消耗

表 3.72 为减黏裂化的公用工程消耗。

表 3.72 减黏裂化的公用工程消耗 [118 VROM，1999]，[261，Canales，2000]

燃料/(MJ/t)	400～800
电力/(kW·h/t)	10～15
水蒸气消耗/(kg/t)	5～30
冷却水($\Delta T=10℃$)/(m^3/t)	2～10

注：给出的能量消耗对应于“加热炉”裂化。

减黏裂化，燃料消耗约占运行成本的 80%，净燃料消耗占原料的 1%～1.5%（质量分数）。裂化反应室减黏裂化燃料消耗约低 30%～35%。

（2）排放

① 大气排放

减黏裂化的大气排放，包括工艺加热器燃料燃烧的排放（在 3.10 部分中讨论）、工艺排放和逸散性排放。分馏塔中产生酸性水。排放气体含 H_2S，应进一步处理。H_2S 和硫醇从回流冷凝器的酸性水中释放。烃类化合物排放来自回流罐和容器的泄压、储存和装卸作业、溢出和废物/废水排放。颗粒物排放则为每年两次的加热炉除焦和清洁。

表 3.73，两家欧洲炼油厂减黏裂化大气排放。

表 3.73 减黏裂化的大气排放 [247，UBA Austria，1998]

装置	燃料消耗/(GW·h/a)	加工量/(t/a)	单位	SO_2	NO_x	CO	CO_2	颗粒物
OMV 炼油厂 Schwechat	87.9	306.6 常压渣油	mg/m^3	47	183	5	—	1
			t/a	4.2	16.5	0.5	17057	0.1
			kg/t 原料	0.004	0.016	00	16.7	0
Mider 炼油厂	306.6	1.2	mg/m^3	35	100	100	—	5
			t/a	13	50.6	1.4	59480	0.3
			kg/t 原料	0.011	0.042	0.001	50	0

注：对于 Mider 炼油厂的排放，排放浓度给出的只是标准限值。排放负荷和单位排放量经计算得到。数据为年均值，3% O_2、干燥条件。

② 废水排放

分馏塔塔顶气体经部分冷凝、积累在塔顶罐中，分为烃类气体、烃类液体和酸性水流三相。酸性废水应输送到酸性废水汽提塔净化。

减黏裂化酸性废水产生量大约 56L/t 原料，相当于 1%～3%（体积分数）原料加入量。表 3.74，减黏裂化废水水质。

表 3.74 减黏裂化废水水质

物质或参数	浓度/(mg/L)
pH 值	高
游离油	50～100
COD	500～2000
H_2S	10～200
NH_3(N-Kj)	15～50
酚	5～30
HCN	10～300

③ 固体废物

减黏裂化的固体废物来自清洁和工艺转换，间歇排放。500Mt/a 的炼油厂，固体废物产生量为 20～25t/a，其含油量为 0%～30%。

下面章节介绍炼油厂排放的废气、废水、固体废物的处理技术，详见第 4 章

(4.23～4.25 部分)。主要目标是减少排放的污染物浓度。虽然，通过这些技术处理可以降低污染物负荷和浓度，但部分污染物仍滞留于排放物中甚至产生新的污染物。这是以下 3 节的目的。炼油厂整体排放详见 3.1 部分。

3.23 废气排放

本节包括 CO、CO_2、NO_x、颗粒物、硫化物、VOCs 的末端处理或减排技术，以及空气污染物、恶臭和噪声的减排组合技术。

(1) 酸性气体处理

酸性气体送到炼油厂酸性气体处理系统，分离出气体燃料，作为炼油厂加热炉燃料。胺处理装置所在区域可能存在健康风险，因为 H_2S 可能发生意外泄漏。

(2) 硫磺回收装置 (SRU)

1995 年，SRU 平均硫磺回收量占炼油厂原油硫的 42.6%（详见 4.23.5 部分)。相当于炼油厂二氧化硫排放量的 10%左右（参见 3.1.2 部分)。SRU 烟气占炼油厂总烟气排放的 1.5% 左右。SRU 硫磺回收率在 95%～99.99%。SO_2 排放浓度在 40～25000(标)mg/m³。硫磺回收装置排放物通常含 H_2S、SO_x 及 NO_x，同时产生含 H_2S、氨、胺和 Stretford 溶液（钒盐，蒽醌二磺酸，Na_2CO_3 和 NaOH 的混合物）的工艺废水。固体废物是废催化剂。表 3.75 为欧洲炼油厂排放的两个案例。

表 3.75 硫磺回收装置的大气排放 [247，UBA Austria，1998]

装置	燃料消耗/(GW·h/a)	加工量/(t/a)	单位	SO_2	NO_x	CO	CO_2	颗粒物
SRU OMV 炼油厂，位于 Schwechat	27.2	63900 硫	mg/m³	700①	70	100	—	20
			t/a	92.9	9.3	13.3	5268	2.7
			kg/t 原料	1.5	0.15	0.21	82.4	0.042
SRU Mider 炼油厂	131.4	90000 硫	mg/m³	4322	200	100	—	50
			t/a	1125.6	52.1	26.0	25492	13
			kg/t 原料	12.5	0.58	0.29	283.2	0.15

① 废气在烟气脱硫装置处理（Wellman Lord)。

注：数据为年均值，3%氧气、干燥条件。对于 Mider 炼油厂的废气排放，排放浓度给出的只是标准限值。排放负荷和单位排放量经计算得到。

(3) 火炬

① 消耗

火炬系统的主要公用工程消耗，包括吹扫火炬总管的炼厂燃料气或氮气、火炬燃烧的燃料气和加热用的水蒸气。在正常运行条件下，这些公用工程消耗非常低。

② 排放

火炬系统排放 CO、CO_2、SO_2 和 NO_x，具体组成取决于泄放系统和火炬燃烧效率。火炬是炼油厂排放的很重要点源之一。有些装置仍然使用旧的、低效率的废气火炬。这些火炬的燃烧温度通常低于完全燃烧所需要的温度，会产生烃类化合物和颗粒物，以及 H_2S 的更多排放。没有数据可用来估计这些排放量的多少。也会排放 VOCs 和烟尘，取决于泄放系统和火炬燃烧效率。

3.24 废水排放

石油炼制产生大量废水。废水处理装置是防止地表水污染的先进环境保护系统。废水处理装置是炼油厂大气排放、废水排放和固体废物的重要源。水的烃污染源是除盐器（40%）、储罐（20%）、废水系统（15%）和其他工艺（25%）。

工艺废水量可与工艺废水排放量（不包括单程冷却水）比较。虽然相关，其值不是明确给出的，因为其他水排放到废水系统，包括装置表面雨水、原油分离水、压舱水等。此外，部分水将会蒸发，用于化学反应等。63 家欧洲炼油厂的废水数据如下所列（均为年均值）。

• 年平均废水量	3.6	Mm^3/a
• 范围	0.07～21	Mm^3/a
• 加工单位原油的平均污水量	0.53	m^3/t 加工量
• 范围	0.09～1.6	m^3/t 加工量

排放

① 大气排放

废水处理装置的大气排放源于大量罐体、水池和表面暴露在空气中的废水蒸发（烃类化合物、苯、硫化氢、氨、硫醇）。炼油厂排水系统和废水处理装置是恶臭源，尤其是排水明渠和油水分离器。浮选装置和生物处理装置的空气汽提单元也排放 VOCs。废水系统的 HC 排放可以通过计算受油污染的未处理水罐（API 分离器）的暴露面积，以及经验的油蒸发因子确定 [117，VDI，2000]：

- 敞开油分离器 $20g/(m^2 \cdot h)$；
- 封闭油分离器 $2g/(m^2 \cdot h)$；
- 浮选 $2g/(m^2 \cdot h)$；
- 生物处理 $0.2g/(m^2 \cdot h)$。

② 废水排放

潜在排放到水中的污染物包括废水处理后的残余物质。取决于炼油性质和处理效率，其中包括烃类化合物（溶解和悬浮）、有机化合物（主要是酚）、含硫化合物（主要是硫化物）、氨/氨化合物和处理后的衍生物。也可能存在痕量重金属元素，来自原油脱盐和含有痕量污染物的苛性钠，特别是汞。更多信息详见 3.1.3 部分。

③ 固体废物

固体废物在很多处理装置中以污泥的形式产生。初级处理污泥包括 API 分离器污泥（酚、金属和高达 10%的油）、化学沉淀污泥（化学混凝剂、油）、DAF 浮渣（高达

30%油）、生物污泥（金属，<0.5%的油、悬浮固体）和废弃石灰。二级处理产生剩余污泥，通常厌氧处理，然后脱水。废水处理装置中，浮选单元和生物处理单元的污泥最多。DAF 装置产生大量污泥。有限调研资料（三套装置［115，CONCAWE，1999］）表明，处理规模 600m³/h 装置每年污泥量大约 2400t。600m³/h 溶气气浮装置每年产生 600t 污泥，表 3.76 为废水处理装置的污泥的组成。

表 3.76 炼油厂废水处理装置的污泥成分解析［80，March Consulting Group，1991］

污染物	API 分离器	活性污泥	沉淀池装置
固体	90.4%	94.3%	99.7%
油	9.6%	5.7%	0.3%
碳	25.8%	13.1%	1.7%
氢	13.1%	51.8%	6.3%
氮	0.6%①	1.7%	0.5%
硫	40733	9479	4214
碳酸盐	0.3%	0.2%	0.1%
铁	48269.0	10900.0	7131.0
铝	43177.0	2322.0	4878.0
钙	11609.0	4692.0	8104.0
硫化物	6180.2	2165.9	103.7
镁	4878.0	1351.0	1767.0
钠	1711.0	3981.0	3971.0
二甲苯	469.5	9.5	3.2
萘	288.2	46.9	16.0
铅	279.0	49.3	15.2
菲	265.0	46.9	16.0
镍	252.5	37.9	8.8
硝酸盐	228.1	2066.4	194.5
甲苯	138.5	9.5	32
Flyrene	134.4	47	16.0
钒	99.0	18.0	24.0
乙苯	82.5	9.5	3.2
铬	80.0	8.1	11.2

续表

污染物	API 分离器	活性污泥	沉淀池装置
氟	59.1	46.9	16.0
锑	49.0	14.0	5.0
苯并[a]芘	42.6	46.9	16.0
酚	40.3	46.9	16.0
硒	35.4	26.0	9.0
苯	13.2	9.5	3.2
硫酸盐	12.2	2767.8	285.3
砷	6.5	15.2	5.2
汞	3.0	1.0	0.0
氰化物	1.0	7.0	0.7

① 低于检出限。

注：由于重复计算，数据加和不等于 100%。单位是 mg/kg，除说明外。

3.25 固体废弃物

不同国家，炼油厂的固体废物定义不同，因此对比分析比较困难。

(1) 污泥

污泥量取决于处理工艺和是否焚烧。通常，固体废物和污泥量一般不超过原油加工量的 0.5%，一些炼油厂的小于 0.3%。每年污泥产生量是 1250kt/a（1993 年），大约为 0.2%的炼油厂原油加工量。

1993 年，CONCAWE 就西欧炼油厂固体废物开展了调查［82，CONCAWE，1995］。调查报告指出，89 家炼油厂所有污泥产生量为 1×10^6t，每家炼油厂平均产生污泥 11000t，相当于 0.20%的原油加工量。然而，欧盟炼油厂的污泥产生量相当于其原油加工量的 2.5%到小于 0.02%，与炼油厂类型无关。1×10^6t 固体废物中，45%是污泥，20%是其他炼制废物，其余是非炼制废物。污泥进一步分为稳定过程的污泥（4.7%）、废水污泥（39.8%）和未处理污泥（55.5%）。其他炼制固体废物（如废催化剂、罐污垢、受污染土壤等）总量源自特定炼油工艺，1993 年 89 家欧盟炼油厂调查报告为 201983t［即 0.04%（质量分数）的炼油厂总加工量］。16 家 EU+炼油厂的数据表明，固体废物产生量在 133～4200t/Mt 原油。表 3.77 为欧洲某炼油厂固体废物产生量。

表 3.77 欧洲某炼油厂的固体废物产生量 [250，Winter，2000]

去向	非危险废物(1997 年)/t	危险废物(1997 年)/t	总计(1997 年)/t
土地填埋	7362	1109	8471
物质循环和热处理	202	2401	2603
生物处理	1003	57	1060
化学/物理处理	21	13	34
总计	8588	3580	12168

注：固体废物包括储罐的固体废物。

(2) 废催化剂

临氢加工使用催化剂去除杂质，转化石油为更多有用产品。使用的催化剂主要包括氧化铝负载的氧化镍、钴和钼。临氢加工过程中催化剂微孔被硫、钒和焦炭填充，孔隙率降低，活性下降，最终需要更换处置。

① 钴/钼催化剂

通常用于加氢脱硫、加氢裂化和加氢处理。5Mt/a 的炼油厂，废催化剂量一般为 50～200t/a。

② 镍/钼催化剂

通常用于加氢处理和加氢裂化装置。5Mt/a 的炼油厂通常产生 20～100t/a 废镍/钼催化剂。

③ 镍/钨催化剂

用于润滑油加氢精制。高钨含量 [24%，质量分数] 的废催化剂有处置限制。50000t/a 的润滑油装置废催化剂产生量 50t/a。

④ 催化裂化废催化剂

在炼油厂中，催化裂化废催化剂，包括重油和渣油裂化废催化剂（RCC），是最大量的废催化剂类型（世界约 0.5Mt/a)。如果安装了 ESP，1Mt/a 的催化裂化装置可产生 400～500t/a 的废催化剂，主要为 FCC 粉末。RCC 的产生量则可能高5～10 倍，具体取决于原料，废催化剂从再生器中回收。

⑤ 重整和异构化催化剂

由于包含非常昂贵的稀有金属铂，这些工艺装置引进时已包括催化剂更换合同，废催化剂由催化剂供应商专门处置。5Mt/a 的炼油厂的废催化剂平均产生量一般为 20～25t/a。必要时，使用加氢脱硫催化剂（HDS）防护床保护和延长昂贵催化剂的使用寿命。

⑥ 加氢脱金属催化剂

通常钒含量高（10%～20%)，目前以氧化铝（过去是二氧化硅）为基材。Hycon 工艺装置（Shell Pernis NL 炼油厂）每年废催化剂的再生量大约是 500～1000t/a，具体取决于原料的质量。

⑦ 含锌催化剂

该类废催化剂源于制氢装置，产生量约 50t/a。一般被硫化锌加工企业回收处置。

过去10年，由于加氢脱硫、加氢处理和加氢裂化催化剂的全球生产量急剧增加。1998年达100kt/a左右，废催化剂的量也随之增加。当前废催化剂的再生能力估计达125kt/a。据估算，废催化剂的5%～10%仍采用填埋处置。各种废催化剂的成分见表3.78。

表3.78 各种废催化剂的成分（质量分数） 单位：%

工艺	S	C	Mo	V	Ni	CO	Al	其他
FCC,RCC	<1	<1		4～8000*	2～3000*		30	
催化重整及异构化							30	0.5Pt,Pa,Rh
临氢加工	6～16	10～30	4～8	2～12	1～2	1～2	20～30	
Claus装置	5	5	4～8		2～3		20～30	
加氢精制	5	1～2			2～4		30	24W
制氢	5～15						0	30Zn
加氢脱金属	5～15	10～30		10～20	2～5		30	

注：*表示数据单位为$\times10^{-6}$。

3.26 监 测

监测有专门的IPPC BREF文件和扩展的系列文献（如HMIP技术指导文件），包含理论和方法的信息，并提供监测技术的技术信息。采样要求和频率，分析和监测需求的类型由具体的现场和/或工艺决定，并且受到预期流量和废物组成的影响，通常包含在许可证内。监测BREF文件包括对许可证编制者遵守评估和环境报告的指导。该文件还鼓励增进欧洲各地监测数据的可比性和可靠性。

本节的目的是介绍炼油厂监测范围和频率（持续或间断）。试运行、开车、正常操作、停车过程应进行监测，除非人们一致认为不需监测。

监测系统不应防碍工艺正常运行和排放控制。监测系统要素有：

- 连续监测大流量和污染物浓度变化大的污染物；
- 周期监测低变化流体或使用排放相关参数；
- 测量设备的定期校准；
- 通过同步对比测量，定期对测量进行验证。

为了弄清装置（如炼油厂）的排放情况，排放量须量化。从而使炼油厂和许可证发放者知道在哪里采取措施减少某种污染物更经济。通常减少高浓度高排放比低浓度低排放更经济。因此，单家炼油厂排放量化是任何环境评估的基础。这种量化可能包含完整的物料衡算，也考虑其他输出（例如产品）。

(1) 大气排放监测

许多炼油厂将“气泡概念”应用于一些空气污染物，也就是将炼油厂作为一个整体，合计所有排放源的浓度和数量。由此计算污染物平均浓度，不论来源或烟囱。这种概念适用于一些欧洲国家的 SO_2 和其他空气污染物，以及欧盟大型燃烧装置指令。详见 4.15.2 部分。

炼油厂中，SO_2、NO_x、颗粒物和 CO 通常连续监测（在线或预测）。流量记录用于负荷的计算（t 污染物/a）或气泡概念的应用。下表列举了炼油厂主要空气污染物通常连续监测点的位置。

参数	通常测量位置
颗粒物	以燃料油为燃料的燃烧过程
	FCCU 再生器
	焦化工艺和石油焦煅烧炉和冷却器
	气化装置
	催化剂再生(如重整)
SO_2	FCCU 再生器
	硫黄回收装置(即尾气焚烧炉排放)
	燃用酸性气体或液体燃料的焚烧炉或加热炉
	沥青生产装置
	气化装置
	焦化工艺
NO_x	燃烧过程
	FCCU 再生器
	气化装置
	焦化工艺
CO	FCCU 再生器(当一氧化碳排放显著时,对于部分燃烧类型装置)
	燃烧过程

下文介绍欧洲炼油厂一些良好监测实例。

① 硫监测

经营者期望在合适时段计算现场硫平衡，作为运行监测的内容；时段随环境（如原料变换频率）而不同，但一般是季度性的。对于 SO_x，燃烧过程中 SO_x 排放量可通过分析所用燃料计算。

② 燃烧废气

无论哪里，燃烧（火炬燃烧除外）均用于 H_2S 或烃类化合物的去除，其效果则可通过连续监测温度和废气氧含量间接予以证明。在适当时候，尤其是异常/开车/停车可以用视觉和嗅觉评估焚烧炉、火炬、加热炉及其他污染源的排放。

此外，火炬系统应配备适宜的监测和控制系统，后者无烟运行，对火炬系统的正常运行进行全程监测。该系统包括流量测量，它证明火炬底部的非侵入性系统是有效的，具有自动水蒸气控制的发光度测量，在相关装置控制室使用彩色电视监视器远程可视化观察实现水蒸气控制，母火检测等。

通常也监测用于发电的燃气涡轮机或压缩气体的排放。

为了将排放浓度与排放量关联，需要测量或以其他方式确定气体流量。此外，为了测量涉及的参考条件，温度需要确定。氧气或水蒸气含量也可能需要测定。

③ VOCs 监测

VOCs 排放主要源于逸散性排放。现场可能需要监测的排放源包括，所有工艺排气和逸散损失。为预防这些排放，可以实施泄漏检测与维修（LDAR）计划（参见 4.23.6.1 部分）。可以进行现场总烃类化合物排放的定期评估。应保留单独设备对总排放的贡献比例的记录。

VOCs 排放可以使用 USAEPA 方法 21 估算（不同类型设备排放因子）或通过物料衡算（原料-产品）方法。也许应该再补充一点，监测所有来源烃类化合物排放的另一种方法是通过原料和产品之间的物料衡算。近年，开发的其他方法，如激光吸收（DIAL）监测 VOCs 排放源，却相当复杂。此外，移动监测设备可用于绘制污染物浓度分布羽状图，计算污染物通量。这些新技术，尽管存在局限性，但已成功地用于石油和天然气行业。这类监测划分为四个层级：工艺区，产品罐区、原油罐区和水处理装置。DIAL 法已用于许多炼油厂，其结果比 API 估算结果准确。然而，在这些试验中，采样周期很短。仅有一项实验进行了长期调查，结果与 API 估算的结果很一致 [229, Smithers, 1995]。下文给出了炼油厂 VOCs 监测的案例，包括估算方法和 DIAL 监测的差异。

监测前，某些欧洲炼油厂 VOCs 预计排放量约 200t/a。DIAL 监测排放量却超过 1000t/a。特别是罐区排放量高于预计值。所有情况下，API 法估算的排放量比 DIAL 监测值低。在某些情况下，差异非常大。USAEPA 建议方法估算逸散性排放量 [244, USAEPA, 1992]，1Mt/a 的炼油厂排放量为 125t/a。DIAL 法的排放量 500～600t/a [107, Janson, 1999]。炼油厂排放总量，采用估算法为 600～1100t/a，DIAL 法监测结果则为 1600～2600t/a。逸散性排放的主要成分是 C_8～C_{10} 烷烃，芳烃占总排放量的 9%～15% [107, Janson, 1999]。然而，蒸气组成在很大程度上取决于炼油厂设施（备）的具体配套，以及监测期间 VOCs 的泄漏。

（2）废水排放监测

废水排放至大流量水体，应采用连续监测和流量比例采样，但对于低流量（小于 1L/s）水体，则可采用固定间隔或时间比例采样。

通常，废水排放至受纳水体或下水道的基本监测指标为：流速、pH 值、温度、TOC（替代 COD/BOD）。其他监测指标则包括，如 COD、BOD、烃类油、氨和总氮、悬浮物、酚类、硫化物、DO、磷酸盐，硝酸盐、亚硝酸盐、金属（通常是镉、汞、铬、镍、锌、铜、砷）。监测周期通常可以是每天，每周或每月，取决于风险评估和当地情况。

炼油厂水排放的一个问题就是分析，特别是油的分析。有许多不同方法（如单波长 IR、双波长 IR、相对密度测定），它们会得出完全不同的结果。另一个问题是 COD 分析中会使用有毒物质。

也可以通过连续监测冷却水系统以最大限度地减少油的泄漏损失。简单地说，这包括监测冷却水分离器的油积聚。如果观察到油泄漏，将需要确认泄漏源，以便采取有效措施。对此，详细的系统图纸非常重要。油指纹分析可快速识别泄漏。进一步的改进是在冷却水系统各节点安装水中油监测器从而迅速识别泄漏，采取有效处置措施。为此，必须省去关键换热器。

对于单程系统，冷却流体出口系统可以分成一个可疑系统和一个清洁系统，可疑系统的工艺压力比冷却系统压力高，而清洁系统中冷却系统压力比工艺压力高。需要监测可疑系统是否被污染。

(3) 固体废物监测

通常要求记录固体废物的产生量及组成（包括规定的物质）。此外，经营者通常有书面程序，以确保排放物按照批准的方式操作、处理和处置，并详细说明如何控制废物的积累和储存。废物的分析频率由现场和/或工艺确定。

土壤监测：

监测井安装和运行的报价差异很大，其变化范围从 100 口井 25000 欧元（每口井 250 欧元）到 50 口井 140000 欧元（每口井 2800 欧元），但运行成本最小。某案例，地下水监测系统报价是 18 口井每年 1400 欧元（每口井 78 欧元），而对于时隔几年的三次调查平均报价是 45000 欧元（包括 7000 欧元的分析费）。

4

BAT备选技术

本章将详细介绍 BAT 备选技术，炼油行业确定 BAT 技术（第 5 章）的主要背景信息，不包括通常被视为过时的技术。此外，不包括所有应用于炼油行业和在第 2 章介绍的技术，仅包括具有良好环境效益的技术。

本章涉及生产、预防、控制、最小化及再循环的程序/技术。这可以应用在许多方面，例如：使用比其他工艺污染少的生产技术、改变操作条件、减少材料投入、重新设计工艺实现副产品再利用、改善管理方法或者采用有毒化学品的替代物。本章将提供一些一般性的和特定的污染预防与控制进展的信息，它们在一般工业部门，特别是在炼油工业已经得到实施。

如前面第 2 章和第 3 章，本章每节将介绍一种炼油厂工艺或者流程，而且包含确定 BAT 技术时值得考虑的工艺和减排技术。如果不同技术可能适用于同一种工艺/活动，在这里也会讨论。本章 4.2～4.22 部分采用相同的内部结构，每一节首先包含在工艺/活动相关章节提出的污染预防技术，其次是可用于削减工艺/活动中污染排放的末端处理技术。这些末端处理技术按介质/污染物分组来明确技术的应用顺序，因为在很多情况下，可以使用的末端处理技术数目相当多。

本章最后三节将介绍应用于废气、废水、废物管理的末端处理技术（EOP）。这些章节包含对 EOP 技术的描述，它们不仅适用于一种炼油厂工艺/流程，也适用于其他末端处理工艺。因此，关于这些 EOP 技术的描述出现在本章 4.23～4.25 部分，而不是在活动/工艺章节。

每种技术［预防（包括工艺技术）和控制］都被很好地记录在书中，包括应用这种技术能达到的消耗和排放水平的信息，关于成本的一些观念，技术的跨介质问题以及技术在需要 IPPC 许可证的设施范围内的应用程度，例如新建的、现有的、大型或小型装置。本章中每种技术都采用同样的方法进行分析，以便为炼油行业确定最佳可行技术提供良好背景，确定BAT技术将会在下一章进行。表4.1显示了本章包含的每种技术的信息结构。

表4.1 第4章包含的每种技术的信息

信息类型名称	信息类型
概述	该技术的技术概述
环境效益	技术(工艺或减排)涉及的主要环境影响,包括可达到的排放值(通常为一个范围)和效率性能。技术的环境效益与其他技术的对比
跨介质影响	实施该技术引起其他介质的任何副作用和不利影响。技术的环境问题与其他技术的对比,以及如何预防或解决它们
运行数据	排放/废物和消耗(原料、水和能量)的性能数据。关于如何操作、维修和控制该技术的任何其他有用信息,包括安全方面和技术的操作限制
适用性	考虑装置年限(新建或现有的),装置规模(大型或小型)以及改造涉及的因素(如可用空间)
经济性	与技术能力相关的费用(投资和运行)和任何节约(如降低原材料消耗和废物排放)的信息。货币值与欧元的不同已经根据欧盟1999年欧元转换因子转化。附录Ⅳ将提供一些成本效益的信息
实施驱动力	当地条件或者要求导致实施。除了环境因素外实施该技术的其他原因的信息(例如改进产品质量、增加产量)
装置实例	欧洲以及世界采用技术的设备参考数量。如果这种技术仍然没有在行业或欧洲应用,简要说明原因
参考文献	文献提供关于技术的更多详细信息

在可能的情况下，本章将提供真实生产的信息，它们是这个部门可能或正在应用的技术，包括相关费用。如果可能的话，本节提供的信息给出了技术能够被有效利用的背景条件。

4.1 概　　述

表4.2列出了本书中以及每一流程中涉及的技术数量的总体情况，分为4类。本表所包含的数字只是引导性的，它们并不是每一节中各小节的序号。将会发现，一些小节包含不止一种技术。这个表格只是概要阐述本书每一节所考虑技术的数量。这个数字可以作为从环境角度看什么活动/工艺更重要（例如能源系统、储存和处理、综合管理系统和催化裂化、焦化）。依据同样原理，很容易看到大气排放有更多技术。

表4.2 各流程/工艺中涉及的技术数量的总体情况

章节	流程/工艺	应用技术				
		生产和预防	气体和废气	废水	固体废物	合计
4.2	烷基化	3	0	0	0	3
4.3	基础油生产	14	4	2	1	21

续表

章节	流程/工艺	应用技术				
		生产和预防	气体和废气	废水	固体废物	合计
4.4	沥青生产	2	5	1	2	10
4.5	催化裂化	17	13	2	5	37
4.6	催化重整	3	3	0	0	6
4.7	焦化工艺	9	19	8	3	39
4.8	冷却系统	3	—	—	—	3
4.9	脱盐	13	0	4	1	18
4.10	能源系统	56	22	2	0	80
4.11	醚化	1	0	1	1	3
4.12	气体分离	3	2	0	0	5
4.13	加氢工艺	8	0	0	2	10
4.14	氢气制备	6	0	0	0	6
4.15	炼油厂综合管理	33	0	24	6	63
4.16	异构化	3	0	0	0	3
4.17	天然气加工	0	12	5	3	20
4.18	聚合	1	0	0	2	3
4.19	初级蒸馏	3	2	3	3	11
4.20	产品处理	5	2	4	0	11
4.21	原料储存和处理	21	19	2	12	54
4.22	减黏裂化	3	1	1	1	6
4.23	废气处理	—	76	—	1	77
4.24	废水处理	—	—	41	—	41
4.25	废弃物管理	—	—	—	58	58
合计		207	180	100	101	588

4.2 烷基化

烷基化工艺 BAT 备选技术如下所列。

4.2.1 氢氟酸烷基化工艺

(1) 概述

工艺概述见 2.2 部分。

(2) 环境效益

HF 烷基化工艺与硫酸工艺相比，主要优点是 HF 可再生，这使废物产生和处理降到最低，进一步减少了酸催化剂消耗以及能量和冷却消耗。

(3) 跨介质影响

① 废气排放

洗涤塔需要使用碱溶液（NaOH 或 KOH）除去不凝气中的 HF。运行酸释放中和器以最大限度地减少不凝气中 HF 含量，排放水平可以达到 1(标)mg HF/m^3 以下。排放气体应送至火炬而不是炼油厂燃料气系统；通常为此保留专用火炬/烟囱。该工艺还产生逸散性排放。

HF 是一种非常危险的化合物，由于其极强的腐蚀性以及无论是液态还是气态对皮肤、眼睛、黏膜都有烧伤作用，储存和处理 HF 应遵守所有安全规则。

中和过程形成的 KF（或 NaF），用过的溶液先储存然后用石灰（或氧化铝）再生。再生的 KOH（或 NaOH）可循环利用。CaF_2 要定期清理和处置，一般运到垃圾填埋场堆埋。如果使用矾土代替石灰作为中和剂，那么铝工业回收铝是可能的。装置中和池可产生烟气。为了防止这些刺激性气味的废气排放到环境中，中和池需要密封，并配备气体洗涤器以去除任何刺激性物质。

② 废水排放

HF 烷基化废水是炼油厂排水中酸释放的潜在因素，故中和处理系统需要执行高标准控制，如在线 pH 监测。废水中含有的 HF 通过石灰石［CaO-$Ca(OH)_2$］处理，$AlCl_3$ 或 $CaCl_2$ 或 HF 在 KOH 系统间接中和产生的 CaF_2 或 AlF_3（不溶解），于沉淀池分离。上清液输送至废水处理设施。KOH 可再生重复利用。处理后，上清液中仍含有（10～40）$\times 10^{-6}$F 和一些烃类化合物，可直接送到污水处理厂。KOH 可从水溶液中再生重复利用。

③ 废弃物

HF 工艺也产生焦油（高分子材料），但它们基本上游离于 HF。含 HF 的焦油中和处理（用石灰或氧化铝）并通过焚烧处置，由于其气味明显，也可少量混合作为燃料油成分。但是，工艺以及专门的操作技术，如内部酸再生，可完全消除这种液体废弃物。

系统不当操作（酸过冷、酸沉降水平不合适、反应器压力低、酸循环率过大、异丁烷或酸浓度低，反应器温度高和不适当混合）会增加废弃物产生量。

(4) 运行数据

HF 潜在的腐蚀性和毒性要求特殊工程设计和专用建设材料、先进工艺控制和严格的安全、个人保护及维护要求。这些预防措施包括如下。

a. 含酸设备的特殊密封，例如泵和阀杆。

b. 人员进入酸区必须穿着特殊安全服。

c. 全面的操作人员培训。

d. 设计应该包含特殊设备（例如喷水系统、酸库存减少、HF 监测系统、隔离阀、快速酸转移系统），以减轻 HF 蒸气意外排放的影响。对于泄漏检测，管道及法兰 HF 敏感颜色添加剂适合作为连续空气分析仪和视频控制的替代。加入添加剂证实可潜在减少气体中的 HF 酸。维修和清理装置期间需要特别注意，例如设备关闭时避免气味从排水系统或池子释放。

已经测试了一些改进措施（如添加剂）以降低蒸汽压和最大限度降低排放到空气中的 HF 量，以防万一事故发生。不足之处是处理和回收添加剂增加了工艺复杂性。

(5) 适用性

完全适用。

(6) 经济性

下表显示了 HF 烷基化工艺投资和生产成本概要。不包括处置费用。

项目	估计建造成本 (1995 年 3 季度)	新建 HF 装置 (1999 年)
能力/(kt 烷基化产物/a)	348	160
投资成本/百万欧元	25.6	35
运行成本/(欧元/t 烷基化产物)		
劳动力	0.016	
公用工程	0.066	
化学品消耗、实验室津贴、维修、税收及保险	0.056	
总直接运行成本	0.138	

(7) 实施驱动力

烷基化装置可提高汽油辛烷值。

(8) 装置实例

常用技术。

(9) 参考文献

[166, Meyers, 1997], [113, Noyes, 1993], [261, Canales, 2000], [330, Hommeltoft, 2000], [268, TWG, 2001]。

4.2.2 硫酸烷基化工艺

(1) 概述

工艺概述见 2.2 部分。

(2) 环境效益

烷基化的替代工艺，缺点在于，更多废酸需要处置或外部回收。效率低于 HF 烷基化工艺，需要更多冷却。

(3) 跨介质影响

使用硫酸作为催化剂，产生大量废酸（硫酸和磺酸），需再生。废酸和新鲜酸在硫酸再生装置与烷基化装置之间的往来输送已经引起了担忧，增加了炼油厂在烷基化装置附近建立硫酸再生装置的压力。在某些情况下，这种出入再生设施的运输途径是管道。然而，硫酸烷基化技术并没有新的重大改进以解决废酸问题。这一工艺的逸散性排放与

HF 烷基化类似。

含溶解酸的油应该再循环回工艺。来自硫酸工艺的焦油含硫及少量磺酸，可能会导致处置问题。这个工艺产生的废水应该在输送到污水处理厂前进行中和，此工艺产生胶质、废酸、再生碱溶液以及逸散性排放。

(4) 运行数据

由丁烯（主要原料）生产的产品质量比 HF 烷基化要高。生产相同质量的产品，HF 烷基化与硫酸烷基化需要相似的能量消耗。这种类型的烷基化与 HF 烷基化相比相对更安全。

公用材料和化学品消耗(基于 716m^3/d 烷基化装置)	
动力/kW	1779
压缩机	1235
泵	303
混合器	240
冷却水/(m^3/h)①	835
工业用水/(t/d)	39
蒸汽/(kg/h)	
0.345MPa	13
1.03MPa	3
化学品	
新鲜酸/(t/d)②	40
氢氧化钠(波美度为 15)/(t/d)	1.7

① 冷却水供应温度是 26℃，ΔT =15℃。

② 包括允许的原料杂质。

去除的硫酸需要在硫酸装置中再生，硫酸装置通常不是烷基化装置的一部分而位于场外。

(5) 适用性

完全适用。这种工艺技术类型是由邻近硫酸再生设施的经济性推动的。

(6) 经济性

容量	预计投资	装置
290kt/a	原料:1200 万美元 劳动力:170 万美元	美国墨西哥湾海岸,1993 年第 2 季度,运行数据与这个工厂相对应
28300m^3/d	1449 万美元	
1590m^3/d	每 1m^3/d 为 22000 美元	美国墨西哥湾海岸,1998 年第 4 季度

(7) 实施驱动力

烷基化装置是一种用于提高汽油辛烷值的炼油厂工艺。

(8) 装置实例

通常采用。

(9) 参考文献

[166, Meyers, 1997], [212, Hydrocarbon processing, 1998], [330, Hommeltoft, 2000], [268, TWG, 2001]。

4.2.3 选择性加氢或异构化升级原料

(1) 概述

关于此工艺的更多信息见 2.13 部分、4.13.5 部分、2.16 部分和 4.16 部分。

(2) 环境效益

石脑油加氢处理或异构化（例如丁二烯氢化，1-丁烯异构化为 2-丁烯）可帮助烷基化装置减少酸损失和相应废物产生，由此减少碱的消耗量。酸和碱消耗的减少取决于原料二烯含量，这在不同炼油厂中存在很大差异。

(3) 跨介质影响

实施这种技术的缺点是增加了能量/燃料消耗，增加了逸散性排放，并且该工艺中需要废催化剂处理。在 4.13 部分和 4.16 部分介绍了这些问题。

(4) 运行数据

它需要氢气并消耗能量。

(5) 适用性

应用没有限制。

(6) 经济性

参见 4.13 部分和 4.16 部分。

(7) 实施驱动力

由于高辛烷值汽油和重质原油向轻质产品转化的需求量增加，工业中烷基化原料数量已相对减少。

(8) 参考文献

[113, Noyes, 1993], [268, TWG, 2001]。

4.3 基础油生产

如 2.3 部分所述，基础油生产中存在几种类型的工艺。它包括脱沥青装置、芳烃抽提、高压加氢装置、脱蜡、加氢精制和蜡加工。本节涵盖了所有这些工艺，并且讨论从环境角度来看一些好的技术。基础油生产所使用的溶剂（例如糠醛、NMP、MEK、MIBK）的储存技术也包括在这里。基础油生产中产品和中间产物的储存也包括在这里。

4.3.1 多效提取工艺

(1) 概述

基础油生产中采用的基于溶剂的工艺是能量密集型的，因为在此工艺中大量溶剂必须通过闪蒸回收。溶剂蒸发使用的级数对这些工艺的能量成本影响很大，并且在欧洲一些早期的液体二氧化硫提取装置应用了多达5级蒸发。

(2) 环境效益

通过应用所谓双效配置和三效配置，热效率可提高（较少水和水蒸气用量），特别是在脱沥青和芳香抽提装置中。三效蒸发与双效蒸发相比能量节省30%～33%。

(3) 运行数据

工艺需要的公用工程需求列在经济性部分。三效系统节能仅在低水平热侧（在大多数情况下低压蒸汽），炼油厂常常有盈余。这意味着实际的节省取决于当地情况以及对每个独立位置进行改装/改变的评估。

(4) 适用性

多效蒸发需要压力和温度作为驱动力。在一些实例中，从双效到三效所需压力和温度增加并不可行并能造成更高的排放量及能耗，这是因为离开蒸发部分并进入汽提部分的油中含有大量的溶剂残留物。

三效系统通常仅用于非污染原料（如蜡），因为它们在这方面更脆弱，因此其应用受到限制。

(5) 经济性

投资（基于318～6360m^3/d，1998年4季度，美国墨西哥湾）：每1m^3/d为5000～18900美元。脱沥青装置能量减少的经济性见表4.3。

表4.3 脱沥青装置能量减少的经济性

项目	单效	双效	三效
转换投资/美元①	0	1300000	1900000
公用工程年度成本/美元②			
中压蒸汽/(8.1美元/t)	91100	91100	91100
低压蒸汽/(6.8美元/t)	931600	465200	377500
电力/[0.04美元/(kW·h)]	218400	218400	218400
冷却水/(0.018美元/m^3)	87200	47600	39200
燃料/(1.92美元/净GJ)	44100	44100	44100
每年总的公用工程费用	1372400	866400	770300
每年公用工程减少	0	506000	602100

① 估算基础：美国墨西哥湾海岸，1995年第3季度。

② 基于SRI International，Menlo Park，Calif在1994年12月提供的装置成本数据。

注：显示节省大量低压水蒸气。在大多数炼油厂，低压水蒸气被认为“免费”，因为多余部分排放到大气中。

(6) 实施驱动力

多效装置降低了公用材料成本。

(7) 装置实例

是拥有润滑油生产的炼油厂的常用技术。双效装置是提取工艺最主要类型。建于1950～1975年的装置使用双效，少数装置使用单效。因为20世纪70年代能量成本增加很快，从1980年起的大多数新建装置已经设计（旧装置转换）为三效蒸发来降低能量消耗成本。

(8) 参考文献

［166，Meyers，1997］，［212，Hydrocarbon processing，1998］，［319，Sequeira，1998］。

4.3.2 芳香抽提装置使用的溶剂类型

(1) 概述

芳烃抽提使用的溶剂类型的选择会影响系统能量消耗以及毒性较低溶剂的使用［糠醛及*n*-甲基酮（NMP）优于更高毒性选择性溶剂，如苯酚和SO_2］。

(2) 环境效益

优先使用较少污染的溶剂（如NMP或糠醛）。因此可实现炼油厂废水中酚及SO_2排放量的减少。

糠醛与NMP的优点是具有更大选择性，导致更高抽余液产量和较低溶剂比，两者导致能耗降低约30%～40%。

(3) 跨介质影响

应注意采用高效溶剂回收技术避免溶剂污染流出水。当排水污染发生时，应注意废水处理的活性污泥处理装置不受干扰。NMP与糠醛相比更容易在WWTP降解，但比清洁糠醛更具有腐蚀性。

(4) 运行数据

NMP和糠醛的技术性能类似。糠醛提取装置良好的维修和操作表现同样适用于NMP装置。工厂以正确方式运行时，需要的糠醛和NMP数量相同。

(5) 适用性

一些适用性或溶剂改变的技术困难如下。

- 苯酚比糠醛更容易回收。糠醛与水形成不同比例的共沸物，因此不可能将苯酚装置直接转换溶剂，每单位加工量需要更多的糠醛。
- 苯酚转换为NMP也很困难。NMP具有较高沸点（22℃），较低熔点（64℃），没有共沸物的特点。鉴于上述原因，生产低沸点基础油通常使用糠醛（例如变压器油蒸馏）。

由于工艺条件的不同，现有装置将糠醛换为NMP需要大的改造（热油换热器改为明火加热炉，达到在溶剂回收部分所需的温度）。

(6) 经济性

在某些情况下改变溶剂并不意味着高昂的额外成本。在其他情况下，例如将SO_2芳烃抽提转换为另一种溶剂，需要一个全新的装置。下面给出了主要基础油炼制工艺的成本比较。

成本	糠醛	NMP	苯酚
溶剂，相对	1.0	2.3	0.60
投资	中	低	高
维护	中	低	高
能量	高	低	中

糠醛转换为 NMP 工艺需要经济计算，因为可能需要大的修改。因此节能与重新改造费用冲突，必须单独进行。糠醛改为 NMP 需要重大投资，包括但并不限于抽提塔、加热炉、冶金等。苯酚装置（每运行日 $277m^3$）转换为 NMP 装置（每运行日 $563m^3$）的费用预计为 90 万欧元（费用包括污水和溶剂储罐）。其他估算指出，将一套苯酚装置转换为 NMP 装置，投资成本大约是一套全新装置的 70%。

(7) 实施驱动力

减少炼油厂中能量消耗和酚及 SO_2 排放量。

(8) 装置实例

常用技术。

(9) 参考文献

[110，HMIP UK，1993]，[319，Sequeira，1998]，[268，TWG，2001]。

4.3.3 脱蜡装置溶剂回收

(1) 概述

2.3 部分包含了工艺信息。溶剂脱蜡工艺可以应用以下几种不同的预防技术。

• 惰性气体系统含有蜡过滤器蒸汽。在这个工艺程中，惰性气体循环和溶剂蒸气通过冷冻回收作为工艺的一部分。加热炉中溶剂焚烧应最小化。冷冻的替代方法是压力吸收油中溶剂（例如新鲜原料或精制原料）。

• 工艺使用的溶剂包括丙烷和甲乙酮（MEK）与甲基异丁基酮（MIBK）混合物。应避免甲苯或氯代烃。

• 溶剂回收阶段产生的溶剂污染水应当送到废水处理装置。

• 用惰性气体代替水蒸气汽提来自脱蜡油和石蜡的最后痕量溶剂。当使用含氯溶剂时，通常应用该程序。

(2) 环境效益

最大限度地回收溶剂脱蜡工艺中使用的溶剂并减少甲苯或氯代烃废水污染。溶剂脱蜡中惰性气体汽提的优点是溶剂精制装置减少了能量需求、增加了脱蜡油产量、降低了稀释比和溶剂损失、减少了脱蜡级差并降低了维修成本。

(3) 跨介质影响

使用大型冷冻系统，这些制冷剂损失应减至最少。冷冻/压力的能量消耗和热量。

应注意避免溶剂污染排水，因为溶剂脱蜡使用的大多数溶剂对水中微生物和废水装置是有害的。在此工艺中可能产生 VOCs 逸散性排放。

(4) 运行数据

公用工程，通常每 $1m^3$ 原料	数值	单位
燃料	1856	MJ
电力	290	kW
水蒸气	171	kg
冷却水($\Delta T=25℃$)	36	m^3
补充溶剂	1.7	kg

(5) 适用性

完全适用。

(6) 经济性

一套新建溶剂回收装置成本为 66000 美元/(m^3·d)（基于 $44000m^3/d$ 原料加工能力，1998 年美国墨西哥湾海岸）。炼油厂惰性气体汽提实施数据显示投资回收期 9～14 个月。

(7) 实施驱动力

这些技术可以应用在具有溶剂脱蜡装置的炼油厂，在润滑油生产中促进减少溶剂损失。

(8) 装置实例

具有润滑剂生产的许多炼油厂包含此类型工艺。

(9) 参考文献

[212, Hydrocarbon processing, 1998], [19, Irish EPA, 1993], [319, Sequeira, 1998], [268, TWG, 2001]。

4.3.4 石蜡后处理

(1) 概述

石蜡处理可以使用加氢精制或黏土处理。

(2) 环境效益

石蜡加氢精制与黏土处理相比具有许多优势，包括低运行成本以及减少废物产生。

(3) 跨介质影响

临氢加工需要氢气。加氢处理消耗能量、氢气和这一工艺所需的镍、钨甚至铂催化剂。废黏土带来处置问题。

(4) 运行数据

加氢精制的产率接近 100%，然而黏土处理微晶石蜡产率范围为 75%～90%，黏土处理轻质石蜡产率高达 97%。生产每立方米石蜡产品大约需要消耗 15(标)m^3 氢气。每吨产品需要消耗 2～45kg 黏土。

(5) 适用性

加氢精制是完全适用的，特别是有氢气可用时。但是，在某些情况下，加氢精制工艺不能达到某些很特殊产品的特定质量规格。

(6) 经济性

对应原料加工量 20000t/a，蜡加氢精制工艺的投资成本是 100 万欧元。

(7) 实施驱动力

加氢处理提供了较低运行成本。

(8) 装置实例

存在很多例子。

(9) 参考文献

[319，Sequeira，1998]，[268，TWG，2001]。

4.3.5 润滑油清洁

(1) 概述

工艺概述见 2.3 部分。使用加氢处理或硫酸和黏土处理是润滑油清洁中使用的处理方式。

(2) 环境效益

使用加氢处理代替其他清洁技术能够减少废物产生。

(3) 跨介质影响

加氢处理消耗能量、氢气和这一工艺所需的镍、钨甚至铂催化剂。

(4) 运行数据

在独立的润滑油炼油厂中，加氢处理装置产生的少量 H_2S 一般焚烧掉，这是由于克劳斯装置的建造在经济上不合理。

(5) 适用性

完全适用。但是在某些情况下，加氢精制工艺不能达到某些很特殊产品的特定质量规格。

(6) 实施驱动力

有润滑油生产的炼油厂可以使用此技术生产更清洁的润滑油。

(7) 装置实例

硫酸和黏土处理通常用于旧装置。

(8) 参考文献

[19，Irish EPA，1993]，[268，TWG，2001]。

4.3.6 基础油中间产物和产品储存

(1) 概述

基础油生产装置通常存在基础油生产的中间产物和产品的储存。

(2) 环境效益

降低泄漏风险和挥发性有机化合物的排放。

4.3.7 溶剂储存和基准

(1) 描述

芳烃溶剂抽提使用的溶剂应储存于有保护气的储罐中，使糠醛、NMP 和 MEK/甲苯的逸散性排放最小化。内部和/或外部基准做法可能会降低溶剂消耗。

(2) 环境效益

减少挥发性有机化合物排放、预防泄漏和降低溶剂消耗。防止水溶性溶剂泄漏，减少土壤和地下水污染。

(3) 适用性

这些技术可以视为挥发性有机化合物削减计划（4.23.6 部分）或土壤污染预防方案（4.25.1 部分）的一部分。

(4) 实施驱动力

甲苯和甲乙酮经常是用氮保护气来密封，主要是减少火灾危险，而不是预防 VOCs 排放；高沸点范围溶剂，如糠醛、NMP 等，不易于形成 VOCs 排放，也可能会用保护气密封，主要是防止（糠醛）氧化降解或减少恶臭。

(5) 装置实例

溶剂基准和泄漏预防广泛应用于炼油厂。

(6) 参考文献

[297, Italy, 2000], [268, TWG, 2001]。

4.3.8 加氢装置硫处理

(1) 概述

加氢工艺产生 H_2S。结果是包含 H_2S 的尾气将在硫黄回收装置中回收（参见 4.23.5 部分）或焚烧。

(2) 环境效益

硫和 H_2S 排放量减少。

(3) 跨介质影响

胺回收 H_2S 消耗能量和化学品。硫黄回收装置消耗能量（参见 4.23.5 部分）。焚烧需要燃料。

(4) 运行数据

参见 4.23.5 部分相关内容。

(5) 适用性

在独立的润滑油炼油厂中，这个工艺产生的少量 H_2S 通常会焚烧掉，在那些专业炼油厂中硫黄回收并不经常应用。

(6) 经济性

参见4.23.5部分。从欧盟炼油厂数据发现，独立的润滑油炼油厂执行SRU生产硫黄每天超过2t，符合成本效益。

(7) 实施驱动力

减少SO_x和H_2S排放。

(8) 装置实例

欧洲至少一家专业炼油厂拥有SRU，能回收酸性气体中99.1%的硫。

(9) 参考文献

[147，HMIP UK，1995]，[268，TWG，2001]。

4.3.9 芳烃抽提废水汽提

(1) 概述

芳烃抽提废水送到污水处理装置之前进行汽提。要考虑的其他技术是脱水/沉降。

(2) 环境效益

减少芳烃抽提生产废水内有机物和硫化合物含量。其他好处是减少能量需求，提高脱蜡油收率，减少脱蜡级差，降低稀释比例，减少溶剂损失，降低维修成本。

(3) 跨介质影响

汽提消耗能量。

(4) 运行数据

汽提消耗能量。

(5) 适用性

完全适用。

(6) 实施驱动力

降低能量消耗和减少溶剂损失。

(7) 装置实例

一些炼油厂使用。

(8) 参考文献

[147，HMIP UK，1995]，[319，Sequeira，1998]，[268，TWG，2001]。

4.3.10 热油系统

(1) 概述

当基础油生产装置有一个单独能量系统时，引入烟气清洁设施更具成本效益。

(2) 环境效益

减少能量系统的SO_x、NO_x和颗粒物排放。

(3) 跨介质影响

参见 4.23 部分削减 SO_x、NO_x 和颗粒物的不同跨介质影响。

(4) 运行数据

参见 4.23 部分。

(5) 适用性

这种技术可能很难适用于现有炼油厂。

(6) 经济性

参见 4.23 部分。

(7) 实施驱动力

减少能量系统的 SO_x、NO_x 和颗粒物排放。

(8) 装置实例

一些独立的润滑油炼油厂已经应用这一系统来减少液体燃料燃烧引起的排放。

(9) 参考文献

[268，TWG，2001]。

4.4 沥青生产

4.4.1 沥青产品储存

(1) 概述

沥青通常在加热条件和隔热下储存在适当储罐中。不把沥青作为固体处理的原因是太困难，人力强度太大。储罐装载和卸载通常如下。当罐装满后，罐内不加入氮气，通过一部分气体扩散到大气中降低压力。当罐低速度卸载时，少量氮加入罐内。但是当卸载速度更高时，必须使用更多氮。如果储罐配备了一些清洁系统，清洁系统必须是简单机械构成且便于清洁。

(2) 环境效益

出于安全原因，沥青罐配备氮密封和压力/真空安全阀。由于存在堵塞物，这些阀门需要维修。

(3) 跨介质影响

烃类和硫化合物可能从泄漏（特别是塔顶系统）和释压阀散发，罐车顶部装载操作时排气以含液滴气溶胶的形式散发。

(4) 运行数据

电加热油和低压蒸汽可以用于加热。换热器可以在罐内或者罐外，沥青通过它循环。由于表面温度和焦化原因，温度差异不应太大。

(5) 适用性

沥青产品储存在有沥青生产的炼油厂中。通常应用提及的预防技术。

(6) 实施驱动力

出于安全原因，沥青罐应配备氮密封和压力/真空安全阀。

(7) 装置实例

一些欧洲炼油厂使用此处提到的这些技术。

(8) 参考文献

[268，TWG，2001]。

4.4.2 废气处置

4.4.2.1 塔顶气体处理

(1) 概述

氧化塔塔顶气体焚烧前可以送到洗涤器，而不是直接水急冷去除污染物。

(2) 环境效益

H_2S、SO_2、SO_3、CO、VOCs、颗粒物、烟尘和恶臭排放减少。

(3) 跨介质影响

额外受污染的水。洗涤水被污染，在作为脱盐水重新利用和/或生物处理之前需要油和固体分离。洗涤器酸水在重新利用和/或净化之前送到酸水汽提塔进行汽提。

(4) 适用性

通常应用于沥青吹氧系统顶部。

(5) 参考文献

[147，HMIP UK，1995]。

4.4.2.2 使用来自不凝产品和冷凝液的热量

(1) 概述

分离器产生的不凝产品和冷凝液，烃类化合物和水，都可以在专门设计的焚烧炉中燃烧，使用必要的辅助燃料或在工艺加热器中加热。

氧化塔塔顶溢出油可以在污泥加工中处理或者在炼油厂溢出油系统循环。

(2) 环境效益

减少含有轻质油、水和颗粒物的乳液。另一个环境效益是去除其他地方难以处理的有恶臭气味的不凝物质。

(3) 跨介质影响

洗涤方面，气溶胶可以引起堵塞。额外受污染的水流出。在一个运行良好的装置中，沥青吹氧不凝物焚烧产生的 SO_2 或恶臭不会引起任何问题。

(4) 运行数据

焚烧炉应该至少在 800℃下运行，并且在燃烧室应该至少有 0.5s 停留时间。燃烧室氧浓度应高于 3%（体积分数）。低 NO_x 燃烧器可以装在这些焚烧炉内。

(5) 适用性

广泛用于去除沥青烟气。不凝和/或冷凝物可以在工艺加热器烧掉。但是它们应该被处理或洗涤以除去硫化物或燃烧产物，否则可能引起恶臭或其他环境问题。

（6）实施驱动力

异味、污泥和含油废物减少。

（7）装置实例

许多沥青氧化塔已关联设备来处理气体和液体废物。

（8）参考文献

[147，HMIP UK，1995]。

4.4.2.3 沥青材料储存和处理过程排气处理

（1）概述

可用于 VOCs 排放和恶臭的技术是：

a. 沥青储存和储罐混合/填充操作产生的恶臭气体可以排放到焚烧炉；

b. 已证明使用紧凑型湿式静电除尘器能够成功去除罐车顶部在装载过程中产生的气溶胶液体组分。

（2）环境效益

减少硫化物、VOCs、颗粒物、烟尘和恶臭气体排放。

（3）跨介质影响

消耗能量和湿式 ESP 在此情况下产生废物。

（4）运行数据

在废气清洁装置，VOCs 质量浓度需低于 150(标)mg/m^3。在废气焚烧装置，以 C 计的 VOCs 总质量浓度需低于 20(标)mg/m^3（连续操作得到的 0.5 小时平均值）。

（5）适用性

完全适用。

（6）实施驱动力

减少排放量以及恶臭滋扰。

（7）参考文献

[147，HMIP UK，1995]，[117，VDI，2000]。

4.4.2.4 SO_2 削减和硫黄回收装置

（1）概述

SO_x 削减技术和 SRU 是减少硫排放的技术。这些技术在 4.23.5 部分有大量论述。

（2）环境效益

硫排放量减少。

（3）跨介质影响

参见 4.23.5 部分不同应用技术。

（4）运行数据

参见 4.23.5 部分不同应用技术。

（5）适用性

这些技术实施与炼油厂其余部分联系极其密切。在独立的沥青炼油厂其应用有很多限制。

(6) 经济性

参见4.23.5部分不同应用技术。

(7) 实施驱动力

减少硫排放量。

(8) 装置实例

许多炼油厂应用这些技术。但是独立的沥青生产炼油厂应用较少。

(9) 参考文献

[268，TWG，2001]。

4.4.3 废水处理

(1) 概述

送到污水处理设施之前，累积于冷凝液收集罐的氧化塔塔顶废水可以送到含硫污水汽提塔。

(2) 环境效益

汽提减少了酸性废水中的H_2S、油、芳烃、挥发性多环芳烃、硫酸和恶臭氧化产物（酮、醛、脂肪酸），并且减少了向炼油厂集中废水处理系统的排放量。

(3) 跨介质影响

增加了酸性水汽提塔的油和颗粒物负荷。

(4) 适用性

通常应用于沥青吹制废水。

(5) 实施驱动力

减少排放到炼油厂废水处理系统的污染物。

(6) 参考文献

[147，HMIP，UK，1995]，[268，TWG，2001]。

4.4.4 废弃物处置

(1) 概述

包括储存在内的沥青生产设施可能产生泄漏。当与像砂子之类的其他成分混合时，这些泄漏通常会产生废弃物。

(2) 环境效益

减少废弃物产生。

(3) 运行数据

这可以视为4.25.1部分所述废弃物管理计划的一部分。

(4) 适用性

完全适用。

(5) 实施驱动力

减少废弃物及清洗量。

(6) 装置实例

许多炼油厂应用这类系统。

(7) 参考文献

[268, TWG, 2001]。

4.4.5 热油系统

(1) 概述

当沥青生产装置有一个单独能量系统时，引进烟气清洁设施更具成本效益。

(2) 环境效益

减少能量系统的 SO_x、NO_x 和颗粒物排放。

(3) 跨介质影响

参见 4.23 部分削减 SO_x、NO_x 和颗粒物的不同跨介质影响。

(4) 运行数据

参见 4.23 部分。

(5) 适用性

这种技术可能很难适用于现有炼油厂。

(6) 经济性

参见 4.23 部分。

(7) 实施驱动力

减少能量系统的 SO_x、NO_x 和颗粒物排放。

(8) 装置实例

一些独立的沥青炼油厂已经应用这一系统来减少液体燃料燃烧引起的排放。

(9) 参考文献

[268, TWG, 2001]。

4.5 催化裂化

本节将考虑几种类型的技术。第一组技术（4.5.1～4.5.3 部分）对应于催化裂化工艺类型。这些章节给出了没有使用减排技术可以实现的排放值（数据是可得的）。其余章节对应于催化裂化装置应用的末端处理技术。

4.5.1 再生器充分燃烧

(1) 概述

本节提供了运行条件良好和再生器充分燃烧的 FCC 排放信息。也将讨论影响 FCC

排放的操作技术。关于这一工艺的描述可以在2.5部分中找到。

(2) 环境效益

FCC可以减少污染物排放的一些运行方式如下。

- 当FCC在充分燃烧方式下运行，氧气过剩大于2%时，产生CO量在35～250(标)mg/m^{3}范围内（连续运行0.5小时得到的平均排放值）。
- 充分燃烧方式，再生器中加入CO氧化促进剂催化CO氧化过程。但是，该促进剂也催化了焦炭中燃料氮的氧化，增加NO_x水平（特别是NO）。铂催化剂可能促进N_2O生成。因此，CO促进剂数量随NO_x排放和CO排放关系而变化。但是可以实现NO_x 300～700(标)mg/m^3（3%O_2）的排放值。
- 通风和吹扫水蒸气最小化，可以显著减少颗粒物排放。依据在反应器与再生器之间催化剂管线中实现稳定的催化剂循环，确定通风/水蒸气比率。
- 合适装载和预硫化程序、良好控制反应器温度和良好流量分配可以减少催化剂损失。
- 反应前或再生前的催化剂汽提有助于减少焦炭形成。
- 在新鲜原料注入区以上注入循环蒸汽，可调节提升管温度。
- 修改再生器设计和操作，特别要避免倾向于增加NO_x生成的高温点。

(3) 跨介质影响

如3.5节所讨论，催化裂化装置是SO_2和NO_x、CO_2、CO、粉尘（颗粒物）、N_2O、SO_3、金属、烃类化合物（如醛）、氨的排放源。例如，FCC基本设计包括再生器容器内的两级旋风分离器，它能防止大量使用的粉末催化剂从系统逸散。但是较小催化剂粒子，其中有些是新催化剂引入的，有些是循环系统磨损生成的，很难通过两级旋风分离器系统保持而不逸散。因此在很多情况下，可以包含其他减排技术来补充这里讨论的工艺削减技术。下表给出了一个无控制催化裂化装置（无末端处理技术用来减少大气排放）最低大气污染物排放概况。

单位：排放因子 kg/1000kg 新鲜原料

颗粒物	SO_x（以SO_2计）	CO	烃类化合物	NO_x（以NO_2计）	醛	氨气
0.267～0.976	0.286～1.505	39.2	0.630	0.107～0.416	0.054	0.155

通常条件下（700～750℃）降低再生温度不会对NO_x排放产生巨大影响，但是需要一个CO锅炉且焦炭生成量增加。更改再生设计或操作可能会增加CO浓度。

(4) 运行数据

FCC工艺的运行数据可以在2.5部分、3.5部分找到。更多FCC工艺运行数据可以在[325, Gary and Handwerk; 326, Nelson]中找到。高严格FCC工艺可以提高用于烷基化和氧化产品的低碳烯烃（C_3、C_4）收率或者直接在市场出售。这通过提高裂化工艺温度和减少接触时间来实现。

(5) 适用性

充分燃烧方式通常应用于减压馏出物原料。只有低康拉逊碳值原料通常在FCC工艺中加工。

(6) 经济性

FCC 投资成本/[欧元/(t·a)]	计算依据
48～64	1.5Mt/a 新鲜原料包括反应/再生系统和产品回收。不包括厂区外，动力回收以及烟气洗涤(1998 年)
45～50	2.4Mt/a 新鲜原料包括转化器、分馏塔、蒸汽回收和胺处理，但并不包括动力回收厂区；厂区界限、直接材料和劳动力(1994 年)
维修	每年投资的 2%～3%

添加 CO 促进剂为 1.5Mt/a FCC［烟气生成大约为 10^9(标)m^3/a］提供约 30%效率［700(标)mg/m^3］的运行成本为 50 万欧元/a。改变 FCC 设计和/或操作的重大改造成本非常昂贵，仅出于环境考虑通常是不合理的。

(7) 实施驱动力

这是一个生产工艺。

(8) 装置实例

常用技术。欧洲安装约 50 套 FCC。催化裂化已在很大程度上取代了热裂化，因为它能够产生更多高辛烷值汽油和更少的重燃料油和轻气体。FCC 是一个中等复杂炼油厂非常典型的操作，但 RCC 装置正变得越来越流行。

(9) 参考文献

［212，Hydrocarbon processing，1998］，［113，Noyes，1993］，［117，VDI，2000］，［297，Italy，2000］，［136，MRI，1997］，［247，UBA Austria，1998］，［45，Sema and Sofres，1991］，［268，TWG，2001］。

4.5.2 渣油催化裂化（RCC）

(1) 概述

本节提供了运行条件良好并且再生器以部分燃烧方式运行的 RCC 排放信息。此外也讨论了影响渣油催化裂化排放的操作技术。工艺描述见 2.5 部分。

(2) 环境效益

与 FCC 相比可以升级更重渣油（例如减压渣油或低附加值渣油）。因此，RCC 可以提供环境正效益来减少炼油厂渣油的产生，否则可能会成为船用和其他重质燃料。这些燃料可能最后在燃烧过程中产生 SO_2、NO_x 以及金属。RCC 其他操作效益与 FCC 相比的环境结果如下。

- 使用两阶段催化剂再生替代催化剂冷却器，以控制焦炭燃烧产生的热量释放，原料康拉逊碳值可以高达 10%（质量分数）。
- 反应前或再生前的催化剂汽提处理有助于减少焦炭形成。
- 在新鲜原料注入区以上注入循环蒸汽，调节提升管温度。
- RCC 中使用 CO 锅炉和膨胀机的好处在 4.5.5 部分分析。

(3) 跨介质影响

一些原料可能需要加氢处理。

(4) 适用性

完全适用。FCC 可以改造为 RCC。中等康拉逊碳值的原料需要 CO 锅炉和较高催化剂冷却器。金属含量（镍、钒）应限制。渣油脱金属/加氢处理可扩大渣油原料范围。可在康拉逊碳值低于 6%～8%，总金属含量低于 20×10^{-6}的情况下运行。

(5) 装置实例

欧洲有一些实例。

(6) 参考文献

[212，Hydrocarbon processing，1998]。

4.5.3 再生器部分燃烧

(1) 概述

FCC 再生器以完全（本书考虑作为基本操作方式）或部分燃烧方式操作。部分燃烧方式下烟气中有大量 CO 存在，并且在再生器下游的 CO 锅炉烧掉，既能回收 CO 锅炉产生的能量，又满足环境要求。与完全燃烧方式相比，这个系统可以视为两段再生，前者存在单一再生步骤。另一考虑的技术是修改再生器设计和操作，特别要避免倾向于增加 NO_x 生成的高温点。

(2) 环境效益

使用部分燃烧方式及 CO 锅炉，与完全燃烧相比产生较少 CO 和 NO_x。使用 CO 锅炉或高温再生技术可以显著降低 CO 排放。所达到的 CO 排放低于 50～400(标)mg/m^3 (3%O_2日均值)。CO 锅炉需要额外炼油厂燃料气来焚烧（约 900℃）。部分燃烧结合 CO 锅炉的优势是降低了 NO_x [100～500(标)mg/m^3 (3%O_2，日均值)]、氨和烃类化合物排放。这种操作方式不影响硫氧化物和颗粒物排放。

存在 CO 锅炉与静电除尘器的裂化装置的排放因子如表 4.4 所列。

表 4.4 裂化装置排放因子 单位：kg/1000L 原料

工艺	颗粒物	硫氧化物（以 SO_2 计）	CO	烃类化合物	NO_x（以 NO_2 计）	醛	氨
存在 ESP 和 CO 锅炉的 FCC	0.020～0.428	0.286～1.505	可忽略	可忽略	0.107～0.416	可忽略	可忽略

(3) 跨介质影响

CO 焚烧需要燃料气。如果燃料中含硫，可能会导致 SO_2 排放。益处是有更大加工量和热/电回收。

(4) 运行数据

仔细设计 CO 锅炉安装地点和操作使得 CO 和 NO_x 排放最小化。

(5) 适用性

这种燃烧方式是完全适用的。一般来说，康拉逊碳值高达 2%～3%的原料可在没有 CO 锅炉以及催化裂化部分燃烧的“标准”催化裂化装置加工。康拉逊碳值为 2%～

5%的原料需要一个 CO 锅炉和 5%～10%的催化剂冷却器。应注意上述数字只具有指示性，还取决于裂化深度。

(6) 经济性

要将一个完全燃烧方式的 FCC 转换为部分燃烧方式的投资成本大约是（250～400）万欧元。改变 FCC 设计或者操作的重大改造非常昂贵，仅出于环境考虑通常是不合理的。

(7) 实施驱动力

生产工艺。

(8) 装置实例

在美国 FCC 装置的标准惯例是 CO 锅炉。在欧洲和世界其他地方也有很多例子。

(9) 参考文献

[297，Italy，2000]，[316，TWG，2000]，[268，TWG，2001]。

4.5.4 催化裂化装置原料加氢处理

(1) 概述

催化裂化装置原料的加氢处理与柴油和常压渣油加氢处理（参见 2.13 部分、4.13 部分）所使用的条件类似。

(2) 环境效益

FCC 原料加氢处理可以将含硫量降低到<0.1%～0.5%（质量分数）（取决于原料）。因此加氢处理的结果是，将再生器 SO_2 排放减少至 90%［烟气浓度为 200～600(标)mg/m^3（3%O_2），取决于原料］和氮化合物减少至 75%～85%（部分燃烧方式的百分比更小）。值得注意的是氮化合物比例减少并不会导致等量 NO_x 减少。该工艺还减少了向空气的金属排放（例如镍、钒）并延长了催化裂化催化剂的寿命。这种技术的其他好处是不需要加氢处理的硫醇氧化。这就减少了碱用量和向水中的排放。

(3) 跨介质影响

能量消耗量增加，从而增加了 CO_2 排放，这主要是由于 H_2，如 3.14 部分所讨论。正如 4.13 部分中讨论的那样，加氢处理工艺产生了需要处置的催化剂，增加了 H_2S 的生成，直接后果是需要含硫污水汽提塔以及硫黄回收装置（可能需要扩大或更新）。

(4) 运行数据

安装催化裂化原料加氢处理装置（或原料加氢裂化装置）将会减少催化裂化产品含硫量并提高它们的质量，因此它们需要较少的最终处理。这一工艺需要 H_2 和能量。不同催化工段使用的水会产生 20～40m^3/h 的酸性水。加氢处理得到的硫去除效率取决于催化裂化装置原料的沸点范围。原料越重，相同硫去除率需要更多能量。

(5) 适用性

完全适用。当炼油厂中氢气、酸性水汽提、硫黄回收装置的容量合适时，这一工艺更具成本效益。

(6) 经济性

催化原料加氢处理规模及成本见表 4.5。

表 4.5 催化原料加氢处理（典型原料是常压渣油和减压柴油）

［112，Foster Wheeler Energy，1999］

规模/容量/(kt/a)	典型投资/安装成本(费用包括现有工厂出于工艺集成目的的进行的必要互连)/百万欧元	运行成本/(百万欧元/a)
1250	65	—
2500	106	18
3750	150	—

注：成本假定有足够的空间和现有 SRU（硫黄回收装置）和酸性水汽提能力。如果需要进一步氢气生产，2500kt/a FCCU 原料加氢处理装置或者加氢裂化装置的新氢气装置通常需要成本在（60～75）百万欧元。

项目	馏出物原料脱硫	渣油原料脱硫	原料加氢处理减少 NO_x
工艺能力	1.5Mt/a	1.5Mt/a	1.5Mt/a FCC 拥有一氧化碳锅炉
投资成本/百万欧元	80～100③ 45～50①,②	200～300②,③	80～100
运行成本/(百万欧元/a)	4～9	15～25③ 30～50②	4～9

① H_2生产和 H_2S 处理设施除外。

② ［45，Sema and Sofres，1991］。

③ ［115，CONCAWE，1999］。

(7) 实施驱动力

这种技术实施通常是受产品规格的推动，因为加氢处理原料得到更高转化。未提前加氢处理的催化裂化装置生产的大部分产品需要进一步处理以符合产品规格要求。此外，再生器产生的烟气占炼油厂整体硫/NO_x 排放的很大部分。原料脱硫或轻度加氢裂化是减少这些排放的一个选择。

(8) 装置实例

许多实例。

(9) 参考文献

［296，IFP，2000］，［115，CONCAWE，1999］，［112，Foster Wheeler Energy，1999］，［45，Sema and Sofres，1991］，［247，UBA Austria，1998］，［297，Italy，2000］，［268，TWG，2001］。

4.5.5 FCC 再生器烟气废热锅炉和膨胀机

(1) 概述

再生器烟气热回收在废热锅炉或 CO 锅炉中进行。反应器蒸汽热回收在主分馏塔通过与不饱和气体装置的热集成，以及产品馏出物和循环回流物的残余热生产蒸汽。CO 锅炉产生的蒸汽通常平衡蒸汽消耗。在再生器烟气流中安装膨胀机，可以进一步提高能量效率。图 4.1 为一个废热锅炉的应用简图。

(2) 环境效益

废热锅炉回收烟气热量，膨胀机可以回收部分压力，用于再生器所需空气的压缩。对一个生产能力为 5Mt/a 的 FCC 产生的烟气来说，一个膨胀机应用可以节省 15MWe 电量。

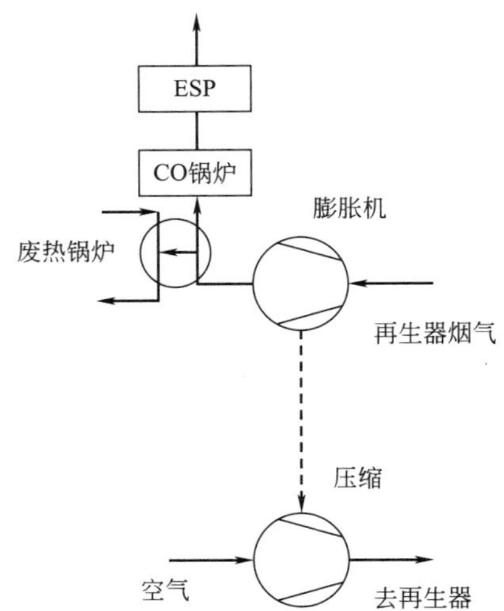

图 4.1 应用于催化裂化装置的废热锅炉

注：本节不包括 CO 锅炉和 ESP。

(3) 跨介质影响

废热锅炉（WHB）内可以收集大量催化剂粉末。较新 WHBs 有永久移除收集粉末的设备。但较旧 WHB 每次切换通常需要吹灰。如果该装置没有配备颗粒物减排技术，在操作过程中催化剂粉末排放量较大。

(4) 运行数据

再生气体的动力回收降低了 CO 锅炉的负担。

(5) 适用性

由于炼油厂空间限制，改造此设备非常困难。在小的或者低的压力装置中，膨胀机是不够经济的。

(6) 经济性

应用再生器烟气膨胀机可能花费很高，因为它们需要高温下额外颗粒物系统。涡轮膨胀机是大成本项目，废热回收装置也是如此。

(7) 实施驱动力

能量回收。

(8) 装置实例

使用再生器烟气膨胀机回收能量只适用于大型新建装置。

(9) 参考文献

[136，MRI，1997]，[268，TWG，2001]。

4.5.6 催化剂选择

(1) 概述

要考虑的技术是：

• 使用更高质量 FCC 催化剂，可以提高工艺效率，可减少催化剂废弃物并且可以降低更换率；

• 使用一种耐磨损的催化剂，可以减少催化剂更换频率，降低再生器颗粒物排放。

(2) 环境效益

在催化裂化工艺中使用良好选择的催化剂可以：

• 增加催化裂化效率达 20%，可以降低焦炭产生，减少催化剂废弃物产生；
• 提高催化剂循环；
• 将处理前烟气颗粒物含量减少到 300(标)mg/m^3。

(3) 适用性

改变催化剂可能会对催化裂化性能产生不利影响。

(4) 经济性

投资费用：没有。

运行费用：可以忽略。

(5) 实施驱动力

工艺要求。

(6) 参考文献

[80，March Consulting Group，1991]，[115，CONCAWE，1999]。

4.5.7 废水管理

(1) 概述

要考虑的一些技术：

• 一些催化裂化装置设计包含一套串联的塔顶清洗部分，旨在使用水量最小化；
• 重复使用炼油厂催化裂化装置产生的废水（例如脱盐）或最终输送到 WWTP 处理。

(2) 环境效益

减少用水和炼油厂内水再利用。

(3) 适用性

这两种技术完全适用于催化裂化装置。

(4) 实施驱动力

减少用水。

(5) 装置实例

在一些催化裂化装置中使用。

(6) 参考文献

[80，March Consulting Group，1991]。

4.5.8 NO_x 减排技术

此节包含 FCC 工艺应用的 NO_x 减排技术。

4.5.8.1 选择性催化还原（SCR）

（1）概述

参见 4.23.3 节。

（2）环境效益

SCR 入口 NO_x 浓度可能在 200～2000(标)mg/m³（3%O_2）范围内变化。SCR 入口 NO_x 浓度因使用的 FCC 类型（与 CO 锅炉组合的完全或部分燃烧）以及使用的原料类型（重质原料往往产生更高 NO_x 排放）而不同。取决于进口浓度，NO_x 排放可降低 85%～90%，并且出口 NO_x 浓度降低至 30～250(标)mg/m³（3%O_2）。这种削减效率使容量为 1.65Mt/a 的催化裂化装置每年可减少 300t NO_x 排放。另一个优点是在 SCR 工艺中也发生一些 CO 氧化（大约 40%）。

（3）跨介质影响

使用氨气（储存/处理），当不按化学计量比操作时存在氨气排放风险，取决于催化剂使用年限［2～10(标)mg/m³］以及 SCR 催化剂再生和处置。这种技术所需的氨可由两段酸性水汽提塔（参见 4.24.2 部分）提供。SCR 另一个缺点是一些少量的 SO_2 在脱硝催化剂作用下被氧化成 SO_3，因此它可能产生潜在烟气不透明问题。

（4）运行数据

催化剂性能随时间恶化，主要是由于尘土和 SO_x 的影响。但是，目前例子显示寿命大大超过预期（6 年）。来自经营者的信息宣称，并不是所有 FCC 应用的 SCR 都在设计负荷下运行，这导致了催化剂寿命延长。操作员担心的一些其他问题是 SCR 催化剂可能潜在被烟气中的颗粒物污染。更多普遍的 SCRs 运行数据参见 4.23.3 部分。

（5）适用性

因为温度范围比较宽泛（300～400℃），因此改造应用非常灵活。但是，安装需要相当大的空间。如果它们不存在，SCR 应用通常需要新的 WHB（完全燃烧）或 CO 锅炉（部分燃烧）。最好是脱硝装置与废热锅炉结合。因为 SCR 在氧化条件下操作，因此不能将其安装在 CO 锅炉（部分燃烧）上游。

（6）经济性

表 4.6 是 FCC 应用 SCR 的经济性示例。

表 4.6 FCC 装置应用 SCR 的经济性示例

FCC 规模 /(Mt/a)	效率 /%	出口 NO_x 浓度 /(标)(mg/m³)	安装成本 /百万欧元	操作和维修成本 /(百万欧元/a)	单位去除成本④ /(欧元/t NO_x 去除)
1.65	90	40	3.8①	0.24 (SEK 2 百万)②	2103
1.5	85	120	6.3～13③	0.4～0.8	2023
1.5	85	37.5	1.2～3.6⑤	0.12～0.48	2042

① 括号内为原始货币成本。

② 包括 SCR 反应器、氨储存和注入设施，以及催化剂初始填充。

③ 操作和维修成本包括氨、蒸汽和催化剂更换。

④ 包括 CO 锅炉。

⑤ 使用表 4.7 所载同样经济学分析。

注：数据为新装置成本。

FCC 装置 SCR 的更多详细经济评估参见表 4.7。

表 4.7 催化裂化装置之后的选择性催化还原（SCR）装置的主要成本因素

成本因素		欧元/单位	欧元/a
运行时间/(h/a)	8000		
投资成本/百万欧元	1.45		
每年开支的输入因子：			
年数/a	15		
利率/%	6		
每年偿还包括利息/(欧元/a)	150000		
投资成本的比例(含利息)			150000
催化剂的体积/m^3	20		
年限/a	8		
催化剂的更新/(m^3/a)	2.5	15000 欧元/m^3	
平均催化剂的更新/(欧元/a)	36300		
催化剂			36300
维修+破损和磨损 (占投资成本的百分比)/%	2		
维修+破损和磨损/(欧元/a)	29000		
维修+破损和磨损			29000
压降/kPa	8		
能量用于再热/(MJ/h)	0	3.6 欧元/GJ	0
电力能源/(kW·h/h)	88	0.065 欧元/(kW·h)	46000
液态氨/(kg/h)	36.96	0.25 欧元/kg	75200
总成本			336269

注：1. 在一个拥有 100000(标)m^3/h 废气的炼油厂达到 NO_x 排放减少 1000(标)mg/m^3，这与实际含氧量有关，并且洁净气浓度小于 200（标)mg NO_x/m^3。

2. 进口浓度可能在 200～2000(标)mg/m^3(3%O_2）范围变化。NO_x 出口浓度被 SCR 减至 80～120(标)mg/m^3。

（7）实施驱动力

减少 NO_x 排放。1.65Mt/a 的催化裂化装置，当 NO_x 排放减少达到 90%时，每年可减少 300t NO_x 排放。

（8）装置实例

在全球催化裂化装置中至少有六套 SCR 在运行，两套在欧洲（Scanraff-瑞典和 Pernis-荷兰）。

（9）参考文献

[107，Janson，1999]，[45，Sema and Sofres，1991]，[254，UKPIA，2000] [247，UBA Austria，1998]，[115，CONCAWE，1999]，[316，TWG，2000]，[136，MRI，1997]，[348，Ashworth Leininger Group，2001]。

4.5.8.2 选择性非催化还原（SNCR）

(1) 概述

参见 4.23.3 部分相关内容。

(2) 环境效益

这些系统 NO_x 排放减少 40%～80%。出口浓度可下降至低于 200～400(标)mg/m^3 (3%O_2)，取决于原料含氮量。也可以使用尿素代替氨。尿素的优点是更易溶于水，从而降低处理/储存氨的风险。

(3) 跨介质影响

使用氨（储存或处理），当不按化学计量比操作时存在氨气排放风险。这种技术需要的氨可由两段酸性水汽提塔提供（参见 4.24.2 部分）。尿素的使用会引起更多氨（来自尿素）泄漏和一些 N_2O 生成。

(4) 运行数据

需要高温（800～900℃）烟气。

(5) 适用性

这适用于存在 CO 锅炉的部分燃烧催化裂化。改造现有锅炉相对比较简单。它同样适用于完全燃烧装置。空间需求主要与氨气储存相关。

(6) 经济性

见表 4.8。

表 4.8 FCC 应用 SNCR 的经济性

FCC 规模 /(Mt/a)	效率 /%	进/出口 NO_x 浓度(3%O_2) /(标)(mg/m^3)	投资 /百万欧元	运行成本 /(百万欧元/a)	单位去除成本 /(欧元/tNO_x去除)
1.5	60	800/>320	5.4 0.6①	0.1～0.4	1300
1.5	60～80	200/40～80	0.35～1.5①	0.05～0.4	1700

① 成本数据不包括一氧化碳锅炉成本。

(7) 实施驱动力

降低 NO_x 排放。

(8) 装置实例

已应用于日本的催化裂化装置，CO 锅炉提供了足够的温度范围。

(9) 参考文献

[115，CONCAWE，1999]，[45，Sema and Sofres，1991]，[316，TWG，2000]。

4.5.9 颗粒物减排技术

催化剂选择可以视为一种颗粒物减排技术。这种技术连同催化剂更换的其他可能影响包含在 4.5.6 部分。

4.5.9.1 附加旋风分离器

(1) 概述

使用高度专门化的旋风分离器（三级和多级旋风分离器），其设计是为了适应布置、尺寸、轮廓、速度、压力和去除粒子的密度。这是颗粒物去除装置的第一自然选择：这些都是常规旋风分离器，安装在再生器外部，但与内部一级和二级旋风分离器在相同原则下操作。它们是高速设备，回收的催化剂返回灰尘储料器。

(2) 环境效益

通过减少空气中颗粒物含量，金属排放量也减少。取决于上述因素，旋风分离器通常在10～40μm及以上范围内去除粒子效率高。效率范围可以从30%～90%。单独的旋风分离器的平均性能数据在100～400(标)mg/m³范围内［进口浓度为400～1000(标)mg/m³］。低浓度是不可能达到的，因为该范围内旋风分离器进口速度引起额外磨损，这会产生额外粉末通过旋风分离器。每套装置的粉末催化剂处理是300～400t/a。旋风分离器对粗颗粒更有效，它们的设计本质是防止大于10μm的任何颗粒进入下游设施。

(3) 跨介质影响

回收的催化剂粉末被视为废物（300～400t/a，每套装置）。结果，污染从空气转到土壤。

(4) 运行数据

在烟气中产生压降。在很多催化裂化装置中具有良好性能和可靠性。

(5) 适用性

适用于任何催化裂化装置。

(6) 经济性

催化裂化装置应用的三级旋风分离器的经济性数据见表4.9。

表4.9 催化裂化装置应用的三级旋风分离器的经济性数据

FCC规模/(Mt/a)	效率/%	下游颗粒物浓度/(标)(mg/m³)	投资/百万欧元	运行成本/(百万欧元/a)
1.5	30～40	40～250	1～2.5	0.7
1.5	30～90	60～150①	0.5～1.5	0.1
1.2	75	50～100②	1.5～2.5	—

① 初始浓度：450(标)mg/m³［300～600(标)mg/m³范围］。

② 初始浓度：200～1000(标)mg/m³。

注：运行费用只包括直接现金运行开支，不包括投资折旧以及财务费用。投资费用适用于新厂装置。经济性不包括处置所产生废物的费用。

处理粉末催化剂的费用大约为120～130欧元/t，包括运输费用在内。

(7) 实施驱动力

提高对颗粒物排放的控制。三级旋风分离器也用来保护下游设备，例如热或动力回收设备（如膨胀机叶片）。

(8) 装置实例

许多催化裂化装置正在运行这些系统。

(9) 参考文献

［45，Sema and Sofres，1991］，［80，March Consulting Group，1991］，［297，Italy，2000］，［115，CONCAWE，1999］。

4.5.9.2 静电除尘器（ESP）

（1）概述

4.23.4 部分可以找到 ESP 的简短描述。

（2）环境效益

ESP 获得的典型颗粒物排放水平是使得 FCC 再生器烟气颗粒物浓度在 10～50(标)mg/m³以下。这一水平基于平均连续监测，不包括吹灰。这个范围取决于催化剂类型、催化裂化装置操作方式，以及是否在 ESP 前实施了其他预处理技术。催化裂化装置 ESP 的颗粒去除率大于 99.8%。效率不依赖于颗粒大小或烟气速度，压降很小。颗粒物减少的结果是，金属（镍、锑、钒及其成分）可以减少到低于 1(标)mg/m³（以镍、锑和钒总和计），并且其中的镍及其成分可以减至低于 0.3(标)mg/m³（以镍计）（包括 CO 锅炉吹灰在内的连续操作半小时平均值）。催化裂化装置的颗粒物排放因此可以减至1.1～2.3kg/h。

（3）跨介质影响

因为这些系统回收来自催化裂化的粉末颗粒物（主要是催化剂），炼油厂可能需要额外增加设施来处理回收的粉末颗粒物。ESP 也需要消耗电能。

（4）运行数据

ESP 产生非常轻微的压降。额外能量消耗量相对较低，但是消耗电力。还需要高昂的维护来保持高捕集效率。颗粒物连续监测不是其中最可靠的连续监测系统。来自 EU+炼油厂的信息表明，使用深度脱硫原料对颗粒物静电性能产生很大影响（因为硫和金属含量较小），并降低 ESP 捕获这些粒子的可用性。在这些情况下，他们报告可实现的最佳值为 30～35(标)mg/m³。

（5）适用性

因为处理的催化裂化装置排气量很大［1.5Mt/a 的催化裂化装置每天生成 2.8(标)Mm³］，应该降低流动气体速度来增加颗粒物捕集，这些系统需要很大空间。ESP 可能很难应用于高电阻率颗粒物的捕集。

（6）经济性

催化裂化装置应用 ESP 的经济性数据见表 4.10。

表 4.10 催化裂化装置应用 ESP 的经济性数据

FCC 规模/(Mt/a)	效率/%	下游颗粒物浓度/(标)(mg/m³)	投资/百万欧元	运行成本/(百万欧元/a)
1.5	90	30	4～6	0.25～0.5
1.5	85～95	<50	3～5	0.25～0.5
1	95	10～20①	5.5	小③
1.5	90～95	<50②	4～6	0.25～0.5

① 初始浓度：250～300(标)mg/m³范围内。

② 初始浓度：4000(标)mg/m³。

③ 不包括细粉处理。

注：运行费用只包括直接现金运行开支，不包括投资折旧以及财务费用。投资费用适用于新厂装置。

(7) 实施驱动力

颗粒物排放减少。

(8) 装置实例

十多家欧洲炼油厂在催化裂化装置中使用 ESP。它们还用在美国和日本的许多炼油厂。

(9) 参考文献

[45, Sema and Sofres, 1991], [297, Italy, 2000], [117, VDI, 2000], [247, UBA Austria, 1998], [222, Shell Pernis, 1999], [115, CONCAWE, 1999], [268, TWG, 2001]。

4.5.9.3 过滤器

(1) 概述

再生器废气的进一步选择是过滤器（袋式、陶瓷或不锈钢过滤器）。

(2) 环境效益

比旋风分离器和 ESP 能够达到更高性能指标 [<1～10(标)mg/m^3]。

(3) 运行数据

袋式过滤器对温度敏感（<200℃），因此它们的使用有限。它们会导致高压降。

(4) 适用性

纤维或袋式过滤器可以加装在三级旋风分离器下游。然而，袋式过滤器不适于催化裂化使用，原因是压降、潜在的"堵"袋、所需要的大空间以及它们无法应对异常条件。

(5) 实施驱动力

减少颗粒物排放。

(6) 装置实例

欧洲催化裂化装置中至少有一个成功应用实例。

(7) 参考文献

[80, March Consulting Group, 1991]。

4.5.9.4 控制和再利用催化剂粉末

(1) 概述

大量催化剂粉末经常出现在 FCCU 催化剂料斗、反应器和再生容器周围，它们利用上述减排技术予以收集。粉末可以在冲洗到排水系统或通过风迁移到场外之前进行收集和回收。这些技术可被视为内部管理措施，包括在 4.15 部分。要考虑的一些技术是：

- 干吹扫催化剂粉末，将固体循环或作为非危险废物处置；
- 在灰尘区域使用真空管道（和人工收集真空软管），输送到一个小的袋式集尘室进行收集；
- 粉末循环利用的机会（水泥生产）。

(2) 环境效益

减少颗粒物排放。

(3) 适用性

完全适用，特别是在催化剂装载/卸载过程中。

(4) 实施驱动力

减少颗粒物对土壤污染。

(5) 装置实例

已在美国炼油厂中使用。

(6) 参考文献

[80，March Consulting Group，1991]。

4.5.9.5 从泥浆倾析油中去除催化剂

(1) 概述

2 种类型技术已应用在催化裂化装置来提高泥浆沉降器倾析油中催化剂的分离效果：a. 采用高压电场极化和捕获倾析油中的催化剂颗粒；b. 进入倾析油中的催化剂粉末量也能最小化，通过在反应器中安装高效旋风分离器，将倾析油的催化剂粉末损失转移到再生器，在这里可采用任意颗粒物减排技术来收集。

(2) 环境效益

来自催化裂化装置的倾析油浆可能包含高浓度催化剂粉末。这些粉末往往妨碍倾析油作为原料使用，需要处理产生的含油催化剂污泥。使用倾析油催化剂去除系统可以使倾析油中的催化剂最小化。

(3) 运行数据

悬浮在分离器底流中的催化剂粉末可以回收返回反应器。

(4) 适用性

旋流分离器应用在许多催化裂化装置中。

(5) 实施驱动力

减少催化剂消耗和倾析油污泥。

(6) 装置实例

去除催化剂粉末的旋流分离器，成功应用在很多催化裂化装置中。

(7) 参考文献

[316，TWG，2000]。

4.5.10 硫氧化物减排技术

本节包含可能适用于催化裂化装置的硫氧化物减排技术。

4.5.10.1 脱硫氧化物催化剂添加剂

(1) 概述

催化裂化装置再生器尾气中的 SO_2 通过使用一种催化剂［金属（例如铝/镁、铈）氧化物］转移很大一部分与焦炭相关的硫到反应器，在此以硫化氢的形式排放出来。它与裂化蒸汽产品一起离开反应器，被炼油厂胺洗涤系统捕获，接着在 SRU 中实现硫转换。脱除硫氧化物分 3 步：a. 铈催化将 SO_2 氧化为 SO_3；b. 再生器中产生的 SO_3 吸附产生硫酸盐，再返回到反应器；c. 还原为氧和释放 H_2S 到产品气中进行回收。

(2) 环境效益

硫氧化物去除量取决于添加到装置中的脱硫添加剂量，以完全燃烧方式去除效率通常是 20%～60%。在部分燃烧方式下，该技术可以去除 30%硫氧化物。通常下游排气中 SO_2浓度为 1300～3000(标)mg/m^3（3%O_2）[初始浓度为 4250(标)mg/m^3（3%O_2），原料含硫大约 2.5%]。

(3) 跨介质影响

这一工艺的缺点如下。

- 脱硫氧化物添加剂在充分燃烧方式下效率更高。但是，充分燃烧意味着比部分燃烧方式生成更多的硫氧化物和 NO_x。
- 可能降低催化裂化装置产率。
- 降低催化裂化装置操作灵活性。
- 其他影响是增加能量消耗以及 H_2S 处理设施可能存在瓶颈。

(4) 适用性

这种技术对装置设计比较敏感，特别是再生器条件。在完全氧化条件下运行效率最高，此时烟气中 50%的硫可以去除。但是，装置性能可能会受到影响，且转移催化剂的更换率可能很高。

(5) 经济性

该技术不需要大量的投资成本，引入添加剂到催化剂系统可节省定量给料设备。运行开支大约是 0.34～0.7 欧元/t（对一个 1.5Mt/a 催化裂化装置为每年 100 万欧元）。另一个参考文献表明对于 200000(标)m^3/h 气量（2.3Mt/a 的 FCC）的催化剂成本为每年 300 万欧元（1997 年）。成本高度依赖于装置、初始 SO_2 排放和 SO_2 目标。

(6) 实施驱动力

减少催化裂化装置的硫氧化物排放。

(7) 装置实例

许多炼油厂的催化剂已应用脱硫氧化物添加剂。该方法是建立在良好经济性之上的。

(8) 参考文献

[115, CONCAWE, 1999], [45, Sema and Sofres, 1991], [112, Foster Wheeler Energy, 1999], [297, Italy, 2000], [316, TWG, 2000]。

4.5.10.2 湿法洗涤

(1) 概述

存在几种湿法洗涤工艺。简要说明包括在 4.23.5.4 部分。

(2) 环境效益

一个设计适当的湿法洗涤工艺通常会提供有效的去除 SO_2/SO_3 和颗粒物效率。包括一个额外处理塔，氧化 NO 为 NO_2，也可以部分去除 NO_x。表 4.11 显示了湿式洗涤器预期可实现的排放水平。

表 4.11 湿式洗涤器预期可实现的排放水平

排放物	效率/%	入口(3% O_2)/(标)(mg/m^3)	出口(3% O_2)/(标)(mg/m^3)
硫氧化物	95～99.9	600～10000	10～400
颗粒物	85～95	350～800	<10～35
NO_x	70	600	180
烃类化合物	—	—	50

注：颗粒物去除与设计关系很大，系统压降是一个比较大的变量。洗涤器减少亚微米粒子的效率比较低。

技术	去除效率/%	入口 SO_2浓度(3% O_2)/(标)(mg/m^3) 160～180℃	出口 SO_2浓度(3% O_2)/(标)(mg/m^3)120℃
Wellmann Lord	98	2000～7000	100～700

(3) 跨介质影响

湿式洗涤系统引起含水泥浆废物处理和增加炼油厂能量消耗的问题。清洗污水中包含 Na_2SO_4。其他缺点是原料昂贵，如烧碱，如果硫和其他负荷高，则可能需要烟气再热以防止产生羽雾。这些系统通常对其他污染物敏感，如颗粒物、盐和 SO_3。其他影响是 H_2S 处理设施（例如 SRU、胺洗涤器）、副产品生成，以及原料供应和处理可能需要消除的瓶颈。

Wellmann-Lord 系统：增加的能量消耗、副产品、原料供应和处理，H_2S 处理设施可能存在瓶颈。

(4) 运行数据

湿防洗涤灵活和可靠。可以随时应对日常操作的改变。具有低压降、在低温下操作以及不会产生固体沉积物的优点。湿式洗涤器可以减少一些 CO_2，降低介质溶解 SO_2 能力。在 4.23.5.4 部分中可以找到更多信息。

(5) 适用性

紧凑系统并完全适用。55.2～276L/s 原料率（1.5～7.5Mt/a）范围 FCC 的系统范围在 93～465m^2。最新趋势包括在 SRU 中强制氧化加工 SO_2，与石灰反应生成石膏，这是一种存在市场的商业产品。动力装置副产品应用，配备 Wellmann-Lord 烟气脱硫。在 4.23.5.4 部分中可以找到更多信息。

(6) 经济性

工艺目标	催化裂化能力/(Mt/a)	投资费用/百万欧元	运行费用/(百万欧元/a)
SO_2 减少	1.5	10	2～5
颗粒物减少	1.5	4～6 2～5	2～5
SO_2 减少	3	15～20	2～3

续表

工艺目标	催化裂化能力/(Mt/a)	投资费用/百万欧元	运行费用/(百万欧元/a)
SO_2 减少（再生）	3	24～28	1.5
SO_2 减少	5	13①	无数据
SO_2 和颗粒物减少	0.5～4	3～15	无数据

① 投资费用包括水清洗处理装置。

在 4.23.5.4 部分中可以找到更多信息。

(7) 实施驱动力

减少烟气中硫氧化物和颗粒物。

(8) 装置实例

依赖于丰富操作经验而存在。这种技术广泛应用于美国催化裂化装置。Wellman Lord 系统已经成功应用于动力装置。更多信息可以在 4.23.5.4 部分找到。

(9) 参考文献

[181，HP，1998]，[269，Confuorto，2000]，[45，Sema and Sofres，1991]，[247，UBA Austria，1998]。

4.5.10.3 文丘里洗涤

(1) 概述

存在两种变体，喷射文丘里以及高能文丘里。

(2) 环境效益

颗粒物排放减少。此外，它还可以除去烟气中存在的大部分 SO_2。催化裂化装置再生器中带文丘里洗涤器的三级旋风分离器减少 SO_2 及颗粒物排放可以达 93%。

(3) 跨介质影响

产生液体和固体废物以及湿烟气。

(4) 运行数据

这些系统一般对其他污染物，如颗粒物、盐、SO_3 等比较敏感。

(5) 适用性

高能文丘里是近期装置偏好使用的设计。广泛应用于小排放气流处理。

(6) 实施驱动力

减少硫和颗粒物排放。

(7) 装置实例

文丘里洗涤使用碱液，在不太广泛的规模上成功应用。

(8) 参考文献

[112，Foster Wheeler Energy，1999]。

4.5.10.4 干式和半干式洗涤器

(1) 概述

存在两种类型技术：干式和半干式。半干法工艺的关键组成是一个喷雾干燥器，在此热烟气与石灰浆细液滴喷雾接触。液滴能够吸收 SO_2，形成被热烟气干燥成细粉末的反应产品。干式和半干式过程都需要下游灰尘捕集系统，如 ESP 或袋式过滤器。更多信息可以在 4.23.5.4 部分找到。

(2) 环境效益

减少烟气中 SO_2。工艺效率：半干式工艺可以去除 90%硫，而干式工艺大约去除 50%。干式工艺效率可达 50%，条件为石灰在较高温度下（约 400℃），Ca/S=1，或温度在 130～140℃ 及 Ca/S=2。Ca/S 比是主要影响因素。使用例如 $NaHCO_3$ 作反应物，去除率会高得多。使用石灰，烟气也可能在 900℃有合理停留时间的一个足够大反应器中净化处理。在这种情况下，Ca/S=2.1 时，削减率为 80%，Ca/S=3 时，削减率为 90%。

(3) 跨介质影响

固体废物沉积导致反应产品不能满足消费者质量需求的情况。其他缺点如下。

- 使用袋式过滤器压降高。
- 增加气流中粉尘负荷，需要捕集灰尘。
- 水/热平衡操作困难（仅喷雾干燥器）。
- 通过袋式过滤器粉尘捕集装置可能产生较大压降，例如袋式过滤器。
- 产生固体废物：减少 1t SO_2 生成约 2.5t 固体废弃物。
- 干式和半干式洗涤器中生成 $CaSO_3$、$CaSO_4$、飞灰和石灰混合物。

(4) 运行数据

这些系统一般对其他污染物，如颗粒物、盐、SO_3 等比较敏感。

(5) 适用性

在低温系统下操作。产生的废物很难重新使用（没有石膏市场），并且很难填埋（在不久的将来将严格限制堆填处理）。

(6) 经济性

干式工艺是一个相对较低成本方案。这些工艺的原料便宜。资本成本和运行成本通常小于湿式洗涤。投资成本大约为（15～20）百万欧元，以及运行成本大约为（200～300)万欧元/a（石灰成本+填埋废物处置）。

(7) 参考文献

[112，Foster Wheeler Energy，1999]，[257，Gilbert，2000]，[45，Sema and Sofres，1991]，[297，Italy，2000]。

4.5.10.5 海水洗涤

(1) 概述

此洗涤使用海水的天然碱性去除 SO_2。更多信息可以在 4.23.5.4 部分找到。

(2) 环境效益

SO_2 去除可高达 99%。为了减少颗粒物排放到海水中，烟气在海水洗涤器处理之前应包括颗粒物减排技术。以这种方式，海水洗涤可以视为一种从空气到海水污染的转移。

(3) 跨介质影响

颗粒物含有金属（例如钒、镍、锑）且烟气中其他污染物转移到海水中。工艺本身到海水的排放物中硫含量只增加约3%。

(4) 运行数据

系统需要电力（海水泵、通风风机和排烟风机）以及海水。用废冷却水是可行的，例如海水作为冷却水。去除每吨硫大约需要海水15000～20000m^3/h。应特别注意使腐蚀最小化以及由此引起的维修问题。

(5) 适用性

应用海水洗涤的可行性取决于地点。工艺需要引入大量具有竞争性成本的海水。充分应用于含硫量高达1.5%的燃料。此种系统通常用于避免颗粒物（含金属）污染海洋环境的减排技术之后。

(6) 经济性

海水洗涤器每年的费用取决于规模和进出的硫氧化物。成本与湿洗涤器具有可比性。通常投资成本大约为60欧元/净kWe动力装置输出。主要运行成本是电力消耗。

(7) 实施驱动力

减少SO_2排放。

(8) 装置实例

系统应用于全世界的一些发电厂，在挪威的催化裂化装置上有一项成功的商业应用。

(9) 参考文献

[278，Alstom Power，2000]。

4.5.10.6 湿气硫酸工艺（WSA）

(1) 概述

参见4.23.5.4部分。

(2) 环境效益

SO_2减少99%和减少一些NO_x。与SCR结合，同时将NO_x减少95%。

(3) 参考文献

[247，UBA Austria，1998]。

4.5.11 组合减排技术

(1) 概述

市场上存在的工艺包含一套ESP、一套NO_x SCR、SO_2催化氧化以及硫酸生产。4.23.3部分可以找到关于这种技术的更多信息。

(2) 环境效益

污染物	去除效率	出口浓度/(标)(mg/m^3)
SO_2	>94%	
NO_x	≥90%	
颗粒物		<10

集成系统还可以生产 95%(质量分数)硫酸。

(3) 跨介质影响

参见包含在此工艺中的每一项特定技术。

(4) 运行数据

参见包含在此工艺中的每一项特定技术。

(5) 适用性

此工艺可以处理烟气中高浓度的 SO_2。

(6) 经济性

设计能力	1000000(标)m^3/h
投资成本	10000 万欧元

(7) 实施驱动力

减少 SO_2、NO_x 和颗粒物排放。

(8) 装置实例

应用于催化裂化和焦化烟气。

(9) 参考文献

[297, Italy, 2000]。

4.5.12 废弃物管理技术

(1) 概述

废弃物是在催化裂化工艺中生成的。选择催化裂化使用的催化剂、控制颗粒物排放以及正确管理产品和泥浆罐底部,可减少废弃物产生。此外实施废弃物产生的基准操作,对于如何降低废弃物以及降低多少废弃物总量,可能是一种促进。

(2) 环境效益

减少废弃物产生。

(3) 运行数据

这些技术可以视为炼油厂废弃物管理计划的一部分。

(4) 适用性

参见 4.5.6 部分催化剂选择的适用限制。

(5) 实施驱动力

减少废弃物管理成本和催化剂损失。

(6) 装置实例

在许多炼油厂中应用。

(7) 参考文献

[268，TWG，2001]。

4.6 催化重整

BAT 备选技术中予以考虑的前两个技术是工艺技术，其余技术是预防或控制催化重整工艺污染排放的技术。

4.6.1 连续催化重整

(1) 概述

在连续工艺中，催化剂连续再生并保持高活性。催化剂在外部反应器中再生。更多信息可以在 3.6 部分找到。

(2) 环境效益

这一工艺比半再生式具有更高能量效率，原因是可从产品和泵循环中回收热量，以及拔顶与真空的集成。

(3) 跨介质影响

在催化剂再生过程中，它比半再生式产生更多二噁英。更多信息参见 3.6 部分。

(4) 运行数据

与相同温度下半再生工艺相比，运行需要的压力更低（0.6～1.4MPa）。使用双金属催化剂（铂-铼、铂-锡）。这些过程中还产生氢。连续再生催化重整装置每吨原料产生约 350(标)m^3 氢。为提高重整焦炭沉积和热力学平衡收率，两者都适合低压操作，通过连续催化剂再生维持高催化剂活性和选择性，是连续类型装置的主要优势。

(5) 适用性

完全适用。

(6) 经济性

投资成本基于 3975m^3/d 连续辛烷化装置、厂界限制、建造成本，1998 年墨西哥湾海岸：每天每立方米 10000 美元。基于 3180m^3/d 的建造成本是 4800 万美元（每天每立方米 15200 美元）。另外，催化剂成本额外增加 260 万美元。这是 1995 年 4 季度美国墨西哥湾海岸的成本数据。

(7) 实施驱动力

生产工艺。未来最大缺点是CCR产品中芳烃含量高（70%～75%）。很多炼油厂在达到从2005年起芳烃为35%（体积分数）的汽油规格时会有很大困难。

(8) 装置实例

现在仅建立了连续催化重整装置。

(9) 参考文献

[212, Hydrocarbon processing, 1998], [166, Meyers, 1997], [268, TWG, 2001]。

4.6.2 半再生式重整

(1) 概述

简要描述参见2.6部分。

(2) 环境效益

热集成要比连续重整装置低。然而，很多半再生式装置已更好地应用于原料排水交换以使能量消耗最小化。

(3) 跨介质影响

在半再生重整中，催化剂每隔3～24个月再生，取决于工艺强度。每吨原料二噁英的排放系数要比连续重整情况下低得多。更多信息参见3.6部分。

(4) 运行数据

反应器在400～560℃和2.0～5.0MPa条件下运行。这种类型工艺中每吨原料会产生130～200(标)m^3氢。

(5) 适用性

完全适用。

(6) 经济性

3180m^3/d半再生装置的建造成本是3300万美元[10400美元/(m^3·d)]。另外，催化剂成本需要额外增加340万美元。这是1995年4季度美国墨西哥湾海岸的成本数据。

(7) 实施驱动力

生产工艺。

(8) 装置实例

许多应用存在于欧洲以及世界各地。

(9) 参考文献

[261, Canales, 2000], [166, Meyers, 1997]。

4.6.3 催化剂促进剂

(1) 概述

消耗臭氧的物质（例如CCl_4）有时在重整催化剂再生时使用。应避免或至少使这类物质排放，或者通过使用毒害较低的替代品或在限制空间内使用这些物质使得排放量降至最低。

(2) 环境效益

优化和减少催化剂促进剂以及臭氧消耗物质的使用。

(3) 跨介质影响

由于使用氯化合物，可能产生二噁英和呋喃排放。参见 3.6 部分。

(4) 运行数据

促进剂应该在封闭系统中处理。

(5) 装置实例

在重整催化剂再生中，大多数炼油厂已转用低臭氧消耗物质，如四氯乙烯。

(6) 参考文献

[80，March Consulting Group，1991]。

4.6.4 再生烟气清洗

(1) 概述

再生器烟气含 HCl、H_2S、少量催化剂粉末、痕量 Cl_2、SO_2 和二噁英，在释放到大气之前应送到洗涤器中处理。储存和处理再生使用的有机氯也可能导致释放。在一些重整装置中安装进一步捕集 Cl_2的过滤器（负载在氧化铝上的 ZnO/Na_2CO_3或 NaOH)。

(2) 环境效益

减少颗粒物和挥发性酸（HCl、H_2S）排放。有报道表明，Cl_2过滤器可以捕集二噁英。

(3) 跨介质影响

再生烟气清洗的循环和流出物应送到废水处理装置。由于此废水的 pH 低，生物处理前需进行中和。使用洗涤器可以从空气中去除一些二噁英到排水中。

(4) 适用性

完全适用。Cl_2捕集过滤器应用在连续重整装置中。

(5) 实施驱动力

减少空气污染物。

(6) 参考文献

[112，Foster Wheeler Energy，1999]，[268，TWG，2001]。

4.6.5 再生烟气静电除尘器

(1) 概述

再生器烟气含 HCl、H_2S、少量催化剂粉末、痕量 Cl_2、SO_2 和二噁英，在释放到大气之前送到 ESP。其他流程，如催化剂再生或更换和装置清洗的排气，可排放到 ESP。

(2) 环境效益

减少来自再生器烟气中的颗粒物含量。

(3) 跨介质影响

参见 4.23.4.2 部分。

(4) 适用性

连续再生部分排放需要特别注意。在半再生装置中使用此类型系统较少，这是因为产生的催化剂粉末不存在再生机制。

(5) 实施驱动力

催化剂再生减少了颗粒物排放。

(6) 参考文献

[112，Foster Wheeler Energy，1999]，[268，TWG，2001]。

4.6.6 二噁英生成

(1) 概述

参见 3.6 部分和 4.6 部分中催化重整，二噁英通常在 3 种类型（连续的、循环以及半再生式）催化重整的催化剂再生过程中生成。

如果再生器烟气在水洗涤器中处理（例如 4.6.4 部分），二噁英已从洗涤器废水中检测出，但在污水处理装置之后没有检测出，可能是由于稀释的影响。

在其他一些情况下，由于使用其他技术作为固定床过滤器，导致二噁英和氯的组合减少。在一些情况下，活性炭用来去除二噁英。已使用的其他技术是再生排气的再循环。不过最后一项并不清楚它如何可以减少二噁英排放。

重整装置二噁英排放和再生条件如何影响这些排放的研究，可成为开始理解和解决问题的好技术。

(2) 环境效益

二噁英排放问题和控制的知识。

(3) 跨介质影响

一些再生器气体中的二噁英可能通过洗涤转移到水中。

(4) 实施驱动力

丰富催化剂再生过程二噁英生成的知识。

(5) 装置实例

一些欧盟炼油厂已经应用和监测催化重整装置的二噁英排放。氯捕集以及排气再循环技术未报道应用于半再生重整装置。

(6) 参考文献

[268，TWG，2001]。

4.7 焦化工艺

这一节考虑的前 4 种技术是焦化生产工艺。提供资料的目的是从环境角度来评估焦化工艺的性能。其余技术与焦化气净化、利用焦化工艺破坏固体残渣/污泥相关，最终这些技术与焦化工艺产生污染物的削减相关。

4.7.1 延迟焦化

(1) 概述

在 2.7 部分可以找到关于该工艺的描述。延迟焦化装置可能应用的防止排放的技术如下。

- 焦化工艺产生的不凝蒸汽不应输送到火炬系统。
- 焦炭塔的释压排放应输送到急冷塔。
- 焦炭塔急冷塔捕集技术需考虑包括最终排放到火炬，可能取消二级塔和泄放池。
- 延迟焦化装置用水处理参见 4.7.7 部分。
- 工艺产生的蒸汽可用于加热其他炼油工艺。
- 延迟焦化工艺本身热集成水平低。保持焦炭塔处于焦化温度的热量由原料加热和加热炉循环流提供。但是，常压渣油和/或减压渣油可以没有中间冷却直接进入延迟焦化装置，这样导致不同装置之间形成一个高的热集成水平，节省了用于换热器的大量资本。
- 使用焦化气。如果焦化气在联合循环装置燃气轮机中燃烧，焦化装置的能量效率可以进一步提高。炼厂燃料气在联合循环装置中应用的更多信息参见 4.10 部分。

(2) 环境效益

应用上述一些技术时可减少 VOCs 排放、产品回收和 H_2S 排放。应用这些技术也促进了水的再利用。

(3) 运行数据

延迟焦化装置的一些运行数据参见 3.7 部分。

(4) 适用性

延迟焦化完全适用。它通常应用在生产的石油焦有市场或者有色金属工业生产阳极需要优质焦炭时。

(5) 经济性

完全延迟焦化装置的典型投资是 136250～218000 美元/(t·a)（基于 1Mt/a 的直馏减压渣油原料，美国墨西哥湾海岸 1998 年，燃料级焦炭，包括气体回收）。

(6) 实施驱动力

生产工艺。

(7) 装置实例

很多延迟工艺存在于欧洲以及世界各地。延迟焦化是炼油行业最常用的技术。

(8) 参考文献

[112, Foster Wheeler Energy, 1999], [19, Irish EPA, 1993], [118, VROM, 1999]。

4.7.2 流化焦化

(1) 概述

在 2.7 部分可以找到该工艺的描述。另一种可用于在流化焦化中防止排放或增加能量集成的技术是联合循环装置燃汽轮机使用焦化气。炼厂燃料气在联合循环装置中应用的其他信息参见 4.10 部分。

(2) 环境效益

焦化排放因子。

单位：kg/1000L 新鲜原料

工艺	颗粒物	硫氧化物（以 SO_2 计）	CO	烃类化合物	NO_x（以 NO_2 计）	醛	氨气
未控制的流化焦化装置	1.5	—	—	—	—	—	—
带有静电除尘与 CO 锅炉的流化焦化	0.0196	—	忽略不计	忽略不计	—	忽略不计	忽略不计

(3) 运行数据

该系统在流化床条件下运行。

(4) 适用性

完全适用。虽然流化焦化比延迟焦化的焦炭等级高，但它并不适用于某些特殊应用（例如碳石墨电极）。

(5) 经济性

美国在墨西哥湾海岸 1996 年的投资：10000～13200 美元/(m^3 · d)。

(6) 实施驱动力

生产工艺。

(7) 装置实例

世界各地存在一些实例。

(8) 参考文献

[136, MRI, 1997]。

4.7.3 煅烧工艺

(1) 概述

这一工艺的简要概述见 2.7 部分。某些技术可以应用在煅烧工艺以防止排放。其中一些被认为有如下益处。

- 炉子可以直接以焦化气和焦炭粉为原料，驱散挥发性物质并在炉内烧掉它。
- 石油焦在回转炉内煅烧产生的热废气包含大量颗粒物，可能在废气热回收之后，在合适过滤器装置中分离，例如高效多级旋风分离器、袋式过滤器和静电除尘器（参见4.7.8.2部分）。在多炉床加热炉煅烧过程中，颗粒减排技术不常使用，因为其在废气排放中相对较低。
- 煅烧炉未燃尽的气体在焚烧炉中烧掉，在经过粉尘收集系统释放到大气之前，通过废热锅炉。
- 煅烧焦排放到回转冷却器，直接注水冷却。冷却器废气通过多级旋风分离器和水洗涤器进行气体净化。
- 粉尘减排技术收集的粉末应输送到带出口空气过滤器的筒仓。收集的旋风分离器粉末可能作为产品回收，或在炼油厂内使用或作为产品销售。

(2) 环境效益

上述一些技术增加了煅烧炉热集成，降低了炼油厂燃料消耗。其他只是减少了颗粒物的大气排放量，煅烧工艺产生的焦炭粉末再利用。石油焦生产装置连续运行达到的排放值列于表4.12。这些值可以通过应用上述技术实现。

表 4.12 石油焦生产装置的排放值（生焦炭煅烧）

排放成分	连续运行实现的排放值(半小时均值) (3% O_2)/(标)(mg/m^3)
颗粒物(粉尘)排放	20～100
颗粒物(粉尘)成分：镍、钒以及它们的化合物(以总镍和钒计)	3～15
NO_x(以 NO_2 计)	450～875
硫氧化物(以 SO_2 计)	1000～3000(不包括 SO_2 减排技术)
CO	100
烃类化合物(以总碳计)	20

(3) 运行数据

石油焦煅烧炉的一些运行数据可以在2.7部分和3.7部分找到。

(4) 适用性

应用于延迟焦化装置和流化焦化装置的焦炭生产。

(5) 实施驱动力

生产工艺。对于某些应用，延迟焦化装置生产的生焦炭在使用或出售前应煅烧。

(6) 装置实例

在欧洲和世界各地存在很多实例。多炉床加热炉已广泛应用于废物焚烧。大多数煅烧焦炭设施利用回转窑。世界上最新建造的两个煅烧设施都是回转窑。

(7) 参考文献

[117, VDI, 2000], [147, HMIP UK, 1995], [268, TWG, 2001], [347,

Services，2001]。

4.7.4 灵活焦化

(1) 概述

该生产工艺的简要概述见2.7部分。一些技术可用来防止灵活焦化装置的污染排放。

- 灵活焦化工艺具有高水平热集成。灵活焦化工艺唯一的热源是气化炉，焦炭在这里部分氧化。焦化气的其余热量通过产生蒸汽回收。如果焦化气在联合循环装置燃气轮机中燃烧，能量效率可以进一步增加。参见4.10部分。
- 正如从塔中切焦是不需要的，与延迟焦化相比，大气和污水排放是可以避免的。此外，焦化气中的硫成分很容易消除。一些质量分数高达84%～88%的烃类化合物原料作为烃类化合物产品回收，其余的转化为CO、CO_2 和水。
- 来自加热器的焦化气通过一系列旋风分离器去除粗糙焦炭微粒，接着通过产生高压蒸汽和预热锅炉给水来冷却。穿过两级加热器旋风分离器的焦炭粉末约有75%在第三级旋风分离器中被回收。几乎所有排出三级旋风分离器的焦炭粉末在文丘里洗涤器中可被洗涤去除。来自文丘里洗涤器的浆液利用蒸汽汽提去除吸收的 H_2S 和 NH_3。

(2) 环境效益

- 增加灵活焦化工艺的能量效率。
- 比延迟焦化产生的废物少。
- 防止颗粒物、H_2S 和氨排放。

(3) 运行数据

灵活焦化的一些运行数据可以在2.7部分和3.7部分找到。

(4) 适用性

完全适用。但是，因为灵活焦化产品不同于其他焦化工艺（例如没有焦炭生产），实施该技术通常应考虑炼油厂产品需求。

(5) 经济性

投资（根据美国墨西哥湾海岸1996年数据）：15100～19500美元/(m^3·d)（典型）。

(6) 实施驱动力

生产工艺。

(7) 装置实例

在欧洲、美国和世界其他地区存在很多例子。

(8) 参考文献

[212，Hydrocarbon processing，1998]，[271，Martinez del Pozo，2000]。

4.7.5 含油污泥和/或废物作为焦化装置原料

(1) 概述

有焦化装置的炼油厂，含油污泥、废水处理系统污泥和废物可以在焦化装置（延迟、流化、灵活）中被破坏。在该情况下生产焦炭，产出的焦炭质量应该保持是可被接受的（可进一步用作炼油厂内/外燃料或其他用途材料）。许多含油污泥可以送到焦化装置使它们成为炼油厂产品的一部分。对于延迟焦化装置，污泥可与急冷水一起注入焦炭塔，或注入用于分离急冷产品的焦化装置泄料接触器。

（2）环境效益

炼油厂产生的污泥和/或废物数量减少。原则上任何拥有焦化装置的炼油厂都能够减少其含油污泥量到“零”，除了高质量焦炭要求限制其使用外。

（3）跨介质影响

通常降低了焦炭生产质量。

（4）适用性

送到焦化装置的污泥或废弃物的量，受到焦炭质量规格限制，这可能会限制焦炭中的固体量。然而，焦化操作可以升级以增加它们能处理的污泥量。

固体注入量取决于污泥固体含量，通常是10%～15%。已确定的负荷率超过82kg无油干固体/t焦炭。可实现更高负荷率。此负荷率下，焦炭质量低于阳极级规格，但在燃料级规格范围内。焦化装置通常是一个有吸引力的工艺集成的含油污泥再加工出路，提供的污泥-原料比率低于1%～2%，这取决于所需的焦炭质量。如果达不到该比率，操作性和焦炭质量都不受影响。

如果污水处理污泥包括在焦化装置原料中，要使残渣量达到最大限度，需要去除一部分水（例如通过真空蒸发或泄放系统）。

（5）经济性

通常应用于每天循环2～16t无油干固体，总计划费用为每年60万～250万欧元。

（6）实施驱动力

减少炼油厂废弃物产生。

（7）装置实例

近年来使用污泥作为原料大幅增加，并且大多数炼油厂正在实施。

（8）参考文献

[147，HMIP UK，1995]。

4.7.6 焦化气净化

（1）概述

焦化气在净化去除颗粒物和回收它的部分热量之后，加热并通过COS转化器的催化剂床，在这里COS转化为H_2S。气体冷却并且大部分水冷凝。焦化气中H_2S在胺处理器中回收，最终回收硫。（参见4.23.5.1部分炼油厂燃料气胺处理）。清洁低硫焦化气既可以在锅炉和加热炉内燃烧，也可以作为低热值气体出售。图4.2为这一工艺流程图。

（2）环境效益

减少H_2S（体积分数小于100×10^{-6}）和COS排放。

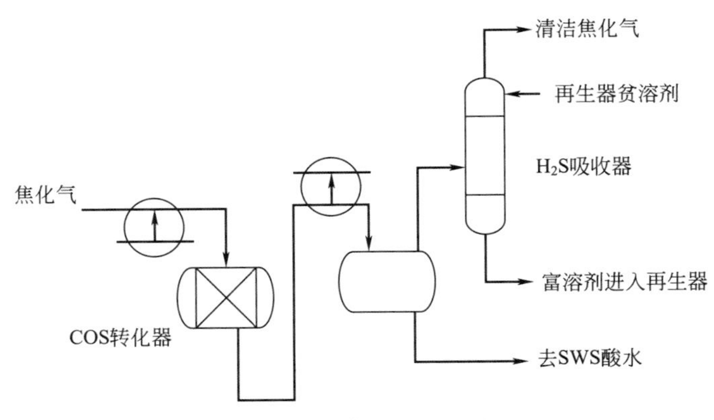

图 4.2 焦化气处理工艺流程

(3) 跨介质影响

增加了胺洗涤系统的使用，并增加了 COS 转化器能量消耗。

(4) 运行数据

胺洗涤参见 4.23.5.1 部分。

(5) 适用性

胺洗涤应用于所有类型焦化装置，COS 转化器用于灵活焦化装置。

(6) 经济性

胺吸收 H_2S 的经济性可以在 4.23.5.1 部分找到。

(7) 实施驱动力

焦化气的净化。焦化气形成炼油厂主要气源（除尘、COS 转换和胺处理去除 H_2S 之后）。

(8) 装置实例

可以在很多焦化装置中找到。

(9) 参考文献

[118，VROM，1999]。

4.7.7 冷却/切焦工艺用水

(1) 概述

切焦/冷却操作中使用的水不断循环并排到炼油厂废水处理。通过沉淀和真空过滤器过滤使水能够重复利用，并形成“水闭路循环”。对急冷和切焦补充水而言，很多污水都可以使用。因此，可以使用处理过的污水。从任何冷凝器收集的水以及湿生焦炭排水，应在焦炭塔急冷或钻孔中重新使用。出于环境方面的考虑，这种冷却类型不在炼油厂其他任何工艺中使用。关于直接冷却（急冷）的更多信息见 2.8 部分。

(2) 环境效益

减少炼油厂水消耗。

(3) 跨介质影响

切焦和冷却过程导致蒸汽排放（在主分馏塔可以部分回收）、大量能量损失、大量水使用和严重水污染。切焦水泄放到脱盐装置潜在增加了污水中的固体，因此最好保持焦化装置水隔离。

(4) 运行数据

所需补充水量取决于蒸发损失和向其他工艺或污水处理装置的泄放，对于一个 10^6 t/a 的延迟焦化装置，水量约为 10～20m^3/h。

(5) 适用性

适用于延迟焦化。水的重复使用受到焦炭质量的限制。

(6) 实施驱动力

延迟焦化工艺中使用的典型技术。

(7) 装置实例

世界上存在很多应用实例。

(8) 参考文献

[268，TWG，2001]。

4.7.8 焦炭处理和储存

(1) 概述

一些技术适于减少焦炭（生的和煅烧的）在处理过程中可能出现的颗粒物排放。

- 如果生焦炭保持湿润，在排放和煅烧炉原料料斗之间处理不存在问题。还存在部分接收坑干燥的可能性，虽然这很有限，因为焦炭很湿，并且被残渣烃类化合物覆盖，这往往使它粘在一起。坑周围防风墙建设也需要考虑。需精心设计，不好的设计会使情况恶化。另一个可能的选择是完全封闭坑和相关处理设施。如果坑很大，这种封闭将会非常昂贵。为了评估这种做法是否是必需的或合理的，应实施监测计划。
- 举例来说，切削焦炭进入双滚筒破碎机并将它输送到中间储存筒仓。然后铁路货车从储存筒仓中装载。这种方法在焦炭储存之前应收集、过滤和脱水。
- 用非常细的油层喷洒焦炭，将粉尘粘在焦炭上。油的使用受到进一步处理可接受性的限制。这种选择增加了减少卸载问题的优势。
- 覆盖和负压传送带。
- 提取或收集灰尘的抽气系统。
- 使用封闭热泄放系统。
- 装载区域可通过袋式过滤器排气封闭和维持正/负压力。替代性的粉尘抽取系统可以与装载设备合并。
- 收集的旋风分离器粉末被气动输送到带出口空气过滤器的筒仓。使用袋式过滤器的粉尘收集系统用于处理、储存和装载。收集的粉尘以密闭方式再循环到储存。

(2) 环境效益

消除日常操作中这部分工艺的颗粒物（包含金属）的大气排放，以及焦炭储存中的颗粒物排放。固体处理的颗粒物可达到的排放水平是 25(标)mg/m^3（数值基于平均连续监测值）。

(3) 运行数据

此外，储料筒仓提供了一个工艺波动的缓冲容量，并能够控制铁路货车装载。

(4) 适用性

- 加油焦炭有时在流化焦化和煅烧焦炭中实行，但很少用于延迟焦化。
- 这种技术主要应用于煅烧炉、流化焦化装置和灵活焦化装置。

(5) 经济性

一个容量为1.5Mt/a的典型焦化装置，期望的储存系统投资成本大约是3000万欧元。

(6) 实施驱动力

焦炭溢出减少。如果石油焦直接从焦化装置切削到铁路货车料斗，可能导致货车过量装载，溢出的焦炭等级降低，以及增加进入废水处理系统的固体数量。降低焦化储存系统的颗粒物排放。

(7) 装置实例

在欧洲炼油厂有很多应用实例。

(8) 参考文献

[261，Canales，2000]，[80，March Consulting Group，1991]，[117，VDI，2000]，[268，TWG，2001]。

4.7.9 大气污染物减排

本节涉及减排技术可能在何处应用并描述了用于削减大气污染物的技术。

4.7.9.1 焦化工艺颗粒物减排

(1) 概述

焦化工艺产生的烟气和焦化气通常含有焦炭颗粒（包括金属）。粉尘收集系统应用于焦化工艺的某些部分。

- 焦化气的净化。
- 焦炭冷却过程产生气体的净化。
- 来自煅烧炉的焚烧废气也产生焦炭粉末。热烟气通过废热锅炉并由粉尘收集系统净化气体。

除了催化裂化应用的颗粒物减排技术（4.5.9部分旋风分离器或ESP）能应用在这里之外，袋式过滤器也可以在该工艺中使用。

(2) 环境效益

来自煅烧炉和冷却器的颗粒物可达到的排放水平是10～100(标)mg/m^3（基于平均连续监测值）。

(3) 跨介质影响

参见4.5.9部分。

(4) 运行数据

参见4.5.9部分。应用ESP控制石油焦煅烧炉的颗粒物排放，已经表明达到排放范围的较低值存在一些困难。主要原因是焦炭是电的良导体，它的表面很难荷电，因此难以被ESP捕集。

(5) 适用性

参见4.5.9部分。高效旋风分离器比ESP更易于应用。

(6) 经济性

袋式过滤器使用成本为500万欧元。煅烧炉旋风分离器成本是225000欧元（1999年）。其他类型系统的经济性数据无法获得。1992年EU+炼油厂的经济研究表明，煅烧炉ESP成本很高。

(7) 实施驱动力

减少煅烧炉颗粒物排放。

(8) 装置实例

拥有焦化工艺的欧洲炼油厂中存在很多实例。

(9) 参考文献

[147, HMIP UK, 1995], [60, Balik and Koraido, 1991], [297, Italy, 2000], [272, Shawcross, 2000], [117, VDI, 2000], [268, TWG, 2001]。

4.7.9.2 SO_2减排技术

(1) 概述

焦化工艺，特别是煅烧过程，会排放硫氧化物。减少工艺中SO_2排放的主要选择是使用最低可能含硫量的原料。实际上，低硫原料通常由于产品质量的原因使用，尽管很大一部分硫被固定在产品中。但是，这种选择并不总是可能的，SO_2排放可能会很大，尤其是煅烧工艺。控制这些硫氧化物排放，可能在催化裂化中应用的相同减排技术也可能应用到这个工艺（4.5.10部分和4.23.5.4部分），脱硫催化剂添加剂除外。

(2) 环境效益

当使用4.5.10部分提到的技术时，可达到的SO_2排放浓度是25～300(标)mg/m^3。

(3) 跨介质影响

参见4.5.10部分。

(4) 运行数据

参见4.5.10部分。

(5) 适用性

通常用于煅烧炉烟气。

(6) 经济性

参见4.5.10部分。

(7) 实施驱动力

减少SO_2排放。

(8) 装置实例

这些技术的一些实例可以在一些欧洲和世界各地炼油厂中看到。

(9) 参考文献

[297, Italy, 2000]和4.5.10部分参考文献。

4.7.9.3 组合减排技术

催化裂化中使用的相同类型技术也可用于焦化。更多信息参见 4.5.11 部分。

4.7.10 废水排放控制

这一节分析防止废水排放的方法。焦化工艺中产生废水的最终净化技术将在 4.24 部分介绍。

4.7.10.1 废水处理

焦化工艺产生酸性废水（水蒸气冷凝）。因此，焦化工艺中所有废水在送到废水处理装置之前会送到酸性废水汽提塔（4.24.2 部分）。

4.7.10.2 切焦水中油/焦炭粉末分离

(1) 概述

建议的污染预防替代方法是改装油/焦炭粉末收集坑，用一个倾斜板式分离器来提高分离效率。

(2) 环境效益

切焦操作产生的焦炭粉末和水进入一个地面污水坑，在这里固体和水通过重力分离。炼油厂研究表明，每年超过 25t 焦炭粉末从分离器进入污水系统。

(3) 经济性

每年节省的成本与增加的产品（焦炭）回收以及减少的油/水分离固体有关，大约为 300000 欧元（7.5Mt/a 的炼油厂）。

(4) 实施驱动力

减少进入污水系统的焦炭粉末。

(5) 参考文献

[60，Balik and Koraido，1991]。

4.7.11 土壤污染控制

控制和再利用焦炭粉末。

(1) 概述

焦炭粉末经常出现在焦化装置和焦炭储存区域周围。焦炭粉末可以在冲到污水系统或被风带到场外之前进行收集和回收。收集技术包括干吹扫焦炭粉末和输送固体到回收或作为非危险废物来处置。另一种收集技术涉及在灰尘区域使用真空管道（和手动收集真空软管），输送到一个小的袋式集尘室进行收集。

(2) 环境效益

减少焦炭粉末（包括金属）引起的土壤污染。焦炭粉末可以作为燃料循环利用或者可以外售（例如水泥生产）。

(3) 跨介质影响

真空管道/软管消耗电力。

(4) 适用性

完全适用。

(5) 实施驱动力

减少土壤污染。

(6) 装置实例

技术已经在美国炼油厂使用。

(7) 参考文献

[60，Balik and Koraido，1991]。

4.8 冷却系统

在IPPC指令下，形成了一个关于工业冷却系统的通用BREF。已经在该BREF中描述和分析了与炼油厂相关的主题如下：

- 减少直接能量消耗；
- 减少需水量；
- 减少夹带；
- 减少水排放；
- 减少大气排放；
- 减少噪声排放；
- 减少泄漏风险；
- 减少生物风险。

描述和分析包括广泛讨论系统环境效益、跨介质影响、运行数据、适用性和经济性。为避免重复，因此，本节关于冷却仅解决没有被通用BREF涵盖的问题。

4.8.1 冷却和工艺水隔离

(1) 概述

因为工艺水通常比冷却水污染严重，保持两种水的隔离很重要。只有在冷却水需要处理的情况下（再循环系统）才将它们混合，并且只在适当的地点处理（在工艺水一级处理之后）。

(2) 环境效益

降低来自其他水中的油对冷却水的污染。它增加了废水处理装置的油回收。

(3) 跨介质影响

无跨介质影响。

(4) 适用性

废水处理装置需要调整规模来处理工艺水和冷却水。在现有设施的某些工段，隔离是十分昂贵的。

(5) 实施驱动力

避免冷却水被工艺水污染，因为工艺水往往污染更重。关于冷却系统水污染的一些主题已在 OSPAR 和 HELCOM 工艺（北海和波罗的海地区）中研究过。

(6) 参考文献

[107，Janson，1999]，OSPAR，HELCOM 建议。

4.8.2 空气冷却

(1) 概述

参见 2.8 节和冷却 BREF。

(2) 环境效益

使用空气冷却器的主要优点是不需要额外介质。

(3) 跨介质影响

比水冷却产生更大噪声。噪声的产生是由于空气冷却器风扇，其源头声强达 97～105dB(A)。

(4) 运行数据

主要缺点是：与冷却水（5～30m^2/MW）相比通常占地较大。它需要电力但维修成本最低。

(5) 适用性

空气冷却可以满足炼油厂一部分工艺的冷却需求。环境条件限制了可以达到的温度水平。气候条件（热气候或温度低于 0℃）通常限制其使用。但是，装置位置不依赖于水的可用性。它们不能位于建筑物附近，因为可能发生空气短路。

(6) 经济性

空气冷却器价格昂贵。维修成本最低。

(7) 装置实例

在欧盟炼油厂中存在很多例子。

(8) 参考文献

[316，TWG，2000]，[119，Bloemkolk and van der Schaaf，1996]。

4.8.3 油泄漏预防

(1) 概述

通过连续监测和一种泄漏检测和维修系统（类似于 4.23.6.1 部分适用于 VOCs 的系统），可以将油的泄漏损失降到最低。最简单的，这包括冷却水分离器油累积的监测。如果被监测到，需要回溯到系统确定泄漏源，从而可以采取纠正措施。详细的系统图纸对于这种活动至关重要。油的指纹图谱也可以加快泄漏确定。进一步改进是在冷却水系统中不同位置安装水中油监测器。这允许快速监测泄漏和采取纠正措施。为了该程序有效，需要备用关键换热器。冷却 BREF 中有更多信息。

(2) 环境效益

减少油泄漏到冷却水。

(3) 实施驱动力

检测并纠正油泄漏到冷却水。

(4) 参考文献

[316，TWG，2000]，[119，Bloemkolk and van der Schaaf，1996]。

4.9 脱　　盐

4.9.1 脱盐方法

(1) 概述

脱盐装置的简短概述见 2.9 部分。本节包括几种良好的脱盐设计。

- 多级脱盐装置以及 AC 与 DC 电场的联合使用，具有很高的脱盐效率并节约能量。
- 在多级脱盐装置中循环，第二个脱盐装置的部分含盐污水循环到前一个，使清洗水量降到最小。
- 采用低剪切混合装置，混合脱盐装置清洗水和原油。
- 使用低水压来避免脱盐装置容器中的涡流。

(2) 环境效益

脱盐装置效率增加可能会降低清洗水用量。其他环境效益将会限制到节约能量，如果有可能，与更高效率电场相联系。

(3) 运行数据

两级工艺达到 99%或更高效率（从原油中除去超过 99%的盐/固体）。这种高效率具有工艺效益，因为它使得拔顶装置较少被腐蚀。

(4) 适用性

两级或甚至三级脱盐用于原油含盐量质量分数高于 0.02%，或重质渣油进一步催化加工时。

(5) 实施驱动力

提高脱盐工艺的效率。

(6) 参考文献

[113，Noyes，1993]，[297，Italy，2000]，[268，TWG，2001]。

4.9.2 强化油/水分离

(1) 概述

可应用技术如下。

• 将脱盐装置污水转移到沉降槽，在这里可以实现油和水进一步分离。油可以在污水系统中直接回收。

• 选择最佳接口水平控制器。作为密度和加工原油范围的函数，可以在置换器、电容探头或无线电波探测器之间考虑最准确水平传感器。

• 使用润湿剂获得油水分离的良好改善，其目的是固体污染物脱油，它们是水中油的重要夹带。

• 使用无毒、可生物降解、使用安全、防火的特定破乳化学品来促进水滴凝聚。

(2) 环境效益

上述系统促进油水分离，减少废水处理装置油负荷，循环它到工艺以及减少含油污泥产生（参见 4.9.3 部分）。应用上述第一种技术，一些低于 10%～20%油送到 API 分离器。第二种技术可以从水相分离出约 5%～10%的油。

(3) 跨介质影响

一些建议的技术需要应用化学品。

(4) 适用性

完全适用。

(5) 实施驱动力

增强了油/水分离。

(6) 参考文献

[297，Italy，2000]。

4.9.3 强化固体/水-油分离

(1) 概述

固体进入原油蒸馏装置可能最终吸附更多石油，产生额外乳化液及污泥。因此，应将尽可能多的固体物质在脱盐装置去除。目标是使离开脱盐装置的原油中固体最少。可使用许多技术，例如：

• 使用低剪切混合设备，混合脱盐装置清洗水和原油；

• 脱盐装置中使用低压水避免涡流；

• 以泥浆耙代替水射器，当去除沉降固体时会产生较小涡流；

• 水相（悬浮液）可以在加压板式分离器中分离，可以使用水力旋流脱盐装置和水力旋流脱油器的组合替代；

• 评估污泥清洗系统效率，污泥清洗是间歇操作，意味着搅拌脱盐装置中水相去悬浮和去除容器底部积累的固体，在正常运行情况下，这种清洗操作提高了脱盐装置效率，特别是长期运行时。

(2) 环境效益

应用上述提到的技术，产生的污泥中油含量降低，同时可以强化水相和污泥分离。

(3) 跨介质影响

增加了炼油厂污泥产生。底部沉积物原油含量为 0.015%（质量分数），理论上，一家 10Mt/a 的炼油厂可以产生 1500t/a 污泥。

(4) 适用性

在底部，沉积物和水对下游工艺装置非常重要，脱盐装置配备底部冲洗系统以去除沉积固体。

(5) 实施驱动力

提高固体与油和水相的分离。

(6) 装置实例

配备有除泥设施的脱盐装置很少。常压渣油脱盐装置也很少，但随着渣油转化炼油厂复杂性增加，其数量也在增加。在一些炼油厂，脱盐装置已配备底部冲洗系统（参见图 2.10 中的设计）。

(7) 参考文献

[297，Italy，2000]。

4.9.4 脱盐装置水再利用

(1) 概述

脱盐工艺在炼油厂废水管理中发挥着重要作用（参见 4.15.7 部分）。其他工艺使用的水可以在脱盐装置中再利用。例如，汽提酸性废水用作脱盐装置清洗水，它包含的胺、硫化物和酚在一定程度上可以被原油再吸收。

以下工艺水适合作为脱盐装置清洗水使用。

- 原油蒸馏装置塔顶罐积聚水，通常蒸汽注入为 1%～2%（质量分数）原油原料。
- 来自轻、重柴油干燥器和真空蒸馏塔塔顶的（未汽提）水蒸气冷凝水［大约为 3.5%（质量分数）原料］。
- 汽提酸性废水和其他无固体工艺水。洗涤器或者急冷水不够清洁，需要在生物处理和/或作为脱盐装置清洗水再利用之前进行油和固体分离。酸性废水在重复使用和/或污水处理设施最终净化之前会送到酸性废水汽提塔汽提。
- 冷却水及锅炉排水。

(2) 环境效益

通过以这种方式使用水，炼油厂可以减少废水处理装置的水力负荷并减少耗水量。

(3) 跨介质影响

需要避免循环水可能形成的乳液，因为它导致脱盐装置中油/水相分离恶化，进而会使过多油遗留在水中。

(4) 运行数据

在大多数情况下，洗涤器水先不汽提而是输送到脱盐装置水储罐中。

(5) 适用性

可能在脱盐装置中形成乳状液的排水例子有：沥青吹氧装置、加氢裂化装置、焦化装置（粉末稳定乳液）、其他深度转化设施（不溶金属硫化物可以稳定乳液）和 HF 烷基化装置（腐蚀性氟沉淀）。该选择完全适用于新炼油厂，应用于已有炼油厂比较困难。在废水盐度达到对 Biox 装置产生负面冲击时，会限制其使用。

(6) 经济性

需要考虑收集、处理、泵抽取和管道输送这些水的成本。

(7) 实施驱动力

炼油厂可减少废水处理装置的水力负荷并减少耗水量。

(8) 参考文献

[79，API，1993]，[268，TWG，2001]。

4.9.5 脱盐装置盐水汽提

(1) 概述

在送盐水去污水处理之前，脱盐装置盐水先需汽提去除烃类化合物、酸和氨。回收的烃类化合物可以与很多炼油厂物料混合。此外可以采用酸注入以提高乳状液中油的汽提。

(2) 环境效益

减少脱盐装置产生的废水中烃、硫以及氨含量。例如苯酚和苯排放可以分别减少 90%和 95%。

(3) 适用性

当处理很重的原油时，通常应用脱盐装置盐水预处理。在一家炼油厂：8.7Mt/a 的炼油厂产生的原油装置废水是 1.3m^3/min，包含 90kg/d 酚。脱盐装置排水中最大包含 20mg/L 苯，脱盐装置清洗水数量相当于 4%～8%（体积分数）原油加入量。汽提塔底部排放的苯含量为 20μg/L 范围，输送到污水处理系统。盐水脱油容器安装在汽提塔之前，去除来自脱盐装置的游离油。上述炼油厂应用此系统可以将酚排放量降低到 3.29kg/a。

(4) 参考文献

[113，Noyes，1993]，[79，API，1993]。

4.10 能源系统

如“适用范围”所述，本书不分析使用常规燃料的能量生产技术。换言之，有关商业燃料（天然气、燃料油等）的排放、消耗、跨介质影响等可以在大型燃烧装置（>50MW）BREF 中找到。

从环境角度来说，能源系统是一项重要活动。尽管产热装置是大多数炼油工艺不可或缺的部分，系统间趋向于很相似，因此将它们归在这个通用部分处理。这一节包括专门针对炼油厂能源系统的详细分析，例如，只是炼油厂燃料运行（部分或全部）的能量技术。当炼油厂使用市场可以找到商业燃料时（例如天然气、燃料油），通过某些能量技术（如燃气轮机、锅炉）可以达到的排放水平可以在大型燃烧装置 BREF 中找到。本书的每一章节都强调减少工艺或活动的能源消耗，因为减少能源消耗被认为是一种环境效益。然而，这一节中将解决一些问题，例如如何将能量系统在炼油厂内集成，以及不同工艺/活动如何共享能量。

燃烧改善流程、装置的可替代概念（燃气轮机、CHP、膨胀机、改进的热集成），以及更换为更清洁的燃料是确定 BAT 技术时考虑的一些技术实例。例如：液体炼油厂燃料改用天然气作为炼油厂燃料不仅会减少 SO_2 排放，而且会减少颗粒物（包括金属）和 NO_x 排放。减少能源消耗的所有措施都将导致包括 CO_2 在内的所有大气污染排放的减少。因此构成本节的技术分为 4 组。第一组为能量管理系统，包括减少能源消耗的基本技术。第二组包括炼油厂选择和净化燃料所考虑的技术。第三组包括应用不同类型燃料来提供良好环境绩效的能量生产技术，以及这些技术运行所需要的公用材料需求。最后一组包括适用于能量系统控制大气污染排放的减排技术。

表 4.13 总结和显示了本节考虑的技术影响主要污染物的方式。

表 4.13　能源系统确定 BAT 时考虑的技术对主要污染物的可能影响

节	能源系统考虑的技术	CO_2	NO_x	颗粒物	SO_2	废水	废物	能量
1	能量管理	↓	↓	↓	↓			↓
2	炼油厂燃料类型和净化		↓	↓	↓		↓	↑
3	能量生产技术	↓						↓
4	NO_x 减排技术		↓					↑
5	颗粒物减排技术			↓		↑		↑
6	硫氧化物减排技术				↓	↑	↑	↑

注：↓—下降；↑—上升。

4.10.1　能量管理

能源系统的良好设计和管理是炼油厂环境影响最小化的重要保障，鉴于大多数工艺的高度集成以及相互依存性质。一般目标是以最低的经济和环境成本，不断适应生产工艺和公用材料中变化的燃料生产和消耗。这一节应视为下面建议的所有技术的综合，因为炼油厂通过节能技术和热集成/回收技术可以实现能源效率的提高。

4.10.1.1　提高能源效率

（1）概述

炼油厂内一些改善和计算能源效率的技术如下。

a. 在所有组织级别都要执行以最低成本连续适应能源消耗，并在最高管理层次上予以保证。通过采用一个合适的管理系统，这可以与许多其他领域类似的方式一起实施，特别是安全领域。ISO 14000 体系或 EMAS [285，Demuynck，1999] 在原则上提供了一个适当框架，以建立合适的能量管理系统。为了确保持续改善，可以鼓励向管理部门正式报告能源消耗数据。能量审计是这个系统的一部分，进一步建议，为了追求持续改善，炼油厂通过参加分级/基准活动来学习最佳举措。关于减少能源消耗的年度投资计划也包括在确定 BAT 技术所考虑的技术范围内。

b. 另一种适应生产和消耗的方法是尝试提高炼油厂内的能源效率。更高效的炼油厂能够更好地利用炼油厂内生产的能量。评估存在几种方法，包括所罗门能源效率指数（最详细的方法）、单位能源消耗以及（准确性更差和更简单的方法）关联能源消耗和加工原料量指数（方法在 3.10.1 部分简要描述）。所罗门数据在那一节同样适用。所罗门数据以表格形式应用，只有在它的上下文中才讲得通，并且需要理解专属于所罗门的特定基础（基准）概念。

提高能源效率的技术在本章下一节讲到。

(2) 环境效益

提高炼油厂能源效率直接影响大气排放量的减少，间接影响废水和废物产生。较少燃料消耗和更多能量节省，增加了整个炼油厂充足气体供应的可能性。

(3) 跨介质影响

已确认在收集炼油厂所罗门能源效率数据时存在一些困难。主要原因是炼油厂和市场研究提供者（所罗门协会）都将数据视为机密。此外，所罗门协会不向 TWG 提供计算数字的方法。此外，出于不同原因（例如成本、数据可信度不高），可认定的是并不是所有的炼油厂都参加了该基准活动。也不是所有炼油厂每年都参与。

(4) 适用性

完全适用。炼油厂能源消耗的广泛范围意味着在某些炼油厂可以实现能源消耗的大量减少。基于降低能量使用、改善运行、良好维护、适当管理以及选择性投资的集成方法，一致和良好的管理在此而言是值得强调的良好做法。

(5) 经济性

能源消耗可能会占炼油厂总运行成本的 50%。因此，减少能源消耗或提高炼油厂效率，可降低总运行成本。

(6) 实施驱动力

减少运行成本，炼油厂通常的做法是提高炼油厂能源绩效。

(7) 装置实例

许多炼油厂已经安装了一套能量管理系统，它们发布关于能源消耗绩效以及参与能源消耗基准评价的年度报告。基于等当量蒸馏能力的各种炼油厂配置/容量的世界范围市场研究证明，对于帮助炼油厂比较绩效有益。

(8) 参考文献

[118，VROM，1999]，[316，TWG，2000]。

4.10.1.2 节能技术

(1) 概述

基于降低能量使用、改善运行、良好维护、适当管理以及选择性投资的集成方法，一致和良好的管理是值得强调的最好做法。下面是炼油行业确定 BAT 技术考虑的技术名录。可以看出，它们中的一些以某种方式相互联系。

技术描述	性能及备注
存在针对能量的管理	确保在工艺集成基础上做出决策
推动能源消耗报告系统	监测进展情况，确保达到目标
推动节约能源的激励计划	促进确定改进领域
进行定期能量审计	确保活动与指导书相符
有正式的能量消耗减少计划	设置改进的目标和策略
开展改善燃烧活动	确定改进领域（如空气/燃料比、烟囱温度、燃烧器配置、加热炉设计）
参与能源消耗的分级/基准活动	由独立单位验证
评估装置和系统内及之间的集成	炼油厂装置之间热集成可能是次佳的。“夹点”研究

(2) 环境效益

所有降低能源消耗的措施都将导致包括 CO_2 在内的大气排放的减少。由于边际燃料消耗，任何节能措施都会影响污染物排放。

(3) 适用性

特别适用于那些具有很高单位能耗的炼油厂。炼油厂单位能源消耗范围广（参见 3.10 部分因素 4）意味着某些炼油厂可以实现大幅降低能耗。

(4) 参考文献

[297，Italy，2000]，[118，VROM，1999]。

4.10.1.3 热集成/回收

(1) 概述

炼油厂内可采取的提高热集成和热回收来提高效率的措施如下（未全部列出）。

- 减少炼油厂 CO_2 排放的一般措施，如优化热集成和结合计算机控制燃烧改进加热炉效率。这将导致加工每吨原油的燃料消耗降低。
- 安装加热器废热锅炉。
- 安装膨胀机/动力回收。
- 扩大换热器区域，在换热器中冷物料由直接来自工艺的热产品预热。
- “半成品”不经过冷却和储存直接作为工艺原料处理。它总是有用的，从节能观点来看，从原油蒸馏装置热产品回收废热，例如，稍后直接向下游装置提供原料，而不是为了储存而冷却它们，然后从储罐向下游装置提供原料。
- 平衡蒸汽和炼油厂燃料气系统。
- 使用高效泵和压缩机。

• 使用热泵。

• 减少膜温度和增加传热表面湍流。

• 废热传递到毗邻建筑物。识别和使用炼油厂区域外的合作机会（例如区域/工业供热、产生动力）可能会减少炼油厂内部所需要的冷却，并且会在其他区域降低燃料消耗。

• 应用先进工艺控制，优化能量利用。

• 建筑物和工艺装置绝热（热辐射损失最小化）。

• 能量生产的优化（见 4.10.3 部分）。

• 优化循环气体比例、运行温度和压力以及蒸汽压级别。

• 尽量最小限度甚至避免废液产生以及它们所需的后续处理。

• 保持热交换表面清洁或定期清洁（良好维护）。

• 修复泄漏和泄漏的疏水器。

• 提高现有装置新增加部分的换热器表面积（所谓“附加措施”）。在这种情况下，更多附加措施添加到现有装置：中间工艺流改线路以及重新定义水蒸气压力级数和水蒸气负荷。

(2) 环境效益

工艺系统热集成确保不同工艺所需要的相当一部分热量是由需冷却物料和需加热物料之间的热交换来提供。在炼油厂，装置内热集成最大化用来减少加热与冷却负荷很重要。以这种方式可以出售大量产品而不是将其烧掉。热集成/回收技术直接导致降低 CO_2、NO_x、颗粒物和 SO_2 排放（参见 3.10.3 部分能源系统的大气排放）。

(3) 跨介质影响

工艺之间热交换意味着扰动从一个工艺转移到另一个工艺。这可能影响安全，因此可能需要稳定控制系统。

(4) 适用性

废热在炼油厂比较丰富，低/中压、低温蒸汽也是如此。如果产生的额外蒸汽没有另外的用途，任何回收低压/低温蒸汽废热的努力都毫无意义。使用废热的选择需要仔细量化和限制。换热器需要空间。识别和使用炼油厂区域外的合作机会有时会比较困难，需要不仅炼油厂也包括其他部分妥协。

(5) 经济性

装置内热集成最大化具有经济意义，结果是最小化热需求和冷却系统负担。热集成/回收提供了节约能源成本的机会（炼油厂总运行成本的 50%），但是分析热集成时，需要考虑换热器、管道成本。

(6) 实施驱动力

经济性，因为减少了燃料消耗。

(7) 装置实例

技术广泛应用在炼油厂。

(8) 参考文献

[107，Janson，1999]，[118，VROM，1999]，[268，TWG，2001]。

4.10.1.4 蒸汽管理

(1) 概述

考虑的几种技术如下。

• 用于汽提、产生真空、雾化和示踪的水蒸气通常流失进入废水和大气。用于机械和/或电能产生和加热的水蒸气通常在 HP-系统、MP-系统和 LP-系统冷凝系统中作为冷凝物回收，并收集在冷凝物储罐中。减少水蒸气汽提量是降低废水产生的一个选择。汽提水蒸气通常用来满足闪点规格并改善前段分馏及收率分配。为了降低 SWS 汽提塔含硫废水负荷，并减少塔顶系统化学处理，一个选择是可以汽提侧线产品，特别是较轻馏分，使用再沸侧线汽提塔代替水蒸气汽提塔。然而，大多数水蒸气用于汽提塔底部，用任何其他方法都不能使它再沸，因此冷凝蒸汽的减少无论如何都是有限的；此外，在蒸汽条件下比再沸条件下汽提好得多，因为更多挥发性馏出物离开。

• 如果惰性气体如氮气可以以合理的价格购入，它可以替代水蒸气进行汽提操作，特别是较轻末端产品。

• 优化水蒸气生产，通过热烟气（如烟囱）和热产品（相关技术参见 4.10.1.3 部分）废热锅炉（WHB 或 CHP）进行废热回收。

(2) 环境效益

减少蒸汽汽提可减少废水产生。减少水蒸气生产中的能量使用会导致能量需求减少，相应降低了大气排放。

(3) 实施驱动力

环境驱动力。

(4) 装置实例

在一些炼油厂中有应用。

(5) 参考文献

[297，Italy，2000]。

4.10.2 炼油厂燃料：类型和净化

如上所述，本书仅提供炼油厂生产的炼厂燃料的详细分析。在炼油厂中使用市场燃料，如 LPG、商业燃料油和柴油，是可能包含在 BREF 这一章中考虑的技术，这些应用在大型燃烧装置 BREF 文件 [317，EIPPCB，2002] 中有深入分析，同时还提供了使用这些燃料时可实现的排放水平。

4.10.2.1 增加天然气使用

(1) 概述

减少炼油厂 SO_2、NO_x、CO_2 和金属排放的一种替代方法是以 LPG（常常现场生产）、炼油厂燃料气（通过一些转化技术生产）或天然气替换或减少使用炼油厂液体燃料。气体使用的增加通常伴随着 RFG 系统的平衡与控制，需要在适宜压力限制下确保系统弹性，净化燃料例如 LPG 或输入气体可作为补充。在这些情况下，RFG 性能优化的先进控制是必需的。

（2）环境效益

100%利用燃气的炼油厂将会减少 99% 的 SO_2 排放，CO_2 将减少 30%～38% 且 NO_x 将减少 30%～50%。重金属排放也会大幅度减少。此外，使用气体粉尘以及 SO_2 排放非常低，因为炼油厂气体通常在胺洗涤器中净化（参见下一节）。当使用净化燃料气体代替蒸馏物如机动车柴油，硫排放会显著降低，比传统低硫（含 1%）燃料油好 10～20 倍。由于燃气锅炉烟气中低 SO_2 浓度，烟囱排放温度降低到 150℃（露点腐蚀较少或不再是约束）。较低烟气温度表明能源效率不同和固有 CO_2 排放减少。气体燃料与液体燃料特别是炼油厂液体燃料相比，单位能量通常释放的 NO_x 更少。气体燃料通常只与热力型 NO_x 有关。油燃烧通常会导致更高水平 NO_x 排放，存在几个原因，特别是燃料型 NO_x 由氮产生，需要平衡 NO_x 及颗粒排放，以及与气体混合燃烧的常见设计要求。更多关于可达到排放值的详细信息可在表 4.16～表 4.22 中找到。

100%利用燃气的炼油厂，其效益总结如下。

- 单个装置 SO_2 排放可以降低到 0，对炼油厂整体将由其他排放源给出（很少来自炼油厂气体、来自 SRU、来自 FCCU、火炬等）。
- 含重金属的颗粒物排放将减少。
- NO_x 将会降低到能量生产技术中天然气燃烧的水平，结果，其他来源如催化裂化装置将会成为炼油厂的主要排放源。
- 实现 CO_2 排放减少主要是因为气体低含碳量、本身高热值，除此以外还由于可以达到的更高效率（烟气可以进一步冷却）。

（3）跨介质影响

公认的是，渣油燃料由气体取代会导致进一步硫残留，这是任何炼油厂燃料系统集成方案必须考虑的。硫残留有时是那些渣油燃料在厂外不充分燃烧造成的，那么产生的排放可以视为排放转移到了炼油厂外部。此外将重质部分转化为轻质产品和较低硫规格燃料的目标需要大量额外能量。这将导致 CO_2 排放不可避免地增加。作为初步估计，通过使用氢气和含燃料结合氮的渣油燃料，NO_x 排放可能放大。高氢燃料导致更高火焰温度，这通常导致更高 NO_x 水平。虽然不是所有的燃料氮最终形成 NO_x 排放，燃料 NO_x 贡献范围可以无限大，如天然气燃料设备的情况，到数倍于炼油厂燃料设备热 NO_x 的贡献。炼油厂燃料气体可能包含胺（氮化合物）和其他化合物。关于炼油厂重馏分部分到炼油厂燃料气转化技术的进一步信息可在 4.10.3.5 部分焦化部分以及加氢转化工艺中找到。

（4）运行数据

液体向气体燃料转换需要工艺升级以及气体网络连接。

（5）适用性

一些气体在局部使用，即在工艺源头或相邻工艺中，但大多数炼油厂运行通常是 RFG，主要是大多数 RFG 供给原料并转移到气体用户。在现代炼油厂，RFG 主要是仔细“平衡”供应和需求；通过控制生产获得必要灵活性（即重整加工量、LPG 蒸发）。与炼油厂火炬系统之间关系很重要，RFG 通常包括火炬气体回收的接收气体。如果超过压力上限，它还可以释放多余气体到火炬。应用节能概念（参见4.10.1部分）可以帮助炼油厂满足它们炼厂气内部生产的所有需要。

（6）经济性

10Mt/a的炼油厂转换为气体燃料炼油厂的成本可达每年3000万欧元。

① 使用LPG代替燃料油

大致的投资成本小（一些再燃烧器），燃料每年大致的运行成本为120欧元/t（LPG与燃料油存在成本差异）。但是，运行成本可能变化很大，取决于季节和LPG市场价格。

② 使用天然气代替燃料油

大致的装置投资成本大约是400万英镑。大致的运行成本每年可能会有所不同，从低于50欧元/t到大于100欧元/t（天然气和燃料油之间成本差异）。再次强调的是，运行成本可能差别很大，取决于季节和市场。

（7）实施驱动力

减少CO_2、NO_x、SO_2和颗粒物（包括金属）排放。

（8）装置实例

炼厂气加天然气燃烧量通常占欧洲炼油厂的60%～100%（以燃烧兆瓦计）。但是从一些欧盟单个炼油厂的数据显示，燃烧重质燃烧油可接近60%。

（9）参考文献

[118，VROM，1999]，[292，HMIP UK，2000]，[317，EIPPCB，2002]，[249，BMUJF，1999]，[268，TWG，2001]。

4.10.2.2 炼厂燃料气净化

（1）概述

一些炼油厂燃料气可能在源头不含硫（例如来自催化重整和异构化工艺）或在源头含硫（大多数其他工艺，如原油蒸馏、裂化和所有加氢脱硫工艺）。在后一种情况下，气流在释放到炼油厂燃料气系统之前通常由胺洗涤处理以去除H_2S。更多关于胺洗涤器的信息可以在4.23.5.1部分中找到。

（2）环境效益

胺处理过的炼油厂燃料气可以控制到20～200(标)mgH_2S/m^3水平，将会在烟气中实现5～25(标)$mg/m^3 SO_2$（3%O_2）的排放水平。

（3）跨介质影响

胺洗涤系统可能存在瓶颈。更多信息参见4.23.5.1部分。

（4）运行数据

参见4.23.5.1部分。

（5）适用性

完全适用。

（6）经济性

参见4.23.5.1部分。

(7) 实施驱动力

减少炼油厂烟气中硫含量。

(8) 装置实例

胺洗涤器处理炼油厂燃料气广泛应用于所有炼油厂。

(9) 参考文献

[297，Italy，2000]。

4.10.2.3 液体炼厂燃料加氢处理

(1) 概述

炼油厂使用的燃料中氮、硫、颗粒物和金属含量由炼油厂使用的原油和它经过的工艺装置确定。液体炼油厂燃料来自不同工艺，如原油蒸馏装置、减压蒸馏、热裂化、催化裂化以及渣油加氢裂化。除了后者，这些渣油含硫量仅由原料选择来控制。大体上，液体炼油厂燃料含有一个或者更多上述组分，并且含硫量差别很大。表 4.14 为适合作为液体炼油厂燃料组分的硫、氮和金属含量。

表 4.14 适合作为液体炼油厂燃料组分的硫、氮和金属含量

适合作为液体炼油厂燃料组分	原油来源	硫/%	氮/%	金属含量/%
常压渣油	北海	0.6～1.1	0.03～0.32	0.03～0.06
常压渣油	中东	2.3～4.4		0.04～0.06
减压渣油	北海	1.1～1.8	0.18～0.58	
减压渣油	中东	3.6～6.1		0.07～0.13
裂化渣油	中东	3.5～6.5		

燃料加氢处理可以降低炼油厂组分的硫、氮以及金属含量。液体燃料加氢可以降低硫含量到 0.03%～1%。关于加氢处理的更多信息参见 2.13 部分。这项技术是燃烧前操作改变，在使用之前处理原料。

(2) 环境效益

原料加氢处理降低了原料中氮、硫和金属含量，相应减少了 SO_2、NO_x 以及颗粒物的排放。据计算，通过燃料油转换含硫量为 1%或者更少，英国炼油厂可将 SO_2 排放降低 19%～64%。转换为低硫燃油的另一个好处是降低了烟气烟囱的热量损失（制造额外换热器或换热器表面的投资），因为露点腐蚀减至最少或不再是一个限制。

(3) 跨介质影响

燃料加氢处理是一个能量密集过程。此外，产生污水和废物（使用过的催化剂）（参见 3.13 部分）。

(4) 运行数据

加氢处理的性能和消耗信息见 2.13 部分和 3.13 部分。

(5) 适用性

完全适用。

(6) 经济性

严格加氢处理成本非常高，增加了液体炼油厂燃料的成本。表 4.15 为炼油厂液体燃料脱硫的经济性。

表 4.15 炼油厂液体燃料脱硫的经济性

炼油厂加工能力	5Mt/a
炼油厂使用的燃料	120000t/a 液体炼油厂燃料 180000t/a 炼油厂燃料气
排放烟气量	1.68×10^{9}(标)m^3/a
硫排放	5000(标)mg/m^3(液体炼油厂燃料含硫 3%)代表 8400t/a 加氢处理 750(标)mg/m^3
脱硫效率	高达 85%
投资成本/欧元	(10000～30000)万
运行成本/(欧元/a)	(2000～5000)万

(7) 实施驱动力

减少硫和 NO_x 排放。

(8) 装置实例

炼油厂燃烧炼厂气量与液体燃料相比，以兆瓦燃煤计，通常是 60%炼厂气比 40%液体燃料。然而从 1996 年英国公共记录的数据显示，在一些炼油厂中燃料油燃烧的量可以达到 60%。

(9) 参考文献

[45, Sema and Sofres, 1991], [292, HMIP UK, 2000], [118, VROM, 1999], [248, Ademe, 2001]。

4.10.3 能量产生

炼油厂可以找到的所有类型能量生产技术都包括在这里。但是，每种技术相关的排放水平不同于本书第 3 章包括的，因为本节只包括性能水平良好的技术。也包括这些能量生产技术中预防排放的技术。

4.10.3.1 加热炉和锅炉

(1) 概述

本节中加热炉和锅炉所考虑的基本措施（也参见 LCP BREF）如下。

- 安装燃烧空气预热器，这会显著提高加热炉效率（超过 5%）。
- 优化加热炉操作，通过操作参数的先进控制（燃料混合的空气/燃料比，优化过剩空气避免实际热量损失）从而提高燃烧效率。
- 高热效率的加热器/锅炉设计，具有良好控制系统（如氧气微调）。

- 辐射或者废气热损失最小化［如通过未燃气体（如 H_2、CO）或未燃烧渣油（点火损失）来减少热损失］。
- 连续监测烟气温度及氧气浓度来优化燃烧。CO 监测也可以考虑。
- 高锅炉压力。
- 进入锅炉燃料的预热。
- 用蒸汽预热锅炉给水（参见 4.10.3.2 部分）。
- 预防废气在表面冷凝。
- 通过高效率泵、排气和其他设备来最小化自身需求。
- 优化燃烧条件（来自 4.15.2 部分）。
- 控制 CO 排放的技术：
    - 良好的操作和控制；
    - 在二级加热中连续传输液体燃料；
    - 与废气良好混合；
    - 催化后燃烧。

（2）环境效益

明火锅炉和加热炉产生大量 CO_2、SO_2、NO_x 和颗粒物排放，特别是使用重质燃料油时。当炼厂气在胺洗涤器净化时，燃气锅炉几乎没有粉尘产生及低浓度 SO_2 排放。NO_x 排放也比燃油锅炉低得多。由于燃气锅炉烟气中 SO_2 浓度低，烟囱排放温度可降至 150℃。较低烟气温度代表能量效率不同以及减少了固有 CO_2 排放。

表 4.16～表 4.21 提供了加热炉和锅炉实施基本措施时对每种空气污染物可实现的排放水平。其他措施，例如降低 NO_x、烟气脱硫以及其他措施在本章后面回顾。表中数值单位为（标）mg/m³，在连续操作下获得（0.5 小时平均值）并且基于废气中 3% 含氧量，特定地方除外。气体：下面给出的范围低值对应于天然气燃烧。液体炼油厂燃料：热裂化渣油、减压渣油等。

表 4.16 具有最优燃烧器和设计的加热炉和锅炉的预期 CO 排放

单位：（标）mg/m³

设备	气体	液体炼油厂燃料
工艺加热炉	5～80	20～100
锅炉	5～80	20～100
发动机	10～150	

表 4.17 具有最优燃烧器和设计的加热炉和锅炉的预期 CO_2 排放

单位：kg CO_2/kg 燃料

设备	气体	液体炼油厂燃料
工艺加热炉	2.75～3	3.2～3.3
锅炉	2.75～3	3.2～3.3

表 4.18 具有最优燃烧器和设计的加热炉和锅炉的预期 NO_x 排放

单位：(标)mg/m^3

设备	气体	液体炼油厂燃料	
		0.3%N	0.8%N
工艺加热炉	70～150	280～450	280～450
锅炉	100～300	300～450	350～600
发动机	250～400		

表 4.19 具有最优燃烧器和设计的加热炉和锅炉的预期颗粒物排放

单位：(标)mg/m^3

设备	气体	液体炼油厂燃料
工艺加热炉	<5	20～250
锅炉	<5	20～250

表 4.20 具有最优燃烧器和设计的加热炉和锅炉的预期金属排放

单位：(标)mg/m^3

金属(砷,铅、镉、铬、钴、镍,钒及其成分)(以元素总和计)	气体	液体炼油厂燃料
工艺加热炉	0	5～10
锅炉	0	5～10

表 4.21 加热炉和锅炉的预期硫氧化物排放 单位：(标)mg/m^3

设备	气体	液体炼油厂燃料		
		0.2%S	1% S	3% S
工艺加热炉	5～100	350	1700	5000
锅炉	5～100	350	1700	5000

(3) 跨介质影响

空气预热器通常增加 NO_x 产生。

(4) 运行数据

直接燃气加热器和锅炉热效率通常达到 85%以上。如果应用空气预热和燃烧产品（烟气）冷却到接近其露点，热效率可高达 90%～93%。

(5) 适用性

完全适用。

(6) 实施驱动力

热或水蒸气的工艺需求。

(7) 装置实例

每个炼油厂包含很多不同规格的加热炉和锅炉。

(8) 参考文献

[117, VDI, 2000], [195, The world refining association, 1999], [45, Sema and Sofres, 1991], [317, EIPPCB, 2002], [249, BMUJF, 1999], [297, Italy, 2000], [118, VROM, 1999], [268, TWG, 2001]。

4.10.3.2 锅炉给水(BFW)生产和再利用

(1) 概述

考虑的锅炉给水生产和再利用技术如下。

- 冷凝罐通常配备一个油检测系统以及一个撇油设备。
- 避免蒸气和冷凝系统腐蚀,氧气和 CO_2 在脱气塔中除去,并添加氧清除剂和腐蚀抑制剂。为进一步调节 BFW,分散剂、碱以及有时消泡剂按剂量加入。
- 通过烟气(未燃气体,如 H_2、CO)、渣油(点火损失)、灰尘和熔渣、热辐射来最小化热损失。
- 通过废热预热锅炉给水(去脱气塔)。
- 降低锅炉给水生产自身的能量需求。
- 锅炉给水生产:一般方法是离子交换、微滤和反渗透。与离子交换技术不同,膜过程不会产生高负荷含盐废水。应当首选生成可以循环再利用残留物(如含铁污泥)的技术。水制备中首选无毒化学品,可以很容易地被微生物降解。使用无矿物油絮凝剂。使用的化学品应当没有或仅含少量有机氯化合物。摒弃以下化合物:EDTA(及其同源化合物)及其盐、氨基聚碳酸及其盐类、有机金属化合物、铬酸盐、亚硝酸盐、单体含量(质量分数)>0.1%的有机聚合电解质。一个设计良好的污水处理装置处理锅炉给水制备的废水,特别是在再生情况下包含大量氨气,其来自应用离子交换的冷凝回收 [317, EIPPCB, 2002]。
- 锅炉给水调节:良好运行是与加氧联合操作:通过添加氨调节 pH 到碱性条件并加入少量的氧气。通过此项措施,可以避免添加肼(它被认为是致癌物质)并降低氨需求。此外在管道内表面形成磁铁和赤铁保护层,它并不是很粗糙降低管道压降并降低泵的能量需求。水调节中生成的废水需要中和,并在一个设计良好的污水处理厂进行处理 [317, EIPPCB, 2002]。
- 重复再次加热蒸汽。

(2) 环境效益

锅炉给水冷凝有很低的污染物含量。实际用水量减少,再利用是最重要的环境效益。

(3) 跨介质影响

如果使用消泡抑制剂,可能需要生物处理。腐蚀抑制剂在废水处理厂不能生物降解。

(4) 运行数据

锅炉给水不应循环或由管线输送到脱盐装置中。

(5) 适用性

再利用冷凝水作为脱气器给水或预热锅炉给水,在某些情况下,冷凝和脱气器分开相距较远，由于经济原因，它们的集成并不总是可行的。

(6) 经济性

特定站点的可用性和经济性决定锅炉给水水源的选择。

(7) 实施驱动力

为了锅炉产生蒸汽，锅炉给水生产是必需的。

(8) 装置实例

锅炉给水生产以某种方式出现在所有炼油厂。

(9) 参考文献

[327，Broughson]，[317，EIPPCB，2002]，[316，TWG，2000]，[268，TWG，2001]。

4.10.3.3 燃气轮机

(1) 概述

燃气轮机的描述见大型燃烧装置 BREF [317，EIPPCB，2002]。在 2.10 部分也包含简要描述。一些应用于燃气轮机用来减少大气排放的技术如下。

- 注入水蒸气。
- 以废气作为燃烧空气的燃气轮机。
- 优化水蒸气到电能的转换（蒸汽涡轮产生最高可能压力级差，产生高温高压水蒸气，多次预热水蒸气）。
- 其他基本技术，如以下各节（4.10.4～4.10.6 部分）包含的干燥低 NO_x 燃烧器。
- 使用高效涡轮机，例如，通过优化涡轮机设计，尽量降低在技术上可行的背压涡轮机出口蒸汽压。

(2) 环境效益

表 4.22 总结了优化设计的燃气轮机的预期大气排放。

表 4.22 优化设计的燃气轮机的预期大气排放

污染物	气体①(以 g/GJ 计)/(标)(mg/m³)	液体炼油厂燃料②/(标)(mg/m³)
CO	<30	<50
CO_2	—	—
NO_x(以 NO_2计)(15% O_2)	15～130③(30～200) 240～700③没有基本措施	250～450 200 注水
颗粒物(15% O_2)	<2	<10～100 无削减 <5～30 有削减
硫氧化物(以 SO_2计)	—	—

① 范围下限值对应天然气燃烧。

② 柴油/喷气燃油。

③ 范围取决于燃气轮机类型。

(3) 跨介质影响

注入蒸汽通常会产生 CO 和烃类化合物更高排放。如果在炼油厂不可行，则应生产蒸汽。

(4) 适用性

完全适用。

(5) 经济性

注入水蒸气应用于输出为85MWe涡轮机。不控制的NO_x排放浓度为500(标)mg/m³(15% O_2)。低至50～80(标)mg/m³(15% O_2)。投资成本(1998年)为340万欧元(包括水蒸气生产成本),运行成本80万欧元(不包括投资费用)。

(6) 实施驱动力

用于电力生产的工艺技术。

(7) 装置实例

在炼油厂中存在很多例子。很多炼油厂拥有,或者目前在安装,联合循环燃气轮机(CCGT),为炼油厂生产蒸汽和电力。这通常用来取代整个或部分旧燃油锅炉装置,以减少运行成本,并减少对其他电力生产设备的依赖。

(8) 参考文献

[45, Sema and Sofres, 1991], [118, VROM, 1999], [115, CONCAWE, 1999]。

4.10.3.4 热电联产装置(CHP)

(1) 概述

概述见2.10部分。

(2) 环境效益

对于综合炼油厂/其他电力生产者(OPG),通过应用CHP概念,能量消耗和CO_2排放将会减少。在OPG中,燃料消耗和所有相关排放将减少,但在炼油厂,燃料消耗和排放量可能会增加。自身生成蒸汽和电力的炼油厂(不从OPG输入)可以从(增强)热电联产中受益。在这些情况下,减少燃料使用和相关排放的环境影响完全积累到炼油厂。

(3) 跨介质影响

没有发现跨介质影响。

(4) 运行数据

大多数涡轮机需要特别稳定燃料混合来确保火焰稳定性,基本上被设计为燃烧天然气。炼油厂燃料气组分可以相差甚大,特别是产生过量H_2时,如加氢处理装置临时停车,导致过剩H_2送入燃料气系统。但是,这些问题通常可以克服,燃料中限制H_2大约高达70%。

(5) 适用性

普遍适用。蒸汽和电力热电联产概念可也可应用于锅炉燃烧,例如液体炼油厂燃料。它们可以设计生产高压水蒸气,通过膨胀机/汽轮发电机来降低压力。节热器以及空气一燃料控制优化也适用于热电联产装置。

(6) 实施驱动力

应用于炼油厂内外的水蒸气和电力生产。

(7) 装置实例

很多炼油厂拥有，或目前正在安装，联合循环燃气轮机（CCGT）或热电联产装置（CHP），为炼油厂生产蒸汽和电力。这通常用来取代整个或部分旧燃油锅炉装置，以减少运行成本，并减少对其他电力生产设备的依赖。

(8) 参考文献

[118，VROM，1999]。

4.10.3.5 重油或焦炭气化（IGCC）

(1) 概述

整体气化联合循环（IGCC）是另一种技术，其目的是从不同低等级燃料类型在可能最高转换效率下生产水蒸气、H_2（可选）（参见 2.14 部分）和电力。更多信息见 2.10 部分。

(2) 环境效益

在此工艺中产生的合成气含硫量为 0.01%～0.05%并可作为炼油厂燃料气来生产 H_2、燃料或者化学产品。过滤含有煤烟颗粒物的水，过滤器滤饼易受被控制的燃烧过程影响。此工艺在原则上是自热的，燃烧热足以蒸发过滤器滤饼所含水。

IGCC 是一个高度集成和有效的工艺，可以提供动力、H_2 和水蒸气。此外，它原则上提供可以接收重质渣油和原料甚至炼油厂污泥的出路，后者提供少于 1%的原料。热气体净化系统有提高系统效率并降低系统成本的潜力。系统大气排放为：$SO_2$50(标)mg/m^3、NO_x 65(标)mg/m^3（3%O_2）、颗粒物 5(标)mg/m^3 和 CO 10～30(标)mg/m^3。

IGCC 排放与传统动力/蒸汽装置相比大幅减少。炼油厂尾气中 SO_2 浓度减少 80%，但 CO_2 排放增加。

使用满足炼油厂燃料需求的副产品和渣油，这不仅具有成本效益，而且有利于环境，若它不利用这些成分，它们会成为炼油厂废物，被送到火炬烧掉而无法回收。

(3) 跨介质影响

在某些情况下，燃烧低热值气体可能出现一些困难。流出废水通常送到现有炼油厂废水处理装置。它可能含有大量金属，如钒、铬或镍，以及多环芳烃。

(4) 运行数据

气化过程公用材料需求是 1800～4900kW·h/t 动力和 1140kg/t 水蒸气消耗。烟尘产生大约是 50%～75%（质量分数）V_2O_5 残渣，它可以出售给金属回收高。复杂 IGGC 还配备所有必要的辅助系统，包括冷却水（为大用户开放的海水循环混合系统以及为其他用户开放的闭合净洁水循环）、软化水、空气、氮气、水和燃料气体网络、消防、火炬、储存、配电、建筑等。

IGCC 是一种开车、停车和部分负荷操作时具有高度灵活性的技术，这取决于不同部分之间的集成水平。通常，使用热交换设备系统比那些使用急冷的系统效率更高；但是，有换热的系统成本更高，有结垢危险。由于渣油具有毒性，处理烟尘以及过滤器滤饼应该小心进行，以避免灰尘（甚至 80%水分）。

(5) 适用性

这种技术可视为原料加氢处理（参见 4.10.2.3 部分）去除硫的替代方法。在炼油厂正常运行过程中，IGCC 装置汽化器能够转化几乎任何渣油（常压渣油、减压渣油、减黏裂化或者热焦油等）成为热或动力。这些原料可能有高含硫量。

(6) 经济性

表 4.23 为欧盟炼油厂两套 IGCC 装置的经济性。

表 4.23 欧盟炼油厂两套 IGCC 装置的经济性

炼油厂能力	5	Mt/a
炼油厂一些特征是：		
炼油厂使用燃料	120000 液体 180000 气体	t/a
炼油厂产生的烟气量	1.68×10^{9}	(标)m^3/a
应用 IGCC 前 SO_x 排放(以 SO_2 计)	5000(含有 3%硫的液体炼油厂燃料)	(标)mg/m^3
硫氧化物排放负荷	8400	t/a
以气体燃料含硫量表示的工艺效率	0.01	%
投资成本	200～400	百万欧元
运行成本	20～40	百万欧元/a

IGCC 规模	280	MW
净热电联产效率	47.2	%
投资成本	648	百万欧元
所用原料性能	密度:1.05～1.1	kg/L
	黏度:100～3500	$\times10^{-6}m^2/s(150℃)$
	含硫量:3.5～7	%
	金属:300～800	$\times10^{-6}$
	热值:8800～9200	kcal/kg

注：1kcal=4.1868J。

(7) 装置实例

IGCC 概念对发电站来说是相当新兴的技术应用。IGCC 装置的主要部分，即气化、空气分离、气体净化和联合循环，是众所周知的技术，这些技术以前已经在不同应用与不同原料之间单独使用。虽然“集成”（IGCC 中的“I”）是一个较新概念。油气化是一个应用多年的工艺。重质渣油气化，根据 IGCC 原理，是相当新的。最少 4 套 IGCC 装置在欧盟炼油厂已经运行且其他一些在设计/施工阶段。煤气化应用 IGCC 概念也是新的，而且一些装置正在运行。

(8) 参考文献

[45, Sema and Sofres, 1991], [297, Italy, 2000], [320, Italy, 1996]。

4.10.3.6 流化床锅炉

(1) 概述

处理重质渣油或石油焦的一种替代方法是在流化床锅炉中燃烧，并注入石灰石捕集硫。

(2) 环境效益

可捕集约 90%燃料中的硫，石灰石中约 50%钙用于硫吸收。

(3) 跨介质影响

生成的 $CaSO_4$ 和未转化的氧化钙连同燃料中镍和钒从锅炉中以固体残渣排出，可以用作道路集料或填埋处置。

但是这些方案与气化相比具有较低硫捕获性能，并且它们不能提供 H_2 生产选项。采矿和石灰石运输以及处置残渣存在环境争议。鉴于这些原因，气化可能长期内更具有吸引力。

(4) 适用性

流化床锅炉与上游溶剂脱沥青或延迟焦化组合可以是一个具有成本效益的方案，解决炼油厂现有催化裂化装置能力和水蒸汽/动力不足。

(5) 经济性

通常比气化便宜。

(6) 实施驱动力

减少固体废物产生。

(7) 参考文献

[118，VROM，1999]。

4.10.4 NO_x 控制和减排

减少 NO_x 排放的技术分为两大类。初级技术包括 NO_x 控制技术，例如预燃烧操作改变和燃烧修正。次级技术包括燃烧后烟气处理或 NO_x 减排技术。关于 NO_x 减排技术的更多信息见 4.23.3 部分。初级和次级技术在本节考虑。能源系统考虑的 NO_x 控制和减排技术类型总结见表 4.24。

表 4.24 能源系统应用的 NO_x 控制和减排技术

技术类型	明火加热器	锅炉	燃气轮机
初级措施(控制技术)	低 NO_x 燃烧器 超低 NO_x 燃烧器 再燃烧	烟气再循环 超低 NO_x 燃烧器 低 NO_x 燃烧器 再燃烧	干式低 NO_x 燃烧室 注入水蒸气 注入水 低 NO_x 燃烧室
次级措施(减排技术)	SCR SNCR	SCR SNCR	SCR

4.10.4.1 低 NO_x 燃烧器

(1) 概述

低 NO_x 燃烧器，无论是空气分级燃烧，还是燃料分级燃烧，目的在于降低主燃烧区的最高温度、氧气浓度和减少高温停留时间，从而减少热力型 NO_x 生成。燃料分级加入也会带来补燃效果，进一步降低了 NO_x。超低 NO_x 燃烧器是低 NO_x 燃烧器特点上增加内部烟气循环，能进一步减少 NO_x 排放。

(2) 环境效益

低 NO_x 燃烧器可实现气体燃料 NO_x 削减效率 40%～60%以及液体燃料 NO_x 削减效率 30%～50%。应用于工艺加热器和锅炉的超低 NO_x 燃烧器可以实现 NO_x 排放减少 60%～75%。表 4.25 为应用低和超低 NO_x 燃烧器对不同类型设备可达到的 NO_x 排放水平。

表 4.25 低和超低 NO_x 燃烧器对不同类型设备可达到的 NO_x 排放水平

单位：(标)mg/m^3 (3%O_2)

燃料类型	自然和强制通风加热器	锅炉	燃气轮机
炼油厂燃料气	30～150(15～50mg/MJ)	30～150(15～50mg/MJ)	—
液体炼油厂燃料(0.3%N)	100～250(25～70mg/MJ)	100～250(25～70mg/MJ)	—
液体炼油厂燃料(重质)	150～400	150～400	—

(3) 跨介质影响

油燃烧中 NO_x 和颗粒物之间存在直接联系，即当火焰温度下降时，NO_x 的减少将导致颗粒物增加。对于低 NO_x 燃料油燃烧器，作为传统燃料油燃烧器，进一步减少热 NO_x 导致碳颗粒物增加。CO 排放也增加。

(4) 运行数据

在强制或自然通风条件下应用超低 NO_x 燃烧器的炼油厂气体燃烧可能在某些点显示不稳定迹象，特别是在低负荷以及低过剩气体时。在安装这些燃烧器的过程中需要小心处理。为可靠操作以及评估这种技术适用于特定情况，强烈建议在现场安装之前进行燃烧器测试来发现燃烧限制。

(5) 适用性

直接应用在新安装的明火加热器和锅炉。一些液体燃料不适合最新一代低 NO_x 燃烧器且一些较旧明火加热器配备有大型高强度燃烧器，不能进行新型低 NO_x 燃烧器改造。低 NO_x 燃烧器改造取决于加热炉设计，可能简单或者困难，或者因为增加了火焰体积，不改变加热炉是不可能的。例如低 NO_x 燃烧器增加长度可能会限制在低标高加热炉上的应用。较旧的加热炉和锅炉 NO_x 减排也可能效果较差，主要是由于需要避免火焰冲击炉管。

(6) 经济性

下表显示了不同炼油厂中一些应用低和超低 NO_x 燃烧器的经济性。

燃烧器种类	在超低 NO_x 燃烧器以炼厂混合气为燃料的明火加热器和锅炉的 NO_x 控制	在低 NO_x 燃烧器以渣油燃料油为燃料的锅炉	在低 NO_x 燃烧器以渣油燃料油为燃料的加热器
低至 $\times10^{-6}$（3% O_2）	30	150	150
投资成本（1998 年）/百万欧元	0.2～0.6	0.3～0.9	0.3～0.9
年运行成本（不包括资本费用）/百万欧元	0	0～0.02	0～0.02

炼油厂加工能力	5	Mt/a
燃料消耗	120000（液体炼油厂燃料） 180000（炼油厂燃料气体）	t/a
烟气量	3×10^9	（标）m^3/a
低 NO_x 燃烧器效率	10～50	%
NO_x 排放（以 NO_2 计）	100～250	（标）mg/m^3
投资成本	0.5～1.0	百万欧元

应用于	投资成本	更多信息
由 40 个强制通风燃烧器组成的典型原油加热炉的再燃烧	330 万欧元（200 万英镑）	包括加热炉空气、燃料和控制系统的一般升级，在炼油厂可能同时实施
将传统燃烧器替换为低 NO_x 燃烧器	每个燃烧器 30 万～90 万欧元	
在两个原油加热器中更换燃烧器	420 万欧元［3500 万瑞典克朗（1998 年）］	
改造		炉底结构和控制系统通常需要重大改变，这大大增加了投资成本

（7）实施驱动力

减少 NO_x 排放。

（8）装置实例

在炼油厂存在许多应用例子。

（9）参考文献

［115，CONCAWE，1999］，［45，Sema and Sofres，1991］，［112，Foster Wheeler Energy，1999］，［107，Janson，1999］，［348，Ashworth Leininger Group，2001］。

4.10.4.2 干式低 NO_x 燃烧室

（1）概述

在大型燃烧装置 BREF 中可以找到更多信息。

（2）环境效益

在天然气燃气轮机上应用，NO_x 排放减少 90%。不同类型设备干式低 NO_x 燃烧

室可达到的 NO_x 排放水平见表 4.26。

表 4.26 不同类型设备干式低 NO_x 燃烧室可达到的 NO_x 排放水平

燃料类型	明火加热器	锅炉	燃气轮机
炼油厂燃料气	—	—	50～100(40～60)
轻燃料油	—	—	—
重燃料油	—	—	—

注：数据单位为（标）mg/m³（15% O_2），括号中数据单位为 g/GJ。—表示不适用。

(3) 适用性

适用于燃气轮机。干式低 NO_x 燃烧室不适用于燃烧包含超过 5%～10%（体积分数）氢气的炼油厂混合气体的燃气轮机。

(4) 经济性

对一个 85MWe 输出的涡轮机，投资成本为 220 万欧元（1998 年），运行成本是 0。

(5) 实施驱动力

减少 NO_x 排放。

(6) 参考文献

[115，CONCAWE，1999]，[316，TWG，2000]。

4.10.4.3 烟气再循环

(1) 概述

外部烟气再循环（FGR）应用于锅炉和加热器以增加稀释效果，从而降低燃烧温度。通常是 20%可利用烟气从锅炉烟囱通过管道输送与新鲜燃烧空气混合。

(2) 环境效益

利用烟气再循环作为燃烧空气的一部分可进一步降低 NO_x 形成。不同类型设备应用烟气再循环达到的 NO_x 排放水平见表 4.27。

表 4.27 不同类型设备应用烟气再循环达到的 NO_x 排放水平

燃料类型	明火加热器	锅炉	燃气轮机
炼油厂燃料气	—	—	—
轻燃料油(LCP)	—	—	—
重燃料油	—	—	—

注：—表示不适用。

(3) 运行数据

这个工艺很难控制，尤其是在低负荷期间。

(4) 适用性

它应用于锅炉和明火加热器。在锅炉改造中，FGR 增加水力负荷，把热负荷转向对流段，可能不切合实际。

(5) 经济性

比其他初级措施需要更高成本。

(6) 实施驱动力

减少锅炉和加热器 NO_x 排放。

(7) 参考文献

[115，CONCAWE，1999]，[316，TWG，2000]。

4.10.4.4 注入稀释剂

(1) 概述

向燃烧设备中加入惰性稀释剂，如烟气、水蒸气、水和氮气，降低火焰温度，相应降低烟气中 NO_x 浓度。

(2) 环境效益

利用水蒸气/水注入，实施燃气轮机燃烧室 NO_x 控制，能实现减排效率达到80%～90%。表 4.28 为不同类型设备注入稀释剂达到的 NO_x 排放水平。

表 4.28 不同类型设备注入稀释剂达到的 NO_x 排放水平

燃料类型	明火加热器	锅炉	燃气轮机
炼油厂燃料气	—	—	50～80
轻燃料油	—	—	—
重燃料油	—	—	—

注：数据单位为（标）mg/m^3，在 15%O_2条件下，—表示不适用。

(3) 跨介质影响

生产水蒸气的能量，更高 CO_2 和烃类化合物排放。

(4) 运行数据

系统中使用水蒸气比使用氮气造成更多腐蚀。

(5) 适用性

水蒸气和水注入广泛应用于新安装的和改造的燃气轮机，也适用于明火加热炉和锅炉（参见 4.10.5.2 部分）。在锅炉和加热炉中应用注水有技术困难。只有炼油厂中有氮气可利用时才用其稀释。

(6) 经济性

注入水蒸气和水的投资成本比 SCR 少，使这一技术成为大幅削减 NO_x 水平的第一选择，如果需要更高 NO_x 削减，通常需附加 SCR。然而，遇到生产高纯度水蒸气，循环运行成本很高，而且重装叶片维修成本可能会高。

85MW 输出涡轮机的相关成本	燃烧炼油厂混合气的燃气轮机 NO_x 控制
投资成本(1998 年)/百万欧元	3.4
年运行成本(不包括资本费用)/百万欧元	0.8
成本/效益/(欧元/t NO_x 去除)(包括 15%资本费用)	1500

其他来源给出的利用 80t/h 蒸汽注入的燃气轮机运行成本每年 90 万欧元。

(7) 实施驱动力

减少 NO_x 排放。

(8) 装置实例

来自炼油厂渣油汽化项目空气分离装置的副生产品氮气，最近作为稀释剂进行了商业示范，用于燃气轮机减排 NO_x。在炼油工业内，水蒸气注入占主导地位。

(9) 参考文献

[112，Foster Wheeler Energy，1999]，[115，CONCAWE，1999]，[268，TWG，2001]。

4.10.4.5 再燃烧

(1) 概述

燃料分级燃烧也被称为再燃烧，是基于在加热炉内创造不同区域分段注入燃料和空气。其目的是使已经形成的 NO_x 重新被还原为氮气，减少 NO_x 排放。这项技术通过有机反应自由基协助 NO_x 分解使火焰温度降低。

(2) 环境效益

可达到水平$<100\times10^{-6}$。

(3) 适用性

适用于燃烧器层面。

(4) 实施驱动力

减少 NO_x 排放。

(5) 参考文献

[112，Foster Wheeler Energy，1999]。

4.10.4.6 选择性非催化还原（SNCR）

(1) 概述

这种技术也称为热脱硝，减少燃烧过程中已经形成的 NO_x。这个工艺是非催化工艺，利用氨或尿素还原 NO_x 为氮气和水。更多信息见 4.23.3 部分。

(2) 环境效益

正常燃烧装置证明 NO_x 排放可以减少 40%～70%。表 4.29 为不同类型设备应用 SNCR 达到的 NO_x 排放水平。

表 4.29 不同类型设备应用 SNCR 达到的 NO_x 排放水平

单位：(标)mg/m³（3%O_2）

燃料类型	明火加热器	锅炉	燃气轮机
炼油厂燃料气	150～200	150～200	—
轻燃料油(0.3%N)	150～300	150～300	—
重燃料油(0.8%N)	200～400	200～400	—

(3) 跨介质影响

NH_3或尿素排放（储存和未反应）风险。低负荷是一个问题。通过这种技术，N_2O排放可能会增加。当燃烧含硫燃料，如液体炼油厂燃料，应特别关注的一个副反应是硫酸铵盐形成。硫酸盐引起结垢和腐蚀下游设备。储存气态氨有很大潜在危险性。

因此，液态氨溶液（25%）是首选。使用尿素会导致更高的 CO 和 N_2O 排放，并可能导致高温腐蚀。

（4）运行数据

更多信息可见 4.23.3.2 部分。

（5）适用性

SNCR 需要温度超过 650℃。当处理的烟气来自重燃料油燃烧时应用复杂。氨储存主要受到空间需求限制。

（6）经济性

表 4.30 为应用 SNCR 处理不同来源燃烧过程产生的烟气的经济性。

表 4.30 选择性非催化还原（SNCR）实例和主要成本因素

对应 100GJ/h 装置的数值——改造现有装置	以炼油厂混合气为燃料的明火加热器和锅炉	以渣油燃料油为燃料的锅炉
低至/$\times10^{-6}$($3\%O_2$)	50	100
投资成本(1998 年)/百万欧元	0.4～0.5	0.4～0.9
年运行成本(不包括资本费用)/百万欧元	0.025	0.05～0.07

炼油厂容量	5	Mt/a
燃料消耗	120000(炼油厂液体燃料) 180000(炼油厂燃料气)	t/a
烟气量	3×10^9	(标)m^3/a
SNCR 效率	60～80	%
NO_x 排放(以 NO_2 计)	200	(标)mg/m^3
投资成本	3～5	百万欧元
运行成本	0.2～1	百万欧元/a

项目	数据	欧元/单位	欧元/a
运行小时数/(h/a)	8000		
投资成本/欧元	1090093		
计算年度费用的输入因子： 年数/a 利率/%	 15 6		
包括利息的年度还款/(欧元/a)	112239		
包括利息的投资成本比例项			112239
维修+磨损和损坏/投资成本/%	2		
维修+磨损和损坏/(欧元/a)	21802		
维修+磨损和损坏项			21802
电力/(kW·h/h)	40	0.07 欧元/(kW·h)	20930
空气/(标)(m^3/h)	1200	0.01(标)欧元/m^3	118602
液氨/(kg/h)	83.15	0.25 欧元/kg	169201
总成本			442774

注：在炼油厂动力装置后废气流量为 250000(标)m^3/h 装置，对应于实际氧含量和<200(标)mg NO_x/m^3 洁净气体浓度，实现的 NO_x 排放减少 500(标)mg/m^3。

将 SNCR 应用到现有锅炉的投资成本是 56 万欧元，包括尿素储存设备。气态氨储存甚至比尿素储存费用更高。

(7) 实施驱动力

减少 NO_x 排放。

(8) 装置实例

这一工艺已应用于炼油厂装置的加热器和锅炉。但将 SNCR 应用到燃油加热器的经验较为有限。美国一项研究报道，更多的是采用 SCR 控制 NO_x，而不是 SNCR，8 家炼油厂 150 台锅炉/加热器装置中仅 12 台使用了 SNCR 技术。

(9) 参考文献

[107, Janson, 1999], [115, CONCAWE, 1999], [45, Sema and Sofres, 1991], [250, Winter, 2000], [348, Ashworth Leininger Group, 2001]。

4.10.4.7 选择性催化还原（SCR）

(1) 概述

另一种次级技术称为催化脱硝。热脱硝中，氨用来还原 NO_x 为氮气和水蒸气。氨蒸气与烟气混合，混合物通过催化剂完成反应。更多信息见 4.23.3 部分。

(2) 环境效益

SCR 能够在锅炉和加热器中应用，减少 NO_x 90%～94%。瑞典一家炼油厂 SCR 装置已经在锅炉上安装。该装置在 1998 年 10 月投入运行。使用燃料油，NO_x 排放是 16mg/MJ [55（标）mg/m³，3% O_2]。NO_x 减少约 94%，氨逸出低于 5×10^{-6}（68MW）。在 STEAG 电站（德国 Mider 炼油厂），3 台燃油加热器［每台生产 160t/h 水蒸气（10MPa，505℃）和消耗重燃料油（3.7%S）12t/h］配备 SCR 装置（高粉尘）。它们必须使 NO_x 排放低于 150（标）mg/m³。有关 Mider 炼油厂动力装置数据见表 4.31。

表 4.31 德国 Mider 炼油厂动力装置原始气和洁净气体浓度

项目	原始气	洁净气体
烟气量，湿(7%O_2)/(m³/h)	171690	188249
温度/℃	180～220	72
粉尘(3%O_2)/(mg/m³)	220	<10
NO_x(以 NO_2 计)(3%O_2)/(mg/m³)	800	<150
SO_2(3%O_2)/(mg/m³)	6500	
SO_3(3%O_2)/(mg/m³)	650	<10
SO_x(以 SO_2 计)(3%O_2)/(mg/m³)		<400

(3) 跨介质影响

当操作超出化学计量条件和处置催化剂时，氨气排放存在风险。在气体氨储存中氨气排放风险可以最小化，就是氨气以水溶液（25%）形式储存和使用。这可能会增加 N_2O 排放。氨操作逸出约为 5×10^{-6}，在催化剂寿命期内该数值通常会增加。要特别关注一个副反应，燃烧含硫燃料，如液态炼油厂燃料，形成 $(NH_4)_2SO_4$。硫酸盐会引起催化剂失活和结垢及腐蚀下游设备。

(4) 运行数据

更多信息见 4.23.3.2 部分。

(5) 适用性

应用这种技术到现有工艺加热炉受到空间、压力和温度问题的限制。然而在加利福尼亚 SCR 应用于锅炉和加热器在技术上被认为是可行的。油飞灰含有金属氧化物、烟尘和焦炭。未减排的燃油飞灰浓度范围在 100～600(标)mg/m³（最高值对应减压渣油)。在这些情况下应用 SCR 可能遭受飞灰和硫酸盐堵塞影响（煤燃烧时，飞灰喷砂效应保持催化剂清洁)。减压渣油硫酸盐沉淀的潜在可能性普遍较高，原因是其高含硫量(2.5%～4%)。

(6) 经济性

根据燃料、废气量、削减需求，SCR 成本变化范围很大。对于新发电装置该范围可能是 25～110 欧元/kW。维修费用很少，其中大部分来自氨消耗。在炼油厂动力装置 SCR 应用的一些例子参见表 4.32 和表 4.33。按原始气和除尘净化气两种模式估算动力装置后使用 SCR 装置的情况。

表 4.32 选择性催化还原（SCR）的主要成本因素（一）

项目	数据	欧元/单位	欧元/a
运行小时数/(h/a)	8000		
投资成本/欧元	3270278		
计算年度费用的输入因子： 年数/a 利率/%	 15 6		
包括利息的年度还款/(欧元/a)	336717		
包括利息的投资成本比例项			336717
催化剂量/m³	20		
循环耐久能力/a	15		
催化剂更新/(m³/a)	1.33	14535 欧元/m³	
平均催化剂更新/(欧元/a)	19379		
催化剂			19379
维修+磨损和损坏/投资成本/%	2		
维修+磨损和损坏/(欧元/a)	65406		
维修+磨损和损坏项			65406
压降/kPa	35		
再加热能量/(MJ/h)	11806.67	3.63 欧元/GJ	343210
电力/(kW·h/h)	610	0.07 欧元/(kW·h)	319187
氨液/(kg/h)	46.20	0.25 欧元/kg	94001
总成本			1177900

注：在炼油厂动力装置后废气流量为 250000(标)m³/h 装置（除尘净化气），对应于实际氧含量和<100(标)mg NO_x/m³洁净气体浓度，实现的 NO_x 排放减少 500mg/m³（标）。

表 4.33 选择性催化还原（SCR）的主要成本因素（二）

项目	数据	欧元/单位	欧元/a
运行小时数/(h/a)	8000		
投资成本/欧元	2180185		
计算年度费用的输入因子： 年数/a 利率/%	 15 6		
包括利息的年度还款/(欧元/a)	224478		
包括利息的投资成本比例项			224478
催化剂量/m^3	35		
循环耐久能力/a	8		
催化剂更新/(m^3/a)	4.38		
平均催化剂更新/(欧元/a)	63589		
催化剂			63589
维修+磨损和损坏/投资成本/%	2		
维修+磨损和损坏/(欧元/a)	43604		
维修+磨损和损坏项			43604
压降/kPa	8		
再加热能量/(MJ/h)	0	3.63 欧元/GJ	0
电力/(kW·h/h)	160.07	0.07 欧元/(kW·h)	83753
氨液/(kg/h)	46.20	0.25 欧元/kg	94001
总成本			509425

注：在炼油厂动力装置后废气流量为 250000(标)m^3/h 装置（原料气），对应于实际氧含量和<100(标)mg NO_x/m^3 洁净气体浓度，实现的 NO_x 排放减少 500(标)mg/m^3。

项目	燃烧炼油厂混合气的明火加热器和锅炉	燃烧渣油燃料油的锅炉	燃烧天然气或炼油厂混合气的燃气轮机
NO_x 还原性能还原率/%	90	75	90
降至/(标)(mg/m^3)(3%O_2)(燃气轮机15%O_2)	30	130	50
投资成本(1998 年)/百万欧元	2.8～3.2	2.4～3.4	4.9～5.4
年运行成本(不包括资本费用)/百万欧元	0.15	0.1～0.2	1.3

容量	68MW	（瑞典 Preem 炼油厂重整加热炉）	(标)m^3/h
效率	94	91	%
降至(3%O_2)	55(14～15)	55	(标)mg/m^3(mg/MJ)
投资成本(1998 年)	0.9	3.2	百万欧元(1998 年)

炼油厂容量	5	Mt/a
燃料消耗	120000(液体炼油厂燃料) 180000(炼油厂燃料气)	t/a
烟气量	3×10^9	(标)m^3/a
SCR 效率	85	%
NO_x 排放(以 NO_2 计)	150	(标)mg/m^3
投资成本	15～20	百万欧元
运行成本	2	百万欧元/a

(7) 实施驱动力

减少 NO_x 排放。

(8) 装置实例

它们已应用于催化裂化尾气、燃气轮机、工艺锅炉、工艺加热器，例如石脑油重整装置、水蒸气重整装置、原油和减压蒸馏装置、热裂化和临氢加工装置。SCR 也已成功应用于高颗粒物含量气体，例如高硫燃煤公用工程行业和带有上游颗粒物去除的催化裂化装置。美国炼油厂报告显示，8 家炼油厂中 150 台锅炉/加热器装置的 20.7%（31 台锅炉/加热器）采用 SCR 作为控制技术。同样研究表明，分析 8 家炼油厂发现 4 台涡轮机已经应用 3 台 SCR 装置。

(9) 参考文献

[181, HP, 1998], [107, Janson, 1999], [45, Sema and Sofres, 1991], [250, Winter, 2000], [115, CONCAWE, 1999], [348, Ashworth Leininger Group, 2001]。

4.10.4.8 脱硝洗涤

(1) 概述

SO_2 吸收喷雾塔之前通常需要一个分离喷雾塔。在这一额外塔中应用添加剂氧化 NO 为 NO_2，接着与 SO_2 一起被吸收。吸收 NO_2 的反应是 $3NO_2 + H_2O \longrightarrow 2HNO_3 + NO$。

(2) 环境效益

降低 NO_x 排放。

(3) 跨介质影响

如果使用湿气洗涤，该工艺产生料浆固体废弃物。产生的硝酸盐应该在废水处理装置中处理。由于这个工艺产生的排气中产生 NO，可能需要进一步削减 NO_x 排放。

(4) 经济性

如果与 SO_2 湿式洗涤联合安装，湿式脱硝洗涤的优点包括低投资成本。

(5) 实施驱动力

降低 NO_x 排放。

(6) 装置实例

它通常在硝酸生产中使用。

(7) 参考文献

[108，USAEPA，1995]。

4.10.4.9 催化还原 CO 和 NO_x

(1) 概述

该技术使用单一催化剂在两个循环中操作：氧化/吸收和再生。催化剂的工作是同时将 CO 氧化为 CO_2，把 NO 氧化为 NO_2，然后通过 K_2CO_3 吸收剂涂层将 NO_2 吸收到表面上。催化剂再生是在无氧条件下输送受控制混合再生气体通过催化剂表面来完成。再生气体有水蒸气、H_2 和 CO_2。因此硝酸盐还原为氮。当燃料中存在硫时，需要额外催化剂层，以减少 SO_2 排放和保护 CO 和 NO_x 还原催化剂。

由于再生循环应在绝氧环境中进行，一部分正进行再生的催化剂必须与废气隔离。这是通过使用一套挡板完成的，一个在再生段上游，一个在下游。在再生周期中，这些挡板关闭，然后阀门打开，使再生气体进入到再生段。催化剂系统介绍示意见图 4.3。

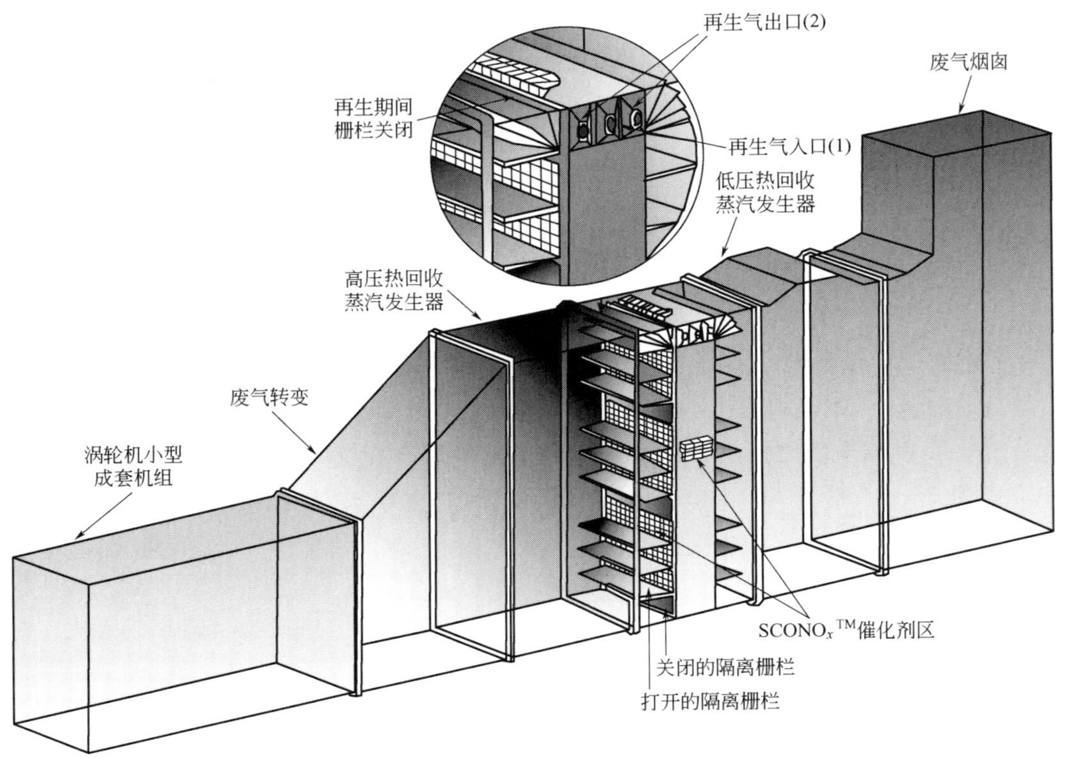

图 4.3 催化剂系统介绍示意

(2) 环境效益

通过使用这项技术，联合循环燃气轮机可以在很低 NO_x 排放浓度下运行。同时，该系统也减少 CO 和 NMVOCs 排放。它不使用氨。与脱硫催化剂技术联合，如果需要，这一系统也可用于减少废气中含硫化合物排放。达到的排放水平如下。

- NO_x 排放低于 2×10^{-6} [在标准条件，0℃，1013kPa 下，以 NO_2 计为 4(标) mg/m^3]。
- CO 转化为 CO_2 的转化率为 90%。
- 在 315℃时破坏 NMVOCs 大于 90%。
- 在 150℃破坏甲醛和乙醛据测量可分别达到 97%和 94%。

(3) 跨介质影响

该系统排放 CO_2、水、氮气和痕量 SO_2 到烟囱。由于催化剂掩盖和中毒，每年需要用去离子水和 K_2CO_3 溶液清洗催化剂。用过的清洗液可以通过中和并通过污水系统处理实现对土壤和水体无害。废催化剂中贵金属有剩余价值，可回收利用。没有废催化剂引起的处置问题。

(4) 运行数据

该系统需要电力用于控制系统、阀门和驱动器，天然气用于再生气生产，水蒸气用于再生气生产和作为稀释载体。一般压降为 8.5～15kPa。该系统有效运行的温度范围是 150～370℃。25MW 燃气轮机的公用材料需求是水蒸气（333～389℃）1590kg/h，天然气 14kg/h。

(5) 适用性

适用于新建和改造。该系统有效运行温度范围是 150～370℃，且不限制燃气轮机性能。这种装置可安装在锅炉后边，或安装在热回收蒸汽发生器中，它与传统 SCR 系统位于同一壳层内。

(6) 经济性

给出的估算成本数参考典型 400MW 联合循环燃气动力装置。估算成本数基于运行 8000h/a，NO_x 从 25×10^{-6}减少到 5×10^{-6} [50～10(标)mg/m^3，以 NO_2 计，标准条件 0℃、1013kPa]，相当于每年减少 NO_x 约 666t。数值包括投资成本、运行和维护成本以及每年间接费用。

成本	百万欧元	包括
投资成本	19.2	运输、安装和调试/开车
运行与维护成本	1.6	一般维护 再生循环消耗水蒸气和天然气 装置间的压降(约 10kPa) (转换为动力消耗) 催化剂更换平均成本/a(主要催化剂寿命为 7a) 催化剂处置/返还

未包括额外的合同商的每年间接费用。

NO_x 从 25×10^{-6}减少到 2×10^{-6} [标准条件 0℃、1013kPa，以 NO_2 计，4～50(标)mg/m^3]，因为需要额外催化剂，将导致投资成本增加。由于天然气和蒸汽消耗不断增长，并且压降增加，也会稍微增加操作和维护成本。

第二个例子是应用该技术于 25MW 燃气轮机，装置成本是 620 万欧元。估算运行成本约为42万欧元/a，包括维修、蒸汽和天然气、系统压降和更换催化剂费用。

(7) 实施驱动力

要求 NO_x 排放非常低和限制需使用氨的空气污染控制设备，特别是当装置位于人口稠密地区。

(8) 装置实例

在美国有应用于小型天然气发电装置的例子。

(9) 参考文献

[276, Alstom Power, 2000], [268, TWG, 2001]。

4.10.4.10 组合 NO_x 控制和减排技术

(1) 概述

下表提供了一些可适用于炼油厂的组合 NO_x 控制和减排技术的例子。

能量生产技术	燃烧炼油厂混合气的明火加热器和锅炉		以炼油厂混合气为燃料的燃气轮机	以天然气为燃料的燃气轮机
脱硝技术	烟气再循环和低 NO_x 燃烧器	超低 NO_x 燃烧器和SCR	水蒸气注入和SCR	干式低 NO_x 燃烧室和SCR
NO_x 去除性能/%	70	>90	98～90	98
降至 $\times10^{-6}$(3% O_2)	45	10	3～6	5
投资成本(1998年)/百万欧元	0.9	2.1～3.5	8.3	7.2
年运行成本(不包括资本费用)/百万欧元	0.08	0.15～0.26	2.1	1.2
成本效益/(欧元/t NO_x 去除)(包括15%资本费用)	2000～4300	9100～10500 9000		9100～10500 9000
其他影响	为风机增加能量	氨排放风险，催化剂处置/再生，潜在降低热负荷	氨排放风险，催化剂处置/再生	生产蒸汽的能量，NH_3 和较高CO排放风险，催化剂处置/再生

(2) 参考文献

[115, CONCAWE, 1999], [268, TWG, 2001]。

4.10.5 颗粒物减排

炼油厂燃烧装置的颗粒物负荷（含有金属）一般相对较低，除非燃烧重质渣油。这些颗粒物可以通过一些措施减少，包括静电除尘器（ESP）、袋式过滤器、湿式洗涤，这些将在4.23.4部分中介绍。

4.10.5.1 改变为低灰分燃料

炼油厂燃料气和加氢处理的液体炼油厂燃料与重质液体炼油厂燃料相比含有更少的颗粒物负荷。改变为这些燃料对减少颗粒物排放有积极影响。达到的颗粒物排放水平及跨介质影响、运行数据、适用性和经济性已经在4.10.2节介绍。

4.10.5.2 水蒸气注入

(1) 概述

水蒸气注入与液体炼油厂燃料一起降低颗粒物浓度。

(2) 环境效益

在燃用液体炼油厂燃料的旧加热炉烟气中，PM含量范围为500～1000(标)mg/m^3。对于新优化设计的水蒸气雾化燃烧器，可以很好地使这一值低于200(标)mg/m^3。对于锅炉，所有这些数字平均更低。150～500(标)mg/m^3范围代表使用液体燃料（灰分含量）和燃烧器安装（低NO_x带有蒸汽雾化）的当前典型范围。

(3) 适用性

水蒸气注入已广泛应用于液体燃料的明火加热炉/锅炉。

(4) 实施驱动力

减少颗粒排放。

(5) 参考文献

[118，VROM，1999]。

4.10.5.3 过滤器

(1) 描述

参见4.23.4部分。

(2) 环境效益

参见4.23.4部分。可实现PM排放值小于5(标)mg/m^3。

(3) 跨介质影响

压降。过滤器材料寿命有限，可能增加处置问题。

(4) 运行数据

有限的公用材料（如压缩空气）是必需的。更多信息参见4.23.4部分。

(5) 适用性

燃烧燃料油时来自锅炉的“黏性”烟尘颗粒可导致袋阻塞。过滤器通常用于清洁流量低于50000(标)m^3/h的烟气。

(6) 经济性

投资成本取决于装置。运行成本低，但是过滤器通常每1～2年更换一次。

(7) 装置实例

欧洲很多动力装置使用袋式过滤器。

(8) 参考文献

[250，Winter，2000]，[118，VROM，1999]。

4.10.5.4 静电除尘器（ESP）

(1) 概述

更多信息参见4.23.4部分。

(2) 环境效益

粉尘排放可达 5～50(标)mg/m^3，最高可减少 95%。吹灰是定期去除积累在加热炉设备并阻碍正常功能的一种操作。在此操作中，废气中 PM 含量可以达到 2000(标) mg/m^3。正常运行安装的 ESP 和类似除尘技术能够有效降低 PM 排放到可接受水平。另外，由于吹灰影响，加热炉上工作的 ESP 通常平均浓度更高。

(3) 跨介质影响

电力消耗。更多信息参见 4.23.4 部分。

(4) 运行数据

ESP 耗电。更多信息参见 4.23.4 部分。

(5) 适用性

ESP 广泛应用在 FCC、热电装置以及焚烧炉中。它们可以同时安装在新建和现有装置中。它们需要应用空间。

(6) 经济性

典型的 ESP 的投资成本是 100 万～380 万欧元。

(7) 实施驱动力

减少颗粒物和金属排放。

(8) 装置实例

湿式 ESP 是重燃料油燃烧过程减少颗粒物的一种最常用装置。

(9) 参考文献

[247，USA Austria，1998]，[45，Sema and Sofres，1991]。

4.10.6 硫氧化物减排

SO_2 排放与使用的炼油厂燃料气和燃料油硫含量直接有关。减少硫氧化物排放的技术是燃料优化（见 4.10.1 部分）、燃料脱硫（4.10.2.3 部分中描述的加氢处理）或烟气脱硫。燃料中硫含量越低，则 SO_2 排放就越低。本节内容包括燃烧后烟气中 SO_2 捕集技术、烟气脱硫技术和使用添加剂。关于这些技术更多一般信息参见 4.23.5.4 部分。

4.10.6.1 燃料添加剂

(1) 概述

使用石灰或石灰石作为燃料添加剂来捕集硫氧化物。

(2) 环境效益

这种技术减少 SO_2 排放约 90%。要求石灰石 100%超过化学计量数。

(3) 跨介质影响

必须处置石灰石/石膏混合物。

(4) 适用性

对于传统炼油厂锅炉和加热炉，注入石灰或石灰石到炉中捕集硫的应用是不可行的。如果加热器和锅炉是流化床或者循环流化床锅炉，燃烧石油焦或者来自溶剂脱沥青的重质沥青，那么石灰/石灰石喷入炉内实现减排将具有可行性。

(5) 实施驱动力

减少硫氧化物排放量。

(6) 参考文献

[45，Sena and Sofres，1991]。

4.10.6.2 烟气脱硫工艺

(1) 概述

烟气脱硫可能考虑应用的技术有：湿石灰洗涤器、Walther 工艺、Wellman Lord 工艺、SD 工艺、AI 工艺、SNO_x 工艺和海水洗涤。这些工艺更多信息参见 4.23.5.4 部分。

(2) 环境效益

技术名称	烟气脱硫	催化再生烟气脱硫
效率	90%[500(标)mg/m^3]	95%～98%[250～100(标)mg/m^3]

例子：工艺容量为 5Mt/a，120000t/a 的液体炼油厂燃料，180000t/a 的炼油厂燃料气。烟气量为 1.68×10^9（标）m^3/a。

污染物：初始浓度为 5000(标)mg/m^3（含 3%S 的液体炼油厂燃料）。总数量为 8400t/a

烧碱洗涤器可显著地减少 NO_x、SO_2 和颗粒物排放，以及以碳酸盐形式去除 CO_2。报道表明，SO_2 减少可高达 67%，NO_x 减少高达 47%。

SNO_x 工艺

颗粒物去除率　在静电除尘器出口小于 10(标)mg/m^3。

NO_x 去除率　90%～94.7%。

SO_2 去除率　94%～>96%，5%（体积分数）O_2，SO_2 转化器进气温度 410℃。

(3) 跨介质影响

技术名称	烟气脱硫	再生烟气脱硫
其他影响	能量消耗增加，副产品，原材料处理	能量消耗增加，硫化氢处理设施可能存在瓶颈

(4) 运行数据

更多信息见 4.23.5.4 部分。

(5) 适用性

更多信息见 4.23.5.4 部分。可应用于新建和现有装置。

(6) 经济性

每个炼油厂，烧碱洗涤器的年度成本介于 110 万～700 万英镑。

技术名称	烟气脱硫	催化再生烟气脱硫
效率	90%[500(标)mg/m^3]	95%～98%[250～100(标)mg/m^3]
投资成本/百万欧元	30～50(2～4 烟囱)	50～80(2～4 烟囱)
运行成本/(百万欧元/a)	5	3
例子：工艺容量为 5Mt/a，120000t/a 的液体炼油厂燃料，180000t/a 的炼油厂燃料气。烟气量为 1.68×10^9(标)m^3/a。 污染物：初始浓度为 5000(标)mg/m^3(含 3%S 的液体炼油厂燃料)。总数量为 8400t/a		

SNO_x 装置是为在现有引风机出口的烟气负荷是 100×10^4(标)m^3/h 而设计的。投资成本是 1 亿欧元。

(7) 实施驱动力

减少硫排放。

(8) 装置实例

动力装置三个燃油加热器之后的 Wellman Lord 系统在奥地利使用。Gela 炼油厂 SNO_x 装置是为清洁燃烧高硫燃料油和高硫石油焦混合物动力装置锅炉的烟气而设计的。德国 Mider 炼油厂在动力装置三个燃油明火加热器之后使用石灰湿式脱硫工艺。这套装置使用的燃料是减压渣油、减黏裂化渣油和 FCC 料浆。

(9) 参考文献

[112，Foster Wheeler Energy，1999]，[45，Sema and Sofres，1991]，[292，HMIP UK，2000]，[258，Manduzio，2000]，[297，Italy，2000]。

4.10.6.3 海水洗涤

海水洗涤使用海水天然碱度去除 SO_2。关于这些技术的信息见 4.23.5.4 部分。

4.11 醚　　化

4.11.1 催化蒸馏

(1) 概述

更多信息见 2.11 部分。

(2) 环境效益

不断增加的转化工艺效率降低了每吨产品生产的系统内能量消耗。

(3) 运行数据

工艺优点包括可在蒸馏塔内催化反应和基本完成异构烯烃转化。它可以应用于 MTBE、ETBE 或 TAME 生产。异丁烯转化率 98% 对于炼油厂原料是典型的范围。ETBT 比 MTBE 转化率稍低。对于 TAME，异戊烯转化 95%以上是可以实现的，但需要一个额外反应器。

典型公用材料需求，每 1m³ 产品	取决于技术出让方的范围	单位
电力	1.3～3.1	kW·h
水蒸气(1.03MPa)	600～1150	kg
水蒸气(0.34MPa)	100～1150	kg
冷却水($\Delta T=17℃$)	1.5～4	m^3

在安装和催化剂更换期间，在高处的催化剂处理可能有安全风险。

(4) 经济性

MTBE 产品投资为 25000 欧元/(m^3 · d)。

(5) 参考文献

[212, Hydrocarbon processing, 1998]。

4.11.2 废水生物处理装置异常预防

(1) 概述

MTBE 和 TAME 生产排放的污水中含有甲醇、甲酸和醚。这些化合物或者它们的降解物对废水生物处理装置菌群有毒。因此需要阻止高浓度的这些成分进入。它可以很容易控制，通过使用储罐或通过生产规划以确保正确配比的水进入废水处理。

(2) 环境效益

醚化工艺产生的废水甲醇、甲酸和醚含量必须控制，以防止废水生物处理装置异常。

(3) 适用性

完全适用。

(4) 经济性

技术的实施并不昂贵。

(5) 实施驱动力

避免废水生物处理装置异常。

(6) 参考文献

[272, Shawcross, 2000]。

4.11.3 水溶性化合物泄漏预防

(1) 概述

醚化工艺生产的醚非常易溶于水。如果它们泄漏，可能污染土壤、雨水以及地下水。它可以看作是预防、检测和控制土壤和地下水计划的一部分（参见 4.25.1 部分）。

(2) 环境效益

减少工艺中使用的醚和乙醇造成的水污染风险。

(3) 实施驱动力

避免醚污染地下水和地表水。

(4) 参考文献

[349，Finnish Environmental Institute，2001]。

4.12 气体分离

4.12.1 增加与上游装置热集成

(1) 概述

气体装置是一个相对简单的工艺，温度水平没有高到足以产生水蒸气。没有期望在天然气装置内有很大的效率提高，但与上游装置热集成通常可以利用，如从上游装置获得再沸热量，节省气体分离装置直接加热容量。

(2) 环境效益

减少天然气装置能量消耗，从而减少炼油厂整体的能量消耗。

(3) 跨介质影响

没有跨介质影响。

(4) 实施驱动力

减少炼油厂内能量消耗。

(5) 装置实例

技术广泛应用。

(6) 参考文献

[282，Conoco，2000]。

4.12.2 改进冷凝物分离

(1) 概述

重新调整/改进冷凝物分离系统的气流和现场循环。

(2) 环境效益

废弃物最小化。

(3) 适用性

改动相对较小。

(4) 实施驱动力

减少废弃物产生。

(5) 参考文献

[115，CONCAWE，1999]。

4.12.3 逸散性排放最小化

(1) 概述

气体装置加工轻质化合物，因此更易产生逸散性排放。泵、压缩机和搅拌机使用双机械密封可以减少 VOCs 的排放。使用低泄漏阀门也可以有助于减少 VOCs 的排放。该主题在 4.23.6.1 部分作为一项集成措施加以描述。这是因为逸散排放发生在所有炼油厂工艺中，但在这里指出，是因为轻质化合物的使用导致了相对高的逸散性排放。

(2) 环境效益

应用这些技术，逸散性排放，如 VOCs、H_2S 和其他含硫化合物，可显著减少。

(3) 跨介质影响

参见 4.23.6.1 部分。

(4) 运行数据

参见 4.23.6.1 部分。

(5) 适用性

参见 4.23.6.1 部分。

(6) 经济性

参见 4.23.6.1 部分。

(7) 实施驱动力

减少产品损失。

(8) 装置实例

在很多欧盟和非欧盟炼油厂可以找到 VOCs 排放最小化计划。

(9) 参考文献

参见 4.23.6.1 部分。

4.12.4 LPG 中燃料气体再利用

(1) 概述

LPG 生产中使用的分子筛干燥器利用热燃料气体再生。

(2) 环境效益

燃料气体可以排放到燃气罐再利用，而不是被火炬烧掉。

(3) 适用性

完全适用。

(4) 实施驱动力

减少火炬燃烧。

(5) 装置实例

存在很多实例。

(6) 参考文献

[18，Irish EPA，1992]。

4.12.5 防止LPG中恶臭物质排放

液化石油气生产中储存和处理有气味物质涵盖在关于储存的通用BREF中。然而液化石油气产品中加入的一定剂量的恶臭物质，需要以一种适当的方式处理以防止排放到环境中。这项技术包含在4.21.21部分。

4.13 加氢工艺

4.13.1 加氢处理

(1) 概述

参见2.13部分。加氢处理可以使用的另一种技术是将WHB高温工艺流回收热量和高压装置（排放液体）回收动力结合使用来加强热量集成的整合。

(2) 环境效益

加氢处理能够减少硫、氮、芳香烃和颗粒物排放。除了去除含硫化合物之外，加氢处理还可以去除约15%～40%含氮化合物（非常严格的加氢处理则有可能实现更高百分比去除率）。

(3) 跨介质影响

参见本章下一种技术。

(4) 运行数据

参见2.13部分。

(5) 适用性

完全适用。

(6) 经济性

安装加氢装置的相关投资取决于原料特点和产品规格。一般而言，原料越重或单个产品规格减小，加工的要求就会越高。而更加苛刻的加工要求使得需要的设备更多更大，操作的压力更高，而这些都将增加装置的成本。从处理能力来看，加氢装置所需的资本投资可能在12～48欧元/(t·a)之间。

加氢处理装置类型	加工能力/(Mt/a)	1997年典型投资/安装成本/百万欧元	典型运行成本/(百万欧元/a)
石脑油加氢处理	1.3	50	
	1.7	58	
	2.2	68	

续表

加氢处理装置类型	加工能力/(Mt/a)	1997年典型投资/安装成本/百万欧元	典型运行成本/(百万欧元/a)
催化原料加氢处理(典型原料是常压渣油和减压柴油)	1.1	70	
	2.2	113	20
	3.2	160	
减压渣油	1.1	90	16
	2.2	150	

(7) 实施驱动力

减少原料中硫和芳烃的含量。

(8) 装置实例

炼油厂中存在许多例子。

(9) 参考文献

[166, Meyers, 1997], [112, Foster Wheeler Energy, 1999], [212, Hydrocarbon processing, 1998]。

4.13.2 加氢脱硫

(1) 概述

参见2.13部分。加氢脱硫工艺可以使用的另一种技术是将WHB高温工艺流回收热量和高压装置(排放液体)回收动力结合使用来加强热量的整合。

(2) 环境效益

加氢脱硫工艺可减少不同馏分中硫含量。现代技术可以减少馏分油中硫含量,使之低于10×10^{-6}。例如,根据产品、原料中的硫含量和反应条件,对中间馏分应用钴/钼催化(3.0~4.0MPa)的一步水合工艺,可减少超过90%的硫含量(减少到大约100×10^{-6})。如果柴油燃料需求增加,在其生产中则必须使用额外的化合物(例如催化裂化中的轻质循环油)。然而,这些原料含有大量芳香族化合物,必须在苛刻条件下(高温、高压、高活性催化剂、两步工艺)水合。

通过对现有的一个反应器实施反应器系列化,以及应用最新的适用于柴油加氢处理的催化剂,可将传统一步加氢单元的液体小时空速(LHSV)从传统单元的3.7m/h降到0.8~1.1m/h,以满足柴油的新规格要求。对于加工含1.3%(质量分数)硫的俄罗斯出口混合物和在最终脱硫装置之前的含硫量为0.12%的中间产物来说,正常操作可以实现抽余液中最终硫含量为8×10^{-6}。

(3) 跨介质影响

能量消耗,废物产生,排放污水和废气排放。

(4) 运行数据

柴油加氢处理装置需要额外在氢回流中添加一个高压胺洗涤器来避免氢循环中的硫

化氢和新鲜原料中烃类化合物重新结合。该装置在 4.5MPa 下运行，利用 40(标)m^3 氢/t柴油原料，预计运行周期为 30 个月。

(5) 适用性

适用于从石脑油到重质渣油馏分。

(6) 经济性

一个常压重油脱硫工艺（以 132m^3/h 装置为基础）装置的预估建造费用是 4700 万欧元。另一个采用渣油流化床催化裂解原料的渣油脱硫系统加氢处理装置的估计总投资如下表所列。

给料率/(Mt/a)	3.8
运行周期/d	335
运行因子	0.92
固定投资/百万欧元	272
总流动成本(固定投资的 30%)/百万欧元	82
每次加料的催化剂成本/百万欧元	10
依据:1995 年第 2 季度美国墨西哥湾海岸	

(7) 实施驱动力

加氢脱硫工艺可以降低原料硫含量。深度脱硫是一种遵照机动车油品方案Ⅱ应用的重要技术。第二步加氢脱硫中应用贵金属催化剂的昂贵的两步加氢装置对于汽车油品方案Ⅱ或德国柴油规格来说不是必须的。但是，依据欧洲议会发布的柴油十六烷值规格，对其柴油中十六烷指数低的炼油厂而言，两步装置可能变为强制性的。通常这些炼油厂没有运行加氢裂化装置。对于需要降低其柴油芳烃含量和/或 CFPP 含量的炼油厂，二级装置也是强制性的。

(8) 装置实例

炼油厂存在许多脱硫工艺。

(9) 参考文献

[166，Meyers，1997]。

4.13.3 催化蒸馏

(1) 概述

汽油脱硫的催化蒸馏是一个两级工艺。

(2) 环境效益

催化蒸馏处理可使得含 1800×10^{-6}硫的催化裂化汽油中硫的含量减少 95%。这种技术比传统脱硫工艺消耗更少能量。

(3) 跨介质影响

消耗能量，产生废物，排放废水以及排放废气。

(4) 适用性

完全适用。这种技术也可以用于减少重整油中的苯含量。

(5) 经济性

一个两级工艺设计被用来处理 7950m^3/d 的含 1800×10^{-6}硫的催化裂化汽油。处理效率是 95%，投资成本约为 2000 万欧元。

(6) 实施驱动力

由于法律规定要降低汽油中硫含量到 50×10^{-6}，因此降低硫含量的技术将会更加广泛地使用。

(7) 装置实例

在欧洲，7950m^3/d 的催化裂化汽油就至少需要使用一套催化蒸馏装置来进行脱硫处理。

(8) 参考文献

[247，UBA Austria，1998]。

4.13.4 加工高金属含量原料的在线催化剂更换

(1) 概述

尽管这一工艺的主要目标是通过维持加氢脱金属的高性能来延长下游固定反应器的催化剂寿命，但催化剂也能达到高的加氢脱硫/加氢脱金属和加氢脱硫康拉逊碳去除/加氢脱金属活性比率。

(2) 环境效益

在线催化剂更换技术改善了炼油厂渣油脱硫效果，减少了废物的产生。

(3) 运行数据

反应器通常在 390℃和 2000Pa 下运行。

(4) 适用性

完全适用。

(5) 实施驱动力

延长加氢处理工艺催化剂寿命。

(6) 装置实例

到 1997 年，全球范围内共有 15 套在线装置。

(7) 参考文献

[166，Meyers，1997]。

4.13.5 轻二烯烃加氢

(1) 概述

轻二烯烃加氢的目的是生产更加稳定的炼油厂物料，减少下游胶质形成。该工艺将二烯烃转化为有用的烯烃。更多信息见 2.13 部分相关内容。

(2) 环境效益

工艺有助于减少下游工艺（例如烷基化）中的酸损失。选择性加氢工艺装置的典型产品中二烯烃的含量可能在 $(1\sim25)\times10^{-6}$范围内。

(3) 跨介质影响

低能耗。

(4) 运行数据

如果原料和氢气在合适条件下都可用，低温、液相操作意味着在大多数情况下没有公用材料需求。加热或冷却负荷受到原料中相对较高二烯烃浓度的限制。典型商业运行周期在不需要再生或更换催化剂的情况下超过 2 年。

(5) 适用性

该装置设计简单。多数装置都是为了使产品中二烯烃降低到不足 5×10^{-6}而设计的。

(6) 经济性

该装置设计简单，需要较低的资本成本和象征性运行成本。与设备成本相比，催化剂成本低。由于装置小，包括催化剂的投资成本，通常在 60 万～120 万欧元之间。基于最近的项目情况，加工能力为 100000t/a 的项目投资是 300 万欧元。

(7) 实施驱动力

减少下游操作的胶质形成。这种技术的灵活性和低成本使该装置成为一种有价值的加工工具。

(8) 参考文献

[166，Meyers，1997]，[261，Canales，2000]。

4.13.6 加氢裂化

(1) 概述

加氢裂化是一个放热工艺，因此可以应用热集成技术。关于加氢裂化更多信息参见 2.13 部分。一些可以予以考虑的技术如下。

- 部分反应器产生的热量可在原料/产品换热器部分回收。加热炉可将原料加热到其所需温度。反应器温度可以通过在催化剂床之间注入冷氢气来控制。
- 分馏部分需要大量热量。通过应用热集成来最小化热量消耗。
- 能量效率可以通过应用四级分离器系统进一步提高。分馏部分的原料在这种情况下释放大量热，因此分馏部分需要较少热量。
- 利用 WHB 高温工艺流回收热量和高压装置回收动力（排放液体）。

(2) 环境效益

降低加氢裂化装置能耗。

(3) 跨介质影响

没有已知的跨介质影响。

(4) 运行数据

需要加强控制系统。

(5) 适用性

在某些情况下，热集成可能难以应用。用新的高度热集成加氢裂化装置替换现有加氢裂化装置在很多情况下不具环保性和经济性。

(6) 经济性

一套具有热集成的加氢裂化装置成本为36～84欧元/(t·a)。每年运行成本占投资成本的0.6%～1%。在许多情况下，因为投资回收期限很长，替换现有加氢裂化装置从工艺经济性的角度来看并不可行。

(7) 实施驱动力

降低能量消耗。

(8) 参考文献

[166，Meyers，1997]，[212，Hydrocarbon processing，1998]，[112，Foster Wheeler Energy，1999]，[268，TWG，2001]。

4.13.7 渣油加氢

(1) 概述

参见2.13部分。可以使用的另一种技术是使用WHB高温工艺流回收热量和高压装置（排放液体）回收动力来增加热量集成。

(2) 环境效益

将燃料油升级到轻质产品，减少燃料油和其他产品中硫、氮和金属含量。

(3) 跨介质影响

增加能量消耗并相应地增加CO_2排放，主要是由于氢气的使用造成的。正如3.14部分的讨论中提到的，制备氢气是非常耗能的，并且产生大量CO_2。在4.13部分的讨论中也提出，加氢处理过程中会产生需要处理的催化剂，并且增加H_2S的产生量，其直接后果就是（扩大或新建）含硫酸性污水汽提塔和硫黄回收装置。其他跨介质影响是增加废物（催化剂）产生和废水（含H_2S）的排放。

(4) 运行数据

加氢转化是一个放热反应，反应器系统中产生的热量在原料产品换热器中部分回收。通常高水平热集成和热回收被应用于分馏部分。所需氢气量取决于原料（重质原料倾向于增加氢耗）和工艺目标（产品中硫、氮、芳香烃含量越低，氢耗越高）。在大多数情况下需要额外能量。

(5) 适用性

从低硫常压渣油到金属含量超过300×10^{-6}的高金属、高硫减压渣油。

(6) 经济性

渣油加氢装置的投资成本很大程度上取决于原料性能和工艺目标。对于一个典型新建单线5000t/d装置，其投资成本范围介于2亿～3亿美元，而含有集成加氢裂化装置的设备价格会更高。

(7) 实施驱动力

渣油加氢用于将燃料油升级到轻质产品。

(8) 装置实例

很多不同渣油加氢转化概念被认可。工艺类型选择取决于原料质量（金属含量以及康拉逊碳值）和所需转化和产品质量。

(9) 参考文献

[115，CONCAWE，1999]，[212，Hydrocarbon processing，1998]。

4.14 氢气制备

如 2.14 部分提到的，氢气制备并不只属于炼油行业。因此，这一节应该被视为也适用于其他需要氢气制备的行业（例如氨的生产、化学工业等）。

4.14.1 天然气加热蒸汽重整

(1) 概述

- 天然气加热蒸汽重整替代了重整加热炉，该技术通过冷却使用氧气的二级重整装置的出口气体来提供重整的热负荷。原料含有天然气或者轻质石脑油。
- 蒸汽重整装置通过燃烧燃料在高温下为水蒸气重整反应提供大量热量，以至大量热量损失在烟道废气中。为了使烟囱中损失的热量最小化，需要使用大型热回收系统。大部分回收的热量是通过升温和过热蒸汽实现的。在溶剂吸收塔和甲烷化塔附近的一些热集成是可能实现的。

(2) 环境效益

- 天然气加热蒸汽重整降低了重整工艺能量消耗。
- 回收的烟气热量可用于炼油厂其他区域，也降低了其他区域的能耗。

(3) 跨介质影响

对装置设计影响最大的环境法规通常是对 NO_x 的限制。其他影响，如硫氧化物或废水排放的影响，是很小的，这是因为在此过程中通常使用的是低硫燃料而且除了烟气外很少有其他气体的排放。热回收系统的选择对 NO_x 的产生有很大影响，这是由于燃料的用量和火焰温度都会受到其影响。预热燃烧空气会降低点燃温度，但由于火焰温度会对 NO_x 生成有巨大的影响，生成的 NO_x 总体上会有所增加。其他降低点燃温度的方法，如预重整或换热重整，不会影响火焰温度，因此会减少 NO_x 产生。CO_2的产生也很重要。每生产 1t 氢气最低会产生 12t CO_2（其中 7.5t 与水蒸气生产有关）。

(4) 运行数据

高温和高压组合对蒸汽转化装置管道有严格要求，这些管道必须有厚管壁来承受压力，并且必须由昂贵的合金制造。加热炉箱必须要大，以获得高速的烟气到管道热量传递。这些综合因素使水蒸气转化装置成为氢气装置中规模最大、最昂贵的单个项目。该装置的大尺寸意味着它需要很长时间来升温和冷却，这使得该装置开车和停车程序成为制氢装置中最费时的部分。很大的热量惯性也使得装置在运行不稳定时易受损坏。

(5) 适用性

完全适用。

(6) 经济性

两个工艺的相对制氢成本主要是原料成本的函数。一套新的 7950m^3/d 的 FCCU 原料加氢处理或加氢裂化氢气装置，成本一般在 6000 万～7500 万欧元之间（1997 年）。

(7) 实施驱动力

生产工艺。炼油厂加氢处理需要氢气。

(8) 装置实例

已经从商业角度证明，氨和甲醇生产的一种新选择是天然气加热蒸汽重整技术。

(9) 参考文献

[112，Foster Wheeler Energy，1999]。

4.14.2 焦炭和重油气化

(1) 概述

IGCC 装置也可以作为氢气供应源，在这种情况下，氢气从合成气（脱硫后）中分离出来。更多信息参见 2.14 部分、2.10 部分和 4.10.3.5 部分。

(2) 环境效益

① 焦炭气化

使用可再生铁酸锌作为吸附剂的固定床脱硫系统已经被作为处理连续气化废气的设备进行测试。在这个系统中，处理后气体中硫水平已经可达到 $(10\sim20)\times10^{-6}$。产品气还含有少量原料氮的衍生物即氨（小于 5%）和 HCN。在气化炉中使用石灰石可以于降低这些组分的水平。在外部脱硫工艺中，氨不能被铁酸锌去除。如果原料中含有任何碱，其中一些可能在气化炉中汽化，需要通过碱吸附剂或冷却通向过滤器的气体而去除。产品气体中颗粒物在屏障过滤器中去除到低于 5×10^{-6} 的水平。

② 重油气化

气化的另一种环境效益是减少了重油生成，以其他方式使用重油可能使得环境污染更严重。这部分内容也可以参见 4.10.3.5 部分。

(3) 跨介质影响

部分氧化需要氧气装置（纯度 95%～99%），这将增加成本。

(4) 运行数据

通常情况下，IGCC 装置会包括带有如下单元的水净化部分：

- 通过石脑油洗涤并循环石脑油/烟尘混合物到气化部分和/或通过过滤器进行烟

尘回收。

• 在生物装置（GTW）最终处理之前通过过滤器对水进行预处理以除去固体（碳、金属、盐）。

灰水处理系统（GWT）被设计用来处理含有合成气冷凝物以及可能含有胺再生塔顶系统的碳抽提装置所排放的污水；来自灰水处理系统的水最终被送去进行生物处理。GWT 可能使用物理和化学处理以破坏氰化物和去除重金属，在这之后会添加酸性水汽提塔装置将硫化物、氨和 CO_2 从水中分离出来。

气流完全洗涤以去除所有污染物，通常本工艺包括如下气体净化辅助装置。

• 通过水或有时通过油洗涤去除烟尘或颗粒物。

• COS 或者氰化物水解反应器。

• 酸性气体胺吸收或等效系统，并且通过 Claus 装置从 H_2S 中生产硫元素。

(5) 适用性

相对制氢成本主要是原料成本的函数。气化装置投资的主要问题是其投资和运行成本。为了具有商业吸引力，气化装置通常需要进行大规模生产。化学品生产的典型要求是通过 IGCC 装置或者大规模使用 H_2、CO 和水蒸气来生产超过 200MW 电力。

(6) 经济性

以 200MWe 范围内的联合循环装置为基础的油气化的一般可接受投资成本为 1300～1700 欧元/kW 装机，热效率约为 40%，硫减排接近 99%。由于炼油厂平均电力需求通常小于 80MWe，IGCC 投资往往依赖于所产生电力盈余部分的外供机会。然而，高压蒸汽也可以是有价值的气化产品，同时有非常适合炼油厂的很小型气化装置的例子。

该工艺的相对制氢成本主要是原料成本的函数。如果在能量基础上而言甲烷成本比燃油成本低 65%，则甲烷水蒸气重整生产的氢气通常会比燃油部分氧化生产的氢气成本更低。

(7) 实施驱动力

生产氢气，减少重油的产生，动力外供以及生产合成气体作为石油化工原料。

(8) 装置实例

目前在欧盟炼油厂至少有 5 套气化装置在运作。

(9) 参考文献

[166, Meyers, 1997], [297, Italy, 2000]。

4.14.3 氢气净化

(1) 概述

工艺信息见 2.14 部分。可应用在氢气净化装置以达到更好环境性能的技术如下。

• 使用多个吸附床，气流周期性从一个容器转移到另一个容器，通过减压和清洗实现吸附剂再生，并释放已吸附成分。吸附气体通常存储在一个容器中并在方便地点作为燃料使用。

- 一种减少气体排放的技术是使用 PSA（变压吸附），系统只用来净化氢气。
- 在重整加热炉中用变压吸附净化气体代替较高 C/H 比燃料作为炼油厂燃料。

（2）环境效益

再利用废燃料气作为工艺内的燃料。

（3）跨介质影响

由于 PSA 尾气中氢损失，重整装置和 PSA 装置前端比在湿式洗涤装置中的要大。但 PSA 装置使用工艺蒸汽较少而且不需要再沸器热量。由于它使用高真空/压力系统，PSA 消耗能量很多。

（4）运行数据

PSA 系统是完全自动化的，同时提供更高纯度产品。由于没有转动设备和循环溶液，PSA 装置比湿式洗涤系统操作更简便。传统工艺生产氢气纯度最高达到 97%～98%（体积分数），而通过变压吸附工艺可生产纯度高达 99.9%～99.999%（体积分数）氢气产品。产品气体残余组分主要是甲烷和不足 10×10^{-6} 的 CO。PSA 系统公用材料消耗的一些数据为：在至少 85% H_2 和 3.7～4.7MPa 压力的条件下，消耗 3700（标）m^3。产品流量为 2400（标）m^3/h，浓度至少为 99.5%净化 H_2，温度为 45℃，压力为 3.5MPa；废气为 1300（标）m^3/h，压力为 0.3MPa，温度为 30℃，包含 60% H_2、1.4% H_2S、40%C_1～C_6高沸点化合物。

（5）实施驱动力

可净化氢气生产工艺。PSA 系统与洗涤系统的选择取决于产品纯度要求、可靠度以及工艺经济性。大装置容量 PSA 的额外投资通常可以被低运行成本所抵消。况且 PSA 系统可以获得更高纯度氢气。

（6）装置实例

很多例子。

（7）参考文献

[166，Meyers，1997]，[297，Italy，2000]，[211，Ecker，1999]。

4.15 炼油厂综合管理

本节结构与第 2 章、第 3 章类似，包括其他章节未涉及的那些炼油厂综合管理活动。首要考虑的技术是环境管理活动和其他公用材料管理技术。

4.15.1 环境管理工具

（1）概述

环境管理体系（EMS）可以包含以下要素。

- 实施并遵守国际认可的系统，例如那些来自 ISO 14000 系列或 EMAS 的系统。

这些系统包括确保持续改进、投诉处理训练、绩效报告、工艺控制和改进计划等。

• 通过诸如内部和/或外部审计及认证，来加强保障。

• 环境管理体系不独立于其他系统（如安全、维护、财务等）而存在，而是与其他系统在相关和有益方面相互联系。特别是能源与环境管理系统的相互结合，是减少能源消耗与改善环境绩效齐头并进这一事实的体现。

• 每年一度的环境绩效报告的编写及出版作为外部验证。这种报告也能够改善对外宣传，是信息交换（与周边环境及主管部门）的途径。

• 每年提交给利益相关者的环境绩效改善计划。这份计划是持续改进的保证。

• 对比自己与同领域其他企业的表现，并确定目前“最佳做法”是寻求持续改进的通常做法。悉心采纳各家“最佳做法”，并付诸应用将会带来环境绩效的改善。在能源、效率和维护方面把自己的表现与其他企业进行对比是可行的，其中不同加工能力和复杂程度的炼油厂的绩效可以标准化（如当量蒸馏能力）。这种绩效测量技术、与其他企业对比和确认“最佳做法”以及在自己工作地点采用，也称作“基准法”。这项技术也已应用于环境绩效改善的诸多领域。

• 基准法的应用是连续的，包括能源效率、节能活动、大气排放（如 SO_2、NO_x、VOCs 及颗粒物）、污水排放及废物产生。其中，能源效率基准通常包括能源效率改进的内部系统，或公司内部及公司间能源效率基准实践，旨在不断改进和吸取教训。

• 针对主要新活实行的环境影响评估（EIA）。

• 根据排放和产品（包括低级和不合格产品及其进一步利用和去向），按年度报告硫输入与输出的质量平衡数据。

（2）环境效益

这些体系通常可以确保持续改进、投诉处理训练、绩效报告、工艺控制及改进计划。

（3）适用性

这些技术通常可在所有炼油厂应用。

（4）装置实例

许多这样的技术已在很多炼油厂中得到应用。

（5）参考文献

［118，VROM，1999］，［285，Demuynck，1999］。

4.15.2 气泡概念

（1）概述

气泡概念通常指空气中 SO_2 排放，但也可以应用于 NO_x、粉尘、CO 和金属（镍、钒）。气泡概念在一些欧盟国家被用作监管工具。如图 4.4 所示，针对大气排放的气泡法将整个炼油厂作为一个“虚拟的单根烟囱”。由于炼油厂内废水处理的典型做法是在一个单一污水处理装置中进行（由于技术和经济因素），概念上可以认为类似于气体“气泡概念”方法。

图 4.4 气泡概念

注释：要求炼油厂减少向水中排放废物也可以设想为气泡方法。来自不同工艺装置的水被收集到一个污水处理系统。炼油厂加工原油负荷（g/t）可定义为一个“气泡”，目的是为了水的消耗最小化和不同工艺中水的再利用，并且在以达到整个炼油厂技术和经济可行的情况下的最低负荷为目标的情况下，以综合方式在废水处理装置中运用BAT技术。

(2) 为什么应用到炼油厂

气泡概念应用于炼油厂，是因为我们认识到它们在满足部分或所有它们对各种气体及液体燃料需求的情况下，在各个过程中还会产生不同的液体或者气体燃料等副产品。在这方面，炼油厂不同于其他行业，后者通常从外部购入所有规格的燃料。

气泡概念应用于炼油厂的技术理由是装置复杂性。这种复杂性包括排放点数量，以及现代炼油厂中与产品种类和产品质量要求有关的原料、工艺类型以及在不同操作条件下技术和经济相互关系的变化。

经济理由是在不同装置和不同时间，炼油厂应被允许使用，它内部生产的不同燃料。同时，它使经营者能够：

- 选择最符合成本效益的地点减少排放；
- 应对原油市场机遇以及石油产品供需情况；
- 竞争环境中有效运转。

环境理由是允许主管部门定义与环境目标一致的排放条件，同时允许炼油厂经营者在加工装置运行、多种技术和经济方案的选择等方面具有灵活性，使得他们能够在竞争性市场中满足炼油厂的能量需求。此外，允许炼油厂和炼油厂之间在排放性能方面进行简单比较。

(3) 定义及适用性

对于气泡概念的应用，相关排放水平需要以清晰方式给出。具体包括如下方式。

a. 涉及的污染物。

b. 用来定义气泡的方法（浓度气泡和负荷气泡）（参见下文）。

c. 气泡概念所包含的所有设备清单（参见下文）。

d. 相应烟气量和它们的测量条件（如标准条件下、干烟气）。

e. 参比数据［氧含量和平均时间（每日、每月、每年、每三年）］（参见下文）。

下面是以上各点的相关解释。

a. 不需要说明（参见本节描述）。

b. 可用来定义气泡的不同方法（上述第 2 点）。

• 以炼油厂排放烟气的浓度作为依据，这种情况下炼油厂的复杂性可通过炼油厂能源消耗加以反映；

• 以每年每吨原油加工的污染负荷作为依据，同时可以与炼油厂复杂因子（如 Nelson 指数）相结合。

负荷气泡包括炼油厂能源效率，而浓度气泡则不包括。这是负荷气泡的主要优势。有两种方法之间转换的简化因子（参见表 3.2）。值得注意的是，这种由欧洲平均能量消耗值计算的因子可能有一定的误导性，因为欧洲炼油厂的能源效率差异很大（参见 3.10.1 部分）。在一个特定的炼油厂的这两种方法之间的转换会更准确。

其他方法也可以使用。只要清楚使用哪种方法，哪种方法被用来定义计量单位，包含哪些装置单元，与其说是问题在于如何定义测量气泡及其单位的原理，更不如说它是一个是否方便和习惯的问题。

c. 不同国家对考虑的装置单元解释不同（如仅燃烧，包括或不包括 FCC 和/或 SRU 和/或火炬）。例如，一个成员国曾报告，对于现有欧盟炼油厂当火炬包含在气泡中时，气泡浓度会增加 20%。另一个由 CONCAWE 提供的例子计算的平均 SO_2 燃料气泡为 1000，然而当所有设备都包括在气泡中时，平均值为 1600。

d. 不需要说明。

e. 当定义短的平均时间（如每天、每月）时，对于电力中断、原料改变以及其他技术问题可以给予额外的灵活性考虑，允许在当前阶段有较高排放值，当技术问题解决后通过赋予下一阶段较低值予以纠正。气泡质量限值（g/t 原油加工）通常定义在长时间段内（例如一年）。一家 EU+炼油厂，应用的时间周期为 3 年。此外，TWG 已经确认，平均时间可能取决于污染物（如 NO_x 和硫氧化物的环境和健康影响不同）。平均时间段也与气泡排放水平严格程度（更严格水平下，需要更长的平均时间段，允许灵活性）相关。

上述章节意味着需要大量数据来连续计算气泡值。例如，对于 SO_2 而言：

• 需要连续测量（如通过质谱仪）RFG 硫含量和每小时产生值，接着通过记录加热炉和锅炉每小时燃料量来计算 SO_2；

• 每日测量燃料油硫含量；

• 流化催化裂化装置（FCCU）数据根据进入装置中的原料硫含量来估算（每天进入装置原料流量，原油组成有任何改变后测量的硫含量），这需要收集几个月的数据来建立关系；

• SRUs、煅烧炉等都有不同算法，根据收集的数据连续估算释放；

• 数据还需要连续估算烟气中水分和氧含量以校正参比条件。

上一段表明炼油厂计算气泡值的方式有相当大的变化范围，因此比较气泡值时使用的数据的准确性和可靠性也会相应地受到影响。然而，当好的样本时间表连同被认可的计算方法一起建立时，接下来的排放计算就会变得非常简单。

(4) 环境问题

在某些情况下，炼油厂与附近化工装置存在着物理或逻辑上的联系，这可能诱导将气泡概念延伸至“非炼油厂”工艺，进而可能由于稀释效应而产生气泡概念的误用。这种稀释效应会发生是由于一些非炼油厂工艺通常产生 SO_2 和 NO_x 含量低的大量烟气。一个成员国提交了这样一个稀释例子，炼油厂气泡获益于一个大型化工装置，气泡浓度减少了 50%（包括在 LVOC BREF 中）。稀释效应并不影响负荷方法。

第二个问题可能是浓度气泡是一个相对标准的定义，直接与炼油厂使用的燃料有关，因此不能提高炼油厂能源使用效率。除了定义气泡中（标）mg/m^3 烟气排放值之外，还可以通过定义每吨原油加工负荷或绝对上限值（t/a）来解决这个问题。然而，可能需要权衡严格环境要求和炼油厂操作灵活性需求。特别需要注意不要将额外的复杂性引入监管体系，从而丧失气泡概念的部分吸引力。例如，在一个成员国炼油厂选择 3 年平均值作为 SO_2 气泡（负荷）。然而对于 NO_x，需要特别记住 SO_2 和 NO_x 长时间的环境和健康效应不同。

这一概念可能引起的另一个环境问题是，较低烟囱（如 SRU）高排放的可能性。这可以很容易纠正，可以通过要求清洁燃料产生的烟气在较低烟囱排放，高烟囱用来避免地面高浓度污染物影响工人和周围区域。当然，管理者应该清楚当使用气泡概念时，仍然要求使用传统措施来确保有毒污染物地面浓度符合空气质量标准。这一原则可以延伸到所有法律，因为使用气泡概念作为一种监管工具并不妨碍炼油厂内特定装置/设施的其他现有/新的限值的应用。

(5) 建立气泡概念相关排放值

如果气泡概念被用来作为一种工具在炼油厂中开展 BAT 技术应用，那么炼油厂气泡定义的排放值应该真正反映炼油厂整体的 BAT 技术性能。那么最重要的概念如下。

- 确定炼油厂总燃料使用量。
- 评估每种燃料对炼油厂总燃料消耗的贡献。
- 量化工艺装置（如 FCC、SRU）的排放。
- 重新审查每种燃料和/或工艺设备的 BAT 技术的适用性。
- 将信息与使用这些技术时的技术和经济限制相结合。

这可能意味着使用 BAT 技术得到相关排放值的不同，取决于使用燃油类型和它们对炼油厂总燃料使用的贡献，以及工艺装置如 FCC 和 SRU 的排放和它们对炼油厂总排放的贡献。

燃气炼油厂相关排放值本身就比主要部分使用液体燃料的炼油厂排放值低。对于后者，通过评估使用气体燃料相关排放值，结合使用液体渣油燃料和烟气处理的相关排放，或使用清洁液体燃料，例如限制硫含量的柴油，来确定 BAT 技术。如果认为必要的话，基于浓度的气泡排放值可以很容易转换成一年或一月的负荷气泡，如吨 SO_2 和/或 NO_x 每百万吨原油加工。

在附录Ⅴ中，几个例子描述气泡概念排放值如何定义，它反映的 SO_2 和 NO_x 性能，对炼油厂整体来说是技术可行的。BAT 技术相关排放值的评价包括了对这些数值的经济和环境评价。把一个现有炼油厂转换成一个完全转化的燃气炼油厂的投资决定包括很多技术、经济和环境方面的考虑，而不仅是来自炼油厂自身的 SO_2 和 NO_x 排放。相似的，决定投资烟气脱硫和/或通过 SCR 实现 NO_x 减排也涉及炼油厂一个或者两个大规模燃烧装置液体燃料的浓度，它们主要影响炼油厂响应商业压力的方式。炼油厂将要面对的其他技术选择也同样如此。然而，在评估面向炼油厂的不同技术考虑时，最大灵活性处于很高位置。通过定义遵从这种操作灵活性需求的气泡排放值，许可部门可以支持炼油厂投资决定带来的适当环境后果。

气泡概念是一种环境监管手段，在不卷入炼油厂复杂的技术-经济相互关系中的前提下，可以用来实现 BAT 技术在炼油厂的应用。如上所述，如果气泡被设置在一个能够整体反映炼油厂 BAT 技术性能的水平上，气泡概念与 BAT 技术概念之间是有一定联系的。

(6) 实例

当气泡概念应用于炼油厂时，TWG 提供了一些参考数据。数据分为两组。一组代表炼油厂实际表现，第二组代表不同 TWG 成员提供的建议。

数据来源	SO_2 排放水平 (3% O_2)/(标)(mg/m^3) (除非注明)	NO_x 排放水平 (3% O_2)/(标)(mg/m^3) (除非注明)	颗粒物 (3% O_2) /(标)(mg/m^3)
炼油厂实际气泡计算			
欧洲炼油厂调查(76 家炼油厂)的年平均值 上四分位数	200～1000 (平均 311)	35～250	
欧洲年加权平均值	1600(包括所有装置)		
3.1.2 部分表 3.3 及表 3.6。 40 家 EU+炼油厂的上四分位数	50～210t SO_2/Mt 原油加工 80～350(年均)	20～150t NO_x/Mt 原油加工 35～250(年均)	
EU+国家发现的范围	470～1250 日均	100～350 日均	
天然气工厂	30		
EU+炼油厂	1000～1400 月平均 (数值取决于它们燃烧的液体油数量)	250～300(从日均值到月均值变化很小)	
EU+炼油厂(非燃油)	月均 600 日均 1000	300～350(从日均值到月均值变化很小)	
EU+炼油厂	680 (每年的半小时均值)		
EU+以外炼油厂(100%燃气)②		20～30	
EU+以外炼油厂(10%液体燃料)③		60	

续表

数据来源	SO_2 排放水平 (3% O_2)/(标)(mg/m³) (除非注明)	NO_x 排放水平 (3% O_2)/(标)(mg/m³) (除非注明)	颗粒物 (3% O_2) /(标)(mg/m³)
炼油厂实际气泡计算			
一家 EU+炼油厂	53t SO_2/Mt 原油加工	78t NO_x/Mt 原油加工	
一个 EU+国家	60～120t SO_2/Mt 吨原油加工	20～100t NO_x/Mt 原油加工	
TWG 建议(基准)			
受一家炼油厂支持 TWG 成员(不包括火炬)	60～200 50～230t/Mt	70～150 80～170t/Mt	
得到附录 V 计算结果支持的 TWG 成员	100～600(月均)	100～200(月均)	
TWG 成员	月均 600 日均 850	月均 150 日均 200	
根据目前做法的两个 TWG 成员①	月均 800～1200	月均 250～450	月均 30～50
根据欧盟目前做法的 TWG 成员	年均 1000～1400	年均 300～500④	年均 15～50

① 在大型燃烧装置指令修订版中，新建和现有炼油厂 SO_2 排放限值分别为 600(标)mg/m³ 和 1000(标)mg/m³。已经考虑到 BREF 中气泡排放水平是指所有装置的，这些排放限值略有增加以包括克劳斯（Claus）装置、催化裂解装置和火炬的 SO_2 排放。NO_x 排放限值，在大型燃烧装置指令修订版中定义与我们建议的炼油厂气泡范围相同，这似乎足以证明我们的建议。

② 在长期使用气体燃料和燃气装置二次措施，以及焦化设备转化重质渣油中实现。

③ 在长期加氢处理液体燃料（0.03%S）和 73%气流下实施 SCR（25 台加热炉，7 台锅炉，1 台 FCC 的主要排放口有 15 台 SCR 反应器）中实现。

④ 对于一家新建炼油厂（燃气）可能可以达到 200(标)mg/m³（3% O_2）。

一些国家应用气泡概念的立法数据列于附录Ⅰ。

(7) 参考文献

Austria，Belgium，Concawe，France，Greece，Italy，Netherlands，Norway，Spain，Sweden，UK，[248，Ademe，2001]。

4.15.3 良好维护

(1) 概述

本节包含了应用于维修、清洁和其他炼油厂内共有问题的良好实践。过去认为的“良好维护”重要性在现在看来似乎是不言而喻的，因为它们融入了炼油厂的日常实践。然而，基于经验积累的新措施已经逐步包含其中。“良好维护”通常用在良好管理和商业行为的更广范围内。很多商业性能参数，如安全性、维护、效率（能量和人力）、产品质量、信息、装置/设备可靠性、人力资源和财务，都要求从“良好维护”概念开始。

对于炼油厂，安全提供了很多这种方法的例子，经常归于安全管理的议题下。同样，产品质量管理代表了确保客户满意度的良好发展途径，维修管理代表了装置可靠性/运行时间和维修效率方面的改进。也有其他商业参数系统。所有这些系统都处于适当位置以确保采用正确做法，而“经验教训”也反映在这些系统中（如 ISO 9000 系列）。

本节包含了良好维护更传统的方面。这些系统也被看做是用来确保正确的程序而被遵循，以保护炼油厂硬件适当功能的工具。以下技术被视为是工业部门良好的环保实践。

a. 通过以下方式计划和执行维修：

• 所有装置和设备应遵守与操作要求一致定期预防性维修方案，确保持续优化性能；

• 及时清理溢出的少量吸附剂。

b. 定期清理设备和炼油厂场所。清理本质上会产生废弃物。通过选择正确程序和技术来减少废弃物和改变其特性，使之更容易处置。

• 排水设备最大化。

• 循环“废”洗涤水。

• 用高压水而不是清洁剂或化学物质来清洗。

• 如果可能，进行现场预处理。例如，倾卸之前洗涤/蒸汽过滤器材料（如过滤器黏土）。

• 清洗之前最大限度减少罐污泥（溶剂和混合器）。

• 在清洁过程中，排气和容器吹扫蒸汽直接排放到火炬。这种技术在氧气存在的情况下存在严重安全问题。此外，当存在汞，特别是塔顶冷却器通入蒸汽时，可能发生汞排放。

• 在许多炼油厂，用高压水清洗换热器管束，产生排放水，排水携带固体进入炼油厂废水处理系统。当它们流经下水道系统时换热器固体会吸附油，并可能产生很难去除的更细固体物和稳定乳液。固体去除可以通过在换热器清洁平台围绕表面排出口安装混凝土溢出堰或用掩蔽物覆盖排出口来实现。减少固体产生的其他方法是通过在换热器管束上使用抗结垢剂来防止结垢和通过使用可重复使用化学品清洗，这也可以使得除油更为简单。

• 在指定地点清洗，以便控制流失材料和被污染的水。

• 及时清理溢出的少量吸附剂。

• 在清洁地点安装围堰来控制固体，否则这些固体可能在 CPI 分离器中吸油。

• 化学清洗剂使用最少化和重复利用。

c. 在一般工业设备（汞、压缩机等）中使用可减少环境影响的技术，如：

• 新设计中实施运行改进；

• 提高设备可靠性；

• 使用以油雾润滑为基础的润滑技术，该技术由一个涡流发生器构成，在干压缩空气的帮助下，产生空气和润滑油混合物，这种混合物称为油雾，并润滑动力设备，一旦润滑完成，空气循环回到涡流发生器。

一些可能视为良好维护技术已包括在其他章节。这些技术列举如下。

- 应用包括在线连续（设备和工艺）性能测量在内的先进工艺控制，将测量的性能与目标比较（参见4.15.5部分）。
- 防止土壤污染（参见4.25.1部分）。
- 泄漏检测和维修（LDAR）（参见4.23.6部分）。
- 最小化和防止烃类化合物溢出（参见4.23.6部分）。
- 最小化废弃物产生（包含在每个工艺部分）。

（2）环境效益

润滑技术可以减少润滑油使用并减少高达75%的后续润滑油废物，以及减少电动机的电力消耗。

（3）运行数据

这些系统是动态的；通过结合连续改进机会，它们可保持活跃。

（4）适用性

润滑技术通过润滑轴承，例如离心水泵、电动机、齿轮组件、中间支撑件，可用于动力设备的润滑。

（5）经济性

润滑技术供应商声称不到2年时间可回收成本。

（6）装置实例

润滑技术已被主要石化公司使用。

（7）参考文献

[118，VROM，1999]，[285，Demuynck，1999]，[19，Irish EPA，1993]，[316，TWG，2000]，[324，Sicelub，2001]。

4.15.4 培训

员工培训在预防炼油厂污染方面扮演重要角色。一些重要方面如下所述。

- 炼油厂员工培训包括环境关注和环境问题。
- 培训员工减少下水道中的固体。一项设施培训计划强调将固体挡在污水系统之外的重要性，这有助于减少由炼油厂员工日常活动产生的部分污水处理装置污泥。
- 培训员工防止土壤污染。通过教育员工如何避免泄漏和溢出可以减少土壤污染。

参考文献

[118，VROM，1999]，[256，Lameranta，2000]。

4.15.5 生产计划和控制

（1）概述

在这方面考虑的一些技术如下。

- 污染控制设备一般应在开车和停车期间保证运行，以确保遵守管理部门要求，如果没有其他安全或操作考虑阻止这样做。

• 将开车和停车频次减少到最低限度。适当的生产计划可以减少工艺停车的频率和持续时间。

• 实施生产计划和控制的先进工艺控制。

• 通过先进工艺控制以优化炼油厂内能量使用（与 4.10.1.2 部分相关）。

(2) 参考文献

[118，VROM，1999]。

4.15.6 安全管理

安全对环境措施有重要交叉效应，存在直接关系影响。可能影响安全的措施如下。

• 积极方式。闭环取样减少物质意外释放。

• 不采取任何方式。工艺水循环回脱盐装置对安全没有相关影响。

• 消极方式。气体回收系统经常不得不处理爆炸性环境，此处未处理气态废物超出爆炸性限制。对装置安全的消极影响甚至可以扩展到额外危险超出装置的处理能力的程度。由于其他原因，这个标准使得一些有前途的技术得不到应用——至少，直到这种技术的安全性能得到重大改善。

一些考虑的技术如下。

a. 准备一份安全报告和实践风险管理。

b. 使用从风险分析得出的结果。

• 经过评估确认风险，参考在活动中可以接受的风险标准以确认意外事件的规模。

• 意外事件的规模是系统选择技术上、运行上和/或组织上实施的风险降低措施的基础。风险降低措施由可能性降低和结果降低措施组成，包括偶发事件措施。

• 实施的风险降低措施的影响被记录下来，从个体和更广阔视野进行评估。

• 实施风险降低措施，对风险分析所做的基本假设要系统化跟进，以确保活动安全保持在规定的风险标准之内。

• 将风险分析结果传达给员工，并必须在安全防范工作中积极使用。

参考文献

[118，VROM，1999]，[285，Demuynck，1999]，[19，Irish EPA，1993]，[302，UBA Germany，2000]，[260，Sandgrind，2000]。

4.15.7 水管理

4.15.7.1 水流集成

研究水优化，污水和排水往往相关。类似于节能识别，可以开展水夹点研究以确认工艺水集成选择和减少用水及再利用机会。在大多数炼油厂，一些内部水已经被用作脱盐装置洗涤水，如冷凝水和汽提的含硫污水。存在进一步减少用水和再利用的机会，这将降低补充水和末端处理设施的规模和成本。

(1) 目的和原理

水流集成（WSI）的目的是在排放之前减少最终处理的废水量，以节省运行成本。它节省了优质饮用水和脱矿物质水，这对一些地方来说弥足珍贵；而且减少了供水和废水处理设施的规模、投资成本和运行成本。此外，它降低了废水排放的规模和环境影响。

WSI 的原理是最大程度预防、减少、循环和再利用工艺水、雨水、冷却水和有时受污染的地下水，目标是使末端处理的废水量最小化。WSI 要求作为炼油厂水总体规划的一部分实行。这项规划旨在对所有炼油厂水流的优化使用和再利用。对于新建炼油厂和已有炼油厂，当安装新处理设施时，若输入水数量，废水处理设施规模和排放都达到最小化，将会创造双赢情况。理想情况下经处理的废水作为工艺用水、冷却水和/或锅炉给水来源可能可行。每个炼油厂有自己具体的最佳水流集成方案。

减少淡水使用是大多数炼油厂的目标，有两个主要原因。首先，淡水，尤其是优质淡水，是一种宝贵资源，在欧洲很多地区正变得越来越稀少。在使用较低品质水的地区，将水处理到可接受的标准需要使用能量和化学品。其次，使用的水必须排出。最小化排放水量减少了需要的废水处理装置规模、能量和化学品使用，以及污染物向环境中的排放。实际淡水使用量数据包含在 3.15 部分。作为一般指导，当冷却水循环时，每吨原油加工将产生约 0.1～5m^3废水（工艺废水、冷却水和清洁废水）。炼油厂产生的工艺废水的规模是每加工 1t 原油产生 0.1～0.2m^3废水。使淡水消耗最小化考虑的一些技术如下。

- 用干式过程代替湿式冷却过程。
- 冷却水循环。
- 使用经过处理的水作为冷却水。
- 使用冷凝水作为工艺水。
- 使用雨水作为工艺水。
- 其他措施是：使用允许回收和再利用的原材料、工艺和生产助剂的生产技术（例如使用可再生萃取剂，加氢处理脱硫）。使用较低潜在危险的工艺和生产助剂、使用较小危险性化学品代替危险化学品。

(2) 概念描述

为炼油厂设计一个污水/水集成系统的概念或方法是总结水需求和各炼油厂装置运行产生的污水，并评估水损失。这份清单提供了炼油厂内的水平衡。它建议用一个形象化的水平衡模块图来看待水平衡，如图 4.5 所示。下一步是确认减少水需求量的所有可能性，通过水优化方案尽可能多地匹配污水（数量和质量）来尽可能重复利用水。这种“水夹点”方法包括考虑再利用处理后的污水。水流集成概念的目标是“封闭水环”。

WSI 取决于炼油厂配置、原油质量、脱盐要求的水平、饮用水成本、雨水可用性和冷却水质量。在炼油厂内，大量标准的工艺集成污水/水处理规定，以及大量标准的水减少和再利用可能性是可利用的。在许多炼油厂，无论是在原设计中或改造中，这些

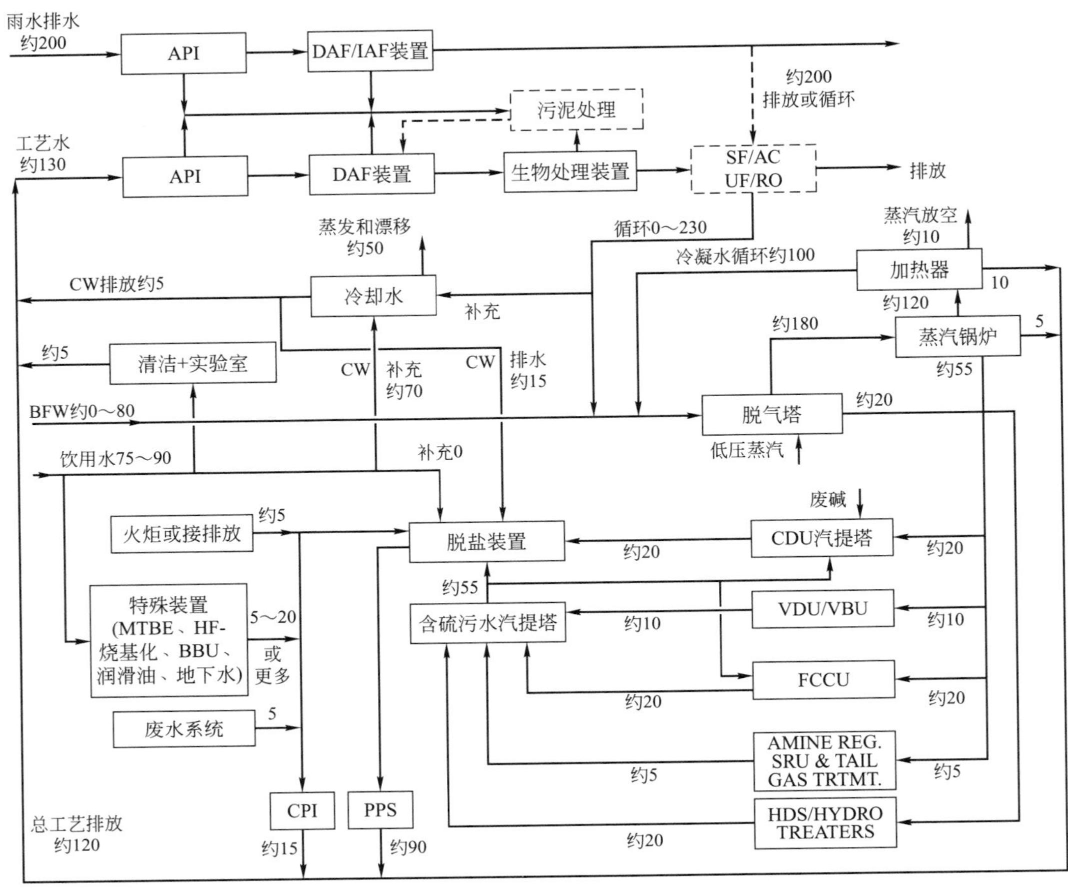

图 4.5　催化裂化炼油厂配置（10Mt/a）的工艺水流集成方案实例

注：虚线只表示假设的“闭环”。图中数字是每小时吨水流量。

选择在一定程度上已实施。

a. 在炼油厂，许多干净冷凝水从尚未与产品接触的冷凝蒸汽中产生。这些冷凝水适合作为锅炉给水（BFW）直接再利用，从而节约成本。

b. 工艺水处理的标准规定是酸性废水汽提（SWS，处理各种工艺装置产生的含硫污水）和脱盐，脱盐装置是一个重要的消耗水的装置，但是脱盐装置的水质要求不会限制 SWS 废水的使用。如果清洗水和/或蒸汽接触包含 H_2S 和 NH_3 的烃产品，则会产生酸性废水。在 SWS 中，H_2S 和氨在很大程度上被去除。这使处理后的废水成为适合脱盐装置水质的洗涤水。

c. 再利用汽提过的含硫废水作为原油脱盐洗涤水是任何一种水流集成的第一步。依赖于原油质量和要求的脱盐水平，原油脱盐装置使用原油 5%～10%的水。

d. 产生大量废水的工艺装置是原油蒸馏装置（CDU）和流化催化裂化装置（FCC）。在 CDU 塔顶，进入原油 2%～3%的废水作为蒸汽冷凝产生。这些水不需要 SWS 处理，而是直接输送到脱盐装置用作洗涤水。一套流化催化裂化装置，如果存在于炼油厂，同样产生原料5%～10%的废水。如果完成了洗涤水分级串联，这个数字将下降到2%～4%，汽提过的酸性废水原则上可作为洗涤水。另一方面，FCC洗涤水既可以循环到SWS，也可以用作脱盐装置洗涤水。基于污水产生量，优化水集成是可能的。

e. 基于盐浓度，锅炉排放、冷却水排放和处理过的雨水排放可能适合用作脱盐装置洗涤水。

f. 应用水流集成概念，可以设计特定地点的水总体规划。这将取决于并将考虑位置和特定地点的因素，例如气候/降雨、河流/海洋、现有隔离、两套脱盐装置/SWS的可用性、具体炼油厂装置、淡水成本、地下水情况等。

g. 使用含酚废碱用于汽提水中和，接着脱盐装置洗涤使得酚被再吸收回原油。

h. 如果锅炉给水生产中产生的水流不循环到脱盐装置，由于消泡剂和缓蚀剂，生物处理是必要的。

i. 炼油厂废水需要妥善隔离，以确保最有效处理和再利用。一个典型的炼油厂隔离方案将提供"清净的"下水管道、含油水废水管道以及重污染废水管道。

j. 水夹点或水优化研究。

k. 水冷却器/冷凝器可能被空气冷却器（密闭冷却水系统）替换（参考冷却章节）。

l. 空气冷却、降低冷却水排放、使用加氢裂化和加氢处理工艺能比旧工艺少产生废水；使用改进的干燥、脱硫和精制程序来减少产生废碱和酸、洗涤水和过滤固体，在炼油厂其他地方循环和再利用废水。

m. 处理后的废水可重新应用于工艺和泵冷却系统、洗涤水和消防控制系统水的补充。

n. 采用真空液体循环压缩代替蒸汽喷射器使水消耗最小化，使用无废水真空技术（水再循环），否则有害物质将被转移进入环境。

(3) 能量和工艺材料利用

水蒸气锅炉和水蒸气系统需要缓蚀剂、氧消除剂，而且脱气塔采用低压水蒸气。DAF装置和污泥补充需要聚电解质。如果没有清洁废水或冷却水排放（可能含有磷酸盐作为缓蚀剂）共同处理，生物处理装置需要营养（磷）。一个全面的WSI使这些昂贵化学品使用和污染排放水平最小化。

(4) 环境方面

工艺水集成方案的概念方法的环境影响是有利的。封闭系统和封闭水回路限制烃类化合物排向空气和地表水，也将降低污泥形式的废弃物产生。

减少用水（和产品损失）的量化根据各位置的不同而不同，但都十分可观（>50%）。泰国新建的一家炼油厂，采用这种方法，8Mt/a的原油加工仅产生40t/h的工艺水。在欧洲已经达到每吨原油0.5m^3的值。

(5) 参考文献

[118，VORM，1999]，[113，Noyes，1993]，[268，TWG，2001]，[117，VDI，2000]。

4.15.7.2 供水和排水系统

(1) 目的和原理

供水和排水系统的目标是创造灵活性以应对环境变化，例如突发降雨、工艺异常、工艺变化、附加装置、容量扩大和新的立法。它还将提供综合水管理基础，包括溢流预防，未经处理或处理后水流的潜在再利用。其原理是基于对各种水和污水的详尽的定性和定量分析，基于最大可靠性和环境保护的潜在再利用评估。一个灵活的给水和排水设计考虑到水集成，并考虑到最优成本的短期和长期变化。从储罐和工艺传输受污染水到分离设施的封闭式排污系统也是需要考虑的一项技术。

(2) 系统描述

工业场所的现代化和最优化供水和排水系统是许多装置按水管理最优化方式运行排列的概念设计的结果。概念基础是隔离不同水为无油水、偶发油污染（AOC）水和连续油污染（COC）水。后者根据可生物处理、深度处理和再利用的可能性需要分为低和高 BOD 废水。

隔离概念的应用需要考虑一定的维护和运行规范水平。为特定类型废水选择不同路径的决定将基于水质监测，既包括内部水也包括排放收集。炼油厂环境性能和废水管理需要持续的关注和奉献、充分培训、激励性指令和广泛监测（采样和分析）方案。初期雨水的处理原则，要求收集、分离和处理来自潜在污染的炼油厂初期雨水排放。初期雨水处理之后，如果可以接受，剩余雨水被收集、分析并不经处理排放。

(3) 能量和工艺材料利用

能量需求主要是用泵输送污水，这取决于系统和地点。

(4) 应用

新供水和排水系统当前设计原理的许多元素被认为可在现有炼油厂中实施，特别是在原有污水和排水系统过时的情况下。

(5) 环境方面

许多炼油厂的一个新问题是被污染的地下水的管理。管理和再利用的可能性是在炼油厂内（除铁之后）或调节和用管线输送污染地下水到污水处理（WWT）设施。通过维护良好的源头减量和溢流预防也是在 CPI、API、DAF 和生物处理装置减少 VOCs 和气味排放的重要部分。在 DAF 和生物处理装置之前，一些炼油厂应用 H_2S 氧化池来预防废水中的有毒物质和气味排放。

(6) 状况

有工艺水和雨水排放隔离的炼油厂不是很多。如果有，这些水流经管路输送到分离和专门处理系统。隔离范围在不同炼油厂（按设计或改造）各不相同。许多炼油厂使用酸性废水和一些冷凝水作为脱盐装置洗涤水（参见 4.9 部分）。其他污水也是备用的脱盐装置洗涤水，如冷却水和锅炉排水。利用经过处理的污水（生物处理、砂滤之后反渗透）作为锅炉给水在技术上是可行的。在许多场所利用经过处理的污水作为冷却水补充水。许多炼油厂遵循初期雨水处理原则。图 4.6 为炼油厂最优化水/污水路径实例的方块图。

虚线表示假设的“闭环”。

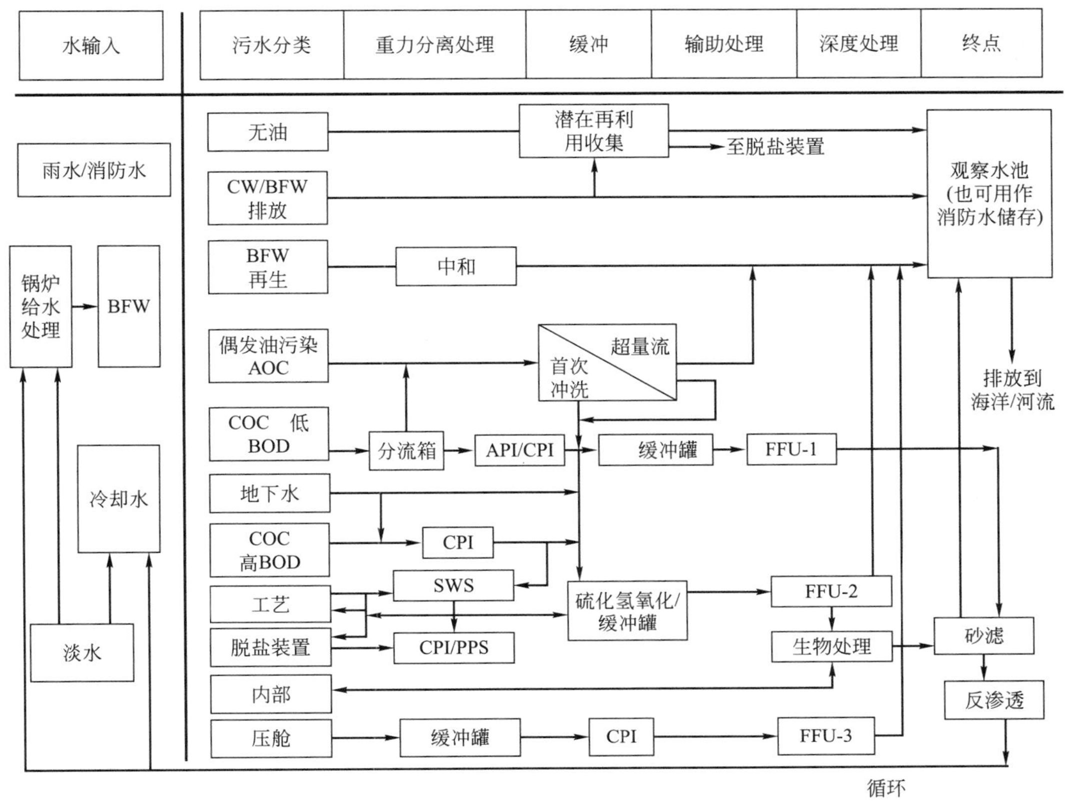

图 4.6 炼油厂最优化水/污水路径实例的方块图

(7) 参考文献

[308, Bakker and Bloemkolk, 1994], [118, VORM, 1999], [19, Irish, 1993]。

4.15.7.3 雨水

雨水可能应用的一些技术如下。

- 地表水径流或雨水可以被分离为偶发油污染和连续油污染污水，这种污水可能需要处理。被污染地表雨水可能导致其需要排入 CPI/API 中进行处理。
- 在特定情况下雨水可能作为工艺补充水、锅炉给水和冷却水的一个可用原料水源。
- 一些炼油厂有隔离的污水和排水系统。在现代炼油厂中给水和排水系统包括工艺水、冷凝排水、雨水和冷却水的隔离，以在最低成本下使污水对环境的影响最小化。此外，适当工艺水集成和水管理措施包含对循环水流所有选择的评估，旨在实现大幅降低末端处理。可以考虑隔离工艺水排放、地表水径流、冷却水和锅炉给水排放以及其他污水。分离雨水和不同来源污水以允许适当的处理选择。在一些情况下，改造成本将会很高。

参考文献

[118, VORM, 1999], [113, Noyes, 1993]。

4.15.7.4 生活污水

生活污水在化粪池中收集。由于这股水与炼油厂总废水相比小得多，并含有工业生物处理装置需要的足够养分（微量元素和磷），这种污水可以有效地和工艺废水结合，在生物处理装置之前进入溶气气浮装置。

4.15.7.5 压舱水

压舱水通常以非常高的流量排放，产生高峰污水。这种废水含有高浓度盐分（海水），并且受到油的严重污染。它可以很容易使现有污水处理系统异常。因此，如果COD低于100mg/L，使用压舱水罐是一个以可控方法加水到工艺水系统或COC系统重要的平衡工具。正因为如此，（也因为码头通常远离炼油厂区域）压舱水往往在独立专用设备中处理。随着越来越多原油油轮装备双层船壳，压舱水问题正在慢慢消失。

4.15.7.6 消防水

考虑的一些技术如下。

- 在炼油厂中，消防水系统有时可以作为再利用水储池。
- 应作出规定在泻湖中收集消防水。在紧急情况下消防水释放产生严重污染。为预防工业意外事故水的污染系统设计可以在建筑工业研究和信息协会报告164 1996中找到。

4.15.7.7 排污系统

排污液体系统通常由水和烃类化合物的混合物构成，含有硫化物、氨和其他污染物，它们被送至污水处理装置。

4.15.8 排放综合管理

大气排放问题的本质是很多工艺或活动，它们应被视为炼油厂的整体问题。在这些问题上，可以包括硫排放和VOCs排放。良好环境性能的应用应该将炼油厂作为一个整体，以及产品中含硫量的情况。减少这些排放的良好环境规划应考虑这些方面。为了说明这些方面，下表显示了本书中的主题，它们可能有综合的相互关联的问题需要处理。

综合环境问题	在第4章中分析该问题的部分
炼油厂硫排放	4.23.5
VOCs和逸散性排放	4.23.6.1
保护以免污染土壤和地下水	4.25
废弃物产生	4.25
能量	4.10
有关能量(如蒸汽)的公用材料	4.10
气味和噪声	4.23.9和4.23.10

参考文献

[316，TWG，2000]。

4.16 异 构 化

4.16.1 活性氯化物促进的催化剂异构化

(1) 概述

更多信息参见 2.16 部分。

(2) 环境效益

与分子筛催化剂相比，工艺效率更高，反应温度更低（能耗更少）。

(3) 跨介质影响

氯化物促进的氯化氧化铝催化剂（含铂）额外需要很少量有机氯化物以保持催化剂高活性。这在反应器中转化为 HCl。氯化物促进的催化剂不可再生。

(4) 运行数据

高活性氯化物促进的催化剂，氯化氧化铝催化剂（含铂），在较低温度下（190～210℃和 2.0MPa）操作，可产生最高辛烷值改进。在这样的反应器中，原料必须是游离氧源，包括水，以避免失活和腐蚀问题。解吸工艺消耗公用材料和能量。

(5) 适用性

这种催化剂对硫非常敏感，需要原料深度脱硫到 $0.5\times10^{-6}\mu g/g$。

(6) 经济性

投资估计（根据 ISBL，美国墨西哥湾海岸，1998 年）是 4150～10400 欧元/(m^3 · d)。加工能力 1590m^3/d 新鲜原料的投资建造成本（基于 1998 年第 2 季度美国墨西哥湾海岸）估计是 880 万欧元（±50%）。

(7) 实施驱动力

生产工艺。

(8) 参考文献

[212，Hydrocarbon processing，1998]，[316，TWG，2000]。

4.16.2 分子筛异构化

(1) 概述

更多信息参见 2.16 部分。一些炼油厂需要从轻直馏石脑油组分中得到比 O-T 分子筛异构化工艺更多的辛烷。吸附技术可以用来去除未转化的正构辛烷。这个工艺的公用材料需求相当低。

(2) 环境效益

该类型工艺不使用氯化物。在把催化剂送到回收程序回收铂之前，分子筛和硫酸氧化锆催化剂可多次再生。

(3) 跨介质影响

较高工艺温度，需要更多热量。

(4) 运行数据

分子筛催化剂在高温（250～275℃和2.8MPa）下运行使用，并更耐污染，但造成的辛烷值改进较低。

(5) 适用性

分子筛催化剂主要用于非加氢处理的原料。较低反应温度优于较高温度，因为在较低温度下促进了向异构体的平衡转化。

有闲置临氢加工设备的炼油厂，例如旧催化重整装置或者加氢脱硫装置，可以考虑把这些设备转变为单程分子筛异构化工艺。通过异构化，C_5-71℃轻质石脑油可以实现10～12的辛烷值提高。

(6) 经济性

反应工艺的估计成本是4654欧元/(m^3·d)。对于吸收工艺，投资是18900～25160欧元/(m^3·d)。催化剂和吸附剂成本大约是1700欧元/(m^3·d)。

(7) 实施驱动力

生产工艺。选择单程或循环方案取决于各种因素，如汽油罐中混合的轻质石脑油数量、在汽油罐中要求的辛烷值及其他高辛烷值汽油混合成分的可获得性。如果异构化产品辛烷值超过87，循环方案是唯一选择。选择以分馏为基础的方案还是以吸收为基础的方案取决于原料组成和产品需求的特定范围。总的来说，以分馏为基础的方案投资成本低，但由于高能量需求，运行成本很高。

(8) 参考文献

[166, Meyers, 1997], [212, Hydrocarbon processing, 1998], [316, TWG, 2000]。

4.16.3 异构化原料中环己烷增加

(1) 概述

由于新规格降低了汽油罐中苯含量，需将重整原料完全脱正己烷，留下环己烷输送到异构化装置（防止其在重整装置中转化为苯）。

(2) 环境效益

降低了重整装置外汽油中苯含量。

(3) 参考文献

[247, UBA Austria, 1998]。

4.17 天然气加工

正如在适用范围和2.17部分所述，本节涉及的工艺是天然气加工。由于针对石油炼制，本BREF中不包括生产平台使用的工艺。

4.17.1 天然气胺脱硫

(1) 概述

工艺中发生的反应过程如下，工艺在4.23.5.1部分的图4.10中有所说明。

$$2R—NH_2 + H_2S \longrightarrow (R—NH_2)_2S \qquad R=\text{单、二或者三醇}$$

如果回收的 H_2S 气体不能用作商业应用的原料，气体通常是输送到尾气焚烧炉中，在那里 H_2S 被氧化为 SO_2，然后通过烟囱排放到大气中。更多信息见4.23.5.1部分。

(2) 环境效益

减少天然气中 H_2S 浓度。

(3) 跨介质影响

参见4.23.5.1部分。

(4) 运行数据

回收的硫化氢气流可能：a. 排放；b. 在废气火炬或现代无烟火炬中燃烧；c. 焚烧；d. 用于生产单质硫或硫酸。

(5) 适用性

完全适用。

(6) 经济性

参见4.23.5.1部分。

(7) 实施驱动力

符合天然气硫规格。

(8) 装置实例

目前，胺工艺（也称为Gidler工艺）是去除 H_2S 应用最广泛的方法。

(9) 参考文献

[136，MRI，1997]，[144，HMIP UK，1997]。

4.17.2 硫黄回收装置

大量信息见4.23.5.2部分。

4.17.3 CO_2 再利用

(1) 概述

不含硫化物和烃类化合物的含 CO_2 酸性气流可能直接被排放到空气中，虽然这可能需要加热气流才能在空气中扩散。然而，CO_2 可以用于其他目的。如果 CO_2 气流有很高烃含量，它可以用在燃烧过程中，例如混合到现场燃料气中或应用到公用设施中，该公用设施设计用于燃烧低火焰稳定性的气体。

(2) 参考文献

[144，HMIP UK，1997]。

4.17.4 VOCs 减排技术

(1) 概述

在天然气终端或其他工艺的常规运行中，目标是需要防止排放天然气到空气中。减少这些排放物可考虑的技术包括如下几种。

- 通过运行高速跨海管线，减少清理管壁/球罐的频率，例如使用“雾流”条件。
- 通过使用接受器控制多个设备实现球罐最小化回收。
- 在开启清理管壁/球罐之前，排放接收器的高压气体到工艺的低压部分，通过再压缩实现气体回收。
- 工艺装置偶然停车和排气是不可避免的。例如，为了维修、工艺异常和转换目的。这些情况需要通过适当装置选择和设计以实现最小化。
- 避免在有重大环境问题时为气体露点控制使用制冷剂。
- 塔顶馏出物和储存以及乙二醇和甲醇再生装置的任何气体排放应该冷凝和焚烧。
- 泄漏检测与维修计划。更多信息见 4.23.6.1 部分。
- VOCs 排放，包括逸散，应该保持在 200～250kg/h [300～350(标)kg/Mm^3] 范围内。

(2) 参考文献

[144，HMIP UK，1997]，[268，TWG，2001]。

4.17.5 NO_x 减排技术

NO_x 排放来自天然气工厂的燃烧过程。NO_x 控制与减排可以应用的技术与炼油厂燃料气应用的那些技术相同。详细解释参见 4.10.4 部分、4.23.3 部分。

4.17.6 废水减排技术

(1) 概述

可能应用于减少向水中排放的防治技术如下。

• 如果可能的话，在岸上处理的污水量和污染程度需要最小化，以及在源头控制，如来自近岸活动污水。

• 三相分离器可用于从段塞流捕集器分离液体，以控制并使液相中烃含量最小的。

• 含硫污水可在含硫污水汽提塔中处理。参见 4.24.2 部分。

• 乙二醇或甲醇再生装置的工艺污水和其他高 BOD/COD 污水应该和其他水保持分开，如地表水，在现场污水排放系统之前处理。

• 水管理技术。参见 4.15.7 部分。

可用于废水处理的技术在 4.24 部分中介绍。

(2) 环境效益

天然气工厂内性能良好的废水处理可能达到的排放水平如下表（表中数值是日均值）。

水参数/化合物	浓度/$\times10^{-6}$	负荷/[(标)kg/Mm^3原料]
废水		160(标)m^3/Mm^3
总含油量	0.9～5	0.4～0.6
TOC	60～100	3.5～12
COD	400	
悬浮固体	25	
苯酚	0.1～0.5	

(3) 参考文献

[144, HMIP UK, 1997], [268, TWG, 2001]。

4.17.7 废弃物减排技术

(1) 概述

减少废弃物产生可能应用的技术如下。

• 催化剂、吸收剂、吸附剂等，可以返给制造商回收。

• 乙二醇吹扫流的脱盐技术比较实用，但这会产生需要处理的固体废物，并且其中残留乙二醇首先应降低到较低水平。

• 一些天然气田含有浓度非常低的汞蒸气。在“冷阱”中汞从气体中去除（例如通过气体膨胀），以含汞污泥形式得以回收。专业公司在真空蒸馏装置中处理这种污泥。

(2) 参考文献

[144, HMIP UK, 1997], [268, TWG, 2001]。

4.18 聚　　合

4.18.1 工艺

(1) 概述

更多信息参见2.18部分。

(2) 环境效益

减少工艺排放和酸耗，减少废物产生。性能良好的聚合装置生产每吨聚合物可以减少磷酸消耗水平到0.1～0.2g的程度。另外的数据表明典型催化剂消耗（磷酸＋载体）大约是1.18kg催化剂/t生产的聚合物。

(3) 跨介质影响

无跨介质影响。

(4) 运行数据

公用材料	数据
电力(kW/t C_5＋产品)	20～28
蒸气(t/t C_5＋产品)	0.7～1.1
冷却(m^3/t C_5＋产品)	4.4～6.0

(5) 适用性

生产工艺。

(6) 经济性

催化缩合工艺操作相对简单，所需劳动力最少。它的简单性反映在下表所总结的操作需求上。

项目	数据
催化剂及化学品成本/(欧元/ t C_5＋产品)	5.00～8.20
劳动和运行成本劳动力/人	1位操作者-助手
典型运行成本/(欧元/ t C_5＋产品)	20～30
投资/[1995欧元/(t・a)C_5＋产品]	50～95

只需要一位操作者。总体而言，催化缩合装置运行成本范围为16～22.6欧元/m^3 C_5＋聚合物汽油。这项成本包括公用材料、劳动力、催化剂、化学品以及工艺版税津贴，但不包括任何直接或间接的投资相关成本。

(7) 实施驱动力

生产工艺。

(8) 装置实例

欧洲炼油厂运行一些聚合工艺。尽管聚合装置更加便宜，现在烷基化装置比聚合装置更占优势。

(9) 参考文献

[166, Meyers, 1997], [212, Hydrocarbon processing, 1998], [268, TWG, 2001]。

4.18.2 催化剂管理和再利用

(1) 概述

可以应用两种技术使催化剂处置影响最小化。

- 从工艺中处置催化剂会潜在地自燃，需要特殊处理。然而，通过蒸汽/水移除避免起火风险。在现场固化催化剂，然后在氮气净化下通过人力清除或者最近通过“爆炸性”蒸汽减压，蒸汽抑制到储水池系统。然后，催化剂既可以送往场外作为特殊废物处置，也可以在现场处理。现场处理包括中和和水泥固化。材料可能不会被归为特殊废弃物。
- 废催化剂可以再利用作为生物处理装置的肥料或含磷原料。

(2) 环境效益

降低由于催化剂自燃特性的火灾风险，并减少废弃物产生。

(3) 跨介质影响

无跨介质影响。

(4) 运行数据

预计每年处置频率最多12次。

(5) 适用性

完全适用。

(6) 实施驱动力

在炼油厂内处理催化剂和再利用含磷化合物。

(7) 参考文献

[34, Italy, 1999]。

4.19 初级蒸馏

如3.19部分所述，常压和减压蒸馏装置消耗大量热。原油加热炉考虑应用的技术在关于能源系统的4.10部分中描述。

4.19.1 渐进蒸馏装置

(1) 概述

集成 CDU/HVU 的渐进蒸馏装置为这些装置节能可达总能耗的 30%。这些技术包括常压蒸馏(上部)、减压蒸馏、汽油分馏、石脑油稳定器(如果需要)和气体装置。图 4.7 为渐进蒸馏装置工艺流程。

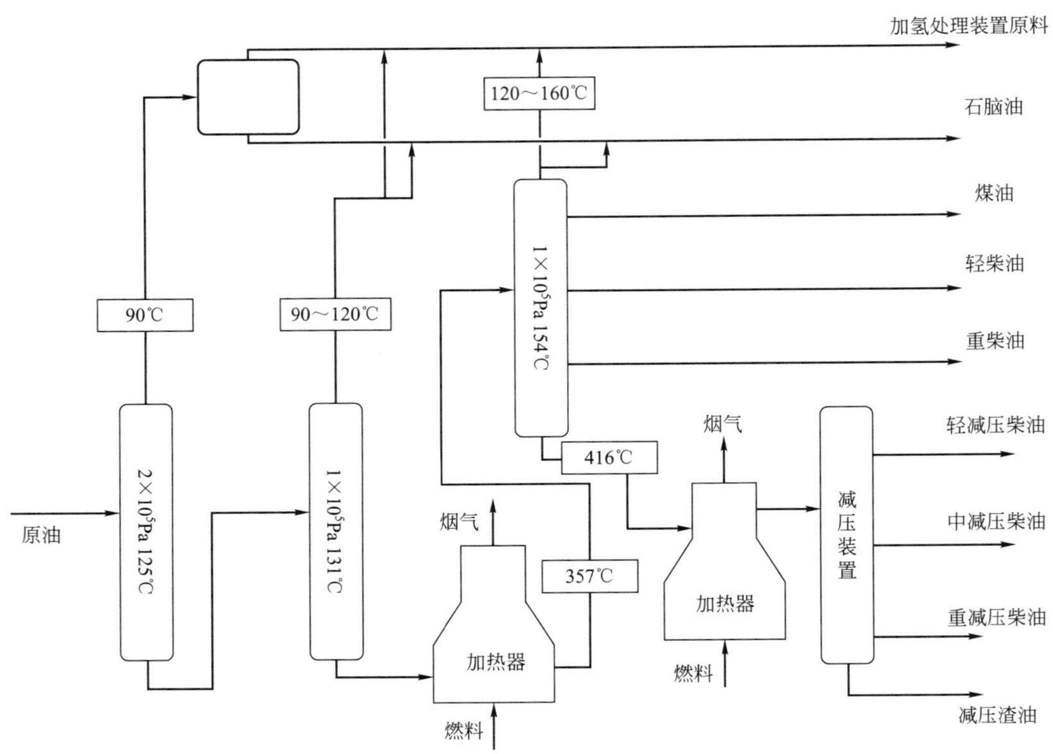

图 4.7 渐进蒸馏装置工艺流程

(2) 环境效益

蒸馏能力为 10Mt/a 的加热器工艺负荷(MW/100t 原油)对阿拉伯轻质原油为 17.3。使用渐进原油蒸馏,可降低至 10.1。蒸馏能力为 10Mt/a 的单位能耗(总能耗为每 100t 原油的吨燃料当量)对阿拉伯轻质原油为 1.7~2.0,然而使用渐进蒸馏装置只消耗 1.15。和传统技术相比,9.7×10^6t/a 的炼油厂节省能量在 50000t 重质燃料以内。

总初级能量消耗:

对于阿拉伯轻质原油或俄罗斯出口混合原油为每 100t 原油消耗 1.25t 燃料;

对于阿拉伯重质石油为每 100t 原油消耗 1.15t 燃料。

渐进蒸馏是常压和减压蒸馏之间热集成的极限。它也避免了轻馏分过热至温度高于它们分离需要的温度,而且它避免了与重馏分抽出相关的热水平降级。

(3) 跨介质影响

没有确定的跨介质影响。

(4) 运行数据

相同装置用于加工两种类型原油时渐进蒸馏的能量消耗见表 4.34。

表 4.34 相同装置用于加工两种类型原油时渐进蒸馏的能量消耗

项目	重质阿拉伯油(887kg/m³) 6.5Mt/a			EKOFISK(810kg/m³) 5Mt/a		
	消耗	TOE/h	TOE/100t	消耗	TOE/h	TOE/100t
燃料/(MW·h/h)	67.5	5.81	0.75	67.5	5.81	1.04
水蒸气/(t/h)	15.95	0.8	0.11	21.0	1.05	0.19
电力/(MW·h/h)	6.4	1.41	0.18	6.4	1.41	0.25
总计		8.02	1.04		0.27	1.48

注：能源消耗根据以下假设定义：1TOE（石油当量吨）=11.6MW·h，1kg 低压水蒸气=0.581kW·h，电力装置产出率=39%，产品送去储存（低温）。

公用材料需求，一般每吨原油	数值	单位
燃料燃烧	1100～1400	kW·h
动力	6.6～8.8	kW·h
水蒸气，0.45MPa	0～17	kg
水冷却(ΔT=15℃)	1.4～2.8	m^3

(5) 适用性

工艺适用于正在建造的装置的部分或者全部，也可用于装置改造以消除瓶颈。

(6) 经济性

减少燃料消耗，从而减少了蒸馏装置的运行成本。

投资（基于 11.45Mt/a，包括常压和减压蒸馏、气体装置和精馏塔）：41000～55000 欧元/(t·a)（1998 年，美国墨西哥湾海岸）。

(7) 实施驱动力

减少炼油厂燃料消耗。

(8) 装置实例

一些欧洲炼油厂使用集成 CDU/HVU 的渐进蒸馏装置。

(9) 参考文献

[195, The world refining association, 1999], [212, Hydrocarbon processing, 1998], [247, UBA Austria, 1998]。

4.19.2 原油蒸馏装置热集成

(1) 概述

如 4.10.1 节所述，存在着提高原油和其他装置热集成的趋势。CDU 的高能耗使得热集成非常重要。为优化常压蒸馏塔的热回收，在每个塔顶和中段循环回流的一些点通常保持 2 或 3 段连续循环。

在现代设计中，高真空装置，有时热裂化装置的集成已经实现。应用的一些技术如下。

- 最优化热量回收，研究和实施最优化能量集成。在这些背景下，近年来在理解高效热回收网络的设计方面已取得主要进展。“夹点分析”作为评估整个系统设计的工具出现，有助于平衡投资和节省能源。也可参见 4.10.1 部分。
- 原油预热序列热集成应用夹点分析。增加原油预热温度并使损失到大气和冷却水中的热量最小化。
- 原油蒸馏塔中段回流从 2 段增加到 4 段。再沸侧线汽提塔使用传热油而不是通过水蒸气汽提。
- 原油预热中可以通过在原油换热序列中使用特殊防垢剂处理来提高热量传递。从许多化学品公司购得的防垢剂可以应用，并且在许多应用中，对增加换热器循环运行周期是高效的。防垢剂可以帮助预防管式换热器阻塞，改进热回收，防止水力损失，这些取决于污垢性质。不同装置/序列的运行率以及热回收（能量效率）也同时增加。
- 在原油装置中，应用先进工艺控制以优化能量利用。

(2) 环境效益

减少蒸馏塔中燃料消耗。

(3) 跨介质影响

由于扰动在它们之间传递，装置控制受损，影响装置安全。

(4) 适用性

在改造时集成的应用可能取决于可用空间。除了少数情况，这些技术普遍适用。

(5) 实施驱动力

减少炼油厂内能耗。

(6) 装置实例

热集成程序广泛应用于原油装置。渐进蒸馏是常压和减压蒸馏之间的物流热集成。

(7) 参考文献

[147，HMIP UK，1995]，[79，API，1993]，[297，Italy，2000]。

4.19.3 减压蒸馏装置热集成

(1) 概述

除了润滑油减压蒸馏装置，在高真空装置中选择侧流数目以使不同温度生产蒸汽的热集成最大化，而不是匹配所需产品数目。原油装置热集成可以实现。常压渣油直接从原油蒸馏装置送到减压加热炉，然后高真空装置的产品流和循环回流被原油冷却。

高真空装置主要原料是原油蒸馏装置底部流，即常压或长渣油，它可以高温直接供应，或在储罐中（相对）冷却。后面的选择能量消耗更高。

在原油装置中应用先进工艺控制实现能量利用最优化。

(2) 环境效益

减少炼油厂燃料消耗。

(3) 跨介质影响

由于扰动在它们之间传递，装置控制受损，影响装置安全。

(4) 适用性

在改造时集成的应用可能取决于可用空间。除了少数情况，这些技术普遍应用。

(5) 实施驱动力

减少炼油厂燃料消耗。

(6) 装置实例

热集成程序广泛应用于减压装置。渐进蒸馏是常压和减压蒸馏之间的物流热集成。

(7) 参考文献

[147，HMIP UK，1995]，[79，API，1993]，[297，Italy，2000]。

4.19.4 真空泵和表面冷凝器使用

(1) 概述

真空液环压缩机代替水蒸气喷射器。

(2) 环境效益

在许多炼油厂为了消除含油废水，真空泵和表面冷凝器已经大量取代了大气冷凝器。真空泵取代水蒸气喷射器可将酸性废水流量从 10m^3/h 降低到 2m^3/h。真空可能通过真空泵和喷射器的组合来产生以实现能量效率最优化。其他效益与跨介质影响相关。

(3) 跨介质影响

真空泵替代水蒸气喷射器产生真空会增加电力消耗，但会减少热、冷却水以及冷却泵电力消耗和调节冷却水使用助剂消耗。在炼油厂中，许多过程中多余水蒸气可以回收并用来产生真空。然而，能量管理分析将帮助决定使用多余水蒸气用于水蒸气喷射代替应用真空泵，是否比使用多余水蒸气用于其他目的效率更高。

(4) 运行数据

真空泵的使用消耗电力。

(5) 适用性

完全适用。

(6) 实施驱动力

减少废水产生。

(7) 装置实例

目前，真空泵比喷射器设备使用更多。

(8) 参考文献

[79，API，1993]，[268，TWG，2001]。

4.19.5 减压蒸馏装置真空压力降低

(1) 概述

降低真空压力。如降至 20～25mmHg（1mmHg≈133Pa），可以允许加热炉出口温度降低，同时维持减压渣油相同目标切点。

(2) 环境效益

这种技术可以同时在节能和污染方面产生效益。环境效益如下。

- 加热炉炉管更低破裂和结焦的趋势。
- 减少原料裂化为轻产品。
- 降低加热炉燃烧负荷，从而降低燃料消耗。

(3) 跨介质影响

产生真空必须消耗能量（电或水蒸气）。

(4) 适用性

它通常受限于塔容量、冷凝液体温度、材料。

(5) 实施驱动力

减少减压蒸馏工艺热负荷。

(6) 参考文献

[297，Italy，2000]，[79，API，1993]。

4.19.6 真空喷射器冷凝器的不凝物处理

(1) 概述

控制减压装置排放的技术包括洗涤、压缩进入炼油厂燃料气和在邻近工艺加热炉中烧掉，或其组合。来自一些装置的气体可能包含大量空气，这种气体正常最好就地烧掉。胺洗涤技术应用时需要仔细些，因为在胺再生装置中烃类化合物污染可能引起气泡问题。

塔顶冷凝器不凝物可以送到轻馏分处理或者回收系统或者炼油厂燃料气系统；减压蒸馏装置密封常压泵排放的酸性不凝气体，应该抽提并以适合酸性气体特性的恰当方式处理。

减压喷射器或泵的不凝物排放控制技术，由排入泄放系统或炼油厂燃料气系统和加热炉以及废热锅炉焚烧组成。

(2) 环境效益

减压蒸馏塔冷凝器可能排放 0.14kg/m^3 减压原料，如果将它们排放到加热器或者焚烧炉，排放的原料可以减少到可忽略水平。如果减压气体（排放气）经管线输送到合适胺洗涤装置而不是直接在工艺加热器中烧掉，可减少污染。真空排气管道输送到洗涤系统，由于压缩机成本，需要很大投资。

焚烧控制技术效率一般超过 99%，如 NMVOC 排放。

(3) 跨介质影响

在焚烧技术中，燃烧产物必须考虑。

(4) 适用性

完全适用。

(5) 实施驱动力

减少污染物排放。

(6) 装置实例

应用于欧洲的一些炼油厂。

(7) 参考文献

[136，MRI，1997]，[127，UN/ECE，1998]。

4.19.7 废水处理与再利用

(1) 概述

这个主题已在4.15.7部分论述。本节主要考虑两种技术。

- 塔顶回流罐产生一些废水。这些废水可以作为脱盐装置洗涤水再利用。
- 来自常压和减压装置冷凝物的酸性水应该送到封闭系统的酸性水汽提塔。
- 应用侧流软化泄放水，实现水再利用最优化。

(2) 环境效益

减少水消耗以及重吸收污染物。

(3) 适用性

完全适用。

(4) 实施驱动力

减少水消耗。

(5) 参考文献

[79，API，1993]。

4.19.8 常压装置考虑的其他技术

(1) 概述

一些予以考虑的其他技术如下。

- 当应用时，氨注入应该在封闭系统中进行。可选择的中和技术是可行的并且可以减少酸性水和硫黄回收系统的氨/铵负荷。
- 除焦排放需要提供合适分离和粉尘抑制设施；在清洁程序中需要使用适当措施来防止排放。
- 许多含油污泥送到原油蒸馏（或可选择去焦化装置，参见4.7.5部分），在此成为炼油厂产品的一部分。这项技术通常做法是将轻废油送至浮顶罐（双密封），重废油送至固定顶罐。沉降后一般重废油与液体燃料混合。而充分沉降后的轻废油也可以与液体燃料混合或送至原油蒸馏，以一定混合率避免结垢。

- 塔顶的减压阀；塔顶收集器释放应该经管线输送到火炬及排放点。
- 使用废碱代替新碱用于蒸馏装置腐蚀控制（更多信息参见 4.20.2 部分）。

(2) 运行数据

原油蒸馏中含油污泥可能在脱盐装置产生问题，或者堵塞蒸馏塔换热器。

(3) 参考文献

[79，API，1993]，[268，TWG，2001]。

4.20 产品处理

本节包括工艺种类的简要解释在 2.20 节和适用范围部分给出。

4.20.1 碱溶液级联

(1) 概述

如果来自一个处理装置的半废碱能在另一个装置再利用，可以实现湿式处理装置碱消耗的总体下降。这一程序的典型例子是在非催化裂化汽油脱硫工艺预洗涤工段使用再生碱（如催化裂化汽油硫醇处理装置或硫化氢或硫酚去除）。图 2.28 为一个碱集成方案的例子。

(2) 环境效益

减少碱溶液使用。

(3) 运行数据

处理废碱系统要求特别注意硫化物。

(4) 经济性

产品	汽油脱硫工艺类型	估计投资成本/百万欧元	估计运行成本/(欧元/m^3)
LPG	抽提①	2.2	0.05
轻质石脑油	Minalk	1.1	0.04
	无碱	1.1	0.15
重质石脑油和煤油	传统固定床	2.6	0.18
	无碱	2.6	0.40

① 包括预处理和后处理设施。

注：MEROX 工艺的经济性以不同应用的日容量 1590m^3 为基础。投资成本用于 MEROX 装置模块化设计、制造和建造。估计模块化成本在界区范围内，美国墨西哥湾海岸，制造商 FOB 点。估计运行成本包括催化剂、化学品、公用材料和劳动力。

无论资本投资还是运行成本，脱硫处理比加氢处理更便宜。碱通常几乎全部再生，只有一小部分排放。

(5) 参考文献

[115, CONCAWE, 1999], [166, Meyers, 1997], [83, CONCAWE, 1990]。

4.20.2 废碱管理

(1) 概述

碱用来从中间和最终产品流中吸收和去除硫化氢和苯酚污染，通常可以回收。一些脱硫装置的废碱液气味难闻，在以控制流量排放到废水系统之前，需要送入封闭系统进行必要处理。在炼油厂内存在可以最大化利用碱的一些技术。它们包括在炼油厂内或炼油厂外回收或者在焚烧炉中破坏。考虑的技术如下。

a. 处理碱可能包括中和和汽提。

b. 由于废碱液中有机物浓度非常高（COD远远大于50g/L），因此焚烧是废水处理的一个合适选择。

c. 废催化剂/废碱需要以避免灰尘产生的方式处理和处置。不应排放到土壤中。

d. 一些在炼油厂中废碱再利用的可用技术如下。

- 在原油蒸馏装置中用废碱而不是用新碱来控制腐蚀。脱盐装置中未被抽提的不稳定氯化物（镁）盐，在原油蒸馏塔中加热时会分解并引起氯化物腐蚀。为了预防暴露设备腐蚀，少量碱（钠）注入原油原料中，由于形成稳定氯化钠，氯化物被中和。为了中和氯化物分解产物，可以使用废碱，这也被推荐使废物产生最小化。
- 循环至原油脱盐装置或者含硫污水汽提塔。
- 加入生物处理装置进行pH值控制。
- 含酚碱可以通过降低碱液pH值至酚变为不溶物而现场回收，接着进行物理分离。然后，碱可以在炼油厂废水系统处理。

e. 在炼油厂外再利用废碱：

- 造纸厂（仅仅硫化物碱）；
- 作为Na_2SO_3、甲酚和Na_2CO_3原料（可能需要分离硫化物、甲酚和环烷基碱）；
- 如果苯酚和H_2S浓度足够高，废碱可以出售给化学品回收公司。为了回收污染物的经济性，炼油厂工艺改变可能需要提高碱中酚的浓度。

f. 再生或氧化废碱的措施如下：

- 过氧化氢；
- 固定床催化剂；
- 加压空气（120～320℃，0.14～2.04MPa）；
- 生物系统。

(2) 环境效益

减少恶臭气体排放和碱的使用。

(3) 跨介质影响

上述不同技术中发现的跨介质影响有：

- 脱盐装置和原油装置内添加碱，可能在后续装置中增加焦炭生成。
- 增加苯酚和 BTX 到废水处理系统。因此，生物处理装置降解效率受到不利影响，或废水处理装置出水中这些成分会增加。

(4) 运行数据

处理废碱系统要求特别注意硫化物。

(5) 实施驱动力

减少碱的使用。

(6) 装置实例

大多数炼油厂能够再生废碱，但是有些时候，他们不得不处理一些多余的碱，主要来自于碱预洗。通常这些量很小，可以在污染处理系统中处理掉，或者如果这样不可行的话，废碱可以通过承包商处理，作为造纸和纸浆工业中的漂白剂。一些炼油厂出售浓缩含酚碱以回收苯甲酸。而另一些炼油厂则自己处理含酚碱。在抽提二硫化合物工艺中，回收的物质可以作为产品出售，或循环到比重计或焚烧炉。

(7) 参考文献

[115，CONCAWE，1999]，[259，Dekkers，2000]，[268，TWG，2001]。

4.20.3 焚烧脱硫排放的难闻气体

(1) 概述

脱硫工艺排放的难闻气体含有硫化物，通常具有很刺激的气味。10000t/d 原油装置的脱硫工艺排放的难闻气体硫的量范围大约是 0.7～7kg/d（二硫化物浓度可高达 400×10^{-6}）。据估计焚烧的烟囱气体中硫的百分含量是 0.16%～2.48%。由于这个原因，以前用一个炉子减排是不合理的，脱硫工艺排放的难闻气体在装置加热炉中焚烧掉。

(2) 参考文献

[268，TWG，2001]。

4.20.4 加氢取代黏土过滤

(1) 概述

凡需要去除存在的颜色成分和烯烃，加氢处理取代黏土过滤是一种选择。加氢处理在改善色度和增加抗氧化稳定性方面效果较好，而且没有产量损失（废过滤黏土测量出的油代表一些炼制厂生产的价值较高产品的损失）。它还消除了废黏土处置问题。

(2) 环境效益

减少废物产生。

(3) 跨介质影响

需要氢气和能量消耗。参见4.13.1部分。

(4) 运行数据

参见4.13.1部分。

(5) 经济性

参见4.13.1部分。

(6) 实施驱动力

产品需要。

(7) 参考文献

[113, Noyes, 1993]。

4.20.5 处理

(1) 概述

用碱、胺、水和酸处理气体、LPGs、汽油、煤油和柴油，除去胺、碱污染物、H_2S、硫氧化碳和硫醇。干燥吸附剂，例如分子筛、活性炭、海绵铁和氧化锌可以用来达到规格（LPG）和防止恶臭问题（也参见4.23.9部分）。

(2) 参考文献

[212, Hydrocarbon processing, 1998]。

4.20.6 催化脱蜡

(1) 概述

与溶剂脱蜡相比，催化脱蜡工艺通常生产倾点更低的产品。该系统产生燃料成分替代石蜡。技术简要描述参见2.20部分。

(2) 环境效益

用这种技术生产的产品中芳烃和硫含量比用溶剂脱蜡要低。蜡裂解产物作为产品的一部分。

(3) 跨介质影响

氢气消耗。

(4) 适用性

完全适用于新装置。不可能改造其他类型脱蜡工艺，原因是它是一个完全不同的工艺。与溶剂脱蜡相比，催化脱蜡具有倾点优势，但黏度指数存在劣势。

(5) 经济性

下表比较了300kt/a的溶剂萃取综合厂消除瓶颈扩能到500kt/a的相对成本和新建一个200kt/a溶剂萃取综合厂的成本。

投资 8000 万美元（基于 795m³/d 润滑油基础油，不包括燃料加氢裂化，1998 年美国墨西哥湾海岸）		
成本	溶剂萃取（200kt/a，新建）/%总成本	综合消除瓶颈（从 300kt/a 扩展到 500kt/a）/%溶剂萃取成本
投资费用	36	24～36
固定成本	20	7～9
可变成本	8	8
烃类化合物成本	35	11
总计	100	50～64

(6) 实施驱动力

生产低蜡含量馏分油。

(7) 装置实例

已确认一家 EU+炼油厂有这种生产低蜡含量馏分油的工艺。

(8) 参考文献

[212，Hydrocarbon processing，1998]，[247，UBA Austria，1998]，[268，TWG，2001]。

4.21 原料储存和处理

所述更多信息可以在关于储存的通用 BREF 中找到 [264，EIPPCB，2001]。

4.21.1 地下储罐

(1) 概述

更多信息参见 2.21 部分。

(2) 环境效益

- 地下储罐的 VOCs 排放非常少或不存在。主要原因是：地下储罐温度低且稳定，产品在一定压力下，呼吸气从一个地下储罐排至另一地下储罐，而不是排放到大气中。
- 地下储罐的地上土地可以用于其他目的。
- 提高了安全性。

(3) 跨介质影响

渗入地下储罐的地下水必须排出并与其他含油废水一起处理。

(4) 适用性

地点的地质必须适于安装地下储罐：不是多孔岩石。

(5) 经济性

地下储罐建设成本明显低于地上储罐。在芬兰，良好条件下盈利能力开始于 50000m^3（高度依赖于岩石类型）。维修成本经计算约为地上储罐的 1/6。

(6) 实施驱动力

避免视觉干扰，减少能量消耗，对于大型储存系统节约了占地面积和具有经济性。

(7) 装置实例

在一些欧洲国家使用。

(8) 参考文献

[256，Lameranta，2000]。

4.21.2 内浮顶罐

(1) 概述

内浮顶罐（IFRT)s。排放主要发生在静置储存过程中，并且还有随出料产生的额外排放。除了边缘密封区和顶部配件渗透，内浮顶罐静置损失还包括浮顶内螺栓固定的接缝。更多信息参见 2.21 节。IFRT 可能应用的技术包括：

- 更严格密封取代初级/次级密封，这可以减少 VOCs 排放；
- 浮顶罐排水设计避免烃类化合物污染雨水。

(2) 环境效益

减少 VOCs 排放。固定顶罐转换为内浮顶和密封以使储存产品的蒸发最小化。这种方式控制效率在 60%～99%范围之间变化，这主要取决于安装的浮顶和密封类型，以及储存液体的真实蒸汽压。

(3) 跨介质影响

固定顶罐的储存容量大约减少 10%。

(4) 运行数据

关于 IFRT 的排放性能数据和其他有用信息见 [323，API，1997]。

(5) 适用性

EFRT 的一个可以接受的替代方案是用内浮顶（IFRT）改造固定顶罐。

(6) 经济性

改造费用在表 4.35 给出。成本取决于罐直径。

表 4.35 储罐的 VOCs 控制

排放源	炼油厂储存		
控制技术	固定顶罐中内浮顶	浮顶罐二级/双密封	其他顶配件排放控制（顶支架，静水井）及选择（储罐涂漆）
效率	90%～95%	95%	连同二次密封时超过 95%
投资成本/百万欧元	20～60m 直径储罐为 0.20～>0.40	20～50m 直径储罐[②]为 0.05～0.10	50m 直径储罐为 0.006[①]
运行成本	较小	每 10 年更换	较小
其他影响	需要储罐取出原料减少净储存量 5%～10%	可降低储罐最大储存容量	由于存在发生自燃可能性，不适合高硫原油

① 参考文献（已安装的或改造的）为 UN-ECE/IFARE 和行业专有信息。

② UN-ECE/IFARE 和行业专有信息（UN-ECE EC AIR/WG6/1998/5）。

(7) 实施驱动力

欧盟指令94/63/EC（第一阶段）明确规定固定顶汽油储罐应该配置内浮顶（现有罐一级密封，新罐二次密封），或连接到蒸汽回收装置。如果包括能量回收，蒸汽破坏也是可能被应用的技术上可行的选择。

(8) 参考文献

[45，Sema and Sofres，1991]，[127，UN/ECE，1998]，[323，API，1997]，[268，TWG，2001]。

4.21.3 固定顶罐

(1) 概述

固定顶罐可以通过以下方式发生排放。

• 注入损失：在罐注入现有罐蒸汽空间过程中，或多或少存在饱和蒸汽被排到大气中，同时当罐被清空时，进入的空气慢慢被蒸汽饱和，其通过后续注入和/或呼吸而再次排放。一般来说，这些排放大于静置排放。减少罐中VOCs排放的技术是通过保护气增加储存压力。

• 呼吸损失：在储存液体过程中，由于昼夜温度不同和大气压力变化，将会有蒸汽从储罐呼吸排出。在一定程度上，压力控制器和绝热可以预防呼吸损失。

• 排水过程中蒸汽释放。

减少固定顶罐排放考虑的技术如下。

• 一种减少这些储罐VOCs排放的技术是用保护气覆盖它们。

• 安装内浮顶。

(2) 环境效益

固定顶罐中安装内浮顶可以减少高达90%的VOCs排放。

(3) 跨介质影响

固定顶罐中安装内浮顶要求储罐取出原料，并且减少净储存量5%～10%。

(4) 运行数据

关于IFRT的排放性能数据和其他有用信息见[323，API，1997]。

(5) 适用性

固定顶罐通常用于储存如煤油、加热油等难挥发或不挥发性产品，其TVP小于14kPa。这些储罐可以改造为内浮顶罐。但不是适用于所有产品，例如沥青在罐壁和内浮顶之间缝隙固化，导致安装内浮顶的沥青罐不能工作。

(6) 经济性

直径为20～60m的固定顶罐安装内浮顶的投资成本在20万～40万欧元之间。

(7) 实施驱动力

减少VOCs排放。

(8) 参考文献

[45，Sema and Sofres，1991]，[127，UN/ECE，1998]，[323，API，1997]，

[268，TWG，2001]。

4.21.4 外浮顶罐

(1) 概述

外浮顶罐（EFRT）。与固定顶罐相比，注入和呼吸损失大大减小，但是如下蒸汽损失是这种类型储罐固有的。

- 由于温度和压力变化，更重要的是风效应及顶打开的影响，导致储存蒸汽压变化，由此产生的浮顶罐静置储存排放包括边缘密封和浮顶配件排放。风效应影响并不是内浮顶罐的一个因素。外浮顶罐静置排放通常比出料排放占更大比重。
- 湿损失：当出料时液面高度降低，液体从湿壁上蒸发。
- 排水过程蒸汽释放。
- 在很多情况下，对于外浮顶罐，配件造成的排放超过边缘密封损失，尤其是罐采用二次密封时。就配件损失而言，主要来源于开孔的静水井（取样井或量油井）。

外浮顶罐用来储存原油、轻产品和中间产品。在正常储存温度下，蒸汽压高于14kPa，但低于86kPa。更多信息见2.21部分。这里使排放最小化的技术包括如下几项。

- 在浮板上安装刮水器。
- 管子安装套管，组成静水井刮水器。
- 刮水器在开孔管内浮动。
- 尽可能少使浮顶落下，避免不必要的蒸汽释放。

(2) 环境效益

对于相同物质，如汽油，外浮顶罐比固定顶罐具有优势，能显著降低大气VOCs排放。外浮顶罐可以避免95%的固定顶罐损失。产品节约提供了运行效益。

(3) 跨介质影响

因为雨水很可能通过顶密封进入储罐，与固定顶罐相比，外浮顶罐会有更多水排放。因为产品质量会受到严重影响，任何这种水要在产品发送给客户之前排放。

(4) 运行数据

关于EFRT的排放性能数据和其他有用信息见[323，API，1997]。

(5) 适用性

在期望改变正在服役的储罐的改造情况下，EFRT一个可以接受的替代方案是用内浮顶改造固定顶罐。

(6) 经济性

罐直径为20m的固定顶罐改造为EFRT的投资成本是26万欧元。储罐排水需要操作者，会产生一些运行费用。

(7) 实施驱动力

指令94/63/EC（附件Ⅰ）定义了一个合适浮顶罐，其与固定顶罐相比，至少具有95%的VOCs的削减效率。

(8) 参考文献

[45, Sema and Sofres, 1991], [252, CONCAWE, 2000], [258, Manduzio, 2000], [323, API, 1997], [268, TWG, 2001]。

4.21.5 加压容器

加压容器，如卧式罐和球罐，通常配置泄压阀，其排放至大气或火炬。如果这些阀或旁通隔断阀内部泄漏，会产生 VOCs 排放。

4.21.6 双密封和二次密封

(1) 概述

浮顶边缘两个密封提供双层屏障以控制 VOCs 排放。配置二次浮顶边缘密封是可以接受的减排技术。边缘镶嵌密封（与鞋型密封相对）备受青睐，因为如果初级密封失败，前者可提供排放控制。

(2) 环境效益

储罐安装二次密封可以大大减少 VOCs 排放。Amoco/USAEPA 联合研究估计，储罐 VOCs 损失可减少 75%～95%。当他们应用到 EFRT 时，二次密封也降低了雨水进入储罐的可能性。汽油储存二次密封可减少达 95%的 VOCs 排放。

(3) 跨介质影响

改造密封通常导致约 5%的运行容量损失。

(4) 运行数据

关于边缘密封的排放性能数据和其他有用信息见 [323, API, 1997]。

(5) 适用性

它们可以很容易地安装在新装置（称为双密封）和一般改造装置（二次密封）。

(6) 经济性

用二次密封系统装备一般储罐，估计成本约为 20000 美元（1991 年）。投资成本：直径为 20～50m 的储罐为 5 万～10 万欧元。

运行成本：约每 10 年更换一次。

(7) 实施驱动力

欧盟指令 94/63/EC（第一阶段）指定在炼油厂和中转库储存汽油的外浮顶罐和新内浮顶罐使用二次密封。

(8) 装置实例

世界范围内普遍使用。

(9) 参考文献

[45, Sema and Sofres, 1991], [252, CONCAWE, 2000], [323, API, 1997], [268, TWG, 2001]。

4.21.7 储存策略

(1) 描述

通过改进生产计划和更多连续运行通常能够消除对某些储罐的需要。这种技术与4.15.5部分密切相关。一个例子是实施在线混合系统。参见4.21.14部分。

(2) 环境效益

由于储罐是VOCs排放的最大来源之一，它们数量的减少对VOCs排放减少贡献很大。通过减少储罐数量，罐底部固体和倒出的废水也可能随之减少。

(3) 适用性

储罐数量减少通常需要产品和中间产品管理方面的全面变革。结果是这种技术更容易应用到新装置中。

(4) 实施驱动力

通过减少运行中储罐数量可以改善空间使用情况。

(5) 参考文献

[268，TWG，2001]。

4.21.8 罐底泄漏的预防

在确定预防罐底泄漏的BAT技术时考虑如下技术。这一主题在EEMUA出版的183“预防立式、圆柱形钢制储罐底部泄漏指南”中有详细论述。

4.21.8.1 双层罐底

(1) 概述

双层罐底既可以改造现有罐也可以结合新罐设计。如果需要改造，现有罐底通常作为二级底面，砂子、砾石或混凝土可以填充在新一级和二级底面之间，在这种情况下，一般做法是使间隙空间最小化，因此二级底面应该以如一级底面一样的方式倾斜。罐基础倾斜，可以是直式、上圆锥式（从中心倾斜向下到周界）或下圆锥式（从罐周界倾斜向下）。几乎所有罐底面采用碳化钢制造。如果建造双底（改造或新建），新底面材料选择有多种选项。可以利用二级碳钢底面或者安装更耐腐蚀的不锈钢底面。第三个选项是使用玻璃纤维增强环氧树脂涂装钢铁。

使用双底罐允许安装一套真空系统，在此情况下，上下底间的空间没有填充，而是保留作为使用钢铁垫圈（通常是钢铁增强筛孔）的空体积。在这种最近的系统中，双层底之间空间保持在连续监控的真空状态。任何一级和二级底面的泄漏会破坏真空并启动警报。抽取空气的进一步测试表明，如存在产品或蒸汽，表明上底面失效，如果既不存在产品也不存在蒸汽（遭到以前罐底泄漏的污染），下底面失效。

(2) 环境效益

安装第二个防渗透罐底，提供措施预防由于腐蚀、焊接接头缺陷或罐底材料或建筑细节瑕疵导致的非灾难性释放。除了防护，二级罐底还提供了一种允许检测底部泄漏的方法，这不是操作者肉眼容易发现的，类似的壳体缺陷也是如此。

(3) 跨介质影响

在改造情况下，应用这种技术可能延长安装双底过程中储罐的中断时间。它的应用可减少储罐容量。

(4) 运行数据

通过安装双底，减少了内部检查和每年储罐清洗程序数目之间的时间。

(5) 适用性

改造或新建储罐。

(6) 经济性

双底典型改造成本如下，引自德国或瑞士的供应商，并包括提供真空泄漏检测系统。

- 碳钢：110 欧元/m^2。
- 不锈钢：190 欧元/m^2。
- 玻璃纤维增强环氧树脂：175 欧元/m^2。

一家英国炼油厂报道，10340m^3储罐安装双底的实际成本是 60 万欧元。

(7) 实施驱动力

防止储罐泄漏。

(8) 参考文献

[253，MWV，2000]，[112，Foster Wheeler Energy，1999]。

4.21.8.2 防渗膜衬里

(1) 概述

防渗膜衬里是储罐整个底表面下连续泄漏屏障。它可以是双底替代方案，或者它可以作为双底之下的额外安全措施。如双底一样，它的主要目的是捕集较小但持续的泄漏，而不是解决整个储罐的灾难性失效。有效衬里的关键是缝隙需要对储罐钢壳或支撑和环绕储罐的混凝土墙是不透的。尽管通常使用 1.5～2mm 厚度膜，弹性膜最低厚度为 1mm。膜需要对罐中储存产品具有化学稳定性。

(2) 环境效益

防止储罐泄漏。

(3) 跨介质影响

如果现有罐改造衬里，储罐使用期会延长。

(4) 适用性

它们可以安装在新建设计或改造的装置中，一般包括一套泄漏检测系统。

(5) 经济性

改造衬里比安装双底成本稍高，因为它需要吊起现有罐以安装膜以及泄漏检测系统。指示成本大约是 200 欧元/m^2。对于新建工程，防渗衬里可能比双底便宜，但它可能有较高的生命周期成本。这是因为衬里的任何未来失效将需要重新吊起储罐或改变为新双底解决方案。

以下是每个装置在地面上铺设如下材料的成本。

- 混凝土：30 欧元/m^2。
- 沥青：24 欧元/m^2。
- 高密度聚乙烯：23 欧元/m^2。
- 膨润土：18 欧元/m^2。
- 黏土：11～17 欧元/m^2。

此成本不包括为安装衬里吊起储罐的成本。然而，在围堰地面铺设这些材料的成本将是这个级别。额外成本来自于移动围堰内管网。

为比较这种衬里的安装成本，一家炼油厂报道，自 1994 年起，在维修期间在每一个被吊起的储罐之下安装黏土层衬里。同时也安装泄漏检测系统。这项成本约为每个储罐 20000～30000 欧元，黏土衬里成本为 11～17 欧元/m^2。14 个储罐的总成本合计为 350000 欧元。另一项为 12000m^3 混凝土罐安装防渗衬里（包括泄漏检测）报道具有类似的成本（35000 欧元）。

(6) 实施驱动力

防止土壤污染。

(7) 装置实例

在很多非欧盟国家使用防渗膜衬里代替双层底。

(8) 参考文献

[45，Sema and Sofres，1991]，[268，TWG，2001]。

4.21.8.3 泄漏检测

(1) 概述

对于排水系统，防止土壤和地下水污染有一种方式是在早期阶段检测泄漏。罐底泄漏可以通过泄漏检测系统检测到。传统系统包括检测端口、清单控制和检查井。比较先进系统包括电子感应探头或能量脉冲电缆，只要产品进入接触到探头或电缆将改变其阻抗时即启动警报。此外，通常做法是每隔一定时间对储罐使用多种检测程序，以证明它们的整体性。也参见 4.23.6.1 部分 LDAR 方案。一些考虑的技术如下。

- 储罐装备溢出警报和自动停泵。
- 在实际可行地方，储罐安装双底和集成的泄漏检测系统。

加压储存泄压阀应进行内部泄漏定期检查。这可以使用便携式声纳监测仪器进行，如果在可接近的开口末端放空到大气中，作为 LDAR 计划的一部分利用烃类化合物分析仪进行测试。

(2) 环境效益

避免土壤和地下水污染。

(3) 适用性

如果需要检测的泄漏小，探头和电缆不得不密集地堆集。因此，如有可能，检查在某些情况下可能比探头更可靠。

(4) 经济性

一家炼油厂报告说，在一组 4 个直径为 12m 的储罐上安装泄漏检测系统总成本为

55000 欧元，运行成本为每年 4000 欧元。另一家炼油厂储罐常规检查的报价为每个储罐 2000 欧元/a。

(5) 实施驱动力

避免土壤和地下水污染。

(6) 参考文献

[253，MWV，2000]。

4.21.8.4 阴极保护

(1) 概述

为了避免罐底下面腐蚀，储罐可以装备阴极腐蚀防护。

(2) 环境效益

通过防腐蚀避免土壤和地下水污染和大气排放。

(3) 跨介质影响

需要电力。

(4) 实施驱动力

避免储罐和管道腐蚀，降低维修费用。

(5) 参考文献

[253，MWV，2000]。

4.21.9 罐区围堰防护

(1) 概述

虽然双底或不渗透衬里可防止细小连续的泄漏，仍需设计一个不渗透的罐区围堰来收纳大量溢出（为了安全和环境原因），如由外壳破裂引起的或过量灌装引起的大量溢出。围堰由围绕储罐外面的墙或堤坝组成，在发生泄漏事件时，收纳全部或部分储罐内物质，且（在某些情况下）一个在储罐和堤坝之间的不渗透性地面屏障可以防止产品渗入地下。堤坝通常用夯实良好的泥土和钢筋混凝土建造。高度通常根据堤坝包围空间内最大储罐的最大容量来确定。但是如果储罐和堤坝之间地面是可渗透的，全部收纳的理念就有缺陷。在这些情况下，油可以向下和在堤坝下面渗透。需要做沥青、混凝土表面或高密度聚乙烯（HDPE）衬里。

(2) 环境效益

防护液体储罐的大量溢出。

(3) 跨介质影响

这种技术可能要求对土壤进行压实，这可能被视为负面影响。美国有研究得出结论，衬里保护环境的效果是有限的，因为它们的不可靠性和在检查或测试它们完整性上的困难。并且，这种衬里能够防止的释放很少，而且它们安装很贵。由此可以得出的结论是，其他预防措施保护环境更有效，并从长期来看更具有成本效益。

(4) 适用性

在某些情况下，改造可能是不可行的。

(5) 经济性

一些炼油厂报价在6个大罐下面安装混凝土地面的总成本为130万欧元（每罐22万欧元）。用沥青密封围堰堤坝墙（围绕10个罐）的成本为80万欧元，混凝土地面围堰成本为70～140欧元/m^2。一家炼油厂沿场地边缘安装200m的防渗HDPE屏障的报价为150000欧元（750欧元/m）。

(6) 实施驱动力

国家法律通常要求防护液体储罐可能发生的大量溢出。在意大利，目前立法预设，一些围堰液体容积小于100%储罐容积。

(7) 参考文献

[147，HMIP UK，1995]。

4.21.10 减少罐底物生成

(1) 概述

可以通过仔细分离保留在罐底的油和水实现罐底物的最小化。过滤器和离心分离机也可以用来回收油用于循环。其他技术是在储罐上安装侧进口或喷射混合器或使用化学品。这意味着，沉底渣油和水被传送到接收炼油厂。

(2) 环境效益

原油储罐罐底物构成炼油厂固体废弃物的很大百分比，并且由于存在重金属，造成处理特别困难的问题。罐底物由重烃类化合物、固体、水、铁锈和污垢组成。

(3) 跨介质影响

从原油罐传送沉淀物及水到炼油厂意味着它们将最有可能在脱盐装置中出现。

(4) 参考文献

[147，HMIP UK，1995]。

4.21.11 储罐清洁过程

(1) 概述

为了储罐内部常规检查和维修目的，原油和产品罐必须清空、清洁和排除气体。清除罐底物技术包括用约50℃的热柴油馏分溶解主要罐底物（>90%），它能溶解大部分罐底物并过滤后混合进入原油罐。

(2) 环境效益

清洁储罐过程中的排放在自然或机械通风时产生。为清洁原油罐，已经开发了许多不同的方法。关于清除原油储罐技术的知识在改进，因此使用主要措施可以实现罐底区域VOCs排放少于0.5kg/m^2。一些辅助技术，如安装移动火炬，其清洁原油和产品罐技术目前在开发过程中，可以预期VOCs排放进一步减少90%。

(3) 跨介质影响

如果炼油厂运行自己的污泥焚烧装置，清洁残余物可以供给它。

(4) 运行数据

清洁原油罐过程中产生排放以及这些排放的减少在［302，UBA Germany，2000］中有详尽描述。利用热柴油清理罐底物需要加热。

(5) 适用性

完全适用。

(6) 实施驱动力

减少 VOCs 排放和罐底物。

(7) 装置实例

许多 EU+炼油厂和罐区有应用的实例。

(8) 参考文献

［117，VDI，2000］，［316，TWG，2000］，［302，UBA Germany，2000］，［122，REPSOL，2001］。

4.21.12 罐体颜色

(1) 概述

用浅色粉刷装有挥发性物质的储罐更好一些，可以防止由于提高产品温度造成蒸发量和固定顶罐呼吸速率的增加。

(2) 环境效益

减少 VOCs 排放。

(3) 跨介质影响

浅色涂装可以导致储罐更“可见”，具有消极视觉效果。

(4) 适用性

对位于罐区中央部分的储罐的罐顶和罐壳上面部分进行涂色达到的效果和对整个储罐涂色的效果一致。

(5) 实施驱动力

除了减少了视觉敏感区域，这也是 94/93/EC 对汽油储罐的要求。

(6) 参考文献

［262，Jansson，2000］，［268，TWG，2001］，［302，UBA Germany，2000］。

4.21.13 其他好的存储实践

(1) 概述

适当的原料处理和储存减少了可能导致废物、大气排放和废水排放的溢出、泄漏以及其他损失的可能性。一些好的储存实践如下。

- 使用更大容器代替原料桶。当容器配备了顶部和底部出料口时，更大容器可以多次利用，然而原料桶必须回收或者作为废物处置。与桶相比，大容量储存可使溢出和泄漏机会最小化。适用性：未再充装大容器的安全处置可能是个问题。

• 减少空油桶产生。大量购买（通过罐车）经常使用的油，充装到转运箱中作为中间储存。员工可以把油从转运箱转移到可重复利用的罐、桶或者其他容器中。这将减少空桶的产生以及相关的处理费用。

• 桶的储存要离开地面，以防止由于溢出或混凝土“发潮”造成的腐蚀。

• 除移除物质外，应该保持容器关闭。

• 实施腐蚀监控，预防和控制地下管道以及罐底部腐蚀（相关内容在 4.21.8 部分、4.21.22 部分）。

• 压舱水储罐可能引起大量 VOCs 排放。它们因此配备了浮顶。这些罐也与废水处理系统均衡罐有关。

• 硫储存罐排气输送到酸性气体或其他捕集系统。

• 排气收集和用管道从罐区输送到集中减排系统。

• 安装自封式软管接头或者实施管线排水程序。

• 设置障碍和/或连锁系统，防止装载操作期间车辆意外移动或驶离（公路或者铁路罐车）造成设备损坏。

• 当采用顶部装载臂时，执行程序确保装载臂完全插入容器后才工作，以避免喷溅。

• 应用仪器或者程序防止储罐过量灌装。

• 安装独立于正常储罐测量系统的液位报警器。

（2）环境效益和经济性

项目	NMVOC 排放因子/(g/kg 加工量)	减排效率/%	尺寸(直径)/m	成本/欧元
固定顶罐 FRT	7～80			
外浮顶罐 EFRT	7～80			
内浮顶罐 IFRT	2～90			
外部浅色粉刷		1～3 FRT	12	3900
			40	25400
在现有固定顶罐中安装内浮顶		97～99 FRT	12	32500
			40	195000
用液体镶嵌一次密封代替气体镶嵌一次密封		30～70 EFRT 43～45 IFRT	12	4600
			40	15100
对现有罐进行二次密封改造		90～94 EFRT 38～41 IFRT	12	3400
			40	11300
改进一次密封，加二次密封、罐顶配件控制（浮盘及双板）		98 EFRT 48～51 IFRT	12	200
			40	200

续表

项目	NMVOC排放因子/(g/kg加工量)	减排效率/%	尺寸(直径)/m	成本/欧元
现有外浮顶罐安装固定顶		96 EFRT	12	18000
			40	200000

注：减排效率、尺寸和成本取决于技术而不是彼此。成本是不同直径两个罐的平均成本，减排效率是技术应用到不同类型储罐的效率范围。

(3) 参考文献

[127，UN/ECE，1998]，[268，TWG，2001]，[252，CONCAWE，2000]，[19，Irish EPA，1993]，[262，Jansson，2000]。

4.21.14 在线混合

(1) 概述

图4.8为汽油在线混合系统的方案。

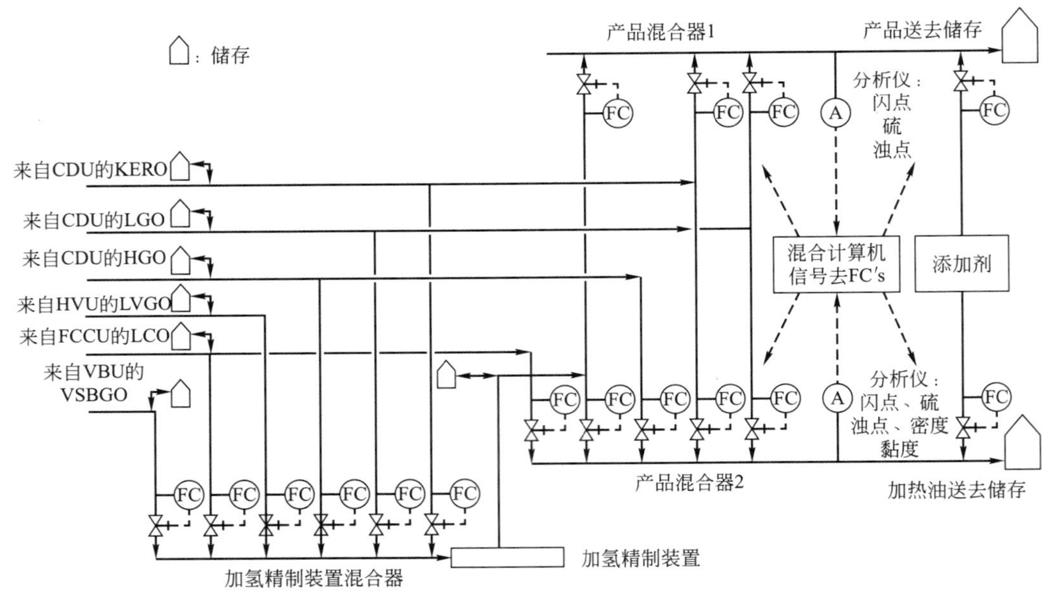

图4.8 汽油（车用柴油和加热油）在线混合系统简图

(2) 环境效益

在线混合与批次混合相比，节省的能量相当可观，尤其是电力消耗。使用在线混合可以减少产品和原料的处理操作总次数，减少了储罐充装和排空，因此减少了大气总排放。很多阀门和泵可以提供双机械密封以及经常维修以减少逸散性VOCs排放。在线混合通常赋予产品规格和产品数量的更大灵活性，并且通过避免中间储存实现了大量节约。

(3) 跨介质影响

在线混合系统包括许多法兰连接和阀门，它们是泄漏来源，尤其是在维修期间。

(4) 运行数据

对于在线质量分析需要特别关注，以确保混合产品的质量。

(5) 适用性

最优化混合率以满足所有严格的规格要求在一定程度上是反复试验、纠错的过程，结合计算机使用才能最经济地完成。大量变量通常使人们能够应用很多可比较的解决方案，它们给出大体相当的总投资或者利润。最优化程序允许应用计算机提供最优化混合，以实现最小成本和最大利润。

(6) 装置实例

在线混合系统通常应用于大量原料和/或产品。

(7) 参考文献

[118，VROM，1999]。

4.21.15 批次混合

(1) 概述

参见 2.21 部分。

(2) 适用性

批次混合的理由是根据策略原因、财政和税收控制、操作的灵活性和储罐尺寸而使储存需求最小化。

(3) 装置实例

由于适用性下不同原因，对原料和产品的批次混合在一定程度上仍然在使用。

4.21.16 蒸气回收

应用于储存过程的蒸气回收/破坏系统以及蒸气在装载时返回储罐包括在 4.23.6.2 部分。

(1) 概述

蒸气回收系统，用于减少从汽油和其他高挥发性产品的储存和装载设施的烃排放。置换的蒸气包含来自挥发性产品（如汽油或相似蒸气压产品）装载到容器或驳船的空气/气体，这些蒸气应该良好循环或者由管路通过蒸气回收装置。变压吸附技术是从蒸气流中回收化合物的诸多技术之一。这些蒸气流的例子有工艺排气、炼油厂燃料气、火炬或焚烧炉原料。这些装置可以从气流中回收有机物。更多信息参见 4.23.6 节。

(2) 环境效益

据估计，通过安装船用蒸气损失控制系统，驳船装载的 VOCs 排放可以减少 98%。固定罐使用蒸气回收装置可以减少 VOCs 排放达 93%～99% [下降至 10(标)g/m^3]。表 4.36 提供了蒸气回收装置效率和环境性能。

表 4.36 装载机动车汽油时蒸气回收装置效率和环境性能

VOCs 回收技术	减排效率/%	下降至/(标)(g/m^3)
单级	93～99	10
贫油吸收	90～95	
活性炭吸附	95～99	
液氮冷凝	90	
膜技术	99	
双级	接近 100	0.10～0.15

装置类型	回收率/%	连续运行得到的半小时平均值,总烃	
		NMVOC①/(标)(g/m^3)	苯/(标)(mg/m^3)
单级冷凝装置	80～95	50	1
单级吸收、吸附和膜分离装置	90～99.5	5②	1
附带风机②单级吸附装置	99.98	0.15	1
两级装置	99.98	0.15	1

① 甲烷和烃类化合物总和范围 100～2500(标)mg/m^3或更高。通过吸收或吸附工艺，甲烷含量减少不明显。

② 如果单级工装置用于气体发动机初级阶段，气体发动机运行必要的浓度约为 60g/m^3 [未清洗气体 HC 浓度大约是 1000(标)g/m^3]。

(3) 跨介质影响

在产生爆炸性混合物的地方，实施安全防护来限制着火以及着火传播的风险很重要。需要对处理爆炸性混合物实施安全防护，尤其是来自于混合化学蒸气流。两级装置能耗高。这些装置的能量消耗大约是其他 5g/m^3 残余物释放装置的 2 倍，与高 CO_2 排放相互关联。

(4) 运行数据

能耗（对于冷却、泵抽、加热、真空）、废物（吸附剂/膜更换）、废水（如源于吸附剂蒸气再生的冷凝物，冷凝装置的除雾水）。

(5) 适用性

应用于原油装载（如果由于吸附剂结垢而没有使用硫汽提预处理，则不能应用于吸附）与上述其他方法相比效率更低，原因是甲烷及乙烷在蒸气流、产品配送站以及船舶装载产品被收集。如果接收罐装备有外浮顶，这些系统不适用卸载过程。在回收少量化学品时，蒸气回收装置并不适用，这一点受到争议。

VOCs 回收技术	技术适用性限制
活性炭吸附	处理的蒸气流中存在的不兼容化合物可能会使活性炭中毒或者受到破坏
液氮冷凝	可能需要双换热器设备来满足连续运行装置的除雾要求。SO_2 可能导致单质硫沉积
膜技术	达到 5000×10^{-6}。技术适用至全饱和 HC 蒸气流

(6) 经济性

下表给出了蒸气回收装置成本的一些例子。

设备	安装成本/百万欧元	运行成本[①]/(百万欧元/a)
4个直径为20m的固定罐的蒸气回收装置(为公路、铁路或驳船装载挥发性产品,不包括卡车和货车设备)	1	0.05
为公路、铁路或驳船装载挥发性产品的蒸气回收系统(不包括卡车和货车设备)。涉及4个直径为20m的储罐的成本	单级1.3 双级1.8	0.05 0.12
真空回收系统。设计流量为14～142m³/h。系统为烃类化合物浓度40%和水含量8.7%(体积分数)的原料流提供总回收99.9%(露点=38℃)	0.28～1.7	

① 不考虑回收产品的价值。

(7) 实施驱动力

欧盟理事会指令94/63/EC（第1阶段）规定了在炼油厂和中转库汽油装载和卸载时安装蒸气平衡管线和蒸气回收装置（VRUs）或蒸气回收系统（VRS）。

(8) 装置实例

欧盟炼油厂可以找到很多例子。哥德堡油港将安装一套VRU用于轮船装载。

(9) 参考文献

[107, Janson, 1999], [181, HP, 1998], [211, Ecker, 1999], [45, Sema and Sofres, 1991], [117, VDI, 2000], [316, TWG, 2000], [247, UBA Austria, 1998], [268, TWG, 2001]。

4.21.17 蒸汽破坏/利用

(1) 概述

蒸汽破坏也是一种技术上可行的选择，可能包括能量回收。也包括在工艺加热器、专用焚烧器或火炬的排放产物的破坏。

(2) 环境效益

效率达到99.2%。催化燃烧可以达到99.9%的更高效率。无焰热氧化效率可以达到去除效率99.99%或更高。不在高温条件下，热NO_x通常少于2×10^{-6}（体积分数）。

燃烧中产生的热量可以用于生产低压蒸气或者加热水或空气。

(3) 跨介质影响

燃烧过程中产生CO_2。CO和NO_x也可能产生。低浓度气流的燃烧和催化剂预热需要消耗额外燃料。现有装置经验显示需要19～82kg/h汽油。蒸汽系统中连续点火源是主要安全问题，需要实施防止燃烧扩散的系统。

(4) 适用性

适用于反应器和工艺排气、储罐排气、装载设施、烘箱和干燥器、补救系统和其他生产操作。适用性受限于很轻的烃类化合物、甲烷、乙烷和丙烯。

(5) 经济性

投资成本为 200 万～2500 万欧元，海运装载为 320 万～1600 万欧元（转换到单船为 10 万～22 万欧元）。

运行成本：2 万～110 万欧元。

改造费用与现场关系密切。

(6) 实施驱动力

减少 VOCs 排放。

(7) 装置实例

催化燃烧工艺已经应用于化学工业。

(8) 参考文献

[181，HP，1998,]，[118，vrom，1999]，[268，TWG.，2001]。

4.21.18 装载过程中蒸汽平衡

(1) 概述

一些选择适用于防止装载操作中产生大气排放。在固定顶罐上需要装载的地方，可以使用平衡管线。排出的混合物然后返回到供液罐中并取代泵抽出的体积。如果是固定顶类型，装载过程中排出的蒸汽可能返回到装载罐中，在蒸汽回收或者破坏之前储存。这个系统也能用于船舶或者驳船。

(2) 环境效益

大大降低排放到大气中的蒸汽量。可以减少 VOCs 排放达 80%。

(3) 跨介质影响

由于输送中在接收容器中蒸发（通过喷溅产生蒸气），较之取代的液体体积通常有过剩蒸气体积。平衡管线对于多数挥发性液体来说并不是一种有效的 VOCs 减排方法。

(4) 运行数据

在可能出现爆炸性混合物的地方，实施限制着火风险和着火传播的防护措施很重要。储罐应该保持密闭以防止泄漏，所以储罐可在低压下操作，且测量损耗和取样不应该在敞开环境下进行。当蒸气含有颗粒物时（如来自货仓惰性系统不良操作的烟尘），爆燃避雷器需要定时清洗。

(5) 适用性

并非所有蒸气都可收集。可能影响装载率和操作灵活性。可能含有不兼容蒸气的储罐不能连接。

(6) 经济性

投资成本为每罐 8 万欧元，且运行成本低。

(7) 实施驱动力

减少 VOCs 排放。

(8) 装置实例

LPG 装载。运输罐车后续装载通过例如闭环系统或者排气和释放到炼油厂燃料气系统的方式进行。

(9) 参考文献

[115，CONCAWE，1999]，[268，TWG，2001]。

4.21.19 底部装载措施

(1) 概述

装卸管和位于罐车最低点的喷嘴用法兰连接。储罐上排气管连接气体平衡管线、VRU或排放。对于后一情况可产生VOCs排放。加注管线法兰连接具有特殊设计（“干接合”），它能使断开时的溢出/排放最小化。

(2) 环境效益

减少VOCs排放。

(3) 实施驱动力

欧盟指令94/93/EC（第1阶段）规定用于公路罐车装载汽油。

(4) 参考文献

[80，March Consulting Group，1991]，[268，TWG，2001]。

4.21.20 地面密封

(1) 概述

在炼油厂处理使用的物料可能导致溢出而污染土壤或雨水。该技术铺砌和隔开处理物料的区域以收集可能溢出的物料。

(2) 环境效益

避免土壤污染和任何产品溢出直接进入废水。

这将使产生的废物量最小化，并考虑收集和回收这些物料。

(3) 实施驱动力

避免土壤和雨水污染。

(4) 装置实例

在欧洲炼油厂可以发现许多例子。

(5) 参考文献

[80，March Consulting Group，1991]，[268，TWG，2001]。

4.21.21 LPG加臭

(1) 概述

设计和运行加臭装置应该有很高标准，以最大限度减少气体泄漏或者溢出风险。在某种程度上，运行方面是通过简便检测最小剂量的臭味剂释放来协助，但这只能用作辅助警示，不能作为放松控制的原因。

加臭装置应该设计使潜在的泄漏最小化，例如拥有最小数量的泵/阀门/过滤器/罐连接等，在可能的地方，通过使用焊接而不是法兰连接，以保护装置不受可能影响的破坏。所有这些使用的装置需要在高标准密封效率下设计。设备如用于装载管线的自动自封式连接器是首选。

装置应被设计用来处理高蒸气压臭味剂，并且应该使用惰性或控制压力的天然气保护层来覆盖储存臭味剂上方的蒸气空间。在运送至储罐期间，任何置换的蒸气需要返回到运送工具，在活性炭上吸附或者焚烧。使用可拆卸半散装容器避免置换蒸气的产生，在适当的情况下这是首选。

(2) 环境效益

鉴于使用的臭味剂的性质和剂量，应该没有臭味剂正常释放到任何环境介质中。

(3) 参考文献

[18，Irish EPA，1992]。

4.21.22 地上管线和输送线

(1) 概述

地上管道更易于检查泄漏。

(2) 环境效益

降低土壤污染。

(3) 适用性

新建装置上更易于实施。

(4) 经济性

替代现有地下管线相当昂贵。

(5) 参考文献

[19，Irish EPA，1993]。

4.22 减黏裂化

4.22.1 深度热转化

(1) 概述

深度热转化缩小了减黏裂化和焦化的差距。它最大限度地生产稳定馏分油和生产稳定渣油，称作液体焦。

(2) 环境效益

提高减黏裂化性能。

(3) 跨介质影响

增加能耗。

(4) 经济性

安装投资大约为 9120～11300 欧元/m^3，不包括处理设施并取决于容量和配置（依据：1998 年）。

(5) 参考文献

[212，Hydrocarbon processing，1998]，[316，TWG，2000]。

4.22.2 加氢减黏裂化

(1) 环境效益

一种在不降低工艺稳定性的情况下，通过加入供氢体和水来提高原料转化率的现代技术。

(2) 经济性

投资（依据：750kt/a 的加拿大拔顶重质原油；限定范围包括脱盐、拔顶和工程；1994 年美国墨西哥湾海岸）。

工艺方案	正常减黏裂化	加氢减黏裂化
欧元/(t・a)	85000	115000
公用材料，通常/m^3		
燃烧的燃料油(80%效率)/kg	15.1	15.1
电力/(kW・h)	1.9	12
水蒸气消耗(生产)/kg	(15.1)	30.2
水，工艺/m^3	0	0
氢气消耗/(标)m^3	—	30.2

(3) 装置实例

这种技术在 Curacao 炼油厂 2Mt/a 减黏裂化装置中进行了测试。

(4) 参考文献

[212，Hydrocarbon processing，1998]，[250，Winter，2000]。

4.22.3 均热炉减黏裂化

(1) 概述

这种工艺在加热炉后增加均热器。所以在较低加热炉出口温度和较长停留时间下发生裂化。

(2) 环境效益

产品产量和性能类似，但是在较低加热炉出口温度下均热炉操作具有低能耗

(30%～50%）的优势，并且在停车从加热炉管中去除焦炭之前有较长运行时间（6～18个月运行时间相对于盘管裂化3～6个月）。

(3) 跨介质影响

上述减少均热炉减黏裂化装置清洗次数的显著优势至少部分被清洗均热器的较大困难所平衡。

(4) 运行数据

加热炉减黏裂化运行时间通常为3～6个月，均热炉减黏裂化是6～18个月。燃料消耗大约为11kg FOE/t。动力和水蒸气消耗与盘管裂化类似。运行温度是400～420℃。

(5) 装置实例

欧洲炼油厂中存在一些均热炉减黏裂化装置。

(6) 参考文献

[297，Italy，2000]，[268，TWG，2001]。

4.22.4 酸性气体和废水管理

(1) 概述

减黏裂化产生的气体可能是酸性的并含有硫化物，在这种情况下，气体脱硫操作，特别是胺洗涤，应该在气体回收进入产品或者作为燃料气使用之前应用。减黏裂化气体，除了胺洗涤去除 H_2S 之外，进一步处理去除约400～600(标)mg/m^3硫醇中的硫(取决于原料)，以满足炼油厂燃料气硫含量规格。

水冷凝物通常是酸性的，并且应该经密闭系统输送到酸性废水汽提塔。

(2) 环境效益

降低产品硫含量。

(3) 跨介质影响

工艺运行需要化学品和公用材料需求。

(4) 实施驱动力

产品的硫规格。

(5) 装置实例

许多炼油厂应用这些技术。

(6) 参考文献

[316，TWG，2000]。

4.22.5 焦炭形成减少

(1) 概述

在热裂化过程中，一些焦炭形成并沉积在炉管内。在必要的时候这些焦炭必须清除。在市场上存在添加剂控制原料中钠含量。另外在原料上游控制加入碱也可以使用。

(2) 环境效益

减少焦炭形成，进而减少清除废物。

(3) 实施驱动力

减少清洗。

(4) 参考文献

[268，TWG，2001]。

4.23 废气处理

本节以及下面两节（即 4.24 部分和 4.25 部分）讨论出现在炼油厂的末端处理工艺。本节和下一节包括的更详细技术信息，并可以在废水和废气处理 BREF 文件中找到。之所以这些技术在这里出现是为了提供一个整体技术描述并且避免重复。末端技术的描述没有出现在前面的章节。在本节（4.23 部分和 4.24 部分）介绍了环境效益、跨介质影响、运行数据、适用性的一般信息。然而，对某些活动应用这些技术时，炼油厂可能会改变它的运行数据、成本、性能等。因此，这些章节包括的数据可能比活动中出现的更广泛和更普遍。作为生产活动中可能出现的这些技术的补充，本节和下一节也包含应用的末端处理工艺，并且这是炼油厂确定 BAT 技术时考虑的技术。这一类技术包括硫黄回收装置、火炬、胺处理或者废水处理。这些技术只在这里讨论。

4.23.1 CO 减排技术

(1) 概述

CO 锅炉和 CO（和 NO_x）催化还原。良好的 CO 减排措施是：

- 良好运行控制；
- 二次加热中不断传送液体燃料；
- 废气的良好混合；
- 催化后补燃；
- 含有氧化促进剂的催化剂。

(2) 环境效益

减少 CO 的排放。经过 CO 锅炉后的排放＜100(标)mg/m^3。在温度高于 800℃、充足空气传送和充足停留时间条件下，常规燃烧可实现低于 50(标)mg/m^{3}的 CO 排放。

(3) 适用性

催化裂化和重质渣油燃烧（4.10.4.9 部分、4.5.5 部分）。

(4) 参考文献

[316，TWG，2000]。

4.23.2 CO_2排放控制

(1) 概述

不像烟气的 SO_2、NO_x 或颗粒物处理，因为可靠的 CO_2 减排技术并不可行。CO_2 分离技术可行，但问题是 CO_2 的储存和回收。炼油厂减少 CO_2 排放的选择如下。

① 有效能量管理（4.10.1 部分讨论的主题）

- 增进炼油厂物料流间的热交换。
- 集成炼油厂工艺以避免组分的中间冷却（如 4.19.1 部分渐进蒸馏装置）。
- 回收废气并作为燃料使用（如火炬气回收）。
- 利用烟气所含热量。

② 使用含氢量高的燃料（4.10.2 部分讨论的主题）

③ 高效能量生产技术（参见第 4.10.3 部分）

这意味着从燃料燃烧中最大可能的回收能量。

(2) 环境效益

减少 CO_2 排放。

(3) 跨介质影响

使用高氢含量燃料减少了炼油厂 CO_2 排放，但是不会减少 CO_2 总量，因为这些燃料不能再用于其他用途。

(4) 运行数据

合理的能量利用需要良好的运行，以最大化热量回收和工艺控制（如氧气过剩、回流之间热平衡、产品储存温度、设备检查和清洗）。操作人员培训和明确指导是获得最佳效果所必需的。

(5) 参考文献

[252，CONCAWE，2000]，[268，TWG，2001]。

4.23.3 NO_x 减排技术

炼油厂或者天然气工厂的 NO_x 排放水平受到炼油方案、所用燃料类型和实施的减排技术的影响。因为排放源数量和它们对总排放水平的贡献可能变化很大，首先考虑的技术之一是精确量化和特征化每个具体情况的排放源。更多信息参见 3.26 部分。

4.23.3.1 低温 NO_x 氧化

(1) 概述

低温氧化工艺是在低于 200℃ 的最佳温度下将臭氧注入到烟气流中，氧化不溶性 NO 和 NO_2 成为高可溶性 N_2O_5。N_2O_5 在湿式洗涤器里通过形成稀硝酸废水而去除，废水能够用于工艺装置或者中和排放。关于此项技术的一般信息可在废水和废气处理 BREF 中找到 [312，EIPPCB，2001]。

(2) 环境效益

NO_x 去除率能够达到 90%～95%，在此情况下 NO_x 水平低至 5×10^{-6}。附加效

益是热回收节省燃料。控制整个工艺不产生二次气体排放。因为臭氧作为氧化剂，CO、VOCs 和氨排放也随之减少。

(3) 跨介质影响

臭氧应该按照要求由储存的氧气在现场生产。臭氧有泄漏风险。系统可提高废水中硝酸盐浓度。

(4) 运行数据

臭氧的使用和工艺中最佳低温提供了稳定的处理条件。生产臭氧的能量消耗在 7～10MJ/kg（2～2.8kW·h/kg）之间，臭氧生产使用 1%～3%（质量分数）浓度干燥氧气原料。温度应该低于 160℃ 以使臭氧分解最小化。重型颗粒满载燃料可能需要额外设备。

(5) 适用性

可作为独立处理系统使用，或者可以跟随其他燃烧改进和后燃烧处理系统，例如低 NO_x 燃烧器、SCR 或硫氧化物去除，作为最后精制步骤。工艺既可以作为"独立"处理系统使用，也可改造现有装置。也可以用作其他 NO_x 去除技术的精制系统和氨逸散处理。

(6) 经济性

维修和操作者界面要求低。技术提供商声称的相对投资成本和运行成本等于或者小于 SCR 系统。

(7) 装置实例

工艺用于美国诸如酸洗、水蒸气锅炉和燃煤锅炉等部门的商业装置。目前一家炼油厂催化裂化装置在计划进行示范。

(8) 实施驱动力

减少 NO_x 排放。

(9) 参考文献

[181，HP，1998]，[344，Crowther，2001]，[268，TWG，2001]。

4.23.3.2 选择性非催化还原（SNCR）

(1) 概述

SCNR 是在高温下通过氨或尿素的气相反应从烟气中去除 NO_x 的非催化工艺。关于这项技术的一般信息可在废水和废气处理 BREF 中找到 [312，EIPPCB，2001]。

(2) 环境效益

排放值小于 200(标)mg/m^{3}时，通过使用此技术可以实现 NO_x 减排 40%～70%。更高减排量（达 80%）只能在最佳条件下实现。

(3) 跨介质影响

氨注入较其他试剂大大减少了产生的 N_2O 和 CO 排放。当温度降低时，该工艺需要烟气再热，相应地需要能量。系统还需要尿素或氨储存的必要设备。该工艺缺点是 NH_3 逸散 [5～40(标)mg/m^3] 和可能的副反应（N_2O）。美国 EPA 确认氨是该国细颗粒（2.5μm 尺寸和更小）空气污染的最大单一前体物。

(4) 运行数据

SNCR 工艺高效转化需要温度达到 800～1200℃。伴随氨气和载体注入氢气，最佳温度可以转变为低至 700℃。为了达到良好混合，少量反应物伴随载气注入，通常是空气或水蒸气。酸性废水汽提（参见 4.24.2 部分）中产生的氨可以作为脱硝剂。SNCR 工艺效率非常依赖温度。

(5) 适用性

通常应用于加热器和锅炉的烟气。不需要或者需要很小空间。空间要求主要受限于氨气储存。

(6) 经济性

成本主要包括改造加热炉或者锅炉、注入反应物的管道、反应物供给系统的初始投资成本和尿素或氨与 NO_x 反应的经常成本。在动力装置后使用 SNCR 的成本估计见 4.10.4.6 部分。下表给出了在不同情况下使用 SNCR 的成本效益。

SNCR 使用地点	成本效益/(欧元/t NO_x 去除)(包括 15%资本支出)
燃烧炼油厂混合气的明火加热器和锅炉	2000～2500 1800～4300
燃烧渣油燃料油的锅炉	1500～2800 1500～4300
流化催化裂化装置	1900

注：条件细节在附录Ⅳ给出。

(7) 实施驱动力

减少 NO_x 排放。

(8) 装置实例

应用于 FCC 和锅炉。

(9) 参考文献

[211，Ecker，1999]， [302，UBA Germany，2000]， [115，CONCAWE，1999]，[181，HP，1998]，[247，UBA Austria，1998]，[268，TWG，2001]。

4.23.3.3 选择性催化还原（SCR）

(1) 概述

进一步脱除 NO_x 的技术称为催化脱硝。氨蒸气在穿过催化剂完成反应之前要与烟气经格栅混合。不同催化剂配方适用于不同温度范围：分子筛为 300～500℃，传统碱金属在 200～400℃之间使用，150～300℃低温应用使用金属和活性炭。关于该技术的更多信息可以在废气 BREF 中找到 [312，EIPPCB，2001]。

(2) 环境效益

SCR 特别适用于排放标准严格的情况。使用 SCR 可以获得 80%～95%的 NO_x 去除率。在燃气锅炉和加热炉中应用 SCR，可以获得 10～20(标)mg/m^3 的残留 NO_x 排放水平。当燃烧重质渣油时，NO_x 排放可以小于 100(标)mg/m^3（3%O_2，0.5 小时均值，效率达 90%）。

(3) 跨介质影响

SCR 有一些跨介质影响，例如少于 2～20(标)mg/m^3 的氨气逸散取决于应用和需求，或硫酸盐气溶胶可以控制到很低水平。在催化剂寿命末期的 SCR 操作也可能导致更大量氨气逸出。这意味着对转化率的限制。美国 EPA 确认氨是该国细颗粒（2.5μm 尺寸及更小）空气污染的最大单一前体物。使用一些催化剂可能生成 N_2O。在它寿命的终点，一些催化剂成分可以回收，其他的则被处置。

(4) 运行数据

酸性废水汽提（参见 4.24.2 部分）中产生的氨可以作为脱硝剂使用。催化脱硝工艺在低温下运行（250～450℃）。应用于洁净气体，操作者和维修要求低。结垢物质，如 SO_3、烟灰或者粉尘会出现在尾气中，应用需要更多注意。SO_3 出现会导致形成硫化铵，其对催化剂活性具有毒害作用，并导致下游换热器结垢。但是，硫酸盐失活可通过相关温度控制避免。催化剂再活化通过 400℃ 下加热完成，普遍运用水冲洗消除结垢。通过水蒸气或者惰性气体（如氮）吹扫催化剂可以去除烟尘，同时为额外保护催化剂而选择应用“无效”层。如果烟气含有的颗粒物中含有金属，可能发生金属失活。

氨气消耗与烟气中 NO_x 含量直接相关，数量大约是去除每吨 NO_x 需要 0.4t 氨气。氨需求量通常比化学计量多 10%。催化剂寿命对于燃油来说是 4～7 年，对于燃气来说是 7～10 年。催化剂床层压降会导致系统风机少量额外动力消耗，或应用燃气轮机情况下效率损失（相当于热输入的 0.5%～1%）。再加热烟气需要额外燃料，对应于能量效率损失 1%～2%。在使用纯氨气时，需要采取通用安全预防措施。为了避免复杂的安全措施（需要大量的氨气），SCR 技术发展趋势是利用氨或尿素水溶液。氨气储存也存在规模变化，要求 1～3 周运行用量。

当所谓的尾端配置是首选（例如，在湿式洗涤器后面，或者在烟气达到小于 150℃ 温度的燃气装置的末端建造 SCR），可能需要再加热烟气以便为还原反应创造一个合适温度。为了这些应用需要在线燃烧器。如果需要温度提升大于 70～100℃，通过气-气换热器方式的热回收可能更具成本效益。

(5) 适用性

SCR 已经应用到燃烧烟气或者工艺尾气（如 FCC）。由于空间、压力和温度问题，将 SCR 系统引入现有装置具有挑战性。创造性方法经常被用于减少改造成本。较高运行温度可减少催化剂量和成本，但是增加了改造复杂性。较低运行温度增加所需催化剂量和成本，但是经常只需要简单改造。

目前，SCR 主要运行温度多在 200～450℃之间。这些温度通常在节能器部分或者在锅炉空气预热器之前是适用的。燃气炼油厂加热炉通常烟囱温度为 150～300℃。根据烟气硫含量，中温（MT）或者低温（LT）催化剂可以应用于尾端配置。分子筛型催化剂已经占有一定市场。在美国，一些燃气轮机已经安装了这种催化装置，一些其他应用也存在（DESONOX 工艺，一种 SO_2 和 NO_x 去除的结合技术，使用这种催化剂）。至于燃油，由于存在硫和颗粒物，仅可以应用中温催化剂。中温催化剂广泛应用于燃煤发电装置，主要是从锅炉出来的烟气中仍然含有所有飞灰和 SO_2 的情况下。另外两种配置是低粉尘/高 SO_2 水平和低粉尘/低 SO_2 水平（尾端配置）。应用减压渣油作为燃料的装置使用 SCR 的例子很少。但是，德国 Mider 炼油厂动力装置在它的三个燃油加热器中使用减压渣油、减黏裂化渣油和催化裂化油浆作为燃料。在加热器后安装一套高尘配置的 SCR 装置，净化烟气中 NO_x 浓度低于 150(标)mg/m^3。燃油的不同之处在于它的飞灰特性。与煤相比，尽管飞灰数量非常少，但飞灰粒径特别细（在 $PM_{2.5}$ 范围内超过 90%）。组成也不同。煤飞灰主要由硅化合物组成，含有少量的未燃尽烃类化合物。油飞灰包括金属氧化物、烟尘和焦炭。燃油未减排的飞灰浓度在 100～600(标)mg/m^3 范围内（减压渣油对应最高值）。在这些情况下应用 SCR 可能会遭受飞灰和硫酸盐堵塞（燃煤飞灰的喷砂作用以保持催化剂清洁）。由于减压渣油的高硫含量(2.5%～4%)，硫酸盐沉积的可能性较高。炼油厂（洁净气体情况下）中 SCR 改造情况的一些例子见图 4.9。

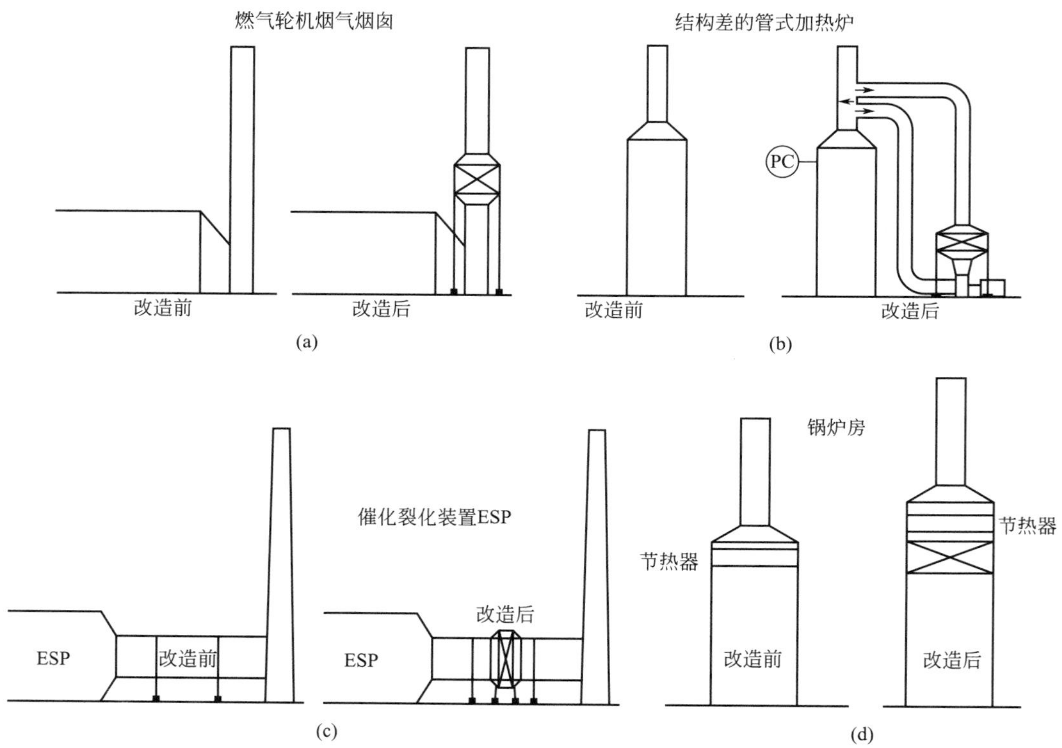

图 4.9　炼油厂（洁净气体情况下）中 SCR 改造情况的一些例子

压降是 SCR 能否应用到烟气系统的重要考虑因素。因此自然通风加热炉可能不适合。

参见 4.23.8 部分的综合烟气脱硫和脱除 NO_x。

(6) 经济性

参见每节中的应用（能量、催化裂化和焦化）。新建 SCR 系统投资成本在很大程度上取决于烟气量、它的硫和烟尘含量以及改造复杂性。燃气的烟气流量为 100000(标)m^{3}时的 SCR 系统的总建造成本（包括所有材料成本，例如反应器系统＋新催化剂费用、氨气计量及储存、管道和仪表，工程及建筑成本）为 100 万～300 万欧元，对于燃烧液体燃料来说为300万～600万欧元。对于现有装置，催化床位置经常受限于空间限制，导致额外改造成本增加。

运行成本包括能量、氨气和催化剂更换。氨气和催化剂单位成本为每吨氨气250欧元，对燃气来说每1(标)m^3烟气1欧元，对燃油来说每1(标)m^3烟气1.5欧元。

减排技术	装置规模范围	大约投资成本/百万欧元	大约年运行成本/百万欧元
SCR	烟气流量 150000(标)m^3/h 650000(标)m^3/h	 5～8 13～23	0.87(主要是氨的成本)

注：数据是根据1998年价格范围内的成本，包括这些项目，如设备、许可费、基础、施工和调试。它们只是一个数量级而已。特殊地点因素，例如现有装置的布局、可用空间和必要修改，可能有重大影响。在某些情况下，这些因素可能预期增加约50%费用。

下表给出了在不同情况下使用SCR的成本效益。

SCR	成本效益/(欧元/t NO_x去除)(包括15%资本支出)
燃烧炼油厂混合气的明火加热器和锅炉	8300～9800 12000 4200～9000
燃烧渣油燃料油的锅炉	5000～8000 4500～10200
燃烧天然气或炼油厂混合气的燃气轮机	1700～8000
流化催化裂化装置	2800～3300

注：条件细节在附录Ⅳ给出。

(7) 实施驱动力

减少NO_x排放。

(8) 装置实例

SCR已经应用于催化裂化尾气、燃气轮机、工艺锅炉、工艺加热器。SCR已成功应用在大量不同场合：燃煤和燃油发电装置、废物焚烧装置、柴油和气体发动机、燃气轮机装置、蒸汽锅炉和炼油厂加热炉（例如石脑油重整、水蒸气重整、原油和减压蒸馏装置、热裂化和临氢加工装置）和催化裂化装置。一些例子参见图4.9。应用在来自燃烧高硫渣油烟气的例子较少。

SCR广泛应用在日本、德国、奥地利的发电装置中以及荷兰的燃气轮机装置中，在美国加利福尼亚，SCR也广泛应用在废物焚烧装置中。迄今为止，SCR已经成功应用在全球炼油厂工艺，如发电装置和催化裂化装置。例如，在日本的炼油厂，SCR的应用很普遍。在欧洲的炼油厂，应用超过6个（奥地利、荷兰和瑞典）。

(9) 参考文献

[302，UBA Germany，2000]，[211，Ecker，1999]，[118，VROM，1999]，[257，Gilbert，2000]，[175，Constructors，1998]，[181，HP，1998]，[115，

CONCAWE，1999]，[268，TWG，2001]。

4.23.4 颗粒物

炼油厂装置PM排放来自加热炉烟气中存在的颗粒物，特别是烟尘，催化裂化再生装置和其他催化剂工艺排放的催化剂，处理焦炭和焦炭细粉，以及在污泥焚烧过程产生的飞灰。炼油厂产生的颗粒物含有金属。因此，减少颗粒物含量也减少了炼油厂金属排放。颗粒物尺寸范围可能从十分之几纳米的大分子，到催化剂磨损产生的粗粉尘。通常区分为气溶胶、小于1～3μm和较大的粉尘微粒。出于健康原因，避免小于10μm（PM_{10}）的细颗粒非常重要。

可用的烟尘去除技术可分为干式和湿式或两种的结合。炼油厂通常应用的减少烟尘排放的技术在下面简要讨论。干式技术是旋风分离器、电除尘和过滤，湿式技术是湿式洗涤器和清洗器。更多信息可以在废气BREF中找到[312，EIPPCB，2001]。

4.23.4.1 旋风分离器

(1) 概述

旋风分离器分离原理是基于离心力，颗粒从载气中分离出来。更多信息可以在废气BREF中找到[312，EIPPCB，2001]。

(2) 环境效益

旋风分离器用于减少粉尘浓度到100～500(标)mg/m^{3}的范围。一种新型旋流器设计，称为旋转颗粒分离器（RPS），能够有效去除大于1μm的颗粒，但是，这种设计与传统旋风分离器相比处理能力有限。三级旋风分离器达到90%颗粒物排放[100～400(标)mg/m^3]。现代多级旋风分离器用作三级旋风分离器达到80%颗粒物排放至大约50(标)mg/m^3。颗粒物浓度低于50(标)mg/m^{3}只能结合特定催化剂获得。

(3) 跨介质影响

如果收集的固体粉尘材料能找到一个有用出路，减少环境影响效果最好。粉尘收集本质上是将空气排放问题转化为废物问题。

(4) 运行数据

旋风分离器可以设计用于高温和高压运行。粉尘收集设备通常易于操作并全自动化。对于干式分离不需要公用工程。粉尘去除通常不使用添加剂。有时收集的粉尘需要再加湿以避免处理过程中粉尘飞扬。

(5) 适用性

催化裂化装置和焦化装置使用多级旋风分离器不能去除细颗粒物质（PM_{10}为直径小于10μm的粉尘），因此它们主要作为预分离步骤。

(6) 实施驱动力

工艺气流必须经常进行净化以防止催化剂或者产品污染，并且避免损坏设备，例如压缩机。有毒和其他有害物质（如焦炭细粉和含重金属的催化剂细粉）必须除去以符合空气污染法规并符卫生要求。

(7) 装置实例

在炼油厂，多级旋风分离器和静电除尘器应用于催化裂化、重油和渣油裂化装置。

(8) 参考文献

[250，Winter，2000]，[118，VROM，1999]。

4.23.4.2 电过滤器（ESP）

(1) 概述

电过滤器（静电除尘器，ESP）运行的基本原理很简单。气体在通过高压电极和接地电极之间时电离，粉尘颗粒带电并被吸引到接地电极。沉淀粉尘会从电极机械去除，通常通过振动，或者在所谓湿式电过滤器中通过冲洗。

(2) 环境效益

静电除尘器能够高效收集大量粉尘，包括小于 2μm 的很细颗粒。ESP 能达到 5～50(标)mg/m³ 排放值（减少 95%或在更高入口浓度下效率更高）。

(3) 跨介质影响

在炼油厂，静电除尘器的高电压带来新的安全风险。如果收集的固体粉尘材料能找到一个有用出路，减少环境影响效果最好。粉尘收集本质上是将空气排放问题转化为废物问题。

(4) 运行数据

静电除尘器使用电力。粉尘去除通常不使用添加剂。有时收集的粉尘需要再加湿以避免处理过程中粉尘飞扬。

(5) 适用性

静电除尘器的应用可以在催化裂化装置、FGD 工艺、发电装置和焚烧炉中找到。可能不适用于一些具有高电阻的颗粒。它们通常可以安装在新建和现有装置中。

(6) 经济性

减排技术	装置规模范围	大约投资成本/百万欧元	大约年运行成本/百万欧元
静电除尘器	烟气流量 150000(标)m³/h 650000(标)m³/h	 1.9 4.4	0.16

注：数据是根据 1998 年价格范围内的成本，包括这些项目，如设备、许可费、基础、施工和调试。它们只是一个数量级而已。特殊地点因素，例如现有装置的布局、可用空间和必要修改，可能有重大影响。在某些情况下，这些因素可能预期增加约 50%的费用。

运行成本大约是每处理 1000(标)m³ 烟气 0.5～10 欧元。包含细粉的处置成本比上表中具体数字高出 2.5～3 倍，运行成本高 10 倍。

(7) 实施驱动力

工艺气流必须经常进行净化以防止催化剂或者产品污染，并且避免损坏设备，例如压缩机。有毒和其他有害物质（如焦炭细粉和含重金属的催化剂细粉）必须除去以符合空气污染法规和卫生要求。

(8) 装置实例

在炼油厂，多级旋风分离器和静电除尘器应用于催化裂化、重油和渣油裂化装置。

(9) 参考文献

[250，Winter，2000]，[118，VROM，1999]。

4.23.4.3 过滤

(1) 概述

织物过滤器。

(2) 环境效益

织物过滤器可以达到小于5(标)mg/m^3的排放值。

(3) 跨介质影响

如果收集的固体粉尘材料能找到一个有用出路，减少环境影响效果最好。粉尘收集本质上是将空气排放问题转化为废物问题。过滤材料的寿命是有限的（1～2年）且可能会增加处置问题。

(4) 运行数据

粉尘收集设备通常易于操作并全自动化。对于干式分离仅需要有限的公用材料。

(5) 适用性

除了应用于黏性粉尘或在高于240℃温度时，织物过滤器是有效的。过滤器通常应用于净化流量小于50000(标)m^3/h的烟气。

(6) 实施驱动力

工艺气流必须经常进行净化以防止催化剂或者产品污染，并且避免损坏设备，例如压缩机。有毒和其他有害物质（如焦炭细粉和含重金属的催化剂细粉）必须除去以符合空气污染法规和卫生要求。

(7) 参考文献

[250，Winter，2000]，[118，VROM，1999]。

4.23.4.4 湿式洗涤器

(1) 概述

在湿式洗涤中，粉尘通过水逆流洗涤去除，通常水和固体作为泥浆去除。文丘里和孔口洗涤器是湿式洗涤器的简单形式。电动文丘里洗涤器（EDV）是最近开发的，可以将粉尘排放减少至5(标)mg/m^3。该技术结合了文丘里和静电粉尘分离。EDV有时用于燃烧设备和焚烧炉的烟气处理。

(2) 环境效益

小至0.5μm尺寸的颗粒可以在设计良好的洗涤器中去除。湿式洗涤器可以减少85%～95%的颗粒物并能使颗粒物浓度值降至<30～50(标)mg/m^3的水平。除了去除固体，湿式洗涤器可以用于同时冷却气体和中和任何腐蚀性成分。收集效率可以通过使用隔板或者填料提高，代价是更高压降。

(3) 跨介质影响

如果收集的固体粉尘材料能找到一个有用出路，减少环境影响效果最好。粉尘收集本质上是将空气排放问题转化为废物问题。去除粉尘的洗涤器也可能对减少SO_2有效。

(4) 运行数据

粉尘收集设备通常易于操作和全自动化。湿式洗涤器需要泵的能量，以及水和碱。

(5) 适用性

喷淋塔压降低，但是不适合去除小于 10μm 的颗粒。文丘里和填充床洗涤器已经用于污泥焚烧炉。

(6) 经济性

运行成本大约是每处理 1000(标)m^3 的烟气 0.5～10 欧元。

(7) 实施驱动力

工艺气流必须经常进行净化以防止催化剂或者产品污染，并且避免损坏设备，例如压缩机。有毒和其他有害物质（如焦炭细粉和含重金属的催化剂细粉）必须去除以符合空气污染法规和卫生要求。

(8) 装置实例

一些催化裂化装置装备有洗涤器。

(9) 参考文献

[250，Winter，2000]，[118，VROM，1999]。

4.23.4.5 清洗器

(1) 概述

文丘里清洗器。

离心清洗器结合旋风分离器原理，并强化与水的接触，类似于文丘里清洗器。

(2) 环境效益

如果使用大量水，例如在两级洗涤系统中使用吸收器，粉尘排放可以减少至 50(标)mg/m^3 及以下。

使用离心清洗器或文丘里清洗器，粉尘排放可以降低至 10(标)mg/m^3 以下，取决于运行压力和结构。

(3) 运行数据

粉尘收集设备通常易于操作和全自动化。

文丘里清洗器需要在充足压力和气相充分水饱和情况下操作，以减少粉尘排放。

(4) 适用性

清洗塔或带填料的吸收器应用于很多工艺。

(5) 实施驱动力

工艺气流必须经常进行净化以防止催化剂或者产品污染，并且避免损坏设备，例如压缩机。有毒和其他有害物质（如焦炭细粉和含重金属的催化剂细粉）必须去除以符合空气污染法规和卫生要求。

(6) 装置实例

文丘里清洗器：大多数用于去除粉尘和酸性成分（HCl 和 HF）的混合物，例如在焦化装置和焚烧炉。对于 SO_2 的去除，必需用碱或石灰在 pH 值为 6 左右洗涤。

(7) 参考文献

[18，VORM，1999]。

4.23.4.6 颗粒物减排组合技术

应用组合技术，例如旋风分离器/静电除尘器、静电除尘器/文丘里/清洗塔或者旋风分离器/文丘里/吸收器，可去除99%的粉尘。

4.23.5 硫管理系统

硫是原油的一种固有成分。部分硫保留在产品中离开炼油厂，部分排放到大气中（已在所有工艺中描述），部分被位于炼油厂中的一些工艺回收（更多关于炼油厂硫分流的信息在1.4.1部分）。如果不考虑随产品流出的硫，硫是一种不能以综合方式解决的环境问题。换句话说，从炼油厂减少排放可能会导致生产的燃料（产品）会以一种没有环境效率的方式燃烧，从而损害炼油厂为环保所做的努力。

因为硫管理是一个综合问题，合适的硫管理（参见附录Ⅵ）应该也考虑一些不在本书目标内的其他主题。例如，一个总体性的SO_2排放环境影响评价应该包含如下方面。

• 产生硫氧化物的工艺（加热炉、锅炉、催化裂化等）的大气排放。这些问题实际上包含在本书的每个工艺章节。

• 硫黄回收装置或者焚烧之前以H_2S形式存在的含硫气体的大气排放。这类硫一般都回收了，如4.23.5.2部分所述。

• 已经存在更严格规格的含硫产品产生的大气排放，如汽油、柴油等。这些排放不能在这里考虑，因为它们不属于IPPC法律的范围，但是它们应该被视为综合方法的一部分。

• 低规格产品（船用油、焦炭、重燃料油）会导致大气排放。通常，这些产品（重质渣油）含有大量硫。从环境角度看，如果它们没有以合适的方式使用，排放可能损害炼油行业减少硫排放的综合方法。另一个对这种综合方法构成的威胁是出口这些产品到环境控制宽松的国家。

• 非燃料产品，例如沥青或者润滑油，所含的硫通常是问题。

原则上，炼油厂存在以下选择和组合以减少炼油厂SO_2排放。

• 增加4.10部分能源系统讨论的使用不含硫的气体（液化石油气、天然气等）。

• 降低所使用燃料的硫含量（4.23.5.1部分通过胺处理降低炼油厂燃料气的H_2S含量，4.10部分重质燃料气化，4.13.2部分燃料加氢处理）。

• 使用4.10部分能源系统讨论的低硫原油。

• 提高4.23.5.2部分硫黄回收装置（SRU）讨论的SRU效率。

• 应用末端技术从烟气中捕获硫（称为烟气脱硫FGD）（这些技术在4.23.5.4部分讨论过，且在4.5部分催化裂化和4.10部分能源系统中考虑过）。

• 减少零散的二氧化硫排放，否则它们会成为总排放的重要部分。例如在燃气炼油厂，硫排放总体情况发生变化，因为在燃烧液体燃料炼油厂零散排放贡献变得重要。

在本节，将只考虑那些针对硫回收的工艺。在欧盟炼油厂，17%～53%（平均36%）的硫被回收。H_2S在炼油厂不同工艺中形成，例如加氢处理、裂化和焦化，最后以炼油厂燃料气和处理气流污染物的形式结束。除了 H_2S，这些气体也含有氨气和少量 CO_2 和痕量 COS/CS_2。通过胺溶剂萃取从这些气体中除去 H_2S。溶剂再生后 H_2S 释放并送到硫黄回收装置（SRU）。

4.23.5.1 胺处理

(1) 概述

元素硫在硫黄回收装置中回收之前，燃料气（主要是甲烷和乙烷）需要从 H_2S 中分离出来。这通常由化学溶剂溶解 H_2S 来完成（吸收）。最常用的溶剂是胺。也可以使用干式吸附剂，如分子筛、活性炭、海绵铁和氧化锌。在胺溶剂工艺中，胺溶剂用泵输送到吸收塔与气体接触，H_2S 溶解在溶液中。净化后的燃料气用作其他炼油厂操作过程中工艺加热炉的燃料。胺-H_2S 溶液随后加热和汽提以去除 H_2S 气体。图 4.10 所示是胺处理装置简化工艺流程。

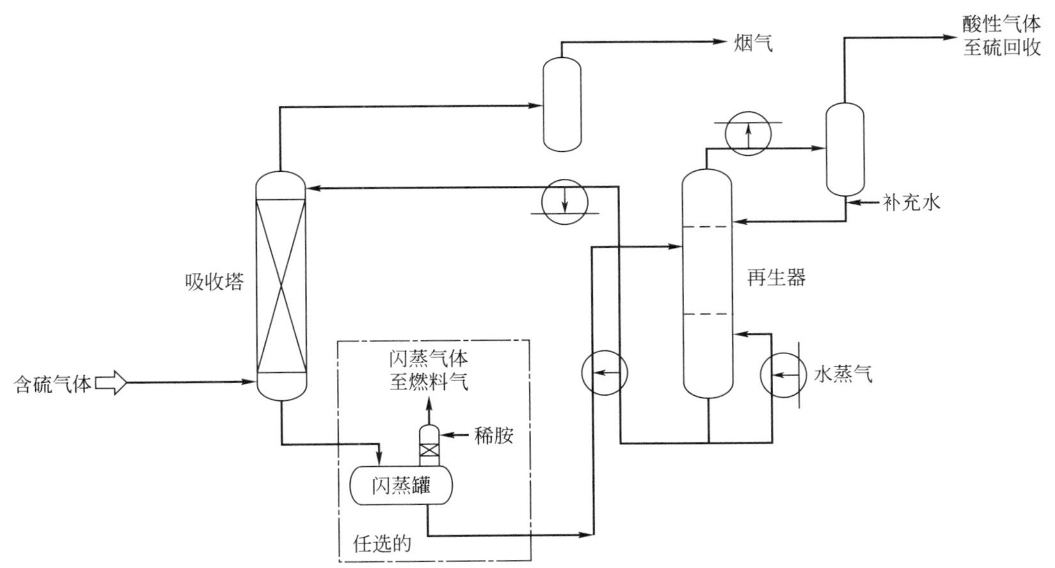

图 4.10 胺处理装置简化工艺流程

主要使用的溶剂是 MEA（单乙醇胺）、DEA（二乙醇胺）、DGA（二甘醇胺）、DIPA（二异丙醇胺）、MDEA（甲基二乙醇胺）和很多由胺和不同添加剂组成混合物的专有配方。关于胺类型选择的一个重要问题是对 H_2S 和 CO_2 的选择性。

- MEA 已经得到广泛应用，因为它价格低廉且反应活性高。但是，由于杂质，如 COS、CS_2 和 O_2，它会不可逆转地劣化，因此当存在来自裂化装置的气体时不推荐使用。
- DEA 比 MEA 贵很多，但是对由 COS、CS_2 造成的劣化有抵抗性，获得了广泛使用。
- DGA 也对由 COS、CS_2 造成的劣化有抵抗性，但是要比 DEA 更贵，且在吸收烃类化合物方面有缺陷。
- DIPA，用于 ADIP 工艺，由壳牌（Shell）许可。它可以在 CO_2 存在下选择性

去除 H_2S，也对去除 COS 和 CS_2 有效。

• MDEA 目前应用最广，具有与 DIPA 相似特征，如它对 H_2S 具有高选择性，对 CO_2 则没有。由于 MDEA 以 40%～50%水溶液使用（活化 MDEA），这也具有潜在节能优势。因为对 CO_2 吸收低选择性，DIPA 和 MDEA 很适合用于克劳斯尾气胺吸收塔，因为它们不倾向于在克劳斯装置中回收 CO_2。MDEA 作为单一溶剂或者专有配方组成的混合物应用。

(2) 环境效益

硫从大量炼油厂工艺尾气（含硫气体或者酸性气体）中被去除，满足适用法律的硫氧化物排放限制和回收可出售的元素硫。胺处理装置产生两股气流，需要在下游装置进一步利用/加工。

• 处理过的气流通常含有 20～200(标)mg/m^3 H_2S [H_2S 含量取决于吸收塔工作压力；只在 0.35MPa 压力下，H_2S 水平是 80～140(标)mg/m^3。在更高压力下，如 2.0MPa，H_2S 水平是 20(标)mg/m^{3}左右]。

• 浓缩的 H_2S/酸性气流通过管道输送到 SRU 以回收硫（在 4.23.5.2 部分中讨论）。

(3) 跨介质影响

废物	来源	流量	组成	备注
废水:胺排污	胺再生器	5Mt/a 的炼油厂 10～50t/a	水中分解胺达到 50%	为了不干扰生物处理装置运行并符合污水排放 N-kj 要求,使用储罐或者生产计划来控制进入污水处理装置流量很小
废物 1	胺过滤器清洗残渣	取决于具体装置	FeS 和盐沉淀	由专业承包商(通常是过滤器供应商)操作撬装装置去除
废物 2	来自撬装装置的饱和活性炭	取决于具体装置	分解产品、重质尾馏分和胺乳液	饱和活性炭填料需要不定期更换进行处置或再生

(4) 运行数据

应考虑使用选择性胺，例如含 CO_2 气流。应该采取措施使进入硫黄回收系统的烃类化合物最小化；应控制再生器加料罐以避免烃类化合物积聚和突然释放，胺再生器发生这样的情况很可能导致 SRU 紧急停车。

胺处理装置去除每吨 H_2S 大约消耗的公用材料如下。

电力/(kW·h/t)	水蒸气消耗/(kg/t)	冷却水(ΔT=10℃)/(m^3/t)
70～80	1500～3000	25～35

5Mt/a 的炼油厂保持溶剂浓度一般需要新鲜溶剂补充率为 10～50t/a。

在任何可能和需要的地方，胺溶液应该再利用，在废弃前适当处理，不应填埋。循环单乙醇胺溶液：腐蚀性盐，在循环过程中浓缩，可以通过离子交换技术去除。一些专用溶液可在适宜条件下生物降解。

胺工艺有足够容量允许维修活动和工艺异常很重要。这种足够容量可以通过拥有多余设备、使用负荷分流、紧急胺洗涤器或多级洗涤器系统来实现。

(5) 适用性

来自焦化装置、催化裂化装置、加氢处理装置和临氢加工装置的废气含有高浓度 H_2S，并混有轻炼油厂燃料气。紧急 H_2S 洗涤器也很重要。

(6) 经济性

升级炼油厂胺处理系统（2%）以满足烟气中 0.01%～0.02%（体积分数）H_2S 的成本大约是 375 万～450 万欧元。这个成本是根据 1998 年价格范围内的成本，包括如下项目，如设备、许可费、基础、施工和调试。它们只是一个数量级而已。特殊地点因素，例如现有装置的布局、可用空间和必要修改，可能有重大影响。在某些情况下，这些因素可能预期增加约 50%费用。

(7) 实施驱动力

降低烟气中硫含量。

(8) 装置实例

全世界应用的普通技术。

(9) 参考文献

[118, VORM, 1999], [211, ECKER, 1993], [268, TWG, 2001]。

4.23.5.2 硫黄回收装置（SRU）

来自于胺处理装置（参见 4.23.5.1 部分）和酸性水汽提塔（参见 4.24.2 部分）的富 H_2S 气流在硫黄回收装置中处理，通常是克劳斯工艺，去除大量硫，随后在尾气净化装置（TGCU，参见本节后面的内容）去除微量 H_2S。进入 SRU 的其他组分包括氨气、CO_2 和低浓度的各种烃类化合物。

4.23.5.2.1 克劳斯工艺

(1) 概述

克劳斯工艺（见图 4.11）包括富 H_2S 气流部分燃烧（包括 1/3 化学计量质量的空气）和然后在活化氨催化剂存在下，燃烧形成的 SO_2 和未燃烧的 H_2S 反应生产元素硫。

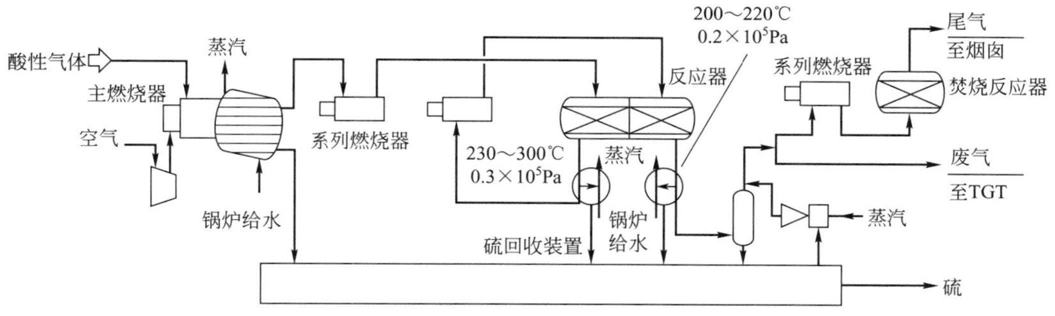

图 4.11 硫黄回收装置（CLAUS）的工艺流程

克劳斯装置的生产能力可随使用氧气替代空气而增加（氧化克劳斯工艺），但是这对克劳斯装置效率没有任何有益影响。使用这种工艺使现有克劳斯硫黄回收装置容量增加到200%，或者使克劳斯硫装置设计更经济。

(2) 环境效益

克劳斯工艺效率见表4.37。

表4.37 克劳斯工艺效率

克劳斯反应器数量	效率(硫化氢转化)/%
1	90
2	94～96
3	97～98

(3) 跨介质影响

排放基于20000t/a SRU。

项目	来源	流量	组分 最大/最小	备注
排放：CO_2、SO_2、NO_x	焚烧炉废气	占SRU硫化氢总负荷的0.2%	SO_2 1500(标)mg/m^3，由于NH_3存在发生非催化脱硝	释放SO_2数量取决于产生的总硫量和总硫回收
污水	SWS尾气分液罐排水	0.02m^3/h	H_2S:50mg/L 苯酚:100mg/L 氨:2000mg/L	在SWS中处理
废物	SRU废催化剂	取决于具体装置	主要是Al_2O_3	

SO_2减少导致CO_2排放增加。例如100t/d硫克劳斯装置，应用3个反应器将导致每天减少4.8t硫排放，代价是每天增加8.5t CO_2排放。

(4) 运行数据

- 加热炉、反应器和冷凝器的原料/空气比例控制、温度控制，以及良好的液体硫除雾，特别是来自最后冷凝器出口的气流是获得最大硫回收率的重要参数。良好控制和适用性是实现任何设计目标的技术关键。在这方面，使用最先进控制和监测系统已被看作是一种重要技术。使用与工艺控制系统连接的尾气分析仪（反馈控制）有助于在所有装置运行条件下实现最优转化，包括改变硫处理量。
- 拥有充足容量的SRU配置很重要，包括使用最高含硫原油的H_2S进料。SRU容量翻倍被认为对获得低硫排放很重要。充足容量也被认为能够在没有大量增加硫排放的情况下允许每两年进行一次计划中的维修活动。
- 使用装置的效率利用因子增加接近100%。这些容量因子也应该规划主要的停机维修。
- 利用良好的加热炉燃烧区域设计和有效的加热炉温度和氧气控制系统，在此含硫污水汽提塔尾气是原料，原因是工艺也必须设计和操作用于完成氨的破坏。氨的穿透可能导致催化剂床层铵盐的沉积和堵塞（如碳酸盐/硫酸盐），这些SRUs需要为这方面证据而被监测。

SRU公用材料需求总结在下表中。

燃料/(MJ/t)	电力/(kW·h/t)	生产水蒸气/(kg/t)	冷却水(ΔT=10℃)/(m^3/t)
1000～1600	60～75	1500～2000	0～20

在某些情况下，当H_2S浓度太低以致不能实现稳定燃烧时，SRU需要引燃火焰。

(5) 适用性

完全适用。

(6) 经济性

减排技术	装置规模范围	大约投资成本/百万欧元	大约年运行成本/百万欧元
通过富氧升级SRU，加工能力从100t/d增加到170t/d	100t/d	2.1～5.3	1.6(氧气成本)

注：它们是根据1998年价格范围内的成本，包括如下项目，如设备、许可费、基础、施工和调试。它们只是一个数量级而已。特殊地点因素，例如现有装置的布局、可用空间和必要修改，可能有重大影响。在某些情况下，这些因素可能预期增加约50%费用。

① 另一个通过富氧升级SRU的例子（Oxyclaus）

经济性：参考200t/d硫黄回收装置（Claus和尾气装置）要求99%总硫回收，与只是使用空气的设计相比，利用富氧技术可以节省投资成本200万～300万美元。根据通常的管道氧气成本为35美元/t，即使氧气富集使用100%时间，也需要超过8年的时间使得氧气成本等于节省的投资成本。

② 安装第三个克劳斯反应器的经济性示例

产能为30000t/a硫（两级装置硫回收率为94%～96%）；气体量为$6000\times10^4 m^3/a$；污染物初始浓度为34000mg SO_2/m^3（1.2%摩尔比，或者2.3%质量比，剩余的认为是空气）。建造一个新的第三个反应器的投资成本在200万～300万欧元之间，运行成本在每年10万欧元左右。

(7) 实施驱动力

减少硫排放。

(8) 装置实例

在市场上，这种工艺有超过五家技术持有者。克劳斯工艺是公共领域，事实上任何炼油厂都在应用。两级克劳斯工艺在欧洲是最常见的。在世界上，有超过30套氧化克劳斯系统在运行。

(9) 参考文献

[250, winter, 2000], [258, Manduzio, 2000], [115, CONCAWE, 1999], [45, Sema and Sofes, 1991], [181, HP, 1998], [114, Ademe, 1999]。

4.23.5.2.2 尾气处理装置（TGTU）

(1) 概述

目前从 H_2S 气流中去除硫的方法一般是两种工艺的组合：克劳斯工艺（参见上节）继之以尾气净化或处理装置。由于克劳斯工艺本身去除气流中约 96%的 H_2S（两级），TGTU 工艺经常用于进一步回收硫。

为了提高来自天然气和/或炼油厂的硫化物的回收，已经为 TGTU 开发了超过 20 种工艺。TGTU 工艺根据应用原理可以大致分为如下几种。

a. 干燥床工艺。主要工艺步骤在固体催化剂上实现。这一组工艺遵循两个路径：在固体床上延伸克劳斯反应；在吸收或反应前，氧化硫化物为 SO_2。

b. 液相亚露点工艺。包括在液相亚露点条件下延伸克劳斯反应。

c. 液体洗涤工艺。有两个主要类别，H_2S 洗涤工艺和 SO_2 洗涤工艺。在最普通应用的配置中，H_2S 或 SO_2 循环到上游克劳斯装置。

d. 液体氧化还原工艺。液相氧化工艺吸收硫化氢。

第一类和第三类根据使用的硫回收方法可以进一步分成子类。应当指出，严格区分干燥床和液体洗涤工艺不那么容易，因为一些布置结合了两种工艺功能。一些属于上述四组的工艺下面进一步解释，这个列表并不完全。

① H_2S 洗涤工艺

此工艺是迄今为止运用最广泛的。H_2S 洗涤工艺的基本概念是：

a. 通过钴-钼系催化剂，伴随还原气体的增加，所有硫化物氢化和水解成为 H_2S。

b. 胺溶液吸收硫化氢（普通胺或者专用胺）。

c. 胺溶液再生，循环 H_2S 至前面克劳斯反应炉。

一些技术持有者目前提出 H_2S 洗涤工艺的变化，使用市场上可利用的溶剂，或者在一些情况下的专有溶剂。尾气克劳斯装置（SCOT）的工艺流程见图 4.12。

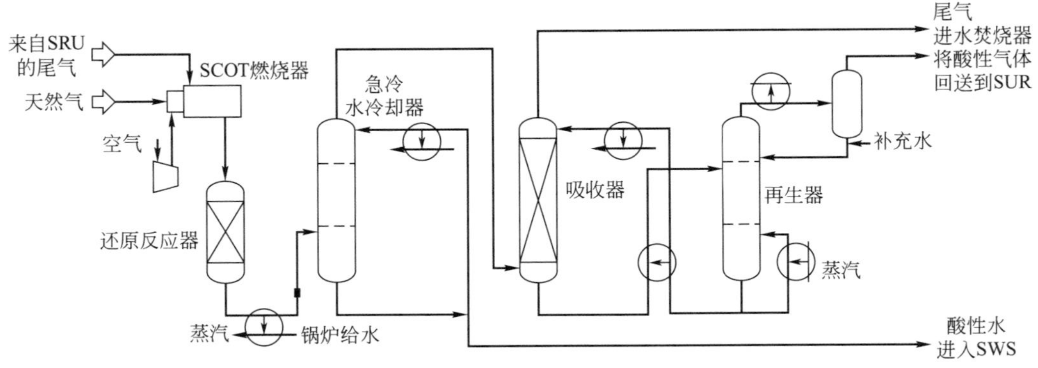

图 4.12 尾气克劳斯装置（SCOT）的工艺流程

② Sulfreen 工艺

是基于克劳斯反应延伸的干燥床、亚露点吸收工艺，如催化氧化 H_2S 为 S。基本上包括 2 个（大容量偶尔为 3 个）系列 Sulfreen 反应器和克劳斯反应器。活性氧化铝作为催化剂使用。因为硫积聚在催化剂上会降低它的活性，催化剂需要再生。来自热再生气流的硫在专用冷凝器中冷凝。两种变化被用到：加氢 Sulfreen 和去氧 Sulfreen。

加氢 Sulfreen 在第一个 Sulfreen 反应器上游增加一个转化步骤，在活性二氧化钛克劳斯催化剂的帮助下，使得 COS 和 CS_2 水解为 H_2S。克劳斯反应发生在加氢 Sulfreen 反应器，产生的硫在专用冷凝器中冷凝。

去氧 Sulfreen 概念基于两点：上游装置运行得到与克劳斯比率所需数量相比稍微过量硫化氢，因此几乎所有 SO_2 转化发生在常规 Sulfreen 催化剂上；然后剩余 H_2S 直接氧化为元素硫。

③ Beaven 工艺

在 Beaven 工艺中，来自克劳斯工艺的相对低浓度气流的 H_2S 通过醌溶液吸收几乎可以完全被去除。溶解的 H_2S 氧化形成硫单质和氢醌的混合物。溶液注入空气或者氧气将氢醌氧化为醌。然后溶液经过过滤或者离心去除硫，而醌接着再被利用。Beaven 工艺也可有效去除那些不被克劳斯工艺影响的少量 SO_2、羰基硫和 CS_2。在送至 Beaven 装置之前，这些化合物首先在高温下通过钴钼催化剂转化为 H_2S。

④ CBA 工艺（冷床吸收）

与 Sulfreen 工艺很相似，除了事实上 CBA 工艺使用克劳斯工艺固有的热工艺流，完成硫负载催化剂床的再生。热工艺流是第一克劳斯反应器流出物的一部分。根据克劳斯转化器数量有一些配置可用。

⑤ Clauspol

是尾气和溶剂（聚乙二醇）接触且溶解的催化剂催化 H_2S 和 SO_2 反应的工艺。无机酸钠盐是 H_2S 和 SO_2 的溶剂，但不是液体硫的。因此克劳斯反应在低温（120℃）下进行，由于硫是不溶解可分离的，产生的硫从反应介质中分离去除，反应还可进一步转化。

⑥ Superclaus 工艺（超级克劳斯）

基于两个原则。

a. 运行克劳斯装置时 H_2S 过量以使得克劳斯尾气中 SO_2 含量最小化。这一特征使空气比例控制简化并更加灵活。

b. 克劳斯尾气中剩余 H_2S 选择性氧化，使用在水蒸气存在和过量的氧气条件下能有效转化剩余 H_2S 为单质硫的专门催化剂。

这个反应发生在专门转化器（氧化反应器）中，是传统克劳斯装置的 2～3 个反应器的下游。使用的催化剂是涂覆有氧化铁和氧化铬层的氧化铝基催化剂。

⑦ LO-CAT 工艺

吸收和再生发生在两部分的单个容器中：中心井和进行空气曝气的外部空间。中心井的目的是将空气中亚硫酸盐离子分离出来，使副产品形成最小化（如硫代硫酸盐）。中心井和外部空间在曝气方面的差别（从而造成密度的差别），为吸收和再生区域的溶液循环提供足够的推动力，而不需要专门的泵。最后的加工方案类型称为“需氧装置”，并用于处理被 H_2S 污染的空气。所有的反应在相同容器中发生，以增加副产品形成为代价，但是有降低投资成本的优势。

克劳斯装置 SO_2 减排是使用物理洗涤原理来去除克劳斯装置焚烧尾气中 SO_2 的工

艺。回收的 SO_2 循环到克劳斯装置入口。

(2) 环境效益

尾气处理装置增加炼油厂 H_2S 总回收并减少来自炼油厂的硫排放。例如，如果一家炼油厂有一套带有两级克劳斯反应器的 100t/d SRU，排放约 5t/d 硫。如果炼油厂包括尾气净化工艺，硫排放可能减少到 0.5t/d，相当于减少硫黄回收装置 90%的硫排放。表 4.38 为尾气处理预期的总硫黄回收率，焚烧后造成额外回收的硫和干态硫排放（以 SO_2 形式）。

表 4.38 预期总硫黄回收率、焚烧后造成额外回收的硫和 SO_2 排放（干态）

工艺	预期硫回收率	预期额外回收的硫	预期 SO_2 排放(干态)
	%	t/d	(标)mg/m³
克劳斯	96.01	—	13652
超级克劳斯	98.66	2.77	4631
Sulfreen	99.42	3.56	2010
Beavon	99～99.9	—	—
CBA	99～99.50	3.65	1726
Clauspol	99.5～99.9		
Clauspol Ⅱ	99.60	3.75	1382
SO_2 减排	99.9		
加氢 Sulfreen①	99.67	3.82	1066
去氧 Sulfreen②	99.88	4.04	414
RAR	99.94	4.10	242
LO-CAT Ⅱ③	99.99	4.16	18
SCOT	99.5～99.99		

① Sulfreen 反应器和水解部分。

② Sulfreen 反应器、水解部分和去氧 Sulfreen 反应器。

③ 由于 LO-CAT II 尾气不能焚烧，硫是以 H_2S 形式。

(3) 跨介质影响

减少 SO_2 排放导致 CO_2 排放的增加。例如尾气处理的应用将导致 SO_2 减少 96%（如果与 3 个反应器选择相比较），但是 CO_2 增加 110%。例如拥有 3 个反应器的 100t/d 克劳斯装置，应用 TGTU 将使 SO_2 排放量减少至 0.1t/d，但代价是 CO_2 排放量增加到 18t/d。表 4.39 为一些 TGTU 相关的跨介质影响。

(4) 运行数据

作为一种技术，良好控制和适用性是实现任何设计目标的关键。估计的运行成本，包括硫生产、公用工程和化学品以及额外人力开支，见表 4.40。

(5) 适用性

新建和现有装置都适用。来自克劳斯和尾气处理联合装置的容量范围是 2～2000tS/d。

表 4.39 一些 TGTU 相关的跨介质影响

排放基于 20000t/a SRU/TGCU				
	来源	流量	组分 最小/最大	备注
废水	来自 SRU 尾气急冷塔的酸性水	$1m^3/t$ 硫产生($2m^3/h$)	H_2S:50mg/L 苯酚:100mg/L 氨:2000mg/L	在 SWS 中处理
废物:SCOT	废 TGCU 催化剂	再生和处置 20～100t/a	Al_2O_3上 2%～8% Ni/Mo S:8.5%～15% 焦炭:10%～30%	废克劳斯催化剂是自燃的,需要用氮气吹扫

表 4.40 一些 TGTU 装置的运行成本

工艺	运行成本估计						
	公用材料消耗	公用材料生产	催化剂消耗	化学品消耗	运行成本	回收的硫	总计
	×1000美元/a	×1000美元/a	×1000美元/a	×1000美元/a	×1000美元/a	×1000美元/a	×1000美元/a
Sulfreen	52	−6	37	—	20	−24	79
加氢 Sulfreen	82	−22	74	—	20	−26	128
去氧 Sulfreen	125	−29	264	—	30	−27	363
CBA	36	—	13	—	10	−25	34
超级克劳斯	106	−32	44	—	10	−19	109
Clauspol Ⅱ	52	—	26	26	20	−25	99
RAR	133	—	16	10	30	−28	161
LO-CAT Ⅱ	138	—	15	148	30	−28	303

(6) 经济性

SRU 成本主要取决于尾气处理类型。下面几个表显示了 TGTUs 经济性的一些例子。

减排技术	装置规模范围	大约投资成本/百万欧元	大约年运行成本
SRU 包括尾气处理装置(TGTU)>99%的硫回收	50t/d 100t/d 250t/d	12 19 35	新建 SRU 运行成本大约等于现有成本
尾气处理装置提高 SRU 回收至99%	50t/d 100t/d 250t/d	1.6 2.1 2.9	运行成本相对较低
尾气处理装置提高 SRU 回收至99.8%	50t/d 100t/d 250t/d	3.5 4.4 6.3	运行成本相对较低

注：它们是根据 1998 年价格范围内的成本，包括如下项目，如设备、许可费、基础、施工和调试。它们只是一个数量级而已。特殊地点因素，例如现有装置的布局、可用空间和必要修改，可能有重大影响。在某些情况下，这些因素可能预期增加约 50%的费用。

通常做法是将TGTU投资成本与前面的克劳斯装置投资成本相比较。下表给了炼油厂中100t/d克劳斯装置（包括催化剂）的估计比例。

工艺	不包括许可费、催化剂和化学品/%	包括许可费、催化剂和化学品/%
Sulfreen	29.2	30.9
加氢 Sulfreen①	44.7	47.6
去氧 Sulfreen②	67.0	76.0
CBA	35.4	36.1
超级克劳斯	12.3	15.3
Clauspol Ⅱ	33.7	37.3
RAR	67.2	67.5
LO-CAT Ⅱ	46.8	49.0

① Sulfreen反应器和水解部分。

② Sulfreen反应器、水解部分和去氧Sulfreen反应器。

上游硫黄装置的参考是指示性的，类似于文献中出现的比较方式。当与谨慎与其他研究比较，因为硫黄装置的投资成本变化可能很大。

三级克劳斯装置加TGTU超级克劳斯工艺的成本，表4.41为一个特别例子。

表4.41 硫黄回收和尾气处理装置的经济性

三级克劳斯加超级克劳斯(1997年)		
描述	千欧元	%
间接成本		
详细工程	8.0	27
场地管理	1.6	5
所有者	2.4	8
小计	12.0	40
直接成本-设备		
材料	7.3	25
催化剂和化学品	0.6	2
小计	7.9	27
直接成本-非设备		
转包	8.6	29
临时建设和消耗品	0.4	1
小计	9.0	30
总投资	28.9	97
费用		
许可费	0.5	2
小计	0.5	2
最终总计	29.4	99

另一个例子报告的 TGTU 装置成本，利用 Clauspol 装置处理典型克劳斯装置尾气，每天生产 100t 硫（ISBL 1998 年墨西哥湾海岸位置），投资（不包括工程和许可费）高达 300 万美元。

下表显示了附录Ⅳ假设条件下单位 SO_2 减排的成本数据。

技术名称	欧元/t SO_2减排①	欧元/t SO_2减排②
三级反应器		32
单独 Scot	321～538	32
分级 Scot 普通再生器		32
超级克劳斯	155～228	32～161
超级克劳斯＋克劳斯		32～160
Clauspol	198～330	32
Sulfreen	174～228	32～160
加氢 Sulfreen	253～417	32～160
CBA/AMOCO 冷有效吸收	169～300	

① [346，France，2001]，根据附录Ⅳ的计算。
② [115，CONCAWE，1999]，根据附录Ⅳ的计算。

(7) 实施驱动力

减少硫排放和回收硫。

(8) 装置实例

世界范围内商业装置的近似数量见表 4.42。

表 4.42 世界范围内商业装置的近似数量

技术	全世界范围内装置数量
Beavon	多于 150 套装置
Clauspol	多于 50 套装置
Sulfreen /加氢 Sulfreen	多于 50 套装置在运行
超级克劳斯	多于 70 套商业装置

(9) 参考文献

[195，The world refining association，1999]，[112，Foster Wheeler Energy，1999]，[309，Kerkhof，2000]，[257，Gilbert，2000]，[115，CONCAWE，1999]，[107，Janson，1999]，[181，HP1998]，[114，Ademe，1999]，[45，Sema and Sofres，1991]，[346，France，2001]。

4.23.5.2.3 硫储存

(1) 概述

为了减少液体硫储存和运输中的 H_2S 排放，硫中 H_2S 和多硫化物可以通过氧化或者采用适当的添加剂处理，浓度可减少至低于 10×10^{-6}。

(2) 参考文献

[268，TWG，2001]。

4.23.5.3 H_2S 和轻硫醇的去除

(1) 概述

该系统和固定床或者批式颗粒反应物一起工作。

(2) 环境效益

工艺具有臭味和低排放控制特征。

(3) 适用性

适用于废水系统、陆上油罐车排放、油的储存和运输、沥青装置。

(4) 实施驱动力

工艺具有臭味和低排放控制特征。

(5) 装置实例

世界范围内多于 1000 例应用。

(6) 参考文献

[181, HP, 1998]。

4.23.5.4 SO_2 减排技术

烟气脱硫是从烟气或者其他废气中去除 SO_2 的技术。工艺通常包含用于捕捉 SO_2 并将它转化为固体产品的碱性吸附剂。炼油厂废气中 SO_2 处理前浓度水平为 1500～7500mg/m^3。不同 FGD 方法具有不同 SO_2 去除效率。FGD 市场占统治地位的是湿式石灰/石灰石工艺，继之以喷雾干燥洗涤器，且应用吸附剂喷入和再生工艺。更多信息可以在废气废水 BREF 中找到 [312, EIPPCB, 2001]。

再生或者非再生系统，只为去除硫氧化物而存在，但也同时去除粉尘和 NO_x。这些组合工艺大多数仍然在开发阶段，但是一些已经投入商业化应用。它们已经或者可能变得对 SO_2（如湿式洗涤器）和 NO_x 去除（如 SCR）等独立装置组成的系统具有竞争力。

(1) 概述

添加剂注入（AI）和喷雾干燥吸收器（SD）是根据 WS（与钙基吸着剂反应）同样原理去除 SO_2 的洗涤工艺，但是却没有生产高等级石膏副产品的复杂要求（如预洗涤和氧化）。副产物是亚硫酸盐、硫酸盐和飞灰的混合物，这些物质很少或者没有有用的应用。

AI 工艺在相对低硫负荷下提供中等程度的 SO_2 去除效果。干燥吸附剂被注入到加热炉。使用的吸附剂是石灰石或者熟石灰［对小锅炉，更具活性的碳酸氢钠（$NaHCO_3$）注入烟气管道］。

SNO_x 工艺具有 SO_2、NO_x 和颗粒物的高效去除能力。更多信息参见 4.23.8 部分。

海水洗涤工艺使用海水的天然碱性（碳酸氢盐）去除 SO_2。这意味着潜在的高去除效率。排水将含有氯离子和硫酸根离子，这是海水的天然组分。

在 Walther（WA）工艺中，SO_2 被喷雾注入的氨水吸收，产生亚硫酸铵。随后亚硫酸盐氧化为硫酸盐。来自洗涤段的铵盐溶液在蒸发装置中浓缩并颗粒化。最终产品是市场销售的肥料。

Wellman-Lord（WL）工艺是应用最广泛的可再生工艺。该工艺基于亚硫酸钠和亚硫酸氢钠的平衡。

目前湿式石灰石洗涤器（WS）系统非常完善，系统复杂性比早期大大减少。通常使用石灰石/水浆液作为吸附剂。石膏是在吸收器水池中氧化（曝气）产生的。

(2) 环境效益

脱硫工艺获得的环境效益见表 4.43。

表 4.43 脱硫工艺获得的环境效益

脱硫技术	SO_2减少/%	其他效益
AI 和 SD 工艺	>92	与 WS 类似，SD 系统具有 SO_2、SO_3、氯和氟的良好去除特性（硫化物大于 90%，卤化物 70%～90%）
AI 工艺	50～70	
海水洗涤	99	来自吸收器的酸性废水在重力作用下流至水处理装置。在这里，空气吹入水中将吸收的 SO_2 转化为溶解的硫酸盐并将海水曝气至氧饱和（COD 处理）。部分通过补充海水，部分通过曝气，将 pH 调整回中性。处理装置排水直接排入大海
SNO_x	99.9	高达 95% NO_x 去除。颗粒物基本上完全去除
Walther	>88	产品可作为肥料出售。该产品需要满足特定标准（特别是重金属含量）
Wellman Lord	98（100mg/m^3）（标）	硫作为一种产品回收。注入氨去除 SO_3，从而生成硫酸铵。硫酸铵在特定情况下（特别是重金属含量）可作为肥料
WS 工艺	90～98	如果氯含量低，本系统不产生废水

(3) 跨介质影响

脱硫工艺的跨介质影响见表 4.44。

表 4.44 脱硫工艺的跨介质影响

脱硫技术	跨介质影响
AI 和 SD 工艺	生成的副产品中含有未反应的石灰，需要在处置前调节
AI 工艺	副产物的处置需要与 SD 相同的处理
海水洗涤	一些含有重金属和有机物质的飞灰转移到海水中
SNO_x	
Walther	工艺不产生固体副产品或液体废物。如果烟气中颗粒物存在含有一定含量重金属的颗粒物，它们会一起出现在产品中
Wellman Lord	烟尘：注入氨防止形成 SO_3。因此，高达 80%的灰中含有$(NH_4)_2SO_4$，可以作为肥料或作为生产氨的基本材料。 来自预洗涤器的废水含有 pH 值约为 2 的酸性水，必须中和和汽提。净化后的水可能仍含有高达 100mg/L 的氨，但大多数情况，数值在 10～50mg/L 范围内
WS 工艺	石膏脱水工艺产生的废水中含有悬浮固体和微量元素（重金属、氯化物），需要通过沉淀、絮凝、压滤处理。滤饼通过填埋处置，净化水排入下水道系统
铁螯合、溶剂萃取、NaOH 吸附或分子吸附	这些技术通常产生大量废物

(4) 运行数据

脱硫工艺运行数据见表 4.45。

表 4.45 脱硫工艺运行数据

脱硫技术	运行数据
AI 和 SD 工艺	作为一种干燥工艺，腐蚀状况没有 WS 情况严重。因此，洗涤器通常由(无涂层)碳钢制造。$CaCl_2$ 也可能促进酸腐蚀，因为它们在吸收器边壁上沉淀并吸收水分。循环副产品和湿烟气至吸附剂补充罐可能遭受堵塞；要求定期清洗
AI 工艺	该系统对于去除 HCl 效率较差，因此燃料中氯离子含量应不超过约 0.3%，以防止腐蚀
海水洗涤	工艺简单，因此适用性高
Walther	当使用的燃料氯含量高时，可能出现氯气溶胶和可见废气烟羽。气溶胶的形成可以通过增加吸收器液气比和使用多管过滤予以减轻。可以通过热烟气吹扫或者水冲洗去除硫酸盐沉积。NO_x 对 FGD 工艺没有影响，因为它不与氨反应
Wellman Lord	运行方面包括有关结垢、腐蚀和侵蚀的问题。在预洗涤中可发生硫酸铵沉淀。该蒸发器容易受到磨损性盐泥的磨损、停车期间腐蚀和高速离心相关的机械应变
WS 工艺	通过良好工程方法(喷射系统和混合器的自由尺寸，应用除雾器冲洗等)，不同组分的沉淀和堵塞可以在很大程度上避免。 对于高等级石膏生产而言，强制氧化和好的 pH 值控制都是必需的。此外，必须使用高品质石灰石(>93%碳酸钙纯度)、粉尘和微量元素，尤其是氯，应该通过原料气预洗涤、产品的脱水和选择性冲洗来去除。有机缓冲液(如己二酸和二元酸)可用于 pH 值控制，从而大大提高 SO_2 去除效率，一般为 4%。早期腐蚀问题已被克服。吸收器通常使用橡胶衬里，需要注意磨损破坏

(5) 适用性

脱硫技术	适用性
海水洗涤	由于颗粒物(可能含有重金属)转移到海水中，在海水洗涤之前需要颗粒物减排技术
SNO_x	炼油厂中应用该系统的 3 个主要处理领域是 H_2S 气体、烷基化装置使用硫酸的现场再生和催化裂化装置再生器尾气
Walther	该系统不适合高含硫量燃料，因为这导致形成硫酸铵而使氨逸散增加。硫酸盐因为腐蚀和气溶胶排放而需要去除
Wellman Lord	尽管其优异的排放表现，工艺复杂性已是其广泛应用的障碍
铁螯合、溶剂萃取、NaOH 吸附或分子吸附	这些技术通常在 SO_2 回收量较小时使用，因为它们产生废物。例如，在小型专业炼油厂或小型天然气厂

(6) 经济性

脱硫技术	经济性
AI 工艺	35～55 欧元/kW(装置规模：75～300MW)。每年运行成本粗略等于投资成本
海水洗涤	较低投资成本和运行成本(不需要大量化学品，虽然有时用氢氧化镁来提高碱性)
Wellman Lord	对于处理烟气流量 500000(标)m^3/h 和 SO_2 浓度 0.8%的装置，投资成本估计为 5000 万美元。成本包括许可费、工程、设备交付、建设、调试和启动服务

续表

脱硫技术	经济性
WS 工艺	75～180 欧元/kW(装置规模:75～300MW)。年运行成本粗略等于投资成本。 投资成本:1000 万～2000 万欧元。运行成本:160 万～400 万欧元/a(成本主要为烧碱)。烟气流量 200000～650000(标)m^3/h。 它们是根据 1998 年价格范围内的成本,包括如下项目,如设备、许可费、基础、施工和调试。它们只是一个数量级而已。特殊地点因素,例如现有装置的布局、可用空间和必要修改,可能有重大影响。在某些情况下,这些因素可能预期增加约 50%的费用
铁螯合、溶剂萃取、NaOH 吸附或分子吸附	和其他 FGD 技术相比,它们通常非常便宜

(7) 实施驱动力

脱硫技术	实施的推动力
Wellman Lord	工艺特点是适合使用高硫燃料的特殊工业场合的需要(在美国、日本和奥地利,该工艺已经在炼油厂使用)
铁螯合、溶剂萃取、NaOH 吸附或分子吸附	减排少量 SO_2

(8) 装置实例

脱硫技术	装置实例
海水洗涤	该工艺一定程度上已经应用(1994 年:2500MWe/47 套装置),也用于冶炼厂、炼油厂和燃油装置(含 S 3%)
SNO_x	在世界各地已经成功安装超过 25 套装置。在意大利,应用于一家生产和燃烧高硫石油焦的大型炼油厂
Wellman Lord	在世界各地已经应用超过 40 套系统
WS 工艺	与 WS 一起的运行经验非常令人满意,高适用性被证实。该系统广泛应用于发电装置
铁螯合、溶剂萃取、NaOH 吸附或分子吸附	在一些小型炼油厂和天然气厂应用

(9) 参考文献

[250, Winter, 2000], [257, Gilbert, 2000], [181, HP, 1998], [258, Manduzio, 2000]。

4.23.6 VOCs 减排技术

当在大气压下将液体转移到容器中时，接收容器中存在的蒸汽和气体（通常是空气，但也可能是惰性气体）混合物经常排放到大气中。这种装载操作因为有 VOCs 存在，亦即臭氧的前驱物，被确认具有环境影响。欧盟 1 阶段指令 94/63/EC 要求成员国执行指令附件中规定的具体减排措施。指令中也明确规定应用 VRUs 来防止这些蒸汽逸散到大气中。VRUs 旨在回收烃类化合物以再利用。在一些情况下回收是不经济的，将优先考虑蒸汽破坏装置（VDU）。一个涵盖两种选项的更普遍术语是蒸汽处理系统

(VHS)。

4.23.6.1 建立逸散性排放的预防、检测和控制计划

(1) 概述

逸散性排放控制包括通过设备更换、程序改变和改进的监测、良好运行和维护实践，将泄漏和溢出减到最少。所有炼油厂工艺的目标应该是防止或使VOCs释放最小化。由于炼油厂烃类化合物工艺的规模、范围和性质，这提出了一个主要的挑战，即要求一个总体战略，同时也适用于工艺装置的个体和装置项目水平。多数VOCs通过逸散损失的方式释放，来源包括阀门、法兰、泵密封件和设备排气。即使是一家小型简单炼油厂也可能有超过10000个潜在源，该问题在复杂炼油厂成比例放大。

在工艺组分逸散性排放的情况下，唯一真正的选择是实施长期连续泄漏检测和维修(LDAR)计划。这应该开发和调整以适应有关情况，使用适当技术、频率和优先序。它应该为监测反馈提供逸散性VOCs排放估算，使得能够采取行动实现最小化排放。LDAR包含以下要素。

- 测量类型（如阀门和法兰检测限值为500×10^{-6}，在法兰界面）。
- 频率（如每年两次）。
- 被检查部件的类型（如泵、控制阀、换热器、连接器、法兰）。
- 化合物管线的类型（例如，排除包含液体其蒸汽压超过13kPa的生产线）。
- 什么泄漏程度应该修理和采取行动应该多快。

逸散性损失的主要领域是众所周知的，其最小化已经成为世界范围内炼油厂研究和行动的主题，主要由受控于非常严格法规的经营者引导。一些考虑的技术如下。

- 任何计划的重要的第一步是建立炼油厂逸散性排放清单。这通常涉及取样、测量、环境监测、扩散模型和排放因子估算的结合。
- 按照最新P&I工艺绘图建立设备部件数量计数，确定所有VOCs释放的潜在来源。这项调查应该涵盖气体、蒸汽和轻质液体作业。
- 量化VOCs排放，最初作为“基线”估计，并随后至更精细水平。这方面合适的协议包括用于工艺组件损失的“1995年设备泄漏排放估算协议”(USAEPA-453/R-95-017)和用于储罐损失的API方法(9)。一些大公司已经开发了它们自己的技术和协议。美国EPA方法定义了10000×10^{-6}的排放估算，对于至今没有实施LDAR计划的装置更准确。最近的一份报告显示，通过1000个阀门的类型分析发现，对调节控制阀门测量的平均泄漏超过70000×10^{-6}。一些TWG成员质疑高排放泄漏限值，并建议设置限值为$(500\sim1000)\times10^{-6}$，特别是对于处理少量化学品。
- 使用适当的扩散模型技术，预测大气质量通量和浓度。
- 使用环境监测技术，比较预测情况和测量情况。
- 确认具有较高逸散性排放的工艺。
- 来自炼油厂公用材料和辅助系统，以及装置维修和清洗操作期间的VOCs释放也需要最小化。烃类化合物应该在冷却水中最小化，提供充分的分离设施用于处理污染事故。在离线工艺容器降压至RFG/火炬之后，它们通常需要蒸汽吹扫至火炬，且残余

液体回流到废油装置，当需要人员进入时，在排气到空气之前排水。

• 蒸汽回收/焚烧/利用。

• 减少 VOCs 排放的策略可能包括完整清单和通过 DIAL LIDAR 技术（差分吸收激光探测和测距）量化（更多信息参见 3.26 部分）。

• 通过减压阀产生的排放由管线输送到火炬或者专用焚烧系统，并在特殊情况下排放到安全地点。

• 逸散性 VOCs 排放（有时含有 H_2S）可以通过泵、压缩机或者搅拌器的双机械密封来最小化。例如，泵的双加压密封系统几乎消除了工艺流体泄漏进入环境，且通常排放量接近于零，一般描述为“现有仪器技术无法测量”。

• 在关键阀门上使用低泄漏阀杆填料（500×10^{-6}），例如，在持续操作中使用升杆式闸型控制阀，特别是在气/轻质液体高压/高温作业时。阀门是引起最多泄漏（40%～65%）的一种设备。升杆式阀门且特别是控制阀，是泄漏的重要来源，可能占装置泄漏损失的 64%。因此，建议高完整性低排放填料应安装在这些阀门上，可以提供低于 500×10^{-6}的排放性能，同时具有消防安全性。为确保低泄漏性能，阀门在压盖螺栓上安装活载弹簧组件以保证即使材料随时间推移而松弛，低排放填料也能不断加载。阀门持续加载的控制阀解决方案是最大可达控制技术（MACT），低于 500×10^{-6}下 3～5 年的排放性能是可能实现的。低排放填料应该是专用的，并且应该由声誉良好的测试机构独立测试认证。填料也应该是消防安全的。即使是带有低排放填料的升杆控制阀在填料盒中填料松弛后也可以产生额外泄漏。一家法国研究院进行的研究显示，控制阀平均泄漏浓度可高达 70000×10^{-6}。在化工、石化和炼油工业，含有安装在压盖螺栓的活载弹簧组件的使用补偿了正常填料松弛或者热循环和振动的影响。阀门活载系统显著改善了升杆闸阀、球阀和调节控制阀长期密封性能。对于频繁操作的升杆阀（最可能出现问题的），活载显著改善了长期排放性能（3～5 年＜500×10^{-6}）。阀门已经被确认为炼油厂最大逸散性排放源，而升杆阀特别是频繁操作的阀门则是逸散性排放的最大来源。

• 在没必要使用闸阀的地方使用其他证明是低泄漏的阀门，例如直角行程阀和套管旋塞阀，两者都有两个独立密封。

• 使用平衡波纹管型泄压阀来使超出设计升程范围的阀门泄漏最小化，管道输送释放物至 RFG 或者火炬气，通常经过相分离，没有集合管背压。

• 管线法兰连接数量最小化和使用高性能的焊接材料。法兰应尽量减少，应该使用高完整性密封材料且是防火的材料。在一些关键作业中，特别是在可能存在热循环和振动的地方，在法兰螺栓下安装法兰盘弹簧可以补偿热循环和垫片松弛的影响。这种结合了高性能密封材料的解决方案可以实现 3～5 年时间内排放性能低于 500×10^{-6}。通常在逸散性排放讨论中换热器不单独考虑。在一家典型炼油厂中可以有几百个换热器。由于这些法兰连接的尺寸，涉及大量螺栓，在许多操作下法兰的温度和热循环条件并不统一，建议法兰盘弹簧应该安装在螺栓的螺母下面以维持密封材料的持续压载。因为它们的尺寸，特别是在热循环条件下，换热器较之于一般管道法兰更倾向于泄漏。推荐使用高完整性密封材料，而不是设计规范中要求的典型金属包覆垫片。

• 使用屏蔽泵或者双密封的常规泵。研究使用无泄漏泵，例如隔膜泵、波纹管泵、密封转子泵，或者带电磁离合器的泵。磁力泵不能用于低温下清洁液体。通过机械密封代替填料密封，离心泵排放可以减少33%。涡轮压缩机可以通过迷宫式压盖密封，在密封液体中有旋转环或者浮环。应该防止通过密封的运输介质泄漏，例如高压下采用惰性气体或者液体密封介质。此外，磁力驱动泵和屏蔽电动泵存在适用限制，在受污染的工艺物流、含有颗粒物和较高压工艺物流中使用这种泵时必须注意。应该指出的是，与普通泵相比，磁力泵通常效率较低，同样作业需要更多能量。最终的影响，是来自泵的排放（例如VOCs排放）转移到烟囱（例如CO_2、SO_2、NO_2排放）。

• 压缩机管道密封，排气和吹扫管线至RFG或者火炬系统。

• 末端开口管线使用末端盖帽或栓塞，液体采样点使用闭环冲洗［不适用于循环流体（泵排放）或者在罐内］。通过优化采样体积/频率和排入RFG或者火炬系统，尽量减少从工艺烃类化合物分析仪释放到空气中。

• 安装维修排水系统以消除从排水管道的敞开释放。

• 在所有日常取样器中使用全封闭环路。为满足产品质量、检查要求、环境标准等，通常建立取样方案。通过日常取样了解哪些是经常使用或者需要的。例如，通过日常取样器了解排水水质、加工原油燃料燃烧、燃料气、某些原料（如FCCU）的每日取样，用来分析硫浓度。从中间产物、最终产品、储罐等的取样。

（2）环境效益

逸散性排放是炼油厂烃类化合物排放的最大来源之一。泄漏检测和维修（LDAR）计划包括定期按计划对阀门、法兰和泵密封进行检查期间，使用便携式VOCs检测仪器来检测泄漏。泄漏后要立即维修或者尽快安排检修。LDAR计划能够减少逸散性排放40%～64%，取决于检测频率。

减少VOCs排放的技术是：有效密封和阀门，良好维修计划和排放监测。当正常逸散性排放量以0.03%（质量分数）加工量计算时，逸散性排放可以减少至0.01%（质量分数）。这些技术的投资成本可以忽略，运行成本大约为每年10万欧元（VOCs回收计为190欧元/t）。

大约93%的逸散性排放来源是可以获知的。可达到的排放减少取决于组件的当前条件，典型减少率至少是50%～75%，与平均排放因子有关。每季检测和维修的估计效率是80%～90%。当实施更加密集的检测和维修计划时，可以达到更高效率。

炼油厂中良好的阀门和法兰检测和维修计划对减少NMVOC排放是极具成本效益的方法。减少每千克烃类化合物排放，节省可能达到0.19欧元。

（3）适用性

完全适用。参见每种技术的适用性描述。

（4）经济性

一套监测大约3000个炼油厂组件（主要是泵密封、用于高蒸汽压液体或气体的阀门及公路/铁路装载）的系统估计成本大约为87500欧元，不包括修正运行不良设备及劳动力成本。每年检测逸散性排放的削减效率为50%，OECD估计没有额外费用，但是由于烃类化合物节约而具有成本效益。通过每季度检测和维修，削减效率80%，

NMVOC减排成本大约是193欧元/t。小型装置的一个简单检测和维修计划可能会导致每年44000欧元成本，然而在要求严格的大型装置可能需要875000欧元。

泵和压缩机的泄漏检测和维修计划的成本每减排1kg烃类化合物是1.75～2.5欧元。炼油厂应用的VOCs控制技术见表4.46。

表4.46 炼油厂应用的VOCs控制技术

排放来源	炼油厂工艺装置和设备(安装的和改造的)
控制技术	泄漏检测和维修计划
效率	50%～90%
投资成本	中等
运行成本	(10～15)万欧元,15Mt/a炼油厂① 6万欧元,5Mt/a炼油厂② (4～8)万欧元/a,10000×10^{-6}方案;80万欧元/a,100～500×10^{-6}方案③
其他影响	上述不包括维修成本

① 工业专有信息。

② UN-ECE EC AIR/WG6/1998/5。

③ 烃类化合物加工，1996年9月，121页。

(5) 实施驱动力

减少VOCs排放。

(6) 装置实例

LDAR计划在全世界范围内成功用于减少VOCs释放。典型调查结果表明，来自阀门和泵密封压盖的泄漏量占了估计逸散性释放的90%或更多，实际上用于所有气体或者高温轻质物料的很小比例的阀门，几乎导致了所有的排放量。

(7) 参考文献

[107, Janson, 1999], [45, Sema and Sofre, 1991], [112, Foster Wheeler Energy, 1999], [79, API, 1993], [127, UN/ECE. 1998], [19, Irish EPA, 1993], [260, Sandgrind, 2000], [350, European Sealing Association, 2001]。

4.23.6.2 蒸气回收装置(VRU)

(1) 概述

蒸气回收装置(VRU)是设计用来减少VOCs排放的装置，这些VOCs在装载和卸载轻产品过程中释放出来。由于通过VRUs的VOCs减排是炼油厂总VOCs控制的唯一方面，本节应该结合储存、处理和综合炼油厂管理来考虑。一些商业技术对于VOCs回收是可以利用的。这些技术根据分离类型可以分为两大类：一类包括活性炭变压吸附、贫油(煤油)洗涤吸收、选择性膜分离或者通过冷凝或者压缩冷凝(这是一种特殊情况，因为分离和再冷凝在单一工艺中同时实现)，将VOCs从空气中分离出来；另一类集成了那些将VOCs通过冷凝成为液态而分离的技术。这包括再吸收进入汽油或原油、冷凝和压缩。以下是这些技术的一个简要描述。

- 吸收：蒸气分子溶解在适当的吸收液中(水、碱液、乙二醇或者石油馏分例如重整馏分等）。

- 吸附：蒸气分子物理黏附于固体材料表面的活性位上，如活性炭（AC）或者分子筛。
- 组合系统。如今，市场上有能满足低排放标准的 VRUs 组合，如冷却/吸收和压缩/吸收/膜分离（见图 4.13）。

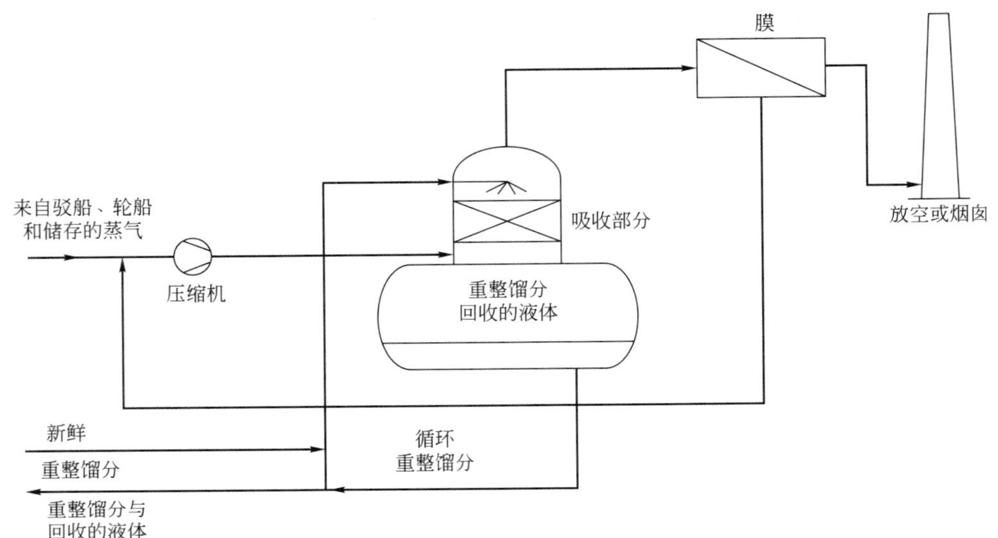

图 4.13 蒸气回收装置工艺流程（压缩/吸收/膜类型）

- 膜气体分离：蒸气分子溶解进入膜中，通过扩散移动到另一侧且脱附进入支撑材料，推动的动力来自于膜两侧的压差。由于较之于气体分子，蒸气分子优先吸收进入膜中，膜的解吸侧浓度较高。
- 冷冻/冷凝：通过冷却蒸气/气体混合物，蒸气分子凝结成为液体而分离。

(2) 环境效益

VRU 技术	VOCs 去除效率/%
吸收	99～99.95
吸附	99.95～99.99
膜气体分离	99～99.9
冷冻/冷凝	99.8～99.95 如果应用的制冷温度足够低，这种方法可以实现低出口浓度。冷凝一个很大优势是，蒸气以纯液体回收（无废物），它可以很容易地直接返回储罐

注：范围是由于使用 1 或 2 级。高去除效率只能在高入口负荷时达到。

不同系统的排放直接与上述报道的去除效率有关，且可以降低至 10(标)mg/m^3（不含甲烷）。99.9%的效率可以达到浓度 150(标)mg/m^3（不含甲烷）或者 2500(标)mg/m^3（含甲烷）。

(3) 跨介质影响

污水通常只是冷凝物，通常可以忽略不计。

VRU 技术	跨介质影响
吸收	如果使用水，吸收液再生是不需要的，因为水可以在污水处理厂处理。再生的投资＋能量成本上升不止一倍。唯一产生的废物是需要许多年更换一次的废液
吸附	废物只与吸收床情况有关

(4) 运行数据

鉴于爆炸风险（阻火器）和有毒化合物例如苯的存在，处理 VOCs 总是涉及安全措施。VRUs 是紧凑的且运行需要很少的能量和工艺材料。通常运行时间超过两年。

VRU 技术	运行数据
吸收	如果使用重整馏分，需要循环回混合罐
组合系统	由于运行的复杂性，维持高性能很困难

(5) 适用性

蒸气回收装置（VRU）是设计用来减少 VOCs 排放的装置，这些 VOCs 在装载和卸载轻产品操作过程中释放出来。对炼油厂来说，这尤其与汽油储存和装载，以及具有同等挥发特性的产品例如石脑油和 BTEX 相关。

VRU 技术	适用性
吸附	由于吸附热，这种方法不能处理高入口浓度（自动点火）。在入口浓度较高时，AC 迅速饱和，因此需要再生。通常情况下，吸附 VRUs 应用于两级系统。产生的唯一废物是需要多年更换一次的废活性炭

蒸气回收装置占据空间有限。通常它们是预组装好然后滑轨式安装。商业蒸气回收装置容量在 500～2000(标)m^3/h 范围内。

用于 VOCs 减排的汽油装卸载装置 VRUs 范围由西欧第 1 阶段法律规定（见图 4.14）。组合系统由于简单、良好操作性及高性能而受到欢迎。

(6) 经济性

容量为 1000(标)m^3/h 的典型 VRU 包括投资成本 200 万欧元及安装因子 1.5（如整套装置）～5（在特殊情况下）。投资成本很大程度上取决于特定现场因素，例如连接到系统的装载泊位数目、泊位和排放控制设施之间的距离（管道成本）、需要的鼓风机、安全系统（爆炸和火焰捕捉器）。容量为 2000(标)m^3/h 的蒸气回收装置的投资成本可以在（400～2000）万欧元范围。效率为 99.2％时投资成本在（200～2500）万欧元范围，意味着应用于装载操作（卡车、道路、铁路和炼油厂内部移动）的运行成本为（2～100）万欧元。容量为 2000(标)m^3/h 的蒸气回收装置和应用公用材料的成本如表 4.47 所列。

(7) 实施驱动力

在一些欧洲国家，一些计划适用于常温下，蒸气压＞1kPa（10kPa）液体烃类化合

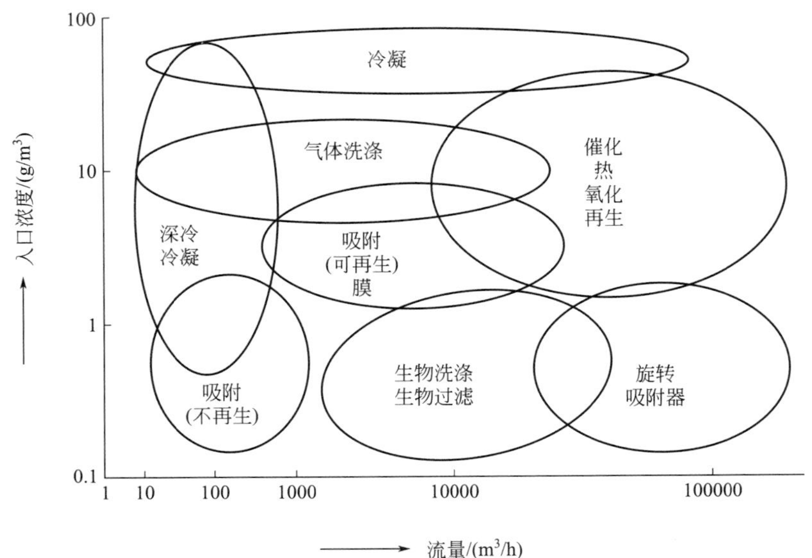

图 4.14 末端处理去除 VOCs 技术的适用性

表 4.47 蒸气回收装置的总建造成本

描述		千欧元	%
间接成本			
230	详细工程	275	7
213	场地管理	137	3
213	检验	83	2
260	PMT-NPQC-所有者	424	10
	小计	919	22
直接成本——设备			
311	换热器	0	0
314	塔	0	0
315	桶	0	0
316	反应器	943	22
324	泵和驱动器	13	<1
326	罐和球罐	0	0
347	冷却塔	0	0
	小计	956	22
直接成本——非设备			
208	脚手架	25	<1
209	建筑清理	8	<1
216	建筑设备	16	<1
307	挖掘和电缆沟	142	3

续表

描述		千欧元	%
直接成本——非设备			
308	混凝土作业和铺装	216	5
309	打桩	33	1
313	管道	1179	28
318	钢结构	77	2
322	仪表	285	7
328	道路、人行道、围栏	15	<1
337	电力和照明	107	3
345	通信设备	0	0
348	绝缘	3	<1
349	涂料	167	4
380	备用设备(备件)	0	0
	小计	2273	54
	总投资	4148	98
费用			
101	拆除	17	<1
102	场地清理	0	0
103	搬迁	7	<1
104	修理	0	0
105	临时旁路	0	0
111	气体释放和清洗	8	41
165	所有者费用支付	81	2
	小计	113	2
	最终总计	4261	100

物的储存和装载操作。此外，对于汽油储存和装载的具体要求列入国家立法第1阶段指令中。对于炼油厂来说，由于高蒸气压（>27.6kPa）、大加工量及大量的卡车、铁路和驳船运输，汽油的VOCs排放和它们的减排是目前为止最重要的。

(8) 装置实例

VRU技术	装置实例
膜气体分离	这项新技术现在应用于很多炼油厂中

(9) 参考文献

[258, Manduzio, 2000], [181, HP, 1998], [115, CONCAWE, 1999]。

4.23.6.3 蒸汽破坏（VD）

除了蒸汽回收，也可以应用蒸汽破坏技术。

(1) 概述

2个系统在此方面有关。

• 氧化：蒸汽分子转化为CO_2和水，不是通过高温下热氧化就是通过低温下催化氧化。第1阶段指令仅允许特殊情况下氧化，例如当能量通过气体发动机回收时。

• 生物过滤：在温度稍高于常温下，通过位于湿润固体块上的微生物，分解为CO_2和水。

VOCs收集和破坏。

另一种控制技术是从排气口、泵和压缩机收集VOCs并将它们送至火炬系统。

(2) 环境效益

热氧化：99%～99.9%。催化氧化：95%～99%。生物过滤：95%～99%。生物过滤效率一般是有争议的。因为高去除效率只能在入口负荷较高时才能达到，排放浓度低于50(标)mg/m^3 NMVOC很少能达到上述去除率范围。

生物过滤：装置坚固、没有噪声，需要最少维修和零投入。不需要燃料或者化学品。生物过滤器去除和破坏源于工艺尾气、储罐排气、减压阀、土壤蒸汽萃取和废水处理等的脂肪族和芳香族烃类化合物、其他的VOCs、H_2S和臭味气体。

(3) 跨介质影响

热氧化会产生不希望的需要额外处理的。燃烧产物如NO_x，催化氧化需要较少能量以达到燃烧温度，在低入口浓度时可以与热氧化竞争。热氧化需要良好的一级和/或二级安全措施以预防爆炸，同时因催化剂中毒和老化，催化氧化效率可能会降低。焚烧VOCs也会产生CO_2。燃烧低浓度废气预热催化剂需要消耗额外燃料。

废物只与生物过滤器排空有关。没有二次污染或者废物产生。

(4) 运行数据

通常运行时间长于两年。生物过滤器：输入的空气应在5～55℃而且潮湿。

(5) 适用性

① 生物过滤器

任何可以在空气中燃烧的气体都可以在生物过滤器中氧化。在文献里可以找到处理流量从17～135000m^3/h的装置。

② 生物氧化

这种方法非常适合于处理连续稳定成分的低有机污染物浓度气体。这种方法不适合直接处理转运过程经常遇到的蒸汽/空气混合物，因为这种混合物通常含有高蒸汽浓度(体积分数>1%)，且在偶尔的卸载操作过程中出现突然的最大流量。生物处理设施对进入的气流中出现的不希望成分的毒害相当敏感。因此大多数这种系统需要连续监测以防止不希望的成分进入。

(6) 经济性

① VOCs热氧化

有热回收的热氧化系统的经济性取决于很多因素，包括废气流热值。如果热氧化器装备的气-气换热器有60%效率，且气量为4720L/s，热回收的投资回报是可观的。假如使用天然气作为补充燃料，成本为每百万千卡20美元，电力成本为0.08美元/(kW·

h)。如果系统运行24h/d、350d/a，装置增加换热器的200000美元额外投资可在少于5个月的时间里收回。

② 生物过滤器

生物过滤成本显著少于其他空气污染控制技术的成本。投资成本随流量和破坏/去除效率而不同。投资成本最低约15美元/(m^3·h)起。运行和维护成本特别低，因为不需要燃料或化学品。炼油厂应用的VOCs控制技术见表4.48。

表4.48 炼油厂应用的VOCs控制技术

排放源	炼油厂工艺装置和设备(安装的和改造的)
控制技术	收集常压VOCs和释压阀释放送至火炬/焚烧系统
效率	焚烧破坏效率达到了99.5%
投资成本	5Mt/a的炼油厂130万欧元
运行成本	300万欧元
其他影响	因为燃烧,增加CO_2排放

注：来源于UN-ECE EC AIR/WG6/1998/5。

(7) 实施驱动力

减少VOCs。

(8) 装置实例

热焚烧：世界上超过107套装置在运行，且超过76套是移动式的。

(9) 参考文献

[118, VROM, 1999], [181, HP, 1998]。

4.23.7 火炬

(1) 概述

火炬用于不希望的或者超量的可燃物排放，以及紧急或者异常状况下气体激增的安全和环境控制。对于日常操作中预期发生的气流，要求火炬是无烟的。该气流通常设计为15%～20%的最大设计流量。当炼油厂使用清洁燃料时，火炬可能是一个重要的SO_2排放源。

火炬系统通常可以分为两个主要部分：带火炬气分离罐的火炬收集系统和火炬烟囱本身。当处理大量炼油厂复合物时，独立的分离罐可能安装在不同工艺区域，和“阻塞”设施一起允许这些区域停车期间的维修。

图4.15为火炬系统的工艺流程简图。

火炬应用的可能减少排放的技术如下。

- 长明灯点燃排放气体更可靠，因为它们不受风影响。
- 在火炬烟囱中喷入水蒸气可以减少颗粒物排放。
- 应该防止火炬顶端形成焦炭。
- 过剩炼油厂气体应该被烧掉而不是排放。应该提供分离罐去除液体，有适当密

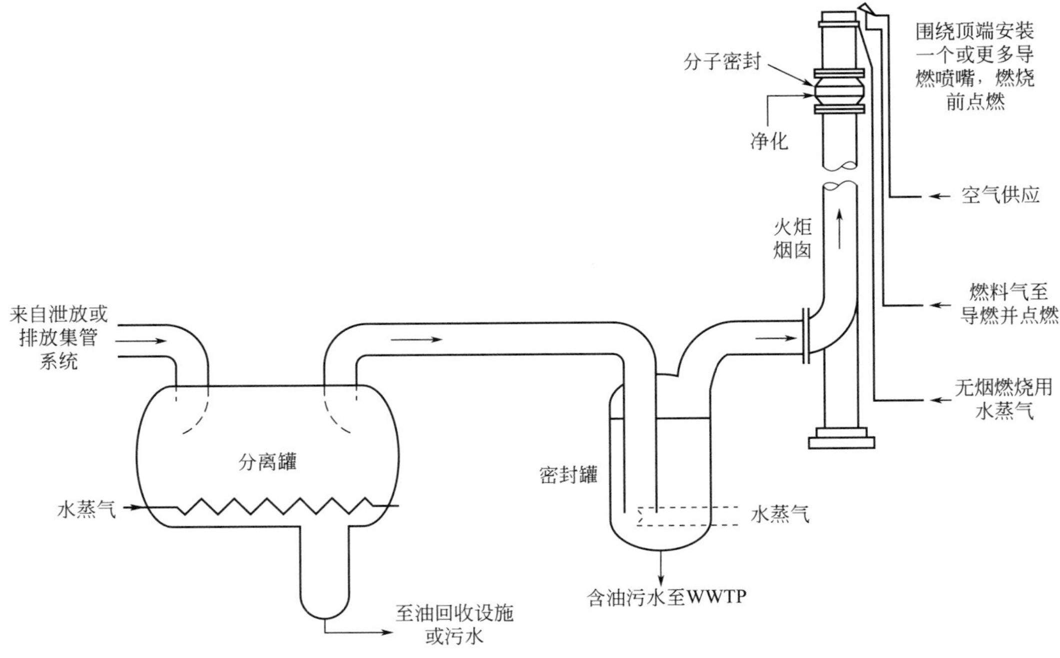

图 4.15　火炬系统工艺流程

封和液体处置系统以避免夹带液体进入燃烧区域。来自密封罐的水流应该输送到酸性水系统。

- 出于环境和经济考虑，已经开发了火炬气回收系统。捕集和压缩火炬气用于其他用途。通常回收火炬气处理并由管线送往炼油厂燃料气系统。根据火炬气的组成，回收的气体也可以有其他用途。据报道，在挪威的一家天然气工厂火炬燃烧的比率降至产品的 0.08%～0.12%。
- 随着对燃烧能见度、排放和噪声的要求日益严格，封闭地面火炬通常有隐藏火焰、监测排放和降低噪声的好处。但是，与高架系统相比，大量排放系统较高的初始成本使得该技术不可取。地面火炬一个重要的缺点是当发生火炬故障时可能存在蒸汽云的潜在积聚；特殊安全扩散系统通常包含在地面火炬系统中。因此，地面火炬监测和控制仪表通常比高架系统更严格。

（2）环境效益

运行良好的炼油厂火炬通常能获得待燃处理成分中 98%转化至 CO_2，1.5%至部分燃烧产物（几乎全是 CO）和 0.5%的未转化成分。地面火炬与高架火炬相比减少了噪声和烟气。

（3）跨介质影响

火炬密封水在排放前通常需要处理。

（4）运行数据

鉴于在低火炬气体负荷时，烟囱中存在的空气和进入的火炬气体一起可以产生潜在爆炸性混合物，因而需要一个连续吹扫气流。很多情况下也使用分子水密封，这样可以允许较小吹扫率。

(5) 适用性

燃烧有毒气体（绝不能通过地面火炬）需要特别注意。在火炬可能没有火焰存在期间，为保障安全操作，应该假设火炬仅为一个放空口，进行危险组分地面浓度计算。可能需要其他安全保障以减少地面暴露危险。当火炬处理有毒气体时，至关重要的是要有可靠的连续母火检测。

通常有两种火炬类型：高架火炬和地面火炬。地面火炬在需要隐藏火焰（出于各种原因）时使用的，而高架火炬是一般性选择，因为它可以更经济地处理更多释放气。有时，一个炼油厂既有地面火炬也有高架火炬。这种情况下，地面火炬用于燃烧少量连续和小的释压负荷排放。

高架火炬一般是综合炼油厂的重要组成，它的首要目的是安全。这种火炬系统设计用于引导来自工艺区域的易燃性和有毒蒸汽至偏远的高架地点。高架火炬系统包括一个防止火焰闪回工艺装置的密封罐，和带母火点燃和顶端水蒸气喷嘴的高架烟囱。由于气体的不同燃烧特性，通常提供一个单独酸性气体火炬；这个火炬可以装备不同燃烧器，较之于烃类化合物火炬可以允许酸性气体（H_2S）有更高燃烧效率。

(6) 实施驱动力

火炬系统的目的是收集和处理设备排气（例如分馏塔泄压应该送至火炬）和紧急情况或者异常时的（大量）流体：当安全泄压阀打开时，在紧急情况下降压操作和吹扫工艺装置期间，在某些工艺装置开车期间或者按计划停车之前。规定适用于从气体中分离液体和焚烧释放的蒸汽。液体通常是返回工艺装置或者储罐。一般安装长明灯以注意释放蒸汽的持续点燃。还有，已经应用了良好控制的水蒸气注入系统以实现无烟燃烧。

通常安装火炬气回收系统以遵守当地火炬操作限制规定，而且规模尺寸必须符合任何这种限制。

(7) 装置实例

在炼油厂中，火炬很普遍。

(8) 参考文献

[101，World Bank，1998]，[19，Irish EPA，1993]，[117，VDI，2000]，[118，VROM，1999]。

4.23.8 空气污染物减排组合技术

(1) 概述

SNO_x 装置去除 Gela 炼油厂动力装置燃煤锅炉产生的烟气中的 SO_2、NO_x 和颗粒物。

SNO_x 装置基于催化工艺，仅有的额外必需材料是去除 NO_x 使用的氨。另外，需要天然气和水，此外还有用于酸雾控制装置的少量硅油。

该工艺生产 94%～95%纯硫酸（H_2SO_4）用以出售。系统使用催化转化器在 400～420℃下将 SO_2 氧化为 SO_3。这个温度水平也可以实现 NO_x 高效去除，在 380℃

下运行时与整体工艺非常吻合。在逸出浓度较高时，高的 NO_x 去除可能没有硫酸铵沉淀风险，因为反应器温度高于分解温度（350℃）且任何氨气逸出在 SO_2/SO_3 氧化反应器中都被破坏。该工艺没有废水或者废物产生，也不消耗除用于 NO_x 控制的除氨之外的任何化学品。硫酸生产步骤要求粉尘的高效去除。粉尘去除率要持续保持在99.9%，以避免频繁清洗 SO_2/SO_3 转化器和保持良好产品质量。烟气系统包含一台空气预热器、一台高温 ESP、再生式换热器冷端、脱硝反应器、供热、SO_2/SO_3 转化器、再生式换热器热端、热量用于第一步燃烧空气预热的酸冷凝器（在 240～100℃之间操作，水合 SO_3 和浓缩产生的酸性产物）。当燃料（油或煤）硫含量在 2%～3%时，由转化工艺产生的回收热量数量可观且能补充动力需求。运行中需要注意的与粉尘有关的区域是 HTEP、SO_2/SO_3 转化器和酸性降膜式冷凝器（由硼硅酸盐玻璃管制成）。

SNO_x 工艺分为 4 个主要步骤。

- ESP。更多信息参见 4.23.4 部分。
- SCR。更多信息参见 4.23.3.3 部分。
- SO_2 催化氧化。
- 硫酸冷凝。

① ESP

烟气中大量粉尘去除是必需的，可以获得如下结果。

- 脱硝催化剂的长寿命。
- SO_2 氧化催化剂筛分之间运行时间长。
- 生产的硫酸纯度高。

② SO_2 催化氧化

来自 SCR 反应器的烟气在 SO_2 转化器中均匀分配在硫酸催化剂上。因此，烟气中最初存在的 SO_2 氧化成为 SO_3，根据如下反应式：

$$2SO_2 + O_2 \longrightarrow 2SO_3 + 23.6\text{kcal/gmol } SO_2$$

③ 硫酸冷凝

通过与冷的未转化烟气换热，来自 SO_2 转化器的富 SO_3 烟气在气-气换热器中从大约 422℃降到 260℃。

然后 SO_3 气体在 WSA 换热器中冷凝。

当富 SO_3 气体冷却时，SO_3 水化合生成硫酸蒸气，根据以下反应式：

$$SO_3 + H_2O \longrightarrow H_2SO_4 + 24.1\text{kcal/gmol } SO_3$$

在 106℃净化后气体通过烟囱排入大气。

(2) 环境效益

- 工艺适于处理高 SO_2 浓度烟气（如在 Gela 炼油厂）。
- SO_2 高效去除，与 NO_x 和颗粒物一起去除。
- 低环境影响：不需要原材料（只有 NO_x 控制消耗的氨气），没有废水或者废物产生。
- 不消耗冷却水。
- 作为工艺副产品销售的商品级硫酸的生产。

- 高热量回收。

颗粒物去除率　　在 ESP 出口低于 10(标)mg/m^3。

NO_x 去除率　　90%～94.7%。

SO_2 去除率　　94%～96%以上及 5%（体积分数）O_2，SO_2 转化器入口温度为 410℃。

(3) 跨介质影响

硫酸产量［95%（质量分数）H_2SO_4浓度］13t/h 伴有 5.5%（质量分数）的硫石油焦。

(4) 适用性

Gela 炼油厂 SNO_x 装置设计用于净化动力装置中高硫燃料油和高硫石油焦混合燃料锅炉产生的烟气。

(5) 经济性

一套 SNO_x 装置设计用于处理现有引风机出口 100×10^4(标)m^3/h 烟气负荷，其成本为 1 亿欧元。

(6) 实施驱动力

意大利环境法规（D. P. R. 203/88）规定了非常严格的排放限制（特别是 SO_2），所以 AgipPetroli 必须要寻找一种能够在 Gela 炼油厂动力装置继续燃烧高硫石油焦的方法。

(7) 装置实例

1999 年 9 月启动的 Gela AgipPetroli 炼油厂。

(8) 参考文献

［297，Italy，2000］。

4.23.9 恶臭气体预防和控制技术

概述

使用次氯酸盐离子洗涤器来减少恶臭/低水平 VOCs 排放。

4.23.10 噪声预防和控制技术

概述

火炬、压缩机、泵、涡轮机和空气冷却器作为噪声源需要特别关注。炼油厂中削减措施通常集中于这些类型的设备。

4.24 废水处理

这一节连同前一节和下一节讨论出现在炼油厂的末端处理工艺。包括在这节的技术的更深层次信息可以在一般废水和废气处理 BREF 中找到。这些技术出现在这里的原因是给出技术的总体描述和避免重复。末端技术的介绍没有在前面章节出现。在本节，关于环境效益、跨介质影响、运行数据、适用性的一般信息在这里描述。在讨论这些生产工艺的每一节中可以发现不同工艺活动应用的预防和最小化技术。实施水管理系统可在文件中找到，本节包含废水处理。这些技术只在本书的本节中讨论。

需要在排放前处理的炼油厂废水主要由两种废水组成。第一种废水是不同炼油厂装置产生的工艺水，是水蒸气喷入和/或用水洗涤烃类化合物馏分的结果。直接与烃类化合物馏分接触通常导致高浓度的溶解性有机物。当它含有 H_2S 和氨时，工艺水先在酸性废水汽提塔（SWS）中处理，随后作为脱盐设备冲洗水再利用。产生的排水中油和固体的含量高，COD 浓度也高（COD 300～600mg/L 以上），且可能也含有法律限制应用的特殊污染物。第二种需要处理的重要废水是受污染的雨水，指的是地表水径流，因为 COD 通常低于 100mg/L，需要去除游离油和固体。在废水处理之前，应该考虑适当隔离和工艺水集成。炼油厂出现的其他废水是冷却水泄放、罐底部水和压舱水。本节只包括炼油厂中出现的废水处理末端工艺。有关本章包括技术的更深层次信息可在一般废水和废气处理 BREF 中找到。

废水处理装置是地表水污染控制的先进环境保护系统。废水处理的目的是去除漂浮和分散的油、悬浮固体、溶解的油，特别是 BTEX 和苯酚以及其他特殊化合物，例如硫化物、氰化物、重金属、磷酸盐（当存在聚合时）、氮化合物和其他 COD。还有，处理过的废水可以提供给合适的炼油厂工艺再利用。废水的净化原理基于废水中分散和漂浮的油与悬浮固体的专门分离技术和通过生物处理或进一步处理去除溶解的化合物。

4.24.1 炼油厂内废水管理

本节尝试给出一些炼油厂废水管理可以做些什么的指示。换句话说，最好合并不同工艺废水或最好在单独废水装置单独处理它们。关于废水储存的主题也包含在这里。本节讨论工艺废水、冷却水和清洁废水、压舱水、清洗水、意外油污染的水和持续油污染的水等。

工艺水集成可以在任何工业场所应用，可以是一家炼油厂或者组合炼油厂和石油化工综合体。在本书中，为炼油厂准备工艺水集成方案的概念和实用工具出现在 4.15.7.1 部分中。参考文献是关于废水处理的欧盟 BREF 文件。

（1）概述

在这方面考虑的一些技术如下。

- 最大限度使用可用的酸性水，可以作为脱盐装置冲洗水或者 FCC 主塔顶部的冲洗水。
- 二聚工艺的工艺水应该适当处理，因为这个工艺的废水通常磷酸盐含量高。
- 使用均衡水罐作为废水储存设施。
- 压舱水储罐可能引起大量 VOCs 排放。防止这些排放的措施是用浮顶覆盖废水处理系统均衡水罐。考虑的技术也包括在 4.21.13 部分。

• 控制废水温度以减少挥发和确保生物处理性能。

• 污染装置区域雨水（暴雨水）应该收集和输送到处理装置。对于收集，可以使用“初期雨水”方案。取决于最初污染程度（主要是油），受污染的水应该在油/水/固体分离系统（API、浮选装置、砂过滤器）和/或生物处理装置中处理。未污染的水可以直接排放或者再次利用以节省成本。WWTP 能够处理大量雨水是必需的。为了这个目的，需要安装足够容量的缓冲罐（暴雨水罐）。在降水量低的地方，水流隔离相关性较少。

• 控制废水中表面活性剂。进入炼油厂废水的表面活性剂将增加乳液和产生的污泥量。表面活性剂可以通过多种源头进入系统，包括：用清洗剂清洗装置衬垫；在终点超过 400℉时处理汽油产生的废碱；清洗罐/运输罐内部；杂项任务中使用肥皂和清洁剂。此外，废水处理装置中过量使用和混合有机聚合物用以分离油、水和固体，实际上能稳定乳液。应该通过培训操作者尽量减少使用表面活性剂，用管线输送表面活性剂来源至 DAF 装置下游点，使用干式清洁、高压水或者水蒸气清洁油和污垢的含油表面。

• 安装高压动力洗涤器。用不产生废溶剂危险废物的高压动力洗涤器代替含氯溶剂蒸汽除油器。

• 使用无危险的脱脂剂。通过使用低毒性和/或能够生物降解的产品替代，减少或者消除废常规除油器溶剂。

(2) 环境效益

① 炼油厂内回用水

可以比较工艺废水产生量和工艺废水排放量（不包括单程冷却水）。尽管有关，数值不一定相同，这是鉴于有其他水源进入废水系统，包括装置表面雨水、原油分离出来的水、压舱水等。另一方面，一些水将蒸发，用于化学反应等。欧洲 63 家炼油厂的相应数据（都为年平均）如下。

每年平均废水量	3600000m^3/a
范围	70000～21000000m^3/a
每吨加工量的平均废水量	0.53m^3/t 加工量
范围	0.09～1.6m^3/t 加工量

根据炼油厂类型，很多 EU+炼油厂的其他数据给出了以下范围。

0.1～0.3m^3/t 加工量，纯粹炼油厂。

0.3～0.5m^3/t 加工量，润滑剂炼油厂。

0.5～0.8m^3/t 加工量，沥青炼油厂。

另一个 EU+国家的三家炼油厂给出了 0.18～0.21m^3/t 加工量的范围。

② 磷酸盐适当处理

③ 采取措施以减少到达 API 分离器的油量

④ 减少废水 VOCs 排放

⑤ 减少 VOCs 排放量和保证生物处理性能

(3) 实施驱动力

再利用水，减少进入废水处理的烃类化合物和减少 VOCs 排放。

(4) 参考文献

[118, VROM, 1999], [197, Hellenic Petroleum, 1999], [107, Janson, 1999], [262, Jansson, 2000], [268, TWG, 2001]。

4.24.2 酸性废水汽提 (SWS)

来自不同炼油厂装置的酸性废水是SWS汽提的主要部分，通常是可以再利用，与原油蒸馏装置塔顶清洗水一起作为脱盐装置清洗水。这是炼油厂主要工艺水来源。

(1) 概述

大多数酸性废水汽提塔是单级的，需要一个汽提塔。图4.16为一个典型的单级酸性废水汽提塔。来自工艺装置的酸性废水收集到酸性废水收集容器中。这提供了加料停顿和作为沉降器，进行油分离。从这个容器，酸性废水用泵输送经由原料/废水交换器到汽提塔顶部。酸性废水在塔中与水蒸气逆流接触汽提，或者现场注入水蒸气，或者在重沸器中产生水蒸气。汽提塔通常回流以减少酸性气体中水含量。塔中操作气压根据尾气终点的不同从0.05～0.12MPa不等。通常pH值控制用于最大化去除 H_2S 或者 NH_3。

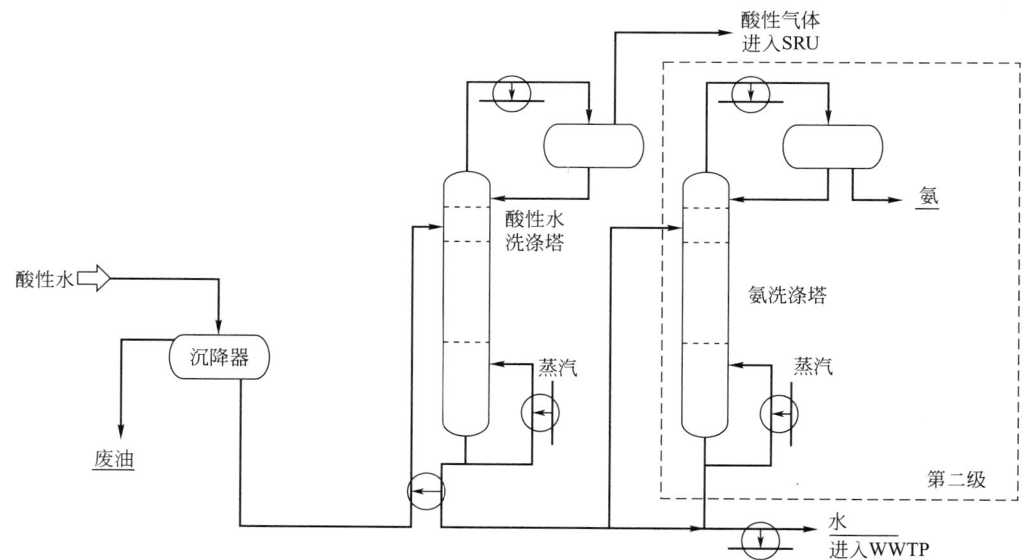

图4.16 酸性废水汽提装置（SWS）工艺流程

注：封闭虚线框部分是二级SWS的第二级。

来自汽提装置的酸性废气可以输送到SRU，或者焚烧炉，或者酸性火炬。因为输送废气到焚烧炉或者火炬会导致和 NO_x 释放，输送到SRU是首选，且现在通常这么实施。一般来自酸性废水汽提塔的尾气离开回流罐时含水量大约为30%（摩尔比）。

二级汽提：二级酸性废水汽提塔与单级酸性废水汽提塔的区别在于，在较低pH值(6)操作第一个塔，从顶部去除 H_2S 并经由底部去除氨气/水，而在较高pH值(10)

操作第二个塔，从顶部去除氨气并从底部去除汽提水流。这些导致排放到废水处理装置的汽提水中 H_2S 和氨含量低了很多。

其他考虑的技术如下。

- 为酸性废水提供备用汽提设施或者额外储存。SWS 的备份。
- 富含硫的污水流应该在排放至污水处理之前汽提。大多数普通 SWSs 都有缓冲罐以去除夹带的会在下游 SRU 中引起异常烃类化合物。

（2）环境效益

SWS 产生酸性尾气和输送到下游装置中的污水。下表显示了 1 级 SWS 可达到的水平。

项目	来源	流量	组成 最小/最大	备注
排放：酸性气体	SWS 尾气输送到 SRU	取决于具体的装置	主要是 H_2S 和 NH_3 含量，取决于原油质量和炼油厂配置	SRU
污水：汽提酸性废水（SSW）	SWS 污水作为脱盐器洗涤水或输送到污水处理装置	5Mt/a 炼油厂 20～50m^3/h	COD：500mg/L H_2S：10mg/L 苯酚：30～100mg/L NH_3：75～150mg/L	通过限制工艺装置新鲜水蒸气注入和增加使用再沸器，可以减少 SSW

汽提过的酸性废水可以输送到工业装置中再利用或者送到废水处理装置，如果需要的话可以先适当冷却。如果它的污染物含量合适（氨低于 150mg/L 和 H_2S 低于 20mg/L），通常汽提过的酸性废水可以用作脱盐装置冲洗水。需要这些限制以避免下游装置腐蚀（如 CDU 塔顶系统）。

两级汽提：在第一级，分离 H_2S，然后在第二级从水中去除氨并浓缩为含有 10% 氨的溶液，它可以再利用以减少 NO_x 排放。下表给出了这个两级汽提的典型数据。

参数	浓度/（mg/L）		
	H_2S 汽提塔 1 进水	NH_3 汽提塔 2 出水	WWTP 出水
COD	14400	599	37
烃类化合物	98	4	1.1
总无机氮	1373	6	7
NH_4^+-N	1372	5	5
酚	182	141	0.1
硫化物	1323	5	0.5

二级 SWS 工艺可以实现 98% 的 H_2S 和 95% 的氨回收：

H_2S：0.1～1.0mg/L。

氨：1～10mg/L。

在二级 SWS 工艺中产生的氨可以在炼油厂内使用。

其他效益是通过 SWS 减少废水中氨和硫含量。减少进入废水系统的氨可减少对硝化/反硝化工艺的需求。

酸性废水储罐混和均质不同废水，进一步去除可能引起汽提塔堵塞的油并帮助SRU产生恒定组分的酸性气体。越少烃类化合物进入SRU，导致的催化剂结焦就越少。

(3) 跨介质影响

输送汽提塔装置尾气会对SRU的效率和运行产生不利影响，主要因为气体中含有氨。

在Holborn炼油厂二级酸性废水汽提和富氨废水再利用结合用于减少CO锅炉的NO_x排放，减排如下：NO_x 180t/a，NH_4^+-N 250t/a、来自WWTP的固体废物10%。

(4) 运行数据

电力/(kW·h/t)	水蒸气消耗/(kg/t)	酸和碱消耗
2～3	100～200	—

最常见的情况是SWSs配有一个缓冲罐用以去除夹带的烃类化合物，它可以引起下游SRU的异常。SWS原料一般通过原料/废水交换器预热，至塔入口温度100℃以节省汽提水蒸气。原料温度不能高于100℃，因为在汽提塔入口应该避免原料闪蒸。

不要将废气含水量降至低于30%（摩尔比），否则可能发生蒸汽相盐沉淀问题。在酸性气体中存在CO_2，且汽提塔回流冷凝物中腐蚀性硫化氢铵（NH_4HS）浓度增加，超过材料和腐蚀方面可接受的水平时，盐沉淀尤其可能发生。

使用第二个汽提塔消耗多余化学品以控制pH值（酸、碱）和多余能量。

(5) 适用性

二级汽提：在SWS底物未再利用而是送去进行生物处理的情况下，它可能仍然含有过多的氨。为了解决SWS装置的这个问题，酸性废水汽提塔既可以装备较多级也可以安装二级汽提塔（图4.16中封闭虚线框部分）。来自二级汽提塔顶部的或多或少的纯氨气流可能会送到FCCU的CO锅炉用于NO_x去除或者送到加热炉热烟气。

(6) 经济性

新建水蒸气汽提塔的成本取决于流速，范围是52.5万～70万欧元。

现有酸性废水汽提扩建氨气汽提塔的投资成本大约为330万欧元。整个装置的年运行成本（水蒸气、能量、冷却水、硫酸、碱液、燃料气）大约为45万欧元。对比仅运行H_2S汽提塔的年运行成本（35万欧元），因扩建氨气汽提塔年运行成本大约为75000欧元。

不同酸性废水汽提塔成本的其他数据列于表4.49。

表4.49 酸性废水汽提塔的经济性和性能

建造年份	设计氨出水浓度/(mg/L)	实际性能/(mg/L NH_3)	设计流量/(m^3/h)	投资成本/百万欧元	运行成本/(千欧元/a)
1996年	18	—	22	2.7	—

续表

建造年份	设计氨出水浓度/(mg/L)	实际性能/(mg/L NH_3)	设计流量/(m^3/h)	投资成本/百万欧元	运行成本/(千欧元/a)
1996 年	10	—	30	4.0	21
1992 年	最大 150	13	20	0.6	97
1993 年	50	—	25	5.4	43
1995 年	50	35	32	5.3	175
1992 年	100	—	50	10.9	—

(7) 实施驱动力

几乎所有的炼油厂工艺都注入水蒸气以加强蒸馏或者分离工艺。这导致酸性废水（含有氨和 H_2S）产生和/或水蒸气冷凝，这将被烃类化合物污染。酸性废水需要再进一步处理或者作为清洗水再利用之前进行汽提。酸性废水的典型成分是 900mg/L H_2S、2000mg/L 氨、200mg/L 酚和 15mg/L HCN。

(8) 装置实例

二级汽提很少用于炼油厂。在德国 Holborn 炼油厂一套二级 SWS 集成作为 WWTP 中污水反硝化阶段的一个选择。在新建 Mider 炼油厂也安装了一套二级 SWS 装置。

(9) 参考文献

[19，Irish EPA，1993]，[257，Gilbert，2000]，[118，VROM，1999]，[211，Ecker，1999]，[127，UN/ECE，1998]，[302，UBA Germany，2000]，[181，HP，1998]，[316，TWG，2000]，[115，CONCAWE，1999]。

4.24.3 废水中烃类化合物的减少和回收

(1) 概述

废水中的苯、酚和烃类化合物在工艺产生节点进行处理一般较容易和有效，当进入废水处理装置和其他废水混合之后。处理难度则大大增加。因此确认烃类化合物来源是应该考虑的第一个措施。

① 氮或者空气汽提从废水中回收苯。氮汽提可以用来从废水中汽提苯和其他低芳香烃化合物。混合物通过活性炭床处理，捕集有机物并允许洁净氮循环至废水汽提塔。阶段性地，炭床用水蒸气原位再生：析出有机物蒸汽被水蒸气运送到冷凝器，然后倾析出有机物和水层。有机物作为有价值原料返回到炼油厂。

② 液-液萃取从废水中萃取回收苯酚。

③ 减少烃类化合物和芳香烃类化合物。

④ 高压湿式空气氧化。空气和水充分混合，有机化合物在高温高压下（250℃，0.7MPa）和催化剂存在下氧化。含硫物质氧化为硫酸盐；氨和腈类转化为分子氮。

⑤ 低压氧化。稳定的有机化合物用氧气处理并在生物处理装置中矿化（BOC 气体）。

⑥ 超临界水氧化工艺。超临界水（373℃，22.1MPa）被用于溶解有机化合物，通

过在反应器中注入氧气氧化。

⑦ 能量吸收技术。烃类化合物污染源有脱盐装置（40%）、储罐（20%）、污水系统（15%）和其他工艺（25%）。也可以通过在源头使用电磁高频（EA-能量吸收技术）直接识别水污染类型和程度。

（2）环境效益

① 使用该系统的炼油厂可以减少 1895L/d 含有苯（50×10^{-6}），甲苯/二甲苯（100×10^{-6}）和其他烃类化合物（100×10^{-6}）的废水。回收装置可持续减少苯至 500μg/L。每年大约 35000kg 烃类化合物液体返回作为炼油厂原料。这项技术也可以用于去除 MTBE。

② 可以达到回收率大于 99%或者抽余液浓度低于 1×10^{-6}。使用这种技术，含有大于 1%苯酚的废水可以通过处理得到苯酚含量低于 1×10^{-6} 的净化水（效率高于 99%，Koch 工艺技术有限公司）。含酚废水也可能用微生物处理。

③ COD 为 30000mg/L 时去除率可达 99%。硫化钠废碱浓度可以从 3%减少至小于 1mg/L（160℃，0.09MPa）。

④ 效率高于 99.9%。

⑤ 通过该系统，向水中排放的烃类化合物可以减少（例如苯污染减少 80%）。

（3）运行数据

① 氮汽提比空气汽提有几个优点：无氧减少了汽提塔生物结垢并降低了炼油厂异常时回收装置产生爆炸性混合物的风险。

② 公用材料，通常每立方米水原料需要：

电力　159kW·h；

水蒸气　2.07MPa，15.6kg；

水蒸气　0.207MPa，103kg；

水升温在　45℃，（$\Delta T=19$℃）5.6m^3；

水冷却在　29℃，（$\Delta T=11$℃）2.5m^3。

（4）适用性

① 这项技术用于处理脱盐水和来自 BTEX 装置的废水（Texaco 开发公司、AMCEC 有限公司）。

② 它们可以设计用于处理苯酚浓度从数百 mg/L 到饱和（大约 7%）及以上的废水。

③ 废水流量较大时该方法不适用。

（5）经济性

① 经济性：设计和设备供给成本大约为 1250000 美元。每年公用材料成本大约为 85000 美元。

② 经济性：对于苯酚浓度高于 1%具有成本效益。一个基本例子，27.2m^3/h 含有 6%苯酚的废水在四塔系统中用 4.3m^3/h 溶剂处理。总苯酚回收率为 99.3%。

投资，只是萃取器，1.32 美元/m^3；

整个系统，3.43 美元/m^3；

回收价值，3.96 美元/m^3。

③ 方法价格昂贵。

(6) 实施驱动力

减少和回收烃类化合物。

(7) 装置实例

① 在美国，超过 15 套 800～1200L/min 的系统现在运行在不同的炼油厂中。空气汽提去除 MTEB 已经成功应用在至少一家欧洲炼油厂中。

② 当酚浓度高时，这个系统通常应用于苯。

(8) 参考文献

[181，HP，1998]，[211，Ecker，1999]，[316，TWG，2000]，[321，Helm，Spencer et al.，1998]。

4.24.4 初级处理

来自 SWS 的排水是炼油厂的主要废水来源。此外，一些不相容的工艺废水和来自现场外的排水（火炬和储罐）增加了废水总流量。这种废水应该首先通过油/水分离器（CPI、PPI 或者 API）去除游离油和固体，以及通过平衡罐进一步完成浮油撇取。

(1) 概述

排放到空气中的 VOCs（包括苯）和恶臭成分（H_2S 和硫醇）十分常见，也不是总能通过上游措施完全控制的。因此 APIs、CPIs 可以加盖作为减少排放的措施，有时还有尾气处理（生物过滤器或者重新注入曝气池）。安全方面（VOCs 和空气混合物的爆炸性）需要注意。

下一层次的控制是在系统的排水和污水上安装水封（存水弯）和在连接箱上设置气密阀。油/水分离器及良好除油设施上使用盖子将阻止或者减少液体烃类化合物的暴露表面蒸发。另外，可以从加盖的 API 分离器中焚烧蒸汽。

(2) 环境效益

关于去除油的 CPIs 和 APIs 性能，在出口处建议为 $(50\sim100)\times10^{-6}$ 油。来自油分离器的 NMVOC 排放通过 CPI 和 API 加盖可以减少到 $3g/m^3$。含油水操作的 VOCs 控制见表 4.50。

表 4.50 含油水操作的 VOCs 控制（安装的和改造的）

排放源	含油污水下水道/污水池/分离和排放操作			
控制技术	自动排水设施	在 API/污水池上设固定/浮动盖	焚烧	“干式”油收集系统
效率	80%	80%～90%	98%	90%
投资成本	(0.2～3)万欧元/罐①	0.1 万欧元/m²①	100 万欧元①	—
运行成本	小	中等	10 万欧元/a①	—
其他影响备注	可能不适合所有储罐	API 限制进入。固定盖可能需要吹扫系统	假设 API 加盖	—

① 来源：工业专有信息。

废水系统 HC 排放取决于受油污染的未处理水罐（API 分离器）暴露表面区域的计算和一个经验油蒸发因子［117，VDI，2000］：

- 敞开油分离器为 20g/(m^2·h)；
- 加盖油分离器为 2g/(m^2·h)。

(3) 跨介质影响

当 API 或者 PPI 加盖时，可能容易达到燃烧/爆炸极限。因此应该考虑安全和环境保护。

(4) 运行数据

加盖带来的问题是浮油的撇除。

(5) 适用性

这些系统全部适用。CPI 比 API 更容易加盖。

(6) 经济性

通过为废水分离池提供浮动盖，HC 减排成本估计为 460 欧元/kt。安装两个 200m^2的浮动平板盖子的成本大约为 75000 欧元，总的年运行成本约为 42800 欧元/a。

(7) 实施驱动力

减少 VOCs 排放和最大限度收集油。据估计，在任何处理前，炼油厂中 0.5%～4%的原油可以在废水中回收，取决于炼油厂复杂性。因此，在废水送去最终处理前，油总是能从排水系统中回收。

(8) 装置实例

已证明是良好技术。在一些欧洲炼油厂，API 和 PPI 分离器已经加盖。

(9) 参考文献

［107，Janson，1999］，［115，CONCAWE，1999］，［258，Manduzio，2000］，［127，UN/ECE，1998］，［247，UBA Austria，1998］。

4.24.5 二级处理

废水初级处理之后的下一步处理是通过空气浮选去除分散的油和固体，在聚合电解质帮助下，形成捕集油和悬浮固体的絮凝物（有时砂过滤器也用于此目的）。形成的淤泥通过空气浮选被带到水面，由此微小空气气泡也被淤泥絮凝物捕集。撇除淤泥，然后水输送到生物处理装置。

(1) 概述

排放到空气中的 VOCs（包括苯）和恶臭成分（H_2S 和硫醇）并不少见，也不是总能通过上游措施完全控制的。因此 DAF 装置可以加盖作为减少排放的措施，有时还有尾气处理（生物过滤器或者重新注入曝气池）。安全方面（VOCs 和空气混合物的爆炸性）需要注意。

考虑的其他技术如下。

- 单独处理 DAF 漂浮物，而不是将它送到废油系统。
- 使用连续滑流过滤来去除胺降解产物。

(2) 环境效益

浮选装置出水油含量达到10～20mg/L。

(3) 运行数据

化学品利用包括调节pH值的酸和/或碱、絮凝装置需要的聚合电解质、硫酸亚铁或者氯化亚铁絮凝剂。实际中，如果需要的话，絮凝浮选装置的pH值调节和聚合物剂量需要每天注意和精细调节。WWTP能量需求相当低，风压机是最大能量消耗者。

(4) 适用性

完全适用。

(5) 经济性

建造年份	类型	设计流量/(m^3/h)	投资成本/百万欧元	运行成本/(千欧元/a)
1995年	DAF	80	0.2	18
1994年	DAF	300	1.4	20
1989年	IAF	400	2.4	47
1993年	DAF	350	8	683
1996年	IAF	818	0.4	112
1996年	DAF	50	3.1	—
1996年	DAF	800	1.5	—

(6) 实施驱动力

减少废水中的烃类化合物含量。

(7) 装置实例

已充分证明是良好的技术。

(8) 参考文献

[113，Noyes，1993]，[115，CONCAWE，1999]。

4.24.6 三级处理

(1) 概述

在污泥从浮选工艺中撇除后，水被输送到生物处理装置，通常是活性污泥装置或者滴滤池。借助细菌，去除几乎全部溶解的烃类化合物和其他有机物。在需要深度去除氮的情况下，生物处理装置脱氮是一个选择。好氧（曝气）细菌能够将氨转化为硝酸盐并在一种所谓的缺氧阶段（无曝气），生物处理装置中其他细菌能够将硝酸盐转化为大气中的氮，以气泡形式逸出。产生的生物质或者生物污泥需要在沉淀池中沉降并且主要部分循环到生物处理装置。来自絮凝装置的初期污泥和过量生物污泥通常在脱水和处置前送至浓缩池（见图4.17）。空气絮凝浮选工艺可以采用溶解的或者曝入空气方式运行(分别是DAF或者IAF)。

考虑的其他技术如下。

• 异养反硝化结合自养硫化物氧化（减少潜在硫用于经反硝化来除氮，同时由于硫化物氧化，所以硫化物沉淀在后面的生物处理装置中不需要）。

• 颗粒活性炭（GAC）。在富氧环境中污染物被吸附和生物处理（COD 可低至 100mg/L）。

• 粉末活性炭（PAC）。与 GAC 类似。

• 废水处理装置加盖。因预防损失目的，避免固定盖（爆炸性蒸汽积聚）。

• 排放到空气中的 VOCs（包括苯）和恶臭成分（H_2S 和硫醇）并不少见，也不是总能通过上游措施完全控制的。因此有时生物处理装置曝气池加盖作为减少排放的措施，有时还有尾气处理（生物过滤器或者重新注入曝气池中）。安全方面（VOCs 和空气混合物的爆炸性）需要注意，但是它们比上游装置危险性差一些。

(2) 环境效益

生物处理装置在通常操作条件下可以去除 80%～90%的溶解油和 COD 及 90%～98%的 BOD。在活性污泥装置（ASU）氮去除率通常约为 10%，在硝化/反硝化生物处理装置（DNB）中为 70%～80%，在三级（附加）脱氮装置中达 90%。在驯化良好的生物系统中 MAH/苯酚去除可以大于 95%。活性污泥装置中氧曝气效率可比空气曝气技术效率高 50%。

(3) 跨介质影响

应用 GAC 或 PAC 时，消耗能量，产生活性炭废物。应用反硝化时，消耗甲醇。废水处理产生污泥。如果废水处理操作不当会增加污泥数量。

(4) 运行数据

如果应用脱氮生物处理装置，泵消耗能量相对较高。如果使用三级处理装置通过生物硝化去除氨，甲醇在后续反硝化阶段用作脱氮细菌的氧气受体。在一些炼油厂中，生物处理装置使用粉末活性炭以满足排放要求。生物处理装置对有毒化合物（例如环丁砜、MTBE、酚、氰化物、硫化物）的冲击负荷（峰值排放）敏感度很大，应该通过溢出预防措施、良好维护管理和缓冲罐平衡来避免出现此类冲击。

(5) 适用性

完全适用。有毒废水不应进入生物处理装置。

(6) 经济性

假如上游排水基础设施是可用的，对于 $125m^3/h$ 的水量，一套完整的 API、平衡罐、DAF、DNB 生物处理装置、沉淀池系列需要的投资成本约 1500 万欧元。运行成本约为 1.5 欧元/m^3。

浮动盖：容量 $800m^3/h$ 油水工艺约排放 1000t/a。

效率：VOCs 回收 90%。

投资成本：60 万欧元。

运行成本：每年 3 万欧元。

(7) 实施驱动力

脱氮生物处理装置经常应用于对硝酸盐敏感的环境。

(8) 装置实例

已充分证明是良好的技术。硝化/反硝化生物处理装置在Harburg、Godorf、Gothenburg炼油厂运行。

(9) 参考文献

[181，HP，1998]，[45，Sema and Sofres，1991]。

4.24.7 最终处理

在水资源缺乏的国家，有时进一步提高污水品质以再利用水作为清洗水，或者甚至作为锅炉给水（BFW）来源是具有经济吸引力的。在这种情况下，砂过滤（SF），继之以超滤（UF）或者活性炭过滤（AC）和反渗透（RO）的结合，用于去除盐，产生足够纯净的水进入BFW制备单元的脱盐装置。其他技术有臭氧化/氧化、离子交换和焚烧。

(1) 概述

减少废水中盐含量的技术：离子交换、膜工艺或者渗透。

金属可能通过沉淀、浮选、萃取、离子交换或者减压蒸馏予以分离。

(2) 环境效益

参见4.24.8部分。

(3) 跨介质影响

能量消耗，用过的活性炭、膜和金属污泥的废物。

(4) 运行数据

如果系统中有AC过滤则需要活性炭。

(5) 经济性

当WWTP扩建SF和AC，扩建后WWTP产生的运行成本较之于没有这些系统（基本情况）的WWTP而言会翻倍。扩建UF和RO两者，投资成本和运行成本大约是基本情况的3倍。

(6) 实施驱动力

这些系统只安装于一些BFW制备地点。可能应用在缺水的炼油厂。

(7) 装置实例

砂过滤器、超滤、活性炭和反渗透均是已被证明的技术。

(8) 参考文献

[181，HP，1998]。

4.24.8 炼油厂废水处理

(1) 概述

本节包含了通过炼油厂全部废水处理可以达到的排放值。废水系统包含初级、二级和三级处理（见图4.17）。

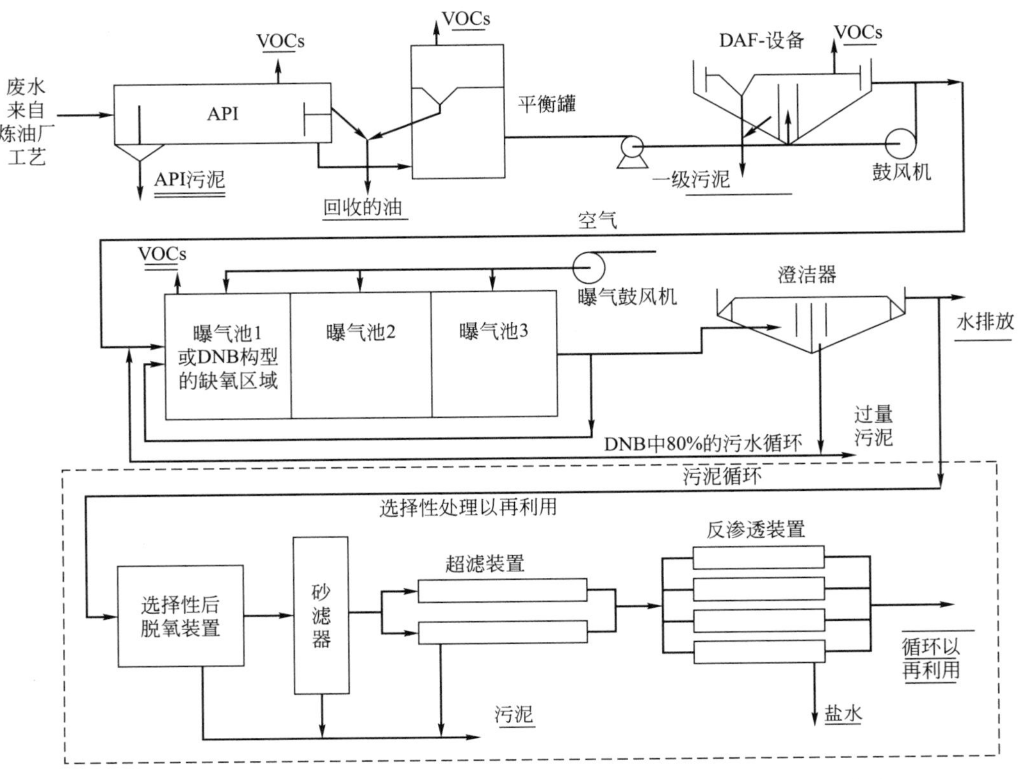

图 4.17 包括硝化/反硝化生物处理装置的典型炼油厂废水处理装置工艺流程

(2) 环境效益

对于典型用于表征炼油厂废水排放的关键水质参数，采用本节描述的良好技术组合，下述排放水平范围被认为是可以达到的（见表 4.51）。

表 4.51 运行良好 WWTP 的排放浓度和负荷

参数	浓度/(mg/L)	负荷/(g/t 原油或原料加工)(年平均)
温度/℃	30～35	
pH 值(无单位)	6.5～8.5	
总烃油含量	0.05～5	0.01～3
BOD 量(5d,ΔTU,20℃)	2～30	0.5～25
COD 量(2h)	30～160	3～125
NH_3-N(以 N 计)	0.25～15	0.1～20
TN(以 N 计)	1～100	0.5～60
SS(干燥,105℃)	2～80	1～50
氰化物	0.03～0.1	0.06
氟(使用 HF 烷基化的炼油厂)	1～10	
NO_3^-	2～35	

续表

参数	浓度/(mg/L)	负荷/(g/t 原油或原料加工)(年平均)
NO_2^-	2～20	
PO_4^{3-}(以 P 计)	0.1～1.5	
TP(以 P 计)	1～2	0.6～1.2
S^{2-}	0.01～0.6	0.3
SO_3^{2-}	<2	
AOX(以 Cl 计)	<0.1	<0.06
苯	<0.001～0.05	
苯并[a]芘	<0.05	
BTEX	<0.001～0.1	0.001～0.005
甲基叔丁基醚(不生产 MTBE 炼油厂水平更低)	<0.001～0.1	
酚类	0.03～0.4	0.01～0.25
表面活性剂(阳离子和阴离子)	<2	
As	0.00055～0.1	
Cd	0.0009～0.05	
TCr	<0.5	
Cr^{6+}	<0.1	
Co	<0.5	
Zn	<0.5～1	
Pb	0.024～0.5	
Fe	<3～5	
Cu	0.003～0.5	
Ni	0.006～0.5	
Hg	<0.0001～0.05	
V	<1	

注：本表中给出的水平是污水处理装置可实现的水平范围。一些浓度值研究报告了不同平均周期，在这里没有进行区分。它们基于不超过相关水平值的 95%给出。水量是按工艺水和闭环冷却系统净化水计算的。

如果对上游水采取了足够水管理措施以保证水稳定的质量和流量和适当缓冲，通过废水处理装置设计，对最重要关键参数（SS、TOC、COD 和 BOD）可以自动监测，从而导致局限甚至减少操作者注意力。TOC 和 COD 可以连续监测，然而 BOD 需要几天分析一次。

(3) 适用性

WWTP 通常在炼油厂内占据很大空间，特别是生物处理装置，因为生物降解过程缓慢。为了节省空间，建议集成水管理原理到设计中以实现紧凑布置。整套 WWTP 占据约 1ha 面积，不包括很多炼油厂安装的作为防护底线的观测池。雨水量取决于当地气象条件和炼油厂规模与布局。

(4) 参考文献

[101, World Bank, 1998], [181, HP, 1998], [262, Jansson, 2000], [257, Gilbert, 2000], [118, VROM, 1999], HELCOM 和 OSPAR 建议, [268, TWG, 2001]。

4.25 废弃物管理

本节及前面两节讨论出现在炼油厂的末端处理工艺。这些技术出现在这里的原因是给出技术的总体描述和避免重复。末端技术的介绍没有在前面章节出现。在本节，关于环境效益、跨介质影响、运行数据、适用性的一般信息在这里描述。在讨论这些生产工艺的每一节中可以发现不同工艺活动应用的预防和最小化技术。实施废弃物最小化和预防废弃物产生管理措施可在本章中找到，本节包含炼油厂内可能应用的废弃物管理系统。这些技术只在本节中讨论。

炼油厂残渣废弃物通常以污泥、废工艺催化剂、滤饼和焚烧器灰的形式存在。其他废弃物部分来自烟气脱硫、飞灰、底渣、废活性炭、滤渣，部分来自水预处理的无机盐如硫化铵和石灰、油污染的土壤、沥青、吹扫物、废酸碱溶液、化学药剂，以及其他。这些废物的处理包括焚烧、场外土地处理、就地填埋、场外填埋、化学固定、中和和其他处理方法。

4.25.1 废弃物管理计划建立

(1) 概述

建立环境管理系统（4.15.1 部分）的内容应该包括防止废弃物产生和一些有助于防止土壤和地下水污染的污染预防技术。这些技术可能包含如下几项。

- 以减少污泥产生为目标的污泥控制计划的实施。
- 提供封闭取样环路。
- 只在特别建设和指定的区域清洁和装配。
- 提供专门排水系统。
- 物理屏障，例如泥土墙或者塑料膜，可以围绕场界安装。为了有效地容纳油污染，屏障需要延伸到地下水位以下。也需要监测井以保证如果有油积累在屏障下面，在它们有机会逸散出边界之前可以被去除。第二种形式的屏障是沟渠，也延伸到地下水位以下。可以观察到离开现场的任何油漂浮在沟渠的水面上并予以回收。沟渠外表面可以用不渗透层密封，例如混凝土、塑料、泥土、钢桩等。
- 地下水，像地表水一样基本上向低处流。因此，通过泵降低现场内部水位，使其比外部水位低，可以防止地下水离开现场。那时水将会流进现场而不是流到外部。用泵抽出的水需要处置。可能会使用这些水作为现场供给目的。如果将它排放，那么需要监测以确保没有被污染。如果受到污染，将以必要方式处理，这种方法会受到废水处理系统容量的限制。

• 地下管道排放最小化。地下管道排放是释放到土壤和地下水排放的未觉察的来源。检查、维修或者用地上管道代替地下管道系统可以减少或者消除这些潜在来源。改造非常昂贵。

• 进行风险分析，按发生偶然泄漏的重要性程度排列（考虑的内容是储罐/管道中的产品、设备年龄、可能受到影响的土壤和地下水的特性）。优先区域是最需要不渗透性地面的地方。制订一个多年控制计划以安排必要步骤。

• 定期检查排水沟和管道的泄漏。

• 在运行过程中调整运行条件以延长催化剂寿命。

• 控制减黏裂化装置原料中钠含量以减少焦炭的形成。

• 工艺最优化以减少不合格产品，相应减少了循环。

• 充分循环碱直至完全报废。

• 废弃物混合物分类，例如混凝土和金属碎屑。具有成本吸引力（一些成分更便宜处置路线）和消除不希望成分的风险。

• 石棉绝热：压紧和填充特殊设备。

• TEL/TML 污垢/污泥：高锰酸盐处理消除 TEL/TML。

• 含油固体（土壤）：油提取器中脱油。

• 中和：将聚合催化剂（H_3PO_4）和石灰混和。

• 处理前通过蒸汽、冲洗或者再生进行工艺处理：黏土和砂过滤器，催化剂。

• 释放到废水排放系统的固体占到炼油厂含油污泥一大部分。进入排水系统的固体（主要是土壤颗粒）被油包裹，在 API 油/水分离器中以含油污泥形式沉淀。因为典型污泥中固体在重量上占 5%～30%，防止 1kg 固体进入排水系统可以消除 3～20kg 含油污泥。Amoco/USAEPA 研究估计在 Yorktown 设施中每年 1000t 固体进入炼油厂排水系统。用于控制固体的方法包括：在铺装区域使用街道清扫器、未铺装区域进行铺装、装置地面覆盖未铺装区域、排水系统重新做衬里、清扫来自沟渠和捕集池的泥土、通过在冷却水中使用防污剂来减少换热器管束的清洁固体。

• 在工艺/雨水合流管道中产生的含油污泥是炼油厂废弃物的重要部分。从工艺废水中隔离相对洁净的雨水径流可以减少产生的含油污泥数量。另外，从更小的、更集中的工艺废水中回收油的可能性更大。

（2）环境效益

防止污染土壤和地下水，同时减少产生的废弃物数量。

（3）参考文献

[195，The world refining association，1999]，[316，TWG，2000]，[115，CONCAWE，1999]。

4.25.2 污泥管理和处理

（1）概述

污泥被定义为水中的含油乳液，以固体的形式被固定下来。在炼油厂中，在下列来源产生大量不同种类的污泥：原油和产品罐（底物）、API 分离器装置、絮凝和浮选装置、DAF、被污染的土壤。生物污泥代表了在油含量和脱水性能方面一种重要的不同种类污泥。根据 CONCAWE，在 1933 年，欧洲 44%的炼油厂污泥被焚烧、9%用于土地耕作、30%被填埋。可预见，随着即将到来的欧盟立法，填埋和土地耕作会被逐渐禁止，这意味着污泥预防范围的减小，但未来第三方的污泥焚烧会增加。

通过脱水、干燥和/或焚烧处理污泥的目的是减少体积和残留的烃类化合物含量以节省后续加工或者处置的成本。通过倾析器机械脱水的原理是基于离心力和水、油和固体密度的不同。热处理步骤的原理是基于通过间接加热蒸发和/或通过热氧化（焚烧）破坏有机成分的结合。

沉降式离心机在含油污泥和生物污泥脱水方面使用最广泛。水蒸气干燥器几乎专门用于生物污泥，且经常是作为焚烧的预处理步骤。污泥饼的土地耕作处理仍然在实践中，但是鉴于排放和土壤污染风险，将逐渐被限制。

沉降式离心机在（炼油）工业中广泛应用于污泥脱水和脱油，可作为固定设施或者由承包商提供移动服务。脱水的生物和含油污泥通过干燥和/或焚烧技术可以进一步处置，结果产生了有用的无油残渣。

在为了减少数量和相关处置成本前提下，含油污泥脱水只应用于炼油厂处理污泥饼。处置至水泥回转炉、燃煤动力装置、专用污泥焚烧炉、市政和危险废物焚烧炉都已经实施。因为安全风险，炼油厂目前几乎不使用干燥措施。污泥脱油/脱水产生少量固体和低溶剂废物（离心分离或者过滤）。

图 4.18 为污泥处理和焚烧的工艺流程，这是污泥焚烧最适合的技术。FBI 砂床的污泥饼进料可以通过容积泵完成。焚烧需要的氧经由风箱和开孔板注入空气到流化床。鼓风机使流化床内的砂子流态化。燃烧过的烟尘颗粒离开流化床并进行烟气处理。这可以由废热锅炉（WHB）、ESP、洗涤器、烟气加热器（避免可见水蒸气烟羽）、烟气通风机和烟囱组成。灰通过一个链式/斗式传送器组合或者气动输送进入料斗，通常需要喷水除尘和在双桨混合器中凝聚。在较小焚烧炉中水急冷用于织物（袋式）过滤器之前将烟气从 850℃冷却至 150℃。

流化床运行温度可以分别控制在 800～850℃和 850～950℃。WHB 在 250～450℃，ESP 在 220℃，洗涤器在 50～200℃之间运行。在 FBI 中，所有烟灰都是由烟气从顶部带出，这造成大量粉尘负荷至 WHB 和 ESP [通常 50000(标)mg/m^3]。约 50%粉尘在 WHB 中被收集，它可以看做是沉降室。ESP 捕获效率通常为 99%，留给（文丘里）洗涤器系统去除约 500(标)mg/m^3 的粉尘，达到严格的 CEC 限值 5(标)mg/m^3。烟灰可能会在混凝土或者沥青中找到一个有用出路，取决于其质量。

应该提到的是，由这些系统产生的 SO_2、NO_x、CO、有机化合物、PAH、重金属排放应该通过合适的减排技术适当控制。

（2）环境效益

污泥产生可以最小化，炼油厂中可以维持到每加工 1t 原料污泥产量在 0.1～0.5kg 之间。

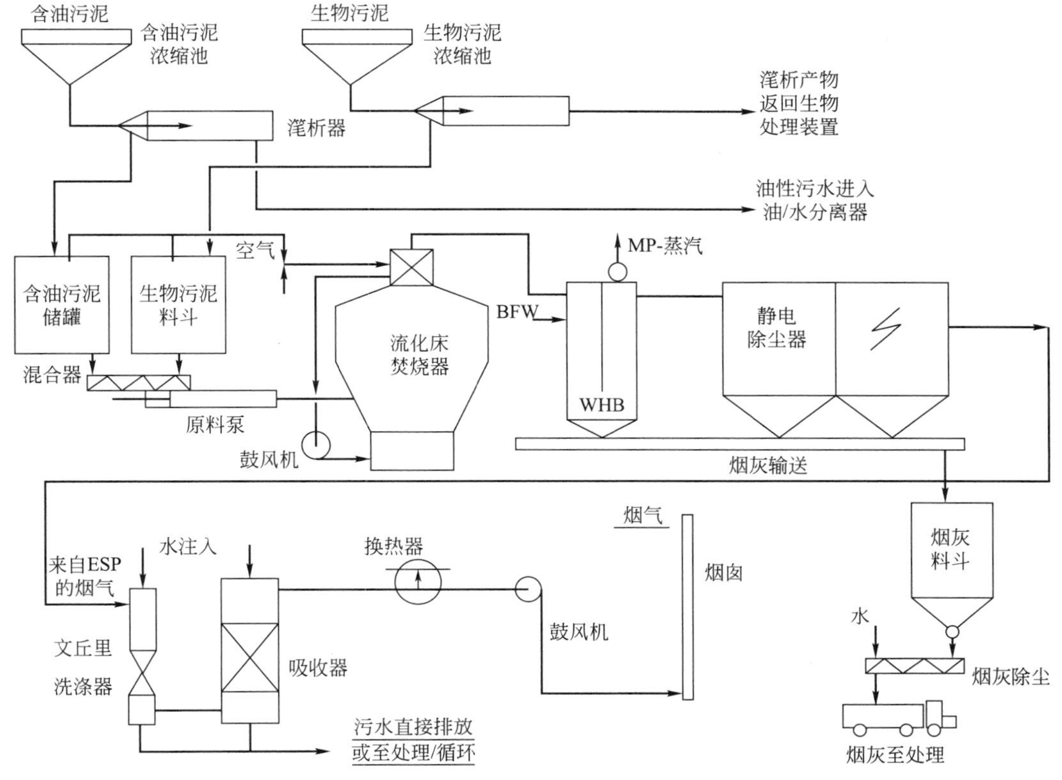

图 4.18 污泥处理和焚烧的工艺流程

(3) 跨介质影响

如果烟气中出现酸性成分（SO_2 和 NO_x）且浓度需要去除到法定限值，洗涤可能需要加碱。有烟气处理和烟灰处置的 FBI 是一个全自动化控制的封闭系统。这个系统需要保持微负压。该系统被认为是污泥焚烧最先进的，并能够满足所有法定烟囱排放要求的技术。二噁英（PCDD/F）在高氯负荷结合不佳操作条件下产生可能是一个问题。生活污泥焚烧炉的烟气处理系统中，安装浸渍活性炭过滤器（ACF）或者分子筛用于汞/二噁英控制。来自洗涤器系统的污水量很大。如果要求在排放之前处理，洗涤器水循环只是一个具有成本效益的提议。

(4) 运行数据

安全问题与开车及（计划或应急）停车有关，其中火焰控制连锁和氮气吹扫系统是必需的。厌氧和自燃污泥（罐底物）在储存和干燥过程中可引起安全问题。污泥干燥和焚烧的能量需求很大程度上取决于污泥饼的特性（水和渣油含量）。与 FBI 能量集成是双重的：空气预热初级流化气体是标准的，水蒸气产生相对经济，伴随着系统能够每小时产生大于 8t 的 MP 水蒸气。FBI 的内在缺点是为了保持床流态化使用相对较大量的空气。

(5) 适用性

由于其成本高，选择减少/回收废弃物是在废物焚烧前应用的更典型的废弃物最小化方案。流化床焚烧炉可以是第三方废物处置行业接收废物的一个选择。

(6) 经济性

对于容量为 4t/h 的污泥饼（20%干固体）的 FBI 需要面积约为 50m×100m，包括储罐和完整的烟气和烟灰处理。装置通常高 12～15m（储罐、焚烧炉、WHB、ESP、烟灰料斗），烟囱高度通常最少为 40m，取决于配套装置。上述描述的系统适合一家大型的 20Mt/a 的炼油厂，需要约 3750 万欧元的资本投资（包括装置）。运行成本可能达到 500～700 欧元/t 干固体。如果可以应用大型生活污泥焚烧炉的话，也可以采用工业污泥，具有专门污泥焚烧系统的装置在经济上是不合理的。对于较小炼油厂，合同委托进行脱水、干燥、焚烧比自己处理更具有竞争力。

倾析器结合含油污泥先进干燥系统只占上述空间的 10%～15%，并且会因为避免昂贵烟气处理，而涉及 500 万欧元的资本投资。

(7) 实施驱动力

在最近 5～10 年，在一些地方，污泥产量最小化，污泥在罐或池收集污泥，并且在重力沉降之后尽可能多地回收油和水，已经变得非常普通。

(8) 装置实例

沉降式离心机是可靠的、先进的和经过证明的使排放最小化的技术。例如，位置固定的炼油厂，如 Godorf、Gothenburg 和 Stanlow，已经安装永久固定的沉降式离心机。无论是现场污泥处理，还是收集和场外处理（倾析，干燥，在水泥窑、动力装置或工业/生活废物或者专门污泥焚烧炉中焚烧）需要每年几次雇用承包商。

采用流化床系统的污泥焚烧装置是最先进的，但是需要先进的设计和工艺控制。在 Mobil、Wilhelmshafen、Shell Pernis 和 Godorf、Esso Botlek 的一些炼油厂，这些系统在 20 世纪 70 年代就已建成。与必要投资和额外烟气净化设备运行相比，因为当前有更经济的选择，它们中的一些装置已经被拆除。如果那些装置使用适当减排技术，含油污泥混合其他废弃物作为水泥窑和/或动力装置的二次燃料，代表着一种有吸引力的处置路线。国际污泥承包商使用移动倾析器和干燥系统用于油回收（Impex，EPMS，土壤恢复 A/S）或者使用固定的含油污泥处理系统（ATM）。

4.25.3 废固体催化剂管理

有色金属 BREF 已经出版。在这个 BREF 中，从二次材料（如炼油厂催化剂）中回收金属所使用的技术被广泛讨论。

在 20 世纪 80 年代之后的 20 年里，炼油厂中催化工艺的使用已经大大增加。这主要是由于催化渣油转化工艺的引进，例如重油渣油裂化、加氢裂化和渣油加氢转化、加氢脱金属和加氢精制，还有氢气制备。自 1980 年以来，加氢处理和加氢脱硫加工能力显著扩大，硫黄回收装置和相应尾气处理也是如此，这些工艺也使用催化剂。传统催化工艺例如流化催化裂化、催化重整和异构化也是废催化剂的产生者。

(1) 概述

废催化剂管理的目的是尽量减少对环境和健康的影响。为了实现这一目标，废催化剂需要小心处理、安全去除和细心包装，并送往再活化或者回收金属。回收金属的目的是转化废催化剂为有用产品，在最小环境影响下回收和再利用。

废催化剂管理的原则是按计划、严格管理和安全处理涉及的材料，通常在周转期间由专业承包商执行。有时新催化剂供应商做出回收废催化剂的安排。

临氢加工催化剂再生一般可能是 3～4 次。最终废催化剂几乎全部由第三方重新制作用于商业金属氧化物或者金属盐溶液。尽管已经开发了废催化裂化催化剂再生工艺，但几乎很少使用，因为有更便宜的替代方法。催化剂载体（Al_2O_3 和/或 SiO_2）有时可以转化成产品或者以其他方式处置。一些炼油厂获得管理部门许可，在现场进行废催化剂储存。废催化剂可由类型、工艺、组成和可回收性区分。表 3.78 给出了一个总结。

钴/钼催化剂，来自加氢脱硫、加氢裂化、加氢处理。可进行广泛的再生和回收的。

镍/钼催化剂通常用于加氢处理和加氢裂化装置。可进行再生和回收。

镍/钨催化剂用于润滑油加氢精制。鉴于高钨含量［24%（质量分数）］，这一类别的处置受到限制。

催化裂化废催化剂，也包括重油和渣油裂化废催化剂（RCC），是炼油厂中最大的废催化剂种类。可用于道路建设。

重整和异构化催化剂由新鲜催化剂供应商完全重新处理。由于有非常昂贵的稀有金属铂包含在内，从引进这些工艺开始，通常更换合同就已经达成。

加氢脱金属催化剂通常有高钒含量（10%～20%），并且目前的基材是 Al_2O_3（曾经是 SiO_2）。钢铁行业的直接处置可能是最具成本效益的选择。

来自 H_2 装置的含锌床通常由加工硫化锌矿石的锌工业回收。数量约为 50t/a。

应用的再生工艺基于热破坏无机基体的火法冶金技术（焙烧、煅烧、熔炼、烧结和还原炉）和以干态或液体金属浓缩液回收/纯化金属盐的湿法冶炼方式（水/酸萃取、结晶、沉淀、分离和干燥）。

回收装置（更多信息参见有色金属 BREF）通常以分批处理模式操作，包含许多不同单元操作。从总废催化剂中仅能生产出约 5%纯产品。剩余的是铁合金原料或陶瓷原材料。装置通常小批量处理。废临氢加工催化剂在成分上变化相当大。因此，装置工艺自动化受到限制。

（2）环境效益

从催化剂中回收金属。

（3）跨介质影响

废催化剂管理是一个环境关注领域，因为长期不受控制的储存可能会导致土壤和地下水重金属污染。

如果炼油厂已经采取适当催化剂管理措施，环境关注的焦点通常是在废催化剂再生设施上。大部分这些装置目前和适当烟气和废水处理设施一起运行，排放符合现今标准。这对于能够接受石油公司利用这些废催化剂回收承包商而言是一个重要要求。覆盖废催化剂接收设施正在运行或正在考虑中。

(4) 运行数据

安全处理化学品是废催化剂金属回收商的一个重要问题，因为正在处理有毒的和自燃的材料。在废催化剂处理过程中，炼油厂能量利用和工艺材料并不是特别相关。

(5) 经济性

处理和金属回收成本很大程度上取决于废催化剂的成分。对于贵金属废物，甚至需要支付回收费用给废物产生者。当前 HDS 催化剂的平均处理成本约为 500 欧元/t。目前严格的国际上公认的法律程序，其中包括特殊包装（$2m^3$ 容器租金为 5 欧元/d）、标签和验收及运输成本，大大增加了这些成本。现场处理废催化剂对一个炼油厂来说是不经济的。

含有限 V/Ni 成分的废催化裂化催化剂在主管部门同意下，由原材料供应商接收用于道路建设工程。材料有时用于水泥和沥青填料。

(6) 装置实例

废催化剂再生开始于 20 世纪 80 年代初。所有加工者使用不同复杂程度、回收能力和环保性能的火法和湿法冶金工艺。目前应用的火法和湿法冶金工艺被认为是可接受和经过证明的技术。

(7) 参考文献

[118，VROM，1999；122，REPSOL，2001]。

4.25.4 废弃物回收和循环

废弃物循环和再利用最大程度减少处置量。

4.25.4.1 重质渣油处理

炼油厂产生的重质渣油是不同装置（蒸馏、转化）的最重馏分和那些没有应用的产物，通常在炼油厂内再利用。这些渣油有可以利用的热值。下面列出了那些可能用于减少这些渣油量的处理技术。所有这些技术已经在其他章节中分析过，但是现在把它们在这里放在一起，帮助读者理解炼油厂可能如何处理重质渣油。

(1) 提高氢含量方法（加氢）

- 催化加氢（包括在 4.13 部分），如渣油精制、RCD UNIBON、单向裂化、HY-VAHL-ASVAHL 加氢处理、AUROBAN、H-Oil、LCFining、HYCON。
- 非催化加氢（包括在 4.22 部分），如加氢减黏裂化、动态裂化、供体溶剂减黏裂化。

(2) 增加碳含量方法

- 催化裂化（包括在 4.5 部分），如常压渣油裂化（RCC）、重油裂化、VEBA 联合裂化（VCC）、深度催化裂化（DCC）。
- 非催化裂化（包括在 4.7 部分和 4.22 部分），如延迟焦化、流体焦化、灵活焦化、LR-焦化、脱沥青、DEMEX、Rose 技术、减黏裂化、热裂化、部分氧化。

4.25.4.2 提高含油污泥中油回收

炼油厂固体废物很大一部分是由含油污泥构成的，任何从污泥中回收油的提高都可以大大减少废弃物生成量。目前使用许多技术用于机械分离油、水和固体，包括带式压滤机、凹腔式压滤机、旋转式真空过滤器、螺旋离心机、盘式离心机、震动器、热干燥器和离心机-干燥器组合。

4.25.4.3 再生或消除过滤黏土

炼油厂过滤器的黏土必须定期更换。废黏土通常含有大量夹带的烃类化合物，因此被认定为危险废物。

可能应用的技术如下。

- 用水或水蒸气反冲洗废黏土可以减少烃类化合物含量至标准水平，可以再被利用，或作为非危险废物处理。
- 再生黏土的另一种方法是用石脑油冲洗黏土，通过水蒸气加热干燥，然后作为原料加入燃烧炉再生。
- 在一些情况下，黏土过滤可被加氢处理完全取代（参见 4.20.4 部分）。

4.25.4.4 不合格产品再加工

按照惯例，炼油厂有专门的储罐（所谓“废料”）以收集不能混合进最终市场产品的烃类化合物/中间产品。这些废料一般通过注入原油蒸馏装置或焦化装置的原油原料中的方式再加工。通常对干湿废料实行隔离。湿废料罐配备设施以从油中分离（排放）水（以防止水涌进入原油蒸馏塔）。在一些炼油厂中分别安装了废料加工（蒸馏）设施[259，Dekkers，2000]。

来自水处理装置的物流（如来自拦截器的油/水混合物）可以输送到湿废料罐。来自污泥浓缩机（离心机/倾析器）的油可以输送到废料罐中。通过这种方式，也可以回收来自 DAF 装置污泥中的油[259，Dekkers，2000]。

4.25.4.5 在装置外回收/再利用

减少废物产生的方式是回收或再利用。一些被认为是良好环境做法的实例如下。

a. 一些催化剂用于回收金属（重整、脱硫）（参见 4.25.3 部分）。

b. 废润滑油：重新炼制（参见 4.25.4.6 部分）。

c. 桶/容器：再调整。

d. 废碱液可以使用：（参见 4.20.2 部分）。

e. 烷基化工艺：氟化钙。

- 生产 HF 产品。
- 作为助熔剂（钢铁行业）。

f. 聚合装置催化剂作为肥料再销售（参见 4.18.2 部分）。

g. 销售来自烟气脱硫装置的石膏或硫酸。

h. 粉尘：在 Welmann Lord 脱硫工艺的再生烟气中，注入氨气，以防止形成 SO_3。因此，高达 80%的烟灰由 $(NH_4)_2SO_4$ 组成，可作为肥料或作为氨气生产的基本材料

[250，Winter，2000]。

i. 纸张、木材、玻璃、废旧金属。

j. 建筑/拆除垃圾。

- 混凝土至破碎机，用于公路建设等。
- 沥青废物再利用，例如公路建设。

必须说明的是，如果这些废物馏分满足一定标准（如化肥中污染物浓度）和不改变原有产品特性（例如在水泥工业使用石膏时），公司外部废物馏分/残渣的再利用只是一个选择。

4.25.4.6 废润滑油再利用

（1）概述

废润滑油在炼油厂内可以作为燃料组分或作为再炼制原料再利用。废润滑油控制焚烧是另一个选择。

（2）环境效益

减少在炼油厂内产生的废润滑油量和作为废润滑剂接收器。

（3）跨介质影响

废润滑油一般不确定，可能含有所有种类添加剂和污染物（甚至PCB）。含污染物的废润滑油进入商业燃料油会使客户面临高风险。炼油厂燃料，包括这些废物会造成安全风险。

（4）适用性

一些适用性问题已被发现。例如，来自车库的废润滑油可能含有作为除油剂使用的有机氯化物，在加氢处理装置中它们将转化成盐酸，在这种高压力充满氢气的装置中造成严重腐蚀。只有通过应用控制良好的预处理技术，处理后的废油可升级作为燃料组分。通常这种预处理与炼油厂运行不兼容，是在炼油厂外由专业公司来进行的，它们也负责收集废油。废润滑油用作燃料组分的唯一例外是废润滑油是炼油厂自己产生的且其成分没有任何疑问。

（5）实施驱动力

减少废润滑油量。

（6）参考文献

[259，Dekkers，2000]。

4.25.4.7 实验室样品回收

实验室样品可以回收到油回收系统。

4.25.5 废弃物生物降解

本节包含可能在炼油厂现场专业使用的炼油厂废弃物生物降解的方法。本节不包含受污染土壤的修复方法。正如本书适用范围所述，土壤修复技术被认为超出了本书的范围。

(1) 概述

许多炼油厂废物中存在的危险化学物质可以通过微生物方法转化为无害成分，如水和 CO_2。在一般情况下，土壤中污染物的微生物降解过程实质上非常缓慢，因为这种降解的工艺条件很少处于有利状态。为了加速降解必须满足一些条件。

目前生物净化技术是基于生物降解工艺条件的优化。生物降解的合适微生物可能已经出现在要处理的废物中或可能必须添加。如果需要特殊微生物，则需要添加。这些特殊的微生物可以通过选择和驯化得到。

(2) 运行数据

最重要的因素是温度控制、充足氧气、养分以及合适的微生物。同样重要的是污染物浓度水平和浓度变化。有毒化合物的存在会干扰降解工艺。有时，天然有机化合物的存在对生物降解工艺具有积极影响。

总之下列条件必须得到满足，从而优化炼油厂产生废弃物的降解速率。

- 保持足量的功能性微生物。
- 污染物或其他化合物无毒浓度。
- 调整准确水含分量。
- 存在足够养分（主要是磷和氮的比例为 1∶10）。
- 对好氧工艺来说有充足氧气，对厌氧工艺来说要完全耗尽氧气。
- 适宜温度（20～30℃）。
- pH 值为 6～8。
- 温度控制。
- 必须采用措施防止挥发性污染物或降解产物排放到空气中（通过覆盖区域和处理废气）和防止排放到水中和土壤中（通过密封地面和再利用多余的水）。
- 为微生物提供充足污染物（最好没有峰值浓度），包括养分、废物、惰性物质（如土壤）和污染物的良好混合。

(3) 参考文献

[115，CONCAWE，1999]。

4.25.6 稳定化/固化废弃物

(1) 概述

下面工艺是常用的。

① 固化

向废弃物中添加材料以产生固体的工艺。它可能涉及物理包围污染物的固化剂（如水泥或石灰），或者利用化学固定工艺（即吸附剂）。由此产生的废弃物通常是一个容易处理的低浸出性固体。不同固化工艺列举如下。

- 以水泥为基础的工艺。在这个工艺中，浆化废物与水泥混合，在硬化过程中合并入硬性混凝土母料。在同一行业中，可能使用废催化裂化装置（FCCU）催化剂作为水泥制造的添加剂。当使用水泥时，催化剂组分形成不溶性水合物和白垩出现在水泥混合物中，这有利于固定重金属。

• 热塑性技术。一般情况下，热塑性固化技术的使用限于干燥固体材料。

• 与沥青混合。用沥青进行废物处理作为一种处置方法应用于油制造工业。这个工艺允许处理含有高浓度（高达 10%）、高沸点范围烃类化合物的土壤。

② 稳定化

将废物转化为耐浸出的化学稳定形式。这可能通过 pH 值调节达到。稳定化一般导致一些种类的固化（大块或干粒状固体）。

• 化学稳定化。这些工艺基于石灰与废物和水反应形成化学稳定性产物。当压紧时，对水的孔隙度非常低。这减少了浸出风险。

③ 封装

以新的不渗透物质完全覆盖或包裹废物。存在两种类型封装技术：微型封装和宏观封装。

微型封装技术是基于通过形成整体式的低渗透性的硬块从而减少废物表面与体积比例。宏观封装封闭较大数量废弃物，如整个废物容器。废弃物的宏观封装是通过硬性、支撑重量的母料和无缝外套来包裹它们。

（2）环境效益

稳定化和固化是用来改善废物处理和物理特性的处理工艺，减少污染物可浸出的表面积，或限制有害成分溶解度。

（3）适用性

① 以水泥为基础工艺

当废弃物含有金属时这个工艺特别有效，因为在水泥混合物高 pH 值下大多数金属化合物转化为难溶金属氢氧化物。在废催化剂存在下，目前大多数金属化合物以氢氧化物的形式存在，这种方式也会增加含废弃物混凝土的强度和稳定性。另一方面，有机杂质的存在可能作为混凝土固化的干扰剂，这限制了这种处置路线的应用。

② 热塑性技术

在一般的情况下，热塑性固化技术的使用限于干燥固体材料。不适合使用这种技术的废物如下。

• 有机化学品（这些可能形成溶剂反应）。

• 氧化盐（这些可与有机物反应造成基体材料的变性；在高温下这些混合物是极易燃烧的）。

• 脱水盐（如硫酸钠容易在增塑沥青需要的温度下脱水；当沥青基体在水中浸泡时，硫酸钠可能发生再水合，这会导致沥青膨胀及开裂）。

③ 与沥青混合

它作为废催化裂化催化剂的处理方法，用来生产道路沥青填料组分，此时催化剂作为较小组分出现。催化剂颗粒被完全封装，水难以萃取。这个工艺允许处理含有高浓度（高达 10%）、高沸点范围烃类化合物的土壤。土壤与沥青混合生产一种稳定的适合公路建设使用的最终产品。

④ 化学稳定

这种技术适用于固定高含水率污泥，产生可以压缩的粉状疏水产品。固定的产物是疏水的而且随着时间变硬，往往具有良好的土木工程应用性能，如地基、储罐基础、堤坝和筑路。

⑤ 封装

适用于对处置地点积累的难以运输和以其他方式处置的废酸焦油和含油污泥进行现场处理。缺点是处理后产品占据比原有污泥更大的体积。因为它可以在现场应用，封装工艺可考虑单独应用，如停用后修复炼油厂现场或溢出后清理受油污染的地方。应用工艺的决定取决于现场的未来用途和当地法律。工艺对于处理定期产生的污泥吸引力较小，因为加大了需要处置的污泥的量。

(4) 参考文献

[115，CONCAWE，1999]。

4.25.7 废弃物储存

待处置的废弃物应该以经过地方主管部门批准的环境可接受方式储存。储存不应该产生次生环境问题，如由于雨水渗透或现场径流造成的恶臭或地下水污染。最好是储存在密闭罐、容器或袋中，地点四周有堤坝或坡脚墙，排水到已准备好的系统。自燃材料要求的特别注意事项是消除火灾风险，必须保持潮湿、密封或惰性气体覆盖。

5 BAT技术

在理解本章及其内容时，读者应回到本书的序言部分，特别是“0.2.5 本书的理解和使用”。通过重复的过程，评估本章出现的技术与相关排放/消耗水平，或水平范围，包括以下步骤：

- 确认炼油厂和天然气加工行业的关键环境问题；
- 考察解决这些关键问题的最相关技术；
- 以欧盟和全球应用的数据为基础，确定最佳环境性能水平；
- 检查实现这些性能水平的条件，如成本、跨介质影响，实施这些技术有关的主要推动力；
- 一般情况下，完全依照指令的第2(11)条款和附件IV来为这一行业选择BAT技术及其相关排放和/或消耗水平。

欧洲综合污染预防与控制局和有关TWG的专家判断在每个步骤和信息出现在这里的方式中发挥了关键作用。

在本评估的基础上，技术以及与使用BAT技术相关的可能的排放和消耗水平出现在本章中，它们被认为整体上适合该行业并在很多情况下反映行业中一些装置的当前性能。“BAT技术相关的”排放或消耗水平，被理解为代表着作为本行业所描述技术应用可以预期的环境性能，并考虑BAT技术定义内固有的成本和效益的平衡。然而，它们不应该被理解为排放和消耗限制值。在一些情况下，达到更好排放和消耗水平在技术上是可能的，但由于考虑涉及的投资或跨介质影响，它们不一定被认为是适合整个行业的BAT技术。然而，这样的水平在存在着特殊驱动力的特定情况下被认为是合理的。

使用BAT技术相关的排放和消耗水平必须与任何指定参考条件一起考虑（如平均周期）。

上文描述的“BAT 技术相关水平”概念是区别于本书其他地方使用的“可实现水平”概念的。在使用特定技术或组合技术的地方，描述为“可实现的”水平，这应该理解为，在一长时间段内，在装置和工艺维护和运行良好的情况下使用这些技术能够达到所期望的水平。

如果可行，成本相关数据与先前章节中出现技术的描述已经一起给出。这些给出了相关成本大小的粗略估计。然而应用技术的实际成本在很大程度上取决于具体情况，例如税收、费用和装置的技术特点。本书不可能充分评价这些特定场所因素。在缺乏相关成本数据的情况下，经济可行性的结论通过观察现有装置得到。

本章通用 BAT 技术的目的是作为参考点，用于判定现有装置的目前性能或判断新建装置的建议。通过这种方式，它们将帮助确定“基于 BAT 技术”的装置许可条件，或在第 9(8) 条款下建立具有普遍约束力的法规。可以预见的是，可以设计新装置来达到这里出现的通用 BAT 技术水平，甚至比其更好。现有装置也被认为可以接近通用 BAT 技术水平，或做得更好，容易受到在每种情况下技术和经济适用性的影响。

同时 BREFs 并没有设置具有法律约束力的标准，它们试图给出当使用指定技术时工业部门、成员国和公众可获得的排放和消耗水平的指导信息。确定任何特定情况下的合适限值时，需要考虑 IPPC 指令的目标和当地情况。

为了补充上述内容，在本书中 BAT 技术评估遵循的方法可以总结为以下几个步骤。

- 环境性能——与跨介质环境影响平衡——是用来确定 BAT 技术的主要标准。此外，BAT 技术考虑的技术应该在炼油行业或其他工业行业具有示范性应用。在后一种情况下，工作组成员的专家判断应该是它在炼油行业中的实施没有技术限制。
- 被认为是 BAT 技术的技术，需要在行业内是经济上可行的。对于这种评估，如果技术已经在炼油行业或其他类似工业行业的一定数量的场合应用（技术更复杂和更昂贵，需要更多数量的经过证明的运行经验），那么可以认为它在经济上可行。
- 运行数据和适用性是在特定情况下实施 BAT 技术考虑的限制条件。这些限制与 BAT 技术（如新建与现有的）一起提到。在现有装置上实施技术的通常适用性问题（如空间、运行问题）在本章没有提到，除非它们非常特殊（但在第 4 章中提到）。

如前面段落和前言中提到的，第 5 章在可能的地方包含使用一种或一组被认为是 BAT 技术的技术，与之相关的排放或性能水平的范围。除非另有说明，本章给出的所有 BAT 技术相关排放水平都是日均值。除非另有说明，气体浓度修正为 3% O_2 且在干燥条件下。在目前只有一种技术能代表 BAT 技术的情况下，性能和排放水平不能通过单个数字来定义，因为实际情况中原料、集成程度、工艺变化或其他环境不同。在 BAT 技术是一组或组合技术的情况下，其中的每种单个技术都有自己相关水平范围。然而，每种技术的适合范围综合为一个单个范围，通常比这些相关单一技术的范围更广。在一些情况下，已经报道的一些范围的极限值只能通过组合至少两种技术才能达到。

给出的范围包含了可在第 4 章中找到的最低排放水平，除非最低水平在特殊局部环境才能达到。范围上限一般不与第 4 章给出的最高值对应。这个上限值由报道的较好环境性能水平确定，但也考虑降低排放成本和工艺要求限制。在这方面，建议的范围与BAT技术的定义一致。对于某些技术，给出了减少的百分比及相关排放水平。减少的百分比（基于前面章节的数据）与技术潜力相关。必须认识到，如果加工污染较严重原料，需要应用更高的削减百分比，以达到BAT技术相关排放值。每个范围都有自己的目的和重要性，在工艺许可过程中可以提供帮助。

关于本章中相关排放范围上限值的确定，工业界和两个成员国表达了不同观点。不同观点是他们认为在第5章中上限值应该与第4章中给出的上限值相一致，他们的理由是如果一种考虑作为BAT技术的技术已经应用在一套装置中并达到了某一值，该值就应该被认为是在相关排放值范围内。

(1) 帮助本文件的使用者/读者的一些关键研究结果

在本书编写过程中，TWG提出并审议了几个重要问题，这些或许能够帮助本书未来的使用者/读者。

• 由于炼油厂的复杂特性，不同炼油厂配置和工艺集成度的多样性，因此强烈建议在为单个炼油厂确定最适合解决方案时，联系第4章来阅读第5章。为了在这个主题帮助读者，第4章参考文献已经包括在第5章中。

• 由于在欧洲建造新设施的可能性很低，行业环境改善通常是通过应用BAT技术到现有装置来获得。这种现有装置改进通常称为“改造”。在相关的和可量化的方面，在本书中考虑了新建和现有装置的差异。

• 对于炼油厂的集成方法，需要注意的是集成既包括单个装置环境方面的集成，也包括整个炼油厂作为整体的环境方面的集成。这可以说明一个事实，即如果一个炼油厂计划去建立一套新装置或替换现有装置，新装置可能会影响大部分（如果不是全部）炼油厂内其他装置的运行，从而影响整个炼油厂的环境性能。

• 下面章节出现的某些预防技术（如用其他工艺更换烷基化工艺）可能很难在已有装置上实施。原因是，从目前做法改为更环境友好的技术需要一定的环境和经济成本（如装置停用），这可能会抵消应用这种技术的环境和经济优势。因此，应用仅在主要的重建或改进，以及新建装置上合理。现有装置可能有限制因素，例如空间和高度，这阻止了这样一些技术的充分采用。需要在当地/现场层次上进行适当评估。

• 在不影响前面段落情况下，在本章出现的控制和减排技术广泛适用于炼油行业新建和已有设施。

• 许多因素影响炼油厂是否应该具有某一特定工艺技术或污染减排技术。在地方水平上使用本书时，需要考虑诸如炼油厂产品、加工原油类型、炼油厂类型等因素。同样，技术在一个地方/现场的实际成本可能不同于它们在其他地方的成本。即使在相同地方，同一技术的成本也会变化很大，取决于特定情况（例如加热炉空间布局、空间可用性的不同）。当它们出现时，独立评估（如工程承包商开展的）可能解决问题，且仅在当地水平上进行。

• 对于实际环境性能接近BAT技术性能的现有装置，考虑为达到BAT技术水平而实施的新措施的边际成本效率是适当的（关于成本效益分析的更多信息参见下文）。

• 除了本章提到的 BAT 技术，炼油厂 BAT 技术包括其他 IPPC 文件和国际法规的内容。在这方面，应特别注意储存和处理 BREF、工业冷却 BREF、监测 BREF，当炼油厂使用商业燃料（如天然气、商业燃料油、柴油）时的大型燃烧装置 BREF。

(2) 最佳可行技术相关问题

在本书编写过程中，有一些关键研究结果，它们与全面理解本章相关。

① 炼油厂比较的基础

所有炼油厂在它们的配置、工艺集成、原料、原料适应性、产品和产品结构、装置规模和设计、控制系统和环境设施等方面都不同。此外，所有者的策略、市场状况、炼油厂位置和年限、历史发展、可利用基础设施和环境法规等，是炼油厂概念、设计和运行方式变化大的其他原因。但是，也有方法通过分配所谓的复杂性指数（参见 1.3.1 部分）给炼油厂来帮助，比较不同复杂程度炼油厂的性能（参见 3.1.2 部分和 3.10.1 部分中应用），从而试图使炼油厂归一化。

② 成本效益

在判断包括在第 4 章和第 5 章的一种技术是否在一般情况下“可行”时，成本效益概念——考虑投资和运行成本——是 BAT 技术评估的一个有用工具，将各自技术与可以获得相当的污染预防或控制水平的替代技术进行比较。成本效益水平（例如每年减少 1t SO_2 排放的成本）在确定所谓的“成本效益参考值”时有用。这种成本效益指标有时也用于其他工业。技术工作组在这方面提供的一些数据可以在第 4 章和附录Ⅳ的一些技术中找到。

③ BAT 技术和环境方法

在本书准备过程中最重要的问题是如何处理炼油厂的工艺集成问题。这个问题可以通过两种不同方式来解决。

• 所谓自下而上方法，其匹配本书中详细分析方法。在这种情况下，工业行业中找到的每个工艺/流程从环境角度分析。这种方法已经确认，一些问题是普通的或集成了全部装置（所谓通用活动，例如能量系统、储存、冷却和综合炼油厂管理），而且它们需要对整个装置进行分析。

• 所谓的自上而下或气泡方法，这里给出整个装置的特定环境目标。气泡方法目前应用在炼油厂环境管理方面，特别是气体排放。更多信息参见 4.15.2 部分。

TWG 专家之间不同意见的讨论超越了单纯的技术经济范畴。基本上，它们可以被视为反映各成员国在立法和管理程序上的差异，这主要是管理和法律文化的不同导致的。因此，在 IPPC 法律结构中这种方法差异没有对错之分。这两种方法都应该得到尊重，因为在许可程序中它们具有自己的优点，并可以相互补充使用，而不是相互排斥。然而，两个方法的讨论得到的一些重要结论如下。

• 当评估在独立工艺装置中应用单独技术的相关排放值时，自下而上方法具有更直接，更符合其他 BREFs 使用的方法的优势。它让许可管理部门可以清楚地了解什么是炼油厂单个工艺或流程的最佳环境性能及目标如何实现。这种方法接着要求，应该从单个工艺或流程出发来建立整个炼油厂的集成方面。如果不能正确进行，它可能会导致次优解决方案。这种方法认为，只有在现场水平才能适当评估集成方面和计算的气泡水平。

• 如果没有纠缠于炼油厂技术一经济复杂相互关系，自上而下方法可以作为一种有效管理工具来使用，优先于在装置中应用环境技术。但是它不能给许可管理部门提供关于特定工艺/活动可能实现什么环境目标或如何可以实现特定环境目标的指导。如何实现目标的灵活性在很大程度上转移给了使用这种方法的操作者。

• 这两种方法都认为，在实践中通过提高“工艺/流程”性能（例如提高 SRU 效率、应用低 NO_x 技术）和提高“集成的/整个”装置性能（如能源效率、燃料管理、硫平衡）两者的结合，可以达到总体排放减少。因为炼油厂之间差别很大，成本可接受的一套能导致最低总排放的措施，在不同炼油厂应用的差异很大。

• 这两种方法之间已确认了某种直接关系。采用环境措施越多，气泡水平越低。附录Ⅴ给出了对于单个工艺或活动考虑 BAT 技术相关排放值，计算气泡值的一些例子。

(3) 理解本章剩余部分的一些帮助

在本章后续章节，将炼油厂和天然气加工行业的 BAT 技术结论分成两个水平。5.1 部分涉及一般适用于两个行业整体的通用 BAT 技术结论，5.2 部分包含了针对所分析的各种工艺或活动的特定 BAT 技术结论。因此，任何特定炼油厂的 BAT 技术是适用于整个炼油厂的非特殊装置 BAT 技术（通用 BAT 技术）和适用于特定情况的特殊装置 BAT 技术的结合。实际情况中，这两种方法是互补的而不是相互排斥的。

5.1 通用（整个炼油厂）BAT 技术

炼油厂由许多单个工艺装置构成。这些单个装置组合构成一个综合炼油厂的方式可对污染排放具有相当大影响。集成良好的炼油厂具有的特征是具有相对较低的总体污染物排放水平。在确定 BAT 技术时，需要考虑单一装置和整个炼油厂的环境影响。本节提供的是整个炼油厂 BAT 技术确定的内容。它包括确定适用于炼油厂和天然气工厂环境管理的 BAT 技术，以及通常意义上减少废气、废水和固体废物的 BAT 技术。本章反映了这样一个事实，即废气是炼油厂最重要的环境问题。

(1) 良好维护和环境管理的 BAT 技术

参考 4.15 部分中的内容，一些环境管理技术被确定为 BAT 技术。它们是为了环境绩效持续改进的技术。它们提供框架以确保识别、采用和遵守 BAT 技术选择，这实际上很重要。这些良好的维护/管理技术/工具通常用于防止排放。

BAT 技术性质如下所列。

实施和遵守环境管理体系（EMS）（参见 4.15.1 部分）。一个良好的 EMS 可包括如下几点。

• 编写并出版每年度的环保绩效报告。这种报告也能够向其他相关方宣传环境绩效的改进，是一种信息交流的手段（指令第 16 条）。外部验证可提高报告的可信性。

• 每年向相关方提交环境绩效改进计划。确保这份计划持续改进。

• 持续实施基准评定，包括能源效率、节能活动、大气排放（SO_2、NO_x、VOCs和颗粒物）、废水排放和废物产生。能源效率基准应包括能源效率改进的内部系统，或公司内部及公司间能源效率基准实践，旨在不断改进和吸取教训。

• 根据排放和产品，每年撰写一份硫输入和输出的质量平衡报告（包括低级和不合格产品及其进一步利用和去向）（参见4.23.5部分）。

• 通过应用先进工艺控制和限制装置异常来改进装置运行稳定性，从而尽量减少高排放（如停车和开车）次数（参见4.15.5部分）。

• 应用维修和清洗的良好做法（更多信息参见4.15.3部分）。

• 提高环保意识，并纳入培训计划（更多信息参见4.15.4部分）。

• 应用允许适当工艺和排放控制的监测系统。更多监测系统信息参见3.26部分和监测BREF。监测系统的一些要素可包括如下几项。

• 连续监测大流量和污染物浓度变化大的污染物。

• 定期监测低变化流体或使用排放相关参数。

• 定期校准测量设备。

• 通过同步对比测量，定期对测量进行验证。

(2) 减少向大气中排放的BAT技术

在实践中通过提高“工艺/流程”性能（例如提高SRU效率、应用低NO_x技术）和提高“集成的/整个”装置性能（如能源效率、燃料管理、硫平衡）两者的结合，通常可以达到大气总体排放的减少。然而，在与BAT技术相关的气泡概念下，并没有在排放值范围上达成一致。原因是：a. 单个工艺排放范围的理解不同；b. 对气泡参数的不同认识（如浓度与负荷，每年与每天，包含或排除某些工艺）；c. 解决问题的方式和灵活性；d. 环境问题（例如如何设置气泡参数）；e. 欧洲炼油厂的差异（如简单与复杂、油品型炼油厂与专门炼油厂、100%气体与高比例液体燃料、原料类型等）。附录Ⅴ给出了这些原因的一些例子。但是，第5章包含了TWG给出的不同建议和基准。这些基准范围连同时间跨度限制一起给出（非常重要，如4.15.2部分所述）。

BAT技术目的如下所列。

a. 提高能源效率（减少燃烧产生的所有空气污染物），通过提高整个炼油厂热集成和热回收，利用节能技术和优化能量生产/消耗（关于如何实现的更多具体信息参见5.2.10部分）。已经确定量化能源效率的3种方法（参见3.10.1部分和4.10.1.1部分）。适当使用这些数据在设施间建立基准，以便考虑不同地点运行差异，确定需要改进的可能领域。TWG只提供了10家EU+炼油厂的EII数据（参见图3.7）。有关这一指数数据表明，全世界炼油厂的指数在55～165范围内。下限值对应于能源效率更高的炼油厂。这10家欧盟炼油厂报告的数据在58～94范围，除去一家炼油厂，其他都低于世界平均水平（92）。较低值通常在低品位热量可对外交换的局部环境中实现。TWG认识到，比较行业内能源性能需要一个清晰和标准的能源效率计算方法

(参见结束语一章)。

b. 使用清洁 RFG,如果需要的话,结合控制和减排技术(参加 5.2.10 部分)或其他燃料气,如天然气或 LPG 来提供炼油厂剩余部分能源需求和液体燃料。在气体燃料替代液体燃料的情况下,作为燃料更换的结果,单个工艺装置或整个炼油厂减少 SO_2 和 NO_x 排放的计算并不复杂(参见 4.15.2 部分)。完全更换为气体燃料的跨介质影响和适用性限制的信息参见 4.10.2.1 部分。

c. 减少 SO_2 排放,通过如下方式。

• 量化炼油厂不同硫排放来源,确定每种具体情况下的主要排放源(参见 3.26 部分)。这种量化是硫平衡的一项内容。更多关于硫平衡的信息在 4.23.5 部分。

• 在能源系统、催化裂化装置和焦化装置上应用适用于减少 SO_2 排放的 BAT 技术(参见 5.2 部分)。

• 根据 5.2.23 部分有效运行硫黄回收装置。

减少通常为较小贡献源的 SO_2 排放,如果它们成为总排放的重要部分且具有成本效益(如火炬,来自真空喷射器气体在加热炉中燃烧)(参见 4.23.5.7 部分)。

TWG 尚未确定在气泡概念下应用 BAT 技术的相关单一排放范围(原因参见减少向大气中排放 BAT 技术的介绍)。然而,已确定一些基准(参见 4.15.2 部分)。

对于浓度气泡方法 [全部是(标)mg/m^3,$3\%O_2$],基准如下所列。

• 一个成员国建议,完全实施 BAT 技术导致一个 60~200 的气泡(日平均)。

• 两个成员国建议,基于附录Ⅴ计算,实施 BAT 技术导致一个 100~600 的气泡(月平均)。

• 一个成员国建议气泡值为 850(日平均)。

• 两个成员国基于目前做法建议一个 800~1200 的气泡范围(月平均)。

• 工业界建议气泡范围为 1000~1400(年平均),基于目前欧洲炼油厂性能。

对于负荷气泡方法(全部是 t SO_2/Mt 加工量),基准如下所列。

• 一个成员国建议,全面实施 BAT 技术导致的气泡范围为 50~230(年平均)。

• 一个成员国建议气泡范围为 50~210(年平均),基于现有 40 家欧盟炼油厂具体排放的上四分位值。

当比较日均值、月均值和年均值时(年均值应该是最低值),上述数据表明了建议范围差别很大和不一致性。

一个成员国不同意把炼油厂作为一个整体讨论 SO_2 排放。他们的建议是按照他们国家的方法来确定和实施最佳可行技术。

d. 减少 NO_x 排放,通过如下方式。

• 在每种具体情况下,量化 NO_x 排放源以确认主要排放者(如加热炉和锅炉、催化裂化再生器和燃气轮机)(参见 3.26 部分)。

• 在能源系统和催化裂化装置上应用适用于减少 NO_x 排放的 BAT 技术(参见 5.2 部分相关内容)。

TWG 尚未确定在气泡概念下应用 BAT 技术的相关单一排放范围（原因参见减少向大气中排放 BAT 技术的介绍）。然而，已确定一些基准（参见 4.15.2 部分）如下。

对于浓度气泡方法［全部是(标)mg/m^3，3% O_2］。

- 一个成员国建议，完全实施 BAT 技术导致一个 70～150 的气泡（日平均）。
- 一个成员国建议，基于附录Ⅴ计算，实施 BAT 技术导致一个 100～200 的气泡(月平均)。
- 一个成员国建议，实施 BAT 技术导致的气泡值为 150（月平均）和 200（日平均）。
- 两个成员国建议一个 250～450 的气泡范围（月平均），基于目前做法。
- 工业界建议气泡范围为 200～500（年平均），基于目前欧洲炼油厂性能。

对于负荷气泡方法（全部是 t NO_x/Mt 加工量）。

- 一个成员国建议气泡范围为 20～150（年平均），基于现有 40 家欧盟炼油厂具体排放的上四分位值。
- 一个成员国建议，全面实施 BAT 技术导致的气泡范围为 80～170（日平均）。

当比较日均值、月均值和年均值时（年均值应该是最低值），上述数据表明了建议范围差别很大和不一致性。

一个成员国不同意把炼油厂作为一个整体讨论 NO_x 排放。他们的建议是按照他们国家的方法来确定和实施 BAT 技术。

e. 减少颗粒物排放，通过如下方式。

- 在每种具体情况下，量化颗粒物排放源（尤其是加热炉和锅炉、催化裂化再生器及焦化装置）以确认主要排放者（参见 3.26 部分）。
- 通过良好维护和控制技术，尽量减少固体处置（催化剂装载/卸载、焦炭处理、污泥运输）时的颗粒物排放（4.5.9.4 部分、4.7.8 部分、4.7.11 部分、4.25.1 部分和 4.25.3 部分）。
- 在能源系统、催化裂化装置和焦化装置上应用适用于减少颗粒物排放的 BAT 技术（参见 5.2 部分）。

TWG 没有分享在气泡概念下颗粒物排放值的很多信息。原因是与硫氧化物和 NO_x 排放的情况比，颗粒物排放很少应用气泡概念。因此，这里没有数字出现。然而，一些基准包括在 4.15.2 部分。

f. 减少 VOCs 物排放，通过如下方式。

- 在每种具体情况下，量化 VOCs 排放源（例如通过 DIAL）以确认主要排放者(更多信息参见 3.26 部分)。
- 执行 LDAR 计划或同等措施。好的 LDAR 包括确定测量类型、频率、要检查的组件类型、化合物管线类型、何种程度泄漏应该维修，以及采取行动应该多快（更多信息参见 4.23.6.1 部分）。
- 使用维修泄放系统（参见 4.23.6.1 部分）。
- 对含有高蒸汽压产品的管线，选择和使用低泄漏阀门，如石墨填料阀门或同等措施（对控制阀特别重要）（参见 4.23.6.1 部分）。

• 对输送高蒸气压流体的产品管线，使用低泄漏泵（如无密封设计、双密封、使用气体密封或良好机械密封）（参见 4.23.6.1 部分）。

• 尽量减少法兰数量（在设计阶段更容易应用），在泄漏法兰上安装密封环和在法兰中使用完整性密封度高的材料（消防安全）（对换热器很重要）（参见 4.23.6.1 部分）。

• 对于末端开口的排气、排水阀，使用盲板、栓塞或盖帽（参见 4.23.6.1 部分）。

• 对于高潜在 VOCs 排放的泄压阀，排气经管线输送到火炬（参见 4.23.6.1 部分）。

• 对于高潜在 VOCs 排放的压缩机，如排气不能输送到炼油厂火炬销毁时（如排气压缩机距离），应返回到工艺（参见 4.23.6.1 部分）。

• 在所有可能会产生 VOCs 排放的常规采样器中使用全密闭回路（理解什么是常规采样器参见 4.23.6.1 部分）。

• 尽量减少火炬燃烧（参见 5.2.23 部分）。

• 在 WWTP 中采用分离池、废水池和进水槽加盖，以及用管线输送尾气。如果没有适当的设计和管理，实施这些技术可能会损害 WWTP 运行效率或造成安全问题。基于这些原因，这种技术在改造时可能有技术问题。考虑作为恶臭减排方案的一部分（4.24.4 部分）。

• 在储存和处理中应用适用于减少 VOCs 排放的 BAT 技术（参见 5.2.21 部分）。

(3) 减少向水中排放的 BAT 技术

a. 应用旨在减少排放的水管理方案（作为 EMS 的一部分）。

• 炼油厂中用水量如下表所列。

水的类型	水量消耗和排放基准(年均值)/(m^3/t 加工量)
淡水用量①	0.01～0.62②
工艺污水量①	0.09～0.53②

① 在 3.15 部分可以找到每种类型水包含什么与不含什么的定义。如 4.15.7.1 部分和 4.24.1 部分所述，这些值非常依赖于炼油厂类型，且与它们使用 BAT 技术无关。它们应被视为参考。

② 这些范围的上限值对应于 63 个欧洲炼油厂的平均值。参见 4.24.1 部分。

▪ 水流集成方案，包括水的优化研究（参见 4.15.7.1 部分）。

▪ 尽可能再利用净化后的废水（参见 4.15.8.1 部分）。

▪ 应用技术以减少在每个具体工艺/活动中产生的废水（参见 5.2 部分）。

• 水的污染，通过如下方式处理。

• 在可能的情况下，隔离受污染的、低污染的或未受污染的水流和排水系统（参见 4.15.6 部分和 4.24.10 部分）。这涉及淡水供应、雨水、压舱水、卫生水、工艺水、锅炉给水、冷却水、地下水的完整系统，以及污水收集、储存和各种（初级、二级和三级）废水处理系统。这些水中有很多进行单独废水处理，在它们已经被适当（预）处理之后，它们可能在这里混合。在现有装置上，这种隔离可能很昂贵且需要一定的实施空间。

▪ 将“单程”冷却水与工艺废水隔离，直到它们经过处理（4.8.1 部分）。

▪ 现有设施在运行中的良好维护和维修（作为 EMS 的一部分，参见 4.15.3 部分）。

▪ 溢出预防与控制（4.25.1部分、4.15.3部分）。

▪ 在每个具体工艺/活动中应用技术以减少废水污染（参见5.2部分）。

b. WWTP排水达到如下水质参数（参见4.24.8部分中表4.50）。

参数	浓度/(mg/L)(月平均)④	负荷/(g/t原油或原料加工)②(年平均)
总烃含量	0.05～1.5③	0.01～0.75③
BOD(5d,ΔTU,20℃)	2～20	0.5～11
COD(2h)	30～125⑤	3～70⑤
NH_3-N(以N计)	0.25～10⑥	0.1～6
TN	1.5～25⑦	0.5～15⑧
SS(干燥,105℃)	2～50⑨	1～25
总金属(砷,镉,钴,铬,铜,汞,镍,铅,钒,锌)①	<0.1～4	

① 不应该从这个范围这样理解，毒性非常大的金属（例如砷、镉、汞、铅）的浓度可以达到该数量级的浓度。这些金属可以达到的水平的更多信息可以在4.24.8部分中表4.51找到。两个成员国宣称，应根据其毒性把这些金属分成两组。一个成员国宣称，应该按单个金属给出范围。最后这两个请求在TWG总金属会议上未达成一致协议。

② 下限负荷值是TWG提供的实际炼油厂负荷。上限负荷值是根据0.53m^3/t的工艺废水基准计算的。具体炼油厂的负荷数据根据浓度值与实际污水量可以很容易计算得出。一个成员国不同意此列的上限值，因为它们应该代表实际炼油厂数值，低于这里给出的值。另一方面，工业界认为在这里设置的负荷值不应与排放水平相联系，而应是基准值，因为它们依赖于炼油厂用水，并且应在任意选择63家炼油厂的平均用水量的基础上进行计算（它本身只是作为BREF第399页一个基准值而出现）。就如在本表①中注释所述，炼油厂实际负荷可以“根据浓度值与实际污水量可以很容易计算得出”，并可以通过它们与基准值比较。

③ 对评估烃类化合物的分析方法有一些不同意见。一个成员国和工业界声称把3mg/L作为上限值，代表了现有欧洲炼油厂三级废水处理设施的实际运行数据。一个成员国建议把上限值定为5mg/L，是基于他们国家现有设施目前实测结果。

④ 一个成员国声称这些数值应该是日均值，因为这些数值可以通过一个良好设计和运行的WWTP很容易地得到。工业界声称这些数值应该为年均值，因为他们的全部数据都是基于年平均。

⑤ 一个成员国声称浓度上限水平应该为75mg/L，负荷上限值应该为45mg/L，因为一个标准生物处理装置减少90%～97%的COD含量。因此75mg/L可以通过一个良好设计和运行的生物处理装置很容易实现。

⑥ 一个成员国声称上限水平应为5mg/L。这些水平可以通过汽提和生物硝化/反硝化步骤达到。

⑦ 工业界认为，在接收水中氮不应作为污染物来看待。脱氮不能作为BAT技术，因为对接收水的环境效益是很低的，且以欧元（投资费用）和CO_2形式计算的排放成本都很高。

⑧ 一个成员国声称范围上限值应该是8mg/L。他们证明（以实际数据为基础）通过汽提或硝化/反硝化步骤可以很容易得到8mg/L以下数据。

⑨ 一个成员国声称上限水平应该是30mg/L。原因是通过使用沉淀、浮选、过滤或这些技术的组合，可以减少60%～99.99%的SS。

c. 通过以下技术的适当组合：

• 三级废水处理设施由重力分离、先进物理分离（如FFU）和生物处理组成（参见4.24.4～4.24.6部分）；

• 硝化/反硝化工艺（参见4.24.6部分）；

• 确保WWTP设计包括足够处理能力，以防止生物处理装置中有毒物冲击负荷，例如使用缓冲罐、分流罐，超大反应器等；

• 通过良好工艺做法和维护以防止废水污染（参见上表 BAT 技术）；

• 对合并来自一些工艺的水质相近的废水进行预处理（如利用汽提处理来自初级蒸馏装置、催化裂化装置、焦化装置的酸性废水和其他来源的酸性废水）（参见 4.24.1 部分）。

(4) 固体废弃物管理的 BAT 技术

a. 实施固体废弃物管理系统（作为 EMS 的一部分）（参见 4.25.1 部分、4.25.2 部分和 4.15.1.3 部分）。

• 每年报告废弃物数量。

• 实施废弃物减排措施计划，包括循环和/或回收。

• 运行 WWTP 实现最佳性能，减少污泥产生（参见 4.24.6 部分）。

• 实施良好维护活动。

• 应用有关废弃物 BREF 中确定的 BAT 技术。

b. 尽量减少溢油并防止溢油污染土壤［作为良好维护活动的一部分（参见 4.25.1 部分)］这包括在其他事项中。

• 实施计划以排除管道和储罐泄漏（EMS 的一部分）。这项计划可能包括检查、腐蚀监测、泄漏检测仪器，双底等（参见 4.25.1 部分）。

• 进行风险分析，按照重要性对可能发生意外泄漏的区域进行排序（考虑的内容是储罐/管道中的产品、设备使用年限、受影响的土壤和地下水的特性）。优先区域最需要防渗地面。制订一项多年总体规划以安排必要步骤（4.25.1 部分和 4.15.6 部分）。

• 设计带有最少地下管线的新装置。现有装置，包括地下管线，参考上文的风险评估过程（4.25.1 部分和 4.21.22 部分）。

• 应用技术以减少每个具体工艺/活动产生的固体废弃物（参见 5.2 部分）。

5.2 工艺/流程 BAT 技术

本节介绍了本书涵盖的每个工艺/活动的 BAT 技术内容。以下 BAT 技术标题中数字对应于前面章节使用的数字。

从环保角度分析生产技术是本 BREF 要求的一项任务，如果存在替代生产技术，需要对它们进行比较。由于缺乏信息，后者仅在有限程度上是可能的。

(1) 烷基化 BAT 技术

• HF 烷基化。由于使用 HF，这种技术可能对操作者及附近区域带来高风险。BAT 技术相关排放水平，是通过洗涤减少定期 HF 排放至低于 1(标)mg/m^3，通过 AlF_3或 CaF_2沉淀后向水中的排放应达到（20～40)$\times 10^{-6}$。这种技术产生的废物达到的氟化物水平，TWG 提供的信息并不清晰（见 4.2.1 部分）。

• 硫酸烷基化。这种技术包括再生废硫酸和最小化的 BAT 技术。再生可能意味着运输和储存废硫酸废物。此工艺产生的废水应在输送至污水处理厂之前进行中和

(4.2.2部分)。

(2) 基础油生产BAT技术[1]

BAT技术如下。

• 在脱沥青、抽提和脱蜡工艺装置的溶剂回收部分使用三效蒸发系统。在某些情况下，由于技术原因（增加温度和压力），从二效到三效是不可行的。三效系统通常用于非结垢原料（如石蜡）（参见4.3.1部分）。

• 芳烃抽提使用N-甲基吡咯烷酮（NMP）作为溶剂。在一些情况下，特别是当生产较低沸点基础油（如变压器油馏分）时，糠醛转换为NMP在环境或技术上是不合理的。由于溶剂转换通常需要不同温度、压力和溶剂量，因而它们通常非常昂贵（参见4.3.2部分）。工业界声称，考虑到本书中的信息，NMP和糠醛溶剂都是同样可行的候选溶剂。从工业界观点看，在BREF中对于它们的性能还没有达成清晰意见。

• 如果需要最终净化，使用加氢处理来净化基础油和石蜡精制。在一些情况下，黏土处理可能是合理的，因为产品质量不能通过加氢处理来达到，但它会产生固体废弃物（参见4.3.4.5部分）。

• 对于溶剂回收系统考虑应用普通热油系统以减少加热炉数量（参见4.3.10部分）。在独立润滑油炼油厂，在使用液体燃料的地方，将促进烟气处理的应用。

• 在包含溶剂的系统（如储存）应用BAT排放预防技术。建立溶剂消耗的基准（参见4.3.6部分和4.3.7部分）。

• 在独立润滑油炼油厂，应用硫黄回收装置BAT技术（参见5.2.23部分）。

• 在再利用之前，评估从芳烃抽提中废水汽提的可能性（参见4.3.9部分）。

• 当设计和运行WWTP时应考虑溶剂影响。这种BAT技术可以视为水管理计划的一部分（参见通用BAT技术部分和4.3.2部分）。

• 在含溶剂系统中应用泄漏预防措施，以防止使用的水溶性溶剂污染土壤和地下水。这可被认为是废弃物管理系统的一部分（参见通用BAT技术部分和4.3.7部分）。

(3) 沥青生产BAT技术

a. 减少气溶胶和VOCs排放（视为恶臭减排计划的一部分），可选择以下方法。

• 回收那些从沥青储存和在混合/充装操作过程中直接排放出的气溶胶中的液体成分（如湿式静电除尘器、油洗涤）。当沥青储存和混合/充装操作足够接近时，这项技术更容易应用（更多信息参见4.4.2.3部分）。

• 焚烧时温度超过800℃或在工艺加热器中（更多信息参见4.4.2.2部分和4.4.2.3部分）。现有焚烧炉装置上装配这样的系统可能存在技术困难。

b. 应用泄漏预防措施（作为废弃物管理的一部分），以防止产生废弃物（参见4.4.4部分）。

c. 在独立沥青炼油厂的硫黄回收装置上应用BAT技术（参见5.2.23部分）。

---

[1] 减压蒸馏装置和临氢加工装置的BAT技术应在各自活动中确定（初馏和加氢技术）。

d. 如果采用沥青氧化，应用以下技术。

• 处理氧化器顶部馏分以去除空气污染物（如油、固体、VOCs）（作为臭味减排计划的一部分）。如果使用水洗涤，那么湿式洗涤器使用的水在再利用之前需要进行净化。如果使用焚烧，可以在工艺加热器中吹氧（参见 4.4.2.1 部分）。

• 将积聚的冷凝水送到酸性废水汽提塔。在一些情况下，由于产生水的质量、数量和 SWS 可能的规模调整，这可能在经济上是不合理的（参见 4.4.3 部分）。

• 输送冷凝的烃类化合物至炼油厂废油系统或替代的回收方法（如污泥回收）（参见 4.4.22 部分）。

(4) 催化裂化 BAT 技术

催化裂化装置通常是工艺综合体的一部分，其中包括一套气体装置、轻质气体（包括 C_3/C_4）胺处理和各种产品流的处理。这些相关活动的 BAT 技术确定在本节各自部分（气体分离过程、加氢工艺和废气处理）讨论。对于催化裂化装置本身（反应器、再生器、分馏塔、催化剂接收、储存/装载、湿气体压缩机、吸收器和脱丁烷塔），主要的专门 BAT 技术确定已由上面给出。应与其他装置的解决方案和措施一起，采用集成方式考虑解决方案和措施。

在这方面，BAT 技术如下。

a. 对于部分氧化条件包括 CO 加热炉/锅炉。在这些条件下，没有减排措施的相关 CO 排放水平是 50～100(标)mg/m^3，NO_x 排放是 100～300(标)mg/m^3（参见 4.5.3 部分）。CO 和 NO_x 的低排放通常不能同时实现。一个成员国声称，如果需要达到 CO 低排放，NO_x 相关排放范围应该为 300～450(标)mg/m^3。工业界仍然认为，NO_x 排放范围应该为 100～500(标)mg/m^3，以涵盖 4.5.3 部分报道的全部范围。

b. 监测和控制充分燃烧装置的氧气（通常在 2%），在缺少下游 CO 锅炉时，会导致 CO 排放水平为 50～100(标)mg/m^3，NO_x 排放水平为 300～600(标)mg/m^3。CO 和 NO_x 的低排放通常不能同时实现（参见 4.5.1 部分）。

c. 提高节能方式如下。

• 应用再生器气体动力回收（膨胀机）。在小型或低压装置膨胀机上，这种技术可能在经济或环保方面是不合理的（参见 4.5.5 部分）。

• 利用废热锅炉回收催化裂化装置烟气中所含部分能量（参见 4.5.5 部分）。

d. 通过适当组合将 NO_x 排放降至 40～150(标)mg/m^3（下限值只适用于使用 SCR 和低含硫量原料）。

• 修改再生器设计和运行，特别是应避免高温度点。这种技术可能会增加 CO 排放，如果需要大规模或完全改造，这在环境上是不合理的。

• 如果在经济上和技术上可行，原料加氢处理（参见 4.5.4 部分）。当胺洗涤和克劳斯装置能力和氢气可行时，这种技术容易实施（参见 4.5.4 部分）。

• 在再生烟气上使用 SNCR，可实现 60%～70%的 NO_x 的减排（参见 4.5.8.2 部分）。

• 在再生烟气上使用 SCR，实现 85%～90%的 NO_x 减排。相关氨逸出范围为 2～5(标)mg/m^3。在催化剂寿命终点，氨逸出浓度可能会增加（参见 4.5.8.1 部分）。

成员国在 NO_x 排放范围方面有3种不同观点。一个成员国声称应用SCR总是可能的，所以上限值应为100(标)mg/m³。一个成员国声称范围应为300～450(标)mg/m³，因为FCC技术根据加工的原油、炼油厂配置和产品需求而选择。所以 NO_x 排放不能推动生产运行。一个成员国指出范围应为10～450(标)mg/m³，因为SCR和SNCR并不适用于所有已有装置。

e. 减少颗粒物排放到10～4(标)mg/m³［范围上限适用于非常低硫/金属含量的原料。因为颗粒监测系统可靠性低和升级现有ESPs技术困难，所以上限范围可能很难达到。在这种情况下50(标)mg/m³应被看做是通过适当组合更可实现的值］。

- 三级和多级旋风分离器（4.5.9.1部分）。
- 对催化裂化再生器气体应用ESP或洗涤器。相关BAT技术效率范围为95%～99%。洗涤获得的上限范围还没有报道（4.5.9.2部分，4.5.10.2部分）。
- 在装载/卸载过程中催化剂损失到大气中（4.5.9.4部分）。
- 如果在经济上和技术上可行，原料加氢处理（参见4.5.4部分）。当胺洗涤和克劳斯装置能力和氢气可行时，这种技术容易实施（参见4.5.4部分）。它对颗粒物金属含量有影响。
- 选择耐磨损催化剂，以降低更换频率和减少颗粒物排放（参见4.5.6部分）。这可能会对催化裂化装置产生负面影响（参见“减少废弃物产生”段落）。

f. 减少 SO_2 排放至10～350(标)mg/m³（范围下限仅在使用低硫原料和FGD时能实现）通过适当组合。

- 如果在经济上和技术上可行，原料加氢处理（参见4.5.4部分）。当胺洗涤和克劳斯装置能力和氢气可行时，这种技术容易实施（参见4.5.4部分）。
- 使用脱硫氧化物催化剂添加剂（参见4.5.10.1部分）。
- 使用效率为95%～99%（排放目标取决于未控制的水平）的再生器气体FGD（在4.5.10.2～4.5.10.6部分涉及的技术），特别是原料加氢处理不适用时。

一个成员国始终认为FGD总是适用的，所以范围应更改为10～100(标)mg/m³。

g. 减少向水中的排放，通过如下方式。

- 如果在经济上和技术上可行，原料加氢处理（参见4.5.4部分）。当胺洗涤和克劳斯装置能力和氢气供应可行时，这种技术容易实施（参见4.5.4部分）。
- 通过回收和应用串联系统尽量减少水的使用，观察腐蚀限制（参见4.5.7部分）。
- 再利用脱盐装置的废水或最终输送它们至WWTP（参见4.5.7部分）。

h. 减少废弃物产生，通过如下方式。

- 通过废催化剂管理，减少未控制的催化剂损失（大气排放，来自ESP、产品和浆液罐底）。应用基准性能（参见4.5.12部分）。
- 选择耐磨损催化剂，以降低更换频率和减少颗粒物排放。这可能会对催化裂化装置产生负面影响（参见4.5.6部分）。

一个成员国不同意本节硫氧化物和 NO_x 排放遵循的方法。他们的建议是遵循他们国家BAT技术确定和实施的方法。

(5) 催化重整 BAT 技术

• 输送催化剂再生过程产生的再生器气体至洗涤系统。洗涤系统排水输送至 WWTP（参见 4.6.4 部分）。

• 优化催化剂再生中的氯化物促进剂的量（参见 4.6.3 部分）。

• 量化催化剂再生器的二噁英排放。有关二噁英去除的更多信息在 4.6.6 部分给出。因为所有的技术都很新且并未广泛应用，因此需要进一步收集二噁英净化技术的数据（参见“结束语”一章）。

(6) 焦化工艺 BAT 技术

a. 利用废热锅炉回收一些在焦化或煅烧工艺中产生的热量（参见 4.7.1 部分，4.7.3.4 部分）。

b. 考虑使用灵活焦化（流化焦化加气化），以最大限度地生产燃料气，并增加炼油厂热集成。对于适用性，这种选择需要满足炼油产品要求（参见 4.7.4 部分）。

c. 使用焦化装置作为一种替代方案（其他如 5.2.19 部分中 CDU）来破坏含油污水和污泥（参见 4.7.5 部分适用性限制）。

d. 转换灵活焦化装置焦化气中的 COS 为 H_2S（参见 4.7.6 部分）。

e. 输送焦化装置产生的酸性气体至硫处理装置（参见 4.7.6 部分）。

f. 降低颗粒物排放（含金属）。

• 在炼油厂内尽最大可能收集和回收焦化工艺中产生的焦炭粉末（参见 4.7.8 部分和 4.7.11.1 部分）。

• 通过适当处理和储存焦炭，包括围绕生焦池建设防风墙或在完全封闭设施中储存（参见 4.7.8 部分）。

• 覆盖传送带和过滤器卸压（参见 4.7.8 部分）。

• 封闭装载区域，保持负压，收集的废气通过袋式过滤器排放，或者粉尘抽取与装载设备合并（参见 4.7.8 部分）。

• 应用 ESP 和/或旋风分离器和/或过滤器将含有颗粒物的不同烟气降低至 10～50(标)mg/m^3（参见 4.7.9.1 部分）。工业界声称，ESP 是不适用的，因为焦炭颗粒导电性高，因此范围上限应为(标)100mg/m^3。

g. 通过应用 FGD 技术将煅烧烟气中 SO_2 排放减少至 25～300(标)mg/m^3（效率>90%）(参见 4.7.9.2 部分)。工业界声称，应用 FGD 技术后即使达到 90%的去除率也很难实现上限值，因为原料含硫量可能很高。他们建议把上限值增加到 500(标)mg/m^3。

h. 减少向水中的排放。

• 应用废水处理装置已经处理过的废水作为延迟焦化/煅烧工艺的冷却/切焦水(参见 4.7.7 部分)。

• 在送至 WWTP 之前，汽提焦化工艺产生的废水（参见 4.7.10.1 部分）。

i. 通过强化含油焦粉分离来减少废弃物产生（更多信息参见 4.7.10.2 部分）。

(7) 冷却系统 BAT 技术

• 应用冷却 BREF 中的 BAT 技术。

• 通过应用集成方法和热优化分析，降低炼油厂冷却需求（相关的 BAT 技术参见

5.2.10 部分，第二个项目符号；参见 4.10.1.3 部分）。

• 在已确定当地需求并对经济效益有利时，通过应用低水平热方案以实现热回收最大化（如区域供热，工业加热）（参见 4.10.1.3 部分）。

• 在设计过程中，考虑使用空气冷却。适用性限制是噪声、空间和气候条件（参见 4.8.2 部分）。

• 尽可能消除油泄漏进入冷却水排水中（单程或循环系统）（参见 4.8.3 部分）。

• 隔离单程冷却水和工艺水，直到后者被处理（参见 4.8.1 部分）。

(8) 脱盐 BAT 技术

• 新设施使用多级脱盐装置。现有脱盐装置转化为多级脱盐装置在经济或环境上可能是不合理的（参见 4.9.1 部分）。

• 通过良好脱盐操作（4.9.1～4.9.3 部分描述），可导致下游加工优化（最小腐蚀，满足产品规格，减少催化剂污染）和废水质量改善（油和氮含量）。

• 最大限度使用已用过的炼油厂水作为脱盐水（参见 4.9.4 部分）。

(9) 能源系统 BAT 技术

正如前面几章所述，本节包括所有产生能量（电力或热）的装置。因此本节的阅读应与工艺/活动章节相联系，甚至当能源问题在炼油厂内作为一个整体来分析时。

BAT 技术性质如下。

a. 采用能量管理系统作为环境管理体系的一部分（描述在通用 BAT 技术章节）（参见 4.10.1.2 部分）。其目的是为了提高炼油厂能源效率（参见下文）。正如 EMS 章节提到的内容，良好能量管理系统可包括如下几项。

• 报告炼油厂能源效率以及去提高它的计划（作为 EMS 规定的环境绩效报告的一部分）。

• 能源消耗减少计划（作为 EMS 规定的环境绩效报告的一部分）。

• 参加能源消耗的排名/基准活动（作为 EMS 规定的设定基准的一部分）。

b. 提高炼油厂能源效率（参见通用 BAT 技术）。帮助提高总效率的技术性质如下。

• 应用高效能量生产技术，如使用燃气轮机、联合循环发电/热电联产装置(CHP)、IGCC、高效设计和运行加热炉和锅炉，以及更换低效锅炉和加热器。在更换低效锅炉和加热器的实施阶段，应考虑可改造性、规模、实际排放量、年限和剩余寿命，以评估成本效益及行动的时间安排（参见 4.10.3 部分）。

• 应用燃烧改善计划（参见 4.10.1.2 部分）。

• 将计算机控制系统与能量生产和消耗相匹配（参见 4.10.1.3 部分）。

• 在汽提工艺中优化蒸汽利用，使用疏水器（参见 4.10.1.4 部分）。

• 通过能量优化分析加强工艺/活动热集成（参见 4.10.1.3 部分）。

• 提高炼油厂内热量和动力回收（参见 4.10.1.3 部分）。

• 使用废热锅炉，以减少水蒸气生产的燃料使用（参见 4.10.1.3 部分）。

• 如果可能的话，识别和使用炼油厂界外的协同合作机会（例如地区/工业供热、生产电力）（参见 4.10.1.3 部分）。

c. 使用清洁 RFG，如果需要的话，结合控制和减排技术（参见 5.2.10 部分）或其他燃料气，如天然气或 LPG 来提供炼油厂剩余部分能源需求和液体燃料。在气体燃料替代液体燃料的情况下，作为燃料更换的结果，单个工艺装置或整个炼油厂减少 SO_2 和 NO_x 排放的计算并不复杂（参见 4.15.2 部分）。完全更换为气体燃料的跨介质影响和适用性限制的信息参见 4.10.2.1 部分。

d. 增加使用清洁燃料的比例。这可以通过适当组合实现。

• 最大限度使用低 H_2S [通过胺处理达到 20～150(标)mg/m^3] 含量的炼油厂燃料气（RFG）（参见 4.10.2.1 部分，4.10.2 部分和 4.23.5.1 部分）。一个成员国声称，现有炼油厂的范围应为低于 (500～1000)×10^{-6}，因为如果遵守气泡限制，RFG 中 H_2S 含量是几乎没有的。

• 平衡和控制 RFG 系统在合适压力限制之间，以给予系统灵活性，可补充一些可行的无硫气源，如 LPG 或外购天然气（参见 4.10.2.1 部分）。

• 使用最先进控制技术，以优化 RFG 系统性能（参见 4.10.11.3 部分和 4.10.12.1 部分）。

• 仅在开车/停车/异常/紧急条件时使用 RFG 火炬燃烧。在正常运行期间给予 RFG 建设性的使用，包括销售（相关火炬章节在本章最后）（参见 4.23.7 部分）。

• 升级并净化炼油厂中使用的重质燃料油为低硫液体燃料。正如下面 SO_2 排放部分所述，液体燃料燃烧之后的减排也被认为是 BAT 技术（参见 4.10.2.3 部分）。

e. 减少 CO_2 排放，通过如下方式。

• 提高炼油厂能源效率（参见上文和通用 BAT 技术部分）。

• 增加使用具有较高氢碳比的气体燃料（参见 4.10.2.1 部分）。

f. 应用高效燃烧技术减少 CO 排放。

g. 减少 NO_x 排放方式如下。

• 通过减少燃料消耗（提高能源效率，参见上文）。

• 在重大停机期间用低 NO_x 型燃烧器替代现有燃烧器。应该使用适合单个应用的最低 NO_x 燃烧器（参见 4.10.4.1.2 部分）。

• 使用气体燃料的锅炉和加热器达到 20～150(标)mg/m^3 [下限水平对应于天然气，上限水平对应于采取初级措施的小型加热器。两个成员国声称上限值应该是 100(标)mg/m^3，因为它可以通过采取初级措施和 SCR 达到]，通过应用适当组合。

▪ 有良好控制系统的高效加热器/锅炉设计（如氧含量削减）（参见 4.10.3.1 部分）。

▪ 低 NO_x 燃烧器技术（参见 4.10.4.1 部分、4.10.4.2 部分）。

▪ 锅炉内烟气循环（参见 4.10.4.3 部分）。

▪ 再燃烧技术（参见 4.10.4.5 部分）。

▪ SCR/SNCR。考虑使用 SCR 相关的氨逸出浓度是 2～5(标)mg/m^3。下限值在新催化剂下实现。氨逸出浓度通常随催化剂寿命增加而增加（参见 4.10.4.6 部分、4.10.4.7 部分）。

• 使用液体燃料的锅炉和加热器达到 55～300(标)mg/m^3。下限水平仅对应采用 SCR 的锅炉，上限水平对应于采取初级措施的小型加热器。一个成员国声称小型加热器（<50MW）可以达到 200(标)mg/m^3，大型加热器和锅炉（>50MW）安装 SCR 是合理的，结果是可以达到低于 100(标)mg/m^3。一个成员国声称水平在 200～400(标)mg/m^{3}之间，由于燃料中的氮含量，通过应用适当组合。

▪ 低氮含量燃料（与低硫含量关联）（参见 4.10.2.3 部分）。

▪ 低 NO_x 燃烧器技术（参见 4.10.4.1 部分、4.10.4.2 部分）。

▪ 锅炉内烟气循环（参见 4.10.4.3 部分）。

▪ 再燃烧技术（参见 4.10.4.5 部分）。

▪ 比柴油类型重的液体燃料使用 SCR/SNCR。考虑 BAT 技术相关的氨逸出浓度是 2～5(标)mg/m^3。下限值在新催化剂下实现。氨逸出浓度通常随催化剂寿命增加而增加（参见 4.10.4.6 部分、4.10.4.7 部分）。

- 燃气轮机为 20～75(标)mg/m^3，15% O_2。下限值对应于天然气，上限值对应于小型燃气轮机和 RFG。一个成员国声称，采取初级措施和 SCR 后上限值应为 35(标)mg/m^3，通过应用适当组合。

▪ 稀释剂注入（参见 4.10.4.4 部分）。

▪ 干式低 NO_x 燃烧室（参见 4.10.4.2 部分）。

▪ SCR。考虑 BAT 技术相关的氨逸出浓度为 2～5(标)mg/m^3。下限值在新催化剂下实现，氨逸出浓度通常随催化剂寿命增加而增加（参见 4.10.4.6 部分、4.10.4.7 部分）。

h. 减少颗粒物排放（来自液体燃烧的颗粒物中含有镍、钒）至 5～20(标)mg/m^3，通过应用适当组合。

- 减少燃料消耗（提高能源效率，参见上文）。
- 最大限度使用气体和低灰分液体燃料（参见 4.10.5.1 部分）。
- 水蒸气雾化液体燃料（参见 4.10.5.2 部分）。
- 当使用重质液体燃料时，加热炉和锅炉烟气使用 ESP 或过滤器（参见 4.10.5.3 部分、4.10.5.4 部分）。

一个成员国声称，颗粒物范围应该为 30～50(标)mg/m^3，因为这些值与 95%的减排是一致的。工业界认为范围应为 5～50(标)mg/m^3，这与第 4 章报道的全部范围是一致的。

i. 减少 SO_2 排放方式如下。

- 减少燃料消耗（提高能源效率）。
- 从燃烧过程（锅炉、加热器和燃气轮机）看。

▪ 增加清洁燃料使用比例（低硫渣油燃料、柴油，直至气体燃料）（清洁燃料 BAT 技术参见 5.2.10 部分开始部分）。

▪ 通过净化炼油厂燃料气［20～150(标)mg H_2S/m^3］，包括监测炼油厂燃料气硫含量，当采用燃料气时至 5～20(标)mg SO_2/m^3。参考炼油厂燃料气 BAT 技术中关于硫化氢浓度的不同观点。

▪ 对整个炼油厂液体燃料池来说，为了获得平均排放值为 50～850(标)mg SO_2/m^3（范围下限对应于实施 FGD 和所有液体燃料深度加氢脱硫），需通过应用适当组合。

▪ 对必要数量液体燃料深度加氢脱硫（参见 4.10.2.3 部分）。

▪ 应用烟气脱硫（参见 4.5.10 部分和 4.23.5.4 部分）。对大型加热炉和锅炉该技术更具成本效益。

一个成员国声称使用FGD总是可能的，因此上限值应该是200(标)mg/m^3。一个成员国和工业界声称，限制值应不低于1700(标)mg SO_2/m^3，它相当于燃料油中含硫1%时没有减排的水平。

委员会已注意到了TWG关于燃烧液体燃料时平均SO_2排放水平的不同观点，与使用BAT技术有关。委员会进一步指出，关于某些液体燃料硫含量的理事会指令1999/32/EC规定了最大排放限值1700(标)mg/m^3，相当于重质燃料油中含1%的硫，这是2003年1月1日起炼油厂所有装置的月平均值。此外，最近通过的大型燃烧装置指令2001/80/EC，给出的排放限值范围为200～1700(标)mg/m^3，取决于指令涵盖装置的特性。

在这一方面，委员会认为范围应为50～850(标)mg/m^3，作为符合BAT技术的燃烧液体燃料时的平均SO_2排放水平。在许多情况下，实现这个范围的下限值将会带来成本，造成其他环境影响，会抵消降低SO_2排放的环境效益（参见4.10.2.3部分）。达到下限的推动力可能是SO_2国家排放总量，由国家排放总量指令2001/81/EC规定的某些大气污染物，或装置位于硫敏感区域。

j. 减少水的使用，通过如下方式。

• 再利用冷凝水作为脱气器原料水。如果冷凝和脱气器位置相距甚远，它们的集成并不总是具有成本效益的（参见4.10.3.2部分）。

• 利用废热预热锅炉给水。如果BFW和可利用废热位置相距甚远，与环境效益相比，有时它们的集成太昂贵（参见4.10.3.2部分）。

一个成员国不同意本节硫氧化物和NO_x排放遵循的方法。他们的建议是按照他们国家的方法确定和实施BAT技术。另一个成员国不同意本节遵循的方法，因为他们声称气泡方法应主导能量BAT技术部分。

(10) 醚化BAT技术

• 在装置本身和炼油厂中应用热集成（参见4.10.1.3部分）。

• 应用储罐或生产计划以控制废水产生和防止生物处理装置异常（参见4.11.2部分）。

(11) 气体分离BAT技术

• 使用低水平热流，加强与上游装置的热集成（参见4.12.1部分）。

• 用于再生分子筛干燥器的燃料气再利用（参见4.12.4部分）。

• 在储存和处理过程中防止任何恶臭释放到任何环境介质中（如保护气覆盖储存）（参见4.12.5部分，4.21.21部分）。

• 减少VOCs逸散性排放（参见4.12.3部分和通用BAT技术）。

(12) 加氢工艺BAT技术

•（在可能的地方）设计和改造加氢裂化装置（反应器和分馏部分）为高度热集成设备，应用能量优化分析和四级分离器系统（参见4.13.6部分）。

• 在WHB中使用高温工艺流热回收和在高压装置中（排放液体）回收动力。（参见4.13.1部分、4.13.2部分、4.13.6部分和4.13.7部分）。

• 输送含 H_2S 尾气至胺系统和 SRUs（参见 4.23.5.1 部分）。

• 输送含 H_2S 和含氮化合物的废水至适当废水处理装置（参见 4.24.1 部分和 4.15.6部分）。

• 对高金属催化剂使用量较大的单元，使用在线催化剂更换（参见 4.13.4 部分）。

• 在可能的情况下，与催化剂供应商/制造商合作，促进催化剂再生的选择（参见 4.25.3 部分）。

(13) 氢气制备 BAT 技术

• 新装置考虑使用燃气加热水蒸气重整技术，包括从水蒸气重整装置烟气中回收热量和围绕溶剂吸收器和甲烷转换器进行热集成（参见 4.14.1 部分）。

• 如果炼油厂应用这种技术，从重燃料油和焦炭气化工艺中回收氢气（参见 4.14.2 部分）。

• 在氢气装置上应用热集成方案（参见 4.14.1 部分）。

• 在炼油厂内利用变压吸附净化气作为燃料气（参见 4.14.3 部分）。

(14) 炼油厂综合管理 BAT 技术

• 由 4.15 部分确定的 BAT 技术出现在 5.1 部分（通用 BAT 技术）。

(15) 异构化 BAT 技术

• 如果能够充分保证原料质量和污染水平，使用活性氯化物促进技术（参见 4.16.1 部分）。

• 使用其他催化系统（如分子筛）（参见 4.16.2 部分）。

• 优化使用用于维持催化剂活性的有机氯化物（参见 4.16.1 部分）。

(16) 天然气加工 BAT 技术

• 应用通用 BAT 技术（参见 5.1 部分），包括良好维护和环境管理，以及减少与空气、水和固体排放相关的 BAT 技术。

• 应用能源系统相关的 BAT 技术（参见 5.2.10 部分）。

• 应用废气处理 BAT 技术（参见 5.2.23 部分）。

• 燃料首选使用具有外销品质的气体［通常小于5(标)mg H_2S/m^3］（参见 4.17.1 部分）。

• 考虑 CO_2 直接排放的替代方法，尤其对于 CO_2 排放量较大时（参见 4.17.3 部分）。

• 以环境可接受方式处置从原料天然气中回收的汞（如果存在）（参见 4.17.7 部分）。

(17) 聚合 BAT 技术

• 优化催化剂消耗（参见 4.18.1 部分）。

• 在炼油厂内尽最大可能再利用磷酸（催化剂），如生物处理装置（参见 4.18.2 部分）。

• 为处置或现场外再利用，妥善管理未使用的现场催化剂（参见 4.18.2 部分）。

(18) 初级蒸馏 BAT 技术

主要炼油厂工艺是常压原油蒸馏。事实上，它是一个复杂工艺，通常包括脱盐装置、气体装置、加氢处理装置、胺处理装置、含硫污水汽提塔，有时也包括集成高真空装置。因此，对具体工艺装置（气体装置、加氢处理装置等）确定各自的 BAT 技术需要研究。

BAT 技术性质如下。

a. 通过下面内容之间的选择最大限度地利用热集成。

- 设计高度集成的装置（例如渐进蒸馏）（参见 4.19.1 部分）。
- 增加常压原油蒸馏装置和减压装置或其他炼油厂工艺装置之间的热集成（参见 4.19.2 部分、4.19.3 部分）。一些可以使用的技术如下。

▪ 在原油预热系列中应用能量优化分析。

▪ 增加原油蒸馏塔中段回流。侧线汽提塔利用传热油再沸，而不是通过水蒸气汽提。

b. 最大限度使用液环真空泵和表面冷凝器取代减压塔顶部的一些阶段水蒸气喷射注入器。特别适用于最后的真空阶段，它给出了最佳环保效益，可避免水的污染。采用循环水或无废水技术，尽量减少废水流量/有害物质从真空泵转移。适用性限制和更多信息参见 4.19.4 部分。

c. 采用先进工艺控制，以优化能量利用（参见 4.19.2 部分、4.19.3 部分）。

d. 使用原油蒸馏装置作为再加工废水的替代方案（其他在 5.2.7 部分第 3 个项目符号）。这种技术可能会在脱盐装置产生问题，或可能结垢堵塞换热器（参见 4.19.8 部分）。

(19) 产品处理 BAT 技术

a. 对新装置，加氢处理烯烃和所含颜色部分需要去除的产品（参见 4.20.4 部分）。

b. 新装置考虑采用催化脱蜡（参见 4.20.6 部分）。

c. 实施碱溶液良好管理系统，目的是尽量减少使用新鲜碱和最大限度利用废碱。（参见 4.20.1 部分、4.20.2 部分）。可以使用的技术如下。

- 通过级联碱溶液来回收和通过汽提再利用废碱溶液。
- 当 COD 高的时候（如大于 100g/L），注入脱盐装置以破坏（此选项可能促进焦炭形成，例如在减黏裂化装置中，参见 5.2.22 部分第 4 个项目符号）或焚烧剩余废碱液。

d. 焚烧脱硫工艺废空气（作为恶臭减排方案的一部分）（参见 4.20.3 部分）。

(20) 炼油厂原料储存和处理 BAT 技术

注：在本节中，炼油厂原料主要涉及烃类化合物。炼油厂其他材料的储存，如水、碱、酸等，不在这里讨论。

BAT 技术性质如下。

- 应用储存 BREF 中确定的 BAT 技术。
- 以储存物料的实际蒸汽压为基础，确保液体和气体储存在合适的储罐或容器中（参见储存 BREF）。
- 实施防护 BAT 技术（参见储存 BREF）。
- 在浮顶罐中使用高效密封（参见储存 BREF）。
- 为所有储存的化学品修筑围堰，不相容的化学品使用单独围堰（参见储存 BREF）。
- 在罐清洗期间，应用排放削减措施（参见 4.21.10 部分、4.21.11 部分）。
- 应用良好维护和环境管理的观念（参见 5.1 部分和 4.15.3 部分）。
- 通过适当组合尽量减少储罐的数目和体积：应用在线混合，工艺装置集成，与工业伙伴合作。该技术在新装置上更容易应用（参见 4.21.7 部分、4.21.14 部分、4.15.5部分）。

• 在装载/卸载过程中，加强蒸汽平衡和回流，例如，通过蒸汽平衡管线将充满的容器中被置换的蒸汽转移到空容器。储罐蒸汽的不相容和外浮顶罐适用性是应用限制的一些例子。适用性需要反映经济性、所使用容器的类型和规模（如储罐、卡车、火车、船舶）、烃类馏分类型和储罐的使用频率。由于这种技术与下一项技术有关，所以在具体场合实施时两者应该一起被评估（参见4.21.18部分）。

• 在储罐、车辆、船舶等的固定使用和装载/卸载过程中应用蒸汽回收（不适用于非挥发性产品）。可实现的排放水平非常依赖于应用，但是考虑BAT技术时回收率为95%～99%。如果VRUs被认为不适合某些物料，蒸汽破坏装置被认为是BAT技术。物料的性质，如物质类型、物质兼容性或数量都需要在这一项最佳可行技术适用性中考虑。适用性需要反映经济性、所使用容器的类型和规模（如储罐、卡车、火车、船舶）、烃类馏分类型和储罐的使用频率。由于这种技术与上一项技术有关，所以在具体场合实施时两者应该一起被评估（参见4.21.16部分，4.23.6.2部分）。

• 通过检查和维修计划来减少土壤污染（风险），包括实施良好维护措施、双层底罐、防渗衬里、良好维护实践（排水、取样、罐底物）（作为EMS的一部分）（参见4.21.8部分、4.21.13部分）。

• 安装自封式软管接头，或实施管线排水程序（参见4.21.13部分）。

• 安装障碍和/或联锁系统，防止装载操作过程中车辆（公路或铁路罐车）意外移动或驶离造成设备损坏（参见4.21.13部分）。

• 如果使用顶部装载臂，实施程序应确保装载臂不会运行，直到完全插入到容器内，以避免溅出（参见4.21.13部分）。

• 应用仪器或程序以防止过量灌装（参见4.21.13部分）。

• 安装独立于储罐测量系统的液位报警器（参见4.21.13部分）。

(21) 减黏裂化BAT技术

• 应用深度热转化、加氢减黏裂化或均热炉减黏裂化（参见4.22.1～4.22.3部分）。

• 来自减黏裂化的气体脱硫（参见4.22.4部分）。

• 因为含有硫化物，处理气体和污水（参见4.22.4部分）。

• 减少焦炭生成。它可通过控制减黏裂化原料中钠含量来减少，或使用添加剂来减缓焦炭形成（参见4.22.5部分）。

(22) 废气处理BAT技术

本节不包括空气污染物的减排技术。它们包含在通用BAT技术章节和上述每个工艺/活动的BAT技术中。下表为在本章可以找到的主要空气污染物的总结。

空气污染物	提到具体BAT技术相关空气污染物的本章章节
CO	催化裂化、能源系统
CO_2	能源系统
NO_x	通用、催化裂化、能源系统

续表

空气污染物	提到具体 BAT 技术相关空气污染物的本章章节
PM	通用、催化裂化、重整、焦化、能源系统
SO_x	通用、催化裂化、焦化、能源系统、产品处理、减黏裂化
VOCs	通用、沥青生产、气体分离过程、天然气工厂、储存

胺处理 BAT 技术如下（参见 4.23.5.1 部分）。

• 使用再生胺工艺。

• 如果可能，再利用胺溶液。

• 降低炼油厂气体中 H_2S 浓度至 20～150(标)mg/m^{3}水平（参见 5.2.10 部分第 3 个项目符号中关于上限值的不同看法）。

• 有足够容量来允许维修活动和工艺异常（例如有多余设备、使用负荷分流、紧急胺洗涤器、多级洗涤器系统）（与 SRU 第 2 个 BAT 技术相关）。

• 应用储罐或生产计划以控制废水产生和防止任何生物处理装置异常（参见减少向水中排放的 BAT 技术）。

硫黄回收装置 BAT 技术如下（参见 4.23.5.2 部分 SRU）。

• 应用分阶段 SRU，包括回收效率为 99.5%～99.9%（以 SRU 酸性气进料为基础）的尾气处理。范围取决于考虑的成本效益。这些效率确保 SO_2 浓度范围在烟气焚烧后为 400～2000(标)mg/m^3（参见 4.23.5 部分）。一个成员国声称当来自 SRU 的浓度超过 2000(标)mg/m^{3}时，代表着炼油厂内大量 SO_2 排放，可以使用 FGD。一个成员国声称，提到的回收效率是新装置应用 BAT 技术得到的。他们声称现有装置应用 BAT 技术回收率为 98.5%～99.5%。

• SRU 配置应使处理 H_2S 原料有充足容量。这可以实现，例如，通过至少两个并行的 SRU，拥有足够总容量可令人满意地涵盖所有正常操作情况，包括期望现场加工最高含硫原油原料。

• 拥有足够的 SRU 容量，以便在没有硫排放显著增加的条件下，每两年进行定期维修活动。

• 至少 96%利用比例，包括主要的计划周转维修。

• 采用最先进的控制和监测系统。使用尾气分析仪与工艺控制系统连接（反馈控制），这将有助于在所有装置运行条件下的最佳转化，包括硫加工量变化。

• 如果含硫污水汽提尾气作为原料，使用良好的加热炉燃烧区域设计和有效的加热炉温度和氧气控制系统，因为工艺还必须设计和操作来完成对氨的破坏。氨的穿透可能导致催化剂床层铵盐（如碳酸盐/硫酸盐）的沉积和堵塞，SRU 需要为这方面证据而进行监测。

• 如果 H_2S 产生规模小（每天＜2t 硫，如果焚烧是可接受的），在这些装置上应用替代的 H_2S/SO_2 回收/去除技术（如铁螯合、溶剂萃取、NaOH 吸附、分子筛吸附）。这些选择有重要的跨介质影响，例如废弃物产生和能量消耗。这一 BAT 技术与独立润滑油炼油厂、沥青炼油厂和一些天然气工厂尤其相关（参见 4.3.5 部分和 4.3.8 部分）。

火炬燃烧 BAT 技术如下（参见 4.23.7 部分）。

a. 使用火炬燃烧作为一个安全系统（开车、停车和紧急情况）。

b. 确保无烟和可靠运行。

c. 通过适当组合尽量减少火炬燃烧，方法如下。

- 平衡炼油厂燃料气系统。
- 安装气体回收系统。
- 采用高完整性泄压阀。
- 运用先进工艺控制。

d. 通过管理/良好维护措施减少进入火炬的泄放气体。

(23) 废水处理 BAT 技术

- 参见通用 BAT 技术。

(24) 固体废弃物管理 BAT 技术

- 参见通用 BAT 技术。

6

新技术

在本书中的新技术尚未在商业基础上应用于任何工业部门。这一章包含的这些技术，可能在不久的将来出现并适用于炼油行业。

(1) 炼油厂活动概况

纵观历史，炼油行业一直在不断开发新的工艺和改进工艺，以适应原料质量、产品规格、产品种类、新产品市场和经济与环境要求。这些发展在最近几年减速，由于以下原因。

- 大型石油公司削减了研发预算，并越来越依赖第三方新开发的炼油技术和催化工艺。这些第三方技术开发商以获得许可和催化剂销售收入为目的。在技术文献（烃加工、化学工程进展、油气杂志、石油、天然气和煤炭、石油技术评论）以及在各种研讨会和会议期间（世界石油大会、WEFA、Hart 的燃料会议、欧洲炼油技术大会，NPRA 和 API 的专家会议）报告这些发展以传播这些技术。
- 技术开发集中于优化现有系统以获得更高收率（例如更高选择性催化剂和溶剂）、更高能源效率（例如改进反应器设计和更好热集成）和更短停工时间（例如清除杂质、自动清洗系统），而不是新工艺。
- 当前包含转化、分离、处理和环境技术的工具箱看上去是适当的和充分的，在未来十年之内能满足所需产品种类和产品规格，并满足严格管理要求。

同时，炼油行业升级工艺以实施现有技术来满足新产品规格将会继续。炼油工业合理化工艺也将会继续，且低利润将迫使炼油厂节省成本。

(2) 烷基化

大多数安全和环境问题都与潜在的 HF 或 H_2SO_4 大量释放有关。固体酸催化剂能潜在地克服液体酸催化剂系统相关的许多不足，并开辟一个新的烷基化市场领域。许多公司都将大量研发努力投入到开发烷基化工艺新固体催化剂中。

催化剂	技术
BF_3/Al_2O_3	Grignard
SbF_5/SiO_2	循环床＋洗涤
分子筛 H-b	Grignard
多孔载体(SiO_2)固定 CF_3SO_3H	Haldor Topsoe A/S

注：来源于［61，Decroocq，1997］，［330，Hommeltoft，2000］。

技术提供商声称，这些技术会在一到两年内准备好进入市场。

(3) 基础油生产

最近报道的一项新技术是在溶剂萃取/脱蜡过程中应用膜回收溶剂。驱动力是减少能量消耗［259，Dekkers，2000］。

(4) 催化裂化

在改善催化裂化装置环境性能的研究中一些有希望的技术路线如下。

- 加工更重，含有更多污染物（催化剂失活剂）如钒和镍及具有更高康氏残炭（CCR）含量原料的能力。正在进行的开发活动是：继续开发更高活性催化剂和更有效（如两段式）催化剂再生。驱动力是减少渣油（即强化升级）和更高总体炼油厂效率（例如消除高真空装置运行）［259，Dekkers，2000］。
- 催化裂化装置再生器中添加脱硝添加剂。低 NO_x 添加剂。NO_x 去除添加剂是一项新兴技术，它未来可能在催化裂化再生器 NO_x 控制方面具有应用性。添加剂加入到催化裂化再生器中，通过 NO_x 与 CO 或焦炭反应以促进 NO_x 的破坏。它们通常也是促进硫氧化物去除添加剂，提供同时减少催化裂化再生器 NO_x 和硫氧化物排放的能力。它们已经进行了实验室条件下的研究，但尚未商业化示范。尽管更换添加剂的运行成本预期很高，这些添加剂具有吸引力，因为它们不需要资本投资。在美国的一些试验中，已经取得了 NO_x 排放减少 50％的效果。
- 热陶瓷过滤器可以改造用于三级旋风分离器下游。陶瓷过滤器只适用于特殊用途。
- 利用磁铁改善催化剂分离（Kellogg 技术公司）［247，UBA Austria，1998］。
- 其他烟气脱硫包括去除 SO_2 的 CanSolv 胺洗涤系统。还未有商业证明在 FCC 中应用，但是该工艺是很有前途的和具有成本效益的，特别在高硫情况下。

(5) 催化重整

应用不断改进的催化剂（由催化剂制造商提供）的目前做法预期将会继续［259，Dekkers，2000］。

(6) 能量系统

在改善能源系统环境性能的研究中一些有希望的技术是 CO_2 减排技术（更多信息在废气处理）。其他是热集成。进一步改善能量的研究正在继续，目前集中于有吸引力的热电联产机会与更复杂的热集成。

(7) 氢气制备

在氢气制备技术研究中有希望的技术如下。

• Hydrocarb 工艺，其中渣油基本上裂化为碳和氢。对炼油厂来说，这个工艺可以看作是天然气的一个内部来源。此工艺生产碳、氢和甲醇。对一个 4.98t/a 的炼油厂，计算得出这个工艺可以增加 40%的总汽油产品，1150m^3/d 的甲醇和 795m^3/d 的 C/H_2O 浆 [12，Steinberg and Tung，1992]。

• 甲烷热解，利用天然气的热分解和直接生产氢，同时隔离碳或以其他商品目的利用碳。可完全消除 CO_2 的产生 [12，Steinberg and Tung，1992]，[281，Steinberg，2000]。

(8) 加氢工艺

在改善能源系统环境性能的研究中一些有希望的技术路线如下。

• 渣油加氢处理和加氢转化工艺（例如淤浆床技术）。这个工艺只在半商业规模进行了示范，并没有商业装置在运行。

• 低氢气消耗的汽油深度脱硫技术目前正在研发。参数尚不可知。

(9) 炼油厂综合管理

泄漏检测技术：

智能 LDAR。这个设备通过实时录像显示被监视设备，能够检测（使用激光技术）逸散性烃类化合物排放。它允许用户确认炼油厂最大排放位置区域，因此 LDAR 利用探测技术可以集中于高排放项目。API 研究表明 90%的逸散性排放来自 0.13%的管道系统组件（API 分析炼油厂筛查数据，出版物 310，1997 年 11 月）。这种技术正在研发中，在开始作为常规工具使用之前，它还有许多技术问题需要解决。通过快速确认大量泄漏，这种方法能显著减少 LDAR 计划的成本/效益。然而对常规 LDAR 计划的这些研发可能会在将来实现，应观察进展情况确定何时它们作为一种好技术被接受 [115，CONCAWE，1999]。

(10) 产品处理

需要提到的研发是柴油，甚至是原油的生物脱硫 [259，Dekkers，2000]。

(11) 废气处理

提及的一些研发活动如下。

• 通过从烟气中捕集 SO_2 并转化为液体硫来去除 SO_2。

• 生物去除 H_2S [181，HP，1998]。

• 通过新开发颗粒物减排技术，包括陶瓷过滤器（如 NGK，日本）和旋转颗粒物分离器（Lebon & Gimbrair，荷兰）。

• CO_2 减排技术。

假设炼油厂公用材料逐渐增加，产品规格和减排要求持续更加严格，那么 CO_2 排放，如果不能减排，可能继续上升，因为满足这些要求的措施将需要能量。原则上可以通过分离、收集和发现一种有效应用来减少 CO_2 排放。注入 CO_2 进行二次或三次油回收是有潜在可能的。已经建议，将 CO_2 注入到下层土壤中形成储存或提供给温室作为气体肥料产品。然而，考虑到涉及大量 CO_2，这种方法成本实际上非常昂贵。而且，这些解决方案只能部分缓解 CO_2 的排放问题。

① 从烟气中去除 CO_2

用烧碱湿式洗涤去除 SO_2/NO_x，并将 CO_2 以碳酸盐形式有效去除。但是，应当指出，应用湿式洗涤目的仅是去除 CO_2 将会是适得其反，因为清洗工艺本身和生产洗涤剂都需要消耗能量。一些其他许可工艺是可以应用的，它们从烟气中去除 CO_2 的溶剂是可以回收的，典型的如甲基乙胺（MEA）。在洗涤系统吸收 CO_2 之后，溶剂热再生，释放 CO_2。接着可以被压缩、液化，以及送往地下处置。目前表明，这种类型方案的高能量需求将阻碍它的一般用途。

② 处置 CO_2

不像其他污染物减排，从烟气中去除 CO_2 没有可行的技术存在。然而，一些处置选择正在被科学考虑。由于技术、生态和经济的原因，还没有可应用的可行解决方案，但对这一技术来说，目前某些主要运营商和国际能源机构（IEA）正在研究这一选项。

考虑的新兴技术如下。

- 深海处置。
- 深含水土层处置。
- 在枯竭的油藏和气藏中处置。
- 作为固体在绝热仓库处置。

结束语

(1) 一般性评论

在整个欧盟，欧洲炼油厂的环境状况差别很大，因此每种情况的出发点都很不同。环境认识和优先次序的不同也很明显。

(2) 工作的时间安排

本 BAT 技术文件的相关工作开始于 1996 年 6 月 10～11 日的启动会议。经过几次磋商达成了 BAT 技术参考文件草案或者部分文件由 TWG 进行咨询。第 1～4 章和第 6 章的第 1 次草案在 2000 年 2 月开始送出进行咨询。2000 年 6 月举行全体会议，同意发布第 4 章的另 1 份草案和第 5 章概述进行咨询。2000 年 10 月部分草案送交磋商。第 2 个完整草案在 2001 年 1 月完成，在随后的 2001 年 6 月 6～8 日的技术工作组会议进行了工作总结。在这会议之后，进行了第 5 章、内容摘要及结束语的咨询。

(3) 信息来源

本书编写使用了超过 350 项信息。其中来自主管部门和工业界的 8 份报告作为信息的主要来源使用。为了补充这一信息，进行了 17 次实地考察，分组会议，对其他许多来自供应商的信息和一般文献的信息进行收集。在后来的阶段，关于文件草案的意见代表了主要的信息来源，补充、量化或增加了 BREF 参考文件的信息。

大部分 TWG 提交的技术信息，一般集中在减排技术。很少信息可用于在确定 BAT 技术时考虑生产技术的性能，特别是这些生产技术可能达到的排放和消耗水平。最常见的是，这些类型的数据来自技术供应商或一般文献。

(4) 共识水平

炼油行业庞大且复杂，分布在除卢森堡外的所有欧盟成员国。这种规模和复杂性反映在 BREF 中介绍的工艺/活动数量，以及它包含的 BAT 技术的数量（200 以上）。已经达成一致的事实是，200 种以上的 BAT 技术中除了 27 种其他都是工作组成员扩大委员会达成广泛共识的措施。1个对应于第5章概述，11个对应于通用BAT技术，15个对应于特定BAT技术。它们全部在下面列出。

序号	BAT技术出现不同意见的地方	不同意见来源	意见分歧
1	第5章概述	工业部门和2个成员国	在这一章中关于确定相关排放范围上限值，工业界和2个成员国表达了不同意见。不同意见是他们认为第5章的上限值应与第4章给出的上限值一致。他们的理由是，如果某一被认为是BAT技术的技术已经在装置上应用了并取得了一定值，那么该值就应该被认为在相关排放值范围内
		通用BAT技术	
2	减少SO_2排放	1个成员国	1个成员国不同意把炼油厂作为整体处理SO_2排放的方法。他们的建议是按照他们国家的方法来确定和实施BAT技术
3	减少NO_x一般方法	1个成员国	1个成员国不同意把炼油厂作为整体处理NO_x排放的方法。他们的建议是按照他们国家的方法来确定和实施BAT技术
4	水排放表。总金属	3个成员国	2个成员国声称，金属应根据其毒性分成两组。1个成员国声称，应按单个金属给出范围。最后这两项要求在关于总金属的技术工作组会议上未达成协议
5	水排放表。每月	1个成员国和工业部门	1个成员国声称，这些值应该是日平均值，因为这些数值通过良好设计和运行的污水处理装置可以很容易地实现。工业界声称，平均值应以年为基准，因为他们的所有数据都基于年平均值
6	水排放表。负荷范围上限值计算	1个成员国和工业部门	1个成员国不同意此列的上限值，因为它们应该代表低于这里给出的值的实际炼油厂数值。另一方面，工业界认为在这里设置的负荷值不应与排放水平相联系，而应是基准值，因为它们依赖于炼油厂用水，并且应在任意选择63家炼油厂的平均用水量的基础上进行计算(它本身只是作为BREF第401页一个基准值而出现)。就如在BREF＊中脚注所述，炼油厂实际负荷可以“根据浓度值与实际污水量可以很容易计算得出”，并可以通过它们与基准值比较
7	水排放表。总碳氢含量	2个成员国和工业部门	1个成员国和工业界声称应把3mg/L作为上限值。代表了现有欧洲炼油厂3步废水处理设施的实际运行数据。1个成员国建议把上限值定为5mg/L，是基于他们国家现有设施目前实测结果
8	水排放表。COD	1个成员国	1个成员国声称浓度上限水平应该为75mg/L，负荷上限值应该为45mg/L，因为一个标准生物处理装置减少90%～97%的COD含量。因此75mg/L可以通过一个良好设计和运行的生物处理装置很容易实现
9	水排放表。NH_3	1个成员国	1个成员国声称上限水平应为5mg/L。这些水平可以通过汽提和生物硝化/反硝化步骤达到
10	水排放表。TN	工业部门	工业界认为，在接收水中氮不应作为污染物来看待。脱氮不能作为BAT技术，因为对接收水的环境效益是很低的，且欧元(投资费用)和CO_2排放成本都很高
11	水排放表。TN负荷	1个成员国	1个成员国声称范围上限值应该是8mg/L。他们证明(以实际数据为基础)通过汽提或硝化/反硝化步骤可以很容易得到8mg/L以下数据
12	水排放表。TSS	1个成员国	1个成员国声称上限水平应该是30mg/L。原因是通过使用沉淀、浮选、过滤或这些技术的组合，可以减少60%～99.99%的SS

续表

序号	BAT技术出现不同意见的地方	不同意见来源	意见分歧
特定BAT技术			
13	基础油生产。使用NMP	工业部门	工业界声称，鉴于本书中的信息，NMP和糠醛溶剂都是同样可行的候选溶剂。从工业界观点看，在BREF中对于它们的性能还没有达成清晰意见
14	部分氧化条件下催化裂化	1个成员国和工业部门	1个成员国声称，如果需要达到这些CO低排放，NO_x相关排放范围应该为300～450(标)mg/m^3。工业界仍然认为，排放范围应该为100～500(标)mg/m^3，以涵盖4.5.3部分报道的全部范围
15	催化裂化装置。NO_x排放	3个成员国	成员国在NO_x排放范围方面有3种不同观点。1个成员国声称应用SCR总是可能的，所以上限值应为100(标)mg/m^3。1个成员国声称范围应为300～450(标)mg/m^3，因为FCC技术根据加工的原油、炼油厂配置和产品需求而选择。所以NO_x排放不能推动生产运行。一个成员国指出范围应为10～450(标)mg/m^3，因为SCR和SNCR并不适用于所有现有装置
16	催化裂化装置。SO_x排放	1个成员国	1个成员国始终认为FGD总是适用的，所以范围应更改为10～100(标)mg/m^3
17	催化裂化装置。SO_x和NO_x排放	1个成员国	1个成员国不同意本节硫氧化物和NO_x排放遵循的方法。他们的建议是遵循他们国家BAT技术确定和实施的方法
18	焦化装置。颗粒物	工业部门	工业界声称，ESP是不适用的，因为焦炭颗粒导电性高，因此范围上限应为100(标)mg/m^3
19	焦化装置。煅烧炉。SO_x	工业部门	工业界声称，应用FGD技术后即使达到90%的去除率也很难实现上限值，因为原料含硫量可能很高。他们建议把上限值增加到500(标)mg/m^3
20	能源系统。RFG硫含量	1个成员国	1个成员国声称，现有炼油厂的范围应为低于(500～1000)×10^{-6}，因为如果遵守气泡限制，RFG中H_2S含量几乎没有。BAT技术在第5章中重复出现超过2次
21	能源系统。气体燃料锅炉和加热器的NO_x排放	2个成员国	2个成员国声称上限值应该是100(标)mg/m^3，因为它可以通过采取初级措施和SCR达到
22	能源系统。液体燃料锅炉和加热器的NO_x排放	2个成员国	1个成员国声称小型加热器(<50MW)可以达到200(标)mg/m^3，大型加热器和锅炉(>50MW)安装SCR是合理的，结果是可以达到小于100(标)mg/m^{3}的值。1个成员国声称水平在200～400(标)mg/m^{3}之间，因为燃料中氮含量
23	能源系统。燃气轮机NO_x排放	1个成员国	1个成员国声称，采取初级措施和SCR后上限值应为35(标)mg/m^3
24	能源系统。颗粒物排放	1个成员国和工业部门	1个成员国声称，颗粒物范围应该为30～50(标)mg/m^3，因为这些值与95%的减排是一致的。工业界认为范围应为5～50(标)mg/m^3，这与第4章报道的全部范围是一致的
25	能源系统。液体燃料池二氧化硫排放	2个成员国和工业部门	1个成员国声称使用FGD总是可能的，因此上限值应该是200(标)mg/m^3。一个成员国和工业界声称，限制值应不低于1700(标)mg SO_2/m^3，它相当于没有减排时燃料油中1%的硫水平

续表

序号	BAT技术出现不同意见的地方	不同意见来源	意见分歧
特定BAT技术			
26	能源系统	2个成员国	1个成员国不同意本节硫氧化物和NO_x排放遵循的方法。他们的建议是按照他们国家的方法确定和实施BAT技术。另一个成员国不同意本节遵循的方法，因为他们声称，气泡方法应主导能量BAT技术部分
27	SRU	2个成员国	1个成员国声称当来自SRU的浓度超过2000(标)mg/m^3时，它们代表着炼油厂内大量SO_2排放，可以使用FGD。一个成员国声称，提到的回收效率是新装置应用BAT技术得到的。他们声称现有装置应用BAT技术回收率为98.5%～99.5%

(5) 对未来工作的建议

TWG已认识到炼油厂自身排放与使用炼油厂产品而产生的那些排放之间的相互联系。管理者知悉这种间接环境影响很重要。例如，减少燃料中硫含量意味着炼油厂需要处理更多硫。因此，TWG建议相关的欧洲和国际机构考虑这个重要问题，以降低整个行业的总体环境影响。此外，工作组向欧洲机构建议，在考虑新产品规格时，他们应考虑炼油厂产生排放的影响。

在生产技术及相关良好环境实践方面，交换的数据很少（如为了进度需要的目前排放和消耗水平、性能、消耗基准或经济性）。这是只有很少的生产技术出现在第5章的主要原因。对于未来BREF评估，所有工作组成员和感兴趣的组织应继续或开始收集所有生产工艺的这些数据。这些数据应表示为浓度和负荷，并在适当情况下，与投入和/或输出的物料量相联系。

TWG认识到，技术提供商或欧洲技术供应商协会（如欧洲密封协会）可以为BREF提供一些优秀资源，特别是给出炼油行业新应用的专家意见。因此，建议将其正式纳入BREF下一版本。技术工作组建议在2006年开始评估本书。

对于逸散性VOCs排放，欧盟层次的涵盖设备性能及良好实践的指南是有益的。它可以由各成员国、欧洲环境机构、供应商和工业部门代表合作编制，作为下一BREF版本的准备工作。

装置信息和实际性能数据是很缺乏的；因此为了本书的修订，应提供缺失的信息。除了以上提到的一般性数据缺失，下面的说明涉及缺少数据和信息的具体领域。

- 收集和分析关于不同意见的更多数据，并尝试解决它们。
- 对于主要空气污染物，努力达成关于气泡定义的一致意见，并尝试收集在气泡概念下BAT技术相关数值的技术支持。
- 能源效率已被确认为BREF中最重要的问题之一。原因是炼油工艺非常耗能。在后续修订中，需要对能源效率作进一步分析和量化。开发和提升计算能源效率的简单方法应加以鼓励。
- 提供工艺退役的数据。
- 提供原油中含有金属质量平衡数据。在炼油厂通常进行硫质量平衡，但没金属质量平衡信息的报告。原油中含有的挥发性金属如汞是需要探讨的问题。它们去哪里以及如何才能减少?

- 颗粒物特征数据需要量化，如未燃尽的烃类化合物，金属（如镍、钒）和 PM_{10}。
- 提供的有关噪声水平或降噪技术的信息非常少。
- 没有提供恶臭减排的有关信息。人们已认识到，恶臭减排与 VOCs 减排（通常是硫化物）是关联的，但还没有确认化合物及它们可能来自哪里。换句话说，需要分析 VOCs。
- 收集二噁英排放数据以及催化剂再生工艺和一些清洁设施影响的数据。
- 考虑炼油废物时一个重要的问题是国家之间仍然有许多不同的定义，这使得难以对废物进行比较。制订一个炼油厂产生的废物类型目录，使其比较变得更容易和更准确。
- 收集火炬燃烧系统 NO_x 和 SO_x 排放信息。
- 收集焦化工艺 NO_x 排放信息。
- 关于天然气工厂很少有资料交换。这可能部分是合理的，因为这些工厂的数量远远小于炼油厂。然而，关于这些工厂如何改善环境的一些具体数据应进行交换。

(6) 未来研发项目建议的主题

下面的主题应在未来的研究和开发项目中考虑。

人们已经认识到，一些工艺技术产生的跨介质问题是很难评估的。例如，烷基化生产中提出的一个困难问题是哪一个工艺更好，如氢氟酸烷基化（更高能源效率，但催化剂毒性很大）或硫酸烷基化（低能源效率且产生的废物需要回收，但毒性较低）。这可能值得去开发一些方法来比较两种或更多技术。

比较世界各地炼油行业能源效率的研究。这需要考虑不同类型的炼油厂。在这项研究中，需要定义一种简单方法。研究还应包括分析炼油行业已经使用的改进它们的能量效率的技术，以及它们如何影响效率、成本和环境效益。

在工作期间没有发现太多关于粉尘物理和化学性质的信息（例如未燃尽烃含量、金属含量和 PM_{10} 含量）。由于这些分析很难进行，可以通过研发项目支持来规范。

来自炼油厂的逸散性排放研究应该包括收集炼油行业逸散性 VOCs 排放数据。这可能是基于委员会第 15 条款下（欧洲污染物排放登记，EPER）所收集的资料。为了量化减排能力和成本，这也应包括监测方法分析和降低 VOCs 排放技术的分析。这项计划也集中于不同类型设备的使用、它们的性能和成本，或能代表性能和成本之间更好的平衡，或能够以比实际 LDAR 方案更低的成本确认逸散性 VOCs 排放及其特征的新设备的开发的需求。

炼油厂处理有害产品，如芳烃（苯等）。应促进一些研究来更好地评估这些产品的排放，它们对环境的影响以及解决这些问题的不同方式。这在一定程度上与逸散性 VOCs 排放相关，除此之外，还需要表征这些排放。

许可者管理者认为，需要获得这个领域更多精确的技术信息。关于不同设备密封方面有很多建议。这特别有助于更准确研究它们的效率和它们的实施条件，以及建立关于推荐密封类型的良好做法和方法、检查它们效率的方式、它们的利用条件和相关更换周期。

无焰氧化模式已开始在一些行业中广泛使用，如钢铁和陶瓷。在炼油行业应鼓励推动类似研究和实验工作。这种技术似乎能提供更高能源效率和低 NO_x 排放。

用排放量或单位排放量来表达这个行业的环境绩效非常困难，它们主要代表了环境影响。这是因为炼油厂能量需求随复杂性和产品转化程度增加。同时，硫回收率随复杂性和能源消耗增加。一种便于建立单位排放量基准的方法，考虑以几种类型炼油厂作示范，将是有益的。

通过 RTD 计划，欧盟正在启动和支持一系列关于清洁技术、新兴废水处理和循环技术以及管理战略的项目。这些项目很可能对未来 BREF 评估提供有益帮助。因此邀请读者向 EIPPCB 通知任何与本书适用范围有关的研究成果（也可以参阅本书的前言）。

附录Ⅰ 炼油厂适用的环境立法和排放限值

炼油厂产生向大气中的排放，向水中的排放，还有废弃物。大多数污染物排放实际上是跨越国界的。结果是，很多炼油相关的环境政策和立法很大程度上受到国际发展的影响（欧盟指令和其他国际立法）。这些立法集中于产品质量、炼油厂排放，以及最近的环境报告。事故程序问题通常包含在外部安全报告和地方许可中。

1. 欧盟和其他国际立法

表 1 给出了应用于炼油厂的一些主要欧盟立法的总结。

表 1 影响炼油厂的主要欧盟立法

名称	相关内容	来源	排放限值
指令 96/61/EC	综合污染预防与控制	官方公报 L 257,10/10/1996 p. 26 BGB1. I. 1997. S. 542	无
指令 88/609/EEC 和最后修订的指令 94/66/EC	从大型燃烧装置排入大气中的某些污染物的排放限制	官方公报 L 336,07/12/1988 p. 1	有
指令 75/442/EEC 被指令 91/156/EEC 修订	废弃物	官方公报 L 194,25/07/1975 p. 39	
指令 91/689/EEC	危险废物	官方公报 L 337,31/12/1991 p. 20	
理事会指令 84/360/EEC	工业装置空气污染治理	官方公报 L 188,16/07/1984 p. 20	
指令 67/548/EEC	危险物质分类、包装和标识相关的法律、法规和管理规定	官方公报 L 196,16/08/1967 p. 1	
94/904/EC:理事会决定	根据关于危险废物的理事会指令 91/689/EEC 第 1(4)条款建立的危险废物名录	官方公报 L 356,31/12/1994 p. 14	
指令 94/63/EC	车用汽油储存和从中转站配送到加油站的 VOCs 排放控制	官方公报 L 365,31/12/1994 p. 24	
指令 96/82/EC	控制涉及危险物质的重大事故风险	官方公报 L 10,14/01/1997 p. 13	
理事会指令 1999/13/EC	限制某些活动和装置使用有机溶剂导致的 VOCs 排放	官方公报 L 085, 29/03/1999 p. 0001～0022	
理事会条例（EEC）No. 1836/93	允许工业部门公司自愿参与欧盟生态管理和审计计划	官方公报 L 168,10/07/1993 p. 1	
欧洲议会和理事会指令 94/9/EC	关于用于潜在爆炸环境的设备和防护系统的成员国相关立法	官方公报 NO. L 100, 19/04/1994 p. 0001～0029	
指令 94/63/EC	石油储罐的涂装		

(1) 影响产品规格的立法

产品规格（汽车用油计划和 IMO）如下。

考虑到燃料燃烧对环境和健康的影响，已经引起在环境法规方面的改变，特别关注作为最大宗产品的汽油和柴油燃料的燃烧（汽车用油规格见表 1.4）。柴油燃料主要限制是关于硫和多环芳烃含量的限值。汽油规格不仅包括硫和总芳香烃含量，也限制特定化合物，例如苯、烯烃、最大 RVP，在美国，存在 CO 问题区域的最低氧含量。

重燃料油规格由关于减少某些液体燃料中硫含量的理事会指令 1999/32/EC 和修改的 93/12/EC. OJL121/13，1999 年 5 月 11 日 EU B 来控制。对于加热油，该指令涉及在 2008 年硫含量减少至 0.1%，且从 2003 年起对于陆地贸易燃料油硫含量限制为 1%。用于航海船舶的 MARPOL 条约附录Ⅵ的规则一旦批准，这意味着截至 2003 年，在所谓的硫氧化物排放控制区，所使用的燃油可能会限制为最大硫含量为 1.5% 的燃料油。

(2) 影响大气排放的立法

影响大气排放的主要立法见表 2。

表 2 影响大气排放的主要立法

立法	内容
国家排放上限指令	用于减少 CO_2、SO_2、NO_x 和 VOCs 的重要指令
空气污染协议（Gothenburg 协议，1999 年 12 月 1 日）	用于减少 SO_2、NO_x 和 VOCs 的重要协议
液体转运过程中 VOCs 预防	在大气压下将液体转移到容器中时，接收容器中的蒸汽相（通常是空气，但也可以是惰性气体）通常会排放到大气中。由于存在 VOCs，这种装载操作通常被认为是对环境有影响的。欧盟第 1 阶段指令 94/63/EC 规定了排放削减措施和应用蒸汽回收装置（VRU）或者蒸汽回收系统（VRS），以防止蒸汽逸散进大气中
空气质量指令（AQD）	空气质量指令给出了限值。PM 排放已经经过部长理事会的二次审阅同意，并且很快就要出版
EC 大型燃烧装置指令	对于单个加热炉大于 50MW 或者多个加热器总热量输入大于 50MW 的新装置（即在 1987 年 7 月 1 日及以后投入使用的装置），属于 EC 大型燃烧装置指令的范围，必须遵守它的要求。但是该指令并不直接包括炼油厂工艺，例如 FCCU 再生器，焦化工艺或者 SRUS，也不包括燃气轮机。该指令要求成员国引入一项针对正在运行的或者在 1987 年 7 月 1 日之前得到许可的大型燃烧装置的连续减少 SO_2 和 NO_x 排放的计划

表 3 按化合物列出了影响大气排放的立法。

表 3 影响空气污染物的主要立法

化合物		立法
CO_2	国际	联合国后京都议定书/温室气体公约
	EC 指令	93/76/EEC 93/389/EEC

续表

化合物		立法
颗粒物	国际	EU/UN-ECE
	EC 指令	大型燃烧装置指令(LCPD) 综合污染预防与控制指令(IPPC) 空气质量指令(AQFD)
	其他	UN-WHO USAEPA
SO_x	国际	EU/UN-ECE,酸化战略
	EC 指令	大型燃烧装置指令(LCPD) 液体燃料中硫指令(SLFD) 综合污染预防与控制指令(IPPC)
	空气质量指令	硫协议(包括船用燃料油) 空气质量框架指令(AQFD) 国家上限指令
	其他	UN-ECE/-世界卫生组织(WHO) USAEPA/1990 净洁空气法案
NO_x	国际	EU/UN-ECE,酸化战略
	EC 指令	LCPD IPPC 空气质量框架指令:AQFD N 协议(93/361/EEC) 国家上限指令
	其他	UN-ECE/-WHO USAEPA/1990 净洁空气法案
VOCs	国际	EU/UN-ECE UN-ECE/VOC 协议第 1 阶段(海运 VR),第 2 阶段 MARPOL 公约附录Ⅵ IMO-MARPOL73/78
	EC 指令	空气上限框架指令 AQFD 94/63/EC 国家总量指令 臭氧战略
	其他	UN-WHO USAEPA/1990 净洁空气法案 欧盟长距离越界空气污染草案
CO	国际	联合国/温室气体公约
	EC 指令	ICPC
	其他	UN-WHO
甲烷	国际	联合国后京都议定书/温室气体公约
	EC 指令	(93/389/EEC)
卤代烷和 CFCs	国际	联合国蒙特利尔议定书(94/84/EC)

续表

化合物		立法
镍	国际	UN-ECE 重金属协议
	EC 指令	空气质量框架指令，AQFD IPPC
苯	EC 指令	空气质量框架指令，AQFD IPPC
多环芳烃	EC 指令	空气指令框架指令，AQFD IPPC
	其他	UN-ECE POP 协议

(3) 影响废水排放的立法

由 OSPARCOM 决定（89/5），为炼油厂排放设置了油限值。

(4) 影响其他方面的立法

① 环境影响评价（EIA）

国际主管机构（在欧洲的每一个欧盟指令）强制实施的一种重要的积极环境管理工具是环境影响评价。在每个投资项目之前，预期排放量、废水和废物以及必要减排措施需要明确，而且项目活动对环境的影响需要评估和报告。一份被批准的 EIA 报告是新建装置许可程序的规定材料。

② 外部安全

根据欧盟后 Seveso 指南（82/501），炼油厂现在必须准备一份外部安全报告。Seveso-1 指南在 1999 年实施，并且包含对安全报告的进一步要求。它适用于炼油厂整体。

一些欧盟和国际排放限值。

化合物	排放限值
SO_2	大型燃烧装置 EC 指令设置炼油厂现有装置的总体限值为 1700mg/m³(标)(气泡)以控制液体燃料硫含量。对于新建炼油厂，减少大型燃烧装置排放的指令限制 SO_2 排放为 1000mg/m³(标)烟气。另外，建议的该指令修订包括新建炼油厂装置 SO_2 排放限值降低至 450mg/m³(标)的建议
颗粒物	大型燃烧装置 EC 指令应用的颗粒物(PM)总排放限值为 50mg/m³(标)

2. EU＋国家立法和排放限值

本节中的表格给出了在一些 EU＋国家影响炼油厂的环境立法和/或排放限值的简要总结。

(1) 奥地利

奥地利环境立法总结见表 4，其炼油厂排放限值见表 5。

表 4　奥地利环境立法总结

介质	立法	范围
空气	Feuerungsanlagenverordnung (BGBl. Ⅱ 1997/331)	燃烧装置条例

续表

介质	立法	范围
空气	Luftreinhaltegesetz für Kesselanlage（LRG-K，BGBl. 1988/380 i. d. F. BGBl. Ⅰ 1998/158）	蒸汽锅炉清洁空气法案
	Luftreinhalteverordnung für Kesselanlagen（LRV-K，BGBl. 1989/19 i. d. F. BGBl. Ⅱ 1997/324）	（蒸汽锅炉清洁空气法案）
水	"Allgemeine Abwasseremissionsverordnung"（BGBl. 1996/186）	在奥地利的流动水体或者公共排水系统中排放污水是由该条例规定的
	基于奥地利"Wasserrechtsgesetz" i. d. F. BGBl. Ⅰ 155/1999（水权法案）的其他条例。关系到炼油厂利益的具体条例是 Verordnung über die Begrenzung von Abwasseremissionen aus der Erdvöerarbeitung BGBl. Ⅱ 1997/34（限制炼油厂废水排放条例）	适用于不同工业行业的其他具体条例
废弃物	在奥地利废弃物管理原则由"废弃物管理法"（BGB1. 325/1990i. d. F. I151/1998）规定	

表 5　奥地利炼油厂应用的排放限值

介质	污染物	排放限值	单位	备注
土壤	污泥 废物	— —		限值按照填埋法规 限值按照填埋法规
水（原油炼制相关法令）	水	0.6	m^3/t	m^3/t 原油加工
	pH 值	6.5～8.5		
	温度	30	℃	
	溶解固体	—		
	SS	30	mg/L	
	COD	75	mg/L	
	BOD	20	mg/L	
	TOC	5	mg/L	
	H_2S	0.5	mg/L	以硫计
	NH_4^+	5	mg/L	以氮计
	油	2.0/3.0	mg/L	从 2005 年起，生物处理后为 2.0，现是 10mg/L
	苯酚	0.2	mg/L	
	金属	0.5/3.0/0.5/0.5/0.02/1.0	mg/L	分别对应于 Pb/Fe/Cu/Ni/Hg/V
	SO_3	2.0	mg/L	
	表面活性剂	2.0	mg/L	
	毒性	细菌：8Gl 鱼：2Gf		
	其他	0.1/40/2.0/0.1/0.5	mg/L	对应于 CN/总 N/P/AOX/ BTXE

续表

介质	污染物	排放限值	单位	备注
空气	在 Schwechat 炼油厂的规定		全部值为(标)mg/m^3	
	H_2S	10		适用于克劳斯装置
	氨气	10		适用于 SNCR 和 SCR
	CO	100 燃料气 175 液体炼油厂燃料 2000 FCC		3%O_2,干燥
	CO_2	—		
	SO_2	1700 FCC 800 发电装置Ⅱ、石脑油 HDS、减压馏分 HDS、SRU,VDU ④ 200 发电装置Ⅰ		<50/50~300/>300 MW 在 3%O_2,干燥条件下 ①②
	VOCs	—		
	NO_x	200~300 燃料气 100~150 发电装置Ⅰ, 900 发电装置Ⅱ(烧重质渣油) 300 FCCU 再生器		适用于在 3%O_2,干燥条件下各自热量输入和燃料①③
	颗粒物	50/35 10 气体燃料 50 FCCU 110 发电装置Ⅱ(烧重质渣油)		适用于现有/新建>5MW 重质燃料油装置
	重金属	Ni:1 Pt:5 V:5		适用于 FCCU

① 适用于现有装置。

② 800(标)mg/m^3适用于炼油厂发电装置。

③ 900(标)mg/m^3适用于炼油厂发电装置。

④ 700(标)mg/m^3适用于有 1 台新锅炉的发电装置(最近安装)。

(2) 比利时

空气(Vlarem)、水和地下水(Vlarem)、废物和土壤(Vlarem,Vlarebo 和 Vlaria)和噪声(Vlarem)

排放限值见表 6。

表 6 比利时炼油厂应用的排放限值总结 [268,TWG,2001]

介质	污染物	排放限值③④	单位	备注
土壤	针对土壤污染的相关措施,例如,化学品的使用和储存,包括建设条件			没有具体针对炼油厂
	周期性土壤污染测试			炼油厂在造成土壤污染风险的活动名单内

续表

介质	污染物	排放限值[③④]	单位	备注
噪声	照射水平与质量目标比较[例如工业场所 55dB(A)]			没有具体针对炼油厂
废物		适当处置和加工		没有具体针对炼油厂
		每年向废物管理部门报告		列出炼油厂具体 30 种废物，每年向废物管理部门报告
水	水	0.5	m^3/t	对于简单炼油厂[①]，m^3/t 原油加工量
		0.6～1.2	m^3/t	对于复杂炼油厂[②]，m^3/t 原油加工量（$0.1m^3/t$ 原油额外处理，最多 $0.7m^3$）
	pH 值	6.5～9.0		如果排入污水系统，6.0～9.5
	温度	30	℃	如果排入污水系统，45℃
	溶解固体	60	mg/L	如果排入污水系统，1000mg/L
	沉淀物	0.5	mg/L	
	烃类化合物	20	mg/L	四氯化碳可萃取物。如果排入污水系统，500mg/L（石油醚可萃取物）
	洗涤剂	3	mg/L	
	石油和动植物油层	不可见		
	BOD	35	mg/L	如果排入污水系统则无限制
	Cr^{6+}	0.05	mg Cr/L	
	COD	200	mg/L	对于复杂炼油厂[②]为 250mg/L
	苯酚	0.5	mg/L	对于复杂炼油厂[②]为 1mg/L
	氮	10	mg N/L	凯氏氮，对于复杂炼油厂[②]为 30mg N/L，如果排入污水系统则无限制
	硫	1	mg S/L	
	Toe	200	mg C/L	对于复杂炼油厂[②]为 250mg C/L，如果排入污水系统则无限制
	铬	0.5	mg Cr/L	
	磷	2	mg P/L	
	铅	0.05	mg Pb/L	

续表

介质	污染物	排放限值③④	单位	备注
空气（ELV，3% O_2）	SO_2	1300	（标）mg/m^3	燃料总气泡排放和工艺排放，包括热电联产装置排放；ELV 和范围目前正在修订中
		1700	（标）mg/m^3	新建大型燃烧装置，燃料油，50～300MW
		1700～400	（标）mg/m^3	新建大型燃烧装置，燃料油，300～500MW
		400	（标）mg/m^3	新建大型燃烧装置，燃料油，≥500MW
		35	（标）mg/m^3	新建大型燃烧装置，燃料气
	NO_x	450	（标）mg/m^3	燃料总气泡排放和工艺排放，包括热电联产装置排放；ELV 和范围目前正在修订中
		450	（标）mg/m^3	新建大型燃烧装置，燃料油
		350	（标）mg/m^3	新建大型燃烧装置，燃料气
	粉尘	150	（标）mg/m^3	燃料总气泡排放和工艺排放，包括热电联产装置排放
		50	（标）mg/m^3	新建大型燃烧装置，燃料油
		5	（标）mg/m^3	新建大型燃烧装置，燃料气
		50	（标）mg/m^3	流化床催化裂化再生［2005 年 1 月 1 日前：300（标）mg/m^3］
	CO	150	（标）mg/m^3	燃料总气泡排放和工艺排放，包括热电联产装置排放
	Ni	2	（标）mg/m^3	燃料总气泡排放和工艺排放，包括热电联产装置排放
	V	7	（标）mg/m^3	燃料总气泡排放和工艺排放，包括热电联产装置排放
	H_2S	10	（标）mg/m^3	
	二噁英	0.5	（标）ng TEQ/m^3	新建炼油厂，0.1（标）ngTEQ/m^3 排放目标
		2.5	（标）ng TEQ/m^3	现有炼油厂，0.4（标）ngTEQ/m^3 排放目标
	C	1%废气		装置开车和停车释放废气的火炬效率

① 以下活动：储存、混合、常压蒸馏、减压蒸馏、脱盐、催化脱硫，重整和/或硫酸生产。

② 当一个或多个下列活动发生时：催化裂化、加氢裂化、减黏裂化、氢气生产、柴油加氢精制、焦化、烷基化、脱硫、沥青生产、酸处理、环烷酸生产、基础油质量改进、甲基叔丁基醚生产以及其他石油化工工艺、基础润滑油生产、异构化、聚合、溶剂生产和/或矿物油、脂肪和添加剂混合。

③ 水的排放限值为行业排放限值。在许可证中降低水平可能强制实施，例如考虑当地地表水质量目标，对于没有行业排放限值的成分，作为首要原则，通常以地表水质量目标的 10 倍作为限值。

④ 比利时炼油厂都位于 Flanders 地区，Flemish Vlarem Ⅱ 法规。

(3) 丹麦

丹麦将渣油产品燃料的 SO_2 排放限值设定在 1000(标)mg/m^3，在燃料油中最多含有 1%的硫。气体和 LPG 燃料的 SO_2 限值设定在更低水平［5～35(标)mg/m^3］。液体和气体燃料的 NO_x 水平设定在 225(标)mg/m^3。

(4) 芬兰

芬兰炼油厂应用的环境立法和排放限值见表 7。

表 7 芬兰炼油厂应用的环境立法和排放限值总结

介质	法规	污染物	范围	限值	单位
空气	VNp 889/1987	硫排放	$<3\times10^6$ t 原油/a 的炼油厂	12	原料中硫的百分含量
			$>3\times10^6$ t 原油/a 的炼油厂	8	原料中硫的百分含量
	VNp 527/1991	NO_x	$P>50$MW 的燃天然气锅炉	50	mg NO_2/MJ
			$P>50$MW 的燃天然气轮机	60	mg NO_2/MJ
			50MW$<P<$150MW 的燃油锅炉	120	mg NO_2/MJ
			150MW$<P<$300MW 的燃油锅炉	80	mg NO_2/MJ
			$P>300$MW 的燃油锅炉	50	mg NO_2/MJ
			50MW$<P<$300MW 燃油气轮机	150	mg NO_2/MJ
			$P>300$MW 的燃油气轮机	60	mg NO_2/MJ
	VNp 453/1992	硫含量	未去硫的锅炉重质燃料油	1	%
	VNp 368/1994	颗粒物	$P>300$MW 锅炉	30	mg/m^3
			50MW$<P<$300MW 锅炉	50	mg/m^3
			燃气锅炉	5	mg/m^3
	VNp 468/1996	VOCs	汽油储存	0.01	加工量%
	VNp 142/1997	硫含量	国内使用柴油	0.05	%
			国内使用轻质燃料油	0.2	%
	VNp 101/1997	Cd	废油燃烧	0.2	mg/m^3
		Ni		1	mg/m^3
		Cr+Cu+V+Pb		5	mg/m^3
		HCl		100	mg/m^3
		HF		5	mg/m^3
		SO_2		1700	mg/m^3
		颗粒物		100	mg/m^3
	VNp 842/1997	CO	有害废物燃烧	50	mg/m^3
		颗粒物		10	mg/m^3
		有机物		10	mg/m^3
		HCl		10	mg/m^3
		HF		1	mg/m^3
		SO_2		50	mg/m^3

注：VNp=国家议会决议。

(5) 法国

① 大气

从2000年起炼油厂最大允许 SO_2 许可排放浓度（以气泡计）为1700(标)mg/m^3。

② 水排放

根据炼油厂种类不同，每吨产品加工（原油、渣油等）的质量排放限值如表8所列。

表8 法国炼油厂应用的排放限值

质量排放限值(月平均)	炼油厂类型		
	1	2	3
水流量/(m^3/t)	0.25	0.65	1
TSS/(g/t)	6	15	25
COD/(g/t)	25	65	100
BOD_5/(g/t)	6	15	25
TN/(g/t)	5	12.5	20
烃/(g/t)	1.2	3	4
酚/(g/t)	0.06	0.15	0.25

质量排放限值(年平均)	炼油厂类型		
	1	2	3
水流量/(m^3/t)	0.2	0.5	0.8
TSS/(g/t)	5	12.5	20
COD/(g/t)	20	50	80
BOD_5/(g/t)	5	12.5	20
TN/(g/t)	4	10	16
烃/(g/t)	1	2.5	3
酚/(g/t)	0.05	0.125	0.2

注：这些排放限值将在自1998年2月2日起三年之内实施。水流量按闭环冷却系统的工艺水和净化水计算。类型1为拥有蒸馏、催化重整和加氢处理的炼油厂。类型2为类型1+催化裂化和/或热裂化和/或加氢裂化。类型3为类型1或类型2+蒸汽裂化和/或润滑油。

③ 法国噪声管理体系

法国方法：1997年1月23日颁布的条例。

适用领域：1997年7月1日以后新建或改造的装置。

装置噪声水平不能超过的限值。

- 白天70dB（A）。
- 夜间60dB（A）。

考虑管理区域的附加噪声。

管理区域包含装置产生的噪声在内的噪声水平	附加噪声限值	
	除周日和节假日之外 7～22h	22～7h,以及周日和节假日
35～45dB(A)	6dB(A)	4dB(A)
大于 45dB(A)	5dB(A)	3dB(A)

限值适用于离装置距离 200m，超出即不适用。

监测方法：AFNOR NF S 31010。

- 点号 6 种专业方法。
- 点号 5 种控制方法，需要与参考值差别大于 2dB(A) 以确定区别。

1985 年 8 月 20 日颁布的旧法令：关于附加噪声的相关限制为 3dB(A) [炼油厂为 5dB(A)]。

装置限值需要噪声水平的公式：45dB(A)+ct(考虑每天的不同时段)+cz(考虑区域类型)。

每天不同时段（ct）要求如下。

- 白天：7～22h [+0dB(A)]。
- 中间时间段：6～7h 和 20～22h [−5dB(A)]。
- 夜间：22～6h [−10dB(A)]。

根据区域类型不同，cz 从 0dB(A) 至+25dB(A) 不等。

其他特殊情况与脉冲和纯音噪声有关。

(6) 德国

德国与工业装置相关的重要法规在联邦排放控制法 [Bundes-Immissions schutzgesetz-BImSchG]、联邦水法 [Wasserhaushaltsgesetz-WHG] 和联邦回收和废弃物管理法 [Kreislaufwirtschafts-und Abfallgesetz-KrW-/AbfG] 中规定。德国对不同环境介质采取单一介质许可体系，但对于一项应用的最终决策由当地主管部门根据所有介质环境影响的评价报告而决定。同样的，由于德国始终致力于污染预防，对噪声的要求也考虑在许可程序中。“预防原则”在允许设立标准上具有法律地位。在德国，在许可程序中法律标准不进行任何协商。引用的条例目前正根据 IPPC 指令进行修改。

由于遵守德国的联邦结构，实施环境法律和法令是联邦州政府（Bundesländer）的职责，这可能会导致实施管理程序不同。对于新建工厂，被认为与对环境的相关排放和释放有关，在许可程序中也要求环境影响评价 [cf. Gesetz über die Umweltverträglichkeitsprüfung (UVPG)]。

表 9 给出了德国目前工业相关环节中环境保护的法律依据和法规的总结。下面列出了最重要的法律和法规。

表 9　工艺环节相关的立法依据和法规

领域	立法依据	法规和条例
运输	Verkehrsrecht	-Gefahrgutverordnung Straße -Gefahrgutverordnung Schiene -Gefahrgutverordnung Binnenschifffahrt

续表

领域	立法依据	法规和条例
工作健康和安全	Chemikaliengesetz (ChemG)	-Chemikalienverbotsordnung -Gefahrstoffverordnung
	Gewerbeordnung	-TA Lärm -Arbeitsstättenverordung und-richtlinien
大气排放	Bundes-Immissionsschutzgesetz (BImSchG)	-Bundes-Immissionsschutzverordnungen -Bundes-Immissionsschutzverwaltungsvorschriften -TA Luft -TA Lärm
污水排放	Wasserhaushaltsgesetz (WHG) Abwasserabgabengesetz (AbwAG)	-Abwasserverordnung(AbwV) -Abwassergesetze der Länder or Indirekteinleiterverordnungen -Anlagenverordnungen der Länder -Katalog wassergefährdender Stoffe -Klärschlammverordnung
废弃物处理	Abfallgesetz (AbfG)	-Abfall-und Reststoffüberwachungsverordnung -Abfallbestimmungsverordnung -Reststoffbestimmungsverordnung -TA Abfall -TA Siedlungsabfall
	Kreislaufwirtschafts-und Abfallgesetz (KrW.-/AbfG)	

① 德国关于空气质量的法规

空气污染控制的基本法律是联邦排放控制法［Bundes-Immissionsschutzgesetz-BImSchG］。BImSchG 通过条例和空气质量技术指南［TA Luft］具体化。联邦排放控制法和空气质量技术指南目前正根据 IPPC 指令进行修改。

空气质量控制技术指南［TA Luft］是根据 BImSchG §48 制订的一般性行政法规。TA Luft 进一步指明装置申请许可需满足的要求。因此，它规定了几乎所有空气污染物的限值，以及设计用于限制逸散性排放的结构和运行要求。对于新联邦州政府，这些要求必须在 1996 年前满足，在一些特殊场合需要到 1999 年。表 10 显示了主要的排放控制要求，或者存在适用于炼油厂的具体法规，在 TA Luft 中规定了相应的更多具体要求，其目的旨在避免空气污染或将其控制在最低水平。

排放的物质分为 3 类（蒸汽或气体无机物：4 类），其中Ⅰ类物质毒性最大，而Ⅲ类物质或Ⅳ类物质危害最轻。TA Luft 中包含的排放限值体现了减少排放的先进技术措施（最近的一次修订时间为 1986 年，目前正在修正）。这些质量限值是参考科学发现和考虑毒理学、生物积累学和流行病学等方面的研究而得出的。所需浓度限值是根据标准状况（0℃，1013mbar）下排放气体体积扣除水蒸气含量后相关排放物质质量而给出的。

表 10 TA Luft（1986 年）规定的排放控制要求

排放的物质（TA Luft 章节）	类别	物质	质量流量阈值/(g/h)	浓度限值/(mg/m^3)
总粉尘	—		<500	150
			>500	50
无机粉尘颗粒物（3.1.4）	Ⅰ	（如 Hg、Tl） 物质总量	1	0.2
	Ⅱ	（如 As、Co、Ni、Te、Se） —"—	5	1
	Ⅲ	（如 Sb、Pb、Cr、F、Cu、Mn、Pt、Pd、Rn、V、Sn、强烈怀疑可致癌的物质） —"—	25	5
	Ⅰ＋Ⅱ	—"—		1
	Ⅰ＋Ⅲ，Ⅱ＋Ⅲ	—"—		5
蒸汽或气态无机物（3.1.6）	Ⅰ	（如 AsH_3） 每种物质	>10	1
	Ⅱ	（如 HF、Cl_2、H_2S） —"—	>50	5
	Ⅲ	（如 Cl-化合物以 HCl 计） —"—	>300	30
	Ⅳ	（如 SO_2＋SO_3 以 SO_2 计，NO＋NO_2 以 NO_2 计） —"—	>5.000	500 FCC：700（NO_2） FCC：1700（SO_2）
有机物（3.1.7）	Ⅰ	（如甲基氯） 根据 TA Luft 附录 E 分类	>100	20
	Ⅱ	（如氯苯）	>2.000	100
	Ⅲ	（如烷基醇）	>3.000	150
致癌物（2.3）	Ⅰ	（如 Cd①、As①、石棉、苯并[a]芘） —物质总量—	≥0.5	0.1
	Ⅱ	（如 Ni、铬Ⅵ） —"—	≥5	1
	Ⅲ	（如丙烯腈、苯） —"—	≥25	5

① 基于 1991 年 11 月 21～22 日的联邦政府/联邦州政府环境部长会议采用的标准，0.1mg/m^3 的排放限值规定为 Cd 及其化合物，用 Cd 表示，同样的，对 As 及其化合物，用 As 表示。

如果存在几类无机粉尘颗粒，对于Ⅰ类和Ⅱ类物质情况，排放气体质量浓度不应超过 1mg/m^3，对于符合Ⅰ类和Ⅲ类或者Ⅱ类和Ⅲ类物质的排放气体总质量浓度也不应超过 5mg/m^3。

如果存在几类有机物质，总质量流量为 3kg/h 或者更多时，排放气体质量浓度不应超过 0.15mg/m^3。

在排放质量流量较高情况下，排放必须连续监测。

各种排放物质的每日平均值不应超过要求的排放限值，97%的所有半小时均值不应超过要求的排放限值的 6/5，所有的半小时均值不应超过要求的排放限值的两倍以上。

由于自 1986 年以来，技术水平显著提高，在一些情况下地方政府要求比 TA Luft 规定的更严格的排放限值。

② 噪声削减技术指南

噪声削减技术指南［TA Lärm］设定了不同区域许可设施运行的噪声排放限值。如果没有超过具体区域排放限值和如果采用最先进噪声防护措施，授予设施建造、运行或改变许可。

③ 德国关于水质的法规

水管理的法律框架是联邦水法［Wasserhaushaltsgesetz WHG］。WHG 适用于各种工业过程产生的废水。地表水、海水和地下水的使用需要主管部门的批准。排水在废水条例及其附录［Abwasserverordnung，AbwV］中规定，其基于联邦水法 7(a) 条款。这里，污水处理相关最低要求，分析和监测技术相关要求以及具体物质含量限值按不同的工业行业制订。

由联邦政府发布，联邦各州（Länder）批准，这些最低要求对于许可管理部门和政府控制排水是具有法律约束力的。依据当地的条件，甚至可以建立更严格要求。最低要求基于“排放原则”和预防原则，例如，应用更严格的、基于技术的排放标准，不考虑接收水体的承载力或者各种物质排放的潜在影响。另外，联邦环境部发表废水条例的解释和注释。石油炼制在这个法规附录 45 中论述。表 11 给出了建立在 AbwV 附录 45 中的主要限制。

表 11 石油炼制装置的废水排放限值

参数	限值①/(mg/L)
蒸馏和染料抽提后的苯酚指数	0.15②
总烃类化合物	2
TP	1.5
氰化物，易释放	0.1②
硫化物和硫醇硫	0.6②
AOX	0.1②
BOD_5	25
COD	80
TN	40

① 合格的随机采样或者 2h 复合样。

② 要求适用于与其他废水混合前的废水。

注：来源于 AbwV，附录 45，“石油炼制”。

要求的排放负荷应该是与生产能力相关的特定生产负荷，这是水排放许可的基础。这应该根据合格随机采样或者 2h 复合样确定。

合格的随机采样应该是指在最长 2h 期间内至少 5 个随机采样的复合采样，它们的间隔不少于 2min，然后混合。复合采样应该是指在给定的时间段内连续取样，或者取样包含连续多次取样或者在给定的时间段内连续取样并混合。随机采样指的是从废水中单次取样。

来自工业过程间接冷却的冷却系统废水不包含在这个法规内。间接冷却水要求符合 AbwV 附录 31 中规定的条款。表 12 给出了在 AbwV 附录 31 中冷却循环排放的相关要求。如果没有达到指定值，废水排放的申请将被拒绝。

表 12 工业过程冷却循环的排放要求

参数	最低要求①
COD	40mg/L
磷化合物，以磷计	3mg/L
锌	4mg/L
AOX	0.15mg/L
可用残留氯	0.3mg/L
铬化合物	不得含有
汞化合物	不得含有
亚硝酸盐	不得含有
金属有机化合物(金属-碳-化合物)	不得含有

① 合格的随机采样或者 2h 复合样。

注：来源于附录 31，Abwasserverordnung。

WHG 由废水收费法［Abwasserabgabengesetz-AbwAG］补充。根据表 13，收费与排放废水的质量和可能危险有关。对于进入污水系统的排放，超过上述的浓度或年负荷临界值，排水单位需要根据给出的计量单位付费。

表 13 根据废水收费法的临界值

有害物质	计量单位(与有害物质单位有关)	临界值	
		浓度	年负荷
COD	50kg O_2	20mg/L	250kg
磷	3kg	0.1mg/L	15kg
氮	25kg	5mg/L	125kg
有机卤代化合物，以 AOX 计	2kg 卤素，以 Cl 计	100μg/L	10kg
汞及其化合物	20g	1μg/L	0.1kg
镉及其化合物	100g	5μg/L	0.5kg
铬及其化合物	500g	50μg/L	2.5kg
镍及其化合物	500g	50μg/L	2.5kg
铅及其化合物	500g	50μg/L	2.5kg
铜及其化合物	1000g	100μg/L	5kg
鱼毒性	$3000m^3$ 排放除以 T_F	$T_F=2$(排放鱼类非致命数量的稀释倍数)	

注：来源于 Abwasserabgabengesetz。

④ 德国关于危险物质废弃物管理和处置的法规

危险物质管理和处置的相关法规由联邦回收和废弃物管理法［Kreislaufwirtschafts-

und Abfallgesetz-KrW-/AbfG］和联邦排放控制法［BImSchG］规定。根据 BImSchG，经过许可的废弃物产生装置经营者，有责任避免废弃物生产或者确保这种废弃物环境友好地回收。如果在技术上或者经济上不合理，废弃物必须要没有任何有害影响地处置。联邦各州“排放控制工作小组”（Länderausschuss für Immissionsschutz，LAI）已经颁布了适用于特殊工业行业的示范管理法规，包括被认为是技术和经济上可行的避免和回收废弃物的措施。

KrW/AbfG 要求，产生 2t 以上危险废物或者 2000t 以上无害废弃物的装置，必须建立废弃物管理观念和每年废弃物平衡。

⑤ 德国立法文献

- Abwasserabgabengesetz-AbwAG：Gesetz über Abgaben für das Einleiten von Abwasser in Gewässer，3. 11. 1994.
- Abwasserverordnung-AbwV：Verordnung über Anforderungen an das Einleiten von Abwasser in Gewässer und zur Anpassung der Anlage des Abwasserabgabengesetzes，09. 02. 1999；last review 20. 02. 2001.
- Bundes-Immissionsschutzgesetz（BImSchG）：Gesetz zum Schutz vor schädlichen Umwelteinwirkungen durch Luftverunreinigungen，Geräusche，Erschütterungen und ähnliche Vorgänge，14. 05. 1990，最后修订 19. 07. 1995.
- Kreislaufwirtschafts-und Abfallgesetz-KrW-/AbfG：Gesetz zur Förderung der Kreislaufwirtschaft und Sicherung der umweltverträglichen Beseitigung von Abfällen，27. 09. 1994.
- TA Luft：1. Allgemeine Verwaltungsvorschrift zum Bundesimmissionsschutzgesetz（Technische Anleitung zur Reinhaltung der Luft-TA Luft），27. 2. 1986.
- TA Lärm：6. Allgemeine Verwaltungsvorschrift zum Bundesimmissionsschutzgesetz（Technische Anleitung zum Schutz gegen Lärm-TA Lärm），26. 08. 1998.
- UVPG ：Gesetz über die Umweltverträglichkeitsprüfung-UVPG，12. 2. 1990，最后修订 23. 11. 1994.
- Wasserhaushaltsgesetz-WHG：Gesetz zur Ordnung des Wasserhaushalts-WHG，12. 11. 1996.

(7) 爱尔兰

大气排放限制见表 14。废水排放限制见表 15。

表 14 爱尔兰应用的大气排放限值

物质	浓度/(mg/m³)	
	石油炼制	天然气加工
H_2S	5	5
HF	5	—
颗粒物 -加工 -材料处理	 100 50	—

续表

物质	浓度/(mg/m³)	
VOCs(以总碳计)(不包括颗粒物)	通过负荷最小化控制	通过负荷最小化控制
NO_x	通过负荷最小化控制	350
SO_2 -液体炼油厂燃料 -蒸汽化 LPG -其他气体燃料	通过负荷最小化控制	 1700 5 35

注：注入稀释空气获得的 ELV 浓度是不允许的。

排放废水的毒性由合适水生物种确定。毒性单位（TU）数=100/96h LC50（体积分数），因此 TU 数值越大反映了毒性水平越高。对于每个 TU，在接收系统中必须获得至少 20 倍废水体积的稀释。

起始稀释引起鱼类或贝类适应，干扰正常类型的鱼类迁徙或在沉积物中积聚或损害鱼类、野生生物或它们的扑食者，在这种方式或浓度下，不能排放任何物质。

排放进入市政处理装置的这些参数的允许条件可由许可部门制订，并可以应用不同值。

表 15　爱尔兰应用的废水排放限值

构成组别或参数	限值
pH 值	6～9
SS/(mg/L)	30
COD/(mg/L)	100
毒性单位数	5
EC 目录 1	根据 76/464/EC 及其修订
鱼类适应	无适应
BOD/(mg/L)	20
TN/(mg/L)(以 N 计)①	10
TP/(mg/L)(以 P 计)②	3
烃类化合物	5

① 所有值指日均值，除了其他注明相反的，不包括 pH 值，其是连续值。

② 适用于富营养化水。一个或两个参数都可能被限制，取决于接收系统。

注：这些值在任何例如未被污染的雨水或冷却水稀释之前应用。

如果合适，符合以上标准的盐水排入海洋或者较低河口。

(8) 意大利

炼油厂最大允许 SO_2 排放浓度（以气泡计）在 2000 年为 1700(标)mg/m³。

(9) 挪威

在挪威没有应用通用排放标准。炼油厂排放限值是根据各自情形设定的。挪威引入了一项最小化 CO_2 和 SO_2 排放量的税款。大于 1.0%硫的重燃料油在挪威南部和西南部的 12 个县是禁止的。在挪威北部重燃料油允许最高为 2.5%的硫含量。但是由于高硫税，硫含量高达 2.5%的重燃料油比 1.0%的油贵得多，因此几乎不使用。规定噪声限值为 45dB（A）。

介质	污染物	排放限值	单位	备注
土壤	污泥	—		限值依据填埋、危险废物和地下水的法规
	废物	—		限值依据填埋、危险废物和地下水的法规
水	pH 值	6～9	—	
	H_2S	0.5～1	mg/L	
	油	5	mg/L	
	苯酚	1	mg/L	
	NH_4^+	10～15	mg/L	
	CN(总)	1	mg/L	
	SS	—	t/a	
	COD①	—	t/a	
	TOC①	—	t/a	
	金属①	—	kg/d	
	磷(总)①	—	t/a	
空气	H_2S	15	(标)mg/m^3	
	CO_2	—	t/a	
	SO_2	65～1350	kg/h	
	SO_2	1000～2000	t/a	
	NO_x	2150	t/a	
	氰(总)(裂化装置)	5	(标)mg/m^3	
	颗粒物(裂化装置)	50	(标)mg/m^3	
	颗粒物(裂化装置)	25	kg/h	
	颗粒物(煅烧装置)	30	(标)mg/m^3	
	N_2O①	—	t/a	
	NMVOC①	—	t/a	
	甲烷①	—	t/a	

① 没有规定，但在年度报告中说明。

由于设计、使用年限以及当地因素，在不同炼油厂许可值不同。许可证计划在2001年和2002年修订。

(10) 瑞典

大气

炼油厂最大允许 SO_2 排放浓度（以气泡计）在2000年为800(标)mg/m^3。全国禁止使用高硫燃料（>0.5%）。硫回收必须超过99%，包括火炬燃烧残留尾气。NO_x 和颗粒物必须降低至最低可行水平。

Scanraff 炼油厂的总许可排放水平是2000t/a SO_2，1000t/a NO_x。催化裂化装置的颗粒物绝对限值是75(标)mg/m^3（炼油厂原油加工能力为10Mt/a）。

(11) 荷兰

荷兰法规和许可的特征是“境内自律”。这一特征源于一致意见的广泛支持，包括制定和实施环境政策。

① 大气排放

法规	影响
燃烧装置排放限值法令(BEES)	SO_2、NO_x、颗粒物
大气排放准则(NeR)	硫黄回收装置
烃类化合物2000年计划(KWS2000)	VOCs

国家环境政策计划（NEPP，1997）指出作为一项政策指标，到2010年炼油厂以气体为燃料，或者仍使用燃油的装置需配备FGD、SCR和ESP。此外，对内陆驳船汽油装载操作的蒸汽回收和浮顶罐上的双机械密封以及改进泵、压缩机、阀门和法兰的密封及敞开槽的覆盖也进行了明确的规定。蒸汽回收措施也适用于原油装卸。

表16总结了不同大气污染物控制的排放限值。

表16　荷兰立法、法规和目标

污染物	年负荷(负荷值适用的年度)	排放限值或性能(新建)	排放限值或性能(现有)
SO_2	53kt 36kt(2000年) 18kt(2010年)		1500(标)mg SO_2/m^3 1000(标)mg SO_2/m^3 (2000年)
硫回收装置		99.8%回收	99%回收
NO_x①	15kt(1997年) 12kt(2000年) 5～7kt(2010年)	NG:80(标)mg/m^3	NG:150～500(标)mg/m^3 LF:400～700(标)mg/m^3
颗粒物	5kt(1997年) 0.5～1kt(2010年)	燃烧装置50(标)mg/m^3	带有ESP的催化裂化装置:50(标)mg/m^3
VOCs	8.8kt(2000年) 4.2kt(2010年)		
CO_2	11000kt②		

① 校正因子用于确定允许排放值，其与燃料质量、空气预热程度和现行隔热墙温度有关。

② 2010年荷兰总经济情况的减排目标，而不是具体某个行业。

注：NG为天然气，LF为液体燃料。

② 排水（废水排放）

影响废水排放的法律是：地表水保护法（Wvo）、荷兰国家环境政策计划（NEPP，NEPP-3）、水管理第3和第4文件、莱茵河行动计划/北海行动计划（RAP/NAP）和ER-重金属和黑名单化合物（苯、甲苯、乙苯、二甲苯、PAH和重金属，如汞、镉）。其他化合物也设有限值，如总氮（TN）、苯酚、氰化物、硫化物和综合指标如COD、BOD和TOC等。对于炼油厂油排放，荷兰批准的PARCOM建议提供了指导。

许可证通常强制要求炼油厂遵守以下责任。

- 冷却水应与其他水分开，并且保证不被油污染。
- 被污染的装置区的雨水应该收集并输送至处理装置。

- 废水也应采取生物处理或者同等效果的处理。

由于设计、使用年限和其他局部因素的差异，许可值随地点的不同而变化。主管部门旨在促进未来许可版本的一致性。荷兰炼油厂的一些许可参数和典型达标值是（1997 年）：油 140t/a，苯 9t/a，苯酚 5t/a，总氮 540t/a。参数和遵守值是指已经通过初级污水处理设施，但尚未经过二级和/或三级处理的典型炼油厂污水成分（范围）。

③ 废弃物

炼油厂危险废物主要包括含油污泥管理、废催化剂和废碱。对于这些废物类别，进行场外回收或处置的第三方承包商在增加。环境管理法（Wm）管理合法处置，两个欧盟指令涵盖危险物质的分类、包装和标签。关于危险废物出口，控制危险废物跨国转移和处置的巴塞尔公约规定了存在的类似程序。

④ 土壤和地下水

受污染的土壤和地下水是与炼油厂相关的环境问题。荷兰土壤保护法（Wbb）规定不能危害公众和环境、土壤的多功能性，对于历史形成的土壤污染，有重点关注防止污染物迁移到边界外（隔离、管理和控制）的职责。如果超出了每一成分和每种土壤类型定义的所谓干预值，并且如果污染程度表明了污染的严重性，那么土壤和地下水清洁是义务性的。在实际情况中，迁移率和对受威胁目标的风险决定了清理工作的紧迫性。受污染的土壤是炼油厂日益严重的问题。在所有的炼油厂中，已采取措施至少将土壤和地下水污染列出一份详细目录，如果必要的话，采取措施防止污染迁移。有一家炼油厂的土壤污染预防措施在设计阶段就已开始。

⑤ 噪声

荷兰有关于噪声的完整政策，以确认适当的噪声源名单，制订噪声削减计划。德国、瑞士、奥地利、法国和北欧诸国正在拟定类似的噪声政策。

如今噪声水平等值线数值和监测责任包括在炼油厂许可要求内。在很多国家的市区，工业噪声要求通常是：白天最大允许限值范围 55～73dB(A)，夜间为 45～66dB(A)。

（12）英国

英国没有炼油厂标准排放限值，但其指南文件为新建装置提供了预期 BAT 技术水平。现有装置运行应该满足 BATNEEC（不增加过多成本的 BAT 技术）标准。

3. 非 EU+国家立法和排放限值

（1）日本

有三种法规水平：国家、区域县级和自治市级。日本炼油厂强制使用硫含量低于 0.1%的液体燃料作为工业柴油（所谓 A-燃料）。

NO_x 国家法规是：炼油厂加热炉，100×10^{-6}；锅炉，150×10^{-6}；制氢装置，150×10^{-6}；FCC，250×10^{-6}。自治市 NO_x 排放限值 85(标)m^3/h（等于 1396t/a）[248，Ademe，2001]。

（2）美国

① 大气

美国环境保护局设置FCC再生器尾气颗粒物限制为1.0kg/1000kg焦炭在催化剂再生器中烧掉［大约相当于75(标)mg/m³］。焦炭燃尽速率取决于再生器废气体积流量与CO_2、CO和氧气含量。新污染源实施标准中SO_2排放限值是700(标)mg/m³。

② 水

废水、BOD、COD、TOC、氨、硫化物、酚类遵守毒性和常规污染物的严格限值。

世界银行：

关于世界银行集团援助条款的决策中，世界银行集团通常接受以下排放水平指南；任何这些水平的偏离必须在世界银行集团项目文件中说明。指南以浓度表达有助于监测。稀释大气排放或者废水排放以达到这些指南要求是不能被接受的。装置或单元运行时间，换算为年度运行小时比例，所有最大值水平应该至少在95%的时间内达到［101，World Bank，1998］。

③ 大气排放

参数	最大值/(标)(mg/m³)
颗粒物(PM)	50
NO_x(NO_x)①(以NO_2计)	460
SO_x(以SO_2计)	硫黄回收装置150,其他装置500
镍和钒(总和)	2
H_2S	15

① 不含催化装置的NO_x排放。

④ 液体排放

参数	最大值/(mg/L)
pH(无单位)	6～9
BOD_5	30
COD	150
TSS	30
油脂	10
铬(六价)	0.1
铬(总)	0.5
铅	0.1
苯酚	0.5
苯	0.05
苯并[a]芘	0.05

续表

参数	最大值/(mg/L)
硫化物	1
氮(总)①	10
ΔT/℃	小于或等于 3②

① 工艺中最大污水氮（总）浓度可达 40mg/L，包括氢化工艺。

② 在区域边缘发生起始混合和稀释，废水导致的温度上升应不超过 3℃。如果未定义区域，使用与排放点相距 100m 表示，在这一范围内没有敏感生态系统。

注：要求废水直接排放至地表水体。排放至场外废水处理装置应满足合适预处理要求。

⑤ 固体废弃物和污泥

如可能，产生的污泥应该低至 0.3kg/t 原油加工量，最大为 0.5kg/t 原油加工量。污泥必须经过处理和稳定，降低渗滤液中有毒物（如苯和铅）浓度至可接受水平（如浓度低于 0.05mg/kg）。

⑥ 环境噪声

噪声削减措施应达到以下水平或最大增加背景值 3dB（A）。对位于项目边界外的噪声受体采取措施。

受体	最大噪声/dB(A)
住宅、公共机构、教育	L_{dn} 55
工业、商业	L_{eq}(24)70

这里给出的排放要求可以通过良好设计、运行和污染控制系统维护持续达到。

附录Ⅱ　炼油厂配置

在世界范围内共有约700家炼油厂。平均每年有4～6家新品牌炼油厂投入生产，主要在欧洲以外地区（中国，印度）。另一方面，一些历史最悠久的起源于20世纪末的炼油厂仍在运行。许多这样的炼油厂自从那时以后已扩大和实现现代化。基本上大约有25种典型炼油工艺（不包括处理）应用在炼油工业中。最简单的类型，所谓的拔顶加氢型炼油厂，最少包括5种加工装置。一些大型的和复杂的炼油厂最多可以由15种甚至更多不同的加工装置构成。

在本节将详细讨论4种最常见的炼油厂组合或配置。炼油厂分为这些配置类型有一些武断。其他分类方法确实存在，但主要目的是说明存在的炼油厂类型的巨大差异。

配置	组成装置
1	拔顶加氢型炼油厂(基本配置)＋异构化装置
2	基本配置＋高真空装置＋流化裂化装置＋MTBE装置＋烷基化装置＋减黏裂化装置
3	基本配置＋高真空装置＋加氢裂化装置＋异构化装置(＋延迟焦化装置)
4	配置2组成的大型复杂炼油厂＋加氢裂化装置(＋加氢渣油裂化装置＋IGCC＋石油化工原料生产＋灵活焦化装置)

以上4种配置的总体流程框图在图1～图4中显示。

图1是上述“拔顶加氢型”炼油厂，包括异构化装置。这种炼油厂只生产燃料，如汽油、煤油（喷气燃料）、中间馏分油（柴油和轻质加热油）和燃料油，由原油组成确定比例。通过添加减压装置和转化装置，来自原油蒸馏装置的常压渣油可以转化成低沸点燃料，具有较高产品价值。将讨论两种组合，以涵盖最常用的转化工艺，如流化催化裂化和加氢裂化。流化催化裂化（FCC）配置（第2种）可能包含MTBE装置和烷基化装置以增加汽油产量和改进油品质量。热裂化装置或减黏裂化装置往往也包含在这个组合中，以减少重质燃料油的数量。加氢裂化配置（第3种），可能包括延迟焦化装置，以减少重质燃料生产和最大限度地获得轻质燃料产品。在本概述中包括的最后配置类型是大型的非常复杂的炼油厂。除了加氢裂化装置和催化裂化装置，该炼油厂组合包括减压渣油转化装置、渣油加氢转化装置和整体气化联合循环装置。

上述4种配置的复杂性（简单、复杂催化裂化、复杂加氢裂化和非常复杂）可以被量化且在工业上流行着各种方法。一种方法是其所谓的“当量蒸馏能力”（EDC）来表述每个加工装置，计算这些EDCs的总和，作为炼油厂总EDC（原油蒸馏装置所定义的EDC值为1）。复杂性是EDCs的加和。

另一种方法是表述每个转化装置（渣油材料转化为馏分油）为它的“催化裂化当量”，定义所有催化裂化当量总和作为炼油厂复杂性。在炼油厂比较中，配置（装置在

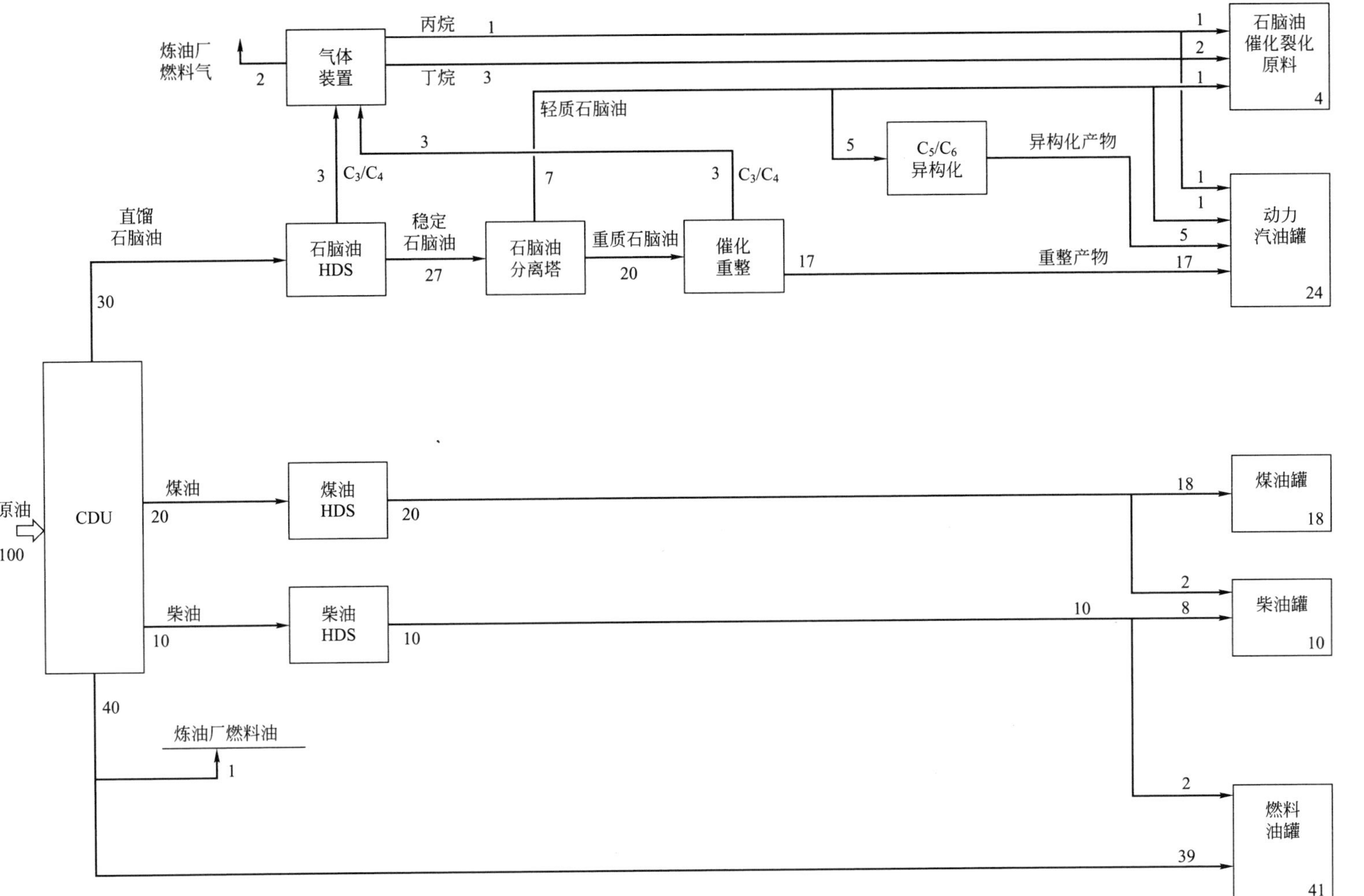

图1 配置1：拔顶加氢 + 异构化装置

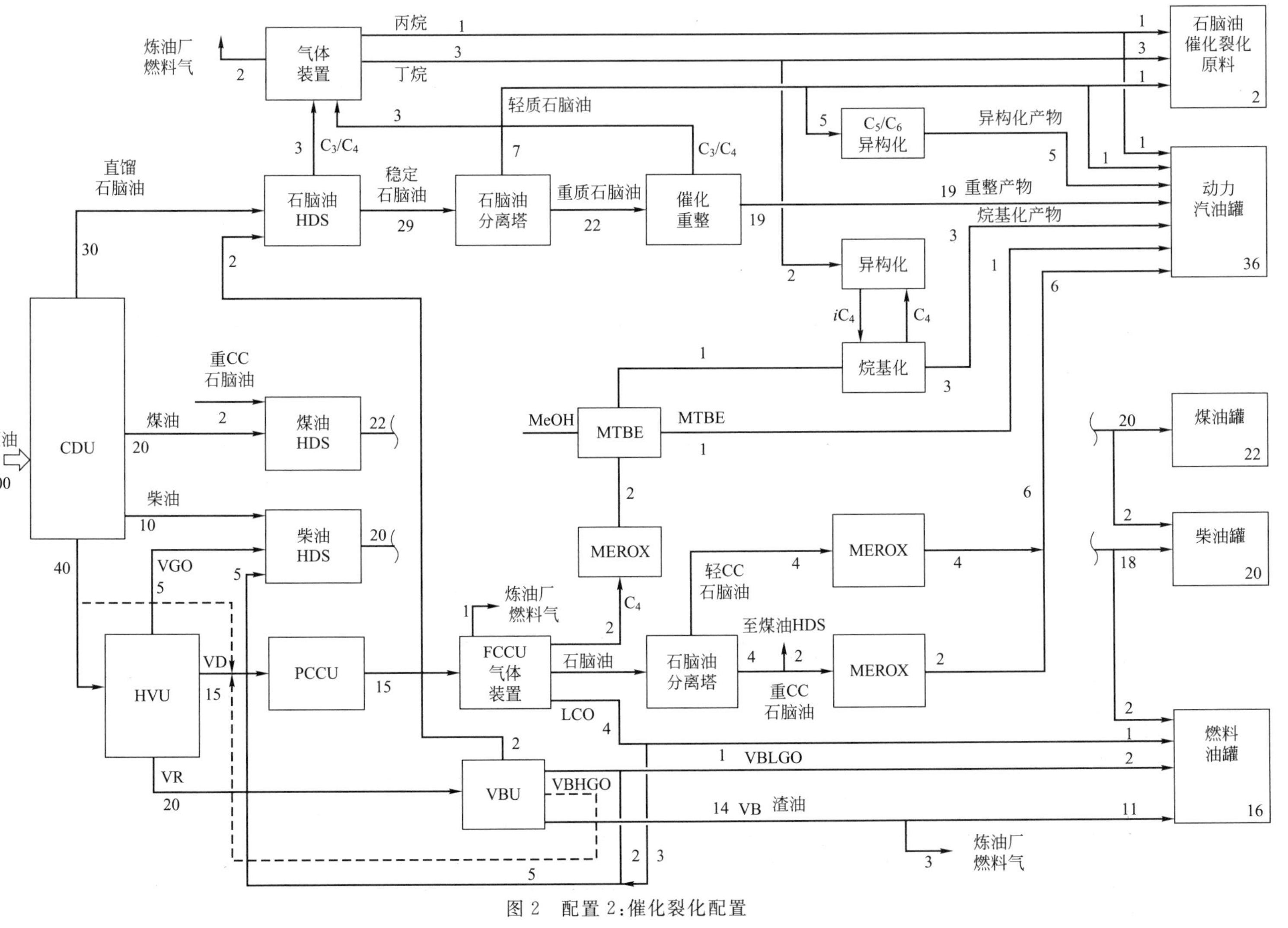

图 2 配置 2:催化裂化配置

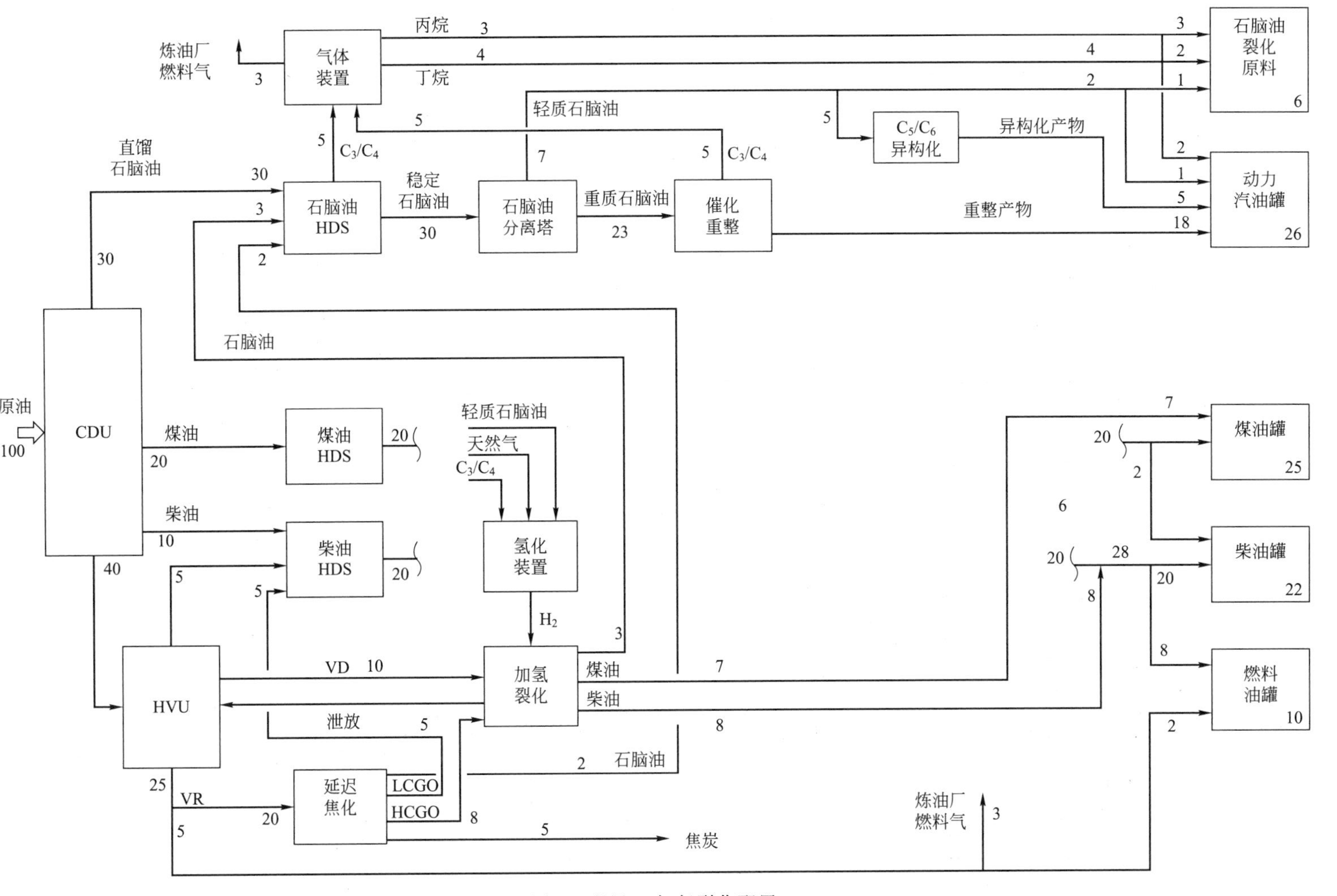

图 3 配置 3:加氢裂化配置

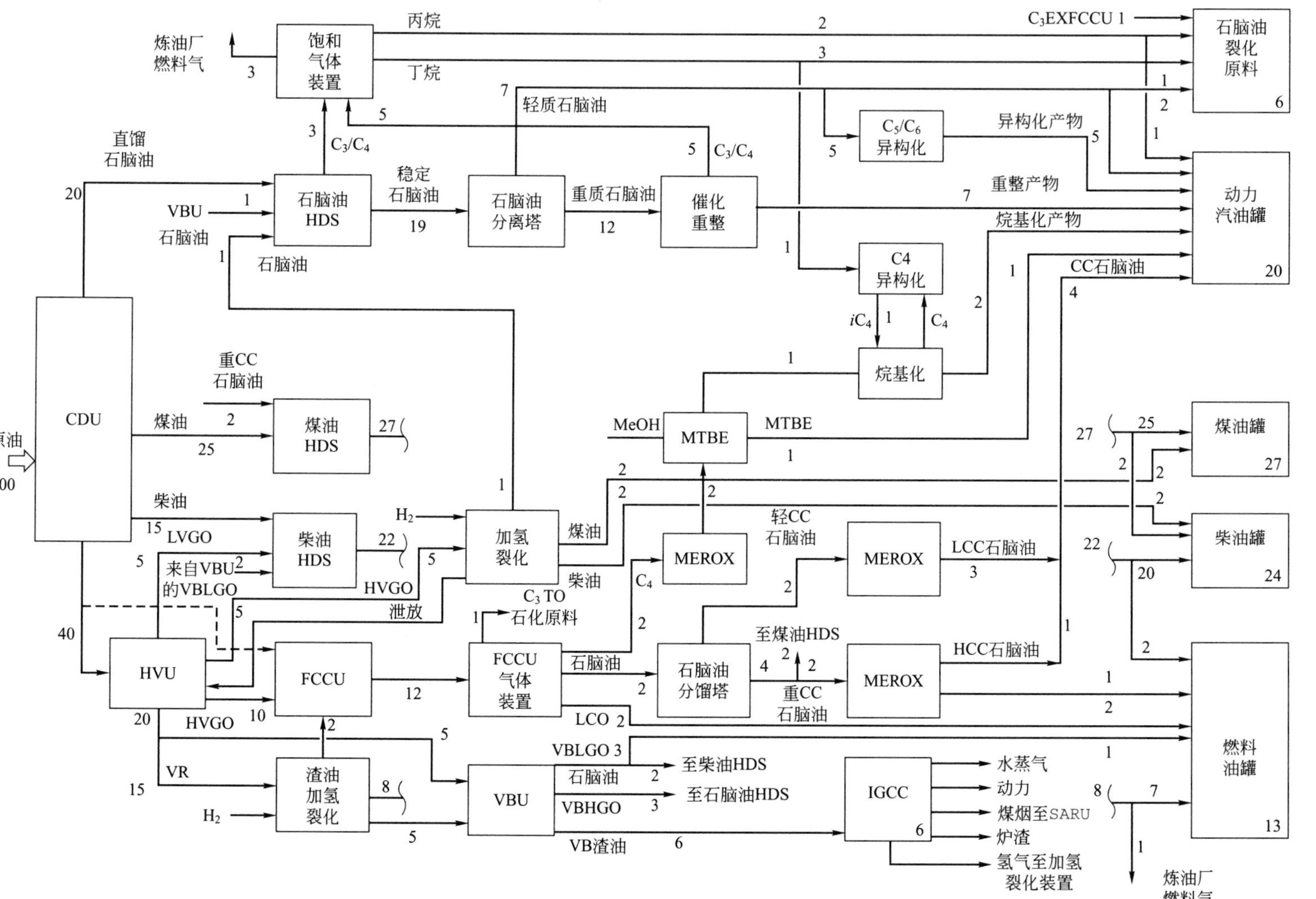

图4 配置4：带有加氢转化和IGCC的复杂炼油厂

其中）和复杂性（是这些装置的加工能力）都是需要考虑的重要因素。

能量需求及复杂性从配置1～4通常会增加。类似概括可以得到，关于如工艺水需求、硫生产（在相同硫输入情况）等，但往往需要进行量化。各种配置的装置组合在以下几页论述，加工装置为缩写；关于这些工艺装置的更多细节，请参见词汇表。

1. 配置1：拔顶加氢＋异构化装置

这是最简单的炼油厂类型，通过简单运行生产燃料（参见图1）。这种类型炼油厂有非常固定的产品分布格局；所生产的燃料几乎完全是由加工原油的类型所决定。这种生产无法由改变各种工艺装置的运行模式而受到显著影响。

许多拔顶加氢炼油厂建于20世纪50、60年代，当时所有燃料的需求大幅增加，原油成本相对较低，重燃料油需求较多。在20世纪70、80年代大部分拔顶加氢炼油厂扩大到包括复杂裂化，但相当多可以追溯到这一时期的拔顶加氢炼油厂仍然在运行。在原油蒸馏装置，原油分馏成为直馏石脑油塔顶产品、煤油、柴油侧线产品和从塔底流出的常压渣油产品。直馏非稳定石脑油输送到石脑油加氢处理装置，使它适合于催化重整。加氢处理的石脑油分为轻质和重质石脑油馏分。

在过去，部分轻质石脑油馏分用作车用汽油（动力汽油）调和成分，剩余部分作为石脑油裂化装置原料出售。最近，由于铅（TEL）逐步淘汰计划的结果，很多异构化装置被用于拔顶加氢炼油厂中来异构化轻质石脑油。异构化生产大约比原料辛烷值高20～25并补偿逐步淘汰铅造成的辛烷值损失。这样避免了全部轻质石脑油作为低价值的石脑油裂化装置原料出售。来自石脑油加氢处理装置的重质石脑油馏分在催化重整装置中升级为高辛烷值汽油调和组分。来自催化重整的氢气用于柴油及石脑油脱硫。通常情况下，炼油厂生产两个牌号的汽油，普通和优质汽油。这些牌号的汽油由不同比例的异构化产物、重整产物和丁烷调和生产。来自CDU石脑油加氢处理装置、异构化装置和催化重整装置的饱和轻烃被送至气体装置。气体装置生产的一定比例的丁烷用于动力汽油罐的调和组分，其余丁烷或是与丙烷混合作为LPG出售或是直接作为丁烷产品出售。比丙烷更轻的组分送到炼油厂燃料气系统。直馏煤油往往在直馏煤油加氢处理装置（或煤油HDS）中加氢并用作喷气燃料。通常情况下，加氢处理的煤油一部分用作机动车加氢柴油的调和成分。

直馏柴油在柴油加氢处理装置中加氢，以减少其硫含量。机动车加氢柴油是由调和脱硫煤油与脱硫柴油生产的。换热油和船用加氢柴油（MDO）是由直馏柴油与脱硫柴油调和生产的。这两款产品允许比加氢柴油有更高的最大允许硫含量。重燃料油是常压渣油加入脱硫柴油调整黏度和硫含量生产的。在一些情况下，可以热裂化常压渣油。这并不显示在配置组合内。来自石脑油加氢处理装置、煤油和柴油加氢处理装置（或柴油HDS）的酸性废气，在送至炼油厂燃料气系统之前，在胺装置中处理以去除存在的H_2S和其他酸性成分。来自石脑油加氢处理装置的酸性LPG，在与来自催化重整装置的脱硫LPG混合之前，也在胺装置中处理以减少其硫含量。来自所有工艺装置的酸性废水，在用于脱盐洗涤水和在废水处理设施中最终净化之前，经过汽提。含硫污水汽提塔的酸性尾气和富含H_2S的胺装置尾气混合并送至SRU，在这里H_2S转化为元素硫，几乎不含硫的尾气排放到大气中。

2. 配置 2：催化裂化配置

配置 2 是拔顶加氢炼油厂扩展增加高真空装置（HVU）、流化催化裂化装置（FCCU）和减黏裂化装置（VBU）的配置。在这种炼油厂配置中，相当一部分常压渣油转化为较轻燃料成分（参见图 2）。因此，生产渣油燃料油和/或出口常压渣油大大减少。催化裂化装置专门设计用以增加汽油产量。取决于炼油厂的市场和战略，也可以生产相当数量的煤油，催化裂化石脑油的较重馏分被分离并与直馏煤油产品一起加氢处理。由于生产“轻循环油”，中间馏分油的总产率也随之增加。

在欧洲许多催化裂化型炼油厂包括减黏裂化装置，以减少重质燃料油生产。如果没有应用 VBU，大量高价值柴油组分将会混合进入减压渣油产品。主要是为了满足重质燃料油的黏度规格，VBU 将减压渣油转化为黏度低得多的渣油，也生产一些石脑油和气体。这种类型的炼油厂具有灵活的产品分布格局。燃料种类构成可通过改变不同加工装置的运行模式和通过产品调和受到显著影响。这种炼油厂配置类型在欧洲占主导地位。这些 FCC 炼油厂大部分作为简单拔顶加氢炼油厂建于 20 世纪 50、60 年代。在 20 世纪 70、80 年代，复杂裂化装置被添加到这些炼油厂中。

3. 配置 3：加氢裂化配置

配置 3 是拔顶加氢炼油厂扩展增加 HVU、加氢裂化装置（HCU）和例如延迟焦化装置（DCU，见图 3）所构成。在此配置中，更多常压渣油转化为轻燃料组分并减少渣油燃料油产品产量。增加焦化装置允许该炼油厂完全消除渣油燃料油生产。HCU 装置专门用来最大限度生产汽油和中间馏分油。在欧洲数量有限的加氢裂化型炼油厂，包括延迟焦化装置（DCU），来减少重质燃料生产和最大限度生产轻质燃料。DCU 转换重质渣油为较轻的烃类馏分和石油焦。取决于焦炭质量，生成的焦炭用于水泥和钢铁或铝工业。HCU 所需的氢气由制氢装置提供。催化重整通常不会为 HCU 生产足够的氢气。另外，所需的补充氢气，可以通过部分氧化重烃并随之分离氢气而得到。

这种类型炼油厂有更高灵活性，不论是汽油或中间馏分油最大化生产，而催化裂化配置主要集中于增加汽油产量。约 15%现有欧洲炼油厂综合体已经扩展增加了加氢裂化。应该指出，这种扩展与安装催化裂化装置相比，需要相对高的资本投资和高的能耗。

4. 配置 4：带有加氢转化和 IGCC 的复杂炼油厂

配置 4 是带有加氢裂化和额外“深度转化”的炼油厂。拥有渣油加氢裂化装置和/或气化装置（IGCC），因此拥有了更大的重质原料转化加工能力（参见图 4）。这是一个大型复杂炼油厂的例子，它包含一些装置以生产高附加值石化原料。这种重质渣油转化技术范围的扩展，原则上可以消除将重质渣油混入燃料油罐，或可以加工更重原油。渣油加氢裂化装置，如 Hycon，H-油装置或其他类型渣油加氢裂化装置将减压渣油转化为高价值的运输燃料，例如汽油、煤油和柴油。另外，炼油厂加氢裂化装置提供了相当大的灵活性并且通过消耗燃料油而增加汽油和中间馏分燃料的生产。IGCC 将减黏裂化渣油转化为动力、水蒸气、氢气和一些废物。这种配置的主要优点是使用低价值减压渣油而不是用更有价值的轻质石脑油、轻烃或天然气来制备氢。此外，这还减少了燃料油产量并增加 LPG 和柴油燃料产量。

减黏裂化渣油送至 IGCC，在这里它将转化成为合成气（H_2/CO）。产生的氢气可以部分用于加氢裂化及渣油加氢裂化。剩余的合成气可在燃气轮机中燃烧，随后的是产生电力的汽轮机和生产水蒸气的锅炉。这可以是典型燃烧重燃料油锅炉的能量有效替代方案。来自 IGCC 的废弃物是炉渣和从烟尘收集装置收回的烟尘。烟尘的数量和质量取决于减黏裂化渣油原料的质量，并最终取决于加工的原油质量。

附录Ⅲ　炼油厂原料、中间体和产品

本节包含炼油厂适用的原料、中间体和产品的化学和物理性质的简要描述。由于有些术语可能因国家而异，本附录给出了这些术语是如何使用的简述。此外，本附录为非专家读者提供了一个简短概述。

1. 原油

原油是一种由不同化学组成和分子结构的烃类化合物（95%～99%质量分数）组成的混合物并混有一些杂质。大多数这些杂质，例如硫、氮、钒和镍，是与烃类结构以化学方式结合的。其他的杂质，如沙/泥、水和锌、铬、钠的水溶性盐类，以无机物形式存在。

原油中烃类是三种化学基团的混合物：烷烃（直链和支链称为正构和异构烷烃）、环烷烃（饱和环或环烷烃）和芳烃（一个或多个不饱和环）。原油类型最常用的大致分类是低硫或含硫原油。低硫原油通常含硫量低并且是轻链烷烃。含硫原油通常含硫量高并且是重环烷烃。

确立炼油厂生产的产品范围和质量的最重要参数是原油的组成。原油杂质，通常占总量的1%～5%，对确立原油价值和将其转化为市场产品的困难程度而言，也是非常重要的。原油中最重要的杂质是硫，它主要是以有机化合物形式存在，如硫醇和硫化物。一些单质硫、H_2S 和 FeS 也可能存在，但只有少量。总硫含量可低至 0.04%（质量分数）或高达 5%（质量分数）。原油中如含有超过 0.5%（质量分数）硫通常称为“含硫原油”，其他则为“低硫原油”。在一般情况下，在高沸点馏分中硫含量增加。

在欧洲炼油厂加工原油类型的例子如表 17 所列。欧洲炼油厂加工原油类型的明显转变发生在 1993～1997 年之间，从中东原油转换为“北海”原油。这主要是由于市场力量，因此这种趋势可以轻松转换。据 CONCAWE 报道，欧洲炼油厂加工原油的平均硫含量从 1979 年的 1.45%下降到从 1985 年起的 1.0%～1.1%。低硫原油应用和销售帮助欧洲炼油厂减少 SO_2 排放，并在一定程度上也减少 NO_x 排放。

表 17　原油类型和成分的例子

原油来源	原油	密度/(kg/m^3)	动力黏度/(mm^2/s)	硫(质量分数)/%	钒/(mg/kg)	镍/(mg/kg)
中东	阿拉伯轻质	864	5.18	1.91	23.7	4.6
	伊朗重质	870	7.85	1.67	68.2	21.4
	阿拉伯重质	889	14.54	2.92	69.8	22.3
	伊朗轻质	860	5.11	1.46	55.2	17.0
	科威特	870	6.90	2.47	32.9	9.6

续表

原油来源	原油	密度 /(kg/m^3)	动力黏度 /(mm^2/s)	硫(质量分数)/%	钒 /(mg/kg)	镍 /(mg/kg)
北海	Statfjord	830	2.70	0.26	1.5	0.7
	Oseberg	845	3.47	0.24	1.6	0.8
俄罗斯	乌拉尔	864	5.41	1.55	37.1	12.2

以下两个表格给出了原油金属含量。镍和钒在原油中出现在卟啉系统。为了确定原油中重金属，采样是至关重要的。关于这方面的更多信息可以在［43，Dekkers and Daane，1999］中找到。

不同原油的金属含量 单位：$\times10^{-6}$

来源	铁	镍	钒	铜
East Texas	3.2	1.7	12	0.4
West Texas	5.1	4.8	7.9	0.4
Mirando	7.6	1.9	1.4	0.5
Jackson	4.4	1.8	0.9	0.1
Scurry County	3.4	1.0	0.8	0.2
Wilmington	28	46.0	41.0	0.6
Santa Maria	17	97.0	223.0	0.3
Kettleman	24	35.0	34.0	0.4
Ventura	31	33.0	49.0	1.1
Tibu-Petrolea	1.6	9.0	60.0	0.9
Kuwait	0.7	6.0	77.5	0.1
Mid-Continent	3.8	4.2	7.9	0.3
Kansas	5.8	5.8	20.8	0.4
Morocco		0.8	0.6	0.1
Redwater	3.4	10.6	4.5	0.1

注：来源于 Speight，J 0-The Chemistry and Technology，Marcel Dekker Inc. 1980。

原油中金属含量范围

金属元素	浓度/$\times10^{-6}$
钒	5.0～1500
镍	3.0～120
铁	0.04～120
铜	0.2～12.0
钴	0.001～12
硅	0.1～5.0
钙	1.0～2.5

续表

金属元素	浓度/$\times10^{-6}$
镁	1.0～2.5
锌	0.5～1.0
铝	0.5～1.0
铈	0.001～0.6
锆	0.001～0.4
钛	0.001～0.4
锡	0.1～0.3
铅	0.001～0.2
汞	0.03～0.1
硼	0.001～0.1
镓	0.001～0.1
钡	0.001～0.1
锶	0.001～0.1

最近报道 [43，Dekkers and Daane，1999] 显示，镉、锌、铬、铜和砷在原油中的含量实际上远低于传统假设。原因包括不当分析技术以及在取样过程中的污染。表18 显示了在上述报告中所取得的结果。

表 18　与其他报道的数据对比的一些原油中某些金属含量

金属	浓度/(μg/kg)	
	[43,Dekkers and Diane,1999]	报道的数据①
砷	4～37	0.2～26200
镉	0.40～4.9	0.10～29.1
铬	12～240	1.5～3170
铜	10～195	30～7180
锌	59～1090	25～19500

① 报道数据的多个来源反映在报告 [43，Dekkers and Daane，1999] 中。

原油的物理性质和特点

原油是许多化合物的混合物，除了最轻组分，通过完全化学分析表征是几乎不可能的。因此，一般物理性质可用简单的可以快速估计的参数来表示。通过与已知原料相应参数进行比较，由这些信息可以获得原油的潜在性质。大多数这些参数不局限于原油，也可能适用于大多数石油产品。其中最简单原油性质之一是测量比重，通常用°API 表示。根据°API 数值，原油往往分类为“重油”或“轻油”，重油小于 28～32 °API，轻油超过 32～35°API。

2. 炼油厂中间体和产品

有超过一百种炼油厂产品，包括日用和工业用气态和液态炼油厂燃料、大多数形式的交通燃料、所有类型机械的润滑油和石化行业的基本原料。单个炼油厂通常不供应可能产品的所有种类，但尽量选择那些最适合原料质量、可用加工设备和本地市场需求的产品。炼油厂之间产品组成有所不同，它是原油类型和所用炼制工艺的函数，但整体质量将符合既定市场主要产品的规格。炼油工艺装置的主要炼油厂产品分类如表 2.1 所列。产品类别的简述如下。

(1) 炼油厂燃料气 (RFG)

炼油厂利用 C_1/C_2 馏分作为炼厂气以满足部分或大部分的燃料需求。炼油厂燃料气也可以包含氢气。胺洗通常用来提取 H_2S。

(2) LPG

有时 C_3 和 C_4 组分也用作炼油厂燃料，但大多数 C_3 和 C_4 组分将作为液化石油气（LPG）出售，这是众多应用所使用的燃料。液化石油气以混合 LPG 馏分或分离的 C_3 和 C_4 馏分出售。液体丙烷通常包含至少 95%（质量分数）的 C_3 化合物，其余为 C_2 和 C_4。丁烷和丁烯也作为石化原料用于生产 MTBE、乙酸、溶剂、聚丁烯和橡胶。

(3) 石脑油和化学石脑油

石脑油是一种从原油蒸馏得到的汽油范围馏分。除了汽油生产，在一些情况下，石脑油可作为石化生产的原料。

(4) 汽油

汽油，机动车和轻型飞机的燃料，代表最大量和价值的炼油厂产品之一。车用汽油，这是迄今为止最重要的汽油类型，由 C_4 到 C_{10} 烃类的复杂混合物构成，沸点在38～205℃之间。大多数炼油厂生产的汽油辛烷值分为三个或四个档次，主要区别在于抗爆性能。动力汽油一般是车用汽油使用的一个术语。

(5) 喷气燃料（煤油、航空涡轮发动机燃油）

喷气燃料是作为航空发动机燃料使用的煤油或煤油调和物的名称（因此也被称为航空涡轮发动机燃油），用于商业航空和军用飞机。对于大多数炼油厂来说，喷气燃料调和物的主要来源是常压原油装置的直馏煤油馏分（C_8～C_{12}）。对于拥有加氢裂化的炼油厂而言，来自该装置的煤油沸点范围烃类化合物也能满足喷气燃料规格，并且是喷气燃料生产的主要贡献者。加氢处理的轻焦化柴油和热裂化柴油，也可用于调和物。在一些发展中国家，煤油仍然是做饭和家庭取暖的主要燃料。

(6) 加氢柴油/换热油/柴油

生产加氢柴油燃料是通过调和来自原油蒸馏装置的煤油和柴油馏分和来自高真空装置和转化装置的柴油馏分得到的。在大多数炼油厂，调和组分脱硫的升级和灵活加工方案是必要的，以到达当前需要和未来的硫规格（目前 500×10^{-6}，从 2000 年开始 350×10^{-6} 和从 2005 年开始 50×10^{-6}）。轻换热油（煤油/柴油馏分）通常用于小型家用设备。

(7) 中间馏分油/蒸馏燃料

煤油和柴油沸点范围燃料的另一种叫法。

(8) 燃料油

燃料油涵盖非常广泛的应用并以各种档次生产。柴油有时称为燃料油，但在欧洲，该术语通常用于描述电力等使用的重燃料油（常压渣油）。重燃料油用于公用工程公司的电力或动力生产，或出售作为航海轮船的船用燃料油。炼油厂利用来自原油蒸馏、减压蒸馏或减黏裂化的重馏分，在加热炉和锅炉中产生热、电力及水蒸气。

重燃料油主要由原油蒸馏的剩余渣油组成。这些渣油包含大量烃结构化合物，需要额外加工以转化成为更有价值的、在汽油和柴油发动机中使用的更轻产品。这些渣油通常含硫量和灰分含量较高，大多是非常黏稠的，因此与较轻柴油调和，作为船舶和公用工程的商业燃料销售。

(9) 润滑油、石蜡和油脂

润滑油原料通过在减压状态分馏常压渣油生产。从减压蒸馏塔生产的油馏分进一步加工除去不需要的杂质（溶剂萃取和脱蜡）与各种添加剂（有机和无机性质均有）调和得到不同等级润滑油。润滑油可以通过与稠化剂如皂、黏土或硅胶混合来改变以生产润滑脂。脱蜡得到石蜡或微晶蜡，为了民用，通常经过加氢精制以去除颜色、恶臭和潜在致癌性烃类化合物。

(10) 沥青

沥青（在美国称为柏油）主要是用于铺路，但也用于其他一些应用，如屋顶材料。沥青的基本来源是原油减压蒸馏后剩余的渣油。渣油也可以通过在高温下曝气（沥青吹氧工艺）以增加沥青质含量。

(11) 石油焦

石油焦是在延迟焦化装置中石油渣油经干馏后剩余的残渣。它广泛用作水泥和钢铁行业的燃料。如果硫含量足够低，它也可以作为发电装置的燃料使用。焦炭也有许多非燃料应用，作为碳和石墨产品的原材料。

吹氧气化中使用的石油焦分析 [166，Meyers，1997]

元素分析	质量分数/%
碳	87.1～90.3
氢	3.8～4.0
氧	1.5～2.0
氮	1.6～2.5
硫	2.1～2.3
工业分析	质量分数/%
挥发分	9.0～9.7
固定碳	80.4～89.2
水分	0.9～10.2
灰分	0.2～0.4

(12) 硫

硫基本上是从主要烃类产品中去除硫化物而形成的炼制副产品。炼油厂生产硫的产量取决于原油中存在的量以及安装的脱硫和硫黄回收能力。硫是一个有价值的产品，主要用于硫酸生产的原料。

(13) 原料(通常是原油)和产品之间的关系

作为广泛概括，可以确切地说通过对炼油装置运行的适当选择，任何原油都可以加工成为任何合理选择的产品。生产成本取决于所需炼油装置，这相应又取决于选择的原油。从理论上讲，可以通过仔细挑选原油来使生产成本最小化。然而，在实践中，炼油厂设计往往受到多种因素的限制，如可行性、价格和原油组成的变化，以及产品类别和规格的市场需求的变化。几个比较简单的原油性质可以表明一个既定的综合炼油厂加工特定原油(混合物)的可行性。

在一般情况下，原油越重，硫、康拉逊残碳和重金属含量越高，其氢含量越低。重质原油处理起来也更加困难。重质原油通常会导致高燃料油生产，然而轻质原油更适用于汽油和中间馏分油生产。其他简单性质指标是硫含量和凝点。

为了评估各种可能产品的性质如汽油辛烷值、煤油芳烃含量等，蒸馏原油和分析不同馏程范围沸腾馏分是必要的。这将可能为需要提高质量的工艺装置提供信息，例如脱硫设施、重整装置和芳烃抽提装置。渣油馏分可以用同样的分析，对适合的转化装置提供更详细信息。

附录Ⅳ 实施环境技术的成本效益案例

以下是 TWG 提交的炼油行业实施环境技术成本效益的一些例子。TWG 组成员提供的一份可行性研究报告（10.4.4 部分）显示，实现相同环境目标（如气泡概念）的成本和技术解决方案取决于当地情况。

参考文献：［115，CONCAWE，1999］，［268，TWG，2001］，［248，Ademe，2001］，［348，Ashworth Leininger Group，2001］。

1. 假设情况下实施技术的成本效益计算

关于环境技术成本的一个重要考虑关系到成本效益的变化，对于一项给定技术，取决于成本效益计算开始的控制点。大多数环境技术的研究，给出了采用一项技术或实施一项方法的成本和效益（减排的百分比或减排的吨数），将其与未采取控制措施的基线水平对比。在这种情况下，对比未控制设施很容易计算出环境技术的成本效益，通过简单地将实施技术的成本除以获得的排放削减量。表 19 显示了一系列控制能够达到不同百分比减排量的各种假设。例如，技术 C 将为减排 50%花费 200 万欧元成本，而技术 G 为减排 99%花费 120 万欧元成本。

表 19 应用技术后新装置减排技术成本、减排效率和剩余排放量的例子

技术	减排百分比/%	剩余排放/t	新装置技术成本/万欧元
A	0	10000	0
B	20	8000	100
C	50	5000	200
D	60	4000	300
E	90	1000	450
F	95	500	700
G	99	100	1200

由于当地立法和/或公司政策，在很多情况下控制水平已经在特定地点内存在。在这些情况下，实现一个给定百分比的减排目标的成本比初始成本效益值大大增加。这需要在确定某一工艺/技术的成本效益时予以考虑。从表 19 中可以看出，如果技术 C 在某处已经到位，额外减少排放量至技术 G 将只有 49%。因此，实施技术 G 成本变为减少排放增加 0.245 万欧元/t，而不是从 0 控制到 99%的 0.121 万欧元/t。如果从技术 E 达到技术 G 的位置，增加的成本将是 1.33 万欧元/t。在所有这些情况下，最终的情况是控制 99%的排放。在这些情况下达到 99%水平的实际成本，如果逐步完成，事实上

将是实施技术 C 加上 E，加上 G 的成本，来达到减少 99%。表 20 显示了从不同起点的现有控制开始应用各种技术而产生的成本。

表 20 从不同削减百分比起点开始并考虑已有技术被 100%替代的成本效益

单位：×1000 欧元/t 减排量

实际控制水平 控制的目标水平	0	20%	50%	60%	90%	95%
20%	0.5	—	—	—	—	—
50%	0.4	0.67	—	—	—	—
60%	0.5	0.75	3	—	—	—
90%	0.5	0.64	1.12	1.5	—	—
95%	0.74	0.93	1.55	2	14	—
99%	1.21	1.52	2.45	3.07	13.3	30

2. SRU 的成本效益数据

下表列出了应用几个 SRU 技术的成本效益数据。

技术名称	单位成本① /(欧元/t SO_2)	单位成本②/(欧元/t SO_2)
三级反应器		32
单独 Scot	321～538	32
串联 Scot 普通再生器		32
超级克劳斯	155～228	32～161
超级克劳斯+克劳斯级		32～160
Clauspol	198～330	32
Sulfreen	174～288	32～160
加氢-sulfreen	253～417	32～160
CBA/AMOCO 冷有效吸收	169～300	—

① [268，TWG，2001]。

已进行的此列计算基于以下假设：

TGCU 销售费用包括许可费、催化剂和化学品第一次装载，这些投资的资金完全通过需偿还的贷款，这笔贷款是基于 10 年基准，每年 6%利率；催化剂寿命是 3 年（运行成本的一部分），相关每 3 年投资完全通过需偿还的贷款，这笔贷款是基于 3 年基准，每年 6%的利率；溶剂和化学品补充（经营成本的一部分）已在每年现金支出的基础上计算；公用材料消耗和生产以及监督人力成本认为随着时间恒定；硫的售价也认为随着时间恒定。

② [115，CONCAWE，1999]。

具有 30000t/a 产硫量的克劳斯装置（两级装置的硫回收率为 94%～96%），处理的气体体积为 $6\times10^7 m^3/a$，污染物初始浓度为 34000mg SO_2/m^3。

3. 一些 NO_x 减排技术成本效益数据汇编

图 5 显示工业行业减排每吨 NO_x 的成本，以及在一些国家使用的一些参考值 [248，Ademe，2001]。

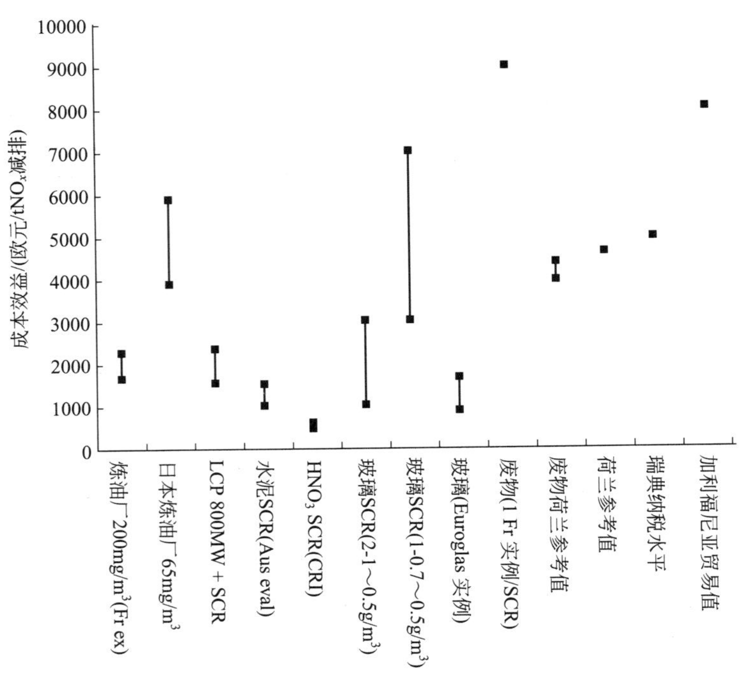

图5 不同工业行业 NO_x 减排的一些成本值

下表显示了 NO_x 减排措施的成本效益相关数据。

(1) 燃烧炼油厂混合气的加热器和锅炉的 NO_x 控制

基础：100GJ/h 装置；

改造现有设备；

燃烧炼油厂混合气；

未控制 NO_x 排放在 3% O_2 条件下为 150×10^{-6} [300(标)mg/m^3]。

效益	烟气循环＋低 NO_x 燃烧器	超低 NO_x 燃烧器	SNCR	SCR	超低 NO_x 燃烧器＋SCR
成本效益/(欧元/t NO_x 去除)(包括资本支出,15%)	2000～4300③	650① 600～700② 1700～5000④	2000～2500② 1800～4300④	8300～9800② 12000③ 4200～9000④	9100～10500② 9000③

① 美国环境保护局 RBLC 结算所名单以及加利福尼亚空气资源委员会 BACT 名单。

这些名单提供美国或者加利福尼亚州准予许可的满足 RACT，BACT（最佳改造控制技术）和 LAER（最低可实现排放要求）的替代控制技术允许排放水平。列表涵盖至 1996 年期间。

② 替代控制技术文件-控制工艺加热器 NO_x 排放，美国环境保护局，EPA-453/R-93-015，1993 年 2 月。

③ 专有工业研究。

④ CONCAWE 成员公司信息。

注：汇率 1 欧元＝1.25 美元以及每年资本和运行成本增额 4%已用于这种分析。

(2) 燃烧渣油燃料油的加热器/锅炉的 NO_x 控制

基础：100GJ/h 装置；

改造现有装置；

燃烧渣油；

未控制 NO_x 排放在 3% O_2 条件下为 250×10^{-6} [500(标)mg/m^3]。

效益	锅炉			加热器
	低 NO_x 燃烧器③	SNCR	SCR	低 NO_x 燃烧器①
成本效益/(欧元/t NO_x 去除)(包括资本支出,15%)	500～1800	1500～2800 1500～4300②	5000～8000 4500～10200②	500～1800

① ULNB 不可用于燃油加热器和锅炉。

② 加州清洁空气法指南，RACT 和 BARCT（最佳可行改造控制技术）判定，加州空气资源委员会，1991 年 7 月。

③ ULNB 不可用于燃油加热器和锅炉。

注：汇率 1 欧元＝1.25 美元以及每年资本和运行成本增额 4%已用于这种分析。

(3) 燃烧天然气或炼油厂混合气体的涡轮机 NO_x 控制

基础：85MW 输出涡轮机（代表 GE 框架 7 规模装置）（电力输出）；

燃烧天然气或炼油厂混合气；

未控制 NO_x 排放在 15% O_2 条件下为 250×10^{-6} （350 g/GJ）。

效益	干式低 NO_x 燃烧室	蒸汽喷入	SCR	蒸汽喷入＋SCR	干式低 NO_x 燃烧室＋SCR
成本效益/(欧元/t NO_x 去除)(包括资本支出,15%)	350①	1500①	1700～8000②	3800③ 3600②	7600④

① 替代控制技术文件-固定燃气轮机 NO_x 排放，美国环境保护局，EPA-453/R-93-007，1993 年 1 月。

② 专有工业研究。

③ 当 25×10^{-6} 的 NO_x 从低 NO_x 燃烧室排出进入 SCR 时，参考上述①的 SCR 额外成本。

④ 干式低 NO_x 燃烧室不适用于混合气中包含多于 5%～10%的氢气的炼油厂。

注：汇率 1 欧元＝1.25 美元以及每年资本和运行成本增额 4%已用于这种分析。

(4) 流化催化裂化装置 NO_x 控制

基础：带有 CO 锅炉的 30k bbl/d 催化裂化装置；

未控制 NO_x 排放❶为 800(标)mg/m^3。

效益	SNCR	SCR	原料加氢处理
成本效益/(欧元/t NO_x 去除)(包括资本支出,15%)	1900	2800～3300	28000①

① 所有原料加氢处理成本归于 NO_x 控制。

注：汇率 1 欧元＝1.25 美元以及每年资本和运行成本增额 4%已用于这种分析。

❶ 去除催化裂化装置再生器排放气中 NO_x，炼制，PTQ1997 年春季。Scanraff 炼油厂 SCR 装置分析，Lysekil，瑞典。

(5) 一些已经应用 NO_x 减排技术的美国炼油厂的成本效益

效益	低 NO_x 燃烧器（LNB）	SCR	SNCR
成本效益/(欧元/t NO_x 去除)	1260～4500	6300～21600（工艺加热器和锅炉），报告中描述的催化裂化装置约为 5940	2070～6030（工艺加热器）

4. 在两个不同炼油厂应用 NO_x 环境措施的可行性研究

法国的一项研究，由工程顾问进行，ADEME/环境部和法国石油联合会赞助，评估现有两家炼油厂在减少 NO_x 改造时实施 BAT 技术的“前期工程成本”（图 6）。这项研究探讨实施 IPPC 指令的选择机制。

对于这两个地点，所有主要现存装置对总 NO_x 排放贡献超过 80%，在此处已经考虑的有：加热炉、锅炉、再生器等。BAT 技术的候选名单已经列入，并考虑每个项目的技术、经济和维护水平 [115，CONCAWE，1999]。

下面给出的曲线图显示了在不同装置中考虑和验证的技术的不同效率：低 NO_x 燃烧器、烟气再循环、SNCR、SCR、再燃烧等。估计成本（约 30%）表述为应用每个候选 BAT 技术时每年每吨 NO_x 减少的成本。观察发现不同装置应用各种不同技术的成本变化很大，以及在两个地点减少总 NO_x 排放的不同影响。

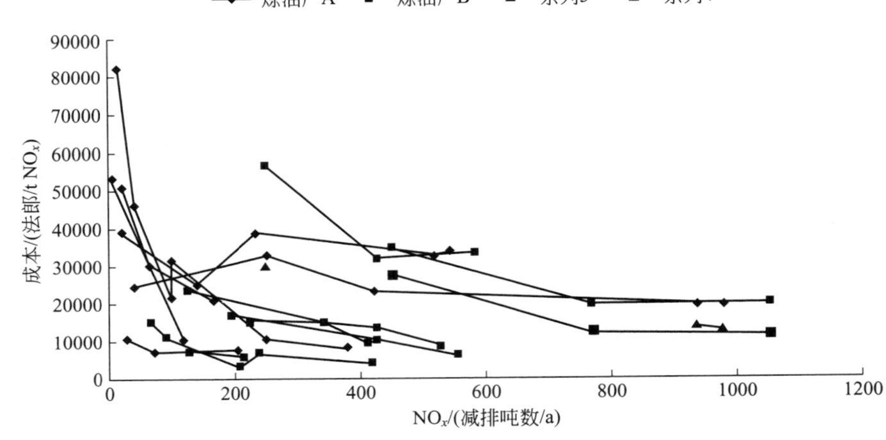

图 6　改造现有装置的不同效率和成本

注：在两家炼油厂应用候选 BAT 技术的可行性研究（1 欧元=6.56 法郎）

最后，这些 BAT 技术潜在适用性的组合方案出现在这两个地点，并达到基于全球 NO_x 气泡浓度的类似环境目标。根据所要达到的环境目标对每个现有炼油厂进行改造的成本影响不同，会是非常昂贵的。

这种技术可行性和经济性考虑需要明确 BAT 技术相关建议排放水平，考虑改造的复杂性，这主要是由于欧洲现有炼油厂的不同的缘故。

项目	目标	400(标)mg/m^3	300(标)mg/m^3	200(标)mg/m^3
地点 A				
投资	万欧元	300	680	1300
每年成本	万欧元	107	215	415
成本/[t/(NO_x减排·a)]	欧元	1170	1680	1860
	技术	LNB-SNCR	LNB-1 SCR	LNB-3 SCR
地点 B				
投资	万欧元	380	862	1790
每年成本	万欧元	93	260	535
成本/[t/(NO_x减排·a)]	欧元	1100	1770	2350
	技术	LNB-烟气再循环	再燃烧-SCR	带换热的 SCR

附录Ⅴ　气泡概念下TWG成员关于SO_2和NO_x排放不同建议的背景信息

气泡概念下排放水平计算，与出现在4.15.2部分（气泡概念的描述）的包含各个方面的应用BAT技术，和在第5章中描述的基本内容相关。由于在特定情况下每种要素或选择的适用性，必须考虑以下要素。

- 结合炼油厂燃料管理系统提高不同工艺的能源效率。
- 通过增加使用来自炼油厂内或可行时来自炼油厂额外工艺和转化、FCC、IGCC、焦化等的气体燃料，从而减少使用液体燃料。
- 降低在炼油厂中使用的液体燃料（如加氢处理）的硫含量。
- 使用清洁气体燃料（天然气或经过净化的炼油厂气体）。
- 使用液体燃料结合控制技术以净化烟气，从而减少SO_2和NO_x排放。
- 单个装置应用BAT技术，特别是SRU。

根据一些TWG成员给出的建议，有如下一些计算和理由。

1. 基于荷兰提供的BAT技术假设计算

为了说明在炼油厂中气泡概念的使用，很多情况及其相关排放的计算按照以下要点进行。使用如下假设。

（1）燃气炼油厂

在欧洲，有几个完全转化型炼油厂是全部采用燃气的。在这些情况下，能量的主要来源是清洁的炼厂气。在一些情况下，天然气也用作补充燃料。

气泡计算假设：完全转化，完全燃气炼油厂，每年加工10Mt原油需要使用700000t燃料（输入量的7%）。SRU应用BAT技术具有99.8%的效率，并且单质硫年产量为100000t。FCC年加工能力为1.5Mt（消耗约12%的总炼油厂燃料消耗），表21～表24中描述了100%燃气的情况。

（2）使用低硫油（0.5%硫）的燃烧气体和液体燃料炼油厂

大多数欧洲炼油厂组合使用来自炼油厂内部的气体和液体燃料。在这种炼油厂中，技术达到排放值的计算基于：在炼油厂中存在组合燃料管理系统；组合燃料系统的燃料本来就是清洁的（特定炼油厂气体或者天然气）或者炼油厂净化气体或液体燃料相对容易，在此种情况下得到排放值。它也可能包括净化那些“未经处理”，将对空气造成污染的烟气的情况。

计算假设：中等转化，部分燃气炼油厂，每年加工10Mt原油需要使用400000t燃料（输入量的4%）。SRU应用BAT技术具有99.8%的效率，并且单质硫的年产量为50000t。FCC年加工能力为1.5Mt（消耗约20%的总炼油厂燃料消耗）。存在几种情况（70%燃气，50%燃气和30%燃气）。

(3) 使用烟气脱硫的燃烧气体和液体燃料炼油厂

以下计算基于复杂炼油厂在动力装置中燃烧重质渣油的实际数据，炼油厂所有液体燃料集中使用并且装置安装了烟气脱硫装置。其余设施是燃气的。

计算假设：中等转化，部分燃气炼油厂，每年加工10Mt原油需要使用400000t燃料（输入量的4%），SRU应用BAT技术具有99.8%的效率，并且单质硫的年产量为50000t。FCC年加工能力为1.5Mt（消耗约20%的总炼油厂燃料消耗）。动力装置燃烧重质渣油（3.5%S）（质量分数），其安装了烟气脱硫装置。存在两种脱硫效率的情况，脱硫氧化物90%及脱硫氧化物95%。

表21是计算结果的汇总。这些情况在表22～表24中会更详细阐述。应该明确指出，这些气泡在技术基础上采取“自下而上”方法计算。不考虑工艺异常或中断。

表21　针对本节描述和以下表中出现的情况下硫氧化物和NO_x气泡计算总结

情况	SO_x浓度气泡/(标)(mg/m³)	SO_x负荷气泡/(t/Mt原油)	NO_x浓度气泡/(标)(mg/m³)	NO_x负荷气泡/(t/Mt原油)
100%燃气	58～109	49～91	100～150	84～126
70%燃气	258～334	124～160	105～162	50～78
50%燃气	394～468	189～224	108～170	52～82
30%燃气	529～601	254～289	111～178	53～85
$DeSO_x$-90	353～426	169～204	110～175	53～84
$DeSO_x$-95	203～276	97～133	110～175	53～84

应该指出的是，100%气体燃料情况是完全转化炼油厂的唯一情况。其他情况是指中等转化炼油厂，对于燃料消耗影响相当大，对负荷气泡也是如此。

2. 奥地利提供的实例

(1) 假设

以下计算基于复杂炼油厂的动力装置燃烧重质渣油，且动力装置安装了烟气脱硫。允许一定灵活性，气体/液体燃料比例在1～2之间，这意味着炼油厂所使用的总能量的33%～50%来源于液体燃料燃烧（存在100%气体燃烧的炼油厂）。液体燃料平均含硫量假定在2.8%～3.5%的范围之间。提高能量利用率的措施不包括在这些计算中。

- 输入液体燃料的范围如下。

情况a. 含硫2.8%的303000t：动力装置中输入硫8484t。

情况b. 含硫3.5%的500000t：动力装置中输入硫17500t。

- FGD的效率范围：90%～95%。
- 克劳斯装置尾气中SO_2最高浓度1350mg/m³。

(2) 计算

假设以上给定参数，计算SO_2气泡（包括所有装置，但除去火炬）浓度在109（情况a中FGD效率为95%）～338(标)mg/m³（情况b中FGD效率为90%）范围之间。情况b伴随FGD效率95%时气泡浓度为175(标)mg/m³（相当于235t/Mt原油加工）。

表 22　炼油厂燃料和烟气处理的 6 种不同情况描述

描述	单位	100%燃气	70%燃气	50%燃气	30%燃气	$DeSO_x$-90	$DeSO_x$-95
炼油厂类型	转化	完全	中等	中等	中等	中等	中等
原油加工能力	Mt/a	10	10	10	10	10	10
燃料消耗	原料输入%	7	4	4	4	4	4
燃料消耗	t/a	700000	400000	400000	400000	400000	400000
FCC 燃料消耗	%	12	20	20	20	20	20
其他燃料	%	88	80	80	80	80	80
● 燃料池中气体	%	100	70	50	30	37	37
● 燃料池中油	%	0	30	50	70	63	63
FCC① 烟气	10^3m^3,ISO,干燥,3%O_2	1008000	960000	960000	960000	960000	960000
燃气烟气①	10^3m^3,ISO,干燥,3%O_2	7392000	2688000	1920000	1152000	1420800	1420800
燃油烟气①	10^3m^3,ISO,干燥,3%O_2	0	1152000	1920000	2688000	2419200	2419200
燃料油含硫量	质量分数%	0.5	0.5	0.5	0.5	3.5	3.5
烟气脱硫	%	0	0	0	0	90	95
产品脱硫	%	80	50	50	50	50	50
产品中去除硫差值	质量分数%	1.25	1	1	1	1	1
SRU 效率	%	99.8	99.8	99.8	99.8	99.8	99.8
硫黄回收	t/a	100000	50000	50000	50000	50000	50000

① 烟气流量通过假设计算，1t 油或 $1000m^3$ 气体燃烧产生的烟气流量为 12000(标)m^3（3%O_2）。

表23　表22中所描述不同情况下假设和计算的SO_2排放和气泡

SO_x[①]描述	FCC /(标)(mg/m^3)	燃气 /(标)(mg/m^3)	燃油 /(标)(mg/m^3)	FCC /(t/a)	燃气 /(t/a)	燃油 /(t/a)	SRU /(t/a)	合计 /(t/a)	浓度气泡 /(标)(mg/m^3)	负荷气泡 /(t/Mt原油)
100%燃气	50～400	5～15	—	50～403	37～111	0	400	487～914	58～109	49～91
70%燃气	50～400	5～15	850	48～384	13～40	979	200	1241～1604	258～334	124～160
50%燃气	50～400	5～15	850	48～384	10～29	1632	200	1890～2245	394～468	189～224
30%燃气	50～400	5～15	850	48～384	6～17	2285	200	2539～2886	529～601	254～289
DeSO$_x$-90	50～400	5～15	595	48～384	7～21	1439	200	1695～2045	353～426	169～204
DeSO$_x$-95	50～400	5～15	298	48～384	7～21	720	200	975～1325	203～276	97～133

① 浓度根据BAT技术应用假设。据此计算负荷和气泡。

表24　表22中所描述不同情况下假设和计算的NO_x排放和气泡

NO_x[①]描述	FCC /(标)(mg/m^3)	燃气 /(标)(mg/m^3)	燃油 /(标)(mg/m^3)	FCC /(t/a)	燃气 /(t/a)	燃油 /(t/a)	合计 /(t/a)	浓度气泡 /(标)(mg/m^3)	负荷气泡 /(t/Mt原油)
100%燃气	100～150	100～150	—	101～151	739～1101	0	840～1262	100～150	84～126
70%燃气	100～150	100～150	120～200	96～144	269～403	138～230	503～778	105～162	50～78
50%燃气	100～150	100～150	120～200	96～144	192～288	230～384	518～816	108～170	52～82
30%燃气	100～150	100～150	120～200	96～144	115～173	323～538	534～854	111～178	53～85
DeSO$_x$-90	100～150	100～150	120～200	96～144	142～213	290～484	528～841	110～175	53～84
DeSO$_x$-95	100～150	100～150	120～200	96～144	142～213	290～484	528～841	110～175	53～84

① 浓度根据BAT技术应用假设。据此计算负荷和气泡。

相应负荷从 126～455t SO_2/Mt 原油加工。

3. TWG 成员提供的两个实例

(1) 情况 A：在现有炼油厂开发的减排方案

① 炼油厂特点

复杂炼油厂加工 15Mt/a 原油，15%燃油含硫量平均 1.3%。16×10^4t 燃料油和 84×10^4t 气体（RFG+天然气）。

② BAT 技术假设

通过将燃料油转换为低含硫量燃料油或者通过在最高 SO_2 燃料排放的烟囱上安装 FGD，减少 50%的排放。

通过减少催化裂化装置硫的输入量和/或者通过在催化裂化装置烟囱上安装 FGD，减少 50%的催化裂化装置排放。

高效 SRU>99.5%硫回收。

③ 结论

浓度气泡为 200(标)mg SO_2/m^3。

(2) 情况 B：在现有炼油厂开发的减排方案

① 炼油厂特点

复杂炼油厂大约加工 12Mt/a 原油。

燃料消耗：156000t/a 液体，含硫 3%；

400000t/a 炼油厂燃料气+天然气。

SRU 回收率 99%，SO_2浓度 20000(标)mg/m^3。

② BAT 技术假设

改进 SRU 达到 BAT 技术水平。

主要烟囱中脱硝。

③ 结论

SO_x 气泡浓度为 50(标)mg/m^3。

NO_x气泡浓度小于 100(标)mg/m^3。

4. 意大利的建议和给定气泡数值的理由

考虑到环境效益，意大利和其他地中海国家的特征是几乎完全符合酸化和很小跨界污染的目标。换句话说，这些国家并不需要非常严格的 SO_2 和 NO_x 排放范围。

从技术和经济角度来看，我们应该认为地中海地区的炼油行业的特点如下。

- 欧洲 70%的燃料油市场需求位于地中海地区。
- 这一区域现有炼油厂的目前配置源于实际石油产品需求，与北欧需求差别巨大。
- 加工的原油种类主要来源于中东原油，代表着市场需求和炼油厂配置的最佳选择。在这些条件下生产重燃料油需要在内部使用，因为任何其他选项（深度转化、脱硫、气化等）经济上不可持续。

总之，我们相信 BAT 技术相关水平应该考虑成本和不同排放范围的相关优势，此外，BAT 技术必须是普遍适用的技术，否则在欧洲炼油行业内部的竞争力将被扭曲。

在这些考虑的基础上，我们建议以下气泡排放范围。

- SO_2：800～1200(标)mg/m³（包括所有装置的每月平均）。
- NO_x：250～450(标)mg/m³（包括所有装置的每月平均）。
- 粉尘：30～50(标)mg/m³（包括所有装置每的月平均）。

这里建议的 SO_2 和 NO_x 范围是考虑最近在欧洲层面上被认可的大型燃烧装置指令修订的相关 BAT 技术排放值。本次修订选择的 BAT 技术是适用于新建和现有的大型燃烧装置最严格的技术。

在大型燃烧装置指令的修订中，新建和现有炼油厂的 SO_2 排放限值分别为 600(标)mg/m³ 和 1000(标)mg/m³。已经考虑到所有装置的 BREF 中气泡排放水平，这些排放限值略有增加以包括克劳斯装置和催化裂解装置的 SO_2 排放。

在大型燃烧装置指令的修订中 NO_x 排放限值确定为与 TWG 建议的炼油厂气泡在相同范围，这似乎足以证明 TWG 的建议。

上述排放值的范围与通用 BAT 技术定义一致，因此要求更严格范围不需要证据。

顺便说一下，为了满足更严格范围，需要采取的技术将增加炼油厂能量消耗和相关 CO_2 排放。

5. CONCAWE 对给定气泡数值的建议和理由

(1) SO_2 气泡计算和方案

使用不同硫含量的燃料及有无 FGD 的不同气泡结果见表 25。

表 25　使用不同硫含量的燃料及有无 FGD 的不同气泡结果

参数	FO 使用比例	FO 含硫量	燃烧气泡	总体气泡
基础方案	30%	1.7%	1000	1200
方案 1	30%	1%	590	880
方案 2	30%	0.5%	295	650
方案 3	100%	1%	1960	1950
方案 4	100%	0.5%	980	1190
方案 5+所有装置 FGD	100%	3%	294	650
方案 6+75%的排放或主要排放源 FGD	100%	2%	1130	1300
方案 7+75%的排放或主要排放源 FGD	100%	1.7%	960	1170
方案 8+50%的排放或主要排放源 FGD	100%	1%	1030	1225

(2) 炼油厂 SO_2 案例——每日数值

从监管点角度或单个地点运行条件来看，强制或者可达到气泡限值必须考虑炼油厂每天运行条件的巨大变化，特别是要考虑平均时间。

图 7 显示了报道的一家有代表性炼油厂计算的 SO_2 总体气泡的每日变化，包括所有

装置，以及相应地点内每日使用的潜在燃料。每年总体的平均 SO_2 气泡是 1200（标）mg/m^3，在 500～2000（标）mg/m^3 范围之间变化，对每种使用的燃料（低硫燃料油、高硫燃料油、减压渣油、炼油厂燃料气）给出了每日变化。

为了避免图过于复杂，图中不含燃料的含硫量，它也根据原油原料的初始硫含量变化，由图可观察到如下信息。

- 对于 LSFO，平均含硫量为 0.7%，每月在 0.4%～1%之间变化。
- 对于 HSFO，平均含硫量为 1.87%，每月在 1.1%～2.3%之间变化。
- RSV，平均含硫量为 1.94%，每月在 0.9%～2.7%之间变化。
- 燃料气（平均含硫量为 0.05%）。

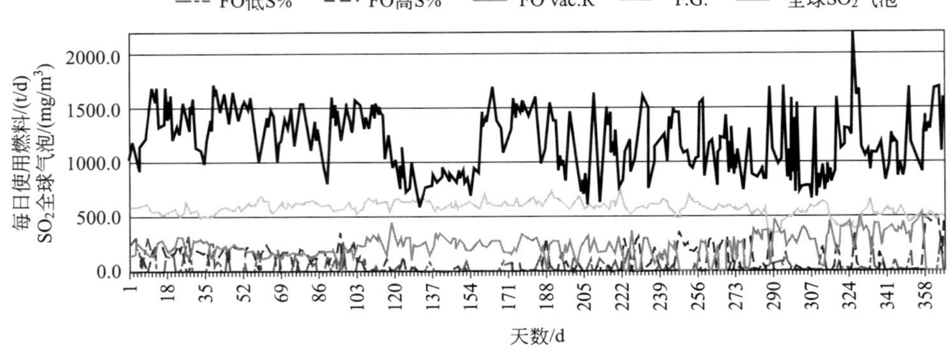

图 7 SO_2 日气泡变化和燃料分解-真实炼油厂情况

[总体年平均为(标)mg/m^3]

(3) CONCAWE 建议的 SO_2 数值

建议考虑年 SO_2 气泡平均值以维持工艺灵活性。

我们相信未来 SO_2 的总体和年度气泡限值非常具有挑战性，根据当地条件，并考虑所有装置的 SO_2 排放，范围在 1000～1400（标）mg/m^3 之间。这留下灵活性反映原油的市场约束和机会、成品油的供应/需求情况以及在非常有竞争力的环境中可有效运作。具有全部燃气的当地条件并且仍然保持竞争力的单个炼油厂，能达到比这更低的值。

为了避免对当地邻近社区产生任何负面影响，这个每日变化可以通过基于不利天气预测条件下的预警程序局部控制，来约束这个地点的临时特定运行。

(4) 可达 NO_x 排放水平

CONCAWE 没有有效的 NO_x 排放调查数据。这些值不仅取决于燃料管理，而且还取决于运行条件（过量空气、温度等）和工艺。

真实新建炼油厂情况为 NO_x 单个烟囱 ELV 的每日变化。

正如对 SO_2 气泡的观察，类似的巨大变化可在单个烟囱短期基础上观察到：即使是在原料没有太大变化的新建炼油厂，NO_x 变化也非常敏感。EU+炼油厂的实际排放和法定限值见表 26。

表 26 EU十炼油厂的实际排放和法定限值 [248，Ademe，2001]

烟囱序号	装置	设备	最大热性能/MW	NO_x年排放（以 NO_2 计）/(mg/m³)			NO_x排放范围（以 NO_2 计）	
				每日限制	(1999 年平均)	(2000 年平均)	日变化范围/(标)mg/m³	半小时变化范围
1A	蒸馏(常压)	烟囱	130	100	56	44	35.5～98.7	10～130
1B	蒸馏(减压)	烟囱	73	100	6	61	13.6～91.1	20～180
3A	重整装置	烟囱	86	100	85	66	47.1～152.5	20～220
5	VGO	烟囱	66.5	100	72	52	18.0～198.2	20～220
6	FCC	再生器	—	500	89	53	20.3～250.2	70～420

(5) 建议 NO_x 数值

我们认为，现有性能良好的炼油厂 NO_x 年度气泡（混合气/液体燃烧）范围是 350～500(标)mg/m³（基于燃料油的低 NO_x 燃烧器，考虑燃烧空气预热）。新建炼油厂 NO_x（燃气）可能达到 200(标)mg/m³，具体结果见表 27。

表 27 使用不同硫含量的燃料及有无 FGD 的不同气泡结果

单位：(标)mg/m³

参数	FO 使用比例	FO 含硫量	燃烧气泡	总体气泡
基础方案	30%	1.7%	1000	1200
方案 1	30%	1%	590	880
方案 2	30%	0.5%	295	650
方案 3	100%	1%	1960	1950
方案 4	100%	0.5%	980	1190
方案 5＋所有装置 FGD	100%	3%	294	650
方案 6＋75%的排放或主要排放源 FGD	100%	2%	1130	1300
方案 7＋75%的排放或主要排放源 FGD	100%	1.7%	960	1170
方案 8＋50%的排放或主要排放源 FGD	100%	1%	1030	1225

附录Ⅵ 法国和意大利对炼油行业实施 BAT 技术的建议

这是由法国和意大利代表团对第 5 章中 SO_2 和 NO_x 排放相关的一些部分给出的可供选择的主题建议。可以看出，主要结论是，这两种污染物的 BAT 技术部分应该通过气泡概念推动。因此为了实现这些环境目标，应该仅提出与这些污染物相关的 BAT 技术。

1. 法国对第 5 章一些部分结构的建议

(1) 减少 SO_2 排放的通用 BAT 技术

法国代表团建议通过以下步骤减少 SO_x 排放。

- 硫的物料平衡贯穿于整个炼油厂，以确认主要的硫去向（见本节结尾）和以惰性形式或捕捉在产品中处于惰性状态的硫总回收百分比（OPSR：用于鉴定技术措施对硫平衡影响的方法论工具）。
- 量化作为 S_2 与 S_4 部分硫排放的不同炼油厂源头，以阐明气泡概念和确定每个特定情况下的主要排放源。
- 如下所示不同技术方案之间的选择（在具体 BAT 技术中描述更加准确），技术措施可以实现如下总体指示性参考值（气泡基准）：

600(标)mg/m^3（月平均）；

850(标)mg/m^3（日平均）。

考虑可能的跨介质影响（额外能量消耗、产生废弃物和废水、炼油厂外大气排放、增加渣油产生等）和成本效益。

为了满足总体环境目标可实施的技术措施如下。

- 如果没有其他合理选择可以保证 OPSR 较好改进，转换到气体燃料。
- 改进气态与液态燃料和原料的特性。
- 使用烟气脱硫促进再生技术或在惰性形式下导致产品稳定和捕集硫的技术（在 OPSR 评价中，必须考虑这些硫量）。
- FCC 脱硫氧化物催化剂。
- 硫去向 S_6 最大化。
- 火炬燃烧优化。
- 处理来自真空喷射器的不凝性气体。

由于废气硫回收装置的具体特性，必须额外考虑，BAT 技术也应用为该种类型装置定义的特定 BAT 技术（参见 5.2.23 部分）。

总硫策略应该使得 S_7 最小化，通过利用工艺如焦化、加氢裂化气泡等增加无规格产品的转化，通过改善这些产品特性，或在确保环境影响最小化（例如水泥装置，在其他炼油厂转化）条件下外部使用。这种外部使用也应该在 OPSR 计算中考虑。

(2) 减少 NO_x 排放的通用 BAT 技术

NO_x BAT 技术实施过程需要提前将排放源进行量化和特性描述。因此，必须考虑整个炼油厂的环境目标［150(标)mg/m³（月平均），200(标)mg/m³（日平均）］，定义优先次序以减少总体排放水平，考虑环境效益、成本效益和跨介质影响。

主要的措施普遍具有最高成本效益，也具有有限的性能，特别是对液体燃料而言。这些措施在新建装置中可以很容易地实施，但可能会在已有装置中引起重要的综合性问题。鉴于这种类型措施的有限成本，在可能的情况下鼓励推广。

由于基本措施的性能局限性，因此考虑二级措施变得很有必要，其成本效益的考虑是非常重要的。它的实施应限制在主要来源上，例如那些代表着整个炼油厂约 80%排放的来源。二级措施包括 3 个主要减排技术：再燃烧、SNCR 和 SCR，伴有效率(50%～60%，50%～70%和 80%～90%）和每吨污染物减排成本的不同范围。

对于占炼油厂总排放 80%的源，BAT 技术被认为平均减排率可以达到 70%。根据上文所述原则，在长时期内，基本措施和二级措施的结合可使炼油厂的总体排放大致降低 60%～80%，并实现平均排放水平在 100～150(标)mg/m³范围内。

其他技术，如催化燃烧，或富氧燃烧，也可被考虑代表有关技术措施，实现上述总体 BAT 技术排放水平。

在世界上一些地方，为了达到低排放水平，已经实施了其他技术方案。在加利福尼亚的一家炼油厂，将液体燃料更换为气体燃料，在燃气装置中实施二级措施，结果排放水平达到 20～30(标)mg/m³。在日本，已经应用加氢处理过的液体燃料和原料，与重要的一定数量 SCR 装置相结合，结果排放水平达到了 60～65(标)mg/m³。

不过，虽然这种类型的环保目标可能是部分合理的，但是这些经验并不能认为代表了在写作期间 EU 框架内的一般 BAT 技术水平，因为这些措施的直接成本以及需要其他投资以管理产生的大量残渣或者改善它们的特性。

(3) 催化裂解新结构

在大多数情况下，催化裂解是炼油厂中 SO_x、NO_x、粉尘、金属、CO 和 SO_2 排放的一大来源。在所有情况下，这个特定装置的一些措施可能考虑完全从环境角度来判断，但是其他的必须在炼油厂总体框架下进行评估。出于这个原因，本节分为特定 BAT 技术以及在炼油厂总体框架下考虑的技术。

特定 BAT 技术包括如下几种。

- 部分氧化条件下的 CO 加热炉锅炉。CO 相关排放水平低于 50(标)mg/m³；NO_x 排放水平在 100～300(标)mg/m³之间（参见 4.5.3 部分）。
- 充分燃烧模式下对过量氧气（约 2%）进行监测和控制。相关排放水平为 CO 在 50～100(标)mg/m³之间，NO_x 在 300～600(标)mg/m³之间（参见 4.5.1 部分）。
- 减少颗粒物排放范围至 10～30(标)mg/m³［金属（镍，矾等）少于 5(标)mg/m³］，通过下列技术的适当组合。

▪ 颗粒物排放 BAT 技术。

- 节能 BAT 技术。
- 污水减排 BAT 技术。
- 废弃物减排 BAT 技术。
- 再生器 N_2O 排放的年度监测。

此外，催化裂化装置可能是 NO_x 和 SO_x 的主要来源。在这种情况下，下述几种技术选项必须单独或同时考虑和评估。

• 原料加氢处理（4.5.4 部分描述了经济和技术可行性）。这种技术的主要目的是减少原料中硫含量，但是这种方法对 NO_x、金属和产品质量也会产生积极影响。世界各地（例如加利福尼亚）的大部分装置设计用来使原料中硫含量达到 $(300\sim500)\times10^{-6}$。

• 烟气脱硫装置。取决于考虑的工艺和运行条件，污染物减排率可能会在 50%～90%之间进行变化。这些技术可能会产生大量的残渣和废水。

• 脱硫氧化物催化剂。这种技术可能会导致有限的效率并包含催化剂的重要消耗，这种方法可能更适合于解决峰值污染问题。

• 脱硝措施，如 SCR（减排率在 80%～90%之间）和 SNCR（减排率在 50%～70%之间）或修改相关装置设计，[这些技术相关氨排放限制在 10(标)mg/m^3，必须指出，在 FCC 中 SCR 比 SNCR 更常见] 其可以导致 NO_x 和 CO 排放之间的平衡。

这些技术方案可以使 SO_x 排放范围低至 50～200(标)mg/m^3（以 SO_2 计），NO_x 低至 50～100(标)mg/m^3（以 NO_2 计）。他们的组合必须基于不同参数、能量消耗、废弃物和废水，以及成本效益等的相关性能优化。他们可能不在所有炼油厂框架内合理，但是必须被考虑以满足炼油厂的整体环境目标。

(4) 每个能量系统的 BAT 技术

能量系统是炼油厂大气污染的主要来源，然而由于所使用装置（锅炉、加热炉、涡轮机）的特征（规模、使用年限、燃烧器类型、目的）和运行条件（空气预热、使用的燃料、要求的温度、过剩氧气和控制类型）的多样性，减少这些装置环境影响的策略只能通过下文所述一般原则给出。

首先，必须要有炼油厂使用的燃料、燃烧装置类型、主要污染物（SO_x、NO_x、粉尘、金属、CO_2）、大气排放特点（浓度和质量流量）的总体概述。

在此基础上，第一步是从经济的观点来考虑似乎完全合理的技术方案。此类别包括特定 BAT 技术如下。

• 使用清洁炼油厂气体燃料 [H_2S 含量在 20～100(标)mg/m^3之间]。

• 通过高效燃烧技术减少 CO 排放至低于 50(标)mg/m^3，应用合适的如下技术组合（改善燃料特性、液体燃料水蒸气雾化、ESP 或袋式过滤器）减少粉尘排放至 10～20(标)mg/m^3范围 [金属含量（镍，钒等）低于 5(标)mg/m^3]。

• 新装置、现有装置在这些措施可以很容易实施时，以及考虑这些装置重大改造期间的其他情况，使用初级脱硝措施。初级脱硝技术可以达到的排放水平如下：对于气体燃料，锅炉和加热器在 30～100(标)mg/m^3，燃气轮机在 15% O_2 条件下 50～100(标)mg/m^3，在天然气情况下可能达到最低值，炼油厂燃料气可能达到最大值，但是很多其他参数可能会影响性能水平；对于液体燃料，锅炉和加热炉为 200～400(标)mg/m^3，其性能水平主要受燃料中氮含量影响，即使还需要考虑其他参数。

- 在这类中还需要考虑的（增加第 101 节）。

第二个步骤包括在炼油厂总体框架下分析相关 NO_x 和 SO_x 主要来源与以下技术的关联（参见通用 BAT 技术的 NO_x 和 SO_x 部分）。

- 改善液体燃料和原料特性。
- 使用烟气脱硫促进再生技术或在惰性形式下使得产品稳定和捕集硫的技术。
- 如果没有其他合理选择可以保证改进硫回收总百分数（OPSR）、生产的渣油量和 SO_x、NO_x 和粉尘削减率，更换为气体燃料。需要提醒的是，气体燃料较高H/C比例有助于降低 SO_2 排放。
- 再燃烧（对于锅炉和加热炉）、SNCR 和 SCR 具有不同的效率（50%～60%，50%～70%和 80%～90%）和削减每吨污染物的成本。

最后两种技术可以使氨排放保持在低于 10(标)mg/m^3。在任何一种能量系统来源中应用这些技术或这些技术的组合，可以使 NO_x 排放水平达到低于 50(标)mg/m^3（以 NO_2 计）和 SO_x 低于 100(标)mg/m^3（以 SO_2 计），但是在具体装置中部分或完全实施这些方案，必须在炼油厂总体框架下进行研究。

技术经济分析可能导致选择不那么激进，相关性能却能达到炼油厂总体环保指标的方案。相反，更好的性能可能会通过技术方案建议达到，如涡轮机催化燃烧（NO_x 水平低于 2.5×10^{-6}）。

(5) 储存 BAT 技术

第一项建议是定义一个上限（体积和压力）以利用其他方式储存液体，而不是设计加压罐以防止任何有机蒸气直接逸散到大气中（连接到蒸气回收装置，效率超过 95%）。此限制可以是储存条件下压力 70kPa 和容积 $150m^3$。

然后，第二个限制（容积为 $150m^3$，储存条件下压力为 3.5kPa）由下列相关技术选择指明：设计加压罐以防止任何有机蒸气直接逸散到大气中（连接到蒸气回收装置，效率超过 95%）或带有双密封的外浮顶（一个在另一个上面）或者新固定顶储罐连接效率超过 95%的蒸气回收装置，和现有固定顶储罐安装具有双密封的内部浮顶，或连接效率在 95%以上的蒸气回收装置。

对于没有连接蒸气回收装置的储罐，BAT 技术是对外壁和罐顶喷涂至少 70%辐射热反射指数的材料。这种 BAT 技术可以应用于在装载条件下装载蒸汽压高于 10500Pa 的有机液体的设施。也应考虑连续监测相关蒸气回收装置排放。

2. 意大利对第 5 章一些部分结构的建议

能量系统 BAT 技术。

- 烟气脱硫、SCR、SNCR、ESP 应该被考虑为满足气泡限值的唯一选项，而不是在任何情况下必须与高硫燃料油一起使用的技术。炼油厂整体硫平衡见图 8。
- 假如气泡限值是受重视的，高硫燃料油（硫含量最高 3%）可以在不受任何其他限制（FGD）条件下使用。一根烟囱的高浓度排放可以和其他烟囱的低浓度排放平衡。

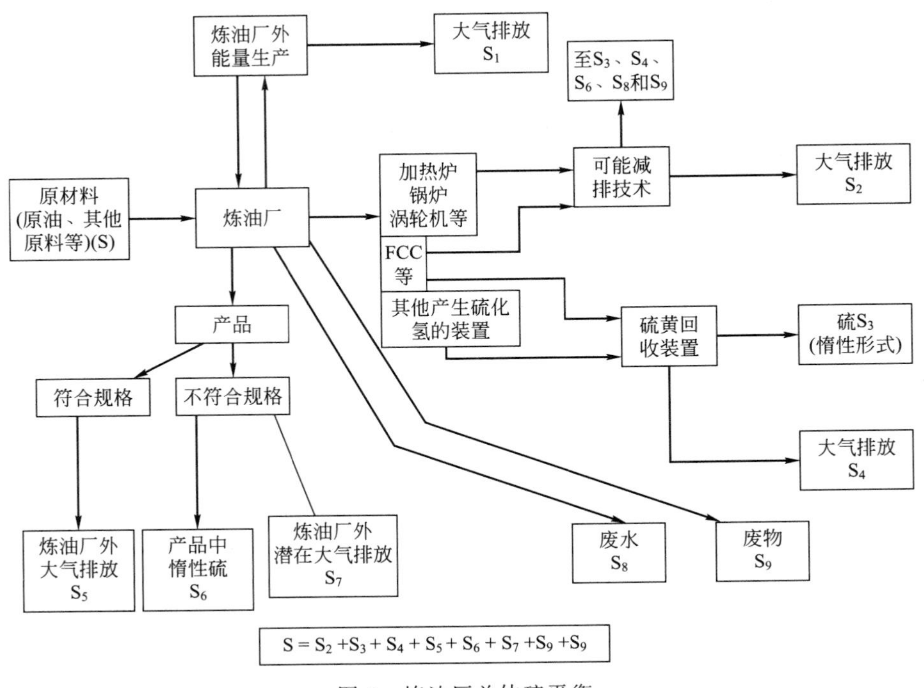

图 8　炼油厂总体硫平衡

炼油厂工人可能的健康问题应基于当地水平考虑。

附录Ⅶ　缩写和释义

符号

ΔT	升高温度，温度上升
€	欧元（欧盟货币）

A

a	年
AC（Alfernating Current）	交流电
AC（Activated Carbon）	活性炭
Amylenes	戊烯
AOC	意外油污染
°API	密度单元［相对密度＝141.5/（°API＋131.5）］
API	美国石油学会
API（分离器）	油/水/污泥分离器（由美国石油学会开发）
ASU	活性污泥装置
atm	大气压。压力单位等于101.3kPa
Auto-Oil Ⅰ，Ⅱ	欧盟与石油和汽车工业合作计划，以寻找改善欧洲空气质量的最具成本效益的方式。这些已导致形成有关燃料性能和车辆排放的指令

B

bbl	美国桶（159L）
bar	压力单位等于100kPa（1bar＝0.987大气压）
barg	压力计量（对大气压力的相对压力）
BBU	沥青吹氧装置
BFO	船用燃料油
BFW	生产蒸汽的锅炉给水
BOD	生物需氧量
bpcd	每自然日桶数（根据每年运行365天的平均流量）
bpsd	每运行日桶数（根据装置真实运行时间的流量）
BREF	最佳可行技术参考文件（EIPPCB对不同IPPC行业开发的文件）
BTEX	苯、甲苯、乙苯、二甲苯
BTX	苯、甲苯、二甲苯

C

cat	催化
CCGT	联合循环燃气轮机
CCR	康氏残炭（更多信息见下面康拉逊碳值）
CDD/CDF	氯代二苯并对二噁英/呋喃
CDU	原油常压蒸馏装置
CEC	欧盟委员会
CHP	热电联合（热电联产）
COC	连续油污染
COD	化学需氧量
Concarbon	康拉逊碳值＝测量的残炭（用质量分数表示）。测量烃类化合物形成焦炭的趋势
CONCAWE	欧洲炼油厂环境、健康、安全协会
Corinair	欧洲空气排放清单
CPI	波纹板隔油池
C_x	含有 x 个碳的烃类化合物
CW	冷却水

D

d	天
DAF	溶解空气浮选
dB（A）	噪声单位
DC	直流电
DCU	延迟焦化装置
DEA	二乙醇胺
DG	欧盟委员会下设的总署
DGA	二甘醇胺
DIAL	差分吸收光检测与测距
DIPA	二异丙醇胺
DNB	硝化/反硝化生物处理装置
DS	溶解固体

E

EC	欧盟
EFRT	外浮顶罐
EIA	环境影响评价
EII	能量强度指数（所罗门指数，见 3.10.1 部分）

EIPPCB	欧盟综合污染预防与控制局
EMS	环境管理体系（见 4.15.1 部分）
EOP	管末端
EP	欧洲议会
ETBE	乙基叔丁基醚
EU＋	欧盟国家及挪威和瑞士
EUR	欧元：欧盟货币

F

FBI	流化床焚烧炉
FC	烟气控制
FCC	流化床催化裂化
FCCU	流化催化裂化装置
FFU	絮凝/浮选装置
FGD	烟气脱硫
FGR	烟气循环
FOE	燃料油当量（$1tFOE=4.25\times10^{10}J$）

G

GAC	颗粒活性炭
GO	柴油

H

h	小时
HC（1）	烃类化合物
HC（2）	加氢裂化装置/工艺
HCU	加氢裂化装置
HDM	加氢脱金属
HDS	加氢脱硫
HFO	重燃料油
HGO	重柴油
Horizontal BREF	涉及多个 IPPC 工业部门共同话题（即储存、冷却、废水和废气处理、监测）的通用 BAT 技术参考文件
HORC	重油和渣油催化裂化
HP	高压
HSE	健康、安全和环境
HT	高温
HVU	高真空装置

I

I-TEQDF	二噁英/呋喃的国际毒性当量
IAF	诱导空气浮选
IFRT	内浮顶罐
IGCC	气化-联合循环一体化工艺
IMO	国际海事组织

K

kg	千克
KjN	凯氏氮（测量总氮含量）
kt	千吨（10^6kg）

L

LCO	轻焦化油
LCP	大型燃烧装置 BREF
LDAR	泄漏检测和修复计划（见 4.23.6.1 部分）
LGO	轻柴油
LP	低压
LPG	液化石油气
LT	低温
LVGO	轻减压柴油
LVOC	大宗有机化学品 BREF

M

M-	百万
MAH	单环芳烃
MDEA	单二乙醇胺
MEA	单乙醇胺
MP	中压
MS	欧盟成员国
MTBE	甲基叔丁基醚
Mt/a	百万吨每年
MWe	兆瓦电力（能量）
MWth	兆瓦热量（能量）

N

n-	正构，线性有机化合物
N-Kj	凯氏法氮分析
NOC	非石油污染
NO_x	NO_x（$NO+NO_2$，通常以 NO_2 表示）

P

Pa	帕斯卡（N/m^2），压力的国际单位：1大气压=101.3kPa
PAC	粉末活性炭
PAH	多环芳烃
PC	压力控制
PCDD/F	多氯代二苯并对二噁英/呋喃
PM	颗粒物（排放到空气中任何微细单独固体或液体物质）
PM_{10}	粒径小于 10μm 的颗粒物
PPI	平板隔油池
PPS	脱盐装置的加压横流板式分离
PSA	用于氢气净化的变压吸附
Psi	磅每英寸（英国压力单位 1bar=14.5psi）
Psia	磅每英寸（绝对压力）

R

RCC	渣油催化裂化
RFG	炼油厂燃料气
RO	反渗透
RON	研究法辛烷值
RSH	硫醇
RVP.	雷德蒸汽压

S

S	硫
SF	砂滤器
SO_x	硫氧化物（SO_2 和 SO_3）
SRU	硫黄回收装置
SS	悬浮固体
SW	酸性水
SWS	酸性水汽提塔

T

t	吨（1000kg）
t/a	吨每年
t/d	吨每天
TAME	甲基叔戊基醚
TCDD/F	四氯二苯并对二噁英/呋喃（二噁英类的毒性参考）
TEL	四乙基铅
TGT	硫黄回收装置尾气处理
TML	四甲基铅
TOC	总有机碳
TSS	总悬浮固体（水）
TWG	炼油厂欧洲技术工作组

U

U	装置（与工艺名称一起使用）
UF	超滤
USAEPA	美国环境保护署

V

V. I.	黏度指数（见 2.3 部分）
VBU	减黏裂化装置
VOCs	挥发性有机化合物
VR	减压渣油
VSBGO	减黏裂化柴油

W

WHB	废热锅炉
WWTP	污水处理厂

参考文献

[12] Steinberg, M. and Y. Tung, (1992) . "Residual Oil refining by hydrocarb process" Brookhaven National Laboratory, Upton, NY 11973, USA (516) 282-3036 (1 author); Hydrocarb Corporation, New York, NY, USA (2 author), 8 pgs.

[18] Irish EPA, (1992) . "BATNEEC Guidance Note. Class 9.2. Crude Petroleum Handling and storage. Draft 3" Irish Environmental Protection Agency, 16 pgs.

[19] Irish EPA, (1993) . "BATNEEC Guidance Note. Class 9.3. Refining petroleum or gas. Draft 3" Irish Environmental Protection Agency, 29 pgs.

[34] Italy, (1999) . "The italian refining industry" Ministero dell'Ambiente, Servizio inquinamento atmosferico e acustico e le industrie a rischio. , 38 pgs.

[43] Dekkers, C. and R. Daane, (1999) . "Metal contents in crudes much lower than expected" Oil & Gas Journal, (March 1, 1999), 44-51.

[45] Sema and Sofres, (1991) . "Technical note on the best available technologies to reduce emissions of pollutants into the air from the refining industry. Application of articles 7& 13 of the Directive 84/360 EEC" Report made for European Commission, 135 pgs.

[49] CONCAWE, (1998) . "Sulphur dioxide emissions from oil refineries and combustion of oil products in western Europe and Hungary (1995) " Concawe, 30 pgs.

[60] Balik, J. A. and S. M. Koraido, (1991) . "Identifying pollution prevention options for a petroleum refinery" Pollution prevention review, (summer 1991), 273-293.

[61] Decroocq, D. , (1997) . "Major scientific and technical challenges about development of new processes in refining and petrochemistry" Revue de l' institut francais du petrole, 52 (5), 469-489.

[73] Radler, M. , (1998) . "1998 & 2000 worldwide refining survey" Oil & Gas Journal, Special (Dec. 21, 1998), 49-92.

[79] API, (1993) . "Environmental design considerations for petroleum refining crude processing units" American Petroleum Institute and Health and Environment Affairs Department, 133 pgs.

[80] March Consulting Group, (1991) . "Pollution Control for Petroleum Processes" March Consulting Group commissioned research for the Department of Environment (HMIP), 93 pgs.

[82] CONCAWE, (1995) . "Oil refinery waste disposal methods, quantities and costs. 1993 survey", 32 pgs.

[83] CONCAWE, (1990) . "A field guide on reduction and disposal of waste from oil refineries and marketing installations" Concawe, 34 pgs.

[101] World Bank, (1998) . "Pollution prevention & abatement handbook. Petroleum refining", 469-472.

[107] Janson, B., (1999). "Swedish BAT notes on refineries" Swedish environmental protection agency, 18 pgs.

[108] USAEPA, (1995). "Profile of the Petroleum Refining Industry (EPA Office of compliance Sector Notebook Project)" USA Environmental Protection Agency, 150pgs.

[110] HMIP UK (1993). "Guidance on effective flaring in the gas, petroleum, petrochemical and associated industries [Technical guidance note (abatement) A1]" HM Inspectorate of pollution in UK, London.

[112] Foster Wheeler Energy, (1999). "A strategic review of the petroleum refinery industry sector" Foster Wheeler Energy Ltd. work for Environment Agency of UK, 141 pgs.

[113] Noyes, R., (1993). "Petroleum refining" Pollution Prevention Technology Handbook, Mill Road, Park Ridge, New Jersey, Noyes Publications.

[114] Ademe (1999). "Desulphurisation techniques of industrial processes (Les techniques de désulfuration des procédés industriels)", Paris.

[115] CONCAWE, (1999). "Best available techniques to reduce emissions from refineries" Concawe, 200 pgs.

[117] VDI, (2000). "Emission control from mineral oil refineries" VDI / UBA, 80 pgs.

[118] VROM, (1999). "Dutch notes on BAT for the mineral oil refineries" Ministry of Housing, Spatial Planning and the Environment (VROM) -Directorate for Air and Energy-Raytheon Engineers & Constructors, 50 pgs.

[119] Bloemkolk, J. W. and R. J. van der Schaaf, (1996). "Design alternatives for the use of cooling water in the process industry: minimization of the environmental impact from cooling systems" Journal for Cleaner Production, 4 (1), 21-27.

[122] REPSOL (2001). "Technical information of several REPSOL refineries".

[127] UN/ECE, (1998). "VOC task force on emission reduction for the oil and gas refining industry" DFIU-IFARE, 80 pgs.

[136] MRI, (1997). "Emission factors" Midwest research institute, 130 pgs.

[144] HMIP UK, (1997). "Natural Gas Processing" UK environmental protection agency, 17 pgs.

[147] HMIP UK, (1995). "Petroleum Processes: Oil Refining and Associated Processes" HMSO, 86 pgs.

[166] Meyers, R. A. (1997). "Handbook of petroleum refining processes" McGraw-Hill, USA.

[175] Constructors, R. E., (1998). "Validation of inventaries of NO_x measures in the refinery sector (Validatie van de inventarisatie van NO_x maatregelen in de raffinage sector)" Raytheon Engineers & Constructors for Ministry of VROM, Netherlands, 200 pgs.

[181] HP, (1998). "Environmental processes '98" Hydrocarbon processing, (August 1998), 71-118.

[195] The world refining association, (1999). "Efficient operations of refineries in western & central europe." Improving environmental procedures & energy production, Vienna, Austria, Honeywell.

[197] Hellenic Petroleum, (1999). "Contribution of Hellenic Petroleum to the refinery BREF" Hellenic Petroleum, 25 pgs.

[198] (Hellas), M. O., (1999). "Contribution of Motor Oil (Hellas) to the BREF" Motor Oil (Hellas), pgs.

[199] Petrola Hellas, (1999). "Contribution of Petrola Hellas to the BREF" Petrola Hellas, pgs.

[208] USAEPA, (1996). "Average Emission Factor Approach" Environmental Protection Agency of USA, 20 pgs.

[211] Ecker, A., (1999). "State of the art of refineries focused on the IPPC directive" Umweltbundesamt, Austrian Environmental Agency, 160 pgs.

[212] Hydrocarbon processing, (1998). "Refining Processes ' 98" Hydrocarbon processing, 1998 (November), 53-120.

[215] Jansson, B., (1999). "Preem and Scanraff refineries in Sweden. Technical information" Swedish environmental protection agency, 200 pgs.

[222] Shell Pernis, (1999). "Environmental report 1998, Technical Information of the refinery" Shell, 10 pgs.

[229] Smithers, B., (1995). "VOC emissions from external floating roof tanks: Comparison of remote measurements by laser with calculation methods" CONCAWE, 50 pgs.

[242] CONCAWE, (1998). "European downstream Oil Industry Safety Performance 1997", 30 pgs.

[244] USAEPA, (1992). "Workbook for estimating fugitive emissions from petroleum production operations", 150 pgs.

[245] API, (1983/1989/1990). "Evaporative loss from external and internal floating roof-tanks" American Petroleum Institute, 150 pgs.

[246] BP-AMOCO (2001). "Energy review in http://www.bp.com/centres/energy/world_stat_rev/oil/reserves.asp".

[247] UBAAustria, (1998). "State of the art in the refining industry with regard to the IPPC-directive (Jahrbuch der Europäischen Erdölindustrie)" Federal Environmental Agency of Austria, 200 pgs.

[248] Ademe, (2001). "International conference on Industrial Atmospheric pollution. NO_x conference" International conference on Industrial Atmospheric pollution. NO_x and N_2O emission control: panel of available techniques, Paris.

[249] BMUJF, (1999). "Emissionsbegrenzung und Anwendungsbereich von stat. Motoren", 100 pgs.

[250] Winter, B., (2000). "Comments from Austrian TWG member to the first draft".

[251] Krause, B., (2000). "Comments from German TWG member to first draft".

[252] CONCAWE, (2000). "Comments from Concawe to first draft".

[253] MWV, (2000). "Comments from German refinery association to first draft".

[254] UKPIA, (2000). "Comment fromUK refinery association to first draft".

[256] Lameranta, J., (2000). "Comments from Finish TWG member to first draft".

[257] Gilbert, D., (2000). "Comments from French TWG member to first draft".

[258] Manduzio, L., (2000). "Comments from Italian TWG member to first draft".

[259] Dekkers, C., (2000). "Comments from Dutch TWG member to first draft".

[260] Sandgrind, S., (2000). "Comments from Norwegian TWG member to first draft".

[261] Canales, C., (2000). "Comments from Spain TWG member to the first draft".

[262] Jansson, B., (2000). "Comments from Swedish TWG to first draft".

[264] EIPPCB (2001). "BREF on Storage", Sevilla.

[268] TWG, (2001). "Comments from TWG to second draft of Refineries BREF".

[269] Confuorto, N., (2000). "Controlling FCCU flue gas emissions with scrubbers" Belco, 23 pgs.

[271] Martinez del Pozo, J. L., (2000). "Comments to delayed coking chapter of first draft".

[272] Shawcross, P., (2000). "Information on coking, calcining and etherification processes" Conoco, 2 pgs.

[276] Alstom Power, (2000). "SCONO$_x$ emissions control technology", 30 pgs.

[278] Alstom Power, (2000). "Flakt-Hydro Process" ABB Alstom Power, 20 pgs.

[281] Steinberg, M., (2000). "A new process for ammonia production with reduced CO_2 emission or coproduct carbon production", Draft, 12.

[282] Conoco, (2000). "Material from the Conoco Humber refinery in the UK" Conoco, 50 pgs.

[285] Demuynck, M., (1999). "ISO 14001 as instrument of deregulation, beginner of sustainable development and base for EMAS" SECO, FEB, SSTC, 19 pgs.

[287] Johnston, D., (1996). "Complexity index indicates refinery capability value" Oil & Gas Journal, (March 18, 1996), 74.

[290] Statoil, (2000). " Information from Statoil Karsto natural gas plant "Statoil-Norway, 11 pgs.

[292] HMIP UK, (2000). "UK refineries " lag behind "on pollution abatement" ENDS Report, 302, 11-12.

[293] France, (2000). "Material collected during the visit to France in April 2000", 500 pgs.

[296] IFP, (2000). "Reports from the IFP" Institute Francais du Petrole, 150 pgs.

[297] Italy, (2000). "Italian contribution to chapter 4", 62 pgs.

[302] UBA Germany, (2000). "German Notes on BAT in the Refinery Industry. The German Refinery Industry" German Environmental Agency, 100 pgs.

[308] Bakker, V. and J. W. Bloemkolk, (1994). "Parcom recommendations of 22 June 1989 concerning refineries" PARCOM, 2 pgs.

[309] Kerkhof, F. P., (2000). "Superclaus" Jacobs Engineering, 10 pgs.

[310] Swain, E. J., (2000). "Processed-crude quality in US continues downward trend" Oil & Gas Journal, March 13, 2000, 44-47.

[312] EIPPCB (2001). "BREF on common waste water and waste gas treatment/management systems in the chemical sector", Sevilla.

[315] USAEPA, (2000). "Exposure and human health reassesment of 2, 3, 7, 8-TCDD and related compounds" USA Environmental Protection Agency, pgs.

[316] TWG, (2000). "Comments from TWG members to the second draft of chapter 4 and chapter 5.1", pgs.

[317] EIPPCB (2002). "BREF on large combustion plants", Sevilla.

[318] Phylipsen, G. J. M., K. Blok, et al., (1998). "Handbook on international comparisons of energy efficiency in the manufacturing industry" Dept. of Science, Technology and Society, Utrecht university, pgs.

[319] Sequeira, A. (1998). "Lubricant base oil and wax processing" Marcel De KKer, New York.

[320] Italy, (1996). "Italian IGCC project sets pace for new refining area" Oil & gas journal, Dec. 9 1996.

[321] Helm, L., C. Spencer, et al., (1998). Hydrocarbon Processing, 1998, 91-100.

[322] HMIP UK, (1995). "Chief Inspectors Guidance Note-Processes Subject to Integrated Pollution

Control-Combustion Processes: Large Boilers and Furnaces 50 MWth and over" HM Inspectorate of pollution, 120 pgs.

[323] API, (1997). "Manual of Petroleum Measurement Standards, Chapter 19-Evaporative Loss Measurement, Section 2-Evaporative Loss from Floating-Roof Tanks," American Petroleum Institute, 500 pgs.

[324] Sicelub, (2001). "Lubrification systems for pumps, air coolers and compressors" Sicelub, 400 pgs.

[325] Gary and Handwerk "Petroleum Refining-Technology & Economics".

[326] Nelson, W. L. "Petroleum Refinery Engineering".

[327] Broughson, J. "Process Utility Systems".

[330] Hommeltoft, S. I., (2000). "Information about solid catalyst alkylation" Haldor Topsoe A/S, 100 pgs.

[337] Journal, O. G., (2000). "Special report on refining catalyst demand" Oil & Gas Journal, 2000.

[344] Crowther, A., (2001). "Low temperature NO_x oxidation" BOC gases, 7 pgs.

[345] Molero de Blas, L. J. (2000). "Pollutant formation and interaction in the combustion of heavy liquid fuels" Department of Chemical Engineering University Collage London, London.

[346] France, (2001). "Information on sulphur balance in refineries, de-NO_x cost effectiveness and TGTU processes" Ademe and Environmental Ministry of France, 25 pgs.

[347] Services, M. H. F. (2001). "Multiple Hearth Sludge Furnace Combustion".

[348] Ashworth Leininger Group, (2001). "Petroleum Refining Sector. NO_x controls report. Technical advice on emission control technology applie in the California" Ministry of Environment. Air& Energy Directorate, 20 pgs.

[349] Finnish Environmental Institute, (2001). "Risk Assessment of MTBE" Finnish Environmental Institute, 200 pgs.

[350] European Sealing Association, (2001). "Comments to the Second Draft" European Sealing Association, 5 pgs.